実感する化学

原書 第10版

訳 大西 洋・和田 昭英

上巻 地球感動編

10th Edition
Chemistry in Context
Applying Chemistry to Society
A Project of the American Chemical Society

NTS

グリーンケミストリーの原則

1. 廃棄物は，出してから処理したり掃除したりするのではなく，**生み出さない。**

2. 生成物を作るために使う**原材料の量を最少に抑える。**

3. 使用する物質および生成する物質には**毒性がないもの**を選ぶ。

4. 使用する**エネルギーを少なく**抑える。

5. 技術的および経済的に可能な限り，**再生可能な材料を使う。**

6. 使用する材料には，**使用期限を迎えたら無害な物質に分解されるもの**を選ぶ。

出典：The Twelve Principles of Green Chemistry by Paul Anastas and John Warnerから引用

Chemistry in Context: Applying Chemistry to Society, Tenth Edition
By A Project of the American Chemical Society

Bradley D. Fahlman
Central Michigan University
Kathleen L. Purvis-Roberts
Claremont McKenna, Pitzer, and Scripps Colleges
John S. Kirk
Carthage College
Resa M. Kelly
San Jose State University
Patrick L. Daubenmire
Loyola University Chicago

構成の概略

上巻

〈地球感動編〉

下巻

〈生活感動編〉

目次

翻訳にあたって

本書は“Chemistry in Context”第10版の翻訳であり，アメリカ化学会の出版物としてアメリカの学生を対象に書かれている。本書は化学の教科書としては，従来型のスタイルとはかなり異なるスタイルを取っている。日本の高校の化学の教科書では，物質の構成・化学反応・無機化合物・有機化合物といったジャンルごとの説明がなされている。大学でも無機化学・有機化学・生物化学・物理化学といった分野別の教育が目立つ中で，本書は14のテーマに関して分野横断的な内容になっている。例えば，第5章の“水”をテーマとした章では，水素結合といった水の分子構造に基づいた内容や資源としての水の存在，汚染とその分析方法，溶媒としての水の特異性などの多岐にわたった説明が水を中心になされている。これは第5章に限った話でなく，全ての章においてその章のテーマに関して化学のさまざまな側面から見て考えさせられる内容になっている。

本書の話の流れは，第1章は導入編としてスマートフォンを例に取って化学の基礎（周期表や固体·液体·気体の状態の違い，元素と化合物の定義など）の紹介と説明がなされている。そして，第2章以降は，大気や太陽光，気候変動といったスケールの大きな現象についての化学的な見方·考え方について説明している。章が進むにつれてスケールを小さくした電池やプラスチック，料理や栄養といったより身近なテーマへと話が移っていき，さらに薬や遺伝子といったミクロなスケールの話へと移っていく。加えて，これまでの版にない本書（第10版）の特徴としては，第14章が加えられたことである。この章では殺人事件の捜査を例に取って，社会における化学の使い方や果たす役割を，いわばこれまでの総まとめのような形で説明している。この章では化学だけでなく，化学の研究室やそれを取り巻く環境についても触れられているのが興味深い。

本書はさまざまなテーマに関して書かれているが，その根底に流れるテーマは化学から見た環境問題（持続可能性）でありエネルギー問題（化石資源と再生可能エネルギー）であり人々の健康である。この3本の柱の中で，環境問題に関してはどの章においても汚染やリサイクルやフットプリントといった言葉が現れ，エネルギー問題に関しても化石燃料や原子力発電の話があちこちで顔を出す。健康に関しても，遺伝子組み換えの問題や環境汚染物質そして放射性物質が体内に取り込まれた場合の影響などについての説明が多く見受けられる。科学技術の発展に伴って，この3本柱が相互に絡み合って社会にどのような影響・変化を与えているのか，そしてそれを市井の人がどのように調べて，情報を入手して，理解して，自分なりの考えを構築していくかに本書の重点が置かれている。情報の入手方法としてはインターネットを介したものが主で，その情報源の信頼性までも読者に考えさせるようにしている。そして，得られた情報の理解や解釈を生徒間でディスカッション（ディベートではない）させて，より考えに磨きをかけるように促している。

化学に関しても，かなり専門的な内容に踏み込んだ内容になっている。例えば，化学で使われる分析機器に関しては，電子顕微鏡や赤外分光法，質量分析計そして走査型トンネル顕微鏡（STM）といった現在の研究室で第一線で使われている機器が分かりやすく説明されている。また，このような専門的な話だけではなく，初学者への配慮も行き届いている。例えば，高校までの算数，数学に習熟しきれていない学生のために，科学的表記や有効数字の扱い方までが記述の中に組み入れられている。さらに，本文の途中および章末に置かれている設問の多くは，計算問題というよりも読者個人の意見や意志を問う問題になっている。

本書の使い方としては，読者の皆さん，特に講義用に本書を使われる教育者の方々には，単なる知識の習得だけでなく，本文中や章末問題を使って生徒自らが情報を収集し，情報源の信頼性も含めて生徒間での意見交換を促されることをお勧めする。また，本書はアメリカの状況を中心に書かれているので，日本とアメリカ，ひいては世界の置かれている状況の比較を行うのにも適していると思われる。そうやって，生徒の視野を広げ意見交換を介して新しい考え方を培うのが本書の持っている特徴を最大に活用することになる。

本書は，第 8 版までは廣瀬千秋先生が翻訳をされており，それを第 10 版から大西と和田が廣瀬先生よりお話を頂き引き継いだものである。翻訳作業に慣れていないこともあり，株式会社エヌ・ティー・エスの皆様にはさまざまな手助けと励ましを頂いた。ここに心から感謝の意を表する。

2024 年 11 月 和田昭英

翻訳者プロフィール

大西 洋
Hiroshi Onishi
神戸大学教授，博士（理学）

1963 年生まれ。1985 年東京大学理学部化学科卒業，1989 年東京大学大学院理学系研究科化学専攻博士課程中退。東京大学理学部助手，同助教授，（財）神奈川科学技術アカデミー研究室長を経て 2004 年から現職。2021 年から分子科学研究所教授（クロスアポイントメント）を兼任。2010 年から 2024 年まで（公社）日本表面真空学会フェロー，2017 年から 2021 年まで日本学術振興会学術システム研究センター専門研究員。専門は物理化学（界面化学，触媒化学，化学反応速度論）。

和田 昭英
Akihide Wada
神戸大学教授，理学博士

1961 年生まれ。1984 年早稲田大学理工学部応用化学科卒業，1989 年東京工業大学総合理工学研究科電子化学専攻博士後期課程修了（理学博士）。東京工業大学資源化学研究所助手，同講師，同助教授，2006 年から現職。専門は物理化学（レーザー分光学，分子構造論，光化学）。

序　言

気候変動，水質汚染，大気汚染，食料不足。これらやその他の地球規模の問題は，テレビや新聞・雑誌で定期的に取り上げられている。しかし，これらの課題に対処する上で化学が重要な役割を果たしていることを知っているだろうか。また，私たちの生活の質を向上させる上でも，化学の知識は不可欠である。例えば，より高速な電子機器，より強度の高いプラスチック，より効果的な医薬品やワクチンなどは，全て世界中の化学者の発見・発明に依存している。化学にこれほど依存している世界であるにも関わらず，ほとんどの化学の教科書では実社会での応用に関する詳細な説明が十分になされていないのは残念なことである。そこで登場したのが，この「実感する化学」（原書のタイトルは“*Chemistry in Context*”）である。「型破りな教科書」とも呼ばれるこの教科書は，1993 年の刊行以来，実生活に沿った枠組みの中で化学の基礎を提示することに重点を置いてきた。

では，“context”とは何だろうか。また，これがどのように化学の学習をより興味深く，関連性の高いものにするのだろうか。

“context”という言葉はラテン語に由来し，「織りなす」という意味がある。従って，*Chemistry in Context* は化学と社会のつながりを織りなすことを意味する。社会問題がなければ，本書も存在し得ない。同様に，これらの問題に積極的に（そして勇気を持って）取り組む教師や学生がいなければ，本書も存在し得ない。科学の中で中心的な役割を果たす化学は，現代社会が直面するほぼ全ての問題と密接に関連している。

読者は，自分たちが暮らす世界の興味深い話に興味を持てるだろうか。もしそうなら，この本を開いて，好奇心をそそられたり，考えさせられたり，あるいは行動を起こす動機付けとなるような話を探してみよう。 地域，地方，そして世界というほぼ全ての場面において，これらの話の一部は今も展開中である。読者や他の人々が今日どのような選択を行うかによって，将来語られる話の内容が決まるのである。

実社会での“化学と社会のつながり”を活用して学習者を引き込むことは，学習のメカニズムに関する研究によって裏付けられた，高い効果をもたらすことをご存じだろうか。本書は，この本の読者を個人的，社会的，そして世界的な複数のレベルで引き込む実社会での“化学と社会のつながり”を提供する。 これらの“つながり”の性質が急速に変化していることを踏まえ，本書は教師が学生と共に学習者となる機会も提供することになる。

持続可能性―究極の“化学と社会のつながり”

地球規模の持続可能性は，単なる課題ではなく，むしろ，それは今世紀を定義する最大の課題である。そのため，「実感する化学」第 10 版では，この課題を研究に値する項目として，また解決すべき問題として引き続き取り上げている。持続可能性は，学生が習得すべき重要な事柄となる。例えば，「コモンズの悲劇」，「トリプルボトムライン」，「揺りかごから揺りかごへ」などは，いずれもこの重要な内容の一部である。解決すべき問題として，持続可能性は学生が自ら問いかける新たな問題を生み出している。それは，持続可能な未来を想像し，実現するための手助けとなるものである。例えば，温室効果ガスの排出削減に向けて行動すること（または行動しないこと）のリスクと利益に関する問題が挙げられる。

持続可能性を組み込むには，カリキュラムを単に再考する以上の取り組みが必要である。本書では，一般的な化学の教科書とは異なり，豊富な背景知識を提供している。本書がカバーする範囲は，多くの一般化学カリキュラムで採用されている「原子第一主義」のアプローチ（内容主導型）ではなく，本質的には「市民第一主義」のアプローチ（状況主導型）であるといえる。そのため，他の多くの教科書とは異なり，本書ではエネルギー，材料，食料，水，健康に関する興味深い現実社会のシナリオを提供し，持続可能性の主要概念と共に化学の重要な内容を伝えていく。

持続可能性を実現する手法であるグリーンケミストリーは，本書の重要なテーマであり続けている。本書はこれまでの版と同様に，グリーンケミストリーに重点的に取り組んでおり，第 10 版（原書）でも全体にわたって織り込まれている。 この内容により，読者は化学プロセスを“グリーン化”する必要性と重要性をより深く理解することができるだろう。

旧版の記述内容のアップデート

「なぜそんなに頻繁に新版を発行するのですか？」という質問をされることがある。確かに，私たちは 3 年ごとに新版を発行するというハイペースで出版を行っている。その理由は，本書の内容に時事性が求められるからである。私たちは現実の問題を取り扱っているため，化学が日常生活にどのような影響を与えているかを学生たちに十分に理解してもらうためには，最新データや情報が不可欠となるからである。

第 10 版では，デジタル資産の幅を大幅に拡充した。各章には，読者の興味を維持し，内容を確実に習得できるよう設計された動画，実習的な図，PhET（コロラド大学ボルダー校のプロジェクト）で提供されるアクティビティなど，さまざまな新しい機能が追加されている。これらのデジタル資産は電子書籍に直接埋め込まれているが，印刷版を使用している読者は www.acs.org/cic にアクセスすることで，全てのマルチメディアにアクセスすることができる。前版と同様に，各章には，学生がインターネットで適切なデータやレポートを検索し，現在の世界的な問題について自分なりの結論を導くための練習問題が織り込まれている。そして，この版では，さらに多くの機会が提供されている。

第 10 版では新たなテーマは導入されていないが，各章の順序が変更され，内容の流れが改善されている。特に，第 5 章「水：最も重要な資源」は，第 4 章「気候変動」の直後に移動された。また，第 1 章「携帯電子機器」は，よりまとまりのあるテーマと，第 1 章にふさわしい内容を取り入れるために大幅に改訂された。

前版と同様に，最終章となる第 14 章は「推理小説」のストーリー仕立てとなっている。 これまでの 13 章の全ての概念がストーリーに織り込まれており，学生たちは犯罪現場の捜査や，証拠の収集と分析に適切な技術を駆使するプロセスを体験することができる。

全ての章において，内容の流れを改善し，新たな科学的進展，政策の変更，エネルギー動向，世界の最新ニュースなどを盛り込みながら改訂が行われた。

各章は，その章の背景を紹介する動画から始まり，学生がその章を読む前に熟考するためのアクティビティが用意されている。その後すぐに，その章で取り上げられる主な内容を特定する「この章で学ぶべきこと」が続く。そして，各章の最後には，その章で紹介された重要な概念を，該当する節の引用と共に説明する「章のまとめ」が設けられている。

本書を使った教育と学習の方法

この新版の「実感する化学」では，前版で使用された構成スキームを踏襲している。各章では，後の章でさらに掘り下げられる化学の概念の基礎となる現実世界のテーマを取り上げている。後で示されるように，動画，インタラクティブなイラストやシミュレーションなど，さまざまな学習方法が各章全体に織り込まれている。例えば，PhET シミュレーションや実際の実験の様子など，生徒参加型の教材は「実験室」や「動画を見てみよう」として参照されている。また，追加の例やより詳しい説明を提供する動画についても章の始めに「動画を見てみよう」として示されている。

また，本書では，各章の最後にさまざまなタイプの質問が組み込まれている。「基本的な設問」（基本的な復習，より伝統的なもの），「概念に関する設問」（批判的思考），「発展的設問」（分析的推論，インターネットを直接使用する問題も含む）などである。問題は豊富かつ多様で，伝統的な化学原理に焦点を当てたより単純な練習問題から，より徹底的な分析や応用を必要とするものまで多岐にわたる。各章に組み込まれた「練習問題」や「考察問題」，「展開問題」は，少人数グループでの作業，クラス討論，または個人で考える演習の基礎となる。これらの演習は，時間的余裕があれば，学生がその章での主題以外の興味を探求する機会を提供する。Connect サイトまたは www.acs.org/cic にあるウェブベースの活動は，章内の各所にある。これらは，学生が最新の情報に基づいて批判的思考力と分析的問題解決能力を養うのに役立つと思われる。

チームとしての努力が新版に結実した

今回もまた，読者の皆様に「実感する化学」の新版をお届けできることは執筆者一同の喜びである。しかし，この作業は 1 人によって行われたものではなく，才能あるチームの成果である。第 10 版は，化学教育界のリーダーである Cathy Middlecamp 教授，A. Truman Schwartz 教授，Conrad L. Stanitski 教授，Lucy Pryde Eubanks 教授という，いずれも長期にわたった化学教育の現場から現在は引退している方々に率いられたこれまでのチームが築き上げた伝統の上に立っている。

この新版は，Bradley Fahlman，Kathleen Purvis-Roberts，John Kirk，Resa Kelly，Patrick Daubenmire が担当した。付録の実験マニュアルは，Stephanie Ryan と Michael Mury が大幅に改訂した。各執筆者は，執筆に際してそれぞれの経験と専門知識を持ち込み，さまざまな読者層に読みやすくするための表現・説明の幅を広げるのに貢献した。

第 10 版は，アメリカ化学会教育部会の教育部門の副部会長である LaTrease Garrison 氏によるリーダーシップと励ましを得るという幸運に恵まれた。彼女は執筆チームを支援し，化学の現状と基礎的な化学的内容の「点と点を結び付ける」努力を応援してくれた。アメリカ化学会の学習・キャリア開発担当ディレクターである Terri Chambers 氏は，プロジェクト全体を通して優れた支援と思慮深い指導を提供し，教室での CiC の有効な活用に関する深い洞察力を示した。また，アメリカ化学会の教科書マネージャーである Emily Abbott 氏も，今回の改訂版の完成に大きく貢献した。著者のチームは，彼女の思慮深い意見，絶え間ないサポート，友情に心から感謝している。彼女の細部へのこだわりと教室での豊富な経験は，今回の改訂版の構成と読みやすさの大幅な改善につながった。アメリカ化学会の編集アシスタントである Lisette Gallegos 氏は，第 10 版のチームに参加し，すぐに CiC プロジェクトに精通して新しいデジタル素材の組み込みや改訂版の改善に多大な貢献をした。アメリカ化学会のインターン，Raadhia Patwary 氏も 10 版チームに参加し，生徒の視点からの洞察力に富んだコメントを寄せることで著者を大いに支援してくれた。本文中で参照されるリアクションズの動画はアメリカ化学会プロダクショングループにより作成された。アメリカ化学会プロダクションのマネージャーである George Zaiden 氏とプロデューサーの David Vinson 氏, Janali Thompson 氏のチームが，冒頭の動画と著者たちによって作成された多数の新しい動画の編集を行った。

本書で紹介されているウェブ上の資料は，アメリカ化学会，アシスタントディレクター（テクノロジーアーキテクチャ担当）の Louise Voress 氏，主任（ユーザーエクスペリエンス担当）の Annie Sinakou 氏，シニアマネージャー（ユーザーエクスペリエンス担当）の Joanna Ho 氏，UI 開発者の Chris Brooks 氏, アシスタントディレクター（アプリケーションテクノロジー担当）の Kevin Mcguiney 氏，マネージャー（アプリケーションテクノロジー担当）の Scott Kelske 氏，CMS スペシャリストの Jennifer Fairchild 氏，ウェブ開発者の Dane Boucher 氏，ウェブ開発者の Joseph Matthews 氏，ソフトウェアエンジニアの Luis Descaire 氏の各氏によりデザインされたものである。

本書で提供されている数多くの教育的改善は，Peter Mahaffy 氏（キングス大学），Catherine Patterson 氏（ゲティ美術館），Milly Delgado 氏（フロリダ国際大学），Emily Moore 氏（コロラド大学），Tom Pentecost 氏（グランドバレー州立大学），Kelly McDaniel 氏（ペース大学），Tara Williams 氏（キャニオンズ大学）といった編集諮問委員会からの助言により，大幅に改善された。この卓越したグループから得られたフィードバックは，本書の品質の大幅な向上につながった。

本書の執筆のあらゆる面において，McGraw-Hill 社のチームからは素晴らしい支援を受けた。特に，プロジェクトをゴールまで導いてくれた Mary Hurley 氏（シニア製品開発者）と Amy Gehl 氏（コンテンツプロジェクトマネージャー）に感謝の意を表したい。また，McGraw-Hill 社の以下方々に謝意を表す。

Kathleen McMahon 氏（マネージング・ディレクター），Michelle Hentz 氏（シニア・ポートフォリオ・マネージャー），Rose Koos 氏（製品開発ディレクター），Shirley Hino 氏（デジタルコンテンツ開発ディレクター），Tami Hodge 氏（マーケティング・マネージャー），Samantha

Donisi-Hamm 氏（評価コンテンツ・プロジェクト・マネージャー），Melissa Homer 氏（コンテンツ・ライセンシング・スペシャリスト），David Hash 氏（デザイナー），Laura Fuller 氏（バイヤー），Patrick Diller 氏（デジタル製品アナリスト），Jolynn Kilburg 氏（プログラム・マネージャー），Robin Reed 氏（製品開発マネージャー）。

著者チームは，より幅広いコミュニティの専門知識から多大な恩恵を受けた。スマートブックの学習目標志向型コンテンツの執筆やレビューにおいて，私を支援してくださった以下の皆様に感謝の意を表したい。

Stephanie Ryan, *Ryan Education Consulting LLC*
David Jones, *St. David's School in Raleigh, NC*
Barbara Pappas, *The Ohio State University*

本書で提供される新しい内容とデジタル機能に，私たちはとてもわくわくしており，さまざまな状況を探究する中での根本的な化学の概念の学習が読者の生活により関連性のあるものになることを願っている。本書で提供される化学の内容，そして随所に組み込まれたインタラクティブで考えさせられる演習が，皆さんの身の回りの世界や私たちが直面する課題について，異なる視点から考えるきっかけになるものと信じている。現在および将来のグローバルな問題の解決には，学際的なアプローチが必要となる。化学の研究を続けるにしても，他の分野の研究に転向するにしても，「実感する化学」で養われた批判的思考のスキルは，皆さんの将来のあらゆる取り組みに役立つでしょう。

Bradley D. Fahlman
Editor-in-Chief August 2019

原書執筆者一覧

Bradley D. Fahlman, Central Michigan University（中央ミシガン大学）
Kathleen L. Purvis-Roberts, Claremont McKenna, Pitzer, and Scripps Colleges（クレアモント・マッケナ，ピッツァー大学，スクリプス大学）
John S. Kirk, Carthage College（カーセッジ大学）
Resa M. Kelly, San Jose State University（サンノゼ州立大学）
Patrick L. Daubenmire, Loyola University Chicago（ロヨラ大学シカゴ）

演習を行うに際して

本書には，読者の興味を惹き，批判的思考力を養うために読者参加型の双方向の演習や実習がある。特定のマークやアイコンにより，これらの演習・実習が分かるように強調されて示されている。

この章で学ぶべきこと，章のまとめ

各章の冒頭には，その章を読み進めながら化学の実社会での応用について学ぶ際に考慮すべき事柄が「この章で学ぶべきこと」として掲載されている。各章の終わりには「章のまとめ」が示され，章の始めに提起された化学の主要な概念について説明している。

この章で学ぶべきこと

この章では，以下のような問いについて考える。

- ■水特有の性質とは何か。
- ■私たちや他の生物が利用する水はどこにあるのか。
- ■水は他の化学物質とどのように相互作用するのか。
- ■他の物質との相互作用によって，水の性質はどのように変化するのか。
- ■水の質を向上させるにはどうしたらよいか。

■章のまとめ

この章の学習を終えた読者には，以下のことができるはずである。

- 極性分子と無極性分子の形状，極性，分子間力を予測し，物性におけるその役割を説明する。(5.1, 5.2 節)
- 地球上の水源と，淡水の相対的な利用可能性を特定する。(5.3，5.4 節)
- 水が汚染される可能性がある方法を説明し，水の使用，消費，および汚染の程度を評価するためにデータを分析する。(5.5 節)
- 溶液を溶媒に溶けた溶質として表現し，溶液の濃度を ppm，ppb，モル比で計算する。(5.5 節)

動画を見てみよう

各章には，実社会での応用を踏まえた教師と生徒の対話を促す入門的な動画と関連する演習・実習が用意されている。各章には，基本的な内容を理解し，トピックの幅広い応用を理解する手助けとなるさまざまな解説動画が織り込まれている。

動画を見てみよう

©Joseph M. Suria/123RF

スクリーンについてもっとよく知りたければ www.acs.org/cic にある動画を見よう。

実験室

一部の動画では，実験室での活動が紹介されている。LAB アイコンが含まれている場合，内容の詳細は「Chemistry in Context Laboratory Manual」に記載されている。

©Bradley D. Fahlman

資料室

生徒の興味を引き，実践的な学習を進めるために，各章を通して多数の図や PhET シミュレーションを参照することができる。さらに，MolView による化学構造の 3D 表示も多数掲載されている。

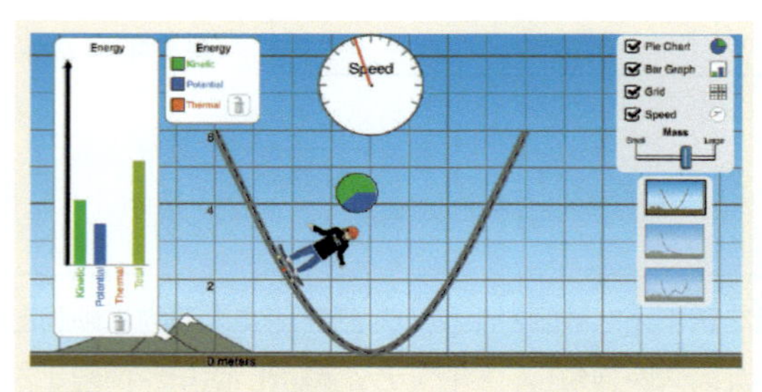

PhET Interactive Simulations, University of Colorado

さまざまな問題：本書の内容を超えて

各章には，示唆に富むさまざまな問題が織り込まれている。その種類は練習問題・考察問題・展開問題の三つであり，色で塗り分けられている。

練習問題：基礎的なスキルを身に付ける問題。

問 2.7　練習問題

ppm の練習

a. 国によっては，8 時間の平均一酸化炭素濃度の制限値を 9 ppm と定めている。この量をパーセントで表しなさい。

b. 呼気には通常，約 78%の窒素が含まれている。この濃度を ppm で表しなさい。

考察問題：本書の内容を超えて，実社会への応用や社会問題を浮き彫りにする問題。

問 11.6　考察問題

食用油の化学

a. よく使われる食用油のラベルについて考えてみよう。主成分はサフラワー油，キャノーラ油，大豆油のどれか考えを説明しなさい。
b. このブランドの食用油には，ビタミンEという珍しい成分が含まれている。これはオイル自体に含まれているものか，それとも添加されたものか，考えを説明しなさい。
ビタミンについては 11.7 節で詳しく説明する。

Nutrition Facts
Serving Size 1 Tbsp (15 mL)
Servings Per Container about 63

Amount Per Serving	
Calories 120	Cal. from fat 120
	% Daily Value*
Total Fat 14g	**21%**
Saturated Fat 1g	**6%**
Trans Fat 0g	
Polyunsaturated 11g	
Monounsaturated 2g	
Cholesterol 0g	**0%**
Sodium 0g	**0%**
Total Carbohydrate 0g	
Protein 0g	
Vitamin E 20%	

Not a significant source of dietary fiber, sugars, vitamin A, vitamin C, calcium, and iron
*Percent Daily Values are based on a 2,000 Calorie diet.

展開問題：生徒が持つ知識を，政策への疑問や意思決定，世界的な問題への解決策の設計に適用するよう促す問題。

問 5.51　展開問題

歯を大切に

つい最近まで，年を取るにつれて歯を失うことはよくあることだった。その原因は虫歯であり，虫歯は細菌がエナメル質を攻撃して感染症を引き起こす病気である。
a. 公共水道水へのフッ素の添加は，アメリカ疾病予防管理センターによって，20 世紀における十大公衆衛生の功績の一つに挙げられている。
b. 水へのフッ素の添加は全ての地域社会で重要であるが，特に低所得地域にとって重要である。その理由を説明しなさい。
c. 地域によっては，水へのフッ素の添加は非常に議論の的となっている。飲料水へのフッ化物添加に反対する理由を説明しなさい。

実感する化学

原書 第10版

訳　大西 洋・和田 昭英

上巻　地球感動編

10th Edition

Chemistry in Context

Applying Chemistry to Society

A Project of the American Chemical Society

NTS

第1章 携帯電子機器：あなたの手の中にある周期表

©LifestyleVideoFootage/Shutterstock

動画を見てみよう

あなたの携帯電話の中に何がある？

第 1 章のオープニング動画（www.acs.org/cic）を見ると，化学がどのように携帯電子機器の機能を作り出しているかをざっと知ることができる。その上で，以下の質問に答えなさい。

a. 携帯電話の中で役立っている物質と将来活躍するかもしれない物質を挙げてみよう。

b. 二つの元素が結合して生じる物質のうち携帯電話の重要部品となっているものを挙げてみよう。

c. 携帯電話の寿命はどのくらいなのか考えてみよう。

この章で学ぶべきこと

この章では以下のような問いについて考える。

■あなたが今使っている携帯電子機器の中にどんなものが組み込まれているか。
■周期表に記載されたさまざまな元素があなたが使っている機器の中でどのように利用されているか。
■天然の岩石がどのような元素から出来上がっているか。また，これらの天然資源から金属元素をどのようにして取り出すことができるのか。
■普通の砂からどのようにして半導体チップに欠かすことのできないシリコン（ケイ素）を取り出すことができるのか。
■普通の砂からどのようにして割れにくいスクリーンに使うガラスを作り出すのか。
■使い終わった携帯電子機器をきちんとリサイクルすることは環境問題にとってどんな意義を持つのか。

序文

メール，電話，テキストメッセージ，そしてソーシャルメディア。現代社会に暮らす私たちは忙しい毎日を過ごす中で会議・授業・出張などで常に他者と接続している。あなたが使っているタブレット端末や携帯電話を作るためには，たくさんの材料を注意深く組み合わせなければならない。

消費者の厳しい要求を満たすために，最新の携帯電子機器は軽量で薄く耐久性があり，多機能で，コンピューターや次世代のウエアラブルデバイスと簡単に同期できる必要がある。こんなにも複雑な要求を満たすためには，周期表に記載されているさまざまな元素を，いろいろな方法で組み合わせて必要な材料を作り出していかねばならない。

この章では，あなたの携帯電話，タブレット，携帯電子機器を構成するさまざまな部品や材料について学ぶ。最も重要なことは，これらの部品や材料はどこから調達されているか，機器を使い終わったとき何が起こるのかを見出すことである。

1.1　スクリーンの仕組み

冬の寒い日に急いで返信しなければいけないメッセージがスマホに入った。あなたは手袋をしたままスクリーンを操作しようとしたがうまくいかない。スマホを操作するために手袋を外そうか。寒冷地に暮らす人なら誰もが経験したことがあるだろう。いちいち外さなくてもスクリーンを操作できる手袋が今では商品化されている。また，多くのスマホやタブレットがペンの形をしたスティックで操作できるようにもなっている。それはそれで便利なことだが，スクリーンが応答するかしないかを何が分けているのだろうか。

問 1.1　考察問題

スクリーンの応答

スクリーンを壊さないように注意しながらいろいろなもので携帯電子機器のスクリーンに触ってみよう。あなたの指をはじめとして身の回りにあるいろいろな物質で試してみよう。紙を挟むクリップ，プラスチック製のペン，鍵，電池，布地，鉛筆の芯，乾いたスポンジ，濡らしたスポンジ，消しゴム，硬貨，紙や厚紙など。スクリーンはどんな物質に対してなら応答しただろうか。

どうだっただろうか。電気を流す物質にだけスクリーンが応答することが分かっただろうか。静電気でピリッとした経験から分かるように，人間の体は**電気**を流す性質（電気伝導性）を持つ。銅や銀やアルミニウムなどの金属は電気伝導性を持つ物質，すなわち伝導体としてよく知られている。これに対して，コンクリート，木材やほとんどのプラスチック類は電気を流さないために絶縁体と呼ばれる。金属でできた紙クリップや鍵を試してみた人はスクリーンが応答しないことを発見したはずである。これは，電子機器に組み込まれたプログラムがスクリーンにタッチした伝導体が指より小さいことを識別して，誤動作しないように制御しているためである。

動画を見てみよう

©Joseph M. Suria/123RF

スクリーンについてもっとよく知りたければ www.acs.org/cic にある動画を見よう。

物質の性質はその物質が何からできているかという，その物質の**組成**によって決まる。スクリーンが透明で，壊れにくくて，しかもタッチに応答するためにはどんな組成でなければならないか。この問いに正しく答えることは簡単ではない。多くの科学者がこの世界をくまなく探求する営みの中で，候補となる物質が見出されてきた。

あなたは物質に取り巻かれて生きている。あなたが呼吸する大気，飲む水，肌身離さないスマホ，どれもが**物質**からできている。物質とは空間を占有して質量を持つものである，というのが最も広い物質の定義である。本書が主題とする**化学**は，物質の組成，構造，さまざまな性質，そしてある物質から別の物質を作る変化を扱う自然科学の分野である。

この地球上に存在する物質が取り得る三つの状態（固体・液体・気体）について考えることから探究の長い旅を始めよう。これら三つの状態が存在することは私たちの生活にとって，とても大切な意味を持つが，存在することが当たり前なために，あなたは深く考えたことがなかったかもしれない。私たちは空気を吸ったり吐いたりして生命を維持している。私たちが呼吸する空気の組成については第 2 章で学ぶ。水，ソーダ水，コーヒーは液体であり，飴，フライドポテト，ポテトチップスなどの食べ物は固体である。このように私たちは常に物質に囲まれて生きている。それぞれの物質を固体，液体，あるいは気体にさせる原理原則があるのだろうか。まず，固体・液体・気体の性質を詳しく調べてみよう。

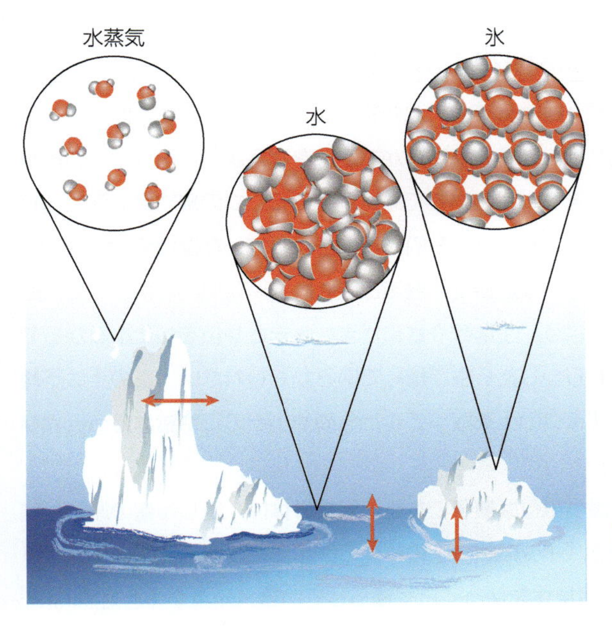

図1.1
固体の氷・液体の水・気体の水蒸気の中にある水分子。

図 1.1 に示したような固体・液体・気体の他にプラズマという第四の存在形態がある。このプラズマという状態は高いエネルギーを持つ電荷を帯びた粒子からできていて，形や体積を自由に変えることができるという点で気体に似ている。しかし普通の気体とは違ってプラズマは電流をよく流し，磁場によって影響を受ける。私たちが知っているものであれば蛍光灯やネオンサイン，雷の中にプラズマが存在し，温度が数千度を超える恒星もプラズマからできている。

問 1.2　考察問題

固体，液体，気体の性質

www.acs.org/cic へアクセスすると固体，液体，気体を構成する分子がどのように動いているかを動画で見ることができる。動画をよく見て以下の四つの問いに答えなさい。

PhET Interactive Simulations, University of Colorado

a. 固体，液体，気体はそれぞれはっきりした境界を持つか。
b. 固体，液体，気体はそれぞれはっきりした形を持つか。
c. 固体，液体，気体は入れ物に沿った形を取るか。
d. 固体，液体，気体は隙間が残らないように入れ物を満たすか。

問 1.2 の答えに基いて固体，液体，気体の性質をまとめた表が**表 1.1** である。

表 1.1　固体，液体，気体の性質

	入れ物に沿った形を取るか	隙間が残らないように入れ物を満たすか	はっきりした境界を持つか	はっきりした形を持つか
固体	×	×	○	○
液体	○	×*	○	×
気体	○	○	×	×

＊訳注：○ではないだろうか。

実験室 LAB

この動画を見ると，固体，液体，気体の三つの状態にある二酸化炭素が共存する様子が分かる。
www.acs.org/cic

1.2　物質にとって大事なことは何か：周期表の概要

図 1.2 に示したように，全ての物質（純物質でも，混合物でも）は液体・気体・固体・プラズマという状態のどれかを取る。例えば，砂糖を水に溶かすことを考えよう。固体である砂糖と液体である水はどちらも純物質，つまり単一の物質である。これら二つの純物質を混ぜ合わせると砂糖が水に溶解する。そして，どこをとっても同じ組成をした**均一な混合物**，すなわち砂糖の水溶液ができる。多くの場合，均一な混合物は**溶液**と呼ばれる。対照的な例として，庭からひとすくいの土を取ってきたとしよう。土は砂やさまざまな大きさや色をした小石からできていて，しかも水を含んでいて，もしかしたら虫が棲んでいるかもしれない。この土は**不均一な混合物**の典型である。もうひとすくいの土を取ってきたら砂や小石の形や量はきっと異なる。

後で述べるように物質を構成する最小単位は**原子**である。**元素単体**は，同じ種類の原子が集まってできた物質である。家庭で使うパイプの銅，家の外壁のアルミニウム，蓄電池に使うリチウム，鉛筆の炭素など，私たちは元素単体を使って日々暮らしている。元素単体と対照的に，2 種類以上の異なる原子が一定の組み合わせで構成する純物質を**化合物**という。

化学式は物質の組成を表す方法である。化学式は，その物質の中に存在する元素（化学記号については後述）を表し，同時に元素の原子数比を添え字を使って明らかにする。例えば CO_2 という化学式は，炭素（C）と酸素（O）という元素が酸素原子 2 個に対して炭素原子 1 個の割合で組み合わさることで CO_2 という物質を作ることを表している。同様に，H_2O は酸素原子 1 個につき水素原子 2 個を組み合わせることで H_2O，すなわち水ができることを示す。H_2O の O や CO_2 の C のように原子を 1 個しか含まない化学式では添え字の“1”を省略する。

水（H_2O）は水素原子 2 個と酸素原子 1 個から成る化合物である。砂糖（$C_{12}H_{22}O_{11}$）という化合物は炭素原子 12 個，水素原子 22 個，酸素原子 11 個を含んでいる。化合物と元素単体に含まれる原子の種類は同じであっても，原子が互いに結合する方式は化合物ごとに違っている。

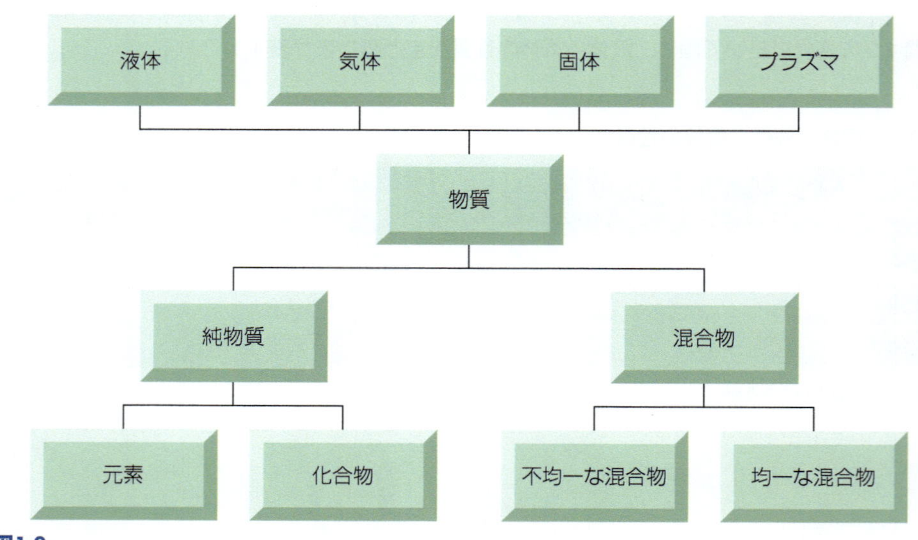

図1.2
物質の分類。

例えば，砂糖に含まれる酸素原子は，酸素ガス（O_2，この物質は酸素のみから成る元素単体である）を構成する酸素原子と全く同じ原子である。しかし，砂糖に含まれる酸素原子を取り出して酸素ガスを作り出すためには，砂糖という化合物をいったん分解して 2 個の酸素原子を取り出し，その 2 個を結合させる化学反応が必要である。

水素（H）や酸素（O）などの元素記号は元素を表す 1 文字または 2 文字の略号である。これらの記号は国際的な取り決めによって制定され，世界中で使用されている。英語を話す人々にとっては，すぐに意味が分かるものもある。例えば，酸素は O，アルミニウムは Al，リチウムは Li，ケイ素は Si である。一方で，英語が国際語として認知される以前に発見され，ラテン語で命名された金属のように，他の言語に起源を持つ記号もある。例えば，アルゲンタム（Ag）は銀，フェルム（Fe）は鉄，プランバム（Pb）は鉛，ヒドラルギラム（Hg）は水銀である。

元素記号は万国共通であるが，元素の名前は国によって変わることがある。アルミニウムはアメリカとカナダの英語では aluminum と書くが，イギリスでは aluminium と表記する。

元素の名前の語源はさまざまである。性質に応じて付いた名前もあれば，惑星，地名，人物にちなんで付けられた名前もある。例えば水素（H）は「水の元」を意味する言葉で，水素ガスと酸素ガスが炎の中で燃えると水（H_2O）という化合物を作る性質を表している。ネプツニウム（Np）とプルトニウム（Pu）は，海王星（ネプチューン）と冥王星（プルート）の名前にちなんで名付けられた*。バークリウム（Bk）とカリホルニウム（Cf）は，それらの元素が最初に生み出されたカリフォルニア大学バークレー校にちなんだ名前である。最近発見されたフレロビウム（Fl）とリバーモリウム（Lv）という新元素は，それらが発見された研究所の名前にちなんで命名された。

＊訳注：冥王星は準惑星に分類されている。

ロシアの化学者ドミトリ・メンデレーエフ（1834 ～ 1907）が彼自身の名前にちなんだ元素（メンデレビウム，Md）を持っているのは当然だ。なぜなら，元素を分類する最も一般的な方法として中学校で習う周期表はメンデレーエフが考え出したものだからである。彼は元素ごとに一見ばらばらな反応性や性質から似たところを抽出して，全ての元素をうまく並べた 1 枚の表を作ることに成功した。

ドイツの化学者であったユリウス・ロータル・マイヤー（1830 ～ 1895）はメンデレーエフと同じ時期に周期表を考案した。マイヤーが考えた周期表とメンデレーエフの周期表は，2 人が相手のことを知らずに考えたにも関わらず，よく似ていた。

元素のうちおよそ 90 種類は私たちの地球上に，そしてまた宇宙の他の場所に自然に存在している。最近発見されたものも含め，残りの 20 数種類の元素は，原子核反応を使って人工的に作り出されたものである。プルトニウムは自然界にも微量に存在する元素であるが，原子炉の中で作り出される人工元素としてもよく知られている。

数ある元素の大部分は室温で固体となる。窒素（$N_2(g)$），酸素（$O_2(g)$），アルゴン（Ar (*g*)）他八つの元素は室温で気体である。室温で液体となる元素は臭素（$Br_2(l)$）と水銀（Hg (*l*)）だけである。本書では固体・気体・液体の区別をイタリック体の *s*，*g*，*l* で表すことにする。(*s*) は固体，(*g*) は気体，(*l*) は液体である。

動画を見てみよう

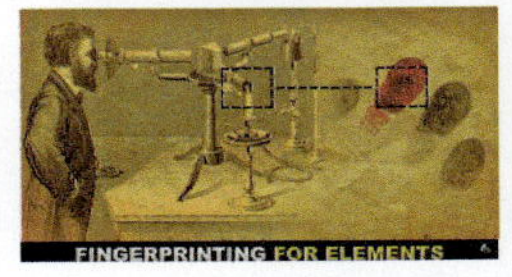

©2018 American Chemical Society

www.acs.org/cic にある動画を見ると周期表がどのように作られたかをもっと知ることができる。

現在私たちが使う周期表は，**図 1.3** のように元素を番号順に並べたものである。緑色の網掛けをした元素は金属であり周期表の大部分を占めている。金属元素は室温で固体であり，外観は光沢があり，割れたりひびを入れることなく薄く伸ばすことができる。電気と熱をよく伝える物質でもある。古代文明では，いくつかの金属元素（鉄，銅，錫，鉛，金，銀）を武器，通貨，装飾などに使用していた。現代の携帯電子機器のケースには金属アルミニウムを使うことがあり，機器の中で電力を供給する回路には金，銅，錫などの金属が使われている。

非金属に分類される元素は，常温で気体，液体，固体の状態にある元素で，その数は金属元

1 1A	2 2A	3 3B	4 4B	5 5B	6 6B	7 7B	8	9 8B	10	11 1B	12 2B	13 3A	14 4A	15 5A	16 6A	17 7A	18 8A
Hydrogen 1 H 1.008																	Helium 2 He 4.003
Lithium 3 Li 6.941	Beryllium 4 Be 9.012											Boron 5 B 10.81	Carbon 6 C 12.01	Nitrogen 7 N 14.01	Oxygen 8 O 16.00	Fluorine 9 F 19.00	Neon 10 Ne 20.18
Sodium 11 Na 22.99	Magnesium 12 Mg 24.31											Aluminum 13 Al 26.98	Silicon 14 Si 28.09	Phosphorus 15 P 30.97	Sulfur 16 S 32.07	Chlorine 17 Cl 35.45	Argon 18 Ar 39.95
Potassium 19 K 39.10	Calcium 20 Ca 40.08	Scandium 21 Sc 44.96	Titanium 22 Ti 47.88	Vanadium 23 V 50.94	Chromium 24 Cr 52.00	Manganese 25 Mn 54.94	Iron 26 Fe 55.85	Cobalt 27 Co 58.93	Nickel 28 Ni 58.69	Copper 29 Cu 63.55	Zinc 30 Zn 65.39	Gallium 31 Ga 69.72	Germanium 32 Ge 72.61	Arsenic 33 As 74.92	Selenium 34 Se 78.96	Bromine 35 Br 79.90	Krypton 36 Kr 83.80
Rubidium 37 Rb 85.47	Strontium 38 Sr 87.62	Yttrium 39 Y 88.91	Zirconium 40 Zr 91.22	Niobium 41 Nb 92.91	Molybdenum 42 Mo 95.94	Technetium 43 Tc (98)	Ruthenium 44 Ru 101.1	Rhodium 45 Rh 102.9	Palladium 46 Pd 106.4	Silver 47 Ag 107.9	Cadmium 48 Cd 112.4	Indium 49 In 114.8	Tin 50 Sn 118.7	Antimony 51 Sb 121.8	Tellurium 52 Te 127.6	Iodine 53 I 126.9	Xenon 54 Xe 131.3
Cesium 55 Cs 132.9	Barium 56 Ba 137.3	Lanthanum 57 La 138.9	Hafnium 72 Hf 178.5	Tantalum 73 Ta 180.9	Tungsten 74 W 183.8	Rhenium 75 Re 186.2	Osmium 76 Os 190.2	Iridium 77 Ir 192.2	Platinum 78 Pt 195.1	Gold 79 Au 197.0	Mercury 80 Hg 200.6	Thallium 81 Tl 204.4	Lead 82 Pb 207.2	Bismuth 83 Bi 209.0	Polonium 84 Po (209)	Astatine 85 At (210)	Radon 86 Rn (222)
Francium 87 Fr (223)	Radium 88 Ra (226)	Actinium 89 Ac (227)	Rutherfordium 104 Rf (267)	Dubnium 105 Db (268)	Seaborgium 106 Sg (269)	Bohrium 107 Bh (270)	Hassium 108 Hs (277)	Meitnerium 109 Mt (278)	Darmstadtium 110 Ds (281)	Roentgenium 111 Rg (282)	Copernicium 112 Cn (285)	Nihonium 113 Nh (286)	Flerovium 114 Fl (289)	Moscovium 115 Mc (289)	Livermorium 116 Lv (293)	Tennessine 117 Ts (294)	Oganesson 118 Og (294)

Cerium 58 Ce 140.1	Praseodymium 59 Pr 140.9	Neodymium 60 Nd 144.2	Promethium 61 Pm (145)	Samarium 62 Sm 150.4	Europium 63 Eu 152.0	Gadolinium 64 Gd 157.3	Terbium 65 Tb 158.9	Dysprosium 66 Dy 162.5	Holmium 67 Ho 164.9	Erbium 68 Er 167.3	Thulium 69 Tm 168.9	Ytterbium 70 Yb 173.0	Lutetium 71 Lu 175.0
Thorium 90 Th 232.0	Protactinium 91 Pa 231.0	Uranium 92 U 238.0	Neptunium 93 Np (237)	Plutonium 94 Pu (244)	Americium 95 Am (243)	Curium 96 Cm (247)	Berkelium 97 Bk (247)	Californium 98 Cf (251)	Einsteinium 99 Es (252)	Fermium 100 Fm (257)	Mendelevium 101 Md (258)	Nobelium 102 No (259)	Lawrencium 103 Lr (262)

金属元素
半金属元素
非金属元素

図1.3
元素の周期表。金属元素・半金属元素・非金属元素を色分けして示す。

素に比べて少ない。非金属は熱や電気を通しにくいのが特徴で，固体状態の非金属を薄く伸ばそうとすると割れたり壊れたりしてしまう。金属と非金属の中間的な性質を示す元素として 8 種類の半金属元素が知られている。半金属は，元素周期表で金属と非金属の中間に位置し，完全な金属でもなければ，完全な非金属でもない。電気伝導性も金属と非金属の中間くらいの性質，すなわち半導体性を示す。本章で後述するように，半金属元素であるシリコン（ケイ素）は，全ての電子機器の心臓部である集積回路を形成するために不可欠な材料である。

問 1.3　考察問題

携帯電話の中の周期表

a. 図 1.3 に示す周期表をよく見よう。あなたが持っている携帯電話の中でどの元素が使われていると思うか。
b. 携帯電話には金属・プラスチック・ガラスがたくさん使われている。これらの材料が世界中のどの地域で生産されるのか，材料を作るために必要な資源はどの地域で採集されるのか。インターネットを使って調べてみよう。

補足
分子の中で原子と原子を結び付ける結合について第 2 章で説明する。

分子は二つ以上の非金属原子が結合することで形成される。異なる元素の原子が結合した化合物（例えば CO_2，H_2O，NO_2）は分子であり，同じ元素の原子 2 個が結合した 2 原子分子は七つ（H_2 (*g*)，N_2 (*g*)，O_2 (*g*)，F_2 (*g*)，Cl_2 (*g*)，Br_2 (*l*)，I_2 (*s*)）知られている。

周期表の中で縦に並ぶ元素のグループを**族**と呼ぶ。一つの族に含まれる元素はよく似た性質を持っているために，族は元素を分類するときに便利な指標として使われる。周期表の一番左に位置する族を 1 族，その右隣の族を 2 族という順番に名前を付ける。1 族に属する元素はアルカリ金属という別名で呼ばれることもある。2 族の別名はアルカリ土類金属である。これら二つの族に属する元素を含む化合物を水や土壌に加えるとアルカリ性（塩基性ともいう）を付与することができる。また，天然水が硬水になる主な原因は，アルカリ土類金属が天然水に溶け込むことである。

17 族の非金属元素の別名はハロゲンでフッ素，塩素，臭素，ヨウ素が含まれる。周期表の右端に位置する 18 族は希ガスであり，化学反応をほとんど起こさない不活性な物質として知られている。希ガスであるヘリウムは空気より軽く，気球を揚げるために使われる。同じく希ガスに属するラドンは放射能を発する元素である。

補足

放射能については 7.3 節で詳しく説明する。

問 1.4　練習問題

物質の分類

www.acs.org/cic にある動画を見て物質の分類にもっと詳しくなろう。図 1.2 に挙げた分類法に従って以下の a ～ g までの物質を分類してみよう。

a. 携帯電話　　b. アルミホイル　　c. 赤ワイン
d. 塩素ガス　　e. ステンレス鋼　　f. 食卓塩
g. 砂糖

物質の振る舞いを観察すると，その物質を構成する粒である原子や分子について情報を得ることができる。表 1.1 を見直してみると，物質を構成する原子や分子の詰まり具合や，原子と原子，あるいは分子と分子の間に働く力を予測することができる。多くの場合，原子や分子が互いに近ければ近いほど，それらの原子や分子はより強く引きつけ合うために，固体のような硬い物質を作る。気体を構成する原子や分子は，固体や液体の原子や分子に比べて，はるかに引き離されている（**図 1.4**）。次の問題では，固体，液体，気体の特徴を原子や分子のレベルでうまく説明することを進めていく。

問 1.5　展開問題

固体と液体と気体のモデル

図 1.4 からどのような結論が得られるだろうか。また，図 1.4 に描かれた原子と分子の図は表 1.1 で説明した物質の性質と整合するだろうか。自分が選んだ容器に 15 個の原子から成る固体，液体，または気体を入れた図を描いてみよう。

ヒント：表 1.1 で説明した性質を確かに表現しているかどうかに注意。例えば，固体であるにも関わらず，容器を隙間なく満たしたり，容器の形にぴったり合うようでは適切ではない。

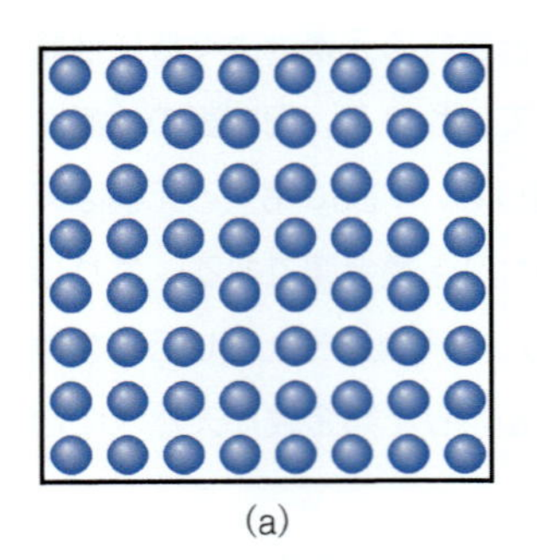
(a)

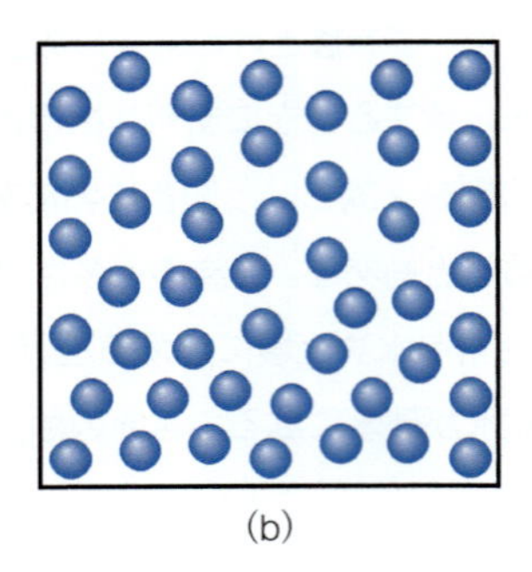
(b)

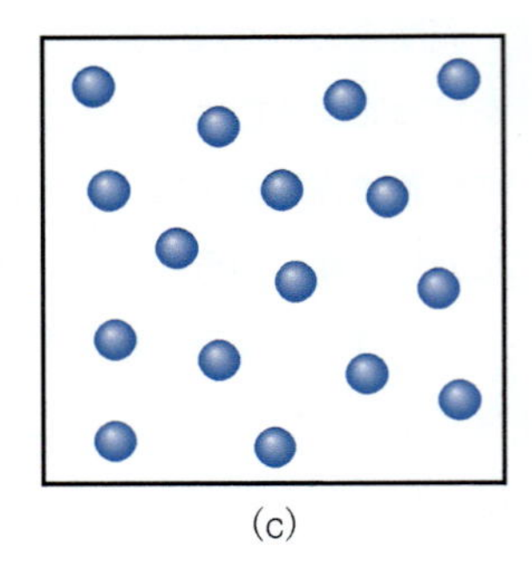
(c)

図1.4
原子または分子のレベルで見た (a) 固体，(b) 液体，(c) 気体。

科学者は何かの現象を理解しようとするとき，問 1.5 に答えようとするあなたと同じように図を描こうとする。水という一つの物質が氷，水，水蒸気という三つの異なる相を取る理由を知るためにはこのような模型が役に立つ。

1.3　さまざまな複雑さ：元素から化合物へ

これまでに人類が発見した元素は 118 種類であるのに対して，純物質として単離され，構造を決定され，分析評価された化合物は 2,000 万種類を超える。その中には水，食塩，ショ糖（砂糖）のように天然に存在し身近な物質もある。一方で，私たち人類が化学的に合成した化合物もたくさんある。読者はたった 118 種類の元素を組み合わせることで，これほど多くの化合物が得られることを不思議に思うかもしれない。しかし，100 万語以上ある英単語がアルファベット 26 文字の組み合わせでできていることを思い出して欲しい！

元素はさまざまな形式で結合する能力を持っている。例えば鉄と酸素を考えよう。融雪剤をまいた道路を車で走ったことがある人なら，車体に Fe_2O_3 という化合物，つまり鉄錆が付くことを知っているだろう。純粋な Fe_2O_3 は質量比で 70%の鉄原子と 30%の酸素原子を含む。100 g の鉄錆は 70 g の鉄原子と 30 g の酸素原子からできていて，それらの原子が結合して鉄錆となっている。どこでどのように作られた鉄錆であっても鉄と酸素を重量比 7：3 で含んでいる。どんな化合物であっても元素比率が変化することはない。

とはいうものの，鉄原子は酸素原子と結合して磁鉄鉱という名前の付いた別の化合物（Fe_3O_4）を作ることがある。純粋な磁鉄鉱は質量比で 72%の鉄原子と 28%の酸素原子を含む。

錆と磁鉄鉱は鉄と酸素の比率がそれほど変わらないにも関わらず，性質は大きく異なる。**図 1.5** に示すように，これら二つの酸化鉄化合物は色が違い，磁石に対する応答が異なる。錆は磁性を持たないが，Fe_3O_4 は地球上で最も強い磁性を持つ鉱物である。クレジットカードの裏面に付いている黒色の帯は磁鉄鉱の細かな粒を印刷したものであり，カード所有者の銀行口座番号などを暗号化して記録している。

動画を見てみよう

Chemistry in Context
Tutorial

ATOMIC %

原子パーセントの計算方法を知りたい読者は www.acs.org/cic を確認しなさい。

(a)　(b)　(c)

図1.5
鉄を含む物質の磁性の比較。(a) 純粋な鉄 (Fe) の粉，(b) 錆 (Fe_2O_3 (*s*))，(c) 鉄線のかけらを引きつけるマグネタイト (Fe_3O_4 (*s*))。
(a)，(b)：©GIPhotoStock/Science Source，(c)：©sciencephotos/Alamy

1.4　見えないものを見る：原子はどれだけ小さいか

私たちを取り巻く世界は，小さいものから大きいものまで，さまざまな大きさの物質でできていることが，この本では繰り返し強調される。まず，あなたが持っている電子機器の中身をサブミクロンを見る目 (1 μm より小さな物質を見る目) で探訪することから始めよう。この節を読み終えたときには，携帯電話を見る目が変わっているはずである。

元素や化合物は原子からできている。原子はこの世の物質を構成する最も小さな構成要素のことである。原子という言葉の語源は「これ以上切り分けることができない」という意味のギリシャ語にある。今日では原子炉の中で起きる高エネルギーの反応 (これを核反応という) を使って原子をさらに分割することも可能だが，通常の化学的あるいは機械的な手段で原子を分割することはできない。

原子はとても小さい。あまりに小さいので，私たちが見たり，触ったり，重さを量ったりするためには膨大な数の原子を集めなければならない。例えば，一滴の水には 5.3×10^{21} 個の原子が含まれている。5.3×10^{21} 個という個数は，地球上の全人口 75 億人のおよそ 1 兆倍にあたる。全員に均等に配るとすると，1 人あたり 1 兆個の原子を配ることができるほどの数である！

これほど大きな数を表すために「5.3×10^{21}」という指数を使った書式が使われていることに注目して欲しい。日常的な 10 進数表記を使うと，この数は 5,300,000,000,000,000,000,000 と書かなければならない。これほど大きな (または小さな) 数を書くときには，たくさんの 0 を使う代わりに，**科学的表記**を使うのが便利である (**図 1.6**)。表したい数の小数点を好みの桁数だけ移動させて，何桁移動させたかを正の指数または負の指数を使って表す。

一つひとつの原子は限りなく小さいが，現在の私たちは個々の原子を好きな位置に並べて，並べた原子の顕微鏡写真を撮ることができる。信じられないと思うかもしれないが，オハイオ大学の研究者たちが銀の原子を並べて作ったスマイリーフェイスを**図 1.7** に示す。この例のように 1 ～ 100 nm (1 nm は 1×10^{-9} m である) の大きさを持つ物質を動かしたり組み上げたりすることを**ナノテクノロジー**と呼ぶ。原子や少数の原子から成る分子は 1 nm より小さいが，DNA やヘモグロビンなどの生体分子やウイルスは 1 ～ 100 nm の大きさを持つ。化粧品，日焼け止め，塗料などにはナノメートルサイズの微粒子が含まれている。図 1.7 に示したスマイ

動画を見てみよう

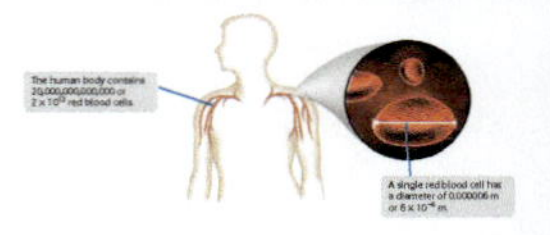

©Cre8tive Studios / Alamy
www.acs.org/cic で大きなものの代表である銀河系と，小さなものの代表である原子の大きさを比べてみよう。

動画を見てみよう

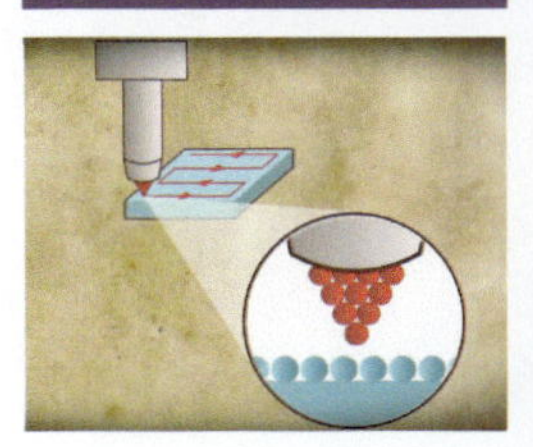

©2018 American Chemical Society
www.acs.org/cic で原子のように小さなものをどうやって写真に撮るのかを知ることができる。

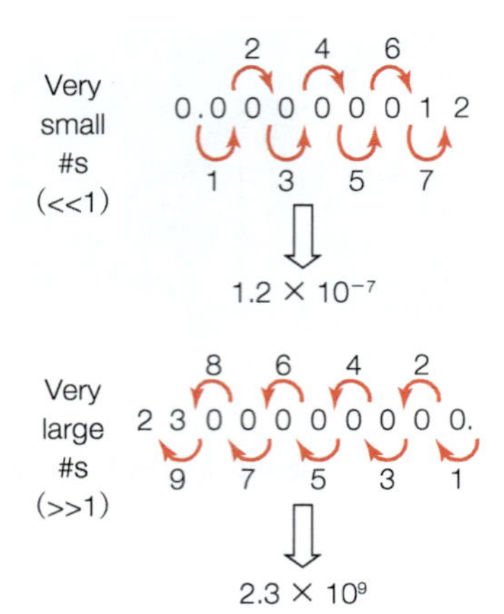

図1.6
指数を使った数の表し方。指数部分の前に付ける数字は 1 ～ 9.99 の間でなければならない。

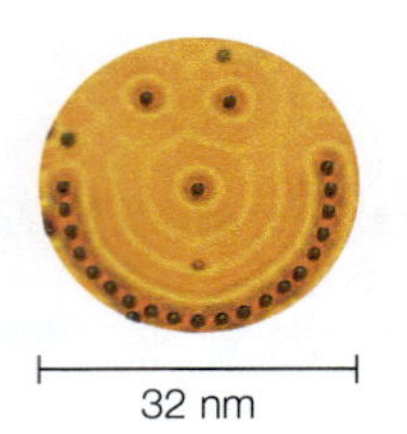

図1.7
走査型トンネル顕微鏡を使って撮影した銀の原子を並べて作ったスマイリーフェイス。

リーフェイスの高さと幅はわずか 32 nm である。この大きさのスマイリーフェイスであれば人間の髪の毛 1 本の断面におよそ 2,500 個を描くことができる！

問 1.6　練習問題

指数を使った数の表し方

a. アメリカの債務と世界の人口を指数を使って表しなさい。
b. 人間の髪の毛の直径はどのくらいかをインターネットで検索して調べて，調べた直径を指数を使って表しなさい。

一つの単位から別の単位に読み替える作業を**次元解析**という。元の単位を新しい単位に読み替えるためには変換係数を掛けたり，変換係数で割ったりする必要がある。**表 1.2** によく使う換算係数をまとめた。例えば 1×10^{-9} m＝1 nm という換算係数を使えば 32 nm を m に換算できる。

表 1.2　メートル法で使う単位と変換係数

倍率	接頭語	記号
10^9	ギガ	G
10^6	メガ	M
10^3	キロ	k
10^2	ヘクト	h
10^1	デカ	da
1*	—	—
10^{-1}	デシ	d
10^{-2}	センチ	c
10^{-3}	ミリ	m
10^{-6}	マイクロ	μ
10^{-9}	ナノ	n

*グラム (g)，リットル (L)，秒 (s) などの基本となる単位。

$$32\ \cancel{nm} \times \frac{1 \times 10^{-9}\ m}{1\ \cancel{nm}} = 3.2 \times 10^{-8}\ m$$

問 1.7　考察問題

単位の変換

私たちの身の回りにあるマクロな世界の長さスケールと，携帯電話の中にある目に見えないほど小さいミクロあるいはサブミクロの長さスケールを探ってみよう。

a. 身の回りにあるものの中から大きさ（長さ・幅・高さ・直径）が mm のものをいくつか挙げなさい。また，cm または m のものも挙げなさい。

b. あなたが持っている携帯電話あるいはタブレット端末の長さと幅と高さを mm・cm・m で表しなさい。普通の書き方（例えば 0.13 m）と指数を使った書き方（1.3×10^{-1} m）の両方を示しなさい。

1.5　何が原子を作っているのか：原子構造

原子の中心には陽子と中性子から成る極小かつ高密度の原子核がある。化学的あるいは機械的な手段で陽子と中性子を原子から取り出すことはできないけれども。陽子は正電荷を帯びた粒子であるのに対して，中性子は電気的に中性の粒子である。陽子と中性子はほとんど同じ質量を持ち，陽子と中性子を合わせた原子核の質量は原子の質量のほぼ全てを占める。原子核を取り巻くように電子が存在し，原子核と電子を合わせたものが原子である。電子の質量は陽子や中性子の質量に比べてはるかに小さい。そして電子は陽子と同じ大きさで符号が逆の電荷，すなわち負電荷を持つ。ゆえに，電気的に中性の原子が持つ電子の数は陽子の数と等しい。陽子・中性子・電子の性質を**表 1.3** にまとめた。負電荷を持つ電子が原子核が持つ正電荷に引き寄せられるために，原子はばらばらになることなく，一つにまとまって存在している。

原子核に含まれる陽子の数（これを**原子番号**という）が原子の性質を決める。例えばどの水素原子（H）もそれぞれ 1 個の陽子を持っているので原子番号は 1 である。同じように，ヘリウム原子（He）は陽子を 2 個を持つので原子番号は 2 となる。図 1.3 に示した周期表では，原子番号は元素名と元素記号の間に記されている。周期表の中で一列に並んだ元素を比べると，左から右へ向かって原子番号が一つずつ増えていることが分かる。原子番号 92 の元素であるウラン原子（U）は 92 個の陽子を持っている。原子はどれも電気的に中性であるから陽子と同数の電子を含まなければならない。従って H 原子は陽子 1 個と電子 1 個を含み，He 原子は陽

表 1.3　原子より小さな素粒子の性質

粒子	相対電荷	相対質量	実際の質量
陽子	＋1	1	1.67×10^{-27} kg
中性子	0	1	1.67×10^{-27} kg
電子	−1	0*	9.11×10^{-31} kg

＊陽子と中性子の質量を 1 として電子の相対質量を計算すると 0.0005 となるので小数点以下を四捨五入して 0 と記した。電子はとても小さいとはいうものの質量を持っていることに注意して欲しい。

出典：The McGraw-Hill Companies, Inc.

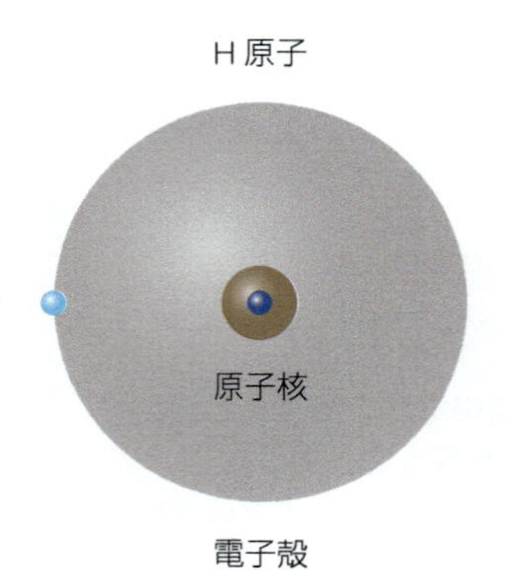

図1.8
水素原子とヘリウム原子の中身。青色の球が陽子，緑色の球が中性子，水色の球が電子を表す。

子 2 個と電子 2 個を含むことになる（**図 1.8**）。

原子核に含まれる陽子と中性子の数の和を**質量数**という。例えば，水素の質量数は 1 であり，これは水素の原子核が陽子 1 個のみからできており中性子を含まないことを示している。ヘリウムの場合は原子番号が 2 で質量数は 4 だから，原子核に陽子と中性子が 2 個ずつあることが分かる（図 1.8）。原子番号，すなわち陽子の数は元素ごとに決まっていて変えることができないが，中性子の数は変わる可能性がある。

補足
第 7 章では同じ元素でありながら異なる数の中性子を持つ原子，すなわち同位体について学ぶ。同位体はエネルギー源としての原子力に関係がある。

問 1.8　練習問題

原子構造

次の原子はそれぞれ何個の陽子と電子を持つか。

a. Ga　　b. Sn　　c. Pb　　d. Fe

次の原子はそれぞれ何個の陽子と電子と中性子を持つか。

a. H（質量数 2）　　b. Cr（質量数 52）　　c. Al（質量数 27）　　d. As（質量数 75）

物質の電気伝導性はその物質の三次元（3D）構造と，その物質が持つ電子の移動しやすさによって決まる。電気伝導は物質内部における電荷の移動であるから，電気伝導性は電子が一つの原子から隣の原子へ移動できるかどうかによって決まる。電子が動きやすい材料の電気伝導性は高い。固体の金属はたくさんの原子が規則正しく整列した 3D 構造を持ち，一つひとつの原子がたくさんの電子，しかも原子に強く束縛されていない電子を持っている。金属の電気伝導性がとても高いのはそのためである。

電気伝導による電子の流れは，熱伝導による熱の流れに似ている。調理器具に金属を使うのは，コンロの熱を鍋やフライパンの中にある食品に効率良く伝えるためである。同様に，電線に金属を使うのは，電子をある場所から別の場所に効率良く運ぶためである。

電気伝導性のある材料を挙げてみよう。銅は高い伝導性を持つ材料としてよく知られている。アルミニウム，銀，金など金属はどれも伝導性を持つ。周期表に載っている 118 種類の元素の中で，金属元素は最も伝導性が高いグループである。スクリーンのような電気伝導を必要とする製品を製造するときに，金属を使うことが多いのはこの理由による。

1.6　元素単位の構造

私たちの身の回りには，ある一つの元素の原子が複数集まって出来上がった物質がいくつもある。中には元素が同じでも原子の並び方が異なるために，別の物質になるものもあり，そのような物質を**同素体**と呼ぶ。水素ガス（H_2 (*g*)）や窒素ガス（N_2 (*g*)）のように同じ元素の原子2 個が結合してできた 2 原子分子がある。3 個以上の原子を構造単位とする元素もあって，例えば硫黄は 8 個の硫黄原子（S_8）が環状に結合した構造を好み，リンでは 4 原子（P_4）の構造単位がつながることが多い。炭素は 3 種類の同素体を作ることが知られている。黒鉛（グラファイト），ダイヤモンド，そして多くの炭素原子がサッカーボールのような形でつながったバックミンスターフラーレンである（**図** 1.9）。

周期表に記載されている 118 種類の元素の 80%は金属である。携帯電話のような電子機器にはアルミニウム，銅，ニッケル，リチウム，スズ，鉛をはじめとしてさまざまな金属が使われている。電子機器に使うための金属は極めて純度が高くなければならないが，そのように高純度の状態では天然に存在しない。裏庭を掘り返したら鉄，アルミニウム，スズなどの純粋な金属が出てきたら素晴らしいが，そのようなことは起こらない。金のような貴金属を少数の例外として，金属元素は純粋な状態で自然界に存在しない。純粋な金属が欲しかったら，その金属を含む化合物を採取して精錬する必要がある。

アルミニウム（Al）を例に取ろう。アルミニウムは飲み物を入れる容器だけでなく，自動車でもたくさん使われている。とても軽い上に，鉄のように錆びることがないからである。MacBook Pro や iPad のような携帯電子機器のケースにもアルミニウムが使われている。軽くてリサイクルしやすいことが理由である。

アルミニウムは地殻中に容易に見出される元素である（**図** 1.10）が，純粋なアルミニウム金属としては自然界に存在しない。アルミニウムを含む多くの元素は，大気に含まれる酸素ガス（O_2）と反応して，反応する前の物質に比べて安定な化合物を作る。そのために，アルミニウムをはじめとする多くの金属元素は**岩石**，すなわち**鉱物**として知られる固体化合物が混合した塊に含まれている。地殻の元素構成を考えれば，酸素を含んださまざまな鉱物（すなわちさまざまな金属酸化物）の混合物が岩石であることは当然といって良い。シリコンが酸素と組み合わされればケイ酸塩鉱物となり，アルミニウムと酸素からはアルミン酸塩鉱物ができる。シリコンとアルミニウムの両方と酸素から成る鉱物はなんと呼ばれるか。そう，アルミノケイ酸塩である。アルミノケイ酸塩鉱物は私たちが目にする岩石に含まれていることがある。

アルミニウムを含む岩石の典型例としてボーキサイトの写真を**図** 1.11 に示す。ボーキサイ

ジャマイカやベトナムなどにも未採掘のボーキサイトがある。粘土やオイルシェール，石炭採掘で生じる廃鉱石など，ボーキサイト以外の天然資源からアルミニウムを生産する可能性もある。

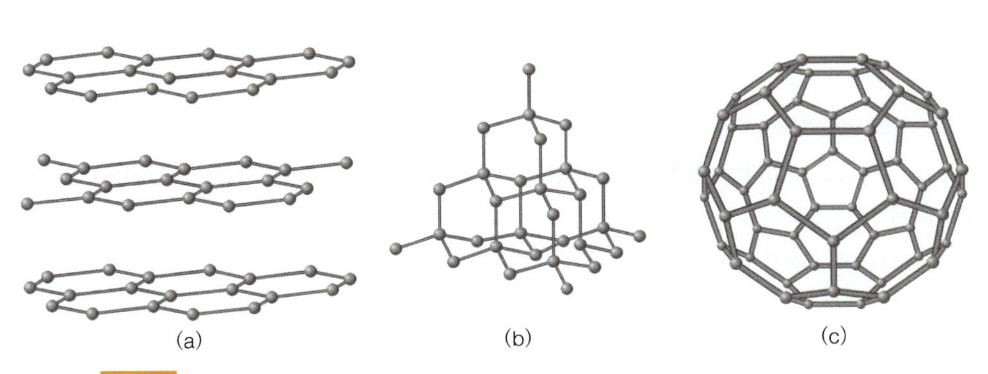

図1.9　**資料室**
炭素の 3 形態：(a) 黒鉛（グラファイト），(b) ダイヤモンド，(c) バックミンスターフラーレン（C60）。それぞれの形態の三次元原子配列を知りたければ www.acs.org/cic を参照のこと。

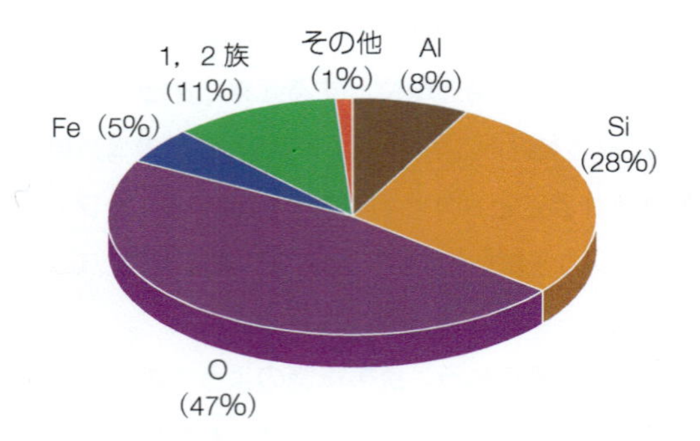

図1.10
地球の地殻に含まれる元素の割合。

図1.11
ボーキサイトの断面写真。いくつもの鉱物の塊が混ざり合っていることが分かる。鉄とチタンの酸化物に加えて，ギブサイト（$Al(OH)_3$）やボーマイト（AlO（OH））が含まれている。
©Doug Sherman/Geofile

トはオーストラリア，ギニア，中国，インドネシア，ブラジルから主に産出される岩石である。色や形の異なる粒状の塊がたくさん集まって岩石を作っていることが分かる。つまりボーキサイトは不均一な物質である。たくさんの塊の中から一つを取り出したとしよう。その一つの塊の中はどこを取っても同じ組成だったとすると，それは 1 種類の鉱物，すなわち 1 種類の化合物からできていることになる。

問 1.9　考察問題

鉱物

アルミニウムだけでなく，スカンジウムやイットリウムなどの希土類金属（レアアース）が携帯電話や電子機器に使われている。これらの金属を精錬するために必要な鉱物はどのようなもので，それらの鉱物資源は世界のどこで発見されているか。

混合物の組成を表すには，それぞれの成分の相対濃度をパーセントで表記することが一般的である。その混合物が固体であるなら質量で表した濃度を使うと便利である。以下の例で考えてみよう。

200.0 g のボーキサイトが 100.0 g のギブサイト，50.5 g のベーマイト，そして 49.5 g の酸化鉄で構成されているとしよう。このボーキサイトの相対濃度は，

ギブサイトが 50.00%（ギブサイト 100.0 g÷ボーキサイト全体 200.0 g×100%）

ベーマイトが 25.3%（ベーマイト 50.5 g÷ボーキサイト全体 200.0 g×100%）

酸化鉄 24.7%（酸化鉄 49.5 g÷ボーキサイト全体 200.0 g×100%）

濃度合計＝50.00%＋25.3%＋24.7%＝100.0%

注：ボーキサイトを構成する鉱物の濃度をもれなく調べたのであれば合計は 100%にならなければならない。

目当ての金属を高い濃度で含む岩石を鉱石と呼ぶ。鉱石という言葉は採掘して初めて手に入る岩石を指すために使うことが普通である。採掘して金属に精錬したら何百万ドルという価値のある鉱床であっても，その鉱床が僻地にあったり，採掘から精錬にかかるコストが大きい場合には経済的に引き合うとは限らない。例えばカナダ北部の人里離れた場所に 1 億ドル相当の鉱床があったとしても，採掘と精錬に 1 億ドルを越える費用がかかるとしたら鉱山として開発されることはないだろう。鉱石から純粋な金属元素を取り出すには多段階の精錬工程と高温での化学反応が必要で，そのどちらもが高価な装置を必要とする。

鉱石から金属を抽出し精錬するプロセスは冶金として知られている。粉砕した鉱石から金属を含む成分を抽出し濃縮した後に，純粋な金属を分離回収するために高温での化学反応が施される。例えば，鉄や銅の酸化物は炭（バーベキューで使う炭とほぼ同じもの）と反応させる。このとき炭素は金属鉱石に含まれる酸素と 1,000℃を超える温度で反応して金属元素を遊離する。銅鉱石の場合であれば，

$$CuO\,(s) + C\,(s) \rightarrow CO\,(g) + Cu\,(s)$$

という単純な化学変化が起きる。

スズや鉛であれば 1,000℃もの高温をかけなくても同じように炭と反応させて金属元素を取り出すことができる。古代に生きた人たちがたき火を使ってスズや鉛を手に入れたことの背景にはこのような理屈がある。このようにして得た金属の純度を高くしようとすると，さらにいろいろな精錬と加工の工程が必要である。

元素の鉱石からの金属元素の分離は化学変化の一例である。化学変化とは，出発物質と異なる化学組成を持つ物質が生成するような変化を指す。銅鉱石の精錬であれば，酸化銅が金属銅に変換されており，酸化銅（CuO）と金属銅（Cu）の化学組成が異なるから，これは化学変化である。化学組成が変わることなく物質の相が変わる場合には物理変化が起きたといえる。一例を挙げると，氷が溶けて水に変わるとき固体から液体への変化が起きるが，物質の化学組成は H_2O のまま変わらない。砂糖を水に溶かして砂糖水を作ることも物理変化の一つである。砂糖水になっても，砂糖と水の化学組成が変わったわけではないからである。

動画を見てみよう

©Shutterstock/trubitsyn

金属の採掘と精錬に必要な化学反応の詳細については，この動画を確認しなさい。

www.acs.org/cic

問 1.10　練習問題

物理変化それとも化学変化

a ～ f の現象では物理変化または化学変化のどちらが生じているか。

a. マッチに火を付ける　　b. ケーキを焼く

c. ガラスを割る　　d. リンゴの切り口が茶色に変色する

e. 湯を沸騰させる　　f. 鉄が錆びる

1.7　携帯電話はビーチから始まった：砂からシリコンを作る

問 1.11　展開問題

携帯電話を設計する

あなたは億万長者で次世代の革命的な携帯電話を設計するアイディアを練っているとする。

a. 次世代携帯電話にとって最も大切な性能は何か。
b. その電話機にはどんな元素を使う必要があるか。また，その元素を使わなければならない理由はなにか。

問 1.11 で，携帯電話は軽くて長持ちしなければならないし，応答速度が速いことが絶対必要であると答えた読者が多かったであろう。お天気アプリのアイコンをタッチすると，世界中どこの天気と気温でも瞬時に表示できる。こんなことができるのは，電子機器の心臓部であるマイクロプロセッサー（マイクロチップともいう）が絶え間なく改良されて，とてつもなく速い演算による情報処理が実現しているからである。ノートパソコンやデスクトップパソコン，さらにはコーヒーメーカーや携帯電話を制御しているマイクロプロセッサーは，その全てがシリコン（ケイ素，Si）という元素を使っている。

普通の砂を地球上のあらゆる電子機器に使用されている超高純度のシリコンに変えるプロセスは，化学の最も巧みな応用例といえる。アルミニウムなどの金属の場合と同様に，地殻には多量の酸素が含まれるために（図 1.10）純粋なシリコンは自然界に存在しない。その代わりに，シリコン（Si）が酸素（O）と結合した化合物である SiO_2（二酸化ケイ素）となって，普通の砂やシリカの中に存在している。

酸素を含まない純粋な Si を製造するには，まず砂を炭素と反応させて原子純度 95 ～ 98% のシリコンを作る。この純度のシリコンは，シリコン原子 100 個に対して 2 ～ 5 個の不純物原子（リン，ホウ素，炭素，酸素やさまざまな金属元素）を含んでいて，そのままではマイクロプロセッサーの製造に使うことができない。

マイクロプロセッサーを作るためには，シリコンの純度は少なくとも 99.9999999%でなければならない。9 が九つ並んだこの純度を 9 N（ナイン）と呼ぶ。今では純度 99.9999999999%，つまり 12 N のシリコンを製造する企業もある！ 不純物の量をパーセントで示すと，9 N シリコンは 0.0000001%，12 N シリコンなら 0.0000000001%というとてつもなく小さな数字になる。

多くの 0 を持つ数字を使う代わりに，このように小さな不純物濃度を 100 万分の 1（1 ppm）または 10 億分の 1（1 ppb）と書くことがよくある。シリコン原子 100 万個に対して不純物原子が 1 個存在するときの不純物濃度は 1 ppm で，シリコン原子 10 億個に不純物原子が 1 個あるなら 1 ppb となる。純度 9 N のシリコンの不純物濃度は 0.001 ppm あるいは 1 ppb である。このように小さな不純物濃度を視覚化してみよう。シリコン原子を黄色のテニスボール，不純物原子を赤色のテニスボールで表すことにして，テニスボールをあなたの家の玄関先から月に届くまで積み重ねたとしよう。シリコンの純度が 9 N であれば，月まで積み重ねた黄色のボー

補足

ppm や ppb で濃度を表すやり方は，大気汚染や水質汚染を取り扱う章などで低い濃度を表すときにまた出てくる。

ルのうち六つだけが赤色のボールになる。シリコンの純度が 12 N だったら，玄関から月までの積み重ねを 170 回繰り返して，そのなかにたった一つだけ赤いボールが含まれることになる！

高純度のシリコン結晶を材料にして最終製品であるコンピューターチップを作るためには何百段階もの工程が必要で，それらの工程はクリーンルームという特別な部屋の中で行わなければならない。チップに小さなゴミ（塵埃）が付着すると動作不能を引き起こすので，汚染を防ぐためにクリーンルームでは錆びにくいステンレスが多用され，塵埃の堆積を避けるために床をわざと少し傾けてある。さらに，小さな穴の開いた床タイルや特殊な天井タイルを使って空気の循環を促進している。クリーンルームに入ろうとする人は誰であってもバニースーツという糸くずが付かず静電気防止効果のある白いつなぎ服を着なければならない（**図 1.12**）。クリーンルームに入室するためには，靴底についた塵埃を取り除くための粘着パッドの上を歩いて，バニースーツに付いた塵埃を吹き飛ばすためのエアシャワーを浴びなければならない。クリーンルームがどの程度清潔であるかを，室内に浮遊している 0.5 μm 以上の大きさを持つ塵埃の数で格付けすることがよく行われる。マイクロチップを製造するためのクリーンルームでは塵埃の数は 1 m^3 あたり 350 個を越えてはならない。私たちが暮らしている普通の環境では 1 m^3 あたり 35,000,000 個の塵埃が浮遊している。クリーンルームがどれだけ清潔であるかを想像して欲しい。

マイクロチップは今や米一粒くらいの大きさしかないが（**図 1.13**），それでもなおコンピューターや携帯電子機器を動作させるために必要な演算を行うトランジスタを何十億個も含んでいる。実のところ，コンピューターや携帯電話を動かしているマイクロチップは工学的な驚異であり，この驚異は砂から純粋なシリコンを取り出すことができなければ成立し得ないのである！

動画を見てみよう

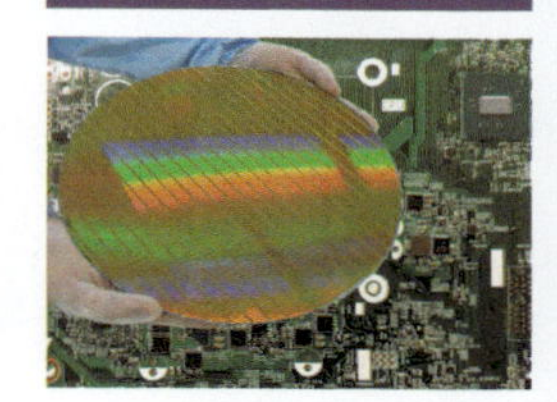

©M S Mikel/Shutterstock

マイクロチップの製造工程を撮影した動画を www.acs.org/cic から視聴できる。

ファブ（fab）と略称されることもあるマイクロチップを製造する施設を造るには 10 億ドルもの工費がかかる。

図1.12
中国天津市にある Sanan Optoelectronics 社のクリーンルームで作業する技術者たち。
©Bradley D. Fahlman

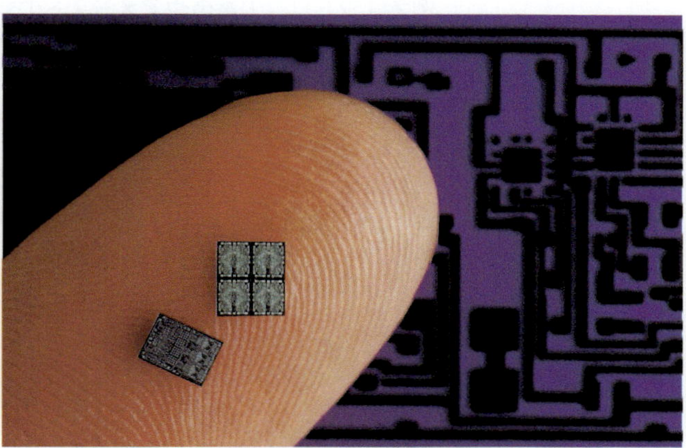

図1.13
指の先に載せたマイクロプロセッサーなどのシリコンチップ。
©age fotostock/Alamy

1.8 シリコンだけじゃない：砂からガラスを作る

ここまで携帯電子機器に使う金属と半導体について述べてきた。一方で，スクリーンのひび割れた携帯電話を使ったことのある人なら，携帯電子機器にはガラスも必要なことをよく知っているだろう。高純度のシリコンだけでなく，透明なガラスも砂から作ることができるのだ。

問 1.12　考察問題

光と物質の相互作用

a～g に挙げた物体の表面に光を当てると，光はそのまま透過するか，反射されるか，それとも吸収されるか予測してみよう。また，その予測が当たっているかどうかをレーザーポインターを使って確かめよう。

a. 窓ガラス
b. 液晶ディスプレイ
c. プラズマディスプレイ
d. コンクリートでできた歩道
e. アスファルトでできた道路
f. 陶器の板
g. 綿のシャツ

携帯電話のスクリーンはどのような性質を備えていなければならないか。透明で傷が付きにくく，たとえ割れても飛び散らないことが必要である。これらの性質を備えた材料を見つけるためのヒントは自然界にあった。地殻を構成する主な物質の一つがシリカ（二酸化ケイ素，$SiO_2(s)$）である。シリカにはさまざまな種類があって，組成や構造に応じて異なる性質を持っている。

シリカを構成する多数のシリコン原子と多数の酸素原子は互いに結合してクモの巣のような構造を作っている。天然に産出する二酸化ケイ素の中にはシリコン原子と酸素原子が規則正しく整列した構造を持つものがある。このような規則正しい，秩序を持つ物質を**結晶**と呼ぶ。純粋な二酸化ケイ素の結晶は石英と名付けられた無色透明の鉱物であり，砂の主成分でもある（**図 1.14**）。鉱物結晶の中に他の元素がわずかに含まれていると鉱物に色が付くことがある。例えばシトリンの黄色やアメジストの紫色は二酸化ケイ素結晶に微量に含まれた鉄に由来する（**図 1.15**）。

図1.14
アメリカ・フロリダ州のビックタルボット島で採取した砂の光学顕微鏡写真。一つひとつの砂粒は小さなシリカ（二酸化ケイ素）結晶である。
©Sabrina Pintus/Getty Images

(a)

(b)

図1.15
微量の鉄を不純物として含む石英の結晶。(a) シトリン，(b) アメジスト。
(a)：©TinaImages/Shutterstock，(b)：©Alexander Hoffmann/Shutterstock

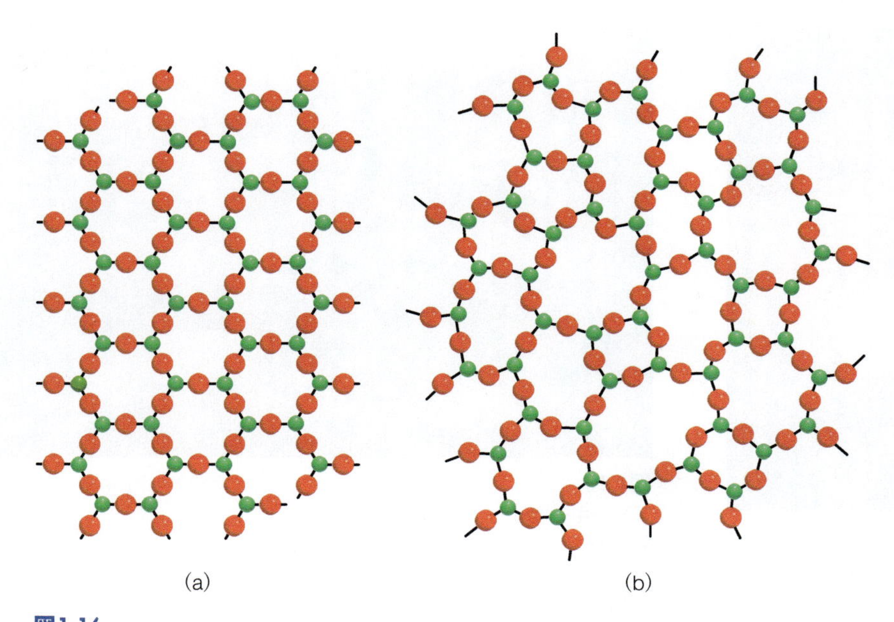

図1.16
(a) 石英結晶と (b) 非晶質ガラスの原子配列。

秩序だった原子配列を持つ石英とは対照的に，ガラスを構成するシリコン原子と酸素原子は無秩序に並んでおり，シリコンと酸素をつなぐ化学結合は無作為に張り巡らされている (**図 1.16**)。なんと複雑な網の目だろう！ ガラスのように無秩序な構造を持つ物質を**非晶質**固体と呼ぶ。ガラスは二酸化ケイ素の結晶である石英に比べて脆いものの，熱を加えて液体のような状態に溶かした上で，さまざまな形に成形できる。

シリカガラスは普通の砂を融点まで加熱して (**図 1.17**)，溶けた液体を冷却凝固して作る。加過熱前の原料にさまざまな添加物を異なる量で混ぜることによって，出来上がったガラスにさまざまな性質を付与できる。例えば，調理器具などに使われるパイレックスガラスは，シリコンと酸素に加えてホウ素 (B) やナトリウム (Na)，アルミニウム (Al)，カリウム (K) などの元素を含む。シリコンと酸素のみからできたガラスにこれらの元素を加えることで加熱したときの膨張と冷却したときの収縮を抑制できる。ガラスの熱膨張と収縮を抑えることができれば，加熱冷却による割れを防ぐ効果がある。

問 1.12 で試したように，結晶した石英であれ非晶質のガラスであれ二酸化ケイ素に光を当てると，光はそのまま真っ直ぐに進んで二酸化ケイ素を通り抜ける。つまり二酸化ケイ素は透明である。その二酸化ケイ素の中に，ミクロのレベルで周りと構造や組成が違う部分が点在していると，通過しようとする光の経路が曲げられるために光が透過できなくなって，その二酸化ケイ素は透明でなくなるかもしれない。純粋な石英結晶はどこでも同じ構造を持つので間違いなく透明である。しかし**図 1.18** に示したスモーキークォーツ (煙水晶) は，不純物などが混在するために不透明になった水晶の例である。非晶質のガラスは構成原子一つひとつに注目すると並び方にばらつきがあるが，ばらつき方がどこでも同じなので光を透過する透明な材料である。よく知られたことであるが，太古の昔からガラス職人たちはガラスを着色したり不透明にする添加物をいくつも見出してきた。ヨーロッパで建造された教会堂などによく見られるス

図1.17
1,500℃に加熱して溶かした砂をるつぼから型に流し込む作業。
©James L. Amos/Science Source

図1.18
スモーキークォーツ（煙水晶）。
©Bradley D. Fahlman

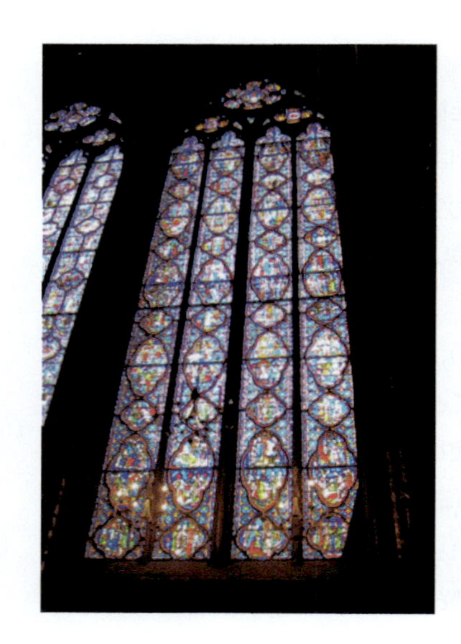

図1.19
フランス・パリにあるサント・シャペル教会堂を飾るステンドグラス。
©John S. Kirk

メンデレーエフの家族経営のガラス工房での経験は，彼の元素への興味と定期的な配置への探究心を刺激した。

テンドグラスは着色ガラスの美しい応用事例である。パリのサント・シャペル教会堂を飾るステンドグラスを**図 1.19** に示す。この美しいステンドグラスの赤いガラスはナノメートルサイズの金粒子をガラスに混ぜ込むことによって着色されている！

子供の頃リビングで騒いだり，駐車している車の近くでボール遊びをしたり，携帯端末を落としたりしたことがある人なら，ガラスが壊れやすいことをよく知っているだろう。そのため，ガラスを壊れにくく，また傷つきにくくするために多くの研究がなされてきた。17 世紀には，溶かしたガラスのしずくを冷水にいれて急冷すると，ハンマーの一撃に耐えられるほど硬いガラスができることが発見された。しかし，こうして作ったしずく状のガラス（オランダの涙という名前で呼ばれる）の尾の部分に力を加えると，ガラス全体が爆発的に砕け散ってしまう。オランダの涙が硬い理由は，溶かしたガラスのしずくが冷水の中で固まるときに，しずくの内側がまだ熱く溶けている間に，外側が冷たくなって固まることにある。ガラスに限らず物質を冷やすと熱収縮するが，オランダの涙の外表面は先に凍ってしまうために縮むことができない。にも関わらず，内部のガラスは温度が下がって凝固するときに外表面のガラスを内側へ引きずり込もうとする。このとき，オランダの涙の内部に強い応力が発生する。オランダの涙を参考にしてさまざまに開発されてきた強化ガラスは，内部応力を作り出すように工夫した熱処理を施されている。このようにして製造される熱強化ガラスは万一割れてしまうと爆発的に砕け散ってしまうので，薄いプラスチックフィルムをコーティングして利用することが多い。熱強化した車のフロントガラスが割れてしまっても，その破片はとても小さく，プラスチックフィルムにくっついて離れないために，運転手がガラス破片によってひどい怪我をすることはまれである（**図 1.20**）。

熱処理だけでなく化学的な処理でもガラスを強化することができる。コーニングというガラス会社は化学処理によって強靭な耐傷性ガラス，通称ゴリラガラスを製造して携帯電話，タブレット，ノートパソコンなど，さまざまなモバイル機器のスクリーンを作るために供給している。このガラスは理論的には 10 GPa の圧力に耐えられる。10 GPa とは 10 万頭の象に踏まれたときの圧力に相当する（**図 1.21**）！このガラスの驚異的な強度は，ガラスを溶融した硝酸カリウム（KNO_3）に浸すことで発現する。**図 1.22** に示すように，溶融した硝酸カリウムに含まれるカリウムイオン（K^+）が，ガラス表面のナトリウムイオン（Na^+）と置き換わる。カリウムイオンはナトリウムイオンより大きいので，オランダの涙のときのように内部応力が発生する。ゴリラガラスでできたスクリーンは落としても割れにくいし，傷も付きにくいが，万一割れたときには飛散してしまうかもしれないので，プラスチックフィルムを貼っておく必要がある。

コーニングをはじめとするガラス製造会社は，電子機器のスクリーンに使用する新しい素材の研究に積極的に取り組んでいる。ガラスのような非晶質材料だけでなく，結晶性の材料も研究の対象である。一つの可能性はサファイアガラスである。サファイアは石英よりも硬く，ダイヤモンドの次に硬い宝石である。サファイアは酸化アルミニウムでできていて，その硬さはゴリラガラスの 3 倍にもなる。

動画を見てみよう

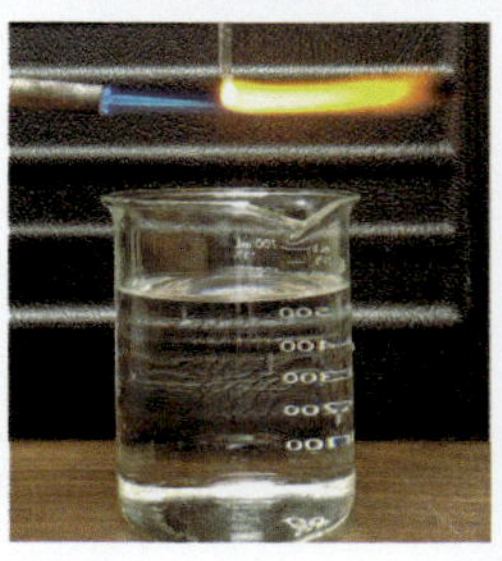

©Bradley D. Fahlman
オランダの涙の作り方を動画で見てみよう。
www.acs.org/cic

補足

表 1.2 に示したように，1 GPa（1 ギガパスカル）という圧力は 1×10^9 Pa，すなわち 1 kPa の 1,000,000 倍，1 MPa の 1,000 倍の圧力である。

動画を見てみよう

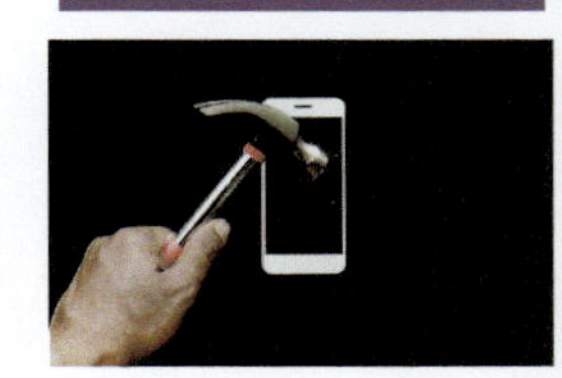

©HAKINMHAN/Shutterstock
ゴリラガラス製造の詳細を説明する動画が www.acs.org/cic にある。

図1.20
割れてしまったフロントガラス。砕けたガラスの破片はプラスチックフィルムにくっついて飛散しない。
©Esa Hiltula/Alamy

図1.21
象の足で踏まれたときにかかる圧力。10 GPa の圧力とは体重 4 t の象 10 万頭に踏まれたときの圧力と同じである！
©Bradley D. Fahlman

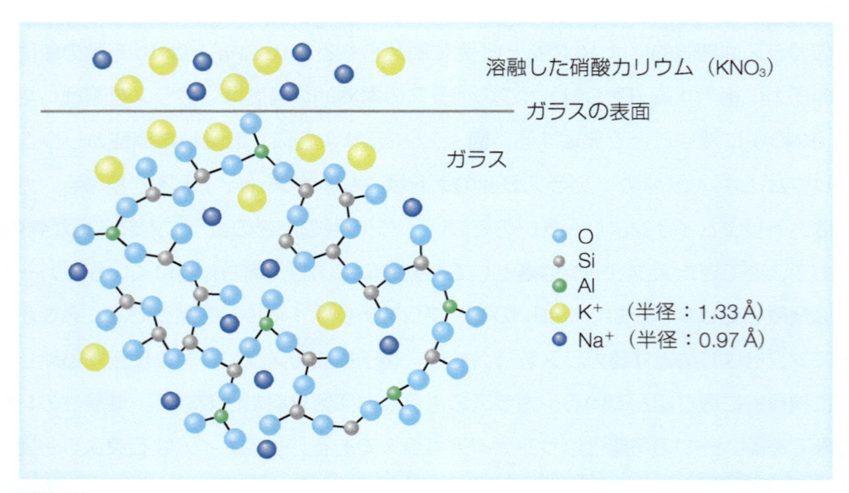

図1.22
ゴリラガラスの原子レベル構造。ガラス表面にあるナトリウムイオン（Na^+）がカリウムイオン（K^+）で置き換えられている。

動画を見てみよう

質量と重量は本来は異なる物理量である。しかし，私たちはしばしばこの二つを同じ意味で使っている。例えば，私たちは人の体重（重量）が 77 kg（質量）であるという。この対応関係は，地表における重力加速度は一定であるという仮定の基で成り立っている。より詳しい内容を www.acs.org/cic にある動画で確認してみよう。
出典：NASA

サファイアを人工的に作るには，酸化アルミニウム（Al_2O_3）の粉末を 1,800℃というとても高い温度に加熱する必要がある。サファイアの結晶はゆっくりと成長するので，大きな結晶を 1 個作るために 2 週間以上の時間がかかる。適当な大きさまで成長した結晶を取り出して，ダイヤモンドカッターまたはレーザー加工機を使って目的の形に切断する。サファイアは非常に硬いがガラスよりも密度が高い。つまり，同じ大きさで同じ厚さに切断すると，サファイアの方がガラスより重くなる。質量 100 g のガラスと同じ体積を持つサファイアの質量は 167 g になる。サファイアの合成にかかるコストと時間はガラスの合成に比べて大きいが，合成法の改良が進んでおりコストは少しずつ下がっている。その結果として，サファイアはバーコードスキャナーや飛行機の窓，高級時計など，激しい摩擦・摩耗にさらされる部品の表面に使われている。さらなる生産技術の向上により，電子機器のスクリーンにサファイアが採用される日が来るかもしれない。

1.9　揺りかごから墓場まで：携帯電話のライフサイクル

世界中で使用されている携帯電話の台数は人口増加を上回る速度で増えている。ゆえに，携帯電話の製造，使用，廃棄が地球環境に与える影響を正しく理解することが大切である。「揺りかごから墓場まで」という表現は，ある製品を製造するための原料採集から，使い終わった製品の廃棄と最終処分までの営みを総体として分析する考え方である。

電池，ペットボトル，T シャツ，掃除用具，ランニングシューズ，そしてもちろん携帯電話など，私たちが毎日当たり前のように使っているもの，つまり買っては捨てているものを思い浮かべて欲しい。その物品はどこから来たのか。使い終わった物品はどうなるのか。1 人ひとりの市民が，地域社会が，そして企業も，このような問いかけの重要性をこれまで以上に認識しつつある。「揺りかごから墓場まで」とは，物品が廃棄されて最終処分されるまでのプロセスを一つひとつ考えることを表す言葉である。

エレクトロニクス機器を製造販売する企業が梱包材にファイバーボード（細かい木材の繊維と接着剤を高温で圧縮して作る板材）や非木質繊維を使うことが増えている。ここで使われる繊維は竹やサトウキビの廃材，持続可能性に配慮して育成された樹木廃材などをリサイクルして入手したものである。

考えやすい例として，買ったばかりでピカピカの携帯電話を包んでいる発泡スチロール梱包材を考えてみよう。発泡スチロールの原料は石油である。従って，この梱包材の“揺りかご”はおそらくはどこかの油田であり，例えばカナダのアルバータ州にある油田であったとしよう。油田で採掘された原油はカナダまたはアメリカにある製油所に運ばれ，さまざまな処理を施されてスチレンに変換される。多数のスチレン分子（C_8H_8）をつなぎ合わせる（重合する）ことによってポリスチレン（発泡スチロール）ができる。発泡スチロールが保温性のある使い捨てコーヒーカップや弁当容器，その他さまざまな用途で使われていることはご存じだろう。こうして製造された発泡スチロールは製油所から中国や台湾にある工場へ輸送され（輸送の過程で消費されるジェット燃料やディーゼル燃料も石油由来の産物である），携帯電話の梱包材になるよう成型されて，あなたの元へ出荷されるのだ。

第 9 章では，さまざまなプラスチックの使い道とリサイクルの方策について考える。

あなたは新しい携帯電話を箱から取り出した後，この梱包材をどう扱うだろうか。ゴミ箱に捨てる，しかしこれでは「揺りかごからゴミ箱まで」を考えたのであって，「揺りかごから墓場まで」を考えたことにならない。墓場とは，ある物体が最終的に行き着く先を表す言葉である。他のプラスチック類とは異なり，リサイクルの難しいポリスチレンはどこかに投棄されてしまう。埋め立てに使われたり，都市生活ゴミや海洋ゴミとなったポリスチレンは二酸化炭素と水にゆっくりと，おそらく 1,000 年という時間をかけて分解される。長い分解サイクルの間には有毒な物質に変わってしまうことだってあるかもしれない。

「揺りかごからどこにあるかわからない墓場まで」では物語としてはお粗末なものだ。もし，ポリスチレン廃棄物を新しい製品の原料に使うことができたり，ポリスチレンのままの状態でうまく再利用できるなら，現状よりずっとましな，持続可能な物語を作ることができるだろう。1970 年代に提唱された「**揺りかごから揺りかごへ**」という考え方は，ある製品のライフサイクルの終わりと，別の製品のライフサイクルの始まりを一致させることで，なに一つ捨てることのない，全てを再利用するような物質循環を目指している。工業製品を最終処分する方法を**持続可能性**という視点から考えるとき重要な要件が三つある。

- 環境要件：環境汚染の防止と天然資源の利用

• 社会要件：全ての社会構成員の生活の質の向上
• 経済要件：資源の公正かつ効率的な分配

動画を見てみよう

スマホの内部構造を説明する動画が www.acs.org/cic にある。

携帯電話は世界の各地から集めた多種多様な部品の集合体であるから，単一素材からできた梱包材に比べて，はるかに複雑なライフサイクルをたどるであろうことは想像に難くない。携帯電話を構成する部品の 4 割が金属，4 割がプラスチック，残る 2 割はセラミックとガラスである。電気や熱の伝導性，耐久性，可鍛性（複雑な形状に曲げることができる性質）に優れた金属は電子回路，電池，スクリーンなどに使われる。対照的に軽量で安価，成形可能なプラスチックは，保護ケースやマイクロチップのパッケージの材料として優れている。セラミックとガラスに可鍛性を期待することはできないが電気絶縁性がある。ガラスはディスプレイを保護する透明板として，セラミックは電子回路を作る基板やスピーカー，アンテナに使われる。

さて，携帯電話のように精密に設計された機械を製造するために必要となるエネルギーはどのくらいだろうか。携帯電子機器はより小さく，より薄く，そしてより少ない電力で動作するようにモデルチェンジを繰り返している。それでは機器を製造するためのエネルギーも減っているのだろうか。そんなことはない。原材料の採掘から始めるような，機器を製造するために必要なエネルギーが，ライフサイクル全体で使われるエネルギーの 9 割を占めている！白熱電球，掃除機，電子レンジなどのハイテクとは縁の薄い製品では，まったく逆に，製品を製造するために費やされるエネルギーよりも，製品を使うために必要なエネルギーがはるかに多い（**図 1.23**）。自動車もかつてはローテク製品の一つであり，自動車を走らせるためにハイテク機器は必要なかった。しかし現在では，車載マイクロプロセッサーが燃料噴射から排気ガスの

エネルギーは物体から物体へと移転することはできるが，エネルギーを新たに作り出したり，破壊したりすることはできない。

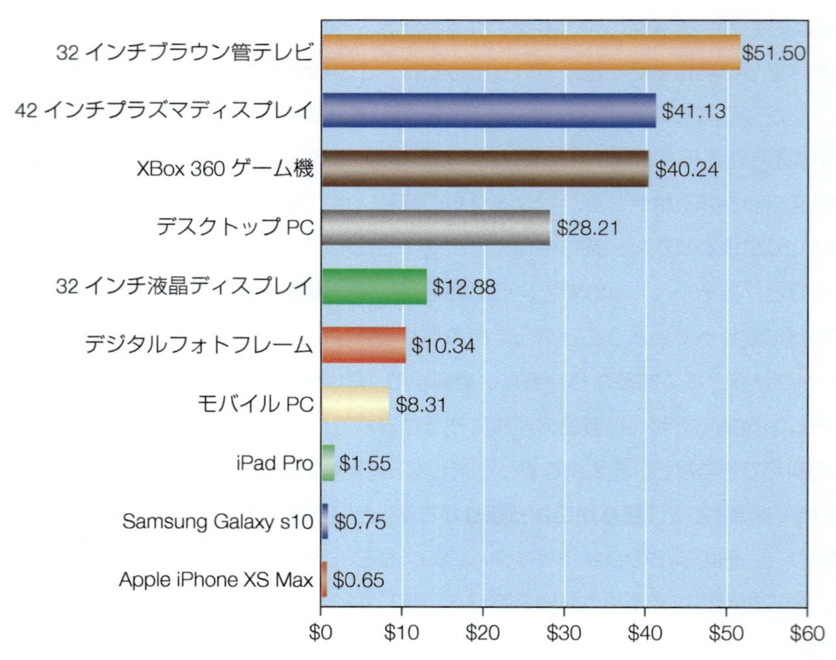

図1.23
電子機器の年間運転コストの比較。アメリカの平均的な家庭用電気料金 0.12 ドル/kWh に基づいて金額を見積もった。

排出に至るまで，自動車走行をあらゆる面から制御している。ハイテク機器を生産するために必要なエネルギーが増えている主な理由を挙げる。

- 製造にたくさんの材料や部品が必要であること。原材料の採掘や精錬，そしてセラミックやプラスチックの製造に多くのコストがかかる。
- マイクロチップを作る超高純度シリコンを砂から抽出し精錬する過程で大量のエネルギーを消費する。超高純度シリコンから出発して最終製品である集積回路を作るために何百もの複雑な工程を経なければならない。
- より高性能のハイテク機器を設計するために，何台もの高速コンピューターを１日24時間，週７日連続稼動させ，何人ものエキスパートが何時間もかけて設計しなければならない。

電子機器が動作中にどれだけのエネルギーを消費するかを調べるのは簡単だが，機器を製造するために必要なエネルギーを計算するのはとても難しい。携帯電話の新機種を例に取ると，発売の何年も前から開発構想が練られ，構想を実現するために必要となるアーキテクチャとそこに組み込まれるコンピューターチップの設計が始まる。この段階の研究開発がどれだけのエネルギーを消費したかを見積もるのは難しい。構想を練り，設計を進めるために使った建物や研究所の消費電力も算入しなければならないからだ。新機種の開発を統括するマネージャーや営業チームのメンバーもオフィスで電力を使い，たくさんの出張で化石燃料を消費する。

ここに挙げたような製造前にかかるコストを無視していいなら状況はいくらか単純化されるが，依然として産業のグローバル化という問題が残っている。コンピューターチップに使うシリコンはミシガンで作られ，電子回路に使う基板はカリフォルニアで製造され，電池のリチウムはチリで採掘精錬され，プラスチックは中国で合成された，ということが当然あり得る。最終製品を製造する企業はそれぞれが独自のサプライチェーンを構築しているため，どこで精錬されたシリコンを使うか，どこで採掘されたリチウムを使うかは企業によって異なっている。そして，リチウムを南米で採掘するために必要なエネルギーと，カナダで採掘するエネルギーはずいぶん違うだろう。このようなわけで，ある最終製品を製造するために必要となる部品やパーツ一つひとつの産地や製作コストに関する情報がない限り，１個の最終製品がそのライフサイクルで消費するエネルギーをレベルで予測することは難しい。単一企業においてすら状況がいかに複雑であるかを示す例としてアップル社を挙げよう。同社は18の最終組立工場を稼働させていて，200社を超えるサプライヤーから原材料や部品の供給を受けている。

自社製品の環境負荷を公開しようとする企業が増えている。再びアップル社を例に挙げると，11インチのiPad Pro（1,064 GB）は，製造からリサイクルに至るライフサイクルで184 kgの CO_2e（換算 CO_2）を排出し，その84%は製造工程から，11%は輸送配送から，5%は購入後の使用によって，そしてリサイクルから排出される換算 CO_2 は1%未満であると報告している。iPhone XS Max（64 GB）の場合は換算 CO_2 排出は77 kgでiPad Proより小さく，その79%は製造から，17%は購入後の使用から，3%は輸送配送から，1%はリサイクルから発生している。しかし，サプライチェーン企業によるエネルギー消費までを含めて環境負荷を算出する方法はない。しかも，環境負荷低減への姿勢は国によって大きく異なるため，製造工程やサプライチェーンの一部が持続可能性を最優先事項として考慮しない国の企業に委託されてしまうこと

kg CO_2e（換算 CO_2）という単位は二酸化炭素，メタン（CH_4），亜酸化窒素（N_2O）などの温室効果を持つ気体の排出量に，それぞれの気体の地球温暖化係数を乗じて CO_2 相当量に換算したものである。

訳注：原英文が誤っているため逐語訳でない。

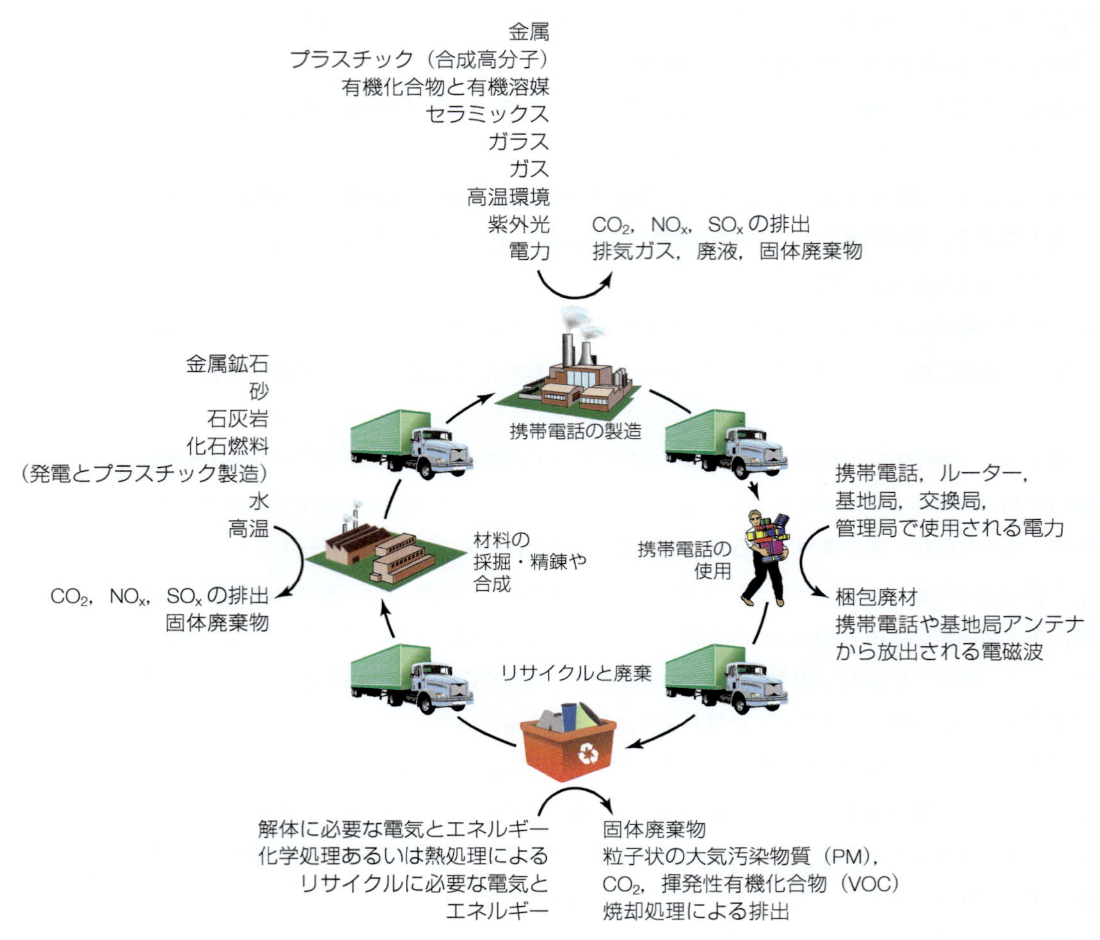

図1.24
携帯電話のライフサイクル。設計とマーケティングに費やされた時間は含めていない。
訳注：原英文が誤っているため逐語訳でない。

も多い。

これまで述べてきた環境負荷は電子機器の直接的な製造，使用，リサイクルのみを対象としている。しかし，電子機器の全ライフサイクルには，世界各地で原料を採取精錬し，最終組立工場まで輸送するために必要な，他の多くのエネルギー集約的な業務も含まれる（**図 1.24**）。チリの鉱石からリチウム金属を取り出すためにどれだけのエネルギーが必要か。必要なエネルギーは，鉱石からリチウムを浸出させるのがどれだけ難しいか，鉱石を分解し，金属を抽出し，抽出した金属を精錬するためにどんな工程を採用するかによって決まる。電話機外側のスクリーンなど他の部品についても同じことがいえるかもしれない。サムスン社が最終組立工場でガラスをケースに貼り付けるときにそれほど大きなエネルギーを消費しなかったとしても，ガラス製造会社が砂から高強度ガラスを作り出し，大きな木箱にいれて最終組立工場のある中国へ送るためにどれだけのエネルギーを消費したのだろうか。このような質問の答えは簡単に得られるものではない。このグローバル化した社会でハイテク機器の環境負荷を正確に評価することがいかに難しいかを物語っている。

問 1.13　考察問題

スマートフォンを使う

a. 充電に必要なエネルギーとは別に，スマートフォンに必要なエネルギーは何か。
b. 携帯電話の製造にどれだけのエネルギーが必要になるかを考慮すると，スマートフォンの利用が増えれば，地球全体のエネルギー消費を減らすことができるだろうか。

1.10　おとなりさん，金属資源を貸してくれないか？資源循環とサプライチェーンの重要性

毎年およそ 20 億台の携帯電話が新たに購入されているが，購入された電話機の 90%以上は，持ち主が使い飽きたら家で埃をかぶっているか，ゴミとして埋め立て地に送られている。2018 年の統計ではアメリカ人は 32 ヵ月ごとに携帯電話を買い換えている。そのうち 3%がリサイクルされ，7%は中古品として販売される。しかし，1 台の携帯電話に 300 mg の銀と 30 mg の金が含まれていることをご存じだろう。実際，2019 年に販売された携帯電話に含まれている金と銀は合わせて 25 億ドル以上の価値があると推定されている！都市生活ゴミの埋め立て地が実は金や銀の鉱山になるとは誰が想像しただろうか。言うまでもないことだが，都市鉱山と名付けてもいい電子機器のリサイクル工程はさらに発展させる必要がある。なぜなら，電子機器から金属をリサイクルするのは決して簡単ではないが，鉱石から金属を採掘して精錬することに比べれば，はるかに少ないエネルギーしか使わないからである。廃棄された電子機器は天然に存在する鉱石に比べて 40 ～ 50 倍も高い濃度でさまざまな貴金属を含んでいる。ブリュッセルに本社を置くユミコア社のように，この取り組みに力を入れ始めている企業もある。自動車メーカーも，自社で製造した自動車に組み込まれた電子機器やバッテリーをリサイクルする仕組みを開発している。

世界中で年間 5,000 万 t の電子機器などが廃棄され，その中には 500 億ドル相当の金属が含まれると推定されている。これらの廃棄物から金属を回収する都市鉱山の採掘技術がさらに進歩し，電子機器の製造会社が中古機器の下取りプログラムを拡張していけば，鉱石の採掘・精錬による生産をその分だけ縮小して，採掘・精錬に起因する環境負荷を低減できるだろう。

世界中で販売される電子機器を作るために年間 320 t を越える金（130 億ドル相当）と 7,500 t 以上の銀（3 億 6,000 万ドル相当）が使われている。

問 1.14　展開問題

再生資源化

あるアルミニウム採掘会社は，鉱石を採掘・精錬してアルミニウムを作る方が，アルミ缶をリサイクルするよりもコストとエネルギー消費量が少なくて済むと主張している。鉱石の採掘・精錬とアルミ缶のリサイクルに必要なコストとエネルギー源を検討し，この主張が妥当かどうかを判断しなさい。

電子機器のリサイクルで最も難しい工程は機器本体から金属成分を取り出すことだろう。まず電子回路を作り込んだ基板を有機溶剤で煮沸してプラスチックでできた基板を溶かして取り除き，残った電子部品や電子回路を強酸で溶かして金属成分を溶出させる。これらの工程はよ

く注意して行わなければならない。もし重金属や有機廃棄物で地下水を汚染してしまうと，作業員自身や近隣に暮らす人たちが癌や病気にかかる危険を増やすかもしれない。残念なことに，このようなリサイクル工程は，環境規制が確立されておらず，また作業員に対する適切な安全対策が取られていない開発途上国に委託されることが多い（**図 1.25**）。

アップル社が開発した最新の分解ロボット「Daisy」は，有毒な化学物質を使用することなく10万台のiPhoneから1,900 kgのアルミニウム，1 kgの金，7.5 kgの銀，710 kgの銅，93 kgのタングステン，42 kgのスズ，770 kgのコバルト，11 kgの希土類元素を回収できる。

銀，金，白金などのよく知られた貴金属ばかりでなく，希土類金属と呼ばれる一群の金属元素（**図 1.26**）の重要性が年々増大している。これら希土類金属は自動車の排気ガス触媒や蛍光灯をはじめとして，携帯電話や携帯電子機器を動かすメモリーチップ，バッテリー，磁石，スピーカーなどの民生用途に使われている。軍事用途の暗視ゴーグル，先端兵器，GPS 機器，バッテリー，先端電子機器などにもさまざまな希土類金属が使用されている。

中国は世界有数の希土類金属産出国であるとともに（**図 1.27**），希土類金属を使って作られた電子製品の消費国でもある。世界に供給される希土類金属の 90%以上が中国からの輸出品であり，世界の希土類埋蔵量の 50%以上を中国が保有している。

実際のところ，先端技術は社会にとって諸刃の剣と考えることもできる。私たちはより速く，より軽く，よりパワフルな携帯電子機器を使うことによる恩恵を享受している。いつでもどこでも仕事ができるし，ソーシャルメディアを介して誰とでも連絡が取れ，ナビを使うことで道に迷わなくなった。しかしその一方で，携帯電子機器の製造に必要な資源を常に確保しなければならないリスクを受け入れざるを得なくなった。私たちの社会がひとたび携帯電子機器のような新しい技術を全面的に採用したら，もはや後戻りはできない。もしも携帯電話や電子機器の製造に不可欠な材料が入手できなくなったらどうなるだろう。材料供給を妨害する要因としては自然災害，政治的なあつれき，エネルギーの不足，貿易障壁などさまざまな原因が考えら

図1.25
金属リサイクルに従事する開発途上国の人たち。
©Tim Page/Corbis Documentary/Getty Images

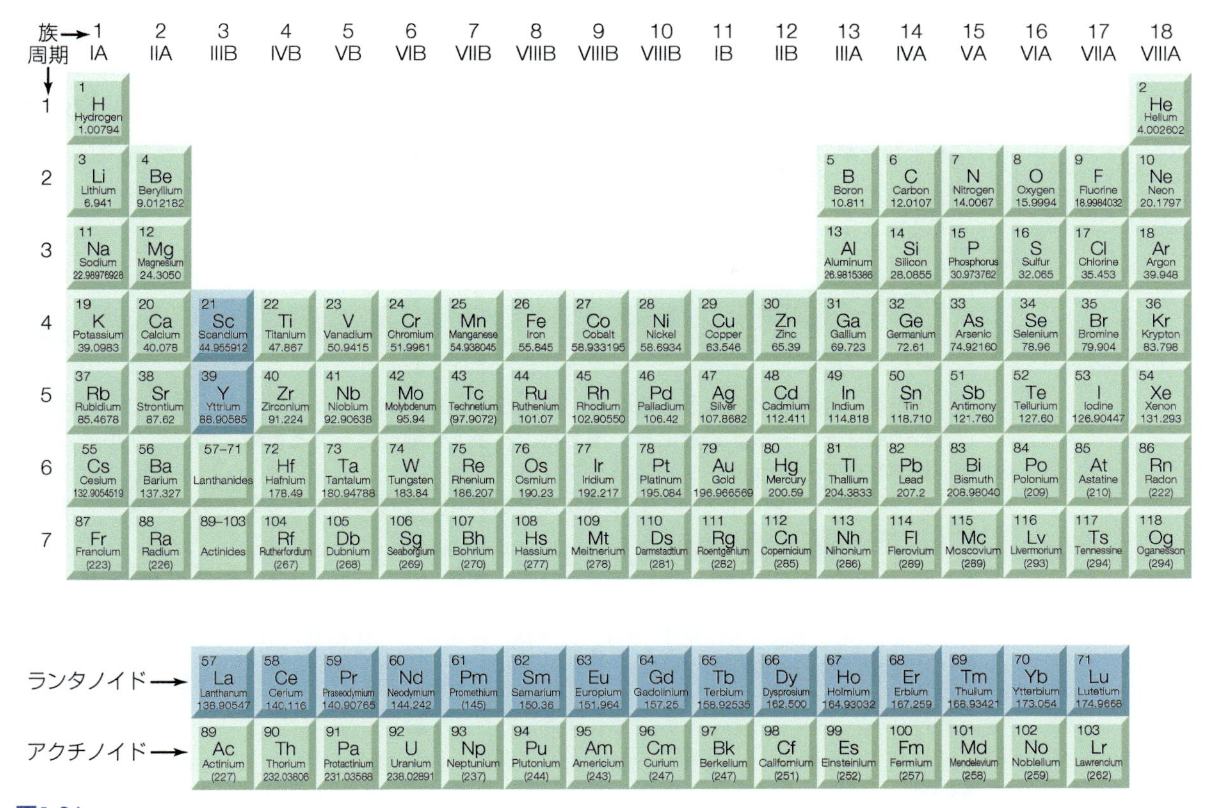

図1.26
元素の周期表。希土類金属を青色でマークしている。

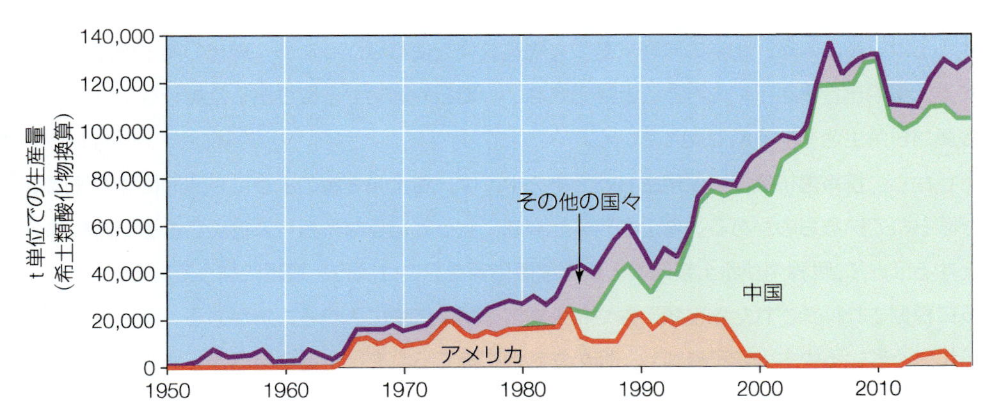

図1.27
希土類金属生産における中国の優位性。

れる。原因が何であれ材料の供給が途絶えてしまったら，私たちはどうやって仕事や個人生活に必要な電子機器の生産を続けることができるだろうか。もしもこれらの材料が国家の安全保障に不可欠だったらどうしたら良いだろうか。解決策の一つとしては地球上に豊富に存在する物質の中から代替材料を見つけることである。このやり方でうまく解決できる場合もあるが，もし今この瞬間に希土類金属の供給が途絶えたらその限りではない。今も世界中で研究開発が進められているが，多くの希土類金属には適切な代替物質が見つかっていないからである。

希土類金属をより少量しか使わない，あるいはまったく使わないで済む技術の開発を続けることが重要である。例えば，アメリカでは希土類元素を比較的大量に使用する蛍光灯から，よりエネルギー効率の高い発光ダイオード（LED）への移行が進んでいる。LEDを光らせるために希土類元素の酸化物が不可欠なこともあるが，その量は蛍光灯に必要な量よりも少なくて済む。

問 1.15　展開問題

グループ演習

携帯電子機器がどのように機能し，何から作られているのかを学んだところで，これらの機器を1～2年ごとに買い換えることが人や地球に与える影響についてグループ討論をしてみよう。

a. 携帯電子機器をリサイクルするにあたり都市鉱山技術を普及するために解決すべき最も重要な課題は何か。
b. 都市鉱山を活用したリサイクルだけで，年々増えていく携帯電子機器の需要を満足できるだろうか。インターネットを情報源として調べてみよう。
c. 携帯電子機器の製造と使用は大気環境にどのような影響を及ぼすのだろうか（大気環境は次章のテーマである）。

結び

今や多くの人にとって，スマートフォンや携帯電子機器を使わない生活を想像するのは難しい。最新の天気予報も，お気に入りの音楽も，人生の難問に対する答えもスクリーンをタッチするだけで手に入る。化学の原理に基づく物質変換を使わなかったら，現代の電子機器を構成する元素や化合物を手に入れることはできない。岩石や鉱物から取り出した純粋なシリコンや金属が日常生活を至る所で支えている。

しかし，携帯電子機器に使用される元素の中には，希土類金属のように世界的に見て埋蔵量が限られているものがある。希土類元素が海底に眠っているなら採りに行くことをいとわないとするほどに，世界中が希土類元素の新たな供給源を見つけようと躍起になっている。しかし，既に採掘され精錬された希土類元素や希少物質を簡単に手に入れる方法がある。家庭の引き出しに眠っている中古の電子機器や，埋め立て地に捨てられていた電子機器から必要な元素を低コストかつ環境負荷の小さな工程でリサイクルすれば良い。

次章では，電子機器の製造と使用が私たちの大気にどのような影響を及ぼすかを説明する。わずかな酸素が混在するだけでマイクロチップ製造の歩留まりが下がってしまうクリーンルームのような人工環境の外へ出て，私たちの生命を維持するために大量の酸素を必要とする現実世界へと話を進める。

■章のまとめ

関連する記述が最初に出ている節を括弧内に記す。

この章の学習を終えた読者には，以下のことができるはずである。

- 物質の状態を分類して比較し，巨視的な特性と物質の粒子組成との関連を説明する。**(1.1，1.6 節)**
- 金属，非金属，半金属を電気伝導度に応じて分類し，それらの元素が周期表の中で占める位置を示し，それらの元素が携帯電子機器の中でどのように使われ得るかを予測する。**(1.2 節)**
- 原子，分子，元素，化合物の違いを説明する。また，各物質の例を挙げる。**(1.2 節)**
- 混合物と純物質とはどのような物質であるかを説明する。不均一な混合物と均一な混合物を区別する。**(1.2，1.3，1.6 節)**
- さまざまな化合物の化学組成を％を単位として計算する。**(1.3 節)**
- 測定対象の大きさに応じて適切な単位を選択して測定する。ある単位で表した測定結果を，別の単位を使って表すように変換する。測定結果を 10 進法と科学的記数法のどちらかで表す。**(1.4 節)**
- 原子の構造を説明する。また，原子を構成する素粒子が原子のどこにあるか，どれだけの電荷を持っているか，どれだけの質量を持っているかを説明する。**(1.5 節)**
- 携帯電子機器の製造とリサイクルの工程で利用される物理的変化と化学的変化を説明する。これらの工程が，持続可能性を支える 3 本柱（低環境負荷・社会調和・省エネルギー）とどのように関係しているかを説明する。**(1.7 ～ 1.9 節)**
- 電子機器のディスプレイが透明でなければならない理由を説明し，光と物質の相互作用を予測する。割れにくいガラスを作る方法を説明する。**(1.8 節)**
- 地殻の元素組成を説明する。さまざまな金属とシリコンを採掘した鉱石から分離・精錬する方法を説明する。携帯電子機器の製造に不可欠な希少資源の供給源を説明し，供給が滞ったときに代替となる物質を挙げる。**(1.6，1.7，1.10 節)**

■章末問題

本章および後に続く章の章末問題は，三つのカテゴリーに分類して提示される。

● 基本的な設問

その章で身に付ける必要がある基礎的な事項の習得を助けるための設問で，章の途中で出題した練習問題に近い。問題番号が青色のものについては解答を付録 5 に示してある。

● 概念に関連する設問

この分類の設問は，その章で展開した化学的な概念，および，議論内容と概念の関連に的を絞る。化学的概念を統一的に理解し，応用する力をつけることが狙いである。各設問は章の途中に出てくる展開問題に近い。

● 発展的な設問

この分類の設問では本書に記してある情報を超えてチャレンジすることを，読者に求める。内容は，章で学んだことから出発して，知識，概念，およびコミュニケーションの能力を発展させかつ集約する機会となるように選ばれている。設問のうちのいくつかは，章の途中に出てきた考察問題に近いものになっている。問題番号が青色のものについては解答が付録 5 に示してある。

● 基本的な設問

1. 2 種類の異なる原子の色と大きさを区別して (a) ～ (d) の図に描いた。これらは元素，化合物，混合物のどれに対応しているかを述べて，そのように判断した理由を説明しなさい。

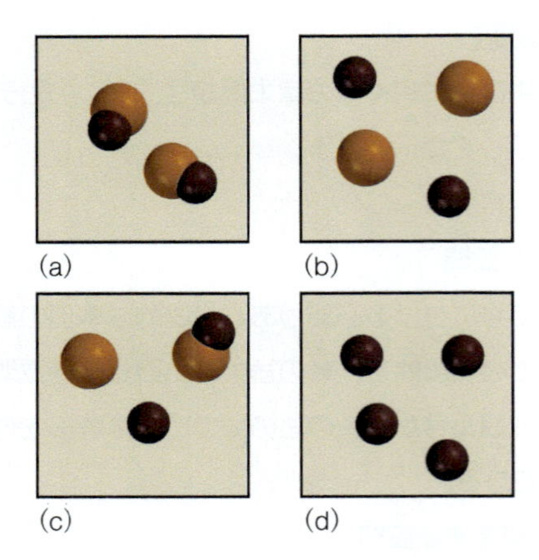

2. 2 種類の異なる原子の色と大きさを区別して (a) ～ (d) の図に描いた。これらは元素，化合物，混合物のどれに対応しているかを述べて，そのように判断した理由を説明しなさい。

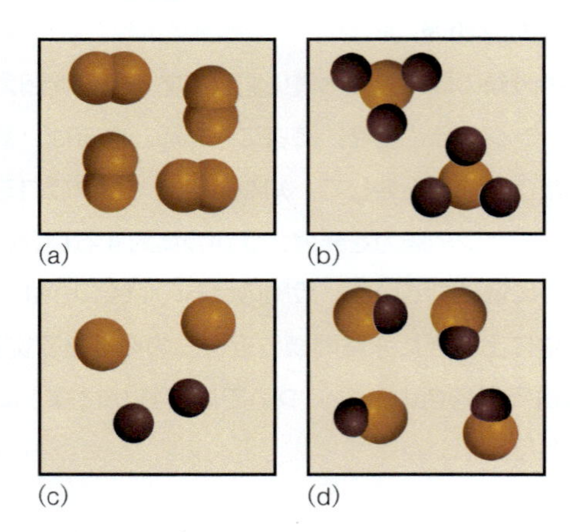

3. ピリオド (.) の直径を nm 単位として表しなさい。
4. 集積回路の回路幅が 10.0 nm であるとして，mm に変換して表しなさい。
5. 以下の物理量を科学的記数法で書きなさい。
   a. 1,500 m (徒競走の距離)
   b. 0.0000000000958 m (水分子の中にある O 原子と H 原子の間の距離)
   c. 0.0000075 m (赤血球の直径)
6. 1.00 m を cm, μm, nm を単位として科学的記数法を用いて書きなさい。
7. 下の周期表で緑色で示した二つの族について以下の問いに答えなさい。
   a. 族の番号はそれぞれ何であるか。
   b. 二つの族に属する元素の名前を全て挙げなさい。
   c. それぞれの族に属する元素に共通する特徴を挙げなさい。

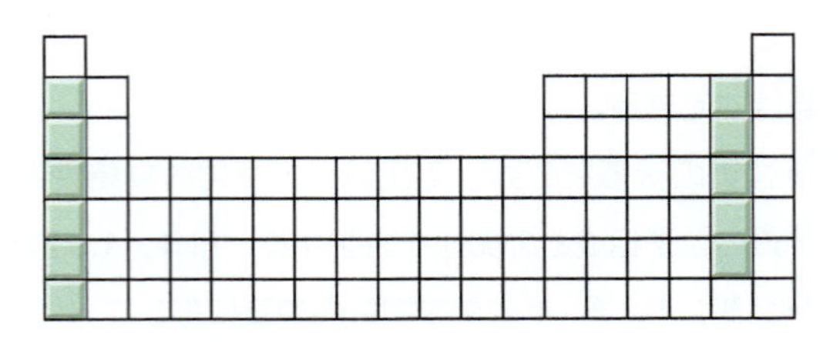

8. 元素名を全て空欄にした周期表 (ただしランタノイドとアクチノイドに属する元素を除いてある) について以下の問いに答えなさい。

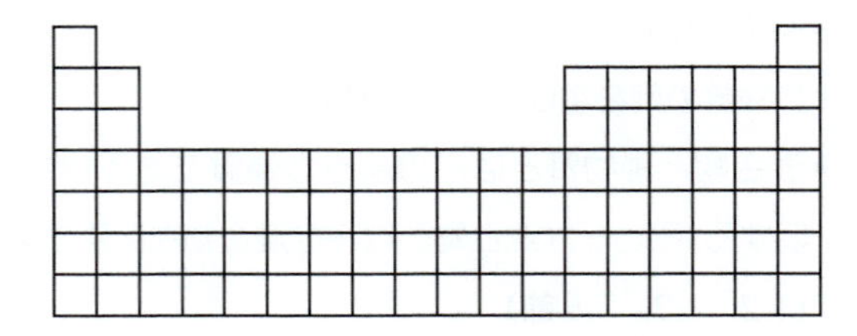

   a. 金属元素が存在する部分はどこか。
   b. よく知られた金属元素に鉄，マグネシウム，アルミニウム，ナトリウム，カリウム，銀がある。これらの元素の元素記号を書きなさい。
   c. 非金属元素が存在する部分はどこか。
   d. 非金属元素を五つ挙げて，それらの元素名と元素記号を書きなさい。
9. 以下の物質は元素，化合物，混合物のうちどれにあたるか答えなさい。
   a. 笑気ガス (一酸化二窒素または亜酸化窒素とも呼ばれるガス)
   b. 湯気
   c. デオドラントソープ (消臭石鹸)
   d. 銅片
   e. マヨネーズ
   f. 風船に入ったヘリウムガス
10. 以下の物質は均一な混合物または不均一な混合物のどちらにあたるか答えなさい。
   a. グラスに入ったオレンジジュース
   b. チョコレートチップクッキー
   c. 1 切れのピザ
   d. 酢
   e. 海砂

11. リチウム原子の構造を電子，中性子，陽子を区別して描きなさい。
12. 硫黄の二つの同素体の構造を図に描き，それらの性質を説明しなさい。それぞれの同素体はどのようにして製造されるか。
13. 質量数が 27 のアルミニウム原子が持つ陽子，中性子，電子の数を答えなさい。
14. 質量数が 64 の銅原子が持つ陽子，中性子，電子の数を答えなさい。
15. 電気伝導度と熱伝導度が何を表し，どのように異なる物理量であるかを説明しなさい。
16. 以下の化合物の組成を原子パーセントで表しなさい。
    a. HfO_2
    b. $BeCl_2$
    c. $Ti(OH)_4$
    d. FeO
    e. SiO_2
    f. $B(OH)_3$
17. 以下の化合物について，それぞれを構成する原子の数を書きなさい。さらに，それらの原子が金属，非金属，半金属のどれにあたるかを答えなさい。
    a. CO_2
    b. H_2S
    c. NO_2
    d. SiO_2

● 概念に関連する設問

18. 本文では，12N 純度のシリコンを色付きのテニスボールを使って説明した。テニスボール以外の比喩を使って，9N と 12N の純度を説明する図を描きなさい。
19. 読者の部屋やオフィスにある物質（固体，液体，気体のどれでも良い）の中から，均一な混合物と不均一な混合物をそれぞれ 3 種類挙げなさい。それらを構成する元素単体または化合物の名前と化学式を示しなさい。
20. 携帯用またはデスクトップ用の電子機器が搭載しているプロセッサーチップは，トランジスタと呼ばれるたくさんの小さなスイッチで構成されている。現在使用されているプロセッサーに搭載されているトランジスタ 1 個の最小寸法はどのくらいだろうか。二つの長さの単位（nm と km）を使って示しなさい。
21. 昔の化学者がそれまで未知であった新しい元素を発見した時，その元素を周期表のどこに配置すべきかを，彼らはどうやって知ったのだろうか。
22. アルミニウム金属が天然鉱石からどのように分離されるか，また分離したアルミニウムの純度を上げる工業プロセスを説明しなさい。
23. 携帯電子機器のスクリーンにサファイアが使用されるようになるのも，そう遠い未来のことではないかもしれない。サファイアの物理的性質，分子構造，製造技術をガラスと比較しなさい。
24. ガラスは電気を流さない絶縁体であると考えられている。導電性を持つガラスを作ることはできるだろうか。読者の考えを述べなさい。
25. 普通のガラスから「オランダの涙」を作る過程と，尾を壊したときに起きる激しい崩壊について説明しなさい。
26. 携帯電話に搭載されている部品をいくつか挙げて，その大きさを cm，μm，mm，nm の単位で表しなさい。
27. 携帯電話に使われている金属元素のうち，地殻に 50 ppm 未満しか存在しないものを三つ挙げなさい。それらの金属はどこで採掘できるのだろうか。
28. ディスプレイ材料の透明性が重要である理由を説明しなさい。さまざまな物質が光と相互作用する形式を比較してみよう。また，ディスプレイ材料の耐久性や透明性などを向上させる方法を説明しなさい。
29. 天然の金（自然金）は大きな塊として見つかることはほとんどなく，河川の砂などの中に微粒子（砂金）として存在することが多い。ただの砂や石に混じった砂金をより分けるにはどうしたら良いだろうか。

30. 携帯電子機器に使用する高純度シリコンを海砂から製造できるだろうか。読者の考えを述べなさい。
31. 高純度シリコンを製造する過程で発生する廃棄物をいくつか挙げなさい。
32. 「携帯電話が小型化して価格が下がれば環境への悪影響も減少するだろう」。この文章は正しいだろうか。
33. 携帯電子機器を製造する企業活動を，持続可能性の三つの柱の観点から評価しなさい。それぞれの柱について良し悪しを評価して，改善するための方策を提案しなさい。

● 発展的な設問

34. 「ムーアの法則」とはどのような経験則であるか，また，この法則は今も成立しているかどうかを説明しなさい。この法則はマイクロチップの設計にどのような影響を及ぼしているか。
35. さまざまな宝石は，シリカ（SiO_2）とアルミナ（Al_2O_3）によく似た結晶構造を持っている。純粋なシリカとアルミナが無色透明の固体であるにも関わらず，宝石に色が付く理由を説明しなさい。
36. 不純物はさまざまな結晶性固体の物理的性質に影響を与える。その理由を説明しなさい。
37. スイッチを入れるだけで不透明になるスマートガラスが世界中で使用されている。ガラスに電流を流すことで，透明から不透明に変化させる仕組みを説明しなさい。
38. 携帯電話に使われている金属をリサイクルするための方法を説明しなさい。
39. 携帯電話会社は自社製品の「優れた有害物質除去」を宣伝している。除去されたのはどのような元素で，それらは携帯電話のどこに存在していたのか。
40. 電子機器のリサイクル方法が適切でなかったために生じた土壌汚染または水質汚染の事例を見つけなさい。このような状況はどうすれば防げただろうか。
41. 携帯電子機器に搭載されているマイクロプロセッサーを“揺りかごから揺りかごへ”リサイクルするための方策を提案しなさい。
42. SiO_2でできた砂を高純度シリコンに変換するために必要な化学反応をフローチャートの形で示しなさい。変換の段階で発生する廃棄物はどのように処理されるか。このプロセスの持続可能性を評価しなさい。
43. 携帯電子機器に使用されるガラスを割れにくくする方法を説明しなさい。
44. アップル社が開発した「Daisy」ロボットは，1時間に200台のiPhoneを解体して，従来よりも効率良く多くの素材を再資源化する能力を持つ。昨年世界で販売されたiPhoneのうち4台に1台がリサイクルされたとしたら，再資源化したアルミニウム，金，銀，銅，コバルト，希土類金属の重量はどの程度になるだろうか。リサイクルする金属の市場価格を基にして，再資源化した金属の価値を推定しなさい。
45. インターネットで情報を検索して，携帯電話のライフサイクル分析を行いなさい。「揺りかごから墓場まで」と「揺りかごから揺りかごへ」の2通りのシナリオについて，できるだけ詳細に分析しなさい。
46. 新しい携帯電話を製造して発売するまでに必要となる設計，研究開発，マーケティングの各段階の環境影響を説明しなさい。
47. 鉱石からアルミニウム金属を抽出するために必要となる作業，そのコストとエネルギー使用量を調べなさい。アルミ缶のリサイクルによってアルミニウムを再資源化する工程についても同様に調べなさい。また，鉱石からの抽出とアルミ缶リサイクルを比較して，総合的な効率と持続可能性を評価しなさい。
48. 希土類金属に対する世界的な需要の高まりを次の図に示す。2012～2016年の間に中国，日本と北東アジア，アメリカ，その他の国々における需要の増加率を計算しなさい。希土類金属の価格が上昇し，供給量に限界があるために，使用済み機器から回収して再利用するリサイクルの可能性が注目を集めつつある。希土類金属を含む機器にはどのようなものがあるか。使用済み機器が全てリサイクルされ，希土類金属が 100% 回収できると仮定した場合に，アメリカはリサイクルのみで需要を満たすことができるだろうか。対象となる機器の年間販売台数と平均寿命を基に評価しなさい。

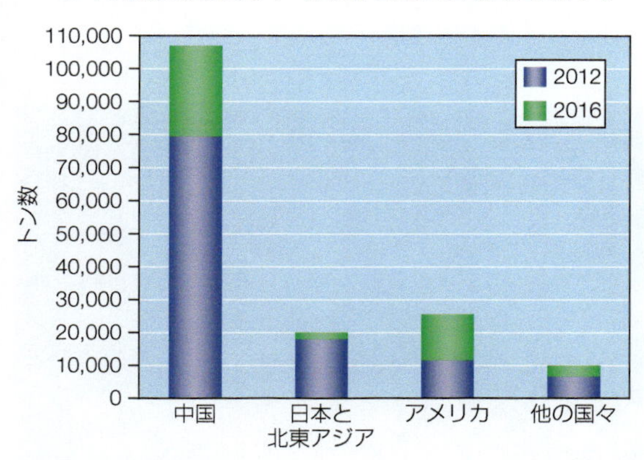

第2章　私たちが吸う空気

©Milmotion/Getty Images

動画を見てみよう

空気の成分

私たちが呼吸する空気は，さまざまな物質から構成されている。第 2 章のオープニング動画（www.acs.org/cic）を見て，以下の質問に答えてみよう。

a. 読者の周囲にある空気中に化学物質を放出している屋内と屋外の発生源を三つずつ挙げなさい。

b. これらの化学物質が，読者の健康にどのような影響を与えるか，簡単に説明しなさい。

この章で学ぶべきこと

この章では，以下のような問いについて考える。

■私たちが呼吸する空気の成分は何か。

■空気中に含まれる不純物とは何か。

■特定の不純物を吸い込むと，健康にどのような影響があるのか。

■空気が呼吸しても安全かどうかはどうやって判断するのか。

■室内で吸う空気には有害な成分が含まれているのか。

■大気が汚染されるのを防いだり，制限したりする方法はあるのか。

序文

第１章で説明した携帯電話とは異なり，私たちは自分たちが呼吸する空気そのものを当たり前のものと考え，常にそこにあると信じている。しかし，私たちが呼吸する空気は何からできているのだろうか。なぜ生命維持に必要なのか。空気に含まれる成分には，私たちに害を及ぼすものがあるのだろうか。古代ギリシャ人は，土，火，水と共に，空気を自然の基本要素と名付けた。それから数百年後，化学者たちは空気の組成について詳しく知るために実験を行い，空気が分子や原子といったさまざまな粒子から構成されていることを発見した。今日，私たちは宇宙から地球の大気圏の空気を見ることができる。そして毎日，古代人と同じように，夜には空を見上げ，きらめく星を垣間見ることができる。

大気は私たちを完全に取り囲み，宇宙空間から私たちを隔てる，目に見えない薄いベールのような役割を果たしている。この章では，地球上の生命を支える大気について説明する。第３章では，太陽から放射される有害な紫外線から私たちを守る成層圏のオゾンについて説明する。そして第４章では，宇宙の厳しい寒さから私たちを守る大気中の温室効果ガスについて説明する。私たちの大気は，まさにかけがえのない資源なのである。

また，この章では，私たち人間の活動によって，大気の組成がどのように変化してきたかを説明する。このような変化の多くは，先端技術の発展のために必要な工業処理の結果として生じたものである（第１章）。しかし，地球上には75億人を超える人類がおり，私たち１人ひとりの行動が，どんなに些細に見えても，環境に永続的な影響を及ぼす可能性があることを認識する必要がある。次の問題で，私たちの生活が，個人として，また集団として，私たちが呼吸する空気をどのように変化させ得るかについて考えてみよう。

問 2.1　考察問題

空気のフットプリント

ハイキングブーツの踏み跡，アスファルトの舗装，トウモロコシ畑…これら一つひとつが人間が地面に残した"跡"の一例である。同様に，私たちの活動は大気の組成を変化させる"空気に残した跡"を作る。
読者の周りの空気中に化学物質を放出している屋内と屋外の原因物質を三つずつ挙げなさい。それぞれの発生源について，(1) 大気の質を悪くしているか，(2) 大気の質を良くしているか，(3) 何らかの影響を及ぼしているが，それが何であるかはわからないか，説明しなさい。

2.1　なぜ，私たちは呼吸をするのか

深呼吸をしよう！無意識のうちに，読者は毎日何千回も呼吸をしている。誰に言われるでもなく，ただ呼吸をするのだ！医師や看護師が最初の呼吸を促したかもしれないが，その後，自然にそれを引き継ぎ，読者は無意識のうちに呼吸をするようになる。たとえ恐怖や驚きの瞬間に息を止めたとしても，すぐに私たちが空気と呼ぶ目に見えないものを無意識のうちに肺いっぱいに吸い込むようになる。実際，新鮮な空気がなければ，数分しか生きられない。

問 2.2　考察問題

息をしよう

読者が 1 日に吸い込む（吐き出す）空気の総量はどれくらいだろうか。それを計算してみよう。まず，1 回の"普通の"呼吸で吐き出す空気の量を決めてから，1 分間に何回呼吸するかを決める。最後に，1 日に吐き出す空気の量を計算する。どのように推定したか，データを示し，答えの正確さに影響したと思われる要因を挙げなさい。

1.4 節で説明されている方法は，やろうとしている計算に役立つはずである。

人は 1 日にどれだけの量の空気を吸っているのだろうか。通常，成人は 1 日に 11,000 L 以上の空気を呼吸している。サイクリングコースや山歩きで 1 日を過ごしたとしたら，この値はさらに高くなるだろう。人が実際に呼吸している空気の量に驚かされたことだろう。

私たちが空気を吸うのは，それによって生かされているからだ。私たちの周りの空気には酸素が含まれており，それは私たちの生存に不可欠である。**呼吸**することで，私たちは食べた物を代謝するために必要な酸素を取り込んでいる。酸素は糖分と反応して二酸化炭素と水に変化し，そこで得られるエネルギーが体内の他の重要なプロセスを実行するために使われている。呼吸のたびに，私たちは空気を吸い込んで酸素を得て，二酸化炭素（と少量の水）を大気中に吐き出している。

2.2　空気とは何か

空気はさまざまな種類の気体を特定の割合で混ぜ合わせた混合気体であり，物質として分類される。空気には，酸素の他にもいくつかの成分が含まれている。

問 2.3　考察問題

何を吸い込んでいるのか？

深呼吸をしよう。何を吸っていて，何を吐いているのだろうか。読者がする呼吸において“理想的な”空気はあるだろうか。もしあれば，説明しなさい。

1.2 節では，均一な混合物と不均一な混合物の二つのタイプについて説明した。

見た目には分からないが，読者が呼吸している空気は，酸素（O_2）のような単一の純粋な物質ではない。むしろ混合物であり，さまざまな量で存在する二つ以上の物質の物理的相互作用である。この節では，空気中に含まれる純粋な物質，窒素（N_2），酸素，アルゴン（Ar），二酸化炭素（CO_2），水蒸気（H_2O）に焦点を当てる。いずれも無色・無臭の気体で，目には見えず，鼻にも感知されない。これらの成分は，三つの段階を経て大気中に存在するようになった。第一段階では，非常に軽く，非常に速く動ける物質である水素（H_2）とヘリウム（He）が，地球形成直後に地球から宇宙空間に急速に拡散した。第二段階では，地球が誕生して間もない頃，数多くの火山が水，アンモニア（NH_3），二酸化炭素ガスを噴出した。水素やヘリウムに比べ，これらのガスは比較的重く，動きも遅いため，地球にとどまった。光合成をする小さな生物が二酸化炭素を取り込んで酸素を放出すると，他の動物は酸素を取り込んで二酸化炭素を放出した。この二つの物質がある種のバランスを保つようになった。最後に，空気中のアンモニアが強い太陽光によって窒素と水素のガスに変化した。軽い水素は宇宙空間に漂い出し，不活性な窒素は地球にとどまった。

水は 100℃で沸騰するが，大気中には常に水が存在する。火山から放出される水は 100℃以上の温度なので，気体の状態で存在する。

こうして形成されたのが，今日の多層大気である（**図 2.1**）。私たちが生活する最下層は*対流圏*と呼ばれ，大気全体の質量の 75％を占める。次の層は*成層圏*で，*中間圏*，*熱圏*と続く。最後の層（地球から最も遠い層）は*外気圏*と呼ばれる。これらの層には温度変動が存在し，全体

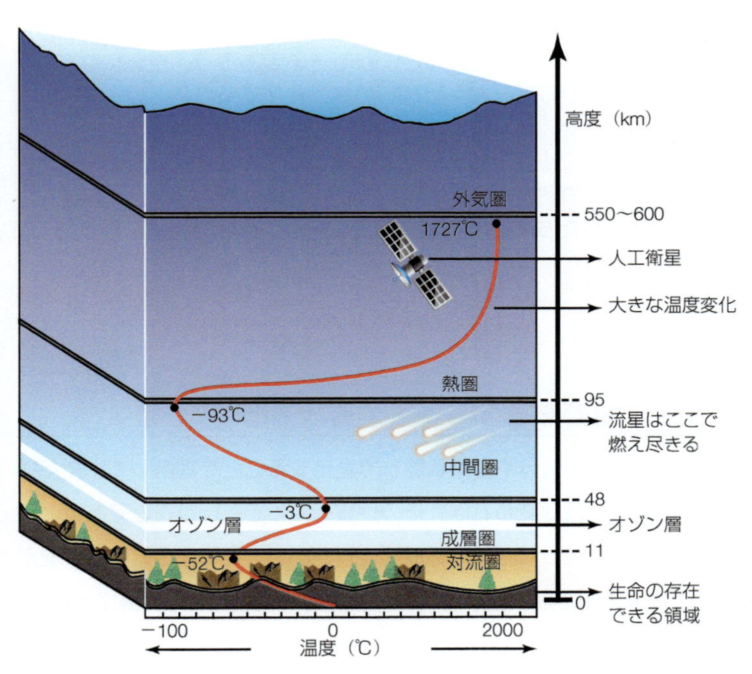

図2.1
地球大気の領域とそれぞれの気温。
注：温度軸（x）と高度軸（y）は縮尺に合っていない。

実験室 

空気中の成分を実際に調べてみたい人は，次の動画を確認しなさい。
www.acs.org/cic

的な圧力は地球から遠くなるほど低下する。私たちが空気と呼ぶ混合物の組成は，読者がいる場所によって異なる。呼気は吸気とはわずかに異なる混合気であるため（**表 2.1**），私たちは呼吸をするとき，少なくとも一時的に周囲の空気の組成を変化させることになる。

表 2.1　呼吸で吸い込む空気（吸気）と吐き出す空気（呼気）の代表的な組成（体積比）

物質	吸気（%）*	呼気（%）*
窒素	78.0	78.0
酸素	21.0	16.0
アルゴン	0.9	0.9
二酸化炭素	0.04	4.0
水蒸気	変動	変動

＊数値は体積比を示す。

空気は気体の集合体であり，その性質上，気体の粒子は互いに動き回り，“すれ違う”ことができる。つまり，空気中には微量の物質が含まれている可能性があるのだ。多くの場合，私たちはにおいでそれを感知している。例えば，フランスの地方ではラベンダーの香りが外の空気に浸透しているかもしれないし，アメリカの山岳地帯では松の香りが鼻孔を満たすかもしれない。室内では，入れたてのコーヒーの香りがキッチンにいざなうかもしれないし，外では海の香りがビーチの砂浜にいざなうかもしれない。もちろん，燃料の燃焼や埋め立て地，牛の排泄物など，あまり好ましくない物質が空気中に放出されることもある。

問 2.4　考察問題

あなたの嗅覚は？

空気は，松林，パン屋，イタリア料理店，そして牛舎でそれぞれ違う。私たちは，目隠しをされていてもそれぞれの場所を嗅ぎ分けることができるであろう。空気には多くの物質がごく微量ずつ含まれていることを，私たちの鼻が教えてくれる。以下の問いに答えなさい。

a. いくつかの化学物質は，空気中に少量含まれていると臭いがそのことを示してくれる。屋内と屋外でそれぞれ三つの例を示しなさい。
b. いくつかの事態では，嗅覚が私たちに危険を知らせてくれる。臭いが警告になる例を三つ示しなさい。

動画を見てみよう

なぜジェット機が“飛行機雲”を残すのか，次の動画で確認して欲しい。
www.acs.org/cic

2.3　人間は呼吸する生き物である

問 2.4 で，空気の成分が変化すると，気分や健康状態まで変化することを理解していただけただろうか。言い換えれば，空気の組成が変われば，その性質も変わるということである。

図 2.2 では，円グラフと棒グラフを使って空気の組成を表している。どのようにデータを示そうとも，読者が呼吸する空気は主に窒素と酸素である。具体的には，空気の体積比組成は，窒素約 78%，酸素約 21%，その他の気体約 1%である。**パーセント**（%）は“全体を 100 とし

たときの分量" を意味する。この場合，分子または原子の分量のことを指している。

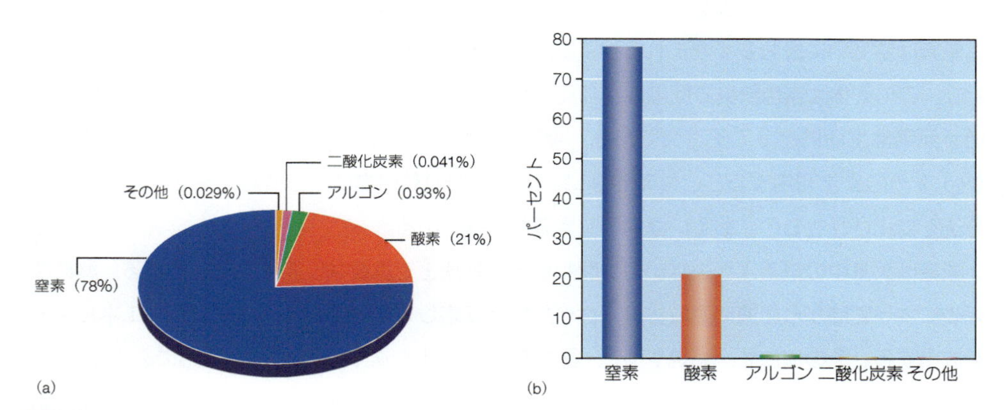

図2.2
(a) 円グラフ，(b) 棒グラフで表した乾燥空気の体積組成。

図 2.2 に示されたパーセンテージは，乾燥空気に対するものである。水蒸気の濃度は場所によって異なるため，含まれていない。乾燥した砂漠の空気では，水蒸気の濃度は 0%に近い。一方，温暖な熱帯雨林では体積比で 5%に達することもある。濃度が高くても低くても，水蒸気は無色無臭の気体であり，目には見えない。しかし，「では，なぜ霧や雲が見えるのか」と思うかもしれない。霧や雲は水蒸気ではなく，液体の水滴や氷の結晶でできている（**図 2.3**）。

つまり，私たちが接しているのは，本質的に大気圏内の気相の物質なのである。1.2 節で見たように，気相の原子や粒子は自由に流動し，粒子間の距離が大きく，気体を含む容器を満た

図2.3
雲は，上昇気流によって浮遊している極小の水滴で構成されている。雲の重さは数百万 t にもなる。
©Cathy Middlecamp, University of Wisconsin

し，その容器の形を取る。地球の引力が，これらの気体を大気圏から逃がさないようにしており，地表の周りに気体の仮想的な“容器”を作り出している。

窒素は空気中に最も多く含まれる物質で，私たちが呼吸する物質の約 78%を占めている（図 2.2）。この気体は無色無臭で反応性がなく，私たちの肺の内外をそのまま出入りする。窒素という元素は生命にとって不可欠であり，全ての生物に含まれるが，生物は大気中の窒素分子（N_2）をそのまま利用することはできない。ほとんどの動植物は，必要な窒素を大気中の窒素分子を変化させたもの，あるいは別の窒素源から得ている。

酸素は大気中の窒素より少ないにも関わらず，地球上で重要な役割を果たしている。酸素は呼吸によって肺から血液に吸収され，食べた物と反応して体内の化学反応に必要なエネルギーを放出する。その他にも，燃焼や酸化（錆びるなど）といった，多くの化学反応に必要である。酸素は水分子（H_2O）に多く含まれるため，人体で最も多く（質量比）存在する元素である。第 1 章で述べたように，多くの岩石や鉱物の中にも存在するため，地殻の中で最も豊富な元素でもある。

問 2.5　考察問題

もっと酸素が濃かったら？

私たちは 21%の酸素の大気の中で生活している。マッチは 1 分足らずで燃え，暖炉は小さな松の丸太を約 20 分で消費し，私たちは 1 分間に約 15 回息を吐く。もし酸素濃度が 2 倍だったら，地球上の生活は大きく変わっていただろう。酸素濃度が 2 倍になれば，地球や私たちの生活はどのように変わるか，少なくとも四つ挙げてみよう。

2.4　空気には他に何が含まれているのか

その他の種類の気体も大気中に含まれている。例えば，アルゴンは大気の約 0.9%を占めている。ギリシャ語で“怠け者”を意味するアルゴンという名前は，アルゴンが化学的に不活性であり，他の物質と反応しないという事実を反映している（不活性形態である窒素，N_2 とよく似ている）。表 2.1 から分かるように，吸い込んだアルゴンは，体に何の利益も害も与えず，ただ吐き出されるだけである。

これまで大気の組成を表すのに使ってきた比率は，体積，つまりそれぞれのガスが占める空間の大きさに基づいている。その気になれば，78 L の窒素，21 L の酸素，そして約 1 L のアルゴンを組み合わせることで，100 L の乾燥空気に近似させることができる。気体同士は完全に混ざり合うので，結果は窒素 78%，酸素 21%，アルゴン 1%を含む混合気体に相当する。空気の組成は，存在する分子や原子の数で表すこともできる。同じ体積の気体は，同じ温度と圧力であれば，同じ数の粒子を含む。従って，100 個の粒子を含む空気のサンプルを採取できたとすると，78 個が窒素分子，21 個が酸素分子，1 個がアルゴン原子となる。言い換えれば，空気が 21%の酸素を含むということは，空気中の分子と原子の合計 100 個あたり 21 個の酸素分子があるということである。

窒素と酸素とアルゴンで大気が構成されているように見えるが，他にも多くの成分が微量な

資料室

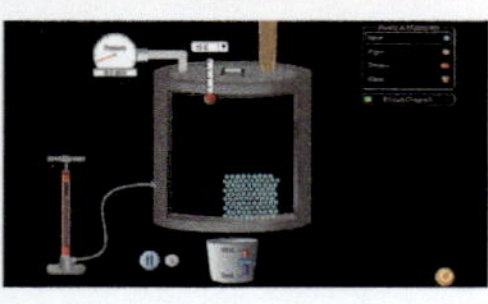

PhET Interactive Simulations, University of Colorado
気体の体積，圧力，温度の関係を見るには，次のシミュレーションを見てみよう。
www.acs.org/cic

から存在している。例えば，焼きたてのパンの香りを構成する分子を吸い込むと，にこやかな顔になる人もいるだろう。しかし，都市環境における自動車の排気ガスのように，私たちの健康を害する成分もある。これらの分子は濃度が小さく，例えば 100 分の 1 以下である。どこに住んでいようと，肺一杯に吸い込む空気には窒素と酸素以外の微量の物質が含まれている。その多くは 1%未満の濃度で存在する。二酸化炭素がそうである。大気中の二酸化炭素濃度は 2019 年に最大 0.0410%に達し，測定開始以来最高値を記録した。この値は最近の指数関数的な上昇を表しており，人類が化石燃料を燃やすにつれて着実に増え続けている。

補 足

二酸化炭素もまた温室効果ガスであり，その特性により太陽からの熱は宇宙に放散されることなく地表付近にとどまる。二酸化炭素やその他の温室効果ガスの発生とその影響については，第 4 章で詳しく説明する。

0.0410%という値は，空気中の 100 個の分子・原子あたり 0.0410 個の分子の二酸化炭素と表現できるが，端数（0.0410）を使った数え方は少しおかしい。比較的低濃度の場合は，100 万分の 1（ppm）を使う方が便利である。1 ppm は 1%の 1 万分の 1 の濃度の単位である。ここに便利な関係がある。

0.0410%とは，100 分の 0.0410 を意味する。
1,000 分の 0.410 を意味する。
1 万分の 4.10 を意味する。
10 万分の 41.0 を意味する。
100 万分の 410 を意味する。

誤解しないで欲しい。低濃度だからといって，必ずしも影響が少ないというわけではない。一部の物質は，少量でも大きな影響を及ぼす可能性があり，二酸化炭素もその一つである。この物質は，大気中の濃度が 410 ppm でも地球の温度上昇や気候変動に影響を及ぼす。

例えば，1,000,000 個の分子と原子を含む空気のサンプルのうち，410 個が二酸化炭素分子となる。二酸化炭素濃度は 410 ppm と表記される。

問 2.6　展開問題

100 万分の 1 とは？

100 万分の 1 というのは，ほぼ 12 日で 1 秒と同じだという人もいる。これは正確な例えだろうか。568 マイルの旅における 1 歩（約 2.5 フィート）はどうだろう。55 ガロンの水樽に 4 滴（20 滴～ 1 mL）のインクを垂らすのはどうだろう。これらの例えの妥当性をチェックし，理由を説明しなさい。そして，あなた自身の例えを一つか二つ考えなさい。

動画を見てみよう

©Andrey Mihaylov/Shutterstock

www.acs.org/cic で相対濃度のデモンストレーションを見てみよう。

100 年前，地球の人口は 20 億人に満たなかった。現在では 75 億人を超え，その大半が都市部に住んでいる。このような人口の増加は，資源の消費と廃棄物の生産の両面で大幅な増加を伴っている。私たちが大気中にため込んだ廃棄物は大気汚染と呼ばれる。たき火で食事を作ったり，内燃機関自動車を運転したりといった活動を大勢の人が行うと，大気が汚染される傾向がある。例えば，**図 2.4** は，中国の北京における汚染レベルの異なる 2 日間を示している。ロサンゼルス，メキシコシティ，ムンバイ，チリのサンティアゴなど，他の大都市でも空気が汚れていることが多い。人間の活動は，屋内外に“エアプリント”を残す。

地表の大気汚染の原因となるガスがある。その一つである一酸化炭素（CO）は無臭だが，オゾン（O_3），二酸化硫黄（SO_2），二酸化窒素（NO_2）などには特有の臭いがある。いずれも，1 ppm をはるかに下回る濃度であっても，健康に害を及ぼす可能性がある。

動画を見てみよう

©2018 American Chemical Society

私たちはジュリアス・シーザーが最後に吐いた息を吸っているのだろうか。この動画を見てみよう。www.acs.org/cic

図2.4
中国・北京で同じ場所から別の日に撮影された写真。
©Kevin Frayer/Getty Images

問 2.7　練習問題

ppm の練習

a. 国によっては，8 時間の平均一酸化炭素濃度の制限値を 9 ppm と定めている。この量をパーセントで表しなさい。
b. 呼気には通常，約 78%の窒素が含まれている。この濃度を ppm で表しなさい。

2.5　私たちの住処：対流圏

対流圏とは，私たちが生活している大気の中で最も低い高度領域で，地表の真上に位置する（図 2.1）。対流とはギリシャ語で“回転”，“変化”という意味である。対流圏には，大気を回転させ，混合させる気流や乱気流の嵐が存在する。対流圏は，場所によって大気の濃度が異なる理由の一つである。

対流圏で最も暖かい空気は，通常地上にある。太陽の光が大気を透過して主に地面を温め，それが地表から反射して上空の空気を温めるからだ。高度が上がると空気が冷たくなるという現象は，ハイキングやドライブで標高の高い場所に行ったことがある人なら感じたことがあるかもしれない。しかし，大気の*反転*は，その地域の気象条件によって，より冷たい空気がより暖かい空気の下に閉じ込められることで起こる。大気汚染物質も，逆転層の低温の空気に蓄積される可能性があり，特に逆転層が長時間静止している場合は注意が必要だ。これは，アメリカのユタ州ソルトレイクシティのように，山に囲まれた都市でよく起こる（**図 2.5**）。大気汚染物質の特徴をよりよく理解するためには，まず大気全般の化学的性質を理解する必要がある。

(a)

(b)

図2.5
(a) 大気逆転は汚染を閉じ込める，(b) ユタ州ソルトレイクシティ上空で，スモッグのような空気の層を閉じ込める逆転現象。
(b)：©Steve Griffin/AP Images

2.6　空気中の粒子を可視化する

化学者は通常，物質を研究し理解するために三つの視点を用いる（**図 2.6**）。一つは巨視的な視点であり，感覚，観察，測定というレンズを通して物質を見ることである。この視点で記述できる特性は，色，におい，化学反応性，密度などである。しかし，記号を使って物質を記述することもできる。第 1 章で見たように，化学式の中で文字や数字を使って物質のサンプルを表すのである（例えば，水は H_2O）。また，方程式の中で記号を使って，物質のさまざまな

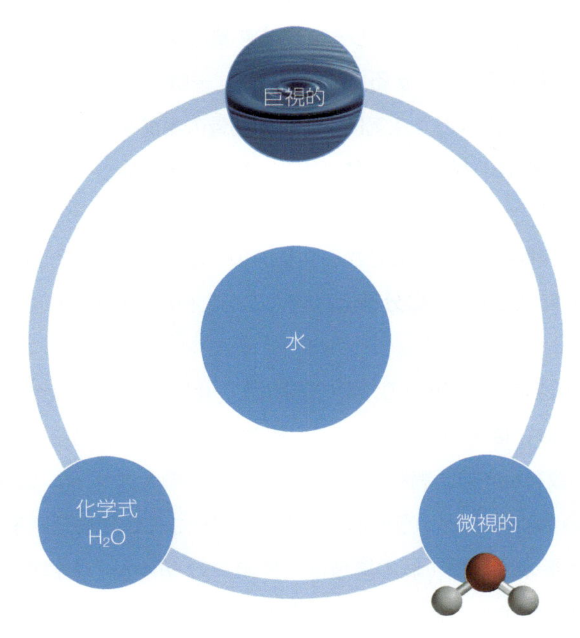

図2.6
水の三つの視点。微視的な視点では，水は二つの水素原子（白）と一つの酸素原子（赤）を含む。
©Mario7/Shutterstock.com

図2.7
二酸化炭素（CO_2）分子の分子図。中央の炭素原子（黒）が二つの酸素原子（赤）と化学結合している。

物理的関係を記述することもできる（例えば，密度（d），質量（m），体積（V）の関係を d = m/V で表す）。第三の物質観は粒子観である。この見方では，実際の粒子，原子，分子がどのように見え，それらがどのように相互作用するかを“見る”，あるいは想像する（図 2.6）。

次に，これらの概念を空気として知られる混合物に適用する。窒素と酸素は 2 原子分子（N_2 と O_2）として存在し，アルゴンとヘリウムは結合していない単一原子（Ar と He）として存在する。その他の成分，特に水蒸気（H_2O）と二酸化炭素（CO_2）は化合物である。二酸化炭素の場合，炭素原子と酸素原子は*別個の存在ではない*。むしろ，原子が化学的に結合して二酸化炭素分子を形成し，その中で二つの原子間は化学結合によって保持されている（**図 2.7**）。より具体的には，2 個の酸素原子が 1 個の炭素原子と結合して二酸化炭素分子を形成している。

2.7 化合物の名前

化学記号が化学のアルファベットなら，化学式は言葉である。化学の言語には，他の言語と同様，スペルと構文のルールがある。この節では，読者が化学式と分子名を使って“化学を話す”ための手伝いをする。お分かりのように，分子名は一つの化学式に一意的に対応する。しかし化学式は一意で*はない*ので，複数の名前に対応することもある。

原子は一般的に，分子構造の表現において以下のように色分けされる。

ここでは，読者が呼吸する空気に関連する化合物の名前と化学式（*命名法*として知られている）に焦点を当てて考える。他のカテゴリーの化学物質の命名と記号化の規則と実践については，この章の後半で紹介することにする。これまでに，一酸化炭素，二酸化炭素，二酸化硫黄，オゾン，水蒸気，二酸化窒素など，空気に含まれる物質の名前をいくつか挙げている。見た目には分からないかもしれないが，今挙げた名前には体系的名称と一般的名称の 2 種類が含まれている。

化合物の体系的な名前は，合理的に分かりやすいルールに従っている。ここでは，二酸化炭素（CO_2）や一酸化炭素（CO）などの**分子化合物**（二つ以上の非金属から成る化合物）の規則を紹介する。

- 化学式中の各元素の名前を，2 番目の元素の名前が“- 化物”（-*ide*）で終わるように修正する。例えば，酸素（oxygen）は酸化物（ox*ide*）に，硫黄（sulfer）は硫化物（sulf*ide*）になる。
- 化学式中の原子の数を示す接頭語を使用する（**表 2.2**）。例えば，“*di-*”は 2 を意味するので，二酸化炭素（carbon *di*oxide）という名前は，炭素原子一つにつき酸素原子二つを意味する。
- 化学式の最初の元素の原子が 1 個の場合は，接頭辞の“*mono-*”を省略する。例えば，CO は一酸化炭素（carbon monoxide）であり，一酸化一炭素（monocarbon monoxide）ではない。

逆に分子名から化学式を書く場合，化学式では添え字の 1 は表示されない。従って，二酸化炭素の化学式は CO_2 であり，C_1O_2 ではない。同様に，一酸化炭素は CO であり，C_1O_1 では

表 2.2　化合物の原子数に対する接頭語

原子数	接頭語	原子数	接頭語
1	モノ-（mono-）	6	ヘキサ -（hexa-）
2	ジ-（di-）	7	ヘプタ -（hepta-）
3	トリ -（tri-）	8	オクタ -（octa-）
4	テトラ -（tetra-）	9	ノナ -（nona-）
5	ペンタ -（penta-）	10	デカ -（deca-）

ない。次の問題で分子の名前と化学式の関係について練習しよう。

この問題に登場する窒素化合物のうち，二つには一般的な名前がある。NO は一酸化窒素としても知られ，N_2O は亜酸化窒素として知られている。亜酸化窒素は，Reddi Wip ホイップクリームの推進剤として，また改造レーシングカーの余分な酸素源として使用されている。

問 2.8　練習問題

分子式の書き方と酸化物の名前

a. 一酸化窒素，二酸化窒素，一酸化二窒素，四酸化二窒素の化学式を書きなさい。
b. SO_2 と SO_3 の分子名を答えなさい。

全ての化合物には体系的な名前を付けることができるが，いくつかの化合物には一般名もある。例えば，水（H_2O）を考えてみよう。なぜ一酸化二水素と呼ばないのか。これは理にかなっているし，実際のところ，この水と呼ばれる化合物の正確な名前は一酸化二水素水である。ただ，この物質には水素原子と酸素原子について誰も何も知らないずっと以前から，その名前が付けられていた。そこで，合理的な化学者たちは，水という名前を変えなかった。同様に，O_3 は一般名であるオゾン（体系名は trioxygen）で呼ばれることが多く，NH_3 はアンモニア（体系名は三水素化窒素（nitrogen trihydride））で呼ばれる。体系名とは異なり，一般名は化学式を見ただけでは分からない。それを知っているか，知らない場合はどのような分子か調べなければならない。

問 2.9　練習問題

一般名について

インターネットを使って，以下の化合物について分子式と体系名を調べて答えなさい。
石英，笑気ガス，シラン，ドライアイス，硫化水素，ホスフィン

2.8　危険な少数者：大気汚染物質

なぜ私たちは，空気中の気体や固体成分の濃度を気にする必要があるのだろうか。1 ppm をはるかに下回る濃度であっても，健康に害を及ぼす可能性があるものもある。例えば，次のようなことを考えてみよう。

- **一酸化炭素**（CO）は色も味も匂いもないため，「サイレント・キラー（沈黙の殺人者）」と呼ばれている。一酸化炭素を吸い込むと，血液中に入り込み，ヘモグロビンの酸素運搬能力を阻害する。一酸化炭素を吸い込むと，最初はめまいや吐き気を感じたり，頭痛がしたりと他の病気と間違えやすい症状を示す。しかし，一酸化炭素にさらされ続けると，重症化したり死亡したりする可能性がある。自動車の排気ガスも炭火も一酸化炭素の発生源であ

る。プロパンを燃料とするキャンプ用コンロ（**図 2.8**）も一酸化炭素の発生源になり得る。

図2.8
プロパンを燃料とするキャンプ用コンロ。
©Jill Braaten

- **オゾン**（O_3）には鼻につく臭いがあり，電気モーターや溶接機器の周りで嗅いだことがあるかもしれない。非常に低い濃度でも，オゾンは肺の機能を低下させ，胸痛，咳，くしゃみ，肺のうっ血などの症状が現れることがある。また，オゾンは農作物の葉を斑状にし，松葉を黄変させる（**図 2.9**）。地表では，オゾンは間違いなく有害な汚染物質である。しかし，第 3 章で学ぶように，高高度では有害な紫外線（UV）を遮蔽する重要な役割を果たしている。

図2.9
オゾンが松葉に与える影響。
©Cathy Middlecamp, University of Wisconsin

スモッグ（smog：smoke（煙）と fog（霧））という言葉は，この悪名高い出来事に由来している。イギリス・ロンドンの涼しく湿った環境が，有毒な煙と霧を発生させ，致命的な大気となったのだ。

- **二酸化硫黄**（SO_2）には，鼻をつく不快な臭いがある。二酸化硫黄を吸い込むと，肺の湿った組織で溶けて酸になる。二酸化硫黄中毒になりやすいのは，高齢者や若者，肺気腫や喘息の患者である。現在の大気中の二酸化硫黄の発生源は，主に石炭の燃焼によるものである。例えば，1952 年にロンドンで発生したスモッグは，最終的に 1 万人以上の死者を出したが，その原因の一部は石炭ストーブから排出された SO_2 であった。死因は，急性呼吸困難，心不全（持病による），窒息などであった。生き延びた人々も，スモッグ暴露から身を守ろうとしたにも関わらず，肺に永久的な損傷を負った（**図 2.10**）。
- **窒素酸化物**（*NOx*）。二酸化窒素（NO_2）は特徴的な褐色をしており，先に図 2.5b で示したように，スモッグの目に見える主成分である。二酸化硫黄と同様，肺の湿った組織と結合し

補足

空気中の二酸化硫黄から生成される酸は，自動車バッテリーの中にあるのと同じ酸を希釈したもので，*硫酸*として知られている。さまざまな酸と塩基の性質については，第 5 章で詳しく説明する。

(a)

(b)

図2.10

スモッグ対策としてのマスク (a) 1950年代のロンドン，(b) 現代の北京。
(a)：©Keystone Pictures USA/Alamy，(b)：©VCG/VCG via Getty Images

て酸を生成する。大気中では，二酸化窒素は一酸化窒素 (NO) から生成され，これは無色の気体である。一酸化窒素は，自動車のエンジンや石炭火力発電所など，高温の物質から空気中の N_2 と O_2 が反応して生成される。窒素酸化物である NO と NO_2 は，穀物サイロの中でも自然に生成されることがあり，不注意でそのガスを吸い込んだ農夫を負傷させたり死亡させたりすることがある。

- **鉛** (*Pb*) は，地殻中に少量存在する天然元素である。鉛の主な発生源は，鉱石や金属加工工場，化粧品，廃棄物焼却炉，配管材，鉛蓄電池の製造・リサイクル施設などである。塗料にはかつて鉛が含まれていたが，1978年に禁止された。アメリカ環境保護庁 (EPA) が自動車のガソリンに鉛含有化合物を禁止したのは1980年代であるが，無鉛航空燃料に切り替わったのは2018年である。鉛が大気中に放出されると，長距離を移動してから地上に沈殿し，土壌や貯水池に蓄積される可能性がある。吸い込んだり摂取したりすると，鉛は血液に混じって全身に分布し，骨に蓄積する。暴露レベルによっては，鉛は中枢神経系，免疫系，生殖・発育系，心臓血管系に悪影響を及ぼす可能性がある。乳幼児は特に低レベルの鉛に敏感で，体の動きや学習の障害の原因となることがある。鉛中毒は治療することができるが，鉛への暴露によって引き起こされた障害は，元に戻すことはできない。

粒子状物質のサイズ範囲は，1.4節で論じたナノ物質よりも大きい。

μm という単位は，一般にはミクロンと呼ばれている。

- **粒子状物質** (*PM*) は，微小な固体粒子と微小な液滴の複雑な混合物であり，これまで挙げた大気汚染物質の中で最も研究の遅れている物質である。粒子状物質は組成ではなく大きさで分類され，その大きさはこれまで説明してきた個々の分子に比べて相対的に大きい (**図2.11**)。粒子の大きさは，健康への影響の重大さと負の相関を持つ。PM_{10} には，平均直径 10 μm (1.0×10^4 nm)，つまり人間の髪の毛の幅の約1/8の粒子が含まれる。$PM_{2.5}$ は PM_{10} のサブセットで，平均直径 2.5 μm (2.5×10^3 nm) 以下の粒子を含む。このような小さくて致命的な粒子は，*微小粒子状物質*と呼ばれることもある。粒子状物質は，自動車のエンジン，石炭を燃やす発電所，山火事，吹きさらしの粉塵など，多くの発生源から発生する。粒子状物質は煤や煙として目に見えることもあるが (**図2.12**)，ここで説明する PM_{10} と $PM_{2.5}$ の2種類は目に見えないほど微小である。これらの微粒子を吸い込むと，肺の奥深くまで入り

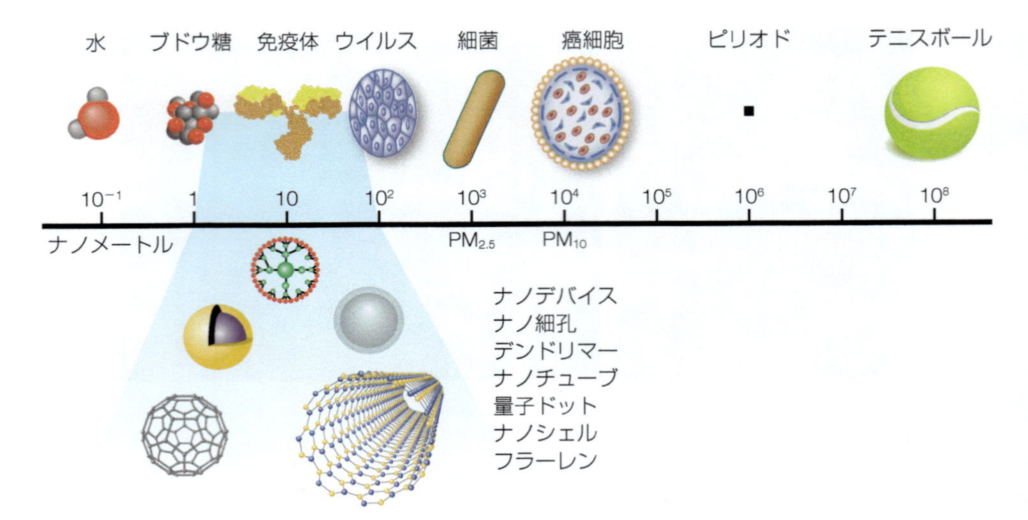

図2.11
化学に関係する一般的な長さの比較。

図2.12
コロラド州デンバー近郊で 2012 年に発生した山火事。この火災は粒子状物質を放出し，その一部は煤として見える。

込んで炎症を起こし，場合によっては肺癌になることもある。最も小さな粒子は肺から血流に入り，心臓病を引き起こす可能性がある。

この節の最後に，皆さんを驚かせるような事実を紹介しよう。今挙げた大気汚染物質のほとんどは，自然界にも存在する！例えば，山火事（図 2.12）は粒子状物質と一酸化炭素を発生させ，雷はオゾンと窒素酸化物を発生させ，火山は二酸化硫黄を放出する。これらは同じ化学物質であるため，自然発生源から放出されたものであれ，人為的に放出されたものであれ，汚染物質の危険性は同じである。重要なのは，大気中のレベルまたは濃度である。私たちは今，「健康への危険性とは何か」ということに目を向けている。

動画を見てみよう

海から発生する自然のエアロゾル粒子がどのように気象パターンに影響を与えるか，この動画で見ることができる。
www.acs.org/cic

問 2.10　考察問題

汚染された息には何が含まれているのか？

息を吸ってみよう。どんな成分の空気を吸っているのだろうか。
携帯電話（第 1 章で説明）やその他の消費者製品の生産により，私たちの空気はかつてほどきれいではなくなっている。ポータブル電子機器の製造過程で発生する汚染物質は，あなたの健康にどのような影響を与えるだろうか。

2.9　大気汚染物質のリスク評価

私たちが生きていく上でリスクは常に付きまとい，それを避けることはできないが，それでも私たちはリスクを最小限に抑えようとする。例えば，ある種の行為が違法とされるのは，その行為が許容できないリスクを伴うと判断されるからである。また，リスクの高い行為には，そのようなラベルが貼られている。例えば，タバコのパッケージには肺癌に関する警告ラベルが貼られている。ワインのボトルには，妊娠中に飲むと先天性異常の原因となることや，アルコールの影響下で機械を操作することに関する警告が記載されている。しかし，警告がないからといって安全性が保証されるわけではない。リスクの程度が低すぎて表示できない場合もあるし，リスクが明らかであったり，避けることができない場合もある。

警告はあくまで警告である。*誰かがリスクを背負うこと*を意味するものではない。むしろ，不利な結果をもたらす可能性を知らせるものである。例えば，自動車事故で死亡する確率が，走行距離 3 万マイルにつき 100 万分の 1 だとしよう。平均すると，3 万マイル走行する 100 万人のうち 1 人が事故で死ぬということだ。このような予測は単なる推測ではなく，科学的データに基づいて，起こり得ることの確率について系統的に予測を立てた**リスク評価**の結果である。

空気を吸うのはいつ危険なのだろうか。幸いなことに，それを判断するのに既存の大気質基準が指針となる。私たちが*指針*と呼ぶその基準値は科学者，医学専門家，政府機関，そして政治家を交えたグループの検討によって設定される。どの基準が合理的で安全かについて，必ずしも人々の意見が一致するとは限らないし，新たな科学的知識が生まれたり，政治的な決定が変わったりするにつれて，基準は時と共に変更されることもある。

アメリカでは，大気汚染防止法に基づき，1970 年に初めて国家大気質基準が制定された。汚染物質の濃度が基準値以下であれば，おそらくその空気を吸うことは健康に害を及ぼさない。“おそらく” というのは，大気質基準は通常，時間の経過と共に厳しくなっていくからである。世界中を見渡せば，大気の質に関する規制は，その厳しさも施行される度合いもさまざまである。

大気汚染物質がもたらすリスクは，物質の本質的な健康被害である**毒性**と，その物質にさらされる量である**暴露**の両方の関数である。毒性を正確に評価することは，多くの理由から困難であり，意図的に人を有害物質にさらす実験を行うことは倫理的に問題がある。たとえその類のデータが入手できたとしても，さまざまなグループの人々にとって許容できるリスクのレベルを決定しなければならない。このような複雑さにも関わらず，政府機関は主要な大気汚染物質の暴露限度を設定することに成功している。**表 2.3** は，アメリカ環境保護庁が定めた国家大気環境基準である。ここでいう**環境大気**とは，私たちを取り囲む空気のことで，通常は**外気**を意味する。私たちの知識が深まるにつれて，これらの基準は修正されている。例えば，2006 年に $PM_{2.5}$ の基準がより厳しくなったのは，科学的研究の進展より微小粒子状物質の吸入の増加が人体に有害であることが示されたことによる。同様に，2015 年にはオゾンの基準が引き下げられ，2010 年には二酸化窒素の基準が追加された。

毒性の評価に比べれば，暴露量の評価ははるかに簡単である。なぜなら，暴露量は，より簡単に測定できるからである。これには次のようなものがある。

表 2.3　アメリカ環境大気質基準

汚染物質	許容濃度（ppm）	許容質量濃度（μg/m³）
一酸化炭素		
1 時間平均	35	40,000
8 時間平均	9	10,000
二酸化窒素		
1 時間平均	0.100	200
1 年間平均	0.053	100
オゾン		
8 時間平均	0.070	140
粒子状物質		
PM_{10}，24 時間平均	—	150
$PM_{2.5}$，24 時間平均	—	35
$PM_{2.5}$，1 年間平均	—	12
二酸化硫黄		
1 時間平均	0.075	210
鉛		
3 ヵ月平均	—	0.15

- *空気中の濃度*。汚染物質の毒性が強ければ強いほど，濃度を低く設定しなければならない。濃度は，表 2.3 に示すように，100 万分の 1（ppm）または 1 m^3 あたりのマイクログラム（$\mu g/m^3$）で表される。先に，*マイクロ*という接頭語を使ったが，これは 1 m の 100 万分の 1（10^{-6} m）を表すマイクロメートルという意味である。同様に，1 マイクログラム（μg）は 1 グラム（g）の 100 万分の 1，つまり 10^{-6} g である。
- *暴露時間*。汚染物質の濃度が高くなると，短時間しか許容できなくなる。汚染物質にはいくつかの基準があり，それぞれ異なる時間の長さが設定されている場合がある。
- *呼吸の早さ*。ランニングなどの運動中は，呼吸が早くなる。大気の質が悪い場合は，活動を減らすことが暴露を減らす一つの方法である。

市街地の路上で空気サンプルを採取したとする。分析の結果，空気中には 5,000 $\mu g/m^3$ の一酸化炭素（CO）が含まれていることが分かった。この濃度の CO は呼吸に有害だろうか。表 2.3 を使ってこの問いに答えることができる。一酸化炭素については，1 時間暴露と 8 時間暴露の二つの基準が報告されている。1 時間暴露の方が高い濃度に設定されているのは，短時間であれば高い濃度でも耐えられるからである。分析された CO 濃度 5,000 $\mu g/m^3$ は，1 時間暴露と 8 時間暴露の両方の基準値以下であるため，その大気質を呼吸しても安全であると考えられる。

表 2.3 を用いると，汚染物質の相対的な毒性を評価することもできる。例えば，一酸化炭素とオゾンの 8 時間平均暴露基準を比較すると，9 ppm と 0.070 ppm である。ざっと計算すると，オゾンは一酸化炭素の約 130 倍呼吸において有害である！とはいえ，一酸化炭素が非常に危険であることに変わりはない。"サイレント・キラー" である一酸化炭素は，その危険性を認識する前に判断力を低下させる可能性がある。

動画を見てみよう

一酸化炭素が致命的な理由が，この動画を見ると分かる。
www.acs.org/cic

問 2.11　展開問題

毒性の見積り

a. 表 2.3 のどの汚染物質（粒子状物質は除く）が最も有毒なのか答えて，その理由を述べなさい。
b. 粒子状物質の基準を調べなさい。先に，“微粒子”である $PM_{2.5}$ は，“粗粒子”である PM_{10} よりも致命的であると述べた。表 2.3 の値はこのことを裏付けているかどうか理由と共に答えなさい。
c. 鉛は粒子状物質よりも有毒かどうか，理由と共に答えなさい。

大気汚染物質の基準は 100 万分の 1 で表されるが，二酸化硫黄と二酸化窒素の濃度は 10 億分の 1 を意味する ppb で報告するのが便利である。

二酸化硫黄　0.075 ppm＝75 ppb

二酸化窒素　0.100 ppm＝100 ppb

これらの値から明らかなように，100 万分の 1 から 10 億分の 1 に変換するには，小数点を三つ右に移動する必要がある。SO_2 と NO_2 の単位を変更することで，より便利な数値が得られるかもしれないが，大気中のさまざまな化学物質の濃度を報告する場合，直接比較できる共通の単位を持つことは便利なことが多い。

問 2.12　練習問題

風下での生活

二酸化硫黄（SO_2）は，銅鉱石を製錬して銅の金属を作るときに空気中に放出される。製錬所の風下に住む女性が，1 時間に 44 μg の SO_2 を吸い込んだとしよう。
彼女が 1 時間に 625 L（0.625 m^3）の空気を吸入した場合，SO_2 のアメリカ国家環境大気質基準の 1 時間平均値を超えるだろうか。答えを計算で裏付けなさい。

1948 年に設立された世界保健機関（WHO）は，国連内で世界の健康問題への対応を指揮・調整する権限を持っている。WHO の任務の一つは，公衆衛生のための規範と基準を設定することであり，これが大気汚染ガイドラインの策定へとつながった。このガイドラインがアメリカ環境保護庁の定めるガイドラインとどのように異なるかについては，次の問題で明らかになる。

問 2.13　展開問題

基準の違い

世界保健機関（WHO）の大気質基準を調べて，アメリカ環境保護庁（EPA）の基準と比較してみよう。汚染物質を一つ選び，選んだ汚染物質に関する EPA の基準と WHO の基準の違いを三つ挙げなさい。どちらの機関がより厳しい基準を設定しているか答えなさい。

この節の最後に，私たちのリスクに対する認識も重要な役割を果たすことに注意したい。例えば，車での移動のリスクは，飛行機での移動をはるかに上回る。アメリカでは毎日 100 人以上が自動車事故で亡くなっている。しかし，飛行機事故を恐れて飛行機に乗るのを避ける人もいる。同様に，休火山の近くの内陸に住むことを恐れる人もいる。しかし，これまでのいくつかの異常なハリケーンが証明しているように，沿岸地域に住むことの方がはるかに危険を伴う。リスクとして認識されているか否かに関わらず，大気汚染は現在と将来の世代の両方に対して，現実の危険をもたらす。次の節では，こうした危険を評価するためのツールを紹介する。

2.10 外出しても大丈夫なのか？大気質のモニタリングと報告

住んでいる場所によって，呼吸する空気の質は異なる。常に健康的な空気を吸える場所もあれば，中程度の質の空気を吸える場所もある。このような違いは，人口，地域活動，地形，天候パターン，近隣地域の人々の活動など，さまざまな要因によって生じる。

大気の質を改善するために，多くの国が法律を制定してきた。例えば，大気質基準の制定につながったアメリカの大気浄化法（1970 年）については既に述べた。多くの環境法と同様，この法律も有害物質への暴露を制限することに重点を置いている。この法律は，有害物質の拡散を制限したり，事後的に浄化しようとしたりすることから，「command and control law（指揮統制型法律）」あるいは「end of the pipe solution（排出規制）」と呼ばれている。

公害防止法（1990 年）は，大気汚染防止法に続く重要な法律である。この法律は，有害物質の*生成防止*に焦点を当てており，「実行可能な限り，汚染は発生源で防止または削減されるべきである」と述べている。重要な点は，文言が変更されたことにある。汚染物質を浄化するのではなく，そもそも汚染物質を発生させるべきではないのだ！公害防止法によって，汚染物質を発生源から削減する，あるいは理想的には発生源から除去するような方法を採用することが国の方針となった。

問 2.14 展開問題

予防の論理

「玄関で泥だらけの靴を脱ぎなさい。カーペットを掃除するつもりはないわ！」過去に親から聞いたことのある言葉かもしれない。これは常識的な習慣である。後始末ではなく，大気汚染を防ぐ“常識的”な例を三つ挙げなさい。
ヒント：問 2.1 をもう一度見てみよう。

アメリカにおける大気汚染物質の濃度は劇的に減少した（**図 2.13**）。今述べたような法律や規制の組み合わせによって改善されたものもある。また，地域の決定に起因するものもある。例えば，地域社会が新しい公共交通システムを構築したり，産業界が最新の設備を導入したりした。また，化学者の創意工夫によって，特にこの章の最終節で述べる「グリーンケミストリー」と呼ばれる一連の手法によって改善されたものもある。

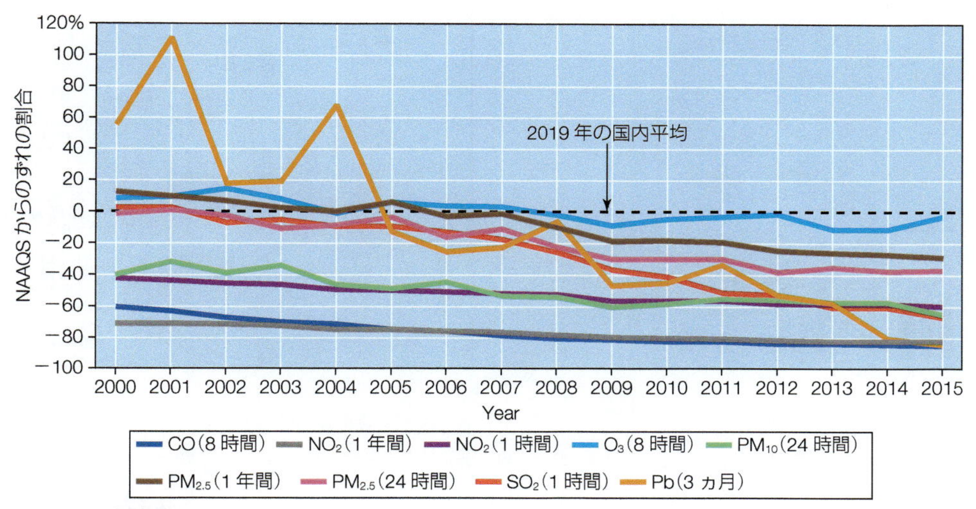

図2.13 **資料室**
大気汚染物質のアメリカ平均レベル（特定地点）と国家環境大気質基準（NAAQS）との比較（2000 ～ 2015 年）。これらのデータの対話式版は www.acs.org/cic で確認できる。
出典：アメリカ環境保護庁（EPA）

資料室

EPA の屋外大気質タイルプロットサイトで，住んでいる地域の大気汚染物質濃度の経年変化を見てみよう。

問 2.15　展開問題

我が国の大気

EPA は毎年，「Our Nation's Air（我が国の大気）」と題する対話型の報告書を発行し，アメリカの大気質の傾向を明らかにしている。
2017 年の年次報告書のデータを参照し，以下の質問に答えなさい。

1. 1990 ～ 2016 年にかけて最も大幅に減少した排出量はどれか。また，どのような要因が大気質の改善に寄与したと思われるか答えなさい。
2. 鉛の排出量は 1993 年に急増し，その後急激に減少した。この傾向（鉛濃度の急上昇と急減の両方）にはどのような理由があるのか答えなさい。
3. 記載されている PM 排出量には，農作物の粉塵や山火事による排出などの“雑多な排出”は含まれていない。1990 年から現在までの $PM_{2.5}$ と PM_{10} の排出量の推移をプロットしなさい（**ヒント**：詳細については，“Emission Trends”をクリックする必要がある）。次に，EPA がこれらの PM 排出源を除外した理由について，考えを述べなさい。
4. 基準汚染物質であるオゾン，鉛，SO_x，NO_x，PM の年間濃度推移を評価しなさい，1990 年以降，全国的に濃度は低下しているが，これらの汚染物質の一部が全国平均より常に高いままになっている地域はあるか。あるとすれば，その要因は何か。これらの比較的高い排出傾向の要因は何か。考えを述べなさい。

大気の質は改善されたかもしれないが，平均すると，一部の大都市圏の人々は不健康なレベルの汚染物質を含む空気を吸っている。アメリカの人口の 41%以上が，オゾンか粒子状物質のどちらかが不健康なレベルの郡に住んでいると推定されている。これは全米 215 の郡に住む 1 億 3,300 万人以上に相当する。これを説明するために，**図 2.14** に示したアメリカのデータを確認してみよう。“不健康”というレッテルは，まさにそれを意味する。先に述べたように，大気汚染物質は生物学的な問題の元凶である。その危険性をより迅速に評価するために，アメ

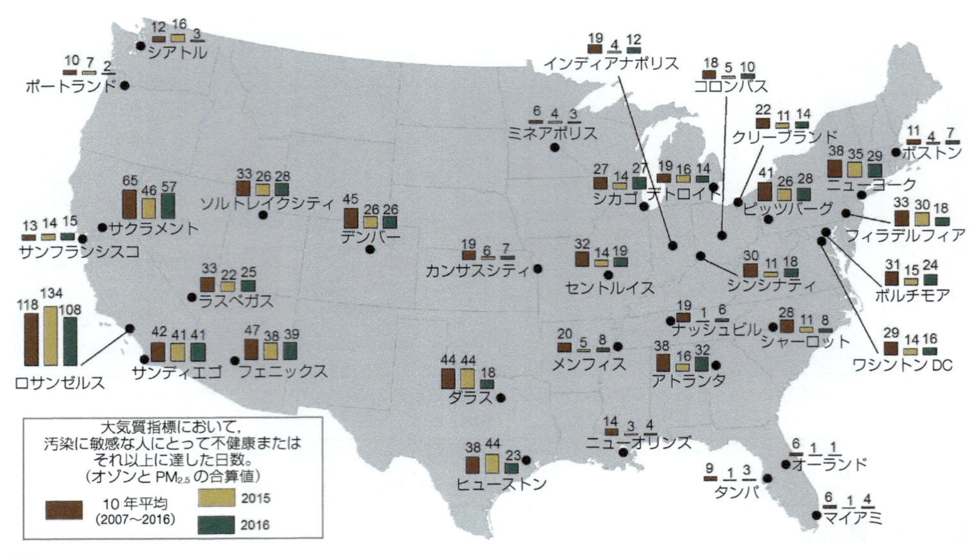

図2.14

アメリカの特定都市圏の大気質データ。

出典：アメリカ環境保護庁（EPA）

出典：アメリカ環境保護庁（EPA）

表 2.4　大気質指標（AQI）のレベル分け

AQI 値の範囲	大気品質の状況	色による区別
0 ～ 50	良い	緑色
51 ～ 100	並	黄色
101 ～ 150	敏感なグループにとって健康に良くない	オレンジ色
151 ～ 200	健康に良くない	赤色
201 ～ 300	健康に極めて良くない	紫色
301 ～ 500	危険	あずき色

出典：アメリカ環境保護庁（EPA）

AQI スコアは，四つの汚染物質の濃度に基づいて健康への潜在的な影響を伝えるために作られた数値であるため，単位は含まれていない。計算に含まれる汚染物質は，粒子状物質，一酸化炭素，二酸化硫黄，オゾンである。

リカ環境保護庁は，**表 2.4** に示す色分けされた大気質指数（AQI）を開発した。この指数は 1 ～ 500 の数値で表され，100 がその汚染物質の国家基準値である。緑色または黄色（100 未満）は，空気の質が良好または中程度であることを示す。オレンジ色（100 ～ 150）は，一部のグループにとって空気が不健康になっていることを示す。赤色，紫色，またはあずき色（> 150）は，全ての人が呼吸するのに不健康な空気であることを示す。

問 2.16　展開問題

大気質指標

読者の近隣の大都市圏を図 2.14 の中から選んで，2010 ～ 2016 年までの年間大気質不健康日数の減少率を計算しなさい。全米で，2007 年以降，不健康日数が最も大幅に減少した地域はどこか，そして 2007 年以降，不健康な日数が変わらない，あるいは悪化した地域はどこか答えなさい。

例として，**図 2.15** は，ワシントン州スポケーンの 2018 年 8 月下旬のオゾンと粒子状物質

予測日 大気汚染物質	2018 年 8 月 21 日（火）	2018 年 8 月 22 日（水）	2018 年 8 月 23 日（木）	2018 年 8 月 24 日（金）
O_3	61	90	112	42
PM_{10}	61	64	77	62
$PM_{2.5}$	139	134	154	114

図2.15
表 2.4 で定義した色を用いた 2018 年 8 月 21 ～ 24 日のワシントン州スポケーンの大気質予測。

の大気質予測を示している。懸念される汚染物質は，ワシントン州とモンタナ州北西部で発生した大規模な山火事に由来する $PM_{2.5}$ であった。人々は「ジョギングや自転車に乗るなど屋外での運動を控えるように」と勧告された。安価で小型のセンサーが開発されたことで，BROAD Life phone のような特殊な携帯電話を含む小型の携帯機器を使って，現在地の空気の質をリアルタイムでモニターすることも可能になった。

資料室

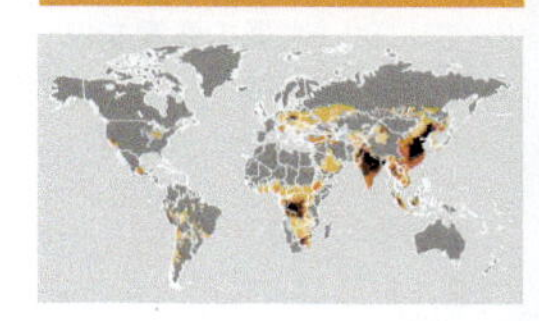

出典：シカゴ大学エネルギー政策研究所（EPIC）

もし読者の国が大気汚染を国または世界保健機関の基準値まで削減したら，どのくらい長生きできるだろうか。www.acs.org/cic で確認してみよう。

2.11　汚染物質の起源：誰が悪いのか？

地球上の生命には酸素が含まれている。酸素を含む化合物は大気中にも，読者の体内にも，地球の岩石や土壌にも存在する。なぜだろうか。その答えは，多くの異なる元素が酸素と化学的に結合するからである。その一つが炭素である。一酸化炭素（CO）という化合物は，表 2.3 の汚染物質として既に紹介した。幸いなことに，CO は大気中では比較的まれである。対照的に，二酸化炭素（CO_2）ははるかに多く存在する（0.04％，400 ppm）。それでもこの濃度では，CO_2 は温室効果ガスとして重要な役割を果たしている。この節では，CO_2 と CO がどのようにして大気中に放出されるかを説明する。

多くの動物は呼吸のたびに CO_2 を吐き出している。呼吸は大気中の CO_2 の自然発生源の一つであるが，最近の大気レベル上昇の重要な原因ではない。二酸化炭素は，人間が燃料を燃やすときにも発生する。**燃焼**とは，燃料が酸素と急速に反応し，熱と光の形でエネルギーを放出することである。炭素を含む化合物が燃焼すると，炭素は酸素と結合して二酸化炭素（CO_2）を生成する。酸素の供給が制限されると，一酸化炭素（CO）も発生しやすくなる。

燃焼は**化学反応**の一種で，**反応物**と呼ばれる物質が**生成物**と呼ばれる異なる物質に変化するプロセスである。**化学反応式**とは，化学反応を方程式で表したものである。学生にとっては，化学反応式は“矢印の付いたもの”としてよく知られているだろう。化学反応式は，化学用語である。化学反応式は，化合物の分子式（化学の言葉）と化学記号（文字に対応する）で構成されている。文章と同じように，化学反応式は情報を伝える。化学反応式もまた，数学の式に適用されるのと同じ制約に従わなければならない。

最も基本的なレベルでは，化学反応式は次の過程を定性的に記述している。

反応物 ⟶ 生成物

慣例により，反応物は常に左に，生成物は右に書かれる。矢印は化学変化を表し，“に変化する”と読める。

図 2.16 に示すように，炭素（木炭）が燃焼して二酸化炭素が発生する様子は，いくつかの方法で表すことができる。一つは分子名で表す方法である。

炭素 ＋ 酸素 ⟶ 二酸化炭素

または，化学反応式で表す。

$$C + O_2 \longrightarrow CO_2 \qquad [2.1]$$

この簡単で象徴的な表現方法は，多くの情報を伝えている。この式は「炭素原子 1 個が酸素分子 1 個と反応し，二酸化炭素の分子 1 個を生成する」ということができる。図 2.16 に示すように，黒を炭素，赤を酸素に使い，関係する分子と原子を球で表すこともできる。

補足
2.7 節には，共通の要素を表す色のキーがある。

化学反応では原子は生成も消滅もしない。原子が互いに結合する様子は変わるかもしれないが，反応物から生成物に変わるとき，存在する元素の種類と数に変化はない。この関係は，**物質および質量保存の法則**として知られている。すなわち，化学反応では，消費された反応物の

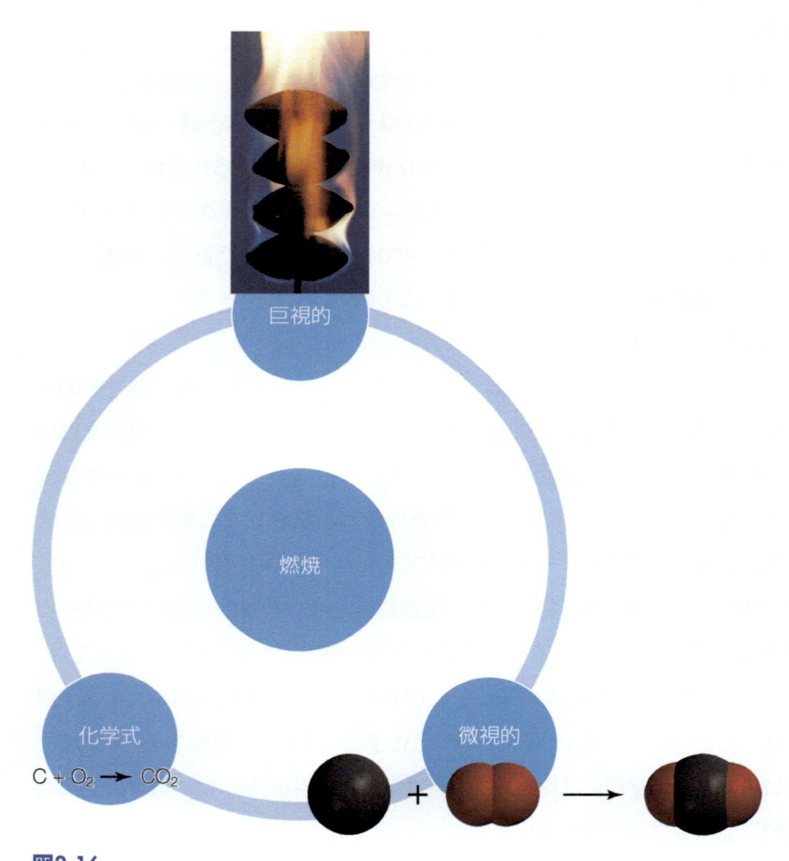

図2.16
空気中で燃焼する木炭の三つの表現。
©McGraw-Hill Education/Bob Coyle

質量は，生成された生成物の質量に等しい。

化学反応式はこの法則に従い，矢印の左側にある各原子の数と種類が右側にあるものと等し*くなければならない*という点で，数式に似ている。

左側：1 個の炭素原子（C）と 2 個の酸素原子（O）⟶
右側：1 個の炭素原子（C）と 2 個の酸素原子（O）

両辺が等しくない場合は，反応中の化学物質の量の調整のみを考えるべきで，化学物質自体の添え字は決して調整してはならない。これは，化合物を新しい物質に変えてしまうことになる。

反応物と生成物の物理的状態を指定することで，化学反応式にさらに多くの情報を詰め込むことができる。1.2 節で述べたように，固体はイタリック体の記号 (*s*) で，液体は (*l*) で，気体は (*g*) で指定する。炭素は固体であり，酸素と二酸化炭素は常温常圧で気体であるから，2.1 式は次のようになる。

この情報が特に重要な場合は，物理的状態を指定するのが一般的である。そうでない場合は，簡略化のため，通常は省略される。

$$C(s) + O_2(g) \longrightarrow CO_2(g)$$

2.1 式は，酸素が十分に供給された状態での純炭素の燃焼を表しているが，必ずしもそうとは限らない。酸素の供給が十分でない場合，一酸化炭素が生成物の一つになることもある。CO が唯一の生成物である極端なケースを考えてみよう。

$$C + O_2 \longrightarrow CO\ (\text{釣り合いが取れていない}) \qquad [2.2a]$$

左側には酸素原子が 2 個あるが，右側には 1 個しかないため，この方程式は釣り合っていない。これを修正する唯一の方法は，係数を加えて元素の量を調整することである。物質の違いは下付き数字で表されており，CO_2 と CO は全く異なる物質であることを忘れてはならない。このような場合，係数は試行錯誤で見つけることができる。CO の前に 2 が付けば，一酸化炭素が 2 分子あることを意味する。これで酸素原子と釣り合う。

$$C + O_2 \longrightarrow 2CO\ (\text{まだ釣り合いが取れていない}) \qquad [2.2b]$$

しかし，今度は炭素原子の数が釣り合わない。幸い，これは式の左辺の炭素の前に 2 を置くことで簡単に修正できる。

$$2C + O_2 \longrightarrow 2CO\ (\text{釣り合った化学反応式}) \qquad [2.2c]$$

従って，この反応が起こると，2 個の炭素原子が 1 個の酸素分子と反応し，2 分子の一酸化炭素が生成されることになる。

2.1 式と 2.2c 式を比較すると，炭素から CO_2 を生成するためには，CO を生成するために必要な O_2 よりも，より多くの O_2 が必要であることが分かる。これは，一酸化炭素の生成に必要な条件，すなわち酸素の供給が不十分であるという条件と一致している。**表 2.5** に，化学方程式の釣り合いに関するヒントを示す。

資料室

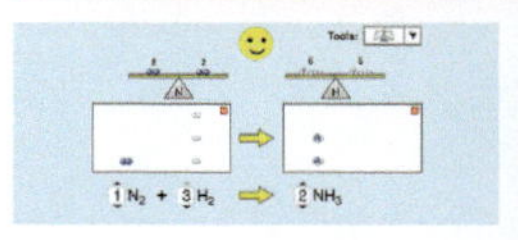

©PhET Interactive Simulations, University of Colorado

反応式の釣り合いを取る練習には，この対話型のシミュレーションをやってみよう。
www.acs.org/cic

表 2.5　化学反応式の特徴

常に保存されること
反応物中の原子 = 生成物中の原子
反応物中の各元素の原子数 = 生成物中の各元素の原子数
反応物中の全質量 = 生成物中の全質量
変化し得ること
反応物中の分子数と生成物中の分子数は等しいとは限らない
反応物の物理的状態（個体，液体，気体）が生成物の状態と等しいとは限らない

同素体については，1.6 節で説明した。

問 2.17　考察問題

炭素が酸素と反応するとき

固体の炭素と気体の酸素分子という，反応物の二つの粒子表現を調べなさい。下の図で，炭素は 6 個の炭素原子でできた六角形の環を単位とするグラファイト（炭素の同素体の一種）の一領域として図示されていることに注意して欲しい。

ヒント：図 1.9 を見直してみよう。

a. 酸素分子と固体炭素の反応が進行して，(i) 二酸化炭素と (ii) 一酸化炭素の生成物を形成する様子を，2 枚以上の絵で描きなさい。

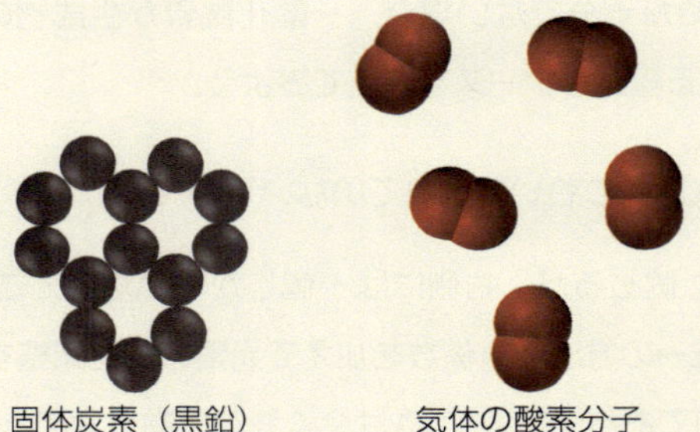

b. a で描いた反応のそれぞれについて，これらの反応物から生成物分子がいくつできるか。反応が完了した後，反応物の原子や分子が残っているだろうか。その理由も含めて答えなさい。

問 2.18　考察問題

二酸化硫黄の生成のモデリング

反応物である固体の硫黄と酸素ガスの二つの表現を考えよう。図Ａは正しく，図Ｂは正しくない。硫黄は硫黄の一般的な元素形態である S_8 同素体として描かれていることに注意しなさい。

a. 図Ａが正しい理由と，図Ｂが正しくない理由を説明しなさい。
b. 図Ａの反応物から生成される生成物（SO_2 または SO_3 のいずれか）を予測しなさい。
c. 全ての酸素原子は全ての硫黄原子と完全に反応するかどうか，理由も含めて答えなさい。
d. 以下の文章は真か偽か。理由も含めて答えなさい。
「反応が完了すると，未反応の硫黄原子が残る」

前の問題で説明したように，反応の粒子的表現は，生成物分子を形成するために衝突する多くの反応種を示す。反応中に完全に消費される反応物は，形成される可能性のある生成物分子の数を制限するので，**制限試薬**と呼ばれる。より一般的な例として，12 枚切りのパンと 12 枚のスライスチーズからできるチーズサンドイッチの数を考えてみよう。これらの材料から 6 個のサンドイッチを作ることができるので，パンが制限試薬であり，チーズは過剰であるといえるだろう（つまり，パンに挟むチーズを 2 倍にしなければ，6 枚のスライスチーズが残る！）。

大気汚染物質である一酸化窒素の起源を知ると驚くかもしれない。一酸化窒素は空気中の窒素と酸素から発生する！酸素と窒素のどちらも安全な物質だが，反応して非常に危険なものを作り出すことがある。この二つのガスは，自動車のエンジンや森林火災のような非常に高温のものが存在すると化学的に結合する。

$$N_2(g) + O_2(g) \xrightarrow{\text{高温条件下}} NO(g)\ \text{(釣り合っていない化学反応式)} \quad [2.3a]$$

この化学反応式の左辺には 2 個の酸素原子があるが，右辺には 1 個しかないため，この式は釣り合っていない。窒素原子についても同様である。方程式で釣り合いを取るには，NO の前に 2 を置く必要があり，これにより右側に 2 個の N 原子と 2 個の O 原子が供給される。

$$N_2(g) + O_2(g) \xrightarrow{\text{高温条件下}} 2NO(g)\ \text{(釣り合った化学反応式)} \quad [2.3b]$$

従って，この反応は，1 個の窒素分子が 1 個の酸素分子と反応して，2 個の一酸化窒素分子を生成すると表現している。

動画を見てみよう

Chemistry in Context Tutorial
LIMITING REAGENTS

©Bradley D. Fahlman
化学反応式の釣り合いと制限試薬の詳細については，この動画を見ると分かる。www.acs.org/cic

問 2.19 練習問題

化学反応式

以下の化学反応式の釣り合いを取り，2.3b 式になぞらえて，全ての反応物と生成物を書きなさい。また，最終的な反応式を説明しなさい。

a. $H_2 + O_2 \longrightarrow H_2O$　　b. $N_2 + O_2 \longrightarrow NO_2$

2.12 もっと酸素を：燃焼が大気に及ぼす影響

次の二つの節では，大気の質と私たちが燃やす燃料の関係について調べていく。炭化水素は，水素と炭素のみで構成される化合物である。今日私たちが使用している炭化水素は，主に原油から得られる。最も単純な炭化水素であるメタン（CH_4）は，天然ガスの主成分である。ガソリンも灯油も，さまざまな長鎖炭化水素の混合物である。

補足

炭化水素の命名規則は 6.2 節で説明する。

酸素が十分に供給されれば，炭化水素燃料は完全に燃焼する。これを“完全燃焼”と呼ぶ。要するに，炭化水素分子中の全ての炭素原子が空気中の O_2 分子と結合して CO_2 になる。同様に，全ての水素原子は O_2 と結合して H_2O を形成する。例えば，以下にメタンの完全燃焼の化学反応式を示す。この式は，炭素を主成分とする燃料を燃やすとなぜ二酸化炭素が大気中に放出されるのかを知る最初の手がかりとなる。

$$CH_4 + O_2 \longrightarrow CO_2 + H_2O \text{（釣り合っていない化学反応式）} \quad [2.4a]$$

O が CO_2 と H_2O といった*両方*の生成物に現れることに注意して欲しい。化学反応式のバランスを取るには，矢印の両側にある*一つの物質だけ*に現れる元素から始める。この場合，H と C の両方が該当する。両辺に 1 個の C 原子が含まれるため，炭素の係数を変更する必要はない。H_2O の前に 2 を置いて，H 原子のバランスを取る。

$$CH_4 + O_2 \longrightarrow CO_2 + 2\,H_2O \text{（まだ釣り合っていない）} \quad [2.4b]$$

最後に酸素原子のバランスを取る。四つの O 原子が右側にあり，二つの O 原子が左側にあるので，方程式のバランスを取るには二つの O_2 分子が必要である。

$$CH_4 + 2\,O_2 \longrightarrow CO_2 + 2\,H_2O \text{（釣り合った方程式）} \quad [2.4c]$$

つまり，1 分子のメタンと 2 分子の酸素が反応して，2 分子の水と 1 分子の二酸化炭素ができる。化学反応式の良いところは，矢印の両側にある原子の数を数えるだけで，それが釣り合っているかどうかが分かることだ。

ほとんどの自動車は，ガソリンと呼ばれる炭化水素の複雑な混合物で動いている。オクタン（C_8H_{18}）は，この混合物に含まれる物質の一つである。十分な酸素があれば，オクタンは完全に燃焼して二酸化炭素と水を生成する。

$$2\,C_8H_{18} + 25\,O_2 \longrightarrow 16\,CO_2 + 18\,H_2O \quad [2.5]$$

どちらの生成物も，エンジンから排気管を通って空気中に排出される。これらの燃焼生成物は目に見えるのかというと，通常は見えない。ガス状の水と二酸化炭素は，どちらも無色の気体である。しかし，冬の日にたまたま外にいると，水蒸気が凝縮して小さな氷の結晶の雲になり，それを見ることができる。時には，凍った水蒸気が逆転層に閉じ込められ，氷の霧を形成することもある（**図 2.17**）。

図2.17
アラスカ州フェアバンクスの冬の霧氷。
©Cathy Middlecamp，University of Wisconsin

酸素が少なくなると，ガソリンと呼ばれる炭化水素混合物は十分に燃焼しない（不完全燃焼）。CO_2 や CO と共に水も発生する。極端なのは，オクタンの不完全燃焼のように，一酸化炭素だけが生成される場合である。

$$2\ C_8H_{18} + 17\ O_2 \longrightarrow 16\ CO + 18\ H_2O \quad [2.6]$$

2.6 式の O_2 の係数 17 と 2.5 式の O_2 の係数 25 を比較する。CO は CO_2 より少ない酸素しか含まないため，不完全燃焼では必要な酸素は少なくなる。

問 2.20　練習問題

釣り合いはどうなっている？

2.5 式と 2.6 式について，釣り合いが取れていることを確かめなさい。

ガソリンが車のエンジンの中で燃やされたとき，実際にはどのような混合物が生成されるのだろうか。生成物は燃料，エンジン，運転条件によって異なるため，これはそれほど簡単な疑問ではない。ガソリンが燃焼して生成するのは，主に H_2O と CO_2 である。しかし，若干の CO も発生する。排気管から排出される CO と CO_2 の量は，車がどれだけ効率良く燃料を燃焼させたかを示し，ひいてはエンジンのチューニングの良し悪しを示す。アメリカの一部の地域では，自動車の排気ガスに含まれる CO を監視している（**図 2.18**）。排気ガス中の CO 濃度は，定められた基準値と比較される。例えば，現在カリフォルニア州の乗用車は 1 マイル（1.6 km）

あたり 4.2 g である。排ガス試験で不合格になった車両は，少なくとも最低排ガス基準を満たすように整備しなければならない。

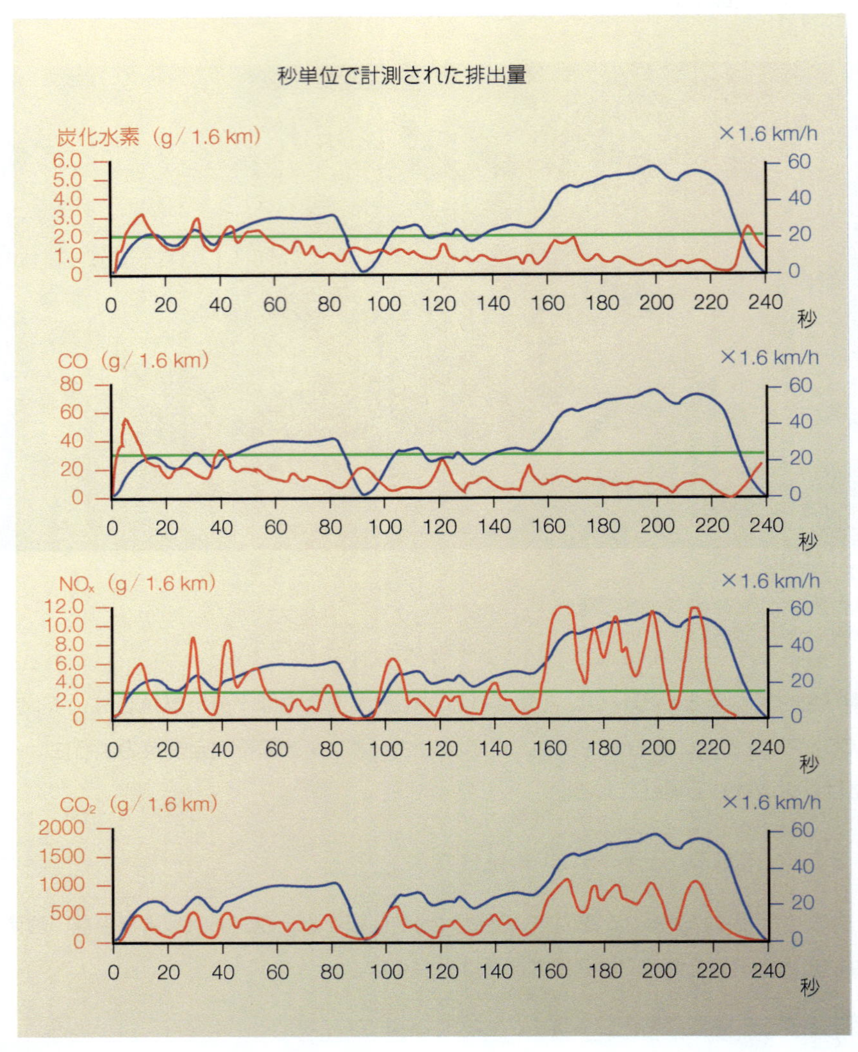

図2.18
アメリカの自動車排出ガスレポート。青い線はエンジン回転数の変化，赤い線は排出量の変化を示す。緑の線以下の排出量は許容範囲内である。
出典：Cathy Middlecampによるデータ

問 2.21　練習問題

自動車排出ガスレポート

a. 図 2.18 は，NO_x 排出量を 1 マイル（1.6 km）あたりの g 数で表したものである。NO_x は窒素酸化物の総称である。x = 1 と x = 2 の場合，対応する化学式を書きなさい。また，化学物質名も記しなさい。
b. NO は，排出される主な窒素酸化物である。この化合物の発生源は何か。
ヒント：2.3 式を見直してみよう。
c. CO_2 のグラフには緑の線がないが，他のグラフにはある。この明らかな見落としについて説明しなさい。
d. 図 2.18 の車両は車検に合格するだろうか。その理由を説明しなさい。

2.13　大気汚染物質：直接排出源

この節では，大気汚染物質の二大発生源である自動車と石炭火力発電所について検討する。これらの発生源はさまざまな汚染物質を排出しており，これからその集計を始めることにする。

問 2.22　考察問題

排気管から出るガス

自動車の排気管からは何が出ているか，そのリストを作成しなさい。
ヒント：エンジンに入る空気の一部は，排気管からも出てくる。

二酸化硫黄の排出は，発電のために燃やされる石炭に関係している。石炭の大部分は炭素で構成されているが，1 ～ 3%の硫黄と少量の鉱物が含まれていることがある。硫黄は燃えて SO_2 になり，鉱物は細かい灰の粒子になる。封じ込めなければ，SO_2 と灰はそのまま煙突の上まで行ってしまう。アメリカでは何百万 t もの石炭が燃やされ，何百万 t もの廃棄物が大気中に放出されている。第 5 章で述べるように，石炭の燃焼によって発生した SO_2 は，雲の水滴に溶け込み，酸性雨として地上に降り注ぐ。

しかし，話は SO_2 の排出だけで終わらない。二酸化硫黄は空気中に入ると，酸素と反応して三酸化硫黄，SO_3 を生成する。

$$2\ SO_2 + O_2 \longrightarrow 2\ SO_3 \qquad [2.7]$$

通常，この反応は非常に遅いが，小さな灰の粒子があると反応が速くなる。粒子はまた，別の現象も引き起こす。湿度が十分に高ければ，粒子は水蒸気を凝縮して小さな水滴のエアロゾルにすることを促す。エアロゾルは液体や固体の粒子で，空気中に浮遊したまま沈殿しない。たき火やタバコの煙は，固体や液体の微粒子からなる身近なエアロゾルである。

ここで懸念されるエアロゾルは，硫酸（H_2SO_4）を含んだ微小な水滴である。これは，三酸化硫黄が水滴と容易に反応して硫酸を生成するためである。

$$H_2O + SO_3 \longrightarrow H_2SO_4 \qquad [2.8]$$

アメリカとカナダでは現在，全ての車に硫黄分 15 ppm 未満のディーゼル燃料の使用が義務付けられている。しかし，欧州連合（EU）やオーストラリア，中国などは，ディーゼル燃料の許容硫黄含有量を 10 ppm 未満とする，より厳しい規制を採用している。

硫酸エアロゾルを吸い込むと，その水滴は十分に小さいため，肺組織に捕捉され，深刻な損傷を引き起こす。

良いニュースといえるかもしれないが，アメリカの二酸化硫黄排出量は減少している（図 2.13）。例えば，1985 年には石炭の燃焼によって約 2,000 万 t の二酸化硫黄が排出されていた。現在では 1,100 万 t に近づいている。この目覚ましい減少は，石炭火力発電所を含む多くの施設での排出量削減を義務付けた 1970 年の大気浄化法のおかげである。さらに厳しい規制は，大気浄化法の改正と 1990 年の汚染防止法で定められた。例えば，ディーゼル燃料とガソリンはかつて少量の硫黄を含んでいたが，2006 年と 2017 年にそれぞれ許容量が大幅に引き下げられた。

問 2.23　考察問題

鉱業からの SO_2

二酸化硫黄の発生源は石炭の燃焼だけではない。問 2.12 で見たように，製錬もその一つである。銀と銅の金属は，硫化鉱から作ることができる。次の反応の化学反応式を書きなさい。

a. 硫化銀（Ag_2S）を空気中で加熱し，銀と二酸化硫黄を生成する。

b. 硫化銅（CuS）を空気中で加熱し，銅と二酸化硫黄を生成する。

ヒント：鉱石は高温の空気中で酸素と反応する。

2018 年現在，国民 1 人あたりの自動車保有台数上位 5 カ国は以下の通りである。

1. サンマリノ
2. モナコ
3. ニュージーランド
4. アメリカ
5. アイスランド

2 億 5,000 万台以上の自動車（そして 3 億 2,500 万人以上の人口）を抱えるアメリカは，国民 1 人あたりの自動車保有台数が他のほとんどの国よりも多い。これらの自動車は二酸化硫黄を排出するのだろうか。幸いなことに，自動車は主にガソリンを燃料とする内燃機関であるため，答えはノーである。ガソリン中の炭化水素が燃焼すると，せいぜい二酸化炭素と水蒸気が発生することは既に述べた（2.5 式）。ガソリンには硫黄がほとんど含まれていないため，燃焼による二酸化硫黄の発生はほとんどない。それにも関わらず，それぞれの排気管から大気汚染物質が排出される。二酸化炭素と水に加え，どこにでもある自動車は，一酸化炭素，揮発性有機化合物，窒素酸化物，粒子状物質の大気中濃度を高めている。これらについて順番に説明していく。

一酸化炭素は主に自動車から発生する。しかし，自動車だけでなく，全ての排気管について考えてみよう。大型トラック，SUV，そして「三つの M」と呼ばれるオートバイ，ミニバイク，モペットに付いているものもある。また，農業用トラクター，ブルドーザー，モーターボート，芝刈り機などの機器に付いているものもある。全てのガソリンエンジンとディーゼルエンジンに付いている排気管から一酸化炭素が排出される。

問 2.24　考察問題

その他の排気管

EPA のウェブサイトにある「Nonroad Engines, Equipment, and Vehicles」を参照し，以下に答えなさい。

a. 本文中にトラクター，ブルドーザー，ボートの記述があった。その他，道路を走らないエンジンで動く機械や乗り物を五つ挙げなさい。

b. 興味のある機械や車両を選んで，そのエンジンからの排出ガスはどのように削減されて，その削減にはどれくらいの期間を要したか調べなさい。

自動車は一酸化炭素だけでなく，未燃焼の炭化水素や部分的に燃焼した炭化水素の形で炭素を排出する。これが揮発性有機化合物（VOC）の話題につながる。*揮発性*物質は蒸発しやすい。ガソリンもマニキュアの除光液も揮発性である。このどちらかをこぼしたとしても，水たまりはすぐに蒸発してしまう。ワニスを表面に塗ると，筆を動かすたびに蒸発する揮発性化合物のにおいを嗅ぐことができる。**有機化合物**は常に炭素を含み，ほとんどの場合水素を含み，酸素や窒素などの他の元素を含むこともある。有機化合物には，2.12 節で触れた炭化水素の二つの例であるメタンとオクタンが含まれる。しかし，有機化合物には，炭素と水素に加えて酸素を含む化合物であるアルコールと砂糖も含まれる。

有機化合物とは対照的に，無機化合物は炭素原子をほとんど含まない化合物である。

一酸化窒素と二酸化窒素は，問 2.21 で述べたように，NO_x と総称されるガスである。NO_2 はスモッグの特徴である褐色を帯びている。N_2 と O_2 が結合して，無色の気体である NO を生成することを思い出して欲しい（2.3 式）。では，NO_2 の起源は何だろうか。以下の式は，VOC の存在下で最も急速に進行する反応であり，NO_2 発生の原因である可能性が最も高いと思われる化学反応式である。

$$2\,NO + O_2 \longrightarrow 2\,NO_2 \qquad [2.9]$$

揮発性有機化合物（VOC）は，蒸発しやすい炭素を含んだ化合物である。VOC の発生源はさまざまである。例えば，松やトウヒの森では，自然に発生する VOC のにおいを嗅ぐことができる。排気管から発生する VOC は，ガソリンが不完全燃焼した場合に生じる分子やその破片の蒸気であるため，嗅いでもあまり心地良いものではない。排気ガスにはエンジンで消費しきれなかった酸素を含んでいる。触媒コンバーター（**図 2.19**）は，この酸素を利用して VOC を燃焼させ，二酸化炭素と水を生成する。2.14 節では，VOC とオゾン生成の関係について説明する。しかし，ここでは，より複雑な経路で生成される NO_2 の生成と VOC を結び付けて考えたい。

スキンクリームやその他のアンチエイジング化粧品に関する記述で，「フリーラジカル」という言葉を耳にしたことがあるかもしれない。**フリーラジカル**とは，原子や分子が奇数の電子（分子式では一つのドットで示される）を持っていることを意味し，そのため隣接する種に対して非常に反応性が高い。電子は対になって安定した分子や原子を形成することを好む。それゆえ，ラジカル種は，1 個余った電子を安定化させるために他の分子の電子を使おうとするので，非常に反応性が高くなる。

2.10 式は，NO が存在する可能性の高い都市環境で進む主な反応を示している。一部の都市では，高速道路で渋滞している車両から排出される NO が付近の地上オゾン濃度を実際に低下させている。

$$NO + O_3 \longrightarrow NO_2 + O_2 \qquad [2.10]$$

さらに複雑なことに，晴れた日には，NO_2 の一部が NO に戻る。

NO から NO_2 への変換は，大気中の VOC の分解につながっている。反応性のヒドロキシル

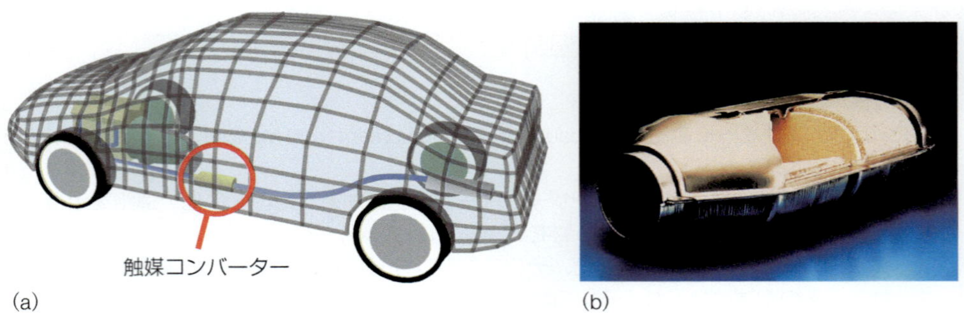

図2.19
(a) 自動車の触媒コンバーターの位置，(b) 触媒コンバーターの切断面図。プラチナやロジウムなどの金属触媒が，セラミックビーズの表面にコーティングされている。

ラジカル（•OH）も関与している。この反応種は，汚染されているかどうかに関わらず，空気中に微量に存在する。

$$\begin{aligned} &\mathrm{VOC} + \cdot\mathrm{OH} \longrightarrow \mathrm{A} \\ &\mathrm{A} + \mathrm{O_2} \longrightarrow \mathrm{A'} \\ &\mathrm{A'} + \mathrm{NO} \longrightarrow \mathrm{A''} + \mathrm{NO_2} \end{aligned} \qquad [2.11]$$

補足
フリーラジカルの応用については，第３章と第９章で詳しく述べる。

ここで，A，A′，A″は，空気中で•OHとVOCから形成される反応性分子を表す。結局のところ，大気化学は複雑で，多くの化学種が関与している。これまで，NO，NO_2，O_2，O_3，VOC，•OHなど，いくつかの化学種を紹介してきた。

新排出ガス基準を満たすのは不可能（あるいはコストがかかりすぎる）という自動車業界の初期の主張にも関わらず，自動車業界はエンジン設計とガソリン配合を改善することで排出ガスを抑制している。特にアメリカでは，NO_x 排出量の抑制に限定的ではあるが成功を収めている。次の節で述べるように，これはオゾンの抑制にも限界があることを意味する。とはいえ，自動車の台数が増加していることを考えれば，NO_x とCOの排出量が減少していることは注目に値する。

EPAによるアメリカ内の250以上の地点での測定によると，平均CO濃度は1980年以来60%近く減少している。山火事を除けば，現在の濃度は過去30年間で最も低い。この減少は，エンジン設計の改善，燃料と酸素の混合状態をより適切に調整するコンピューター化されたセンサー，そして最も重要なこととして，1970年代半ば以降に製造された全ての自動車に触媒コンバーターの装着が義務付けられたことなど，いくつかの要因によるものである（図2.19）。触媒コンバーターは，COをCO_2に燃焼させる触媒作用により，排気ガス中の一酸化炭素の量を減少させる。また，窒素酸化物をN_2とO_2（窒素酸化物を生成した二つの大気成分ガス）に戻す触媒作用により，NO_x 排出量も低減する。一般に**触媒**とは，化学反応に参加し，その反応速度に影響を与える化学物質のことで，それ自身は変化しない。触媒コンバーターは通常，プラチナやロジウムなどの高価な金属を触媒として使用する。

問 2.25　展開問題

運転方法での節約

ガソリンをより少なく燃やすことは，排気管からの排出ガスをより少なくすることと同じである。どのような運転方法が燃料を節約できるだろうか。必要以上に燃料を消費する運転はどのようなものだろうか。高速道路，市街地，駐車場での運転について考えてみよう。それぞれの場において，ドライバーがガソリンの消費量を減らすことができる方法を少なくとも三つ挙げなさい。

ヒント：加速，惰性走行，アイドリング，ブレーキ，駐車の仕方を考えてみよう。

粒子状物質にはさまざまな大きさがあるが，汚染物質として規制されているのは微小粒子（PM_{10} と $PM_{2.5}$）のみである。このサイズの微粒子は肺の奥深くまで入り込み，血流にのって循環器系に炎症を起こす可能性がある。規制という点では，粒子は新たな汚染物質である。アメリカにおける PM_{10} と $PM_{2.5}$ のデータ収集は，それぞれ 1990 年と 1999 年に開始された。

粒子状物質の発生にはさまざまな原因がある。夏には，山火事によって粒子状物質の濃度が危険なレベルまで上昇することがある（図 2.15 参照）。冬には，薪ストーブが全く同じ効果をもたらすことがある。ほぼ全ての都市環境では，一年中いつでも，トラックやバスの古いディーゼルエンジンが黒煙を排出している。トラクターのディーゼルエンジンも同様な汚染源である。また，建設現場や採掘作業，それに伴う未舗装の道路からも，塵や埃の微粒子が大気中に放出される。粒子状物質は大気圏内でも生成される。例えば，農業で使用されるアンモニアは，大気中で硫酸アンモニウムと硝酸アンモニウムを形成する主要な要因であり，どちらも $PM_{2.5}$ である。2018 年のハワイ島での火山噴火のように，さらに有毒な PM が自然に発生することもある。1,000℃の噴火溶岩と海水が混ざり合い，塩酸，蒸気，火山ガラスの粒子が混ざった“レイズ”と呼ばれる有毒性の煙霧が立ち上った。ヴォッグと呼ばれるその他の火山噴出物は，二酸化硫黄，粉塵，水分，そして肺組織の奥深くまで浸透する可能性のあるその他の微粒子からなる有害なものである。

これら全ての発生源を考慮すると，粒子状物質は制御が難しい汚染物質であることが証明されている。それでも EPA は，2000 年から 2014 年にかけて $PM_{2.5}$ の年間濃度が 35%減少したと報告している。しかし，モニタリングされた地点の中には，依然として粒子状物質の汚染が増加しているところもある。次の問題が示すように，何を吸い込んでいるかは住んでいる場所によって大きく異なる。

問 2.26　考察問題

住んでいる所の微粒子

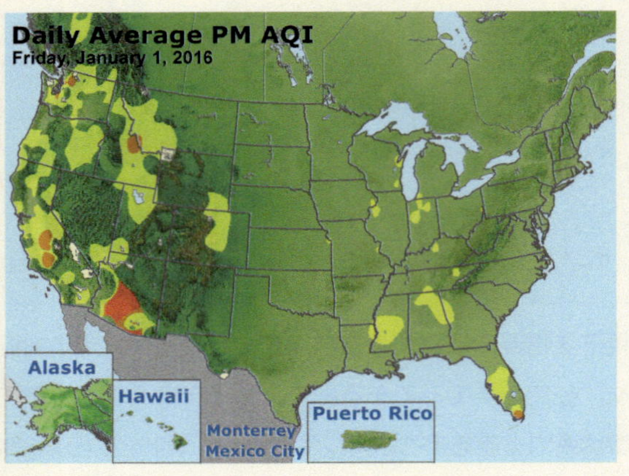

出典：EPA AirNow

2016 年 1 月 1 日の $PM_{2.5}$ データを示すアメリカ本土の地図。

a. 大気の質に関して，緑，黄，オレンジ，赤の色は何を示しているのか答えなさい。
b. 粒子状物質に対して最も敏感なのはどのような人々だろうか。
c. アメリカ肺協会（ALA）が公開しているウェブサイト「State of the Air」を見て，読者の州では，粒子状物質による汚染で「オレンジデー」と「レッドデー」がある日は年に何日あるか調べてみよう。また，なぜそのような違いがあるのか考えを述べなさい。
d. 対話型マップ（www.acs.org/cic）を使って，アメリカの三つの地域を選択し，$PM_{2.5}$ の汚染の構成の傾向をまとめなさい。これらの微粒子の発生源にはどのようなものが考えられるだろうか。また，それらの相対的な濃度分布が地域によって異なるのはなぜだろうか。

2.14　オゾン：二次汚染物質

オゾンは対流圏では悪者である。非常に低い濃度でも，屋外で運動している健康な人の肺機能を低下させる。また，オゾンは農作物や木の葉を傷める。しかし，オゾンは排気管からは発生せず，石炭を燃やしても発生しない。オゾンはどのようにして発生するのか。詳細は，以下の問題を解いてから説明しよう。

問 2.27　考察問題

1 日中のオゾン

図 2.20 に示すように，オゾン濃度は日中変化する。

a. どのような人々にとって，どの都市が有害な大気が存在か答えなさい。
b. オゾン濃度がピークに達するのは何時頃か答えなさい。
c. 太陽光がなくても，中程度のオゾンレベル（黄色で表示）は存在し得るか。日の出は午前 6 時頃，日の入りは午後 8 時頃と仮定する。

この問題は，いくつかの関連した疑問を投げかけている。なぜオゾンはある地域で他の地域よりも多く発生するのか。太陽光はオゾン生成にどのような役割を果たしているのか。ここではこれらについて説明する。

2.13 節で説明した汚染物質とは異なり，オゾンは二次汚染物質である。オゾンは，一つ以上の他の汚染物質が関与する化学反応によって生成される。オゾンにとって他の汚染物質とは，VOC と NO_2 である。NO_2 ではなく NO は，排気管（または煙突）から直接排出される。しかし，

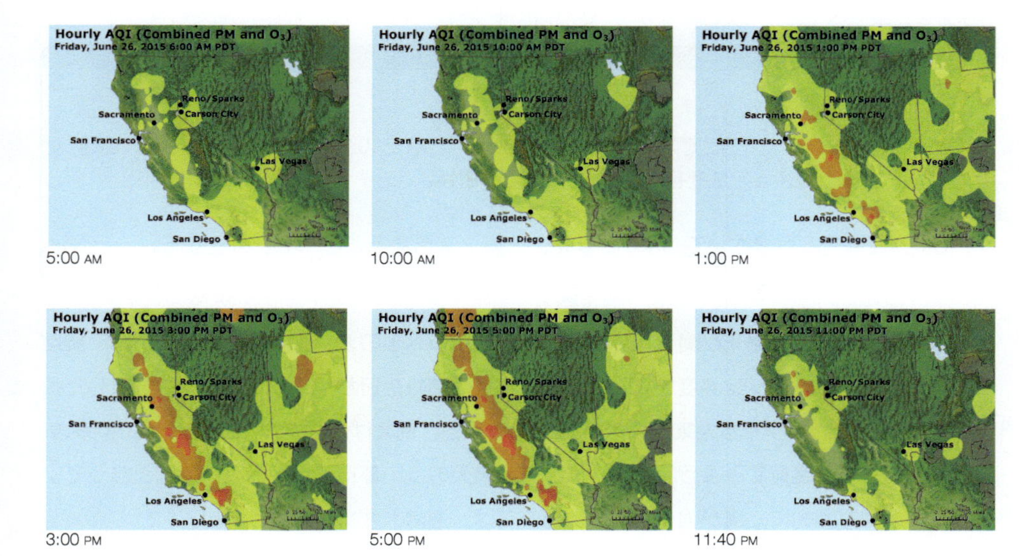

図2.20
アリゾナ州フェニックスの 2015 年 12 月 30 日～ 2016 年 1 月 2 日までの大気質予測（表 2.4 で定義した色を使用）。
出典：EPA AirNow

VOC と •OH が存在すると，時間と共に大気中の NO は NO_2 に変換される。

二酸化窒素は大気中でいくつかの運命をたどる。私たちにとって最も興味深いのは，太陽が上空にある時である。太陽光によるエネルギーが，NO_2 分子の結合の一つを切断するのだ。

$$NO_2 \xrightarrow{\text{太陽光}} NO + O \qquad [2.12]$$

発生した酸素原子は酸素分子と反応してオゾンを生成する。

$$O + O_2 \longrightarrow O_3 \qquad [2.13]$$

このことは，オゾン形成には太陽光が必要な理由を説明している。太陽光はまず NO_2 を分解して O 原子を放出する。これが O_2 と反応して O_3 になる。従って，太陽が沈むと，オゾン濃度は急激に低下する（図 2.20）。オゾンはどうなったのか。わずか数時間の間に，オゾン分子は動植物組織など多くのものと反応する。

2.13 式には，三つの異なる形の元素状酸素が含まれている。O，O_2，O_3 である。この三つは全て自然界に存在するが，O_2 が最も反応性が低く，圧倒的に多く存在し，私たちが呼吸する空気の約 5 分の 1 を占めている。次章で説明するように，私たちの大気は成層圏にごく微量のオゾンを含んでいる。

酸素原子も大気圏上層部に存在し，オゾンよりもさらに反応性が高い。

問 2.28　練習問題

オゾンのまとめ

オゾン形成についてここで学んだことをまとめ，これらの化学物質を順次，互いに関連付けながら並べる方法を自分なりに考えてみよう。

O，O_2，O_3，VOC，NO，NO_2

化学物質は何度登場させてもよい。また，太陽光を含めることもできるとする。

オゾンの生成には太陽光が関与しているため，地上レベルのオゾン濃度は天候，季節，緯度によって変化する。オゾン濃度が高くなるのは，夏の晴れた日が長く続く日，特に混雑した都市部である。空気の停滞も大気汚染の蓄積を促進する。例えば，図 2.14 に示した都市の大気質データをもう一度見てみよう。オゾンは通常，晴天の多い都市で大気汚染の原因となっている。これとは対照的に，風が強く雨の多い都市では，通常，オゾン濃度は低い。

問 2.29　考察問題

オゾンと読者

EPA が提供するウェブサイト AirNow では，アメリカの地上レベルでのオゾン濃度に関する豊富な情報を提供している。

a. アメリカの多くの都市で実際によく見られるように，オゾンレベルが “オレンジ色” であるとしよう。健康上の心配はないが，屋外で活発に運動している場合，このような質の空気は人に影響を与えるだろうか。

b. あなたの地域の空気の質は，他の地域と比較してどうだろうか。

国際的なデータがないため，大気質指標マップはしばしばアメリカ国境で止まっているが（**図 2.21**），汚染に国境はない！メキシコの汚染物質は容易に北上してアメリカに運ばれるし，その逆もまたしかりである。これは**コモンズの悲劇**の一例である。この悲劇は，ある資源が全ての人に共有され，多くの人が利用しているにも関わらず，その資源に責任を持つ特定の人がいない場合に生じる。その結果，資源は使いすぎによって破壊され，それを使う全ての人に不利益をもたらす可能性がある。例えば，私たちは空気に対して個人的な権利を主張することはできない。私たちが呼吸する空気に廃棄物が投棄されれば，誰にとっても不健康な状況となる。私たちの活動が空気にほとんど，あるいは全く影響を与えない個人も，汚染者と同じ結果を被ることになる。その代償は全員で分かち合うことになる。後の章では，水，エネルギー，食料に関連する「コモンズの悲劇」の他の例を見ていく。

かつては主に地域的な問題であった大気汚染は，今や深刻な国際問題となっている。世界の多くの都市はオゾン濃度が高い。自動車と日当たりの良い場所を組み合わせれば，地球上のどこでも許容できないレベルのオゾンが発生する可能性がある。しかし，場所によってはもっとひどいところもある。涼しく霧の多いロンドンは，一般的にオゾン濃度が低い。一方，メキシコシティではオゾンが深刻な問題となっている。

オゾンを発生させるきっかけとなった自動車のタイヤがオゾンにより劣化するというのは，なんとも皮肉な話である！ゴムの劣化を最小限に抑えるために，車をガレージに駐車するべき

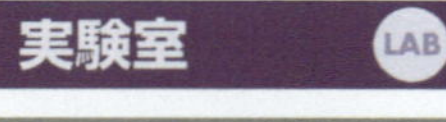

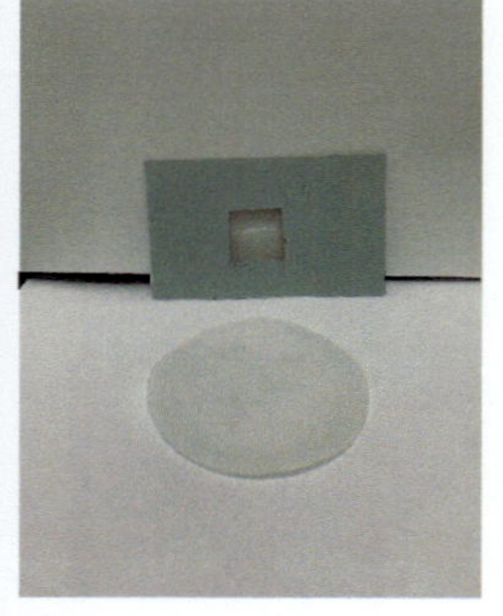

大気汚染の実地調査については，この実験室デモ動画を見てみよう。
www.acs.org/cic

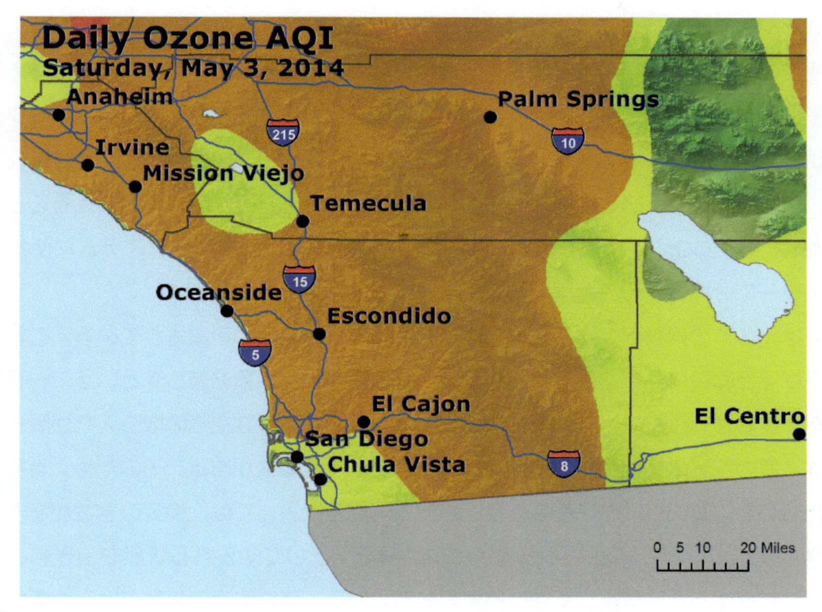

図2.21
2014 年 5 月 3 日のカリフォルニア州オレンジ郡とサンディエゴ地域の対流圏オゾンマップ。
出典：EPA AirNow

か。実際，屋外のオゾンレベルが不健康であれば，屋内に駐車すべきなのだろうか。次の節では，室内の空気の質について述べる。

2.15　室内は汚染された空気から本当に安全なのか

*オズの魔法使い*の中で，ドロシーは愛犬トトを抱きしめて，「自分の家に勝る所はどこにもないわ！（There's no place like home!）」と叫んだ。もちろん彼女の言う通りだが，空気の質に関しては，必ずしも自宅が最良の場所とは限らない。実際，屋内の大気汚染レベルは屋外のレベルをはるかに上回っている。私たちのほとんどが室内で眠り，仕事をし，勉強し，遊んでいることを考えると，私たちは自宅と呼ばれる場所の空気について学ぶべきである。

室内の空気には，低いレベルで千種類もの物質が含まれている可能性がある。誰かがタバコを吸っている部屋にいれば，さらに千種類ほどの物質が加わる。室内空気汚染物質が存在するのは，外気と一緒に入ってきたためか，住まいの中で発生したためかのどちらかである。

「屋外のオゾンから逃れるために屋内に移動すべきか」という質問から議論を始めよう。一般的に，汚染物質の反応性が高い場合，屋内に持ち込まれるほど長くは存在しない。従って，O_3，NO_2，SO_2 のような反応性の高い分子は，屋内ではより低いレベルになると予想される。実際，屋内のオゾン濃度は屋外のオゾン濃度より 10 ～ 30%ほど低い。同様に，二酸化硫黄と二酸化窒素のレベルも，オゾンほど劇的ではないが，屋内の方が低い。

しかし，一酸化炭素では話が違ってくる。比較的反応性の低い汚染物質である CO は，大気中での寿命が非常に長いため，ドアや窓，換気システムを通して建物の内外を自由に行き来する。VOC の一部にも同じことがいえるが，松林の香りの元となるような反応性の高い VOC には当てはまらない。ポンデローサマツの樹皮から放出される香ばしい揮発性化合物を吸い込みたければ，屋外で木の近くにいるのが一番だ。

汚染物質の中には，建物の冷暖房システムのフィルターによって捕捉されるものもある。例えば，多くの空気処理システムには，より大きな粒子状物質や花粉を除去するフィルターが含まれている。その結果，季節性アレルギーに悩まされる人は，室内でその症状は緩和される。同様に，山火事の近くにいる人は，刺激的な煙の粒子から逃れるために屋内に入ることができる。しかし，O_3，CO，NO_2，SO_2 などの気体分子は，ほとんどの換気システムに使われているフィルターでは捕捉することはできない。

最近では，多くの建物がエネルギー効率を高めることを念頭に建設されている。これは，暖房費を下げると同時に，熱を生産する際に発生する汚染物質の量を減らすという，一石二鳥の状況にある。しかし，マイナス面もある。気密性が高く，新鮮な空気の取り入れが限られている建物は，室内空気の汚染物質が不健康なレベルになる可能性がある。そのため，当初は利点に見えたものが，高いリスクに転じることもある。場合によっては，換気の悪さが室内汚染物質を危険なレベルにまで高め，「シックハウス症候群」として知られる状態を引き起こすこともある。これは明らかに望ましくない結果である。今日，建築家や建設業者は，効果的な空気交換を維持しながら，建物をよりエネルギー効率の高いものにする方法を見出している。

換気を良くしても，屋内での活動によって空気の質が損なわれることがある。例えば，タバコの煙は深刻な室内空気の汚染物質であり，何千もの化学物質を含んでいる。よく知られているニコチンに加えて，ベンゼンやホルムアルデヒドなどが挙げられる。タバコの煙には発癌性があり，癌を引き起こす可能性がある。

炭素を含む物質を燃焼させると，一酸化炭素や窒素酸化物も発生する。例えば，バーでのタバコの煙から発生する一酸化炭素は 50 ppm に達することがあり，この値は不健康な範囲に十分に含まれる。タバコの煙に含まれる NO_2 濃度は 50 ppb を超えることもある。幸いなことに，喫煙者は常にタバコの煙を吸っているというよりも，一服しているのである。

問 2.30　展開問題

屋内の葉巻パーティー

2007 年，学生研究者たちはニューヨークのタイムズスクエアで開催された葉巻パーティーと見本市に出席した。彼らは検出器を携帯し，会場内の空気 1 m^3 あたり 1,943 μg の粒子状物質を検出した。

a. このニュース記事は，粒子状物質が $PM_{2.5}$ か PM_{10} かを報じていない。どちらであっても，測定された値はアメリカの大気質基準を超えているだろうか。
ヒント：表 2.3 をもう一度見てみよう。
b. 学生が $PM_{2.5}$ を測定したと仮定すると，健康にどのような影響があるか答えなさい。

問 2.31　展開問題

副流煙の残留物

副流煙の危険性はよく知られており，タバコから放出される汚染物質や喫煙者から排出される水蒸気には何千もの物質が含まれている。しかし，最近では「副流煙の残留物（三次喫煙）」にも健康リスクがあるとの報告がある。

a. インターネットで，「副流煙の残留物」とは何か，どのように形成されるのかについて調べなさい。
b. 従来のタバコと電子タバコについて，副流煙（二次喫煙）と三次喫煙による健康への影響を比較しなさい。
c. 電子タバコの相対的な健康被害を評価するために，さらなる研究が必要かどうか考えを述べなさい。

キャンドルをたくのは，照明を和らげたり，ムードを演出するためだろう。しかし，キャンドルは室内の酸素を奪う。また，煤や一酸化炭素，VOC を発生させることもある。同様に，家庭でお香をたくこともある。ヨーロッパの教会でお香をたくことを研究した研究者は，お香やろうそくの煙に含まれる汚染物質は，自動車のエンジンから排出される排気ガスよりも有毒である可能性があることを発見した。

ろうそくやお香を燃やすと，換気装置や開け放した窓を通り抜ける風によって取り除かれるよりも早く，煙が発生する。次の問題では，室内汚染物質の発生源をさらに調べることができる。

問 2.32　考察問題

屋内での活動

室内空気に汚染物質や VOC を添加する活動を 10 個挙げなさい。手始めに，**図 2.22** に二つ挙げる。汚染物質の中には，検出可能な臭いを持たないものもあることを忘れないで欲しい。

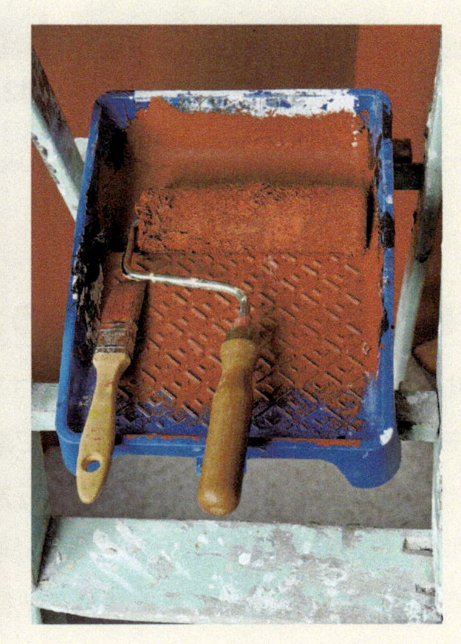

図2.22
室内空気汚染の原因となる活動の例。
（左）：©Image Source/Getty Images，（右）：©pbombaert/Getty Images

自然界に存在する大気汚染物質で懸念されるものの一つに，希ガス（18 族）のラドンがある。ラドンは屋内空気汚染の特殊なケースで，ごく微量に自然に発生するため，通常は問題ない。しかし，地下，鉱山，洞窟などでは危険なレベルに達することがある。他の希ガスと同様，ラドンは無色，無臭，無味で，化学的に反応しない。しかし，他の気体とは異なり，放射性物質である。ラドンは，天然に存在するもう一つの放射性元素であるウランの崩壊で生成される。ウランは地球の全ての岩石に約 4 ppm の濃度で存在するため，ラドンはどこにでもある。アパートや学生寮の構造によっては，ウランを含む岩石から生成されたラドンが地下室に入り込む可能性がある。ラドンは，世界中でタバコの煙に次いで肺癌の原因となっている。他の汚染物質と同様，危険の閾値は推定できるが，正確には分かっていない。**図 2.23** に示すようなラドン検査キットは，居住空間のラドン濃度を測定するために使用される。

補 足

放射性元素に関連する化学的性質については，第 7 章で説明する。

本節で述べた室内空気汚染の例は，既に世界中で懸念されている。しかし，地球上の約 30 億の人々は，未だに家庭で固形燃料（薪，農作物のくず，家畜の糞，石炭）を使って，たき火や簡易コンロで調理している（**図 2.24**）。これは主に開発途上国で起きていることであるが，このような場所に限ったことではない。粒子状物質の濃度が上昇すると，過剰な肺炎，脳卒中，心臓病，肺癌など，さまざまな健康被害を引き起こす。屋内であれ屋外であれ，私たちは健康的な空気を吸う必要がある。一呼吸ごとに，私たちは実に膨大な数の分子や原子を吸い込んでいる。

図2.23
家庭用ラドン検査キット。
©Keith Eng, 2008

図2.24
調理や暖房に使われる窯は，大気汚染も引き起こす。
©Joerg Boethling/Alamy

2.16 持続可能な道はあるのだろうか

第 1 章で取り上げた持続可能な物質利用とは異なり，大気汚染は，今日の結果だけでなく，将来の世代も視野に入れた持続可能性について議論すべき内容である。私たちの健康と幸福を損なう可能性のある汚染物質を発生させる行為を避けることは理にかなっている。これが 1990 年に制定された公害防止法の背景にある論理であり，公害が発生した後にそれを浄化するのではなく，公害を防止することを求める法律である。

公害防止法は，グリーンケミストリーのきっかけとなった。**グリーンケミストリー**とは，教員や学生を含む化学界全ての指針となる一連の重要な考え方である。グリーンケミストリーの思想は，「設計段階から始めること」である。有害物質の使用や発生を削減または排除するよ

グリーンケミストリー戦略の最新リストと受賞者リストは，EPA のウェブサイトで見ることができる。

うな化学製品やプロセスを設計することである。広義には，人間や経済，環境にとってより良い製品やプロセスを作るために，私たちの原則や知識を活用することを意味する。

EPAの環境配慮設計プログラムの下で始まったグリーンケミストリーは，化学プロセスの設計や再設計を通じて汚染を削減する。その目標は，エネルギーの使用量を減らし，廃棄物を減らし，資源の使用量を減らし，再生可能な資源を使用することである。グリーンケミストリーは，それ自体が目的ではなく，持続可能性を達成するためのツールなのである。

革新的な“グリーン”ケミストリー手法により，化学製造プロセスで使用または生成される有害物質は既に減少，または排除されている。その例をいくつか挙げる。

- 典型的な化石燃料由来の前駆物質の代わりに，再生可能な資源から合成されたプラスチック
- 揮発性有機化合物の含有量が少ない塗料
- 医薬品，殺虫剤，コンタクトレンズや紙おむつなどの消費者向け製品を，より安く，より無駄なく製造する方法
- ドライクリーニングや電子機器製造工程における有機溶剤の使用を制限または廃止する
- 携帯電子機器のタッチスクリーンからヒ素を除去する

これらの方法を開発した研究者や化学技術者の中には，大統領グリーンケミストリー・チャレンジ賞を受賞した者もいる。1995年に始まったこの大統領レベルの賞は，汚染された世界をなくすために革新的な技術を開発した化学者を表彰するものである。

問 2.33　展開問題

グループ演習：家に医者はいるか？

これから医師となり，空気の質に関する知識を用いて患者に助言を行うこととしよう。グループとして，以下の症状について話し合い，考えられる原因と，これらの問題を予防したり，その可能性を減らしたりするために講じることができたであろう予防策を述べなさい。

1. 患者：ジョン・レイエス，62歳。肺に前癌性があることが確認されたが，彼はタバコを吸ったこともなければ，タバコを吸う人のそばで過ごしたこともない。健康状態は長年良好であったので，この診断に非常に驚いている。ジョンは過去30年間，料金所のオペレーターとして働いていたが，現在は退職している。妻のローラは，ジョンと過ごす時間が増え，汚れたシャツを洗濯する心配もなくなったので喜んでいる。ジョンは朝（午前8時から9時の間），市街地近くの交通量の多い高速道路I-94号線沿いをジョギングして，活動的な生活を送っている。
2. 患者：ベティ・レイモンド，32歳。以前から喘息に悩まされていたが，最近悪化している。しばしば息切れを感じ，胸が締め付けられるような感じがする。目やにがよく出るが，市販の目薬を使うことで多少緩和されている。約3ヵ月前，彼女は病院のシフトを夜勤から午前7時から午後3時の勤務に変更した。仕事の後，彼女は街の中心にある公園を2～3マイル歩く。
3. 患者：ハーバート・ムーア，19歳。熱心なホッケー選手で，最近頭痛とめまいを訴えている。ここ数ヵ月，反射神経が鈍くなり，試合中に起きているのがつらいことが多い。ハーバートはタバコを吸わず，自宅でウエイトリフティングで運動している。以前のホッケー場では喫煙が許可されており，換気システムもしっかりしていた。ハーバートはかつてスター選手だっただけに，コーチは困惑している。選手たちのロッカールームは氷面の横にあり，ピリオドの間に氷を再舗装するための整氷車が置かれている部屋の横にある。

4. 患者：ジル・マッキンタイア，53 歳。長年健康であったが，現在は高血圧と関節・筋肉痛に苦しんでいる。ジルはしばしば頭痛に悩まされ，仕事（不動産業）の詳細を記憶することが困難である。過去 1 年間，彼女は自分の古い家（1968 年築）の修復作業を懸命に行ってきた。健康的な食生活を送り，週に 3 回，屋内のジムで定期的に運動している。

結び

誰も汚れた空気など望んでいない。それにより病気になり，生活の質を低下させ，死を早めるかもしれないのだ。しかし，多くの人々が汚れた空気を吸うことに慣れてしまい，それに気付かないという問題がある。これを説明する一つの概念は，**ベースラインシフト**である。これは，私たちの地球上で人々が"普通"と思っていることが，特に生態系に関しては，時代と共に変化しているという考え方である。焼けるような目の痛みや呼吸障害はあまりにも一般的になったため，かつてはそうでなかったことを忘れてしまった。北京，東京，ニューヨーク，メキシコシティ，ムンバイなど，人口 1 千万人以上の*巨大都市*に住むことに慣れてしまったのだ。薪の煙，車の排気ガス，工場の排ガスなどの汚染物質は，人口密集地域で発生することが多いため，メガシティ周辺の対流圏に集中している。

明らかに私たちは問題を抱えている！化学の知識があれば，個人として，また地域社会で，これらの問題に対処するためのより良い選択ができるようになる。私たちが呼吸する空気は，私たちの健康と地球の健康に影響を与えている。私たちの大気には，二つの元素（酸素と窒素）と二つの化合物（水と二酸化炭素）を含めた生命に必要なものが含まれている。この地球上で私たちが存在できるかどうかは，比較的きれいで汚染されていない空気が大量に供給されるかどうかにかかっている。

しかし，読者が呼吸する空気は，一酸化炭素，オゾン，二酸化硫黄，窒素酸化物などで汚染されているかもしれない。緊急治療室への受診は，空気の質の悪さと相関関係がある。息切れ，喉のイガイガ，目のチクチクもそうだ。私たちに害をもたらす汚染物質は，そのほとんどが比較的単純な化学物質である。その大部分は，発電所での電力生産を石炭に依存し，内燃機関ではガソリンを使用し，暖房や調理をするために燃やす燃料に依存しているために発生する。

過去 30 年間，政府の規制，産業界の取り組み，そして最新の技術によって，汚染物質のレベルは低下してきた。自動車の触媒コンバーターも煙突の排ガス規制も重要な役割を果たしている。しかし，そもそも"人々の煙"を発生させないことの方が理にかなっている。ここでグリーンケミストリーが重要な役割を果たす。大気汚染物質を発生させない新たなプロセスを設計することで，私たちは後にそれを浄化する必要がなくなる。

屋内であろうと屋外であろうと，私たちが呼吸する酸素を含んだ空気は地球の表面に非常に近い所にある。しかし，地球の大気はかなり上方まで広がっており，地球上の生命にとって不可欠な他のガスも含まれている。第 3 章と第 4 章では，そのうちの二つ，成層圏オゾンと二酸化炭素について説明する。私たち人間の足跡と地球上の"空気の足跡"が，この二つのガスに驚くような形で関係していることが分かるだろう。

■章のまとめ

この章の学習を終えた読者には，以下のことができるはずである。

- 私たちが呼吸する空気に含まれる汚染物質が有害か無害か，そしてそれらの吸入が私たちの健康に及ぼす影響について説明する。**(第 2 章全体)**
- 大気のさまざまな層を定義し，対流圏の汚染物質濃度を適切な単位で表す。**(2.2 ～ 2.5 節)**
- 原子，分子，混合物の粒子図を作成し，使用し，解釈する。**(2.6 節)**
- 炭化水素を含む分子化合物の式と名前を書く。**(2.7 節)**
- 工業，住宅，輸送の発生源から生じる一次汚染物質と二次汚染物質を特定する。**(2.4, 2.8, 2.11, 2.13, 2.14 節)**
- 大気質指標を解釈し，大気汚染物質の相対的な脅威を，その濃度と規制値の観点から評価する。**(2.9, 2.10 節)**
- 化学反応を言葉で説明し，釣り合った化学方程式を書く。**(2.11，2.12 節)**
- NOx 排出の生成における揮発性有機炭素（VOC）の役割と，オゾン生成における太陽光の影響についてまとめる。**(2.13，2.14 節)**
- 室内汚染物質の発生源と健康への潜在的影響を定義し，特定する。**(2.15 節)**
- 汚染を減らすための「グリーンケミストリー」の役割について説明する。**(2.16 節)**

■章末問題

● 基本的な設問

1. a. 7 時間半眠っている間に吸い込む（吐き出す）空気の体積を L 単位で計算しなさい。1 回の呼吸の量は約 0.5 L で，1 分間に 10 回呼吸していると仮定する。

   b. この計算から，人は呼吸によって大量の空気と接していることが分かる。私たちが呼吸する空気の質を改善するために，読者ができることを五つ挙げなさい。

2. 対流圏で見られる気体には，Rn，CO_2，CO，O_2，Ar，N_2 がある。

   a. 対流圏に存在する量の多い順に並べなさい。

   b. これらの気体のうち，濃度を 100 万分の一で表すと便利なものはどれか。

   c. 読者が住んでいる地域で，現在大気汚染物質として規制されているガスはどれか。

   d. これらのガスのうち，周期表の 18 族，希ガスに含まれるものはどれか。

3. 空気中の粒子状物質の発生源を三つ挙げなさい。$PM_{2.5}$ と PM_{10} の大きさと健康への影響の違いを説明しなさい。

4. a. 空気中のアルゴンの濃度は約 0.934%である。この値を ppm で表しなさい。

   b. 喫煙者の肺から吐き出される空気の CO 濃度は 20 ～ 50 ppm である。一方，非喫煙者が吐き出す空気の CO 濃度は 0 ～ 2 ppm である。それぞれの濃度をパーセントで表しなさい。

   c. 非常に湿度の高い日，空気中の水蒸気濃度は 8,500 ppm である。これをパーセントで表しなさい。

   d. 南極で採取された空気のサンプルは 8 ppm の水蒸気を含んでいることが分かった。これをパーセントで表しなさい。

5. 大気中に少量存在する気体には，Xe，N_2O，CH_4 がある。

   a. それぞれの化学反応式は，存在する原子の数と種類について，どのような情報を伝えているか。

   b. これらの気体の名前を書きなさい。

6. なぜ炭化水素は，エネルギー用途の主な燃料源として使われるのか説明しなさい。

7. 空気中には微量の物質が含まれている。微量物質の定義と，空気中に含まれる可能性のある微量物質の例を二つ挙げなさい。

8. 空気の粒子 500 個のサンプルがあったとして，そのうちの何個が窒素，酸素，アルゴンになるか。

9. 方程式の両辺の原子を数えて，これらの方程式が釣り合っていることを示せ。

a. $2\,C_3H_8(g) + 7\,O_2(g) \longrightarrow$
$6\,CO(g) + 8\,H_2O(l)$

b. $2\,C_8H_{18}(g) + 25\,O_2(g) \longrightarrow$
$16\,CO_2(g) + 18\,H_2O(l)$

10. 窒素と水素が反応してアンモニア（NH_3）が生成される様子を次のように表現している。

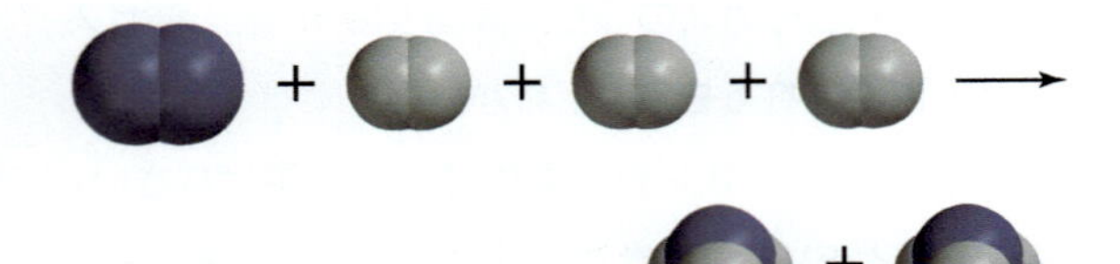

a. 反応物と生成物の質量は同じかどうか調べなさい。

b. 反応物と生成物の分子数は同じかどうか調べなさい。

c. 反応物の総原子数と生成物の総原子数は同じかどうか調べなさい。

11. 以下の反応を表す化学反応方程式を書きなさい。

ヒント：窒素と酸素は両方とも 2 原子分子である。

a. 窒素は酸素と反応して一酸化窒素になる。

b. オゾンは酸素と原子状酸素（O）に分解する。

c. 硫黄は酸素と反応して三酸化硫黄になる。

12. 炭化水素の燃焼に関して以下の質問に答えなさい。

a. LPG（液体石油ガス）のほとんどはプロパン（C_3H_8）である。この反応式が釣り合うように各分子に付く係数を答えなさい。

$C_3H_8(g) + O_2(g) \longrightarrow CO_2(g) + H_2O(g)$

b. シガレットライターはブタン（C_4H_{10}）を燃やす。ブタンの燃焼の化学反応式を書きなさい。

c. 酸素の供給が限られている場合，プロパンもブタンも不完全燃焼して一酸化炭素を生成することがある。両方の反応について化学反応式を書きなさい。

13. エタン（C_2H_6）が酸素中で燃焼する次の反応式が釣り合うように各分子に付く係数を答えなさい。

a. $C_2H_6(g) + O_2(g) \longrightarrow C(s) + H_2O(g)$

b. $C_2H_6(g) + O_2(g) \longrightarrow CO(g) + H_2O(g)$

c. $C_2H_6(g) + O_2(g) \longrightarrow CO_2(g) + H_2O(g)$

d. C, CO, CO_2 のいずれが生成されるかによって，酸素の係数が異なる理由を説明しなさい。

14. 空気は均一混合物の例である。均一混合物の例をあと二つ挙げなさい。

15. 人が空気を吸い込むとき，その空気の 21%は酸素である。しかし，吐き出される空気は 16%だけが酸素である。吐き出される酸素の量が減少する理由を，少なくとも二つ述べなさい。

16. 対流圏が私たちの生存に重要である理由を説明しなさい。

17. ドライアイスは固体の二酸化炭素である。二酸化炭素を化学式，微視的，巨視的なそれぞれの方法で表しなさい。

18. 次の窒素含有化合物の名前を答えなさい。

NO_2，N_2O，NO，NCl_3，N_2O_4

19. 次の化合物の名前を答えなさい。

CCl_4，SO_3，Cl_2O_6，P_4S_3

20. 一酸化炭素検知器は，CO 濃度が 400 ppm 以上の状態が 4 ～ 15 分間続くと作動する。

a. 400 ppm をパーセントで表しなさい。

b. なぜ一酸化炭素は大気汚染物質と見なされるのか説明しなさい。

c. 一酸化炭素に長期間さらされることによる健康への影響はどのようなものがあるか説明しなさい。

21. 二酸化硫黄と二酸化窒素は大気汚染物質と考えられている。

a. これらの汚染物質はどこで見つかる可能性が高いか。

b. これらの汚染物質はどちらがより有毒か。

c. 二酸化窒素 0.045 ppm を ppb で表しなさい。

● 概念に関連する設問

22. エアプリントについては，問 2.1 で触れた。次の 2 枚の写真を見てみよう。1 枚目はギリシャのヒドラ島の水辺のカフェの写真，もう 1 枚は中国の天津の繁華街の上空の写真である。それぞれの写真から，人間のエアプリントがどのように見えるかを三つ挙げなさい。

ヒント：目に見えないものもあるが，写真によって暗示されているものもある。

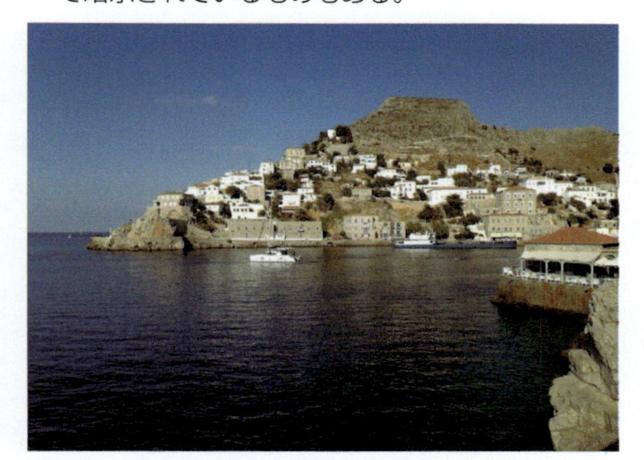

（上，下）：©Bradley D. Fahlmam

23. EPA の AirNow ウェブサイトは，「大気の質は私たちの生活の質に直接影響する」と述べている。読者が選んだ二つの大気汚染物質について，この声明の妥当性を示しなさい。

24. 問2.2で，1日に吐き出される空気の量を計算した。この体積と読者の教室の体積を比べなさい。計算方法も示しなさい。

ヒント：教室の寸法を測ったり推定したりするのに使うのに最も便利な単位について，前もって考えておこう。

25. 表2.1によると，吸気中の二酸化炭素の割合は，呼気中のそれよりも低い。この理由を説明しなさい。

26. アラスカのアンカレッジデイリーニュース（2008年1月17日）の見出しに，「車中の家族が一酸化炭素にやられた。消防隊が雪崩に巻き込まれた5人を救助」とある。

a. 車が雪に埋もれてエンジンがかかっている場合，CO が車内に蓄積する可能性がある。しかし通常，車内に CO がたまることはない。この理由を説明しなさい。

b. なぜ乗員は CO に気が付かなかったのか，理由を説明しなさい。

27. もし酸素濃度が半分になったら，地球上の生物はどのように変化するか考えなさい。また，影響を受けるであろうものの例を二つ挙げなさい。

28. CO が“サイレントキラー”と呼ばれる理由を説明しなさい。次に，この名称が当てはまらない他の汚染物質を二つ選び，その理由を説明しなさい。

29. タバコの煙には2～3%の CO が含まれている。

a. この濃度を ppm と ppb で示しなさい。

b. この値を1時間および8時間における CO の国家大気質基準と比較しなさい。

c. 喫煙者が一酸化炭素中毒で死なないのはなぜか考えなさい。

30. 北半球では，オゾンの季節は約5月1日から10月1日までである。一般的に冬季にオゾン濃度が報告されないのはなぜか説明しなさい。

31. ある都市で1時間のオゾン測定値が 0.13 ppm で，その時間の許容限度は 0.12 ppm である。読者には，市がオゾン規制値を 0.01 ppm 超過したと報告するか，8%超過したと報告するかの選択肢がある。これら二つの報告方法を比較しなさい。

32. 次に示す図は，2015年8月1日から10日までのジョージア州アトランタのオゾン大気質データである。主要汚染物質はオゾンであった。

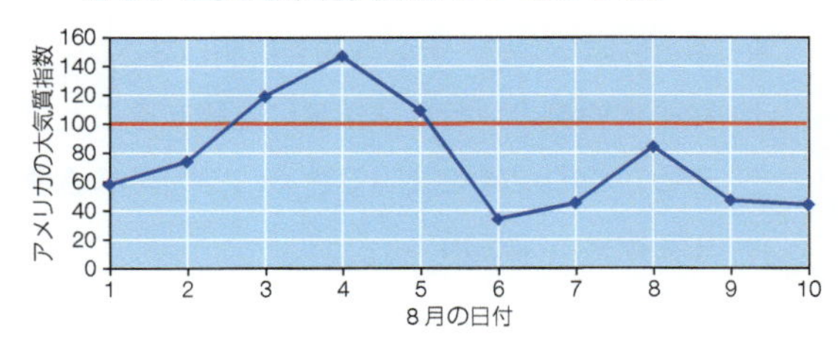

a. 一般的に，どのような人がオゾンの影響を最も受けやすいか答えなさい。

b. アメリカ環境保護庁は，100 を超える空気は一部または全ての人にとって危険であると判断した。示されたデータについて，危険な空気であったのは何日か。

c. オゾン濃度は夜間に急激に低下する。その理由を説明しなさい。

d. 日中，オゾンは 8 月 5 日以降急激に減少した。この観測を説明できる二つの異なる理由を提案しなさい。

e. 12 月のデータは示されていない。オゾン濃度は 8 月よりも高くなるか低くなるか答えなさい。

33. 2015 年最終週の中国・北京の一次汚染物質 $PM_{2.5}$ に基づく大気質データである。

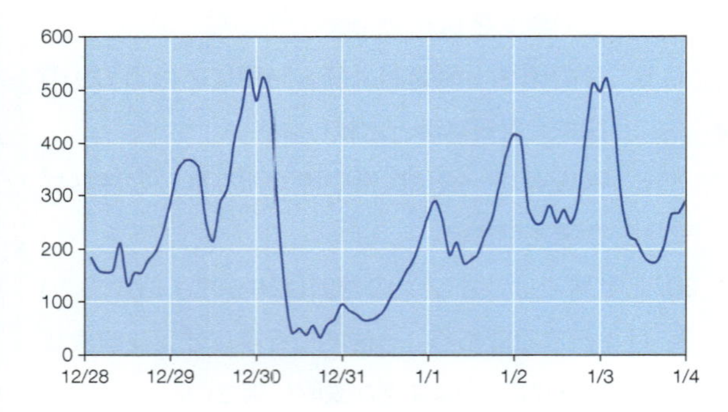

a. 一般的に，どのような人がオゾンの影響を最も受けやすいか答えなさい。

b. アメリカ環境保護庁は，特に敏感なグループを除き，大気評価 51 ～ 100 は許容範囲であると決定した。示されたデータについて，その空気が許容範囲以上であった期間を答えなさい。

c. PM のレベルは，オゾンのように夜間に下がるとは限らない。その理由を説明しなさい。

d. 粒子状物質のレベルは急激に上昇することがある。この現象を説明できる二つの異なる理由を提案しなさい。

34. 1990 年以前，アメリカのディーゼル燃料は硫黄分を 2％まで含むことができた。最近の規制によりこれは変更され，今日，ほとんどのディーゼル燃料は，最大 15 ppm の硫黄を含む超低硫黄ディーゼル（ULSD）である。

a. 15 ppm をパーセントで表しなさい。同様に，2％も ppm で表しなさい。ULSD に含まれる硫黄分は，旧式のディーゼル燃料より何倍低いか。

b. 硫黄を含むディーゼル燃料の燃焼が大気汚染にどのように寄与するかを示す化学反応式を書きなさい。

c. ディーゼル燃料は炭化水素，$C_{12}H_{26}$ を含む。ディーゼルを燃やすと大気中に二酸化炭素が増えることを示す化学反応式を書きなさい。

d. 持続可能な観点からディーゼル燃料を燃やすことについて，その改善された点と今後の方向性について意見を述べなさい。

35. 2015 年 8 月 17 日のアメリカのピークオゾンデータを示す地図である。

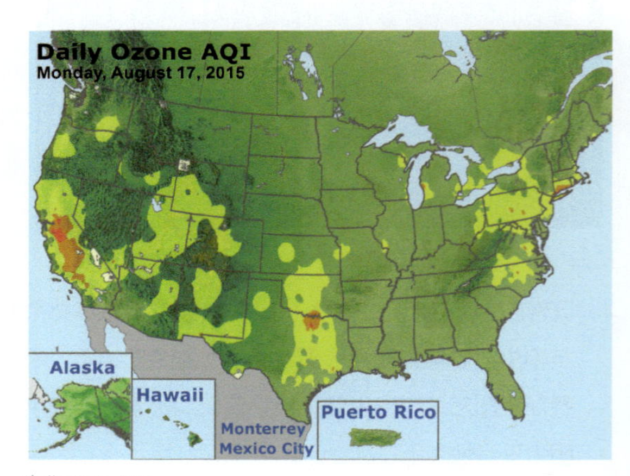

出典：EPA AirNow

a. これらのデータは，カリフォルニア，デンバー，テキサス，中西部，東海岸でオゾンによる汚染が予想されるという典型的なものである。なぜこれらの地域でオゾンの汚染が高いか説明しなさい。

b. 中西部は通常夏にオゾン濃度が高くなるが，この日はそうではなかった。考えられる理由を説明しなさい。

c. サクラメント渓谷のようなカリフォルニア州

の内陸部は，なぜカリフォルニア州の沿岸部よりも大気の質が悪いのか説明しなさい。

36. 暑くて乾燥している都市と，涼しくて雨が多い都市の，二つの異なる都市のオゾンの大気質データを調べて，見つかった違いについて説明しなさい。
ヒント：アメリカ肺協会のウェブサイト「*State of the Air*」，または「AirNow」を利用する。

37. チリの美しい街サンティアゴの住民は，1 年のある時期，地球上で最も悪い空気を吸っている。
 a. サンティアゴでは自家用車の運転が厳しく制限されている。これは具体的にどのように空気の質を改善するのか説明しなさい。
 b. サンティアゴの汚染は他の都市と同程度だが，空気の質はずっと悪い。その原因と考えられる地理的特徴を挙げなさい。

38. 一酸化炭素の濃度が閾値に達すると直ちにアラームが鳴る一酸化炭素モニターを購入することができる。対照的に，ほとんどのラドン検出システムは，アラームが鳴る前に一定期間にわたって空気をサンプリングする。この違いを説明しなさい。

39. 消費者は現在，低量の VOC しか排出しない塗料を購入することができる。しかし，これらの消費者は，なぜこの塗料を購入することが重要なのかを知らないかもしれない。
 a. 塗料の缶のラベルに何を印刷したら低 VOC 塗料が良いアイディアであることを主張できるか意見を述べなさい。
 b. 私たちは，建物，橋，フェンスの柱など，屋外の多くの表面に塗料を塗る。これらの塗料が排出する VOC が環境に与える影響について述べなさい。

40. a. （屋外で座っているよりも）屋外で走る方が汚染物質にさらされる量が増える理由を説明しなさい。
 b. 屋内で走ると，汚染物質への暴露を減らすことはできるが，他の物質への暴露を増やす可能性がある理由を説明しなさい。

41. 自分の好きな職業を一つ選びなさい。その職業に就いている人が，大気の質に良い影響を与える可能性のある方法を，少なくとも一つ挙げなさい。

● **発展的設問**

42. アセトンを含むマニキュアの除光液が 6 m × 5 m × 3 m の部屋にこぼれた。測定によると，3,600 mg のアセトンが蒸発した。1 m^3 あたりのアセトン濃度は何 μg になるか計算しなさい。

43. 「大気汚染は拡散的な問題であり，多くの排出者の共通の責任である。コモンズの悲劇の典型例である。（出典：デビッド・カール著「カリフォルニアの大気入門」2006 年）「コモンズの悲劇」という言葉と，大気汚染がいかに典型的な例であるかを説明しなさい。

44. もう一つの深刻な大気汚染物質である水銀については，この章では説明していない。もし読者が教科書の著者なら，水銀排出をどのように紹介・説明するか答えなさい。水銀排出と資源の持続可能な利用をどのように結びつけるか，本書の文体に合うように，いくつかの段落を使って書きなさい。その際，情報源に言及することを忘れてはならない。

45. EPA は，大統領グリーンケミストリー・チャレンジ賞を監督している。EPA のウェブサイトを利用して，この賞の最新の受賞者を調べなさい。受賞者を一つ選び，受賞に値するグリーンケミストリーの進歩について自分の言葉で要約しなさい。

46. 次の 2 枚の画像は，アメリカ国立科学財団（NSF）とアリゾナ州立大学の研究者の提供による，粒子状物質の走査型電子顕微鏡の写真である。左側は土の粒子，右側はゴムの粒子で，それぞれ直径は約 10 μm である。

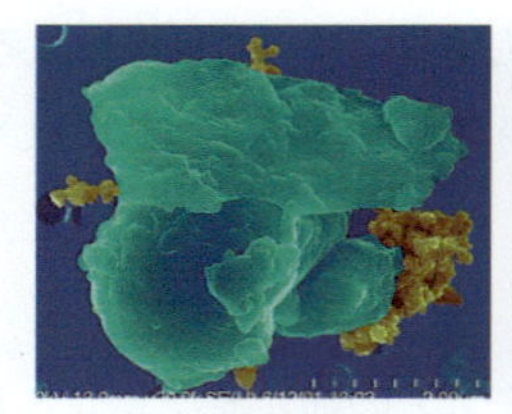
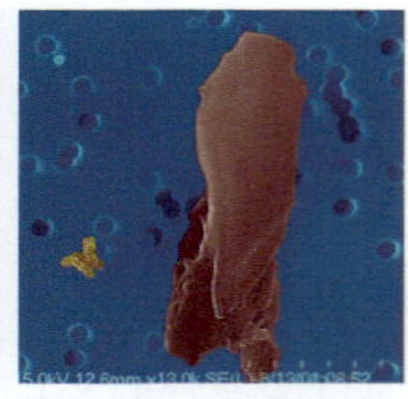

出典：Hua Xin, Ph.D.，アリゾナ州立大学/アメリカ国立科学財団（NSF）

a. ゴム粒子の発生源として考えられるものを挙げなさい。また，空気中の PM の原因となる他の物質を二つ挙げなさい。

b. 土壌粒子は主にケイ素と酸素で構成されている。地殻の岩石や鉱物によく含まれる他の元素は何か。

c. 上の写真のどこが，これらの粒子が血管を炎症させることを示唆しているか。

47. 超微粒子の直径は 0.1 μm 以下である。その発生源と健康への影響について，$PM_{2.5}$ や PM_{10} と比較しなさい。インターネットを使って最新の情報を検索しなさい。情報源は必ず示すことを忘れてはならない。

48. 一酸化炭素の吸入が人間に及ぼす影響を示したこのグラフを考えてみよう。

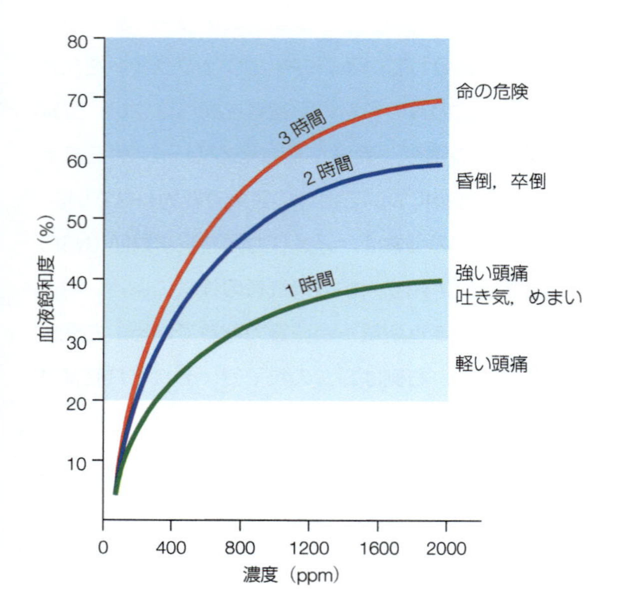

a. 暴露量と暴露時間の両方が，人の CO 毒性に影響を与える。その理由をグラフを使って説明しなさい。

b. このグラフの情報を使って，一酸化炭素ガスの健康被害について，家庭用一酸化炭素検知キットに添付する文章を作成しなさい。

49. 読者は広葉樹木を使った床の美しさに感嘆したことがあるかもしれない。ポリウレタンはニスやシェラックよりも耐久性が高いため，床の仕上げ材として選ばれている。ポリウレタンはかつては油性塗料であったが，現在では VOC を 50 ～ 90%削減できる水性塗料もある。2000 年，バイエル社はこの開発により，大統領グリーンケミストリー・チャレンジ賞を受賞した。この研究の要約を作成しなさい。また，住んでいる地域でどの水性ポリウレタンが入手可能か，店舗で確認しなさい。

50. 光熱費の改善に熱心な住宅所有者は，発泡ウレタンスプレーを使って屋根裏空間に断熱材を追加する。

a. 反応が完了した時点では安全だが，多くの断熱フォームは施工中や施工直後にイソシアネートを放出する。この揮発性有機化合物の危険性について説明しなさい。

b. デラウェア大学のリチャード・ウール教授は，イソシアネート発泡体を含む高性能材料のバイオベースの代替品を開発した。その革新的な研究により，彼は 2013 年に大統領グリーンケミストリー・チャレンジ賞を受賞した。彼の業績を要約しなさい。

51. あるソーシャルメディアに，自動車内装の表面から危険なレベルの発癌性化学物質であるベンゼンが放出されているとの投稿があった。

a. インターネットを徹底的に検索して，この主張を裏付ける証拠があるかどうかを答えなさい。

b. 車の“新車臭”の原因となっている蒸気は何か。そして，これらの空気中の化学物質は健康に有害かどうか答えなさい。

第3章　太陽からの放射

動画を見てみよう

太陽放射からの保護

www.acs.org/cic にあるオープニング動画を見て，晴れの日に外出したときに太陽放射（太陽）から身を守る方法をリストアップしなさい。そして，最も有効と思われる方法から効果の低いと思われる方法までを順位付けしなさい。

この章で学ぶべきこと

この章では，以下のような問いについて考える。

■太陽とは何か，またその特徴は何か。

■異なる種類の太陽光は，エネルギーにおいてどのような違いがあるか。

■太陽を浴びることと皮膚癌にはどのような関係があるか。

■地球の大気はどのようにして私たちを太陽から守っているか。

■太陽から保護してくれる物質は消滅することがあり得るか。また，もし消滅した場合に再生し得るか。

■日よけ格子や日焼け止めはどのように機能するか。

序文

晴れた日には多くの人が外で過ごしたがるが，私たちは太陽光の良い面と悪い面について知っておくべきである。良い面としては，太陽光は読者が楽しむ食物を育て，血流中にビタミンＤを作り出し，地球の気温を私たちが生活できる適正な温度に保っている。しかし，太陽光は物質の劣化や日焼け・皮膚癌・雪目といった健康被害の原因にもなっている。

問 3.1　考察問題

記録してみよう

この章では，太陽への露出と，それを防ぐ手段について考察する。この章の話を理解するために，3 日間にわたって，太陽に当たる時間帯，肌の露出量，場所，太陽に当たっていた時間を記録しなさい。

この章では，太陽光について，その組成や私たちの健康への影響などを検討する。読者は日焼け止めを塗ることで，太陽光から肌を守れることを知っている。しかし，大気もまた，有害な太陽光から肌を守る役割を果たしていることを知っているだろうか。ここでは第 2 章の大気に関する議論を発展させて，この太陽光から私たちを守ってくれる大気中の構成要素を特定しよう。また，ちまたに出回っている日焼け止めの化学組成についても説明しよう。この章で放射線による有害な影響から私たちを守るために，化学がいかに重要な役割を担っているかを学ぼう。

では，まずは「太陽光とは何か？」という疑問に答えることから始めよう。

3.1　太陽を調べる：太陽光のスペクトル

晴れた夏の日に，太陽の下でのんびりしたり，仕事をしたりすることを思い描いてみよう。太陽は明るく，肌は温かくなり，やがて日光皮膚炎までには至らなくとも肌は黒くなる。読者は，太陽光とは何かについて考えたことがあるだろうか。太陽光線には何が含まれているのだろうか。こういった疑問について検討する前に，次の問題をまずは解決しよう。

問 3.2　考察問題

太陽光によるダメージ

太陽や太陽光によるダメージについて検討する前に，友人と以下の問いについて話し合ってみよう。

a. 太陽からは何が放出されているのだろうか。
b. なぜ太陽光を浴びるとダメージを受けるのだろうか。
c. 太陽光はどのようなダメージを与えるのだろうか。
d. 太陽光にはどのようなプラスの効果があるのだろうか。

放射線はしばしば電磁波（electromagnetic wave：EM）と呼ばれることもある。この用語は，波が電界と磁界の両方で構成されていることを示している。

読者はあちらこちらで放射線（radiation）という言葉を耳にしたことがあるだろう。放射線とは，例えば太陽からのものや核反応によるもの，マイクロ波，治療や診断に使われるものなどが挙げられる。さまざまな種類の放射線について後の章で取り上げるが，この章では太陽からの放射線（放射）に焦点を当てて考えていく。

放射線の一種は，太陽などの高温の物体から放出されるエネルギーである。このエネルギーは，人間，地球，植物，他の動物など，他の物体によって吸収される。太陽からの放射エネルギーは，私たちが熱として感じたり，光として見ることができる。しかし，紫外線（UV）のように肉眼では見えない種類の放射線も存在する。放射線の特徴を見るにあたり，可視光線を例にとって説明しよう。

スペクトルの色を覚えるために，ROY G. BIV という頭字語を目にしたことがあるかもしれない：これは赤（Red），橙（Orange），黄（Yellow），緑（Green），青（Blue），藍（Indigo），紫（Violet）の頭文字をつなげたものである。インディゴは，このリストの中で最も議論の多い色である。科学者たちは，スペクトルの中でのその位置付けについて完全には一致していない。

可視光線は，太陽から絶えず放射され，そして地球に降り注ぐ。読者は，虹やプリズムや水晶が生み出す色を観察したことがあるだろうか。プリズムや雨粒は，地球に降り注ぐ可視光線を色のスペクトルに分離することができる（**図 3.1**）。私たちが目にするそのスペクトルは，赤，橙，黄，緑，青，藍，紫の色を含んでいる。

可視光線のスペクトルの各色は，放射線の波長の一部の範囲を表している。波長という言葉は，波が水中を伝わるのと同じようにして，光が空間を伝わることを示唆している（**図 3.2**）。しかし，水の波が水中だけを伝わるのに対し，電磁波は空気中や真空中さえも波として伝わる。波長（ギリシャ文字：ラムダ，λ）は，単純に波の隣り合うピーク間の距離を意味し，長さの単位を持つ（**図 3.3**）。科学者は，ある一定時間内にいくつの波のピークが指定された地点を通

図3.1
プリズムを使った可視光線の分離。
©ktsdesign/Getty Images

図3.2
水の波が水の中だけを伝わるのに対し，電磁波は何もない空間を波として伝わる。
©McGraw-Hill Education/Brian Kanof

実験室 LAB

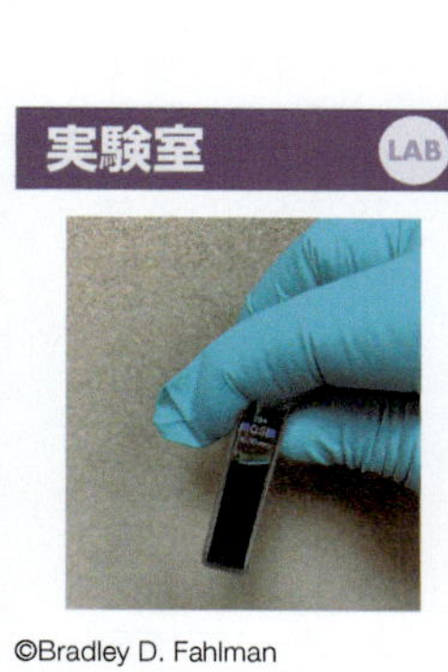

©Bradley D. Fahlman
光の波長と物質の見かけの色の関係を探るために，www.acs.org/cic を確認してみよう。

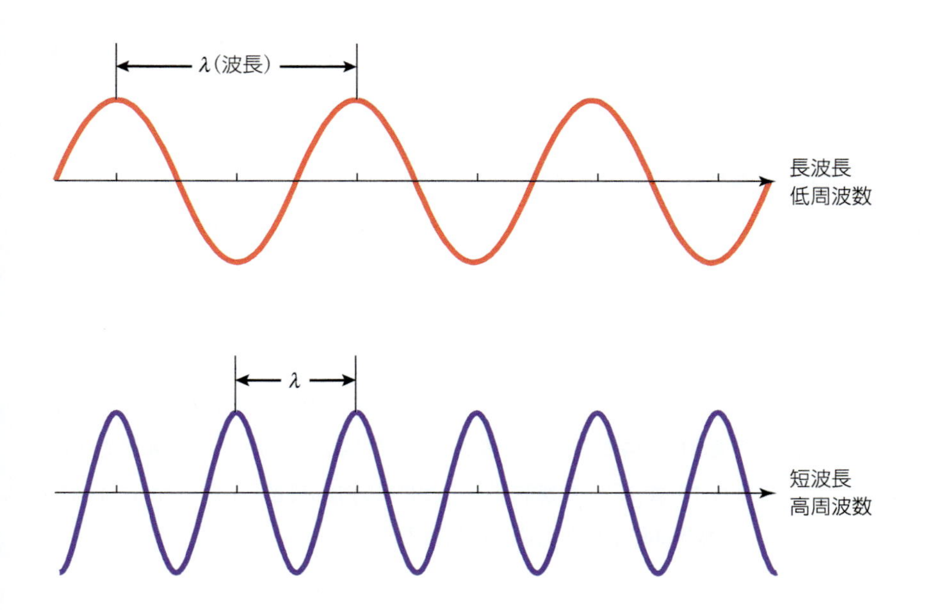

図3.3
波の波長と周波数。

過するか，つまり波の周波数（ギリシャ文字：ニュー，ν）を波長よりも重要視することがある。周波数は，図3.3 にも示されている。この図では，波長の異なる二つの波が表現されているが，どちらの波も同じ速度でページを横切ると仮定している。従って，上の波は波長が長いので周波数が低く，下の波は波長が短いので周波数が高い。

波長と周波数は反比例の関係にある。つまり，波長か周波数のどちらかが大きくなると，もう一方が小さくなる。この関係は 3.1 式のような簡単な式で表される。この中で c は光速と呼ばれる定数である。c の値は 3.00×10^8 m/s で，光が空気中を進むことができる最大速度を表している。

光の速度は，真空中での速度を最大速度と定義するのが最も適切である。つまり，光の動きを妨げる気体分子がない状態である。空気中の光速と真空中の光速の正確な値は，それぞれ 2.99705×10^8 m/s 対 2.99792×10^8 m/s である。すなわち，空気中では真空中に比べて 9×10^4 m/s 遅い。しかし，光速 c の値が非常に大きいため，空気中の光速は3桁の精度（3.00×10^8 m/s）では真空中と変わらない。

$$\text{周波数}(\nu)=\frac{\text{光速}(c)}{\text{波長}(\lambda)} \qquad [3.1]$$

波の速度は，光に限ったことではなく，周波数と波長が分かれば，どんな波でも速度を求めることができる。

$$\text{波の進む早さ}(v)=\text{波長}(\lambda)\times\text{周波数}(\nu) \qquad [3.2]$$

3.1 式，3.2 式に基づいて考えれば，各パラメータの単位を決めることができる。例えば，光速の単位が m/s で，波長の単位が m だとすると，下式のように周波数は 1/ 秒（1/s，Hz）の単位を持つことが分かる。

$$\text{周波数}(\nu)=\frac{\text{光速}(c)}{\text{波長}(\lambda)}=\frac{\text{メートル/秒}}{\text{メートル}}=\frac{\cancel{m}/s}{\cancel{m}}=\frac{1}{s} \quad \text{または} \quad s^{-1}$$

波長（m）と周波数（s^{-1}）の組み合わせにより，波の速度は $m\cdot s^{-1}$ または m/s の単位で表される。しかし，この速度は他の単位で表現した方が便利な場合がある。例えば，波の速度の単位を m/s から km/h に変更する場合，二つの係数が必要になる。

i) 1 km は 1,000 m

ii) 1 時間は 3,600 秒。なぜなら，60 秒 / 分×60 分 / 時間

従って，光速 3.00×10^8 m/s は以下のようにして km/h の単位で表すことができる。

$$\left(\frac{3.00\times10^8\,\cancel{m}}{1\,\cancel{s}}\right)\times\left(\frac{1\text{ km}}{1{,}000\,\cancel{m}}\right)\times\left(\frac{3{,}600\,\cancel{s}}{1\text{ h}}\right)=1.08\times10^9\text{ km/h}$$

人間の目が感知できる光（可視光線）の波長は，$4\times10^{-7}\sim7\times10^{-7}$ m までのごくわずかな範囲に限られる。この数字を別の科学的記数法で表せることは第 1 章で述べた。1.4 節で 10^{-9} の接頭語がナノ（n），つまり 10 億分の 1 を意味することを思い出して欲しい。1 nm は 1 m の 10 億分の 1 の長さであり，数学的には以下のように書ける。

$$1\text{ nm}=\frac{1}{1{,}000{,}000{,}000}\text{ m}=\frac{1}{1\times10^9}\text{ m}=1\times10^{-9}\text{ m}$$

この関係を可視光線の波長に適用すると，次元解析により m から nm に変換することができる。

$$7\times10^{-7}\,\cancel{m}\times\frac{1\text{ nm}}{1\times10^9\,\cancel{m}}=700\text{ nm}$$

従って，可視光線の波長領域は 400 ～ 700 nm までと言い換えることができる。

国際単位系（SI）には，さまざまな量を表す基本単位がある。長さを表すメートル（m），質量を表すキログラム（kg），時間を表す秒（s），温度を表すケルビン（K），物質の量を表すモル（mol）などである。m/s のように，これらの基本単位を組み合わせた単位は SI 派生単位と呼ばれる。

問 3.3　練習問題

波長と周波数

3.1 式を用いて，以下の問いに答えよ。

a. 波長 525 nm の緑色光の周波数は何 Hz か。
b. 緑色光は 1 分間に何波長分進むか答えなさい。次に，1 時間ではどうなるか答えなさい。
c. 波の振幅とはどういう意味か説明しなさい。振幅の変化は波の波長や周波数に影響するかどうか答えなさい。

可視光線を例として放射線の持つさまざまな面を説明したところで，電磁波（EM）スペクトルと呼ばれる太陽光のスペクトル全体について考えることにする（**図 3.4**）。このスペクトルは，原子核の直径程度の非常に短い波長（約 10^{-14} ～ 10^{-12} m）のガンマ線から，私たちの住むマクロな世界と同程度のスケールの波長（約 1 ～ 100 m）を持つ電波までの連続した波と考えることができる。

本書では，さまざまな波長領域の電磁波について述べられている。可視スペクトルの赤より長波長側には赤外線（infrared：IR）領域がある。赤外線は目に見えないが，肌に当てると温かさを感じることができる。赤外線よりもさらに波長の長いマイクロ波も肉眼では見ることができず，レーダーの探知や電子レンジでの食品の加熱に利用されている。マイクロ波の波長は，mm ～ cm の領域で，平均するとこの文章の最後にある句点の直径とほぼ同程度である。そして，最も波長の長い電磁波は電波（ラジオ波）と呼ばれ，携帯電話の通話に使われている。

問 3.4　展開問題

虹の分析

虹の中の水滴は，可視光線を各色に分離するプリズムとして働く。

a. 図 3.4 で，最も波長の長い色はどれか答えなさい。また，周波数が最も高い色はどれか答えなさい。
b. 緑色の光の波長は 500 nm である。この値を m 単位で表しなさい。

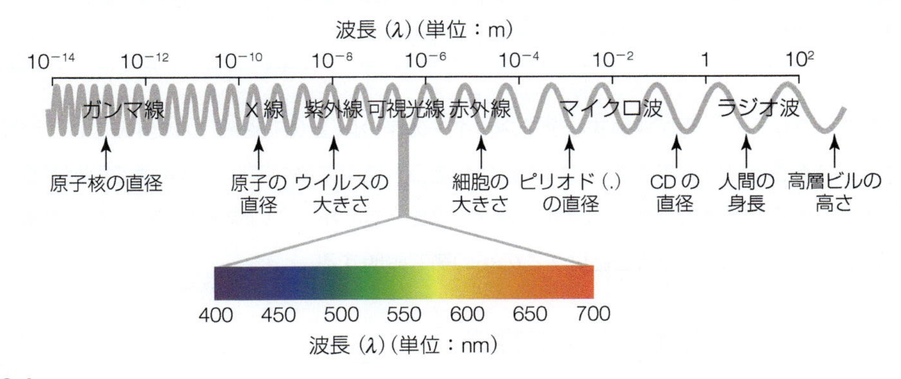

図3.4
電磁波のスペクトル。可視領域は抜き出して拡大してある。なお、10^{X} は 1×10^{X} を意味する。
出典：アメリカ環境保護庁（EPA）

紫色より短波長側は紫外線（ultraviolet，UV）とX線，そしてガンマ線である。電磁波の中で最も波長が短いのは，原子核放射線に付随するガンマ線と医療診断（レントゲン写真）に用いられるX線である。X線の波長はオングストローム（Å）スケール，つまり 1×10^{-10} m で，これは個々の原子の直径と同程度である。

問 3.5　展開問題

さまざまな電磁波

電磁波スペクトルから，赤外線，マイクロ波，紫外線，可視光線という 4 種類の放射エネルギーについて考えてみよう。

a. 四つの放射エネルギーを波長の長い順に並べなさい。
b. ラジオ波の波長はX線の波長のおよそ何倍か答えなさい。

太陽はさまざまな種類の放射線を出しているが，その全てが同じ強さで地表に届くわけではない。ここでいう強度とは，地球のある領域に到達する放射線の量を意味する。**図 3.5** は，地表における太陽放射の相対強度を波長の関数として表したグラフである。

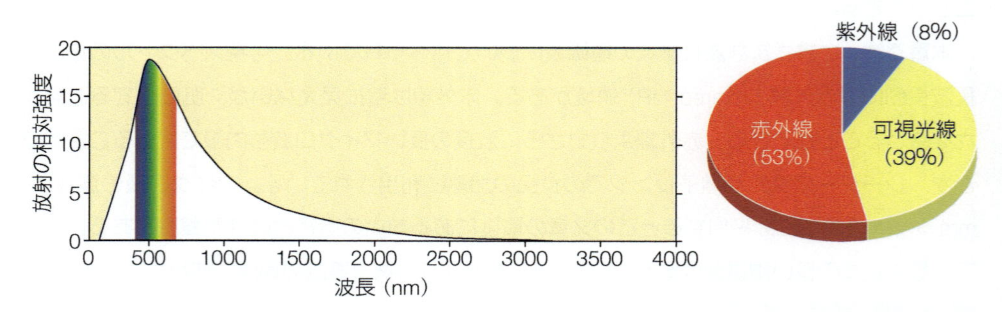

図3.5
地球表面に到達する太陽の放射線の構成。スペクトルに含まれる可視領域の相対的な位置を示す。

問 3.6　練習問題

太陽から届くエネルギー

図 3.5 に示す太陽からのエネルギー分布について考える。

a. 太陽からのエネルギーのうち，どの種類の電磁波が最も多いか答えなさい。
b. どの種類の放射が最も強いか答えなさい。

このグラフから，太陽が放射する全エネルギーの半分以上（約 53%）が赤外線として地表に到達していることが見て取れる。この現象がもたらす結果については，第 4 章で説明する。また，地球に届く太陽光のうち，紫外線は約 8%程度であるが，この紫外線が私たちの皮膚に当たる最も有害な放射線であることは，この後の節で説明する。

3.2　さまざまな放射線の持つ性質

1900 年代初頭，科学者たちは図 3.5 に示すような放射線の強度分布に困惑していた。特に，従来の理論では，放射線の周波数が高くなると，その強度も高くなると予測されていた。つまり，オーブンや炎，あるいは太陽のような高温に加熱された物質からは，連続した高強度の放射線が放出され，それが電磁波スペクトルの短波長の紫外線領域に近づくほど強くなると予測されていたのである。しかし，**図 3.6** に示すように，このような挙動は実験的には観察されなかった。

この古典的理論の失敗は「紫外域の破綻」と呼ばれた！

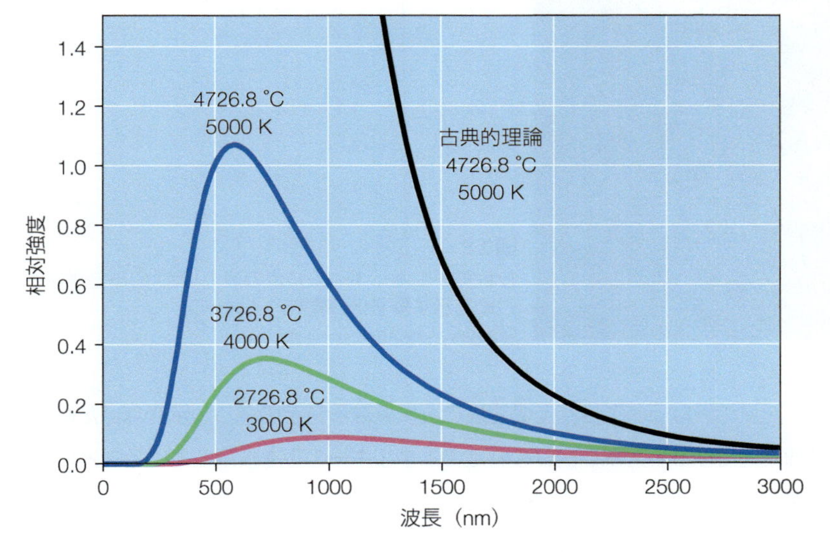

ケルビン（K）と摂氏（℃）の換算式は K=℃+273.15 で表される。

図3.6
20 世紀初頭の古典的理論によって予測された放射プロファイル（黒線）と，さまざまな温度で実験的に観測された放射プロファイル（色線）の比較。温度はケルビン（K）と摂氏（℃）で示してある。

この問題に特に関心を持ったのがドイツの物理学者マックス・プランク（1858 ～ 1947）である。彼は実験と理論の間の不一致に強い関心を示し，この違いを説明することに努めた。特に放射プロファイル（図3.6）のピークが，温度の上昇と共に赤外線領域から可視光線領域にシフトすることに着目した。この現象をイメージするために，プロパンガスの炎を考えてみよう。炎の温度が上がると，その色は赤 / オレンジから黄色，そして最終的には青へと変化する（**図 3.7**）。これらさまざまな色の炎の温度を測定してみると，最も高温なのは青（2,000℃以上）で，最も低温なのは赤（約 800℃）であることが分かる。温度は熱エネルギーの尺度であるから，この結果は炎のエネルギーが波長と関係していることを意味する。従って，電磁波スペクトルの各領域には，波長や周波数に加えて，エネルギーの性質があることになる。

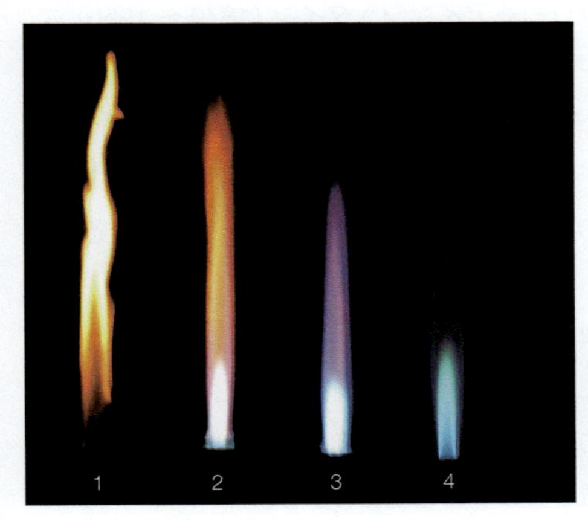

図3.7
炎の温度と色の比較。1 ～ 4 では燃料に対する酸素の割合が大きくなっており，その結果，炎はますます高温になっている。
©Arthur Jan Fijalkowski

図3.8
放射線がエネルギーの特定の値（段階）のみで構成されていることを示す量子化の直観的イメージ。
©Bradley D. Fahlman

しかし，温度の異なる炎では，その温度ごとに異なる特定の色しか示さないため，加熱された物体は連続的ではなく，飛び飛びの特定のエネルギーのみを放射していることになる。このようにエネルギーが非連続的に分布することを「量子化されている」という。例として，階段がさまざまなエネルギーの電磁波を表していると考えてみよう（**図 3.8**）。猫が個々の段にしか座れず，その間の高さには座れないのと同じように，太陽は特定のエネルギーのみを放射している。

図3.9
波動と粒子の二重性の絵。液体の水（波のようなもの）の上に水滴（粒子のようなもの）がある。
©Trout55/Getty Images

物体の大きさが大きくなればなるほど，波動的ではなく粒子的になる。例えば，木から落ちるリンゴは純粋な粒子として振る舞い，波長や周波数によってではなく，質量，速度，運動量によって記述される。これとは対照的に，電子のような素粒子は波動的な性質に基づいて記述されるのが最適である。

これまで，放射線は波として考えられてきた。これは確立された考え方であったが，放射線にはもう一つ別の考え方もある。1921 年，アルバート・アインシュタイン（1879 ～ 1955）は，この量子化された放射線を，光子というエネルギーの束の集合体と見なすことを提案し，ノーベル物理学賞を受賞した。光子は「光の粒子」ともいえるが，読者のよく知るいわゆる粒子とは異なる性質を持っている。大きな違いは，光子には質量がない。量子化されたエネルギーと光子という考え方は，原子や分子そして素粒子の持つエネルギーを調べることでその振る舞いを研究する量子論の基礎となるものである。

科学者たちは，エネルギーが粒子として振る舞うことを見出したが，波動としての考え方も有効である。両者には関連性があり，どちらもエネルギーに関する有効な考え方である。このような放射線の持つ二面性は「波動性と粒子性の二重性」と呼ばれる。この考え方は常識に反しているように見える。光は波であると同時に粒子であることをどのようにイメージすればいいのであろうか。しかも，これは電磁波に限ったことではなく，あらゆる物質について当てはまることなのである。例えば，**図 3.9** は，水が波のような性質と粒子のような性質の両方を持つことを視覚化したものである。

この波動性と粒子性という二つの視点は，現代科学で最も重要な関係式の一つである 3.3 式で結ばれている。この関係式は，この章で太陽光を考えるときにもたびたび現れる。

$$E = \frac{hc}{\lambda} \qquad [3.3]$$

E：光子 1 個の持つエネルギー（単位はジュール，J）

h：プランク定数，6.626×10^{-34} J･s

c：光速，3.00×10^{8} m/s

3.1 式を使うと，放射線のエネルギーは周波数を使って表すことができる。

$$E = h\nu \qquad [3.4]$$

上記の二つの関係式は，放射線のエネルギーがその波長 λ に反比例し，周波数 ν に比例することを示している。従って，放射線の波長が短くなると，その光子の持つエネルギーは増加する。あるいは，放射線の周波数が高ければ，相対的に高いエネルギーを持つことになる。これらの事実は，太陽の放射線から身を守ることを考える上で，非常に重要になる。

問 3.7　展開問題

波長と周波数，そしてエネルギー

図 3.4 に戻り，赤色光の波と青色光の波に含まれるエネルギー量を計算する。両者のエネルギー量は同じか，違うか，どちらか答えなさい。
つい最近まで多くの人がフィルム露光を使って写真を撮っていた。フィルムを実際の画像に現像するには暗い部屋が必要であった。フィルムには波長 620 ～ 750 nm の光に影響されない特殊な染料が添加されていたため，この暗室ではフィルムの現像時に赤いライトが使用されていた。これらの暗室では青いライトは使えるだろうか。理由も含めて答えなさい。

資料室

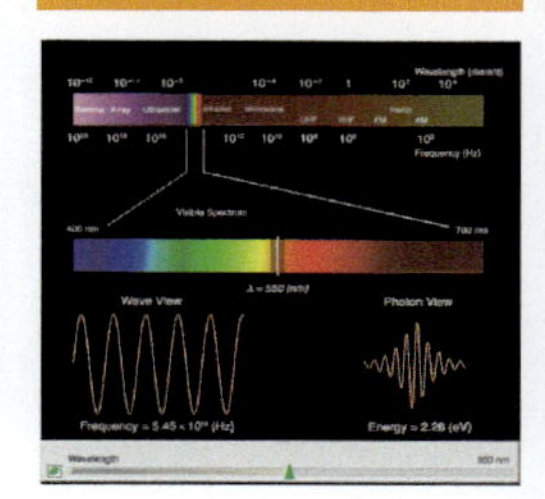

©2018 American Chemical Society
電磁波の波長，周波数，エネルギーを関連付けるシミュレーションを見てみよう。
www.acs.org/cic

3.3　光の色は何で決まるのか

先に，炎の色は温度によって左右されることを述べたが，花火を見たことがある人ならば，異なる物質の燃焼によっても炎の色が変化することを実感しているはずである。この効果を，異なる化合物が炎の中でどのように振る舞うかを考えることで説明していくことにしよう。

問 3.8　練習問題

炎色反応

炎の中でさまざまな化合物を燃焼させる実験デモを見てみよう：www.acs.org/cic
a. 溶液の色と炎の色には関係があるだろうか。
b. どの溶液が最も高いエネルギーの光子をもたらすだろうか。

©McGraw-Hill Education/
Stephen Frisch

問 3.8 で観察した色について理解するためには，まず，第 1 章で紹介した原子の構造を思い出す必要がある。原子のボーア模型（**図 3.10**）は，原子核の周囲で電子がさまざまなエネルギー準位を占めていることを表している。電子のエネルギーは，原子核からの距離に比例する。正電荷を持つ原子核の近くに位置する負電荷の電子は，相対的に低い位置エネルギーを持ち，一方，原子核から遠く離れた電子は，より高い位置エネルギーを持つことになる。電子が低い準位から高い準位へ“跳び上がる”には，光や熱などのエネルギーを吸収する必要がある。逆に，電子が高い準位から低い準位に“落ちる”ときには，エネルギーを光子の形で放出する。

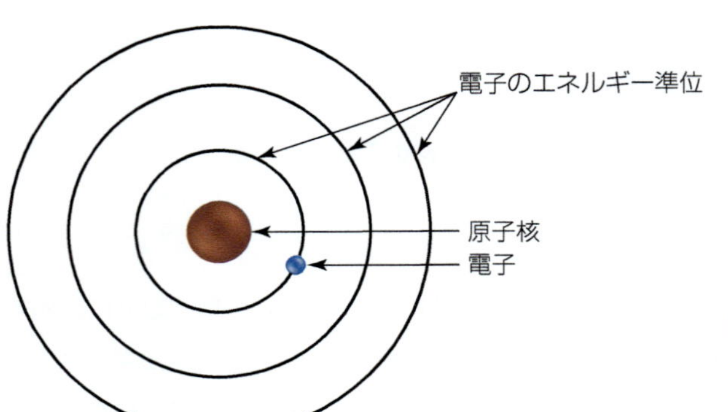

図3.10
原子のボーア模型。原子核を取り囲む電子のさまざまなエネルギー準位が示されている。

補足

位置エネルギーについては，第 6 章で詳しく説明する。これは物体の位置や配置によって蓄積されたエネルギーのことであり，これに対して運動エネルギーは物体の運動によるものである。

吸収される光子のエネルギーと放出される光子のエネルギーは，それぞれ電子が“跳び上がる”距離と“落ちる”距離に依存する（**図 3.11**）。電子の配列が元素によって異なるため，元素ごとに線スペクトルとして知られる“指紋”のような特徴的な発光スペクトルを持っている（**図 3.12**）。これらのスペクトルは，さまざまなエネルギー準位間で多くの電子遷移が生じ得るため，非常に複雑になる。前節で見たように，光子のエネルギーはその周波数に比例する。従って，高エネルギーの光子の発光は，比較的高い周波数を持ち，電磁波スペクトルの紫外線または可視光線（青色）の部分に位置することになる。これは，炎や花火の紫色の光に相当する。

問 3.9　考察問題

花火

花火大会は，人生で最も楽しい感覚体験の一つである。花火の色の違いは，炎に含まれている成分の違いによるものである。

a. 図 3.11 に示すような簡単なエネルギー線図を描き，黄色い炎になる電子遷移と電磁波スペクトルの領域を図示しなさい。
b. 波長 522 nm のエネルギーの光子が放出されると，どのような色になるか。
   ヒント：3.3 式を使用しなさい。
c. インターネット検索で，緑色の花火によく含まれる元素を調べなさい。これらの元素を含む化合物の環境に対する危険性にはどのようなものがあるか，また，より環境に優しい代替案にはどのようなものがあるか答えなさい。

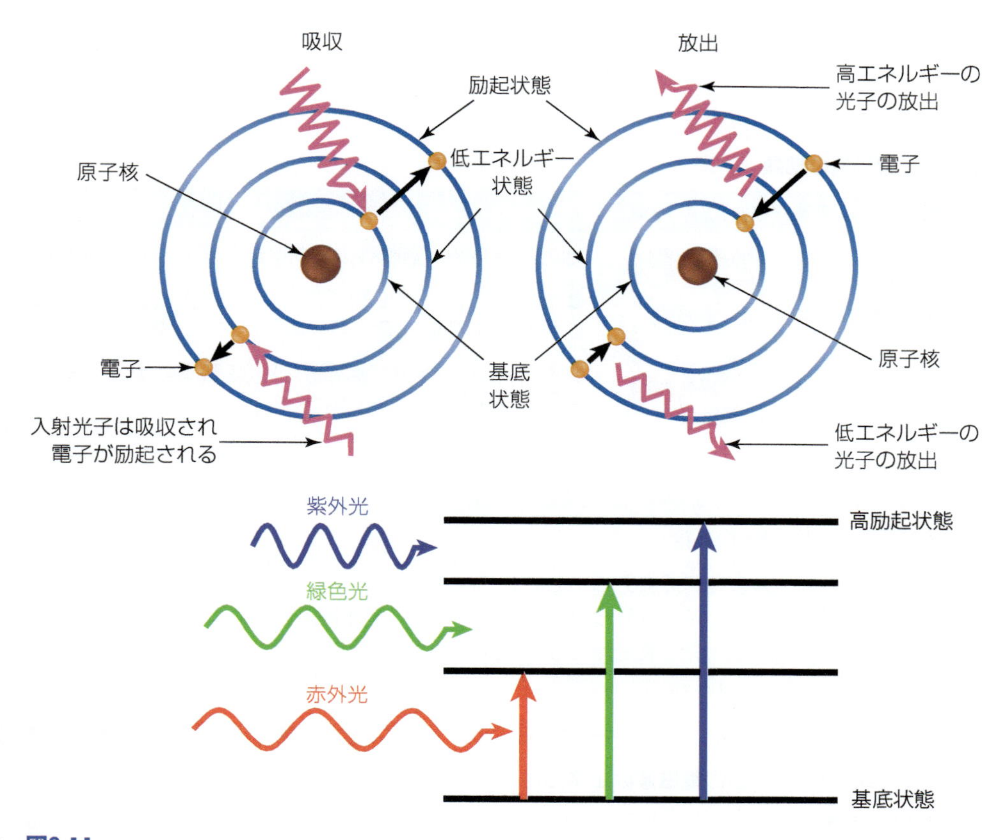

図3.11
異なるエネルギー準位間での遷移に伴う吸収と放出。

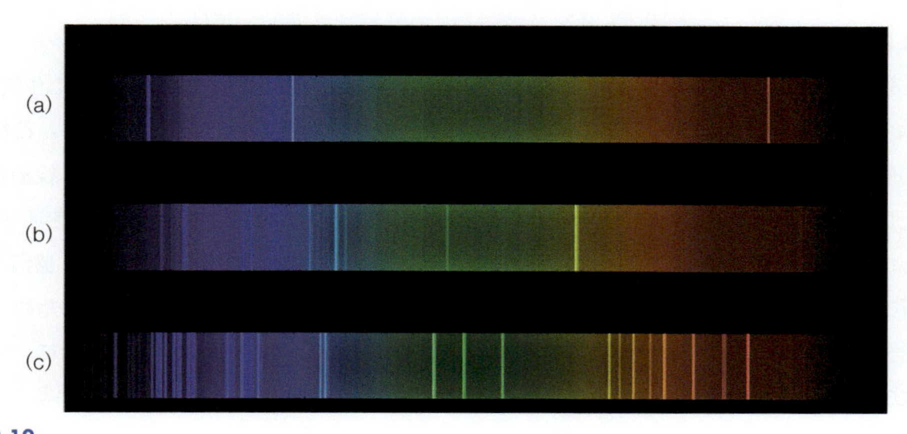

図3.12
(a) 水素，(b) ヘリウム，(c) 酸素の線スペクトル。

3.4　紫外線の種類：UVA，UVB，UVC

可視光線の色が，赤，青，黄色など，さまざまな名前で呼ばれているように，紫外線もUVA，UVB，UVC といった名前で呼ばれている。UVA は，可視光線の紫色の部分に最も近く，紫外線の中では低いエネルギーを持った光である。一方，UVC は最もエネルギーが高く，電

図 3.4 に戻り，電磁波スペクトルの全容を見直そう。

磁波スペクトルの X 線領域に隣接している。これら紫外線の各領域の特徴は**表 3.1** に示されている。

表 3.1　紫外線の種類

種類	波長	エネルギー	説明
UVA	320 ～ 400 nm	最も低い	地表に最も多く到達し，皮膚に最も深くまで浸透する
UVB	280 ～ 320 nm	中程度	UVB のほとんどは成層圏のオゾン（O_3）によって吸収される。UVB は皮膚の最外層にダメージを与える
UVC	200 ～ 280 nm	最も高い	UVC 放射線は非常に有害だが，成層圏の O_2 や O_3 によって完全に吸収される

問 3.10　展開問題

太陽からの紫外線のいろは

a. UVA，UVB，UVC を周波数の高い順に並べなさい。
b. エネルギーの増加の順序は周波数の増加と同じかどうか答えなさい。
c. UVC だけを防ぐとうたった日焼け止めを使うべきかどうか答えなさい。

UVB と UVC は波長が短くエネルギーが高いため，幸いにも大気圏で吸収され，地表に到達することはない。これらの電磁波はエネルギーの高さゆえに，人間や動物，植物に当たると，生体組織に大きなダメージを与える。では，これらの波長はどのように大気に吸収されているのだろうか。第 2 章で述べたように，大気の約 21% は酸素（O_2）で構成されており，242 nm 以下の波長の光は，酸素分子の結合を切断するのに十分なエネルギーを持っている。この波長は UVC 領域に含まれるため，この放射線は大気中の酸素に吸収される。

UVA はジェルマニキュアの硬化剤として使用され，UVC は医療器具の滅菌に使用され，表面の細菌を全て死滅させる。

もし，太陽からの紫外線を吸収する分子が酸素だけだったら，地球表面やそこに住む生物は，242 nm より長い波長の紫外線（UVA，UVB，一部の UVC）を浴び続けることになる。これらの低いエネルギー領域の紫外線から私たちを保護するのには，オゾン（O_3）が重要な役割を果たしている。第 2 章で，地表面ではオゾンがスモッグの有害な構成要素であることを述べた。しかし，大気の上層部にいるオゾンは有益で，紫外線から私たち人間を守っている。酸素とオゾンとでは原子の結合の強さが異なるため，O_3 は O_2 よりも分解されやすい。そのため，O_3 を分解するためには，より低いエネルギー（長い波長）の紫外線で十分である。特に，波長 320 nm 以下の光は，オゾンの O-O 結合を切断するのに十分なエネルギーを持っている。UVB と UVC の光は全て酸素とオゾンの分解に使われるので，この有害な光は地表には届かない。もちろん，これはオゾン層が完全に破壊されていない場合に限った話で，もしこのオゾンによる保護層に穴が開いてしまったらどうなるだろうか。その可能性と，最悪のシナリオがもたらす影響については，本章で後述する。

実験室 LAB

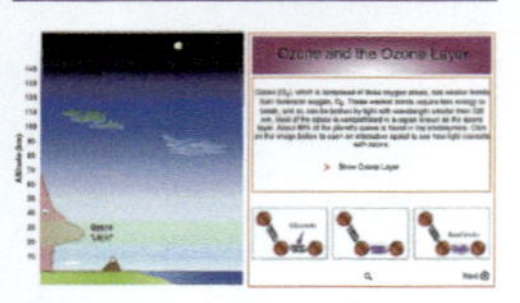

この対話形式のアクティビティを見て，紫外線がどこから来て，大気圏がどのように私たちを守っているか説明しなさい。
www.acs.org/cic

問 3.11　展開問題

エネルギーと波長

O_2 の結合を切断するには UVC 領域（≤ 242 nm）の光子が必要であることを述べた。O_3 の結合は O_2 の結合よりやや弱いので，より低エネルギーの光子（≦ 320 nm）で結合を切断することができる。波長 242 nm の光子は，波長 320 nm の光子に比べてどれくらいのエネルギーを持っているか答えなさい。

3.5　紫外線が生物に及ぼす影響

太陽から地球上に，無数の光子が降り注いでいる。大気，地表，生物は全てこの光子を吸収している。このうち，赤外線は地球と海を暖めている。私たちの網膜の細胞は，可視光線により一連の複雑な化学反応を引き起こし，最終的に物体を見ることができている。緑色をした植物は動物に比べて可視光線の中でもさらに狭い領域（赤色光領域）の光子を多く取り込んでいる。光合成とは，緑色の植物（藻類を含む）と一部の細菌が太陽光のエネルギーを取り込み，二酸化炭素と水からブドウ糖（$C_6H_{12}O_6$）と酸素を生成するプロセスである。

電磁波のスペクトルのうちの紫外域の光子は，中性分子から電子を引き抜いて正に帯電させるのに十分なエネルギーを持っている。さらに波長の短い光子は，分子内の結合を破壊し，分子をばらばらに分解する。生体内では，このような変化が細胞を破壊し，遺伝子の欠損や癌を引き起こすことがある。**図 3.13** に，紫外線と化学結合の相互作用を模式的に示してある。この図のように放射線と物質が相互作用することで，紫外線が引き起こす障害と，紫外線から私たちを守る大気の仕組みの両方が説明できるのは，自然の皮肉としか言いようがない。次の二つの節で，この二つの効果をより詳しく見ていくことにする。まず，紫外線を浴びると皮膚に何が起こるかを見てみよう。

紫外線の光子の持つエネルギーは，読者の好きなラジオ局が発する電波の光子の約 1,000 万倍のエネルギーを持っている。しかし，ラジオの電源が入っているかどうかに関わらず，読者は常に電波にさらされている。読者の体はそれらを感知できないが，ラジオは感知することができる。電波の光子のエネルギーは非常に小さく，紫外線のように皮膚の色素であるメラニンの濃度を局所的に上昇させるほどではないからである。

動画を見てみよう

もし人間が太陽光を利用して，植物のように自分たちの食べ物を作ることができたらどうだろう。以下の動画を見てみよう。
www.acs.org/cic

メラニンは紫外線の有害な影響から身を守ってくれる。

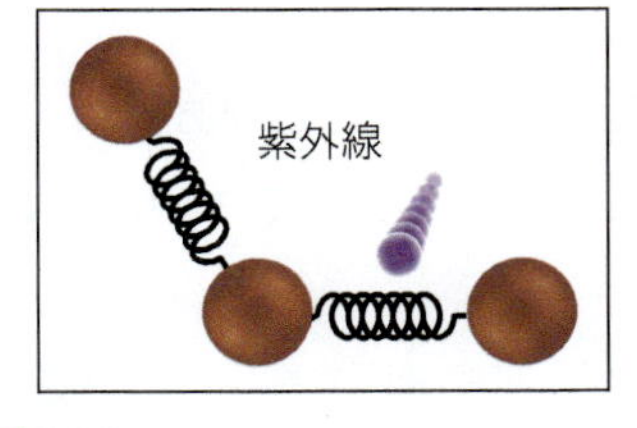

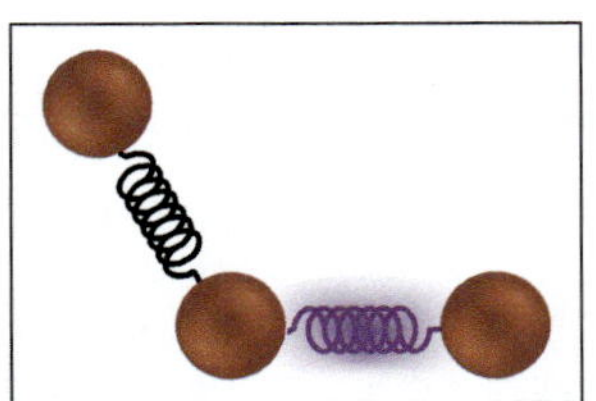

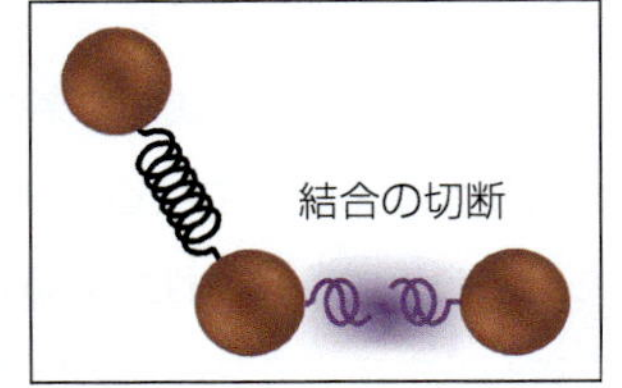

図3.13
紫外線は化学結合を切断する場合がある。分子内の振動を表すために結合はバネで模式的に表されている。

図 3.14 には，UVA と UVB がどのように皮膚に浸透するかが示されている。UVB よりもエ

ネルギーの小さいUVAが肌の奥深くまで浸透していることを不思議に思うかもしれないが，これはUVBのエネルギーが化学結合を壊すのに必要なエネルギーとうまく合致していて，皮膚の表面で急速に吸収されるからである。一方，UVAの光子は結合を壊すのに十分なエネルギーを持っていないので，エネルギーは吸収されることなく体の奥深くまで浸透していくことになる。

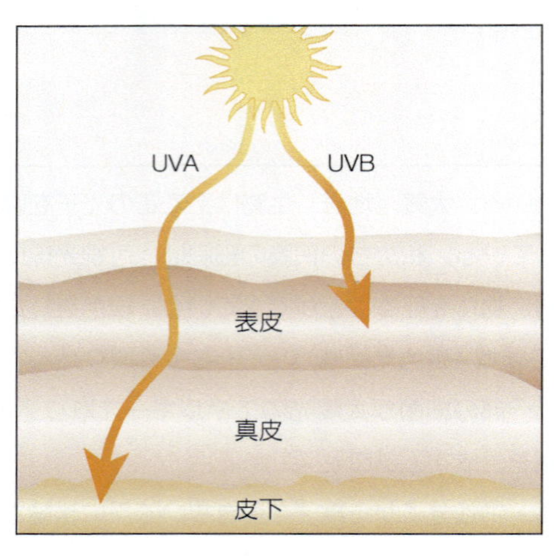

図3.14
UVAとUVBは皮膚への浸透具合が異なる。
出典：U.S. Surgeon General's report, July 2014

動画を見てみよう

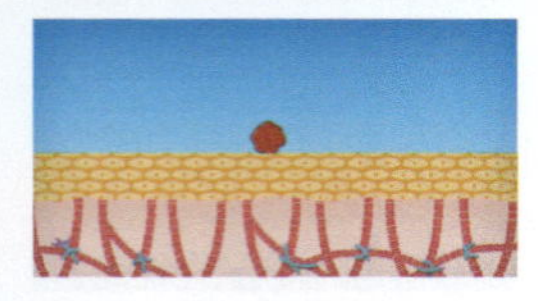

©2018 American Chemical Society
シワ取りクリームの効果を不思議に思ったことはないだろうか。以下の動画を見てみよう。
www.acs.org/cic

これらの紫外線が皮膚に当たって吸収されると，連鎖的にさまざまな現象が起きる。まず，紫外線のエネルギーは皮膚細胞に吸収される。エネルギーの低いUVA光は，水などの分子から電子を引きはがしてフリーラジカルや活性酸素を発生させることができる。よりエネルギーの高いUVB光は，分子の化学結合の一部を切断することができる。その結果，皮膚細胞内のDNA分子は，UVAの吸収によって生成されたフリーラジカルやUVB光によって損傷を受ける可能性がある。この損傷は，メラニンの生成と放出を引き起こし，その結果，肌が黒くなる。

補足

DNAはデオキシリボ核酸の略で，遺伝情報を記録している分子である。DNAについては第13章で詳しく説明する。

ほとんどの場合，生じたダメージは修復されるか，細胞が死滅して終わる。しかし，別の結果も起こり得る。さまざまな分子で結合の切断が生じるが，皮膚細胞のDNA分子の結合が切れたものが最も深刻である。なぜなら，この損傷によってDNAが変異し，皮膚癌につながる可能性があるからである。皮膚癌に関する重要なポイントは以下の通りである。

- 大部分の皮膚癌は太陽光を浴びることと関係がある。
- 皮膚癌は年齢によらず発生するが，高齢な人ほど発生しやすい。
- 皮膚癌は，太陽光を過剰に浴びなくなった後，何年も経ってから発生することがある。
- 地表の太陽光に含まれるUVAが最も強く皮膚癌に関係していると考えられているが，UVBも関与している可能性がある。
- 皮膚癌はさまざまな種類の皮膚細胞に発生する可能性があるが，基底細胞や扁平上皮細胞に発生するものが一般的で，致命的になることはほとんどない。一方，メラノサイト細胞に発生する皮膚癌（メラノーマ）は，より致命的なものになる。
- メラノーマは，15～39歳までの若年層で罹る癌の中で，3番目に多い癌である。

扁平上皮細胞は皮膚の外側の層である表皮にあり，常に新しい細胞が形成されながらはがれ落ちていく。一方，基底細胞は表皮の下部にあり，絶えず分裂して新しい細胞を形成し，やがて皮膚の表面の扁平上皮細胞に取って代わる。

紫外線を浴びることの危険性が認識されるようになったにも関わらず，皮膚癌の発生率は全ての国で上昇している。**図 3.15** は，アメリカにおける皮膚癌の推移を示したものである。皮膚癌は誰もが罹患する可能性があるが，白人に多く，白人男性の罹患率が最も高い。アメリカの全ての人種において新たにメラノーマと診断される割合は，過去 35 年間で 3 倍になっている。

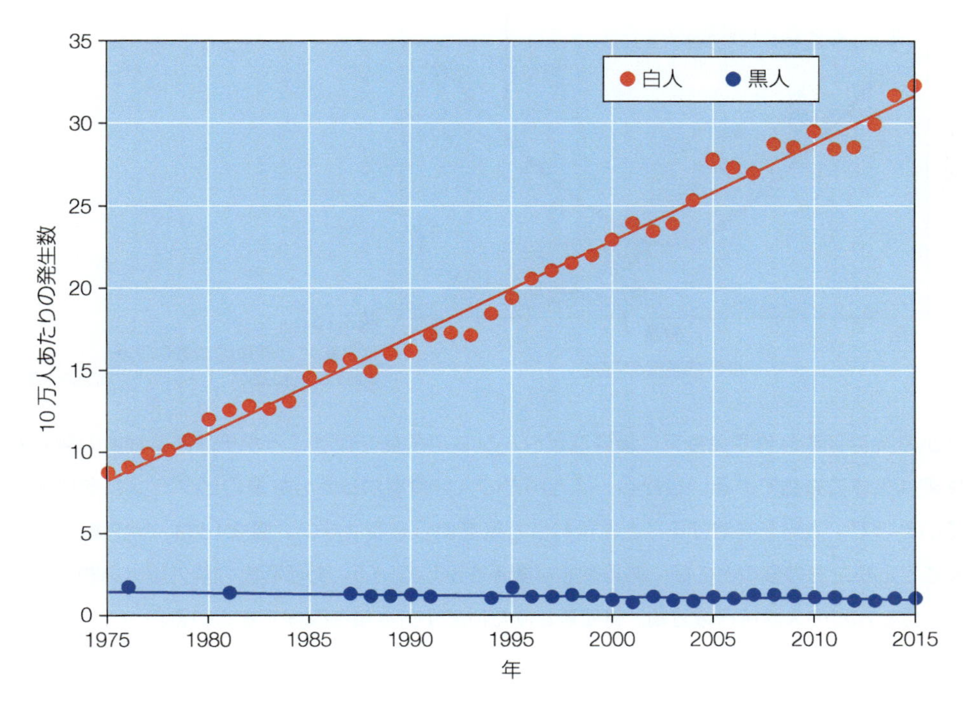

図3.15
アメリカ（1975 ～ 2015 年）における（全年齢の）黒色腫罹患率に対する人種の影響。これらのデータのインタラクティブ版は www.acs.org/cic 。
出典：アメリカ国立がん研究所，SEER Fast Stats，2018 年

資料室

アメリカ国立がん研究所のメラノーマ危険度評価ツールで，あなたの危険度をチェックしてみよう。

問 3.12　考察問題

メラノーマ

a. アメリカ国立がん研究所のメラノーマ危険度評価ツールを調べて，あなたの危険度を推定しなさい。信頼できる情報源を使い，あなたの国で過去 40 年間に発生したメラノーマ症例のデータを探して，診断率や死亡率を調べなさい。それらは同じ傾向を示しているだろうか。次に，他の癌を少なくとも三つ調べなさい。それらの癌の死亡率は上昇しているか，下降しているか，それとも同じか答えなさい。
b. 皮膚癌の罹患率が白人男性で最も高いのはなぜか答えなさい。
c. これまで読んできたことを踏まえて，読者は日光浴に関する現在の行動をどのように変えるべきだと思うか述べなさい。また，友人や親戚にどのようにアドバイスするか述べなさい。

現在，皮膚癌の発症リスクは，化学，物理，生物，地理，人間の心理が複雑に絡み合っていると考えられている。その要因には，高度や緯度，日差しが最も強いときにどれだけ身を守れ

遺伝学の詳細については，第13章を参照のこと。

るか，屋内日焼けマシンを使うかどうか，皮膚癌の早期発見のための公衆衛生キャンペーンにどれだけ対応できるかが含まれる。また，遺伝的な体質も変えることができない重要な要素である。

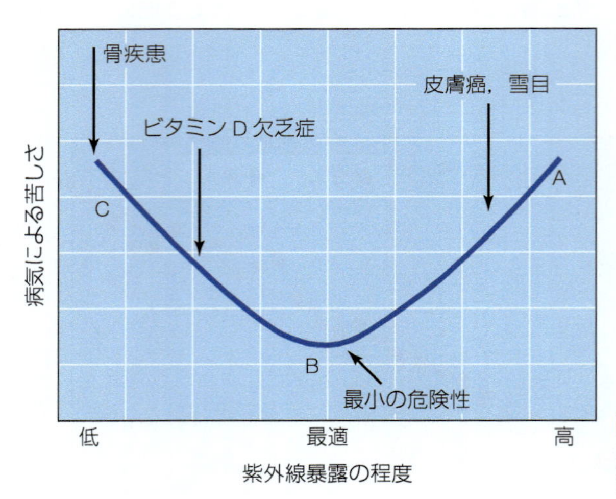

図3.16
紫外線浴と健康の微妙な関係。
出典：DOI: 10.5694/j.1326-5377.2002.tb04979.x

UVB光は健康な骨や免疫系に重要なビタミンDの生産を促すことから，ある程度の紫外線は実は人体に有益である。しかし，ほとんどの人は食事から十分な量のビタミンDを摂取しているので，太陽光を浴びることにそれほど気を使う必要はない。**図3.16**は，紫外線を浴びることと私たちの健康との間にある微妙な関係を示している。ある程度の紫外線は必要であるが，ほとんどの人は毎日数分間，外で過ごすだけで十分な量を確保できている。

問3.13　考察問題

日光浴

図3.16の曲線を調べてみよう。健康には必要だが，多量に摂取すると健康を害するものの例を，他に思いつくだろうか。

その日の紫外線量が危険なレベルかどうかを知るにはどうしたらいいだろうか。ほとんどの先進国では，コンピューターモデルを用いて，太陽からの紫外線を過剰に浴びることによる日焼けの危険性を予測する「UVインデックス予報」を提供している。ほとんどのモデルで考慮される重要な要素には，大気圏上層のオゾン濃度，標高，雲量が含まれる。1日のUVインデックス値は0（夜間）～15（極めて高いリスク）までの範囲で，解釈しやすいように色分けされており（**図3.17**），**表3.2**に示すように，これらの値には紫外線によるダメージから目や皮膚を守るためのアドバイスも添えられている。

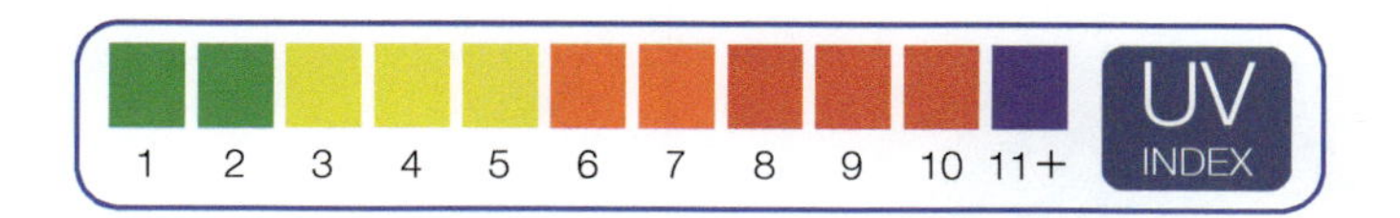

図3.17
紫外線の色指標（カラー UV インデックス）。

表 3.2　UV インデックスに基づいた忠告

分類	指標	有害な紫外線を浴びないための注意点
低い	0 ～ 2	日焼けしやすい人は，帽子をかぶり，日焼け止めを使う
並	3 ～ 5	日差しが強いときは日陰にいる
高い	6 ～ 7	帽子をかぶり，サングラスをかけ，日焼け止めを塗る。午前 10 時～午後 4 時までは露出を控える
非常に高い	8 ～ 10	砂，雪，水の上では，反射した紫外線で日焼けが増えるので，特に注意する。午前 10 時～午後 4 時までは紫外線を浴びないようにする
極めて高い	11 以上	日焼け対策は万全に。無防備な肌は数分で日焼けする。午前 10 時～午後 4 時までは日差しを避ける

問 3.14　考察問題

UV インデックス

多くの政府が，国内のさまざまな地域の UV インデックスを毎日発表している。
読者の国の UV インデックスを使って以下の問いに答えなさい。

a. 今日の UV インデックス値を 6 ヵ月前の平均値と比較してみて，大きな違いはあるだろうか。
b. 1 年で最も暑い時期の読者の国の地図を見てみよう。UV インデックスが最も高い地域と最も低い地域がどこで，それはなぜだろうか。

UV インデックスは皮膚へのダメージに焦点を当てているが，紫外線の生物への影響はこれだけではない。目も同様にダメージを受ける可能性があり，例えば，肌の色素濃度に関係なく，全ての人が紫外線により網膜に損傷を受ける。また，目の水晶体が濁る白内障は UVB 放射を過剰に浴びることによって発症する（**図 3.18**）。しかし，適切な服装と日焼け止めで肌へのダメージを軽減できるように，UVA と UVB を 99% 以上カットできるサングラスをかけることで，目を保護することが可能になる。

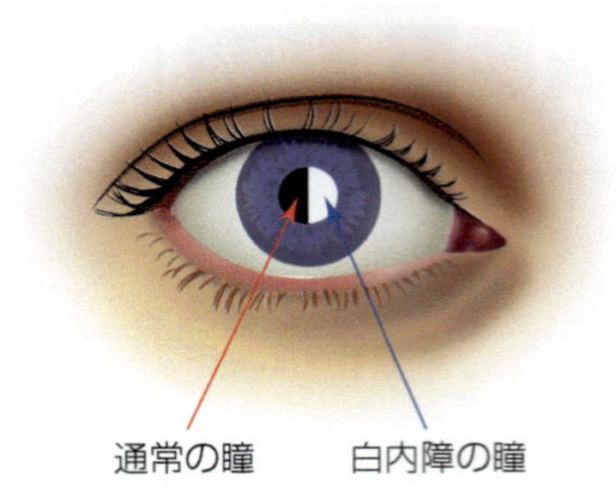

図3.18
紫外線による白内障の症状。

2018 年現在，ブラジルとオーストラリアでは屋内日焼けが禁止されており，ヨーロッパ 11 ヵ国では 18 歳未満の屋内日焼けが禁止されている。さらに，アメリカでは 44 の州とワシントン DC において，未成年者の屋内日焼けが規制されている。アメリカ疾病管理予防センター（CDC）も，太陽から地球に届く危険な波長と同じ UVA を主に使用しているという理由から，日焼けマシン，日焼けベッド，サンランプの使用は，特に若い人にとって危険であると警告している。CDC は，“日焼けをする” というコンセプトは，実は皮膚の損傷に対する反応であり，賢い行為とはいえないと指摘している。むしろ，太陽から肌を守ることが賢明である。

問 3.15　練習問題

日焼けマシン

読者の国では，日焼けマシンに関する法律はどうなっていて，過去 10 年間で，これらの規制はどのように変化したか説明しなさい。

3.6　自然環境を守る大気

地球の上空にある大気がなければ，太陽からの紫外線は地球に甚大な被害をもたらす。ここでは，太陽からの有害な紫外線から私たちを守ってくれている大気の働きを紹介しよう。特に私たちを紫外線から守ってくれているのはオゾン層と呼ばれている目には見えない層である。

問 3.16　練習問題

オゾン層

a. この本を読む前に，オゾン層について聞いたことがあっただろうか。知っていた場合，どのような状況で知ったのか答えなさい。
b. オゾン層はどこにあり，オゾン層を構成している分子は何か答えなさい。

問 3.16 で，読者のオゾン層に関する知識について考えてもらった。オゾンとは一体何なのか。大気中のこの部分について，もっと詳しく見てみよう。

火花を散らしている電気モーターの近くや激しい雷雨の中にいた人は，オゾンの臭いを嗅いだことがあるはずである。その特徴的な臭いを表現するのは難しく，塩素ガスに例える人もいれば，刈りたての草のような臭いと感じる人もいる。オゾンという名前は，ギリシャ語で「におい」を意味する言葉から来ている。

オゾン分子と酸素分子の違いは，原子１個の違いである（**図 3.19**）。後で述べるように，この構造の違いが，両者の化学的性質に大きな違いをもたらしている。違いの一つは，オゾンは酸素よりもはるかに反応性が高いということである。オゾンは，水中の微生物を殺したり，紙パルプや布地を漂白したりするのに使われる。一時期は，空気の脱臭剤としても提唱されたことがある。しかし，この脱臭剤としての利用法は，誰もその脱臭中の空気を吸わないようにしなければならない。一方，酸素は常に吸える（吸わなければならない）ので安全である。

酸素分子，O_2

オゾン分子，O_3

図3.19
酸素分子とオゾン分子の空間充填模型。

第２章で見たように，オゾンは自然界で生成されるものと人間活動の結果として生成されるものがある。しかし，オゾンは反応性が高いため，長時間残留することはあまりない。オゾンが自然界で新たに生成されることがなければ，化学実験室で珍しがられる以外，オゾンに出会うことはない。

オゾンは酸素から生成することができるが，この生成過程にはエネルギーが必要である。この過程を簡単な化学式でまとめると，次のようになる。

$$\text{エネルギー} + 3\,O_2 \longrightarrow 2\,O_3 \qquad [3.5]$$

反応式 3.5 は，火花や雷などの高いエネルギーを持つ放電の存在下で酸素からオゾンが生成されることを示している。

オゾンは，地表に最も近い領域である対流圏ではわずかしか存在しない（**図 3.20**）。ここでは，大気を構成する 10 億個の分子と原子に対して，通常 20 ～ 100 個のオゾン分子が存在するだけである。これは，1.7 節で紹介した単位である ppb を使うと 20 ～ 100 ppb に相当する。一方，地表から遠く離れた成層圏では，オゾンが太陽からの紫外線を遮っている。成層圏でのオゾンの濃度は対流圏に比べると数桁高くなるが，それでも非常に低いままである。この成層圏での大気を構成するガスの分子や原子 10 億個に対して，オゾン分子は約 12,000 個存在している。

地球上のオゾンの大部分（全体の約 90%）は，成層圏に存在する。オゾン層という用語は，成層圏の中でオゾン濃度が最大となる特定の領域を指している。**図 3.21** には，対流圏と成層圏のオゾン濃度の相対値を示している。

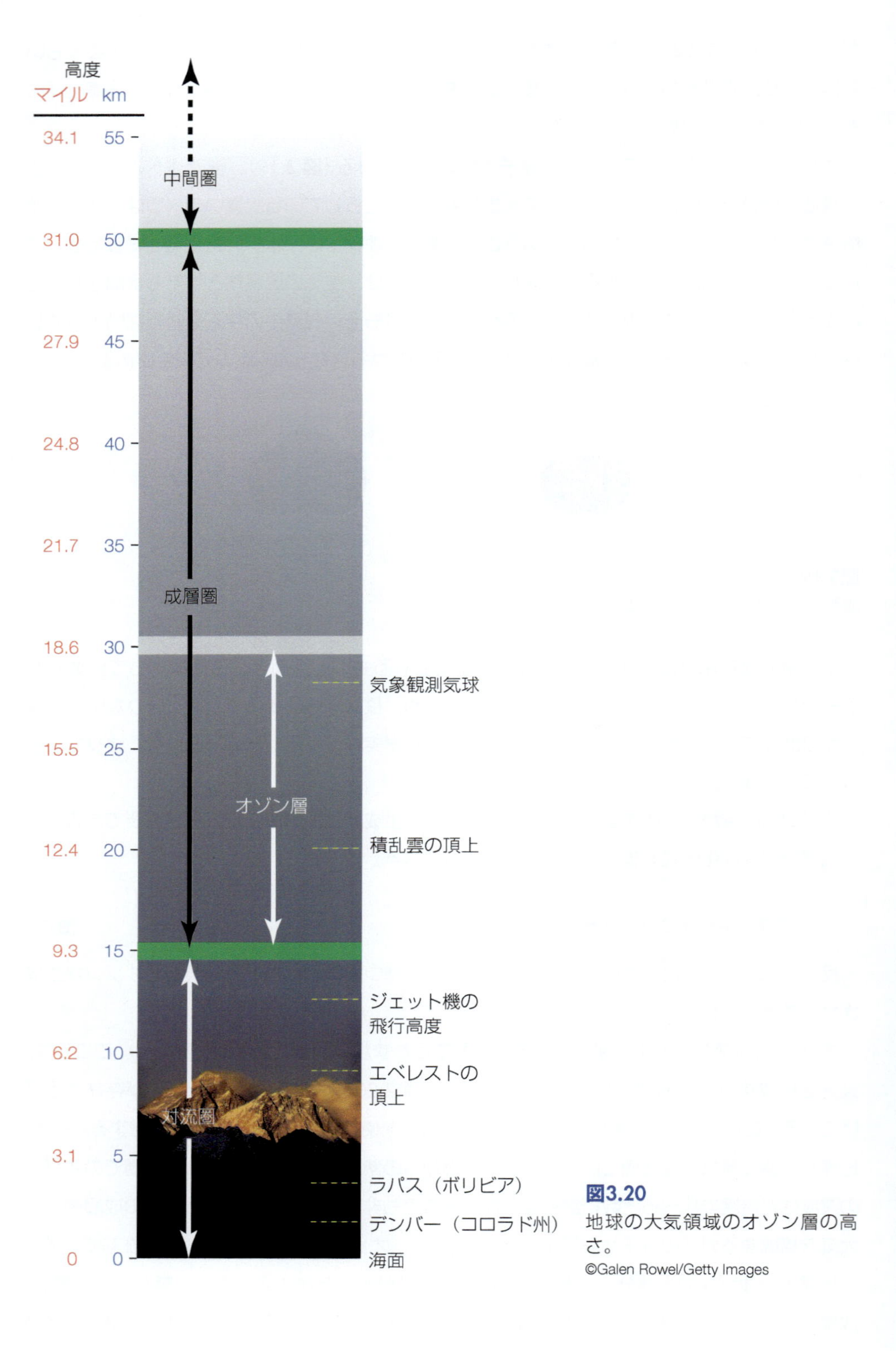

図3.20
地球の大気領域のオゾン層の高さ。
©Galen Rowel/Getty Images

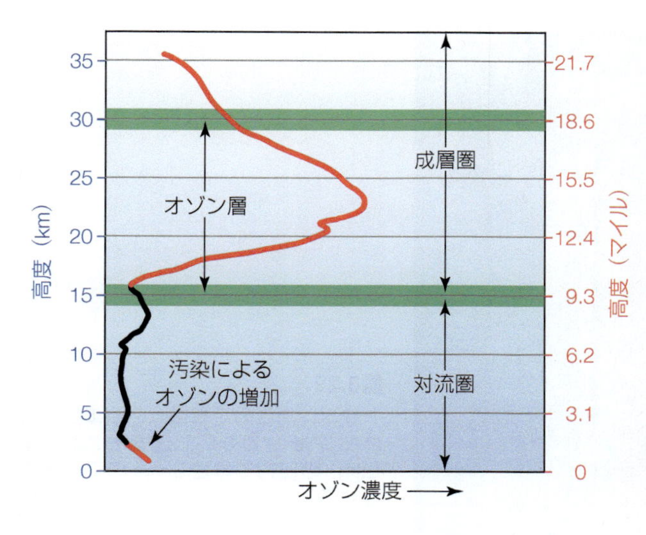

図3.21
成層圏と対流圏における相対的なオゾン濃度。

問 3.17　考察問題

オゾン濃度

図 3.21 と本文中の数値を使って，以下の問いに答えなさい。

a. オゾン濃度が最大になるおおよその高度を答えなさい。

b. 成層圏のオゾン濃度を ppm と ppb の単位で表しなさい。

c. 8 時間平均で EPA の規制値を満たす対流圏のオゾン濃度を ppm と ppb で答えなさい。

“オゾン層” という名前は誤解を招きやすい。オゾン層は成層圏の中の幅広い高度に広がっており，厚くてふわふわしたオゾンの毛布が存在するわけではない。オゾン濃度が最大となる高度では，大気は非常に薄いため，オゾンの総量は驚くほど少なくなる。もし，大気中の全てのオゾンを分離して，地表の平均的な圧力と温度（1.0 気圧，15℃）に近づけると，できるガスの層の厚さは 0.5 cm 未満，または約 0.2 インチとなる。これは微々たる量である。しかし，このオゾン層が，地球とそこに住む人々を紫外線の害から守っている。

補 足
圧力の一般的な単位は大気圧（atm）である。海面での通常の大気圧は 1.0 気圧である。標高が気圧に及ぼす影響については，10.5 節で述べる。

3.7　分子を数える：オゾンの濃度の測定方法

オックスフォード大学の科学者，ゴードン・ドブソン（1889 〜 1975）は，大気中のオゾン濃度を定量的に測定する装置を開発した。この装置は，体積が分かっている垂直な空気の柱に含まれるオゾンの総量を見積もるものである（**図 3.22**）。測定自体は，検出器に到達する紫外線の量を測定しているので地表で行うことができる。そして，紫外線の強度が低いほど，柱の中に含まれるオゾンの量は多くなる。従って，このような測定の単位に彼の名前が付けられ，ドブソン単位（DU）と呼ばれているのは，まさにぴったりである。

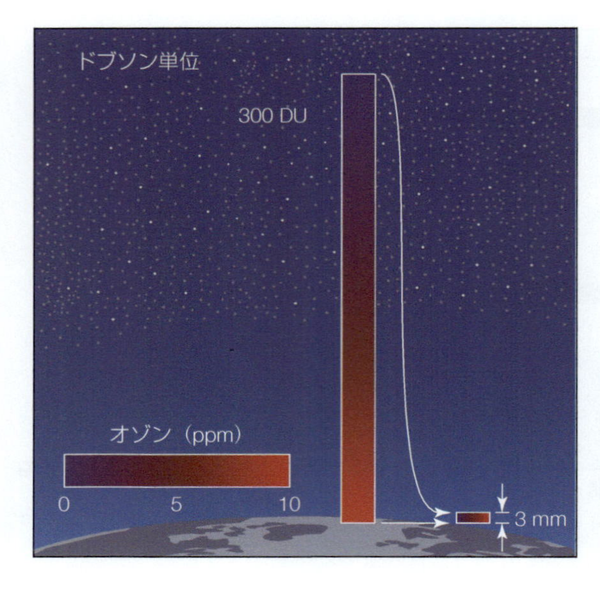

図3.22
ドブソン単位の定義図。あるエリアのオゾンを全て0℃で圧縮し，1気圧（atm）の圧力で厚さ3 mmの平板を形成すると，300ドブソン（DU）と定義される。つまり，厚さ5 mmの平板を作れば，オゾン濃度は500 DUとなる。

問 3.18　練習問題

今年のオゾンホール

市民も科学者も南極上空のオゾンホールのデータをNASAのウェブサイトで調べることができる。今年はどうなっているのか。

a. 今年のオゾンホールの面積は，ここ数年と比較してどのように変化したか，していないか答えなさい。
b. これまでに観測されたオゾンの最低値を答えなさい。その値は今年のものと比較してどのように違うか答えなさい。

科学者たちは，地上観測，気象観測気球，高空飛行の航空機を使ってオゾンレベルを測定し，評価し続けている。しかし，1970年代以降，大気圏上層部からのオゾンの測定も行われるようになった。衛星に搭載された検出器により，上層大気によって散乱された紫外線の強度を記録し，それをオゾンの量と関連付けて考えることができる。

オゾンを観測するための新たな方法が，スペースシャトル「コロンビア号」で試された。その方法では人工衛星から地球の真下を見るのではなく，シャトルに搭載された装置で，対流圏の高密度領域の上に立ち昇る薄い青いモヤを横から見た（**図3.23**）。この領域は地球の「辺縁」と呼ばれ，この新しい手法は「辺縁観測」と呼ばれている。この方法により大気の各層で信頼性の高い情報が得られるため，成層圏の低層部で起こっている化学反応について，より深く理解することができるようになった。

図3.23
スペースシャトル・コロンビア号から撮影された地球の写真。地球の下層大気と上層大気のさまざまな領域が，地表の上に目に見えるモヤとして写っている。
出典：地球科学・画像解析研究所／ジョンソン宇宙センター／NASA

3.8　紫外線でオゾンが分解される仕組み

オゾンが有害な太陽光から私たちを保護する仕組みを理解するには，まずは太陽光によって物質に引き起こされる反応を理解する必要がある。そのためには，分子内の原子同士の結合を考慮した分子模型を考える必要がある。

まず，最も簡単な分子である水素（H_2）から見てみることにする。第 1 章で見たように，水素原子はそれぞれ 1 個の電子を持っており，二つの水素原子が結合すると二つの電子は両方の原子で共有されるようになる。それぞれの電子を点で表すと，二つに分かれた水素原子は次のような形になる。

H•および•H

二つの原子を合わせてできる分子は，以下のように書ける。

H:H

各原子は実質的に 2 個の電子を共有している。そのため，得られる H_2 分子は 2 個別々の水素原子のエネルギーの合計よりも低いエネルギーを持つようになり，より安定となる。このように 2 個の電子を共有してできる結合を共有結合と呼ぶ。共有結合という名前には，「強さを共有する」という意味が込められている。原子の原子核は正に帯電しており，電子は負に帯電していることから，共有結合は一方の原子の原子核が他方の原子の電子に引き寄せられることを意味する。

ルイス構造はドット構造とも呼ばれ，多くの非イオン性の化合物や分子を簡単な手順で書くことができる。ここではまず，もう一つの単純な分子化合物であるフッ化水素（HF）を用いて，その手順を説明する。

1. 各原子が外側に持つ電子の数に注目する。図 3.10 のボーア模型で示したように，電子は原子核からの距離が異なるさまざまな殻と呼ばれる軌道を占めている。共有結合に関与するのは，価電子と呼ばれる一番外側の殻にある電子だけである。周期表（図 1.3 参照）の列番号は，価電子の数を表しており，2 族元素は価電子が 2 個，15 族元素は価電子が 5 個である。従って，HF の場合，

   水素原子 1 個×価電子（原子 1 個あたり）1 個＝価電子 1 個

フッ素原子 1 個×価電子（原子 7 個あたり）1 個＝価電子 7 個

2. 個々の原子の価電子数を足し合わせて全価電子の数を計算する。

全価電子数　1　＋　7　＝　8 個

3. 価電子を 2 個ずつ 1 組のペアにして，各原子の最外殻が満杯になるように電子のペアを振り分けていく。水素の場合は電子が 2 個，他のほとんどの原子では電子は 8 個である。

H:F̤̈:

フッ素原子を 8 個の点で囲むことで，四つのペアが構成されることが分かる。H 原子と F 原子の間の点の組みは，水素原子とフッ素原子が結合していることを表していて，残りの三つのペアは他の原子と共有されないので，非結合電子，または孤立電子対と呼ばれる。

2 個の電子（1 個のペア）が 2 個の原子の間で共有されると，一つの共有結合が形成される。結合に関与する 2 個の電子を表すには，通常，線が使用される。

H—F̤̈:

ルイス構造では孤立電子対を書かないこともあり，さらに単純化される。こうして得られたものは構造式と呼ばれ，分子内の原子がどのように結合しているかを表している。

H—F

ルイス構造における 1 本の線は，1 組の共有電子を表していることを述べた。この 2 個の電子と 3 個の孤立電子対（6 個の電子）により，フッ素原子は，電子が明示的に示されているかどうかに関わらず，8 個の価電子を持つことになる。しかし，水素原子はフッ素原子と共有する 1 個のペアの電子以外，余計な電子を持っていない。水素原子の方は 2 個の電子で満杯になっている。多くの分子において，水素を除く全ての原子が 8 個の電子を共有するように電子が配置されていることから，オクテット則（八偶子則）と呼ばれている。

周期表の 2 列目以降の元素は，8 個以上の電子が取り囲んでいることがある。ベリリウムと 13 族の元素の通常電子数は 8 個未満である。

別の例として，塩素の 2 原子分子である Cl_2 分子を考えてみる。周期表から，塩素はフッ素と同じく 17 族であり，原子はそれぞれ 7 個の価電子を持っていることが分かる。先ほどの HF と同じように，Cl_2 の価電子を数えて足し算をする。

塩素原子 2 個×価電子（原子 1 個あたり）7 個＝価電子 14 個

Cl_2 分子が存在するためには，二つの原子を結合でつなぐ必要がある。残りの 12 個の電子は 6 個の孤立電子対を構成し，各塩素原子に 8 個の電子（結合電子 2 個と孤立電子対 3 個）を与えるように分布する。これが Cl_2 分子のルイス構造である。

:C̤̈l—C̤̈l:

問 3.19　展開問題

2 原子分子のルイス構造

以下の分子のルイス構造を書きなさい。

a. HBr

b. Br_2

ここまでは，原子が 2 個しかない分子だけを扱ってきたが，オクテット則はもっと大きな分子にも適用が可能である。水（H_2O）を例にとって考えてみよう。原子 2 個の分子の場合と同じように，まず価電子を数え上げる。

水素原子 2 個×価電子（原子 1 個あたり）1 個＝価電子 2 個

酸素原子 1 個×価電子（原子 1 個あたり）6 個＝価電子 6 個

合計＝価電子 8 個

水のように，一つの原子が二つ以上の異なる元素の原子と結合している分子では，通常，その一つの原子が中心になる。H_2O では酸素が“1 原子”であるため，ルイス構造の中心に配置する。H 原子はそれぞれ 2 個の電子を使用して O 原子に結合し，残りの 4 個の電子は，2 個の孤立電子対として O 原子に配置される。

補足

ルイス構造に基づいて分子の形状を予測する方法ついては 4.7 節で説明する。

出来上がったルイス構造の価電子を数えてみると，O 原子は 8 個の電子に囲まれているので，オクテット則を満たしていることが確認できる。また，単結合には線を使うこともできる。

H — O — H

化学式は，化合物中に存在する原子の種類と比率を教えてくれる。これに対して，ルイス構造は原子がどのように結合しているかを示し，孤立電子対がある場合はその存在をも教えてくれる。ただし，ルイス構造は分子の形状までを教えてくれるものではない。例えば，水のルイス構造からは，水分子は直線的な構造をしているように見える。しかし，実際には水分子は曲がっており，このことが水分子の性質に大きな影響を及ぼしている。

メタンは天然ガスの主成分で，家庭の暖房や一部の市バスの燃料に使われている。

もう一つ別の分子として，メタン（CH_4）について考えてみよう。ここでも，まずは価電子を集計することから始めよう。

水素原子 4 個×価電子（原子 1 個あたり）1 個＝価電子 4 個

炭素原子（C）1 個×価電子（原子 1 個あたり）4 個＝価電子 4 個

合計＝価電子 8 個

中央の炭素原子（C）は 8 個の電子に囲まれており，炭素は 8 重の電子を持つことになる。ルイス構造では，各 H 原子が電子のうち 2 個を使って C 原子と結合し，合計 4 個の共有単結合を形成している。

```
    H                     H
   ..                     |
H :C: H   もしくは   H — C — H
   ..                     |
    H                     H
```

H 原子は 1 対の電子しか持てないことを念頭に置いて，次の問題で他の分子について考えてみよう。

問 3.20　展開問題

いくつかのルイス構造について

以下の分子のルイス構造を書きなさい。

a. 硫化水素（H_2S）

b. ジクロロフルオロメタン（CCl_2F_2）

構造によっては，一つの共有単結合だけでは原子がオクテット則に従えないものがある。例えば，O_2 分子を考えてみよう。この場合，酸素原子からそれぞれ 6 個ずつ，合計 12 個の価電子を分配しなければならない。下図のように，1 組の電子を共有するだけでは，両原子でオクテット則を満たすだけの電子がない。

```
 .. ..
:O:O:
 ..
```

しかし，孤立電子対が二つの原子で共有されるようになれば，全ての原子でオクテット則を満たすことができるようになる。

```
 .. ..
:O:O:
 ..
```

共有電子の二つのペアからなる共有結合は二重結合と呼ばれ，同じ原子間の単結合より短く，強く，断ち切るのに多くのエネルギーを必要とする。二重結合は四つの点，または 2 本の線で表される。

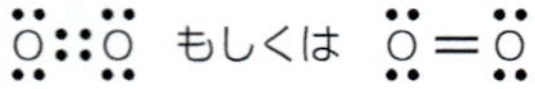

```
..   ..              ..   ..
O :: O   もしくは   O == O
..   ..              ..   ..
```

三重結合は，3 組の共有電子対で構成される共有結合である。同じ原子であれば，三重結合は二重結合よりもさらに短く，強く，壊れにくい。電子はマイナスに，原子核はプラスに帯電しているので，電子は原子核をまとめる“接着剤”と考えても良い。二つの原子の間で共有さ

資料室

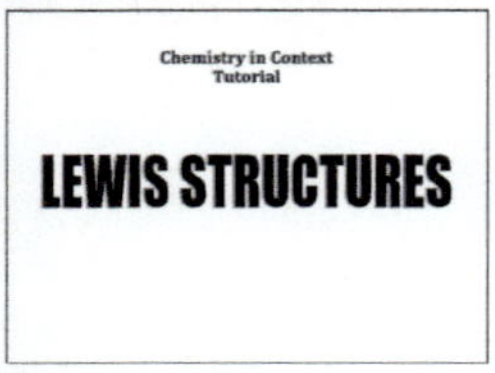

Chemistry in Context Tutorial

LEWIS STRUCTURES

©Bradley D. Fahlman

ルイス構造の描き方については，www.acs.org/cic の動画を見てみよう。

れる電子の数が多ければ多いほど，“接着剤”の量は増え，二つの原子の結合はより強固になる。

三重結合の例として，窒素分子（N_2）を考えてみよう。窒素原子（15 族）はそれぞれ 5 個の価電子を持ち，合計 10 個となる。この 10 個の電子のうち 6 個（3 対）を二つの原子の間で共有し，4 個を残して窒素原子に一つずつ孤立電子対を形成すれば，オクテット則に従って分配することができる。

:N⋮⋮N:　もしくは　:N≡N:

オゾン分子は，もう一つの構造的特徴を導入することが必要になる。再び，価電子の集計から始めると，3 個の酸素原子はそれぞれ 6 個の価電子を持ち，合計 18 個の価電子を持つことになる。しかし，この 18 個の電子は 2 通りの配置が可能であり，それぞれの配置において全ての酸素原子がオクテット則を満たすことができる。

:Ö::Ö:Ö:　　:Ö:Ö::Ö:

a　　　　b

構造 a と b では，どちらもこの分子が単結合と二重結合を一つずつ持っていて，構造 a では二重結合は中心原子の左側に，構造 b では右側に描かれている。しかし，実験により，O_3 分子の二つの結合は長さも強さも単結合と二重結合の中間で，その特徴に差がないことが分かっている。a と b の構造は共鳴構造と呼ばれ，電子配置の極端な場合を仮想的に表現したものである。例えば，実際のオゾン分子の電子配置では a と b の共鳴構造のどちらも取り得ない。実際の構造は，a と b の二つの共鳴構造を混ぜ合わせた構造である。この共鳴と呼ばれる現象を表す場合は，二つの共鳴構造を両矢印で表す。

Ö=Ö−Ö: ⟷ :Ö−Ö=Ö

問 3.21　展開問題

多重結合のルイス構造

以下の化合物のルイス構造を書きなさい。必要に応じて共鳴構造を示しなさい。

a. 一酸化炭素（CO）
b. 二酸化硫黄（SO_2）
c. 三酸化硫黄（SO_3）

水のように，O_3 分子が単純なルイス構造が示すような直線構造をしている保証はない。ルイス構造は，何が何とつながっているかを示しているに過ぎず，必ずしも分子の形を示しているわけではないことを忘れてはならない。実際に，O_3 分子は下図のように曲がった構造をしている。

資料室

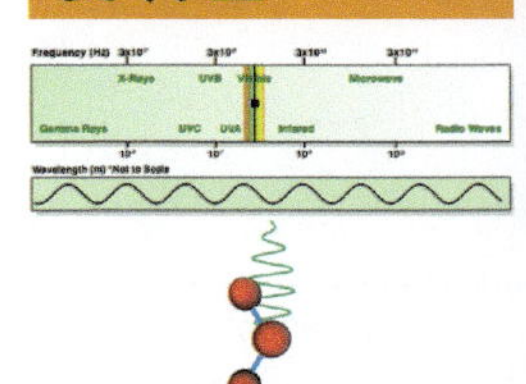

電磁波がオゾン分子とどのように相互作用するか，www.acs.org/cic のシミュレーションを見てみよう。

例として，ナイアガラの滝の水位を考えてみよう。何百万ガロンもの水が絶え間なく崖の上から流れ落ちているが，上流の安定した水流が絶えず滝に水を補給しているため，水位は一定している。

分子形状の予測については次の章で述べるが，この時点では O_2 分子や O_3 分子内での結合が太陽光との相互作用にどのように関係しているかを知るだけで十分である。では，酸素–オゾン保護膜がどのようにできるかを見てみよう。

先に，紫外線が酸素やオゾンとどのように反応するかを説明した。ここでは，反応を引き起こすきっかけとなる光子だけでなく，酸素やオゾンのルイス構造と幾何学的構造を考慮に入れて，対応する反応の様子を示した。

$$:\ddot{O}=\ddot{O}: \xrightarrow[\lambda < 242\ \mathrm{nm}]{\text{紫外線の光子}} :\ddot{O}: + :\ddot{O}: \qquad [3.6]$$

$$O_3\ (\ddot{O}=\ddot{O}-\ddot{O}:) \xrightarrow[\lambda < 320\ \mathrm{nm}]{\text{紫外線の光子}} :\ddot{O}=\ddot{O}: + :\ddot{O}: \qquad [3.7]$$

3.6 式と 3.7 式は，成層圏で起こる重要な化学反応を表している。この二つの式から，酸素の二重結合（O=O）を切断するのに必要なエネルギーは，オゾンの単結合（O-O）を切断するのに必要なエネルギーよりも高い（つまり，より短い波長の放射線を必要とする）ことが分かる。

成層圏では，毎日 3 億 t（3×10^8 t）のオゾンの生成と分解が進んでいる。これは，新しい物質が作られたり分解されたりしているわけではなく，単に化学的な構造の変化が繰り返されているだけである。その結果，この自然循環の中で，オゾンの全体的な濃度は一定に保たれている。このプロセスは定常状態の一例であり，動的なシステムが一定のバランスを保ち，関係する主要な分子種の濃度に正味の変化がない状態である。定常状態は，多くの化学反応（通常は競合する反応）が互いにバランスを取って，見かけ上は変化のない状態である。成層圏のオゾンは，循環的な定常状態反応によって常に生成・分解されている。次の節では，この定常状態を乱すものがあるとどうなるか，その結果，私たちを守る成層圏のオゾンの破壊につながるかを考えていくことにする。

問 3.22　考察問題

オゾン層

もしもオゾンが大気中でかき回されずに放置された場合，大気中のオゾン濃度は地球上で常に均一に分布するか，あるいは不均一になるか。また，そのように考える理由は何か。この節で調べた反応と分子に基づいて考えなさい。

3.9　オゾン層は大丈夫なのか

オゾン濃度の測定に関して，最も長い期間の連続した測定記録を持っているのはスイスである。

1926 年以来，成層圏のオゾン濃度はスイス気象研究所で毎日測定されてきた。これらの測定結果から，成層圏のオゾンの自然濃度は地球上で一様でないことが明らかになった。

平均すると，成層圏のオゾン濃度の総和は，どちらかの極に近づくにつれて増加する。これまでに，紫外線が酸素やオゾンの生成と破壊にどのような影響を与えるかについて述べてきた。オゾンの生成は成層圏での放射線の強さに比例して増加し，その強さは太陽に対する地球の角度（地軸の角度）や太陽と地球の距離に依存する（**図 3.24**）。赤道上では，太陽が真上にある春分・秋分の時期（3 月と 10 月）に最も強度が高くなる。熱帯地域以外では太陽が真上に来ることはないため，夏至（北半球では 6 月，南半球では 12 月）に最も放射線が強くなる。太陽に対する地軸の角度は，オゾンの生成と季節の両方を支配している。地球が太陽に最も近づく 1 月上旬には，地球が最も離れる 7 月に比べて，地球に届く太陽光がわずかに（約 7%）増加する。また，成層圏に吹く風の具合によって，オゾン濃度が季節ごとに変化したり，より長い周期で変化したりする。

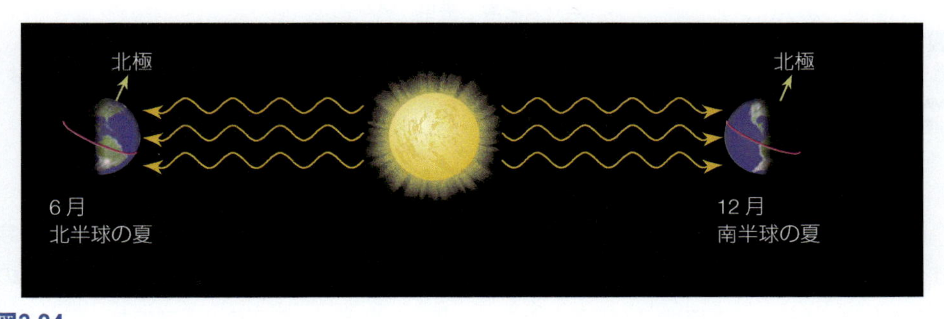

図3.24
地軸の傾きと太陽光強度の季節変化の関係。

成層圏におけるオゾンの濃度分布を分かりやすくするために，**図 3.25** に地球を色分けして示した。濃い青色と紫色の領域は，オゾン濃度が最も低い場所であることを示す。赤道付近ではオゾン濃度はおおよそ 250 〜 270 DU の値であり，赤道から離れると，季節変動はあるが 300 〜 350 DU の範囲にある。最高北緯では，400 DU にもなることがある。

問 3.23　練習問題

オゾンホール

NASA の Ozone Hole Watch のウェブサイトにアクセスし，“Ozone Map” タブをクリックしてオゾンマップを見てみよう。

a. 地球の地図はどのような向きになっているか。また，なぜこの向きが選ばれたのか。
b. 地図の下にあるカラーキーを使って，南極上空のオゾンレベルが現在健康なレベルであるかどうかを判断してみよう。
c. 前の月のリンクを使って 1 年分の地図を見て，オゾンホールが出現するのは何月か調べなさい。
d. サイトで，1979 年から現在までの，上記 c で特定した月の南極上空のオゾンホールを示す動画を探し，観察された傾向について説明しなさい。

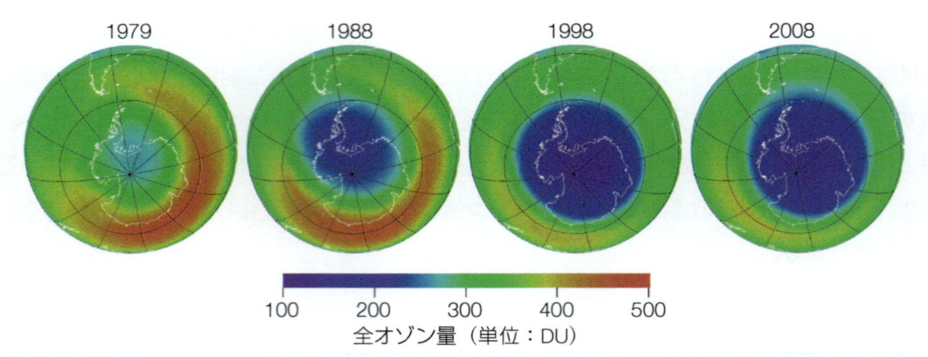

図3.25
過去 30 年間の南極大陸のオゾン濃度とオゾンホールの様子。オゾンホール濃度のアニメーションは，www.acs.org/cic を参照。
出典：NASA Ozone Watch

問 3.23 で見たように，南極上空で季節的に発生するオゾンの減少（オゾンホール）には懸念すべき理由がある（図3.25）。1985 年，南極のハレー湾にいるイギリスの観測隊が初めてこの現象を観測したとき，観測機器が故障したのかと思ったほど，この現象は顕著であった。オゾンレベルが 220 DU 以下と報告された地域は，通常“ホール（穴）”と見なされる。1990 年代半ばから，毎年のオゾンホールの大きさは北アメリカ大陸の総面積と同程度になり，場合によってはそれを超えることもあった。

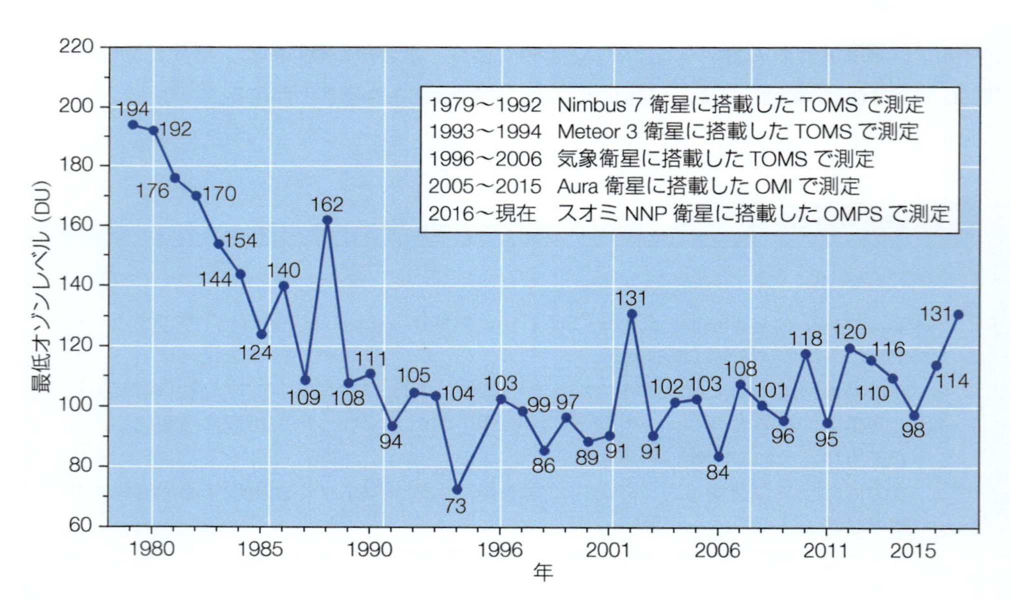

図3.26
1979 〜 2017 年までの春季に観測された南極上空の成層圏オゾン濃度の最低値。2002 年の値が高いのは，極地と中緯度の空気を隔離する渦が早期に崩壊したことによる。1995 年のデータは取得されていない。
出典：NASA Ozone Watch

南極付近で観測される成層圏オゾン濃度の劇的減少の様子が**図 3.26** に示してある。近年では，その減少量は最低でも 100 DU 程度である。定期的な季節変動により南極上空のオゾン濃度が９月下旬～10月上旬の南極の春季に最小となることを考慮しても，ここ数十年でこの極小値が著しく減少していることは，驚くべきことである。

問 3.24　練習問題

オゾンホール

図 3.26 に示されたデータの傾向はどのように説明されるだろうか。観察したパターンに基づいて，2018～2022 年のデータについて何が予測されるか，そして読者の予測はどのように検証され，あるいは否定されるか考えてみよう。

オゾン層破壊の主な原因は，これから説明する水蒸気とその分解生成物が関与する一連の反応である。海や湖から蒸発した水分子の大部分は雨や雪として地表に降り注ぐが，ごく一部の分子は，水分子濃度が約５ppm の成層圏に到達する。この高度では，紫外線が水分子を水素（H•）と水酸基（•OH）に分解し，フリーラジカルと呼ばれる物質を発生させる。フリーラジカルとは先に述べたように反応性の高い化学物質であり，不対電子を１個以上持つ分子である。不対電子は一つのドットで示されることが多い。

補足　フリーラジカルについては 2.13 節を参照。

$$H_2O \xrightarrow{\text{光子}} H\bullet + \bullet OH$$

フリーラジカルは不対電子を持つため，高い反応性を有する。従って，H• および •OH ラジカルは，最終的に O_3 を O_2 へ変換する反応を含めた多くの反応に関与している。これが，高度 50 km 以上における最も効率的なオゾン破壊のメカニズムである。

オゾン層破壊の原因物質は，水分子とその分解生成物だけでなく，一酸化窒素と呼ばれるフリーラジカル •NO も原因物質である。成層圏に存在する •NO のほとんどは天然起源である。一酸化二窒素 N_2O は，土壌や海洋で微生物によって生成される自然由来の化合物である。この N_2O は，自然の気流によって対流圏から成層圏へと徐々に上昇し，そこで酸素原子と反応して •NO が生成される。このプロセスを制御することはほとんどできないし，それをすべきでもない。これは窒素化合物を含む自然循環の一部である。しかし，これから見ていくように，人間の活動もオゾン破壊に大きな影響を与えている。

問 3.25　練習問題

フリーラジカル

ヒドロキシルフリーラジカルとメタン分子（CH_4）の反応を考える。この反応では，以下に示す３段階のプロセスが大気上層で進行する。これらの反応式をルイス構造を用いて書き換えて，ステップ全体を通して発生する全てのフリーラジカルを見出しなさい。

$$OH + CH_4 \longrightarrow H_2O + CH_3$$
$$CH_3 + O_2 \longrightarrow OOCH_3$$
$$OOCH_3 + NO \longrightarrow OCH_3 + NO_2$$

ヒント：全ての結合には偶数個の電子が含まれる。

問 3.26　考察問題

大気中のフリーラジカル

第 2 章と第 3 章で得た知識を基に，フリーラジカルが大気中に存在することは，大気の果たす役割にとって有益であると思うか，有害であると思うかを理由も含めて説明しなさい。

3.10　化学は有益か有害か：オゾン層の破壊における人間の役割

成層圏モデルに水や窒素酸化物など自然界に存在する化合物の影響を含めても，オゾン濃度の測定値は予測値より低くなっている。世界中の測定結果から，オゾン濃度は過去 40 年間減少し続けている。データにはかなりの変動があるが，減少傾向は明らかである。中緯度（南緯 60 度から北緯 60 度）の成層圏のオゾン濃度は，8%以上減少している場合もある。このような変化は，日射強度の変化と相関がないため，別のところに原因を求めなければならない。そこで，かつてエアゾールスプレー缶やエアコンに含まれていた化学物質が注目された。

ローランドとモリーナそして クルッツェンは，彼らの研究成果によりノーベル化学賞を受賞した。

成層圏のオゾン層破壊は，F・シャーウッド・ローランド（1927 ～ 2012），マリオ・モリーナ（1943 年生），パウル・クルッツェン（1933 年生）の 3 人の科学者の卓越した調査・研究によって，人為的に引き起こされたことが明らかにされた。彼らは膨大な量の大気データを分析し，何百という化学反応を検討した。科学的な調査･研究には不確定要素がつきものであるが，それにも関わらず彼らはクロロフルオロカーボンという突飛な化合物群の存在を突き止めた。

クロロフルオロカーボン（chlorofluorocarbons：CFCs）とは，その名の通り，塩素とフッ素と炭素だけから成る化合物である。フッ素と塩素は 17 族ハロゲンに属する。元素の状態では，ほとんどのハロゲンは 2 原子分子であるが，フッ素と塩素だけは気体である。フッ素は非常に反応性が高く，ガラスの容器に収めることすらできない。これに対し，フロン分子（CFC）は非常に反応性が低い。手始めに，二つの例を調べてみよう。

CCl_3F
トリクロロフルオロメタン
フロン -11

CCl_2F_2
ジクロロジフルオロメタン
フロン -12

化合物の名前を見てみると，フロン（CFCs）とメタン（CH_4）の関係が分かる。接頭語のジ（di-）とトリ（tri-）は，メタンの水素原子の代わりになる塩素原子とフッ素原子の数を示している。この二つのフロンは，商品名「フロン -11」「フロン -12」として知られている。1930 年代にデュポン社の化学者が考案した命名法に従って，それぞれ CFC-11，CFC-12 と呼ばれることもある。

フロン類は天然には存在せず，人間が合成してさまざまな用途に使用されている。このことは，成層圏のオゾン層破壊におけるフロンの役割を巡る議論において，重要な検証のポイントとなる。前回見たように，オゾン破壊の他の要因である •OH や •NO のフリーラジカルは，自然界と人間活動の両方から大気中で生成される。

1930 年代に CCl_2F_2 が冷却器の冷媒ガスとして導入されたことは，化学の偉大な勝利であり，消費者の安全性において重要な前進であると賞賛された。アンモニア（NH_3）や二酸化硫黄（SO_2）といった，毒性・腐食性のある冷媒ガスに取って代わったのである。CCl_2F_2 は，多くの点で理想的な代替物であった（現在もそうである）。無毒，無臭，無色，そして燃えない。実際，CCl_2F_2 の分子は非常に安定しており，何ものとも反応しないのだ。

毒性のない CFC は，すぐに他の用途に使われるようになった。例えば，CCl_3F は，クッションや発泡断熱材の発泡材としてよく吹き込まれた。また，エアゾール缶の高圧ガスや油脂類の無害な溶剤としても使われた。

良くも悪くも，フロンの合成は私たちの生活に大きな影響を及ぼしている。無毒で，燃えにくく，安価で，用途の多いこの化合物は，空調に革命を起こし，家庭やオフィスビルや店舗，そして学校や自動車などで容易に利用できるようになった。1960 年代初頭～ 1970 年代にかけて，フロンは世界の高温多湿な地域の都市の成長に拍車をかけた。つまり，フロンガスによって人口動態が大きく変化し，地域経済やビジネスの可能性が大きく変わったのである。

しかし，皮肉なことに，フロンは化学的に不活性であるため，多くの用途に適しているにも関わらず，大気中に悪影響を及ぼす結果となった。フロンの C-Cl と C-F の結合は非常に強力で，分子は分解不可能である。例えば，CCl_2F_2 分子は最終的に分解されるまでに 120 年間は大気中に存在し続けると推定されている。一方，大気中の風の流れによって成層圏まで分子が運ばれるのは 5 年程度で，まさにフロンガスの一部が成層圏に到達している。

成層圏でフロン分子はどうなるであろうか。高度が高くなると，酸素とオゾンの濃度は低下するが，紫外線は強くなる。高エネルギーの UVC 放射は，C-Cl の結合を切断することができる。ここでジクロロジフルオロメタンから塩素原子を放出する化学反応は以下の通りである。

$$CF_2Cl_2 \xrightarrow[\lambda < 220\ \mathrm{nm}]{\text{紫外線の光子}} \cdot CF_2Cl + \cdot Cl$$

この反応では実際には 2 種類のフリーラジカルが生成される。何段階かの反応を経て，塩素ラジカルはオゾンと反応し，酸素ガスを生成する。先の 3.5 式でオゾンを酸素に分解するためにはエネルギーが必要であると述べたが，この場合では不安定な塩素ラジカルが実質的にそのエネルギーを提供している。

$$Cl\bullet + O_3 \longrightarrow ClO\bullet + O_2 \qquad [3.8]$$

$$ClO\bullet + O \longrightarrow Cl\bullet + O_2 \qquad [3.9]$$

このようなオゾンと原子状塩素との複雑な反応が，オゾンの分解に結び付いている。では次にこのような経路について考えていくことにする。

資料室

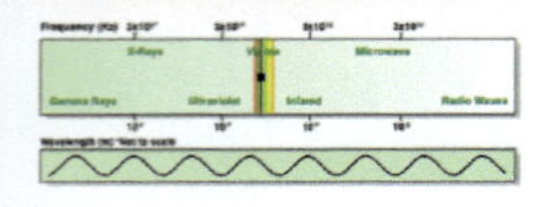

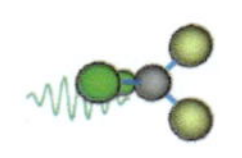

www.acs.org/cic のシミュレーションで，電磁波がフロン分子に与える影響について確認しなさい。

問 3.27　練習問題

オゾン濃度

図 3.27 のグラフに基づいて，成層圏におけるオゾンと塩素の濃度との関係について何がいえるか考えてみよう。3.8 式と 3.9 式は，図に示された傾向をどのように説明できるか。

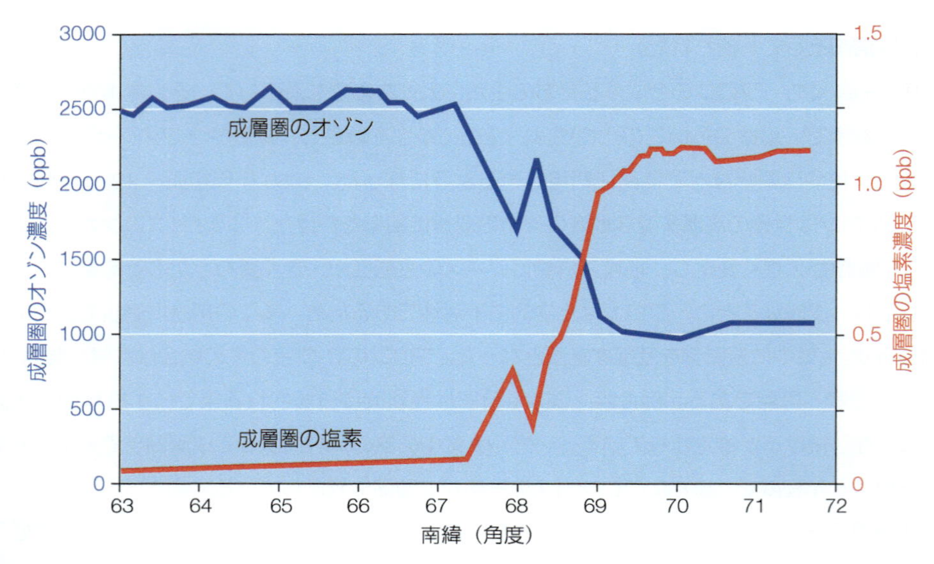

図3.27

南極の成層圏のオゾンと塩素の濃度（1987 年の南極のオゾンホールへの飛行により採取）。
出典：国際連合環境計画（UNEP）

動画を見てみよう

触媒を使った楽しい実験を動画で見てみよう。
www.acs.org/cic

Cl• は 3.8 式では反応物として，3.9 式では生成物として現れる。つまり，オゾン層破壊のサイクルにおいては，Cl• は消費され，そして再生されるので，その濃度に正味の変化はない。このような挙動は，触媒の特徴である。触媒とは，化学反応に関与し，濃度変化を起こさずにその反応の速度に影響を与える化学物質である。再生された塩素原子は，より多くのオゾン分子を分解するために再び使われることで触媒的な働きをする。塩素原子が風によって大気の下層に戻される前に，1 個の原子で平均 1×10^5 個ものオゾン分子を触媒的に分解している。

成層圏のオゾン破壊に関与する塩素の全てがフロンに由来するわけではない。海水や火山などの自然界の発生源からは，他の塩素化炭素化合物が生成されている。しかし，天然由来の塩素のほとんどは水溶性の分子に含まれているため，天然の塩素含有物質は成層圏に到達する前に降雨によって大気から洗い落とされる。特に重要なのは，NASA や海外の研究者が収集したデータで，成層圏では常に高濃度の HCl（塩化水素）と HF（フッ化水素）が一緒に存在することが確認されている。HCl の一部はさまざまな自然界から発生する可能性があるが，成層圏に存在する HF の起源としては，フロン類が唯一考えられる生成源である。

オゾン層を破壊するガスは，現在では成層圏全域に広がっている。さらに，地球上の風向きの関係で，両半球の大気下層部には同程度の量のフロンが存在している。では，なぜ南極大陸で成層圏オゾンが最も多く失われたのであろうか。また，オゾン層破壊ガスが北半球で多く排出されているにも関わらず，その影響が南半球で最も強く出ているのはなぜだろうか。

南極大陸は，南極上空の成層圏下部が地球上で最も寒いという特殊な環境下にある。南極の冬に当たる６～９月にかけては，南極を循環する風が渦を形成し，暖かい空気の流入を止めている。その結果，気温は－90℃まで下がることもある。このような状況では，極成層圏雲（polar stratospheric clouds：PSC）が発生することがある。この薄い雲は，成層圏に存在するわずかな水蒸気からできた小さな氷の結晶でできている。この氷晶の表面で起こる化学反応により，HCl のようなオゾンを分解しない分子が，Cl_2 のような分解反応性の高い分子に変換される。また，氷晶の表面で $ClONO_2$ という化合物が反応性の高い HOCl に変換されることもあり，これもオゾン層破壊の一因となることが示されている。

冬の暗闇の中では，HOCl も Cl_2 も何の害もない。しかし，９月下旬に南極に太陽光が戻ると，光によって HOCl と Cl_2 が分解され，塩素原子が放出され始める。オゾンを大量に破壊する Cl• が増加すると，オゾンホールが形成され始める。このために必要な条件として，極寒，円形の風（渦），反応のための表面を提供する氷の結晶ができるだけの時間，太陽光が急激に増大する前に続く暗闇などがある。**図 3.28** は，北極と南極の上空の最低気温を比較したもので，季節によって変化していることが分かる。

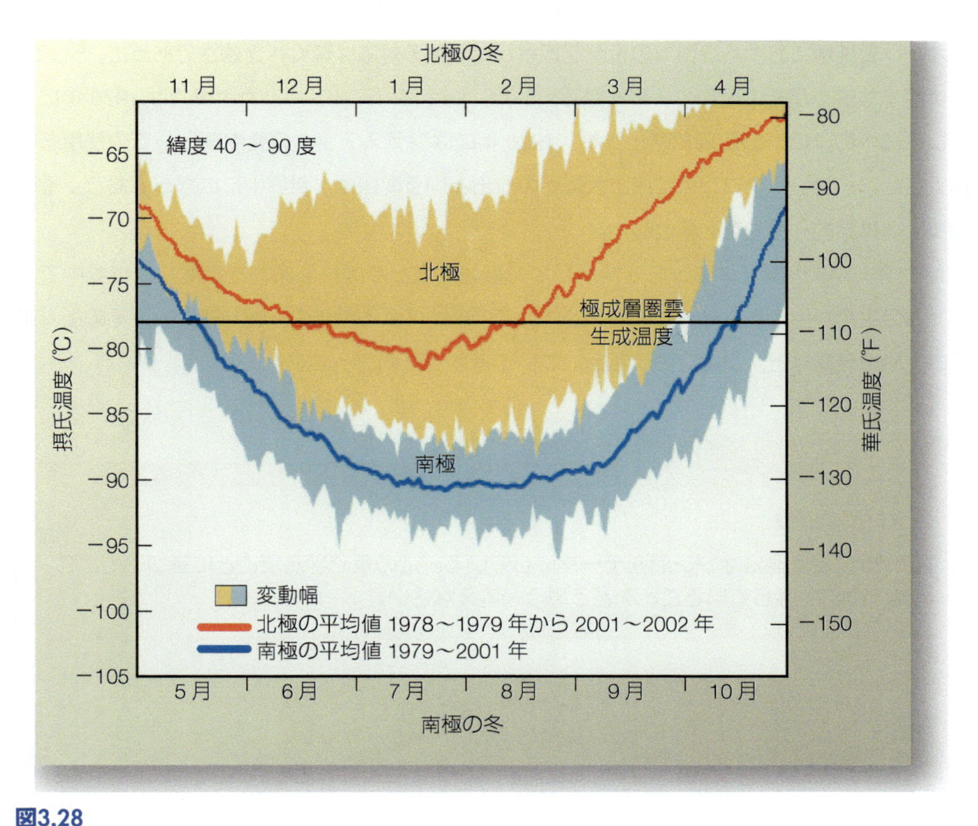

図3.28
極域成層圏下部の最低気温。
出典：Scientific Assessment of Ozone Depletion: 2002, World Meteorological Organization, UNEP

図から分かるように，PSC（極成層圏雲）の形成に必要な条件は南極大陸に多く発生している。南極上空のオゾン濃度の変化は，気温の季節変化に密接に関係している。一般的に，南極の春（9 月〜 11 月上旬）には急激にオゾン層破壊が進む。太陽光で成層圏が暖められると，極成層圏の雲が消滅し，オゾン分子と反応する Cl• 原子が放出される。しかし，春が近づくと，低緯度地域の空気が南極域に流れ込み，枯渇したオゾン濃度が補充される。そして，11 月下旬には，オゾンの穴はほぼ塞がれる。北半球のオゾン層破壊は，北極で PSC が繰り返し観測されているにも関わらず南半球ほど深刻ではない。これは，北極の上空が南極ほど寒くないことが主な原因である。

このオゾンホールは地球規模ではどのような影響をもたらすのであろうか。南極上空の成層圏オゾンが減少すると，地球に届く UVB 量が増加する。その結果，オーストラリアやチリ南部で皮膚癌の発生率が増加している。さらに，オーストラリアの科学者は，紫外線の増加により，小麦，ソルガム，エンドウ豆の収穫量が減少していると考えている。同様の影響は，チリ南部のプンタ・アレナス周辺や南米最南端のティエラ・デル・フエゴ島にも及んでいる。チリの保健大臣は，プンタ・アレナスの住民 12 万人に対し，オゾン層破壊が最も進む春の昼間に太陽の下に出ないよう警告している。

3.11 私たちは何をすべきなのか：オゾンホールは修復できるのか？

オゾン層破壊におけるフロンの役割を理解した人類の対応は驚くべき速さであった。そして，さまざまな国々がその最初の一歩を踏み出した。例えば，アメリカとカナダでは 1978 年にスプレー缶へのフロンの使用が禁止され，1990 年にはプラスチックの発泡剤としての使用も中止された。しかし，フロンの生産と大気への放出という問題は，世界中に広がっており，その解決には世界的な協力を必要とした。

1987 年に 46 ヵ国が集まってモントリオール議定書と呼ばれる条約を批准し，世界中でフロン類の生産が中止された。次の問題では，この条約による効果の一端を紹介し，その後，エアコンや冷蔵庫など，フロンの代替品について考えていくことにする。

モントリオール議定書は，現在は 197 ヵ国が批准しており，国連の歴史において初めて全世界で批准された条約となった。

問 3.28 考察問題

オゾン層の保護

図 3.29 の風刺画はオゾン層をテーマにしている。この章で学んだことに基づいて，この風刺画の主張していることをどう思うか答えなさい。

図3.29
フロンガスの使用とオゾン層をテーマにした風刺画。

問 3.29　練習問題

世界的な対応

図 3.30 と図 3.31 から，オゾンの“穴”が修復されつつあることを示す実質的な証拠があると思うか。また，この証拠が，オゾン層を保護するための効果的な戦略をどのように支持するか，あるいは支持しないかを説明してみよう。

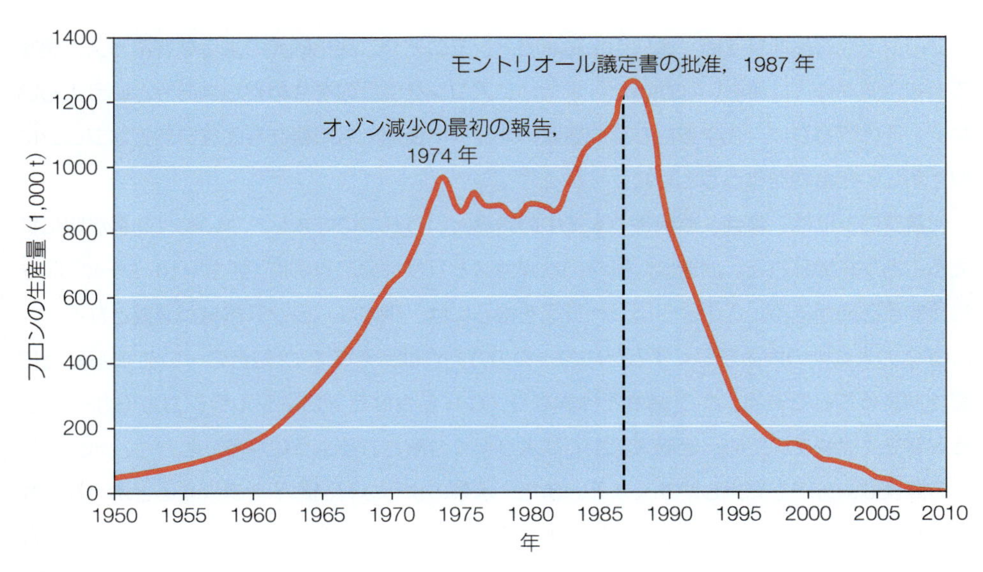

図3.30
世界的なフロンの生産量の推移（1950 ～ 2010 年）。
出典：国際連合環境計画（UNEP）

ハロンはフロンの親戚で，不活性で無毒な化合物である。炭素原子を囲むフッ素や塩素に加え，臭素を含んでいる。フロンと同様に，ハロンは水素を含んでいない。例えば，ブロモトリフルオロメタン（$CBrF_3$，別名ハロン-1301）のルイス構造は以下の通りである。

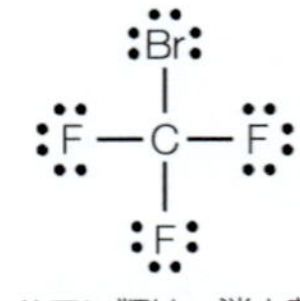

ハロン類は，消火剤として使用される。例えば，図書館（特に貴重書室），油火災（水が火を広げる可能性がある），化学薬品貯蔵室（一部の化学薬品が水と反応する），航空機（コックピットを水浸しにするのは絶対にまずい！）など，消防ホースやスプリンクラーシステムが不適切な場合に特に役に立っている。残念ながら，これらの化合物は，オゾン層破壊に関しては，フロンと同様に有害である。

フロンの命名法に関しては章末問題 55 で述べてある。

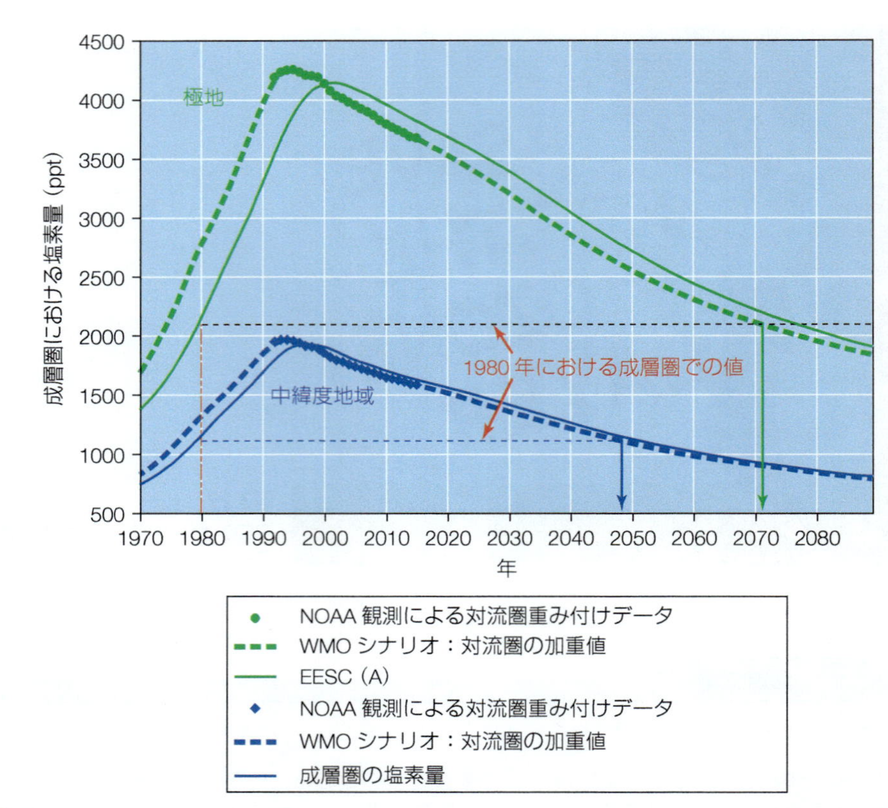

図3.31
大気中の反応性ハロゲン濃度の過去と将来の変化予測。下向きの矢印は，成層圏のハロゲン濃度が 1980 年代のレベルに戻る推定時期を示す。
出典：NOAAオゾン層破壊ガス指数：オゾン層回復の指針：2015年5月

フロンの代替品を探す際，家庭用冷蔵庫でアンモニアや二酸化硫黄のような有毒ガスに戻すことを主張する人は誰もいなかった。また，エアコンを使うのをやめてしまおうという人もいない。その代わりに，化学者たちは成層圏のオゾンに長期的な影響を与えない無害なフロンに似た新しい化合物を作ろうとした。

代替フロンには，毒性，燃焼性，大気中の寿命という三つの好ましくない特性を最小限に抑えることが求められる。同時に，既存の冷媒ガスと互換性のある沸点（通常 −10 〜 −40℃）を維持する必要がある。このように，代替品を得るには，絶妙なバランス感覚が必要となる！

CFC の大気中の寿命を短くするための一つの方向性は，その C-Cl 結合の一つを C-H 結合に置き換えることである。C-Cl 結合とは異なり，C-H 結合はヒドロキシルラジカル（•OH）による攻撃を受けやすいため，低層大気中ではより早く分解されるようになる。しかし，水素原子への置換は，分子を発火しやすくする。また，水素のような軽い原子を導入すると沸点が下がるため，装置の一部を再設計する必要が生じる。それでも，この方法によって，非常に有用な代替物ができた。フロンガスの塩素原子の一つを水素原子に置き換えると，水素，塩素，フッ素，炭素（その他の元素は含まない）の化合物であるハイドロクロロフルオロカーボン（HCFC）になる。例えば，CCl_2F_2 の塩素原子を水素で置換すると，$CHClF_2$ ができる。

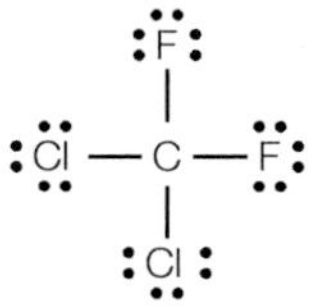

CCl_2F_2
CFC-12，R-12

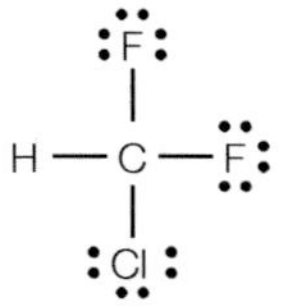

$CHClF_2$
HCFC-22，R-12

HCFC-22の大気寿命は約12年であるのに対して，CFC-12（R-12やフロン-12とも呼ばれる）は110年（またはそれ以上）である。$CHClF_2$（R-22とも呼ばれる）は大気圏下部で大部分が分解されるため，成層圏に蓄積することはなくなった。その結果，オゾン層破壊の可能性はCCl_2F_2の5%程度となり，この変更は正しい方向への一歩を踏み出したといえる。

しかし，ハイドロクロロフルオロカーボンは塩素を含んでいるため，オゾン層破壊の原因となる。それでも，HCFCはCFCに比べればかなり好ましい物質である。そのため，一時期はHCFCの中で$CHClF_2$が最も広く使われていた。$CHClF_2$は，エアコンや，プラスチックを泡状にして軽量のファストフード容器を製造するための発泡剤など，多くの用途に適した物質である。

フロンの廃止と代替材料の開発継続は，経済活動を大きく揺るがすものであった。1987年のピーク時，フロン類の世界市場は年間20億ドルに達していたが，これは非常に大きな氷山の一角であった。というのは，アメリカ内だけでも，年間約280億ドルもの商品がフロンで製造されていたのである。代替フロンへの転換に伴い，設備の再整備のための追加費用が発生したが，それがアメリカ経済へ及ぼした影響は全体として軽微であった。さらに，この転換は，グリーンケミストリー（第2章）を用いて環境に優しい物質を製造する革新的な合成の新たな市場を生み出し，現在と将来の世代の双方にとって有益なものとなった。

当初は理想的な冷媒ガスと思われていたフロンガスであったが，予想に反してオゾン層を破壊する原因物質であった。HCFCもオゾン層への影響は少ないものの，暫定的な解決策に過ぎない。そして，HCFCのほとんどは，2030年までに全廃される予定である。現在，先進国ではHCFCの製造が中止されており，これにより大気中のHCFC濃度は低下するはずであるが，2013年現在，$CHClF_2$（R-22）の濃度はまだ上昇している。家庭用エアコンをはじめ，R-22の需要が世界的に高いことを考えれば，これは驚くことではない。需要の高まりは，価格の上昇ももたらした。例えば，2012年の特別に暑かった夏の間，アメリカではR-22が品薄になり，通常の数倍の値段で取引されていた。

HCFCが廃止されつつある現在，その代わりとなるものは何であろうか。ハイドロフルオロカーボン（HFC）は，水素，フッ素，炭素のみから成り他の元素は含まない化合物で，塩素を含まない類似の化合物であるため，その代替品として考えられる。ここで，二つの例を挙げよう。

H—C(F)(F)—C(F)(F)—F　および　H—C(F)(H)—F

C_2HF_5
ペンタフルオロエタン
HFC-125（R-125）

CH_2F_2
ジフルオロメタン
HFC-32（R-32）

動画を見てみよう

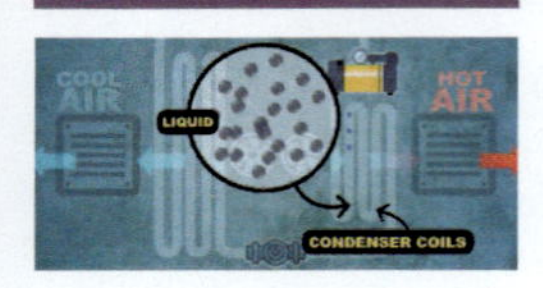

©2018 American Chemical Society
動画でエアコンの動作原理を確認しよう。
www.acs.org/cic

気候変動における温室効果ガスの役割は第４章で説明する。

どちらも成層圏のオゾン層破壊に関与しておらず，大気中で長すぎる寿命を持つ分子でもない。

現在，HCFC から HFC への切り替えが進んでいるが，R-22 の代わりに HFC にするのではなく，HFC をブレンドするケースもある。中でも，C_2HF_5 と CH_2F_2 をブレンドした R-410a が広く使われている。しかし，この代替フロンを使用するためには，機器がスムーズに作動するように設計を変更する必要がある。新しいエアコンは，HCFC の前身である R-22 ではなく，最初から R-410a を使用するように設計されており，また，R-134a（$C_2H_2F_4$）は，家庭用冷蔵庫や自動車のエアコンに広く使われている化合物である。

しかし，HFC の場合，別の意図しない効果がある。それは HFC が温室効果ガスであり，地球規模の気候変動に一役買っているということである！実は，HCFC や CFC の代替品もそうであった。HFC は二酸化炭素と同様に赤外線を吸収して大気中に熱を閉じ込め，地球温暖化に寄与する。特に注目されている R-32 は，前述のように現在世界で最も広く使われている冷媒の一つである R-22 の合成時に生じる副生成物である。このように，短期的にも長期的にも，HFCs は代替品として問題がある。では，これからどうすればいいのだろうか。もっといい代替品はないのだろうか。

CFC，HCFC，HFC ときて，さらにアルファベットを羅列していこう。冷媒ガスの中で最も新しいものの一つが HFO，つまりハイドロフルオロオレフィンである。まずは，その名前に注目してみよう。

- ハイドロとは，ハイドロフルオロカーボンやハイドロクロロフルオロカーボンと同じように，C-H 結合を持つ化合物であることを意味している。
- フルオロとは，ハイドロフルオロカーボンやハイドロクロロフルオロカーボンと同様に，これらの化合物が C-F 結合を含むことを意味している。
- オレフィンとは，これらの化合物が C=C 二重結合を含むことを意味している。

この三つをまとめると，HFO の一例である HFO-1234yf の構造式が得られる。

$H_2C{=}C(F)—CF_3$

HFO-1234yf は赤外線を吸収するが，反応性の高い C=C 二重結合が存在するため，大気中での寿命は短い。従って，大気中に長くとどまることはなく，地球規模の気候変動への影響も小さくなる。この化合物は，C-H 結合を含むため，多少可燃性がある。

問 3.30　展開問題

この節で出てきた三つの分子，HCFC-22，HFC-32，HFO-1234yf をよく見てみよう。そして冷媒ガスとして必要な性質と必要でない性質を思い出そう。それらの分子の構造に基づいて，分子のどの部分が共通の性質を生み出して，どの部分が異なる性質を生み出しているのか考えてみよう。

冷媒ガスとして知られているガスは，もう 2 種類ある。一つは R-744 で，二酸化炭素として知られている。このガスは 1800 年代に冷蔵庫で使われていたが，圧縮するのに 100 気圧以上の高圧が必要という欠点があった。その後，アンモニアやフロンに取って代わられ，現在に至っている。今日，冷媒ガスとして CO_2 が再び注目されているが，復活はしていない。

もう一つは，自然界に存在する化合物であるプロパンである。この分子は小さめの炭化水素分子（C_3H_8）で野外で料理するときなどに利用されているガスである。安価で毒性はないが，他の炭化水素と同様，可燃性である。冷媒ガスとしてのプロパンは，R-22 と似たような性質を持っている。HFO の出現により，プロパンは再び注目を浴びるようになった。

©Stockbyte/Getty Images

この節を終えるにあたり，2011 年，オゾン層破壊と気候変動に関するシンポジウムで，ノーベル賞受賞者のマリオ・モリーナ氏が語った言葉が思い浮かぶ。彼は，「科学はトランプの家のようなものだ。その中の一部分でも具合の悪いところがあれば家全体が崩れてしまう」と述べた。そのため，「子猫のジグソーパズル」という比喩を提案した。成層圏のオゾン層破壊は，まさにこの比喩が当てはまる。重要なピースがいくつか欠けていても，何が描かれている絵なのかは分かるものである。化学の力を借りれば絵は見えてくるが，明らかにまだ欠けている部分があることも分かる。最終的には，成層圏のオゾン層を保護するための最善の方法について政府とその市民が議論することが，世界政治の舞台での結果を左右することになるであろう。

これまでに，20 世紀の大きな問題に取り組む上で，化学と科学者が中心的な役割を果たしたことを見てきた。この節の最後の問題で，これまでのことを復習しよう。

問 3.31　練習問題

私たちの置かれている状況は

友人たちと喫茶店でオゾン層について話し合っているとしよう。誰かが，「オゾンホールについて，私たちができることはあまりないし，する必要もないと思う。オゾン層に起こることは，自然のサイクルの一部なんだ」と言ったら，読者はこの友人にどう答えるだろうか。この章で学んだことを踏まえて考えてみよう。

3.12　日焼け止めの仕組み

紫外線から身を守るための方法として，オゾン層の保護以外にも簡単な方法がいくつかある。特に日差しが最も強い午前 10 時から午後 4 時までの時間帯に太陽光を浴びないようにすることが最も効果的である。また，肌の露出を最小限に抑える服を着ることも一つの方法で，服にはUVカット効果を期待できるブランドがいくつもある。また，砂や水そして雪は太陽光を反射するし，標高が高いほど日焼けのリスクが高くなることにも気を付けた方が良い。曇りの日でも，太陽の放射線の80%は雲を通過するため，油断してはならない。日差しを避けられない場合は，紫外線を散乱させたり吸収させたりする日焼け止めを塗ることを医師は勧めている。

日焼け止めクリームには紫外線を吸収する化学的・物理的成分が含まれており，太陽の紫外線を物理的にブロックする。

無機物を使った日焼け止めには，酸化亜鉛（ZnO）または二酸化チタン（TiO_2）の比較的大きな粒子が含まれている。日焼け止め製品は，固く織られた衣服と同様に，光が皮膚細胞に到達するのを物理的に防いでいる。プールや海水浴場の監視員が白く不透明な日焼け止めクリームを使っているのを見た記憶がある人もいるだろう。また，金属酸化物は，直径100 nm以下のナノ粒子になっている場合もある。この大きさをイメージするために，第2章で粒子状の汚染物質が，その大きさによってPM_{10}と$PM_{2.5}$に分類されることを紹介した。しかし，PMはミクロン（またはマイクロメートル，μm）スケールであり，ナノメートルの1,000倍の大きさである。

補足
m単位の換算は1.4節で説明した。

問 3.32　展開問題

粒子の分類

直径が6ミクロンの粒子がある。
a. この粒子はPM_{10}と$PM_{2.5}$のどちらに分類されるか。
b. この粒子の直径は何nmか。

日焼け止めのメカニズムには大きく分けて2種類ある。一つはsunscreen（サンスクリーン）と呼ばれ，含まれるZnOやTiO_2のナノ粒子は非常に小さく，もう一つのsunblock（サンブロック）と呼ばれる不透明な日焼け止めに使用される大きな粒子ほど光を散乱させることはない。その結果，ナノ粒子ベースの日焼け止めは透明であり，それを身に付ける人にとって間違いなく化粧品と併用することができる。ナノ粒子の製品は，より均一に広がり，費用対効果が高く，紫外線の吸収，散乱，反射に非常に効果的である。大気中の粒子状物質が肺にとどまって健康に害を及ぼすのとは違い，日焼け止めに使われるナノ粒子は主に化粧水の中に混ぜて使うことが多いので，吸い込むようなことはない。しかし，次に述べるように，サンブロックやサンスクリーンを付けているからといって，紫外線の危険性から解放されるわけではない。

ほとんどの日焼け止めは，ローションやクリームとして塗布されるが，効果が弱いとされるエアゾールスプレーもある。“ブロードスペクトラム”と表示されている日焼け止めは，UVBをある程度吸収する化合物と，UVAを吸収する化合物を含んでいる。アメリカ皮膚科学会（AAD）は，SPF（Sun Protection Factor）30以上の日焼け止めの使用を推奨している。SPFとは，日焼け止めを塗らずに焼けるまでの時間と比較して，日焼け止めを塗ったことで肌が同様に赤くなったり日焼けしたりするのにかかる時間の長さ（比率）を示している。しかし，これらの目安は1 cm^2あたり2 mgの日焼け止めを肌に塗ることを前提としており，顔なら小さじ1杯（5 mL），体なら大さじ2杯分（30 mL）に相当する。しかし，調査したところによると消費者が実際に使用する量がこの前提としているものより少ないため，日焼け止めの効果はSPF表

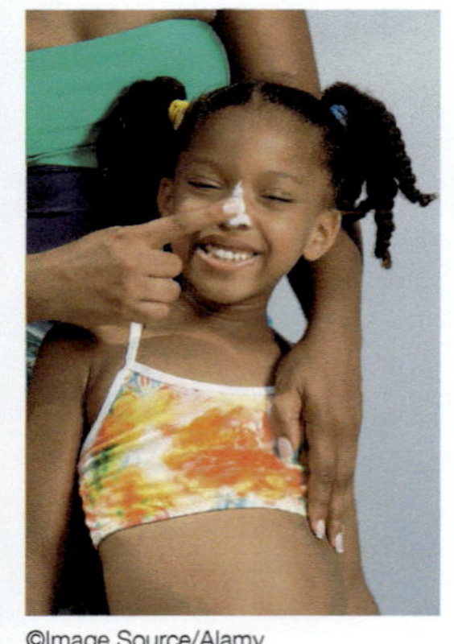

示値の 20 ～ 50%程度になることが分かっている。さらに，SPF の値に関わらず日焼け止めは 2 時間おきに塗り直すことが推奨されているが，このことを意識している海水浴客が多くないのも事実である。

問 3.33　考察問題

日焼け止め

日焼け止めの SPF は，何もしない場合と比較して，人がどのくらい長く太陽の下にいられるかを示す目安である。最近では，SPF100 以上の日焼け止めも売り出されている。

a. 日焼け止めを使用しなかった場合，真夏の正午に肌が焼けるのにどれくらい時間がかかると思うか。
b. SPF70 の日焼け止めを使った場合，日焼けすることなく外にいられる時間はどれくらいか，前問 a の結果を踏まえて考えてみよう。
c. SPF の値はどのような前提で見積もられているか。SPF70 のサンスクリーンについて，一部の皮膚科医が思っている懸念事項は何か。

問 3.34　考察問題

SPF について

SPF15 の日焼け止めは紫外線の 93%を遮断し，SPF30 の日焼け止めは 97%の紫外線を遮断し，SPF50 は 98%の紫外線を遮断する。

a. SPF30 の日焼け止めの効果は SPF15 の 2 倍であるといえるか。
b. SPF30 の日焼け止めの上に SPF50 の日焼け止めを塗った場合，日焼け止めの効果はどれくらい増加するか。

実験室 

©Seasontime/Shutterstock
紫外線から私たちを守る日焼け止めの効果を知るために，CiC の研究結果を確認してみよう。
www.acs.org/cic

エネルギー
励起状態
熱の放出
光子の吸収
基底状態

図3.32
光の吸収の模式図。低エネルギー状態（基底状態）にいる電子が光を吸収して高いエネルギー状態へと遷移する。電子が低いエネルギー状態に戻るときは，周囲に熱を放出する。

この章の前半で，オゾンや酸素が紫外線を吸収するのは，その反応性の結果であることを見てきた。しかし，日焼け止め成分による紫外線の吸収は，反応を引き起こすものではなく，単にその物質に吸収されるだけである。先ほど見たように，原子が結合して分子を形成するとき，その価電子は二つの原子の間で共有されて共有結合を形成する。日焼け止めに含まれるナノ粒子のように何兆個もの原子が集まって固体を形成する場合，電子はエネルギー構造を量子化した非常に複雑なエネルギー準位構造の中にあり，特定のエネルギーの光を吸収することができるようになる。先に述べたように，光が吸収されると，光のエネルギーは低エネルギー準位の電子に移り，電子は励起されて高エネルギー準位へと移動（遷移）する。やがて，電子はこの吸収した分のエネルギーを失って元の低いエネルギー準位に戻り，周囲の固体に熱を放出する（**図 3.32**）。固体の吸収波長は，固体の組成だけでなく，微粒子の大きさにも依存している。例えば，同じ組成の固体でも，粒子径が 20 nm と 50 nm では，異なる波長の光を吸収する。これまでの研究によると，ZnO は UVA と UVB の両方の放射線に対して最も優れた広帯域の保護機能を持つと考えられている。

ナノ粒子が皮膚から血管に入り込んだ場合の危険性について懸念する声もあるが，これまでの研究では日焼け止めに含まれるナノ粒子は皮膚の第一層である表皮を越えて内部に浸透はしないことが示されている。しかし，消費者と政府機関の双方から，危険性をより定量化するためにさらなる研究を求める声が上がり続けている。**図 3.33** に示すように，ナノ粒子の使用を強化または代替するために，さまざまな有機物質が日焼け止め製品に使われる可能性がある。しかし，それらは全て潜在的な危険性を伴う。日焼け止めの使用による健康への影響はまだ完全に解明されていないが，太陽に当たりすぎることの危険性は既によく知られており，日焼け止めは紫外線から私たちを守る重要な役割を担っている。

問 3.35　考察問題

日焼け止めの表記

アメリカ食品医薬品局（FDA）は，2012 年に日焼け止めのラベルに関する新しい規制を導入した。日焼け止め製品を集めて，ラベルを比較してみよう。

a. 各社は，製品の表面にどのような表示をしているか。

b. 製品の裏面に記載されている FDA が要求する成分情報を見てみよう。どのような有効成分が使用されているか。各日焼け止め製品について，有機化合物が使われているのか無機化合物が使われているのかを調べてみよう。

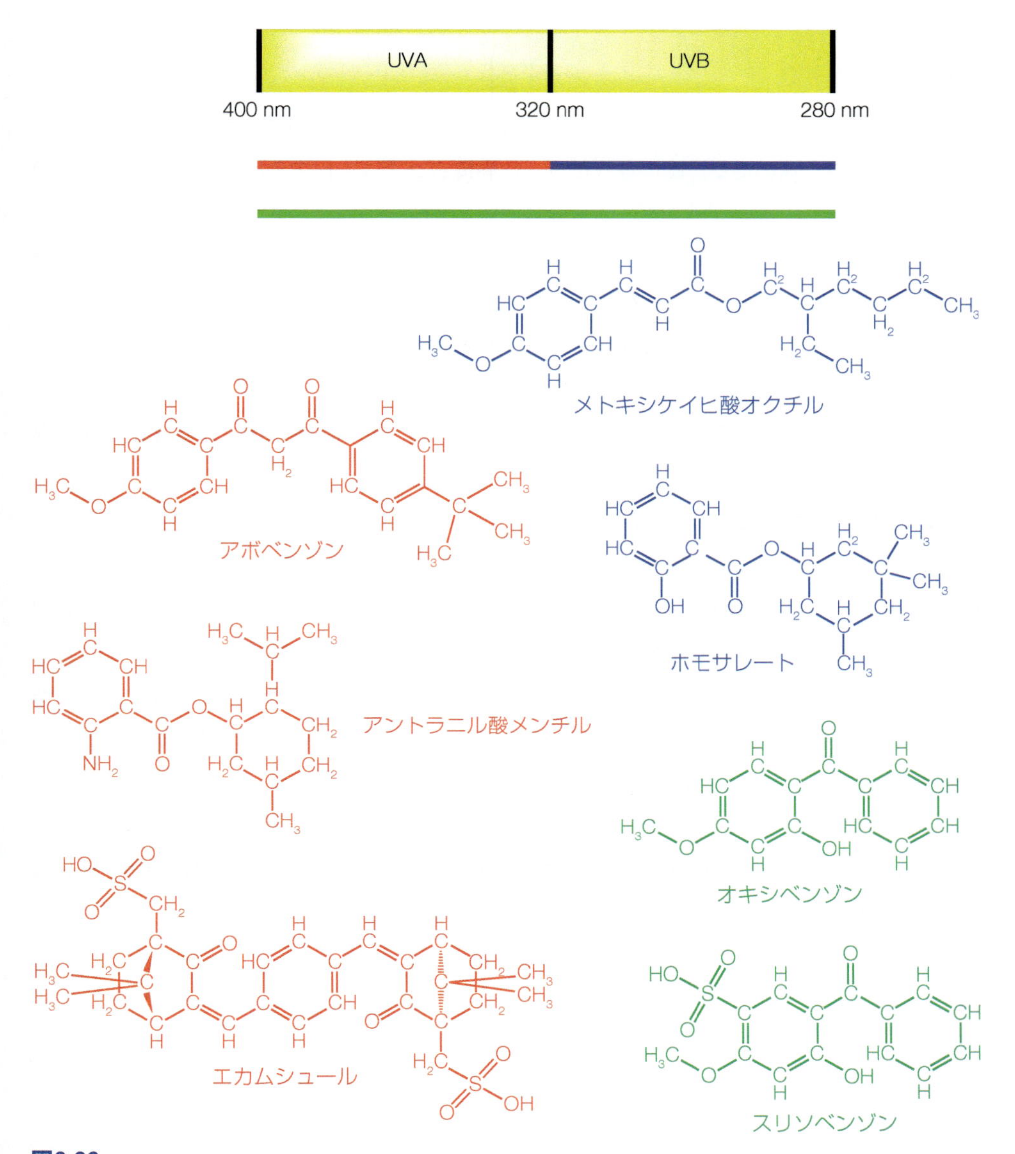

図3.33
日焼け止めに含まれるいくつかの有機系有効成分の化学構造と UVA および UVB 遮断範囲。

問 3.36　練習問題

グループ演習：紫外線と物質の相互作用

www.acs.org/cic でナノ粒子の表面-体積比と紫外線の皮膚透過の相関に関する二つのシミュレーションを確認してみよう。これらのシミュレーションを行った後，ナノ粒子のサイズと密度が無機化合物の日焼け止めの全体的な効果に与える影響について説明しなさい。

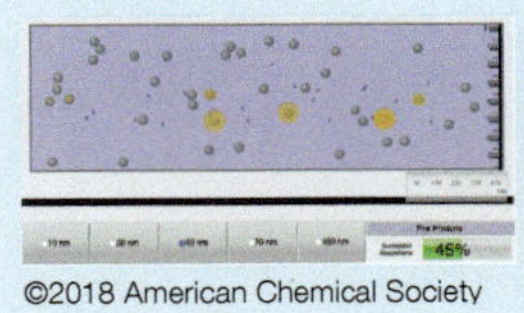
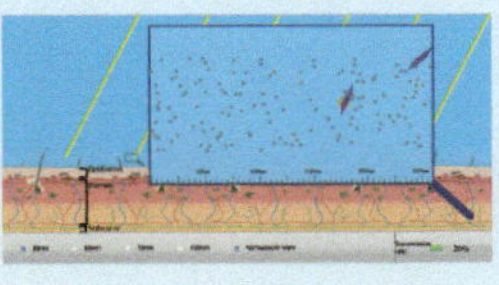

結び

多くの人は，特に晴れたり暖かくなったりしたら，外出することを楽しむ。日向ぼっこをしたり，遊んだり，泳いだり，山に登ったり，仕事によっては1日中外にいなければならないこともある。

実は，太陽はさまざまなエネルギーを地球に送っていて，その中の一つを熱として感じ，一つを色として見ている。しかし，太陽から受け取る目に見えない紫外線のエネルギーは，私たちの懸念材料となっている。紫外線は，人間の肌を傷つけるほどのエネルギーを持っており，紫外線を浴びすぎると，日焼けのようにすぐに影響が出ることもある。また，シワや皮膚癌のように，何年もかけて影響が現れることもある。この章では，紫外線が私たちの肌に与えるダメージについて学んできた。

地球上の生物は幸運にも上空の成層圏にあるオゾン層によって，有害な紫外線の大部分から保護されている。しかし，技術の進歩は必ずしも私たちのためになるとは限らず，20世紀において一般的な冷媒ガスがオゾン層を破壊するようになった。幸いにも，世界各国がこの有害なフロンガスの生産を制限する条約「モントリオール議定書」を比較的早く成立させることに成功した。この条約が発効してから30年，オゾンホールは安定し，2050年には完全に回復すると見られている。実際，化学は諸刃の剣であり，これは破壊されかけた天然の紫外線防御源を守るために使用された事例といえる。

オゾン層は太陽からの紫外線を全て吸収するわけではないので，私たちは自分の肌を守るための予防策を講じる必要がある。化学物質や無機化合物をベースとした日焼け止めや，紫外線を遮断できる服や帽子などは，紫外線への露出を抑える最も効果的な手段である。

■章のまとめ

この章の学習を終えた読者には，以下のことができるはずである。

- 電磁波の波動性について説明し計算する。**(3.1 節)**
- 電磁波の光子というものを定義し，それの持つエネルギーを計算する。**(3.2 節)**
- 炎や花火の色について説明する。**(3.3 節)**
- 紫外線を分類し，それらの持つ相対的なエネルギーについて説明する。**(3.4 節)**
- 紫外線が生物に及ぼす影響を説明する。**(3.5 節)**
- 私たちを紫外線から守っている大気中の成分は何なのか，またその成分はどこにあるのかを説明する。**(3.6，3.7 節)**
- ルイス構造を書き，それを使って酸素やオゾンが紫外線を吸収する仕組みを説明する。**(3.8 節)**
- クロロフルオロカーボンとフリーラジカルの化学が，オゾン層の保護にどのように関係しているかを説明する。**(3.9，3.10 節)**
- フロン類の使用廃止に向けた取り組みについて説明する。**(3.11 節)**
- 太陽光から身を守るために，化学物質がどのように使用されるかを説明し，図示する。**(3.12 節)**

■章末問題

● 基本的な設問

1. オゾンと酸素の化学式とその性質の違いについて説明しなさい。
2. 本文中では，オゾンの臭いは 10 ppb という低濃度でも分かると述べられている。以下の空気サンプルで，オゾンの臭いを感じることができるかどうか答えなさい。
   a. 0.118 ppm（都市部におけるオゾン濃度）
   b. 25 ppm（成層圏におけるオゾン濃度）
3. あるジャーナリストは，“南極の上空 10 マイルの成層圏には，放射線を吸収するオゾンのレベルが著しく低い領域が広がっている”と書いている。
   a. この領域の大きさはどれくらいか。
   b. 10 マイルという値は正しいか。この値を km で表しなさい。
   c. オゾンはどのような電磁波を吸収するか。
4. 成層圏のオゾンを表現するには，オゾン層よりもオゾンスクリーンという言葉が適しているのではないかという指摘がある。それぞれの用語のメリットとデメリットを述べなさい。
5. 対流圏と成層圏の空気の違いを三つ挙げなさい。答えるにあたっては，第２章と第３章の両方から資料を検討すること。
6. a. ドブソンという単位は何か答えなさい。
   b. 320 DU や 275 DU という数値は，オゾンの量として多いのか少ないのか答えなさい。
7. 周期表を参考に，以下の元素の価電子の数を答えなさい。

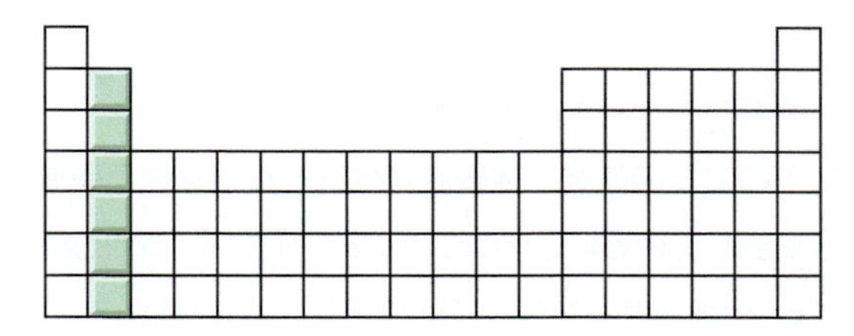

   a. 酸素（O）
   b. マグネシウム（Mg）
   c. 窒素（N）
   d. 硫黄（S）
8. 周期表のこのような表し方について考える。
   a. 色の付いた列の族の番号を答えなさい。
   b. どのような元素がこの族に含まれるか答えなさい。
   c. この族に含まれる元素の持つ電子の数をそれぞれ答えなさい。
   d. この族に含まれる元素の持つ価電子の数をそれぞれ答えなさい。
9. 以下の価電子を持つ元素の元素名と元素記号を挙げなさい。
   a. ２個　b. ８個　c. ６個
10. 以下の元素のルイス構造を書きなさい。
    a. カルシウム　b. 塩素
    c. 窒素　d. ヘリウム
11. 以下の分子のルイス構造を，オクテット則に基づいて書きなさい。

a. CCl_4（四塩化炭素，洗浄剤として使われている）

b. H_2O_2（過酸化水素，消毒薬，原子は H-O-O-H の順番で結合している）

c. H_2S（硫化水素，腐った卵から放出される気体）

d. N_2（窒素，大気の主成分）

e. HCN（シアン化水素，宇宙空間に存在，毒ガス）

f. N_2O（亜酸化窒素，笑気ガス，原子は N-N-O の順番で結合している）

g. CS_2（二硫化炭素，殺鼠剤，原子は S-C-S の順番で結合している）

12. 成層圏では，酸素原子，酸素分子，オゾン分子，ヒドロキシルラジカルなどの酸素種が重要な化学的役割を担っている。
各分子のルイス構造を書きなさい。

13. 下の二つの波は，電磁波スペクトルの異なる領域を表している。この二つを，a. 波長，b. 周波数，c. 伝播速度，を使ってそれぞれ比較しなさい。

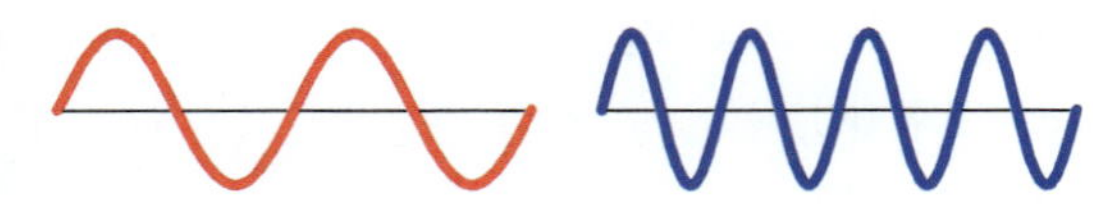

14. 図 3.4 を用いて，以下の各波長の電磁波の当てはまるスペクトルの領域を答えなさい。
ヒント：波長を m 単位に直してから比較しなさい。
a. 2.0 cm　　b. 50 μm
c. 400 nm　　d. 150 mm

15. 光の色を決めているのは何か答えなさい。オレンジ色と紫色の光の違いを説明しなさい。

16. 章末問題 14 の波長をエネルギーの大きい順に並べなさい。最も エネルギーの高い光子を持つのはどの波長か答えなさい。

17. 全ての光は真空中で同じ速度で進む理由を説明しなさい。

18. 光子あたりのエネルギーが大きい順にガンマ線，赤外線，電波，可視光線を並べなさい。

19. 家庭用の電子レンジのマイクロ波の周波数は 2.45 $\times 10^9\ s^{-1}$ である。マイクロ波とラジオ波ではどちらの光子が高いエネルギーを持っているか答えなさい。また，マイクロ波と X 線とではどちらが高いか答えなさい。

20. 紫外線は UVA，UVB，UVC に分類される。以下の a ～ c について大きい順に並べなさい。
a. 波長　　b. 生物への影響
c. 光子の持つエネルギー

21. 以下の周波数を持つ電磁波について，波長を nm の単位で答えなさい。
a. $6.79\times10^{14}\ s^{-1}$
b. 4.44×10^{12} Hz

22. 地球から太陽までの距離は 1.50×10^8 km である。太陽を出た光が地球に届くのにかかる時間を答えなさい。

23. 構造の異なる二つの CFC 類について，そのルイス構造を書きなさい。

24. CFC 類はヘアスプレーや冷蔵庫，エアコン，発砲スチロールに使用されている。CFC 類のどのような特性がこれらの用途に適しているのか答えなさい。

25. a. 水素を含んだ分子は CFC に分類できるかどうか答えなさい。
b. HCFC と HFC の違いを説明しなさい。

26. a. 大部分の CFC 類は，メタン（CH_4）かエタン（C_2H_6）を基にした構造をしている。それら二つの構造式を書きなさい。
b. メタンの全ての水素原子を塩素原子やフッ素原子に置き換えた場合，何種類の CFC 類ができるか答えなさい。
c. 上問 b において，どれが最も有用な CFC か答えなさい。
d. 全ての CFC が類似の有用な性質を持つわけではないのはなぜか答えなさい。

27. フリーラジカル（Cl•，•NO_2，ClO•，•OH）が，オゾン分解反応の触媒的役割を果たしている。
a. これらのフリーラジカルのルイス構造を書いて外殻電子の数を数えなさい。

b. これらのフリーラジカルの反応性が高くなる特性は何か答えなさい。

28. a. 南極上空の一酸化塩素の増加や成層圏のオゾン破壊の進行に関する初期の測定方法を説明しなさい。

b. 現在行われている測定方法を説明しなさい。

29. 南極点上空のオゾン濃度の減少率とUVBの増加率の正しい関係を表しているのはどちらの図か理由も含めて答えなさい。

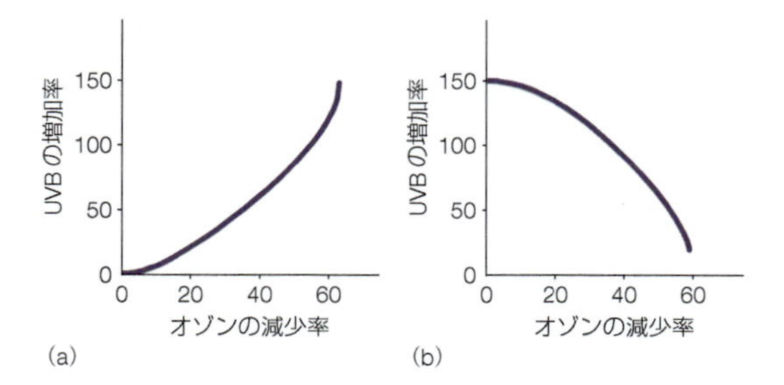

● **概念に関連する設問**

30. EPAは一般消費者向けの出版物で，「高空のオゾンは良いオゾン，周囲のオゾンは悪いオゾン」という標語を載せていた。このメッセージの意味するところを答えなさい。

31. ノーベル賞受賞者のF・シャーウッド・ローランドは，オゾン層を大気のアキレス腱と称した。この意味を説明せよ。

32. ノーベル賞受賞者のF・シャーウッド・ローランドは，2007年に行った講演の要旨の中で，「太陽の紫外線が大気中にオゾン層を作り，そのオゾン層がこの放射線の中で最もエネルギーが高い領域を完全に吸収する」と述べている。

a. 最もエネルギーが高い紫外線の領域とは何か説明しなさい。

b. 太陽からの紫外線はどうやってオゾン層を作るのか説明しなさい。

33. 「他の代替案が見つからない限り，環境問題の一つを解決する一方で，他の問題を悪化させる可能性がある」。アメリカ政府関係者によるこの引用文の日付は2009年で，この言葉の背景にはHCFCの使用を段階的に減らしていくことがある。

a. 2009年にHCFCはどのような化合物に置き換えられたのか答えなさい。

b. この置き換えに伴う問題点は何か答えなさい。

34. オゾンの共鳴構造は，本文で示した二つだけでなく，三つ書くことが可能である。三つの構造全てがオクテット則を満たすことを確認し，三角形構造が妥当でない理由を説明しなさい。

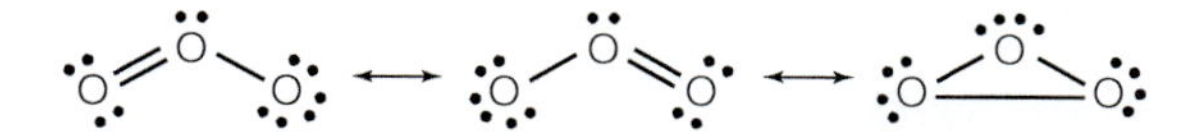

35. O-O単結合の平均的な長さは132 pmである。O=O二重結合の平均的な長さは121 pmである。オゾン中のO-O結合の長さはどのくらいになると考えられるか理由も含めて答えなさい。

36. 対流圏よりも成層圏の方がオゾンが多く存在する理由を説明しなさい。

37. オゾンが酸素分子より反応性が高い理由を説明しなさい。

38. SO_2のルイス構造について考えてみよう。オゾンのルイス構造と比較してどのように違うだろうか。

39. 色素の少ない肌であっても，ラジオの前に立っているだけでは日焼けはできない。これはなぜか答えなさい。

40. 朝刊によると，紫外線指数値の予報は6.5である。読者の肌の色素量を考えると，このことは読者のその日の予定にどのような影響を与えると考えられるか答えなさい。

41. 紫外線による障害に関する報告は全てUVAとUVBに集中していて，UVCは注目されない理由について説明しなさい。

42. ゲルマニキュアには，どのような領域の紫外線，そして潜在的な健康被害があると考えられるか説明しなさい。

43. 毎日生成される全ての成層圏オゾン（3.3×10^8 t）が毎日破壊されているとすると，オゾン層はどうやって紫外線を防いでいるか説明しなさい。

44. CCl_2F_2（フロン-12）の化学な安定性は，この化合物の有用性と問題点にどのように関係しているのか説明しなさい。

45. 塩素は，大気中のオゾンが関与する化学反応の触媒である。大気中に存在する他の触媒を二つ挙げなさい。

46. ppb 程度の量しかない Cl• 濃度の小さな変化が，ppm 程度の量の O_3 濃度の大きな変化を引き起こす理由を説明しなさい。

● 発展的設問

47. DVD プレーヤーは，波長 650 nm のレーザー光（赤色）を使ってディスクに記録された情報を読み取り，ブルーレイプレーヤーは 405 nm の波長のレーザー光（青色）を使用して読み取りを行う。DVD 一層には 4.7 GB のデータが保存できるのに対し，ブルーレイディスクは 25 GB のデータを保存できる。なぜブルーレイディスクは DVD よりも多くのデータを保存できるのか説明しなさい。

48. 成層圏オゾンホールの発生は，南極大陸で最も顕著である。南極大陸が成層圏オゾン濃度の変化を研究するのに適している条件について説明しなさい。また，北極圏では，このような条件は存在しないのか説明しなさい。

49. HFC-134a の分解時にフリーラジカル CF_3O• が生成される。
   a. このフリーラジカルのルイス構造を提案しなさい。
   b. CF_3O• がオゾン層破壊を引き起こさない理由として考えられるものを挙げなさい。

50. 1950 ～ 2100 年までの臭素含有ガスの大気中存在量を示したグラフについて考えてみよう。

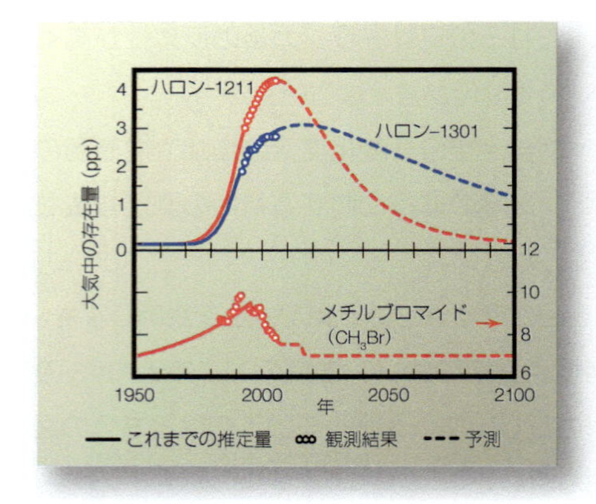

   a. ハロン -1301 は $CBrF_3$，ハロン -1211 は $CClBrF_2$ のことである。なぜ，かつてこれらの化合物が製造されたのか説明しなさい。
   b. ハロン -1211 とハロン -1301 のグラフを比較してみる。ハロン -1301 はハロン -1211 ほど早く減少しない理由を説明しなさい。
   c. 2005 年，臭化メチルは重要な用途を除き，アメリカで段階的に廃止された。なぜ，臭化メチルの将来の使用量予測は，尾を引くのではなく，一定値になっているのか説明しなさい。
   2.13 節では，光化学スモッグの形成における一酸化窒素（NO）の役割について述べた。成層圏のオゾン層破壊において，NO が果たす役割があるとすると，それは何か説明しなさい。成層圏と対流圏で NO の発生源は同じと考えられるか。

51. 共鳴構造は，オゾンのような中性分子だけでなく，荷電した分子の結合を説明することもできる。硝酸イオン（NO_3^-）は，窒素原子と酸素原子が持つ外側の電子に加えて，さらに 1 個の電子を持っており，この余分な電子がイオンの電荷となる。共鳴構造を書き，それぞれがオクテット則に従うことを確認しなさい。

52. 中国などでは，自動車や石炭の燃焼によって排出される窒素酸化物や炭素化合物と太陽光が反応して発生する霧“スモッグ”が問題になっている。スモッグは紫外線の量にどのような影響を与えると考えられるか。また，呼吸の状態にはどのような影響を与えると考えられるか。

53. 過去 40 年間，世界のオゾン濃度が低下しているとの測定結果もあり，オゾン層の破壊が懸念されている。この問題は，オゾンを大気中に放出することで解決できるのか，できないのか，答えなさい。

54. 酸素は O_2 や O_3 として存在するが，窒素は N_2 としてのみ存在する。これらの事実に対する説明を提案せよ。

ヒント：N_3 のルイス構造を書いてみよう。

55. CFC-11（CCl_3F）などの CFC の化学式は，コード番号に 90 を足して 3 桁の数字にすることで，そのコード番号から割り出すことができるようになっている。例えば，CFC-11 の場合，90＋11＝101 となる。1 桁目は C 原子の数，2 桁目は H 原子の数，3 桁目は F 原子の数である。従って，CCl_3F は C 原子 1 個，H 原子 0 個，F 原子 1 個であることが分かる。なお，残りの結合は全て塩素と仮定される。
   a. CFC-12 の化学式を書きなさい。
   b. CCl_4 のコード番号を答えなさい。
   c. この“90”法は HCFC にも有効と考えられるか。HCFC-22（$CHClF_2$）を使って説明しなさい。
   d. この方法は，ハロンにも有効と考えられるか。ハロン -1301（CF_3Br）を使って説明しなさい。

56. オゾン発生器は，空気や水，そして食品を除菌するために，さまざまな種類のものが販売されている。それらの製品のキャッチフレーズは「オゾンは，世界で最も強力な除菌剤です！」であることが多い。
   a. 空気の浄化を目的としたオゾン発生器には，どのようなうたい文句が考えられるか。
   b. これらの製品には，どのような危険性があると考えられるか。

57. 化学物質がオゾン層に与える影響は，オゾン層破壊係数（ODP）と呼ばれる値で測定される。これは，ある物質の質量によって破壊される成層圏オゾンの寿命を推定する数値尺度である。全ての値は，ODP を 1.0 と定義されている CFC-11 に対する相対値である。これらの事実を用いて，以下の質問に答えなさい。
   a. 化合物の ODP 値に影響を与える要因を二つ挙げ，それぞれの理由を説明しなさい。
   b. ほとんどの CFCs は，ODP 値が 0.6 ～ 1.0 の範囲である。HCFC の場合では，どの程度の範囲になると考えられるか説明しなさい。
   c. HFC について，どのような ODP 値になると考えられるか説明しなさい。

58. 電気コンロで料理をすると，ガスを直接燃やしていないにも関わらず，天然ガスを使った料理と同じように，環境に悪影響を与えることがある。その理由を考えなさい。

ヒント：コンロの電力はどこから来ているのか考えよう。

59. 南極地域のオゾンを分解するメカニズムの一つに，BrO• というフリーラジカルがある。BrO• は ClO• と反応し，BrCl と O_2 を生成する。BrCl は太陽光と反応して Cl• と Br• になり，どちらも O_3 と反応して O_2 を形成する。
   a. 以上の情報を反応式で表しなさい。
   b. この反応サイクルの正味の方程式を書きなさい。

60. 極成層圏雲（PSC）は，成層圏のオゾン層破壊に重要な役割を果たしている。
   a. なぜ北極よりも南極で PSC が多く形成されるのか答えなさい。
   b. PSC の粒子表面では，大気中よりも反応の進みが早い。その一つが，オゾンを破壊しない 2 種類の分子（塩化水素（HCl）と硝酸塩（$ClONO_2$））が反応して，塩素分子と硝酸（HNO_3）を生成する反応である。この反応の反応式を書きなさい。
   c. 生成された塩素分子もオゾンを分解することはない。しかし，春になって太陽光が南極に戻ると，塩素分子はオゾンを破壊する別の分子に変換される。これがどのように起こるかを化学式で示しなさい。

61. 最近の実験では，ClO• が最初に反応して Cl_2O_2 を形成することが示されている。
    a. この分子のルイス構造を考えなさい。ただし，原子の結合の順序は Cl-O-O-Cl であると仮定する。
    b. この実験結果は，ClO• によるオゾンの触媒的破壊のメカニズムの理解にどのような影響を与えると考えられるか。

62. 日焼け止めに含まれる化学物質が海洋生態系に害を及ぼしているという最近の研究がある。どの化学物質が原因なのか，また，より安全な代替物質は何なのか考えなさい。

第4章　気候変動

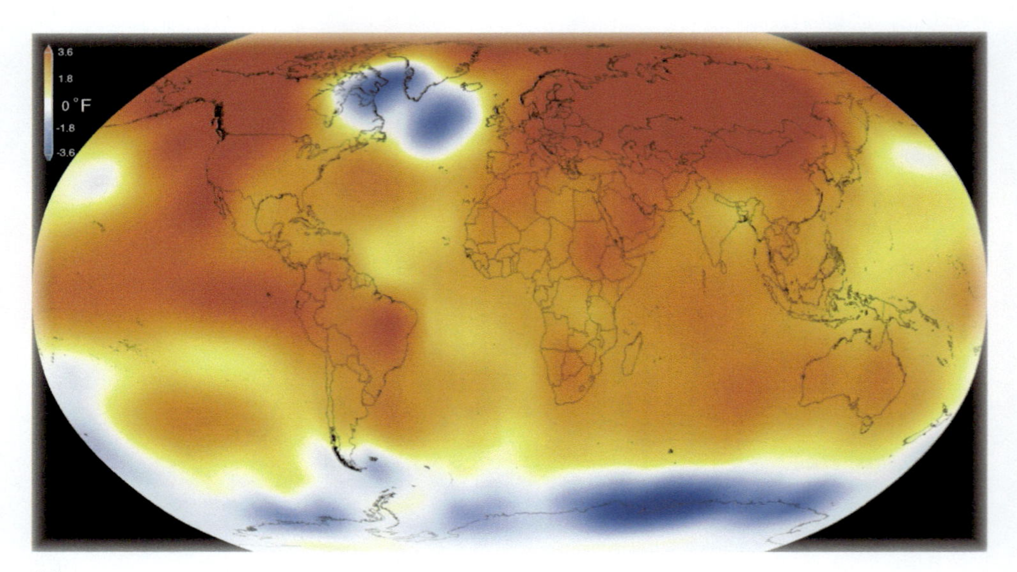

出典：Scientific Visualization Studio/Goddard Space Flight Center NASA

動画を見てみよう

気候変動

本章のオープニング動画（www.acs.org/cic）の中で，気候変動の問題点が広く議論されている。今現在のあなたの知識に基づいて，以下の質問に答えなさい。

a. 温室効果ガスによる温暖化は有益と思うか，有害と思うか。理由も述べなさい。

b. 大気中の二酸化炭素の発生源はどこか。

c. 気候変動とは何か。

d. 気候変動が今現在起きているという証拠はあるか。説明しなさい。

この章で学ぶべきこと

この章では，以下のような問いについて考える。

■何が地球上の炭素源になっているのか。

■炭素はどのように貯留層間を移動するのか。また，科学者はそれをどのように測定するのか。

■温室効果ガスとは何か。また，その有益な面と有害な面の効果は何か。

■気候変動がもたらす世界的な影響とは何か。

■現在の気候は，過去とどう違うのか。

■私たちの日々の行動は，地球環境にどのような影響を与えることができるのか。

序文

オープニング動画を見て気候変動と温室効果について，一般の人々がどのように考えているかが分かったところで，100 年後の未来について考えてみよう。地球を舞台にした二つの異なる未来のシナリオを考えてみることにしよう。

1. 過去５年間で，地球の気温は平均して 6℃上昇し，熱波が多くなり，山火事や熱中症が増加するようになった。乾燥したアメリカ西部は，2000 年に始まった干ばつから回復することはなかった。1930 年代初頭にフーバーダムが建設された際にできたミード湖は完全に干上がり，ロサンゼルスやフェニックス，ラスベガスなどの大都市が水不足に陥った。飲料水の不足と猛暑のため，多くの人々がこれらの地から移住せざるを得なくなった。グリーンランドや南極では，過去 100 年の間に氷河の量が急激に減少しており，溶けた氷河は海面を４ m（約 13 フィート）ほど上昇させた。熱帯の島々やマンハッタン南部，マイアミ，バングラデシュなどの低地の上空を飛ぶと，海水が人口密集地に侵入し，人々や企業が移動を余儀なくされていることが見て取れる。また，海水温の上昇により，勢力の強いハリケーンやサイクロンの発生が多くなっているため，低地に住む人々はより大きな影響を受けている。
2. モンタナ州のグレイシャー国立公園を訪れると，2015 年に消滅した 115 の氷河の一部が復活を始めている。インド沖の小さな島国モルディブを訪れると，島々を侵食する海水が引き始め，政府は 34 万５千人の国民を本土に移すために広大な土地を購入することを考える必要がなくなったことが分かる（**図 4.1**）。モルディブの珊瑚礁は，海水の過剰な暖かさと酸性度から回復し始めている。アフリカでは降水量の増加により農作物の収穫量が倍増し，ハリケーンやサイクロンは依然として発生しているが，その勢力はそれほど強くなく，被害は減少している。

読者ならどの世界を選ぶであろうか。この章では気候変動の背後にある化学について考えることにする。気候に関するデータを提示するので，読者はそのデータを分析して，地球で何が起こっているのか，自分なりの結論を出して欲しい。読者が今知っていることについて考えて

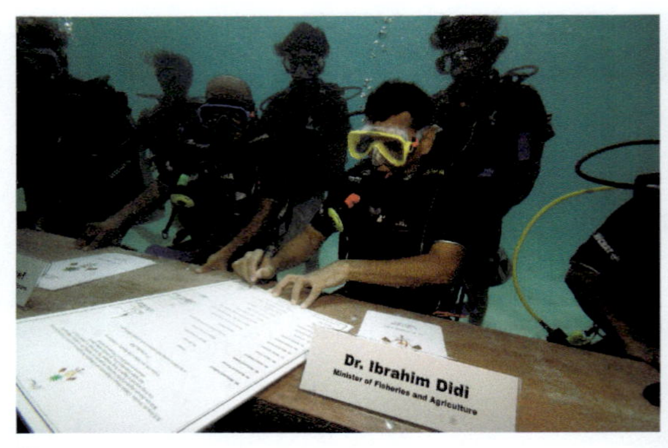

図4.1
2009年にモルディブの大統領とその閣僚は，島国が直面している海面上昇の脅威を訴えるために水中で閣議を行った。
©Mohammed Seeneen/AP Images

出典：GNP Archives/USGS

出典：GNP Archives/USGS

みて欲しい。地球の気候について何か読んだり聞いたりしたことはあるのか。温暖化や寒冷化の原因は何なのか。過去50年間で気候は本当に変化してしまったのか，また，今後50年間に起きることが予想できるのか。

気候変動の原因として考えられること，そして化学がどのように重要な役割を担っているかを調べるにあたり，これまでの問題で得た知識を忘れてはならない。では，まずは非常に重要な元素について調べることにする。

問4.1　展開問題

人類が引き起こしたことなのか？

序文の二つのシナリオから，人間が影響を及ぼしている可能性のある現象と，人間の影響を受けていない現象のリストを作成して，そのグループ分けの理由を説明しなさい。

4.1　炭素はそこら中にある

周期表で原子番号6の元素を見ると，地球上の生命にとって最も重要な元素の一つである炭素がある。化学者は炭素を非常に重要視しており，化学の一分野として炭素とその化合物を研究する分野である**有機化学**がある。有機化学は，炭素を主成分とする化合物を理解し，合成するための分野である。炭素は，ダイヤモンドや鉛筆の芯（グラファイト）として目に触れたことがあるかもしれないが，炭素原子を含む化合物は何百万とある。例えば，砂糖（$C_{12}H_{22}O_{11}$），マニキュア落としの成分であるアセトン（C_3H_6O），そして今回取り上げる二酸化炭素（CO_2）などがその例である。

問 4.2　展開問題

"Big C" とは？

化学において，炭素原子を含む物質は，地球上の生命やさまざまな現象を理解する上で重要な役割を担っている。あなたは，炭素の化合物について何を知っているであろうか。なぜ炭素は重要な元素なのか。炭素を含む化合物の例をいくつか挙げてみよう。

化学者として，地球上のどこに炭素原子があるのかを知ることは重要である。**図 4.2** に示す地球規模の炭素循環は，炭素を含む物質が自然界でどのように循環しているかを表している。炭素原子を含む化合物は，リザーバー（貯蔵庫）と呼ばれるいくつかの場所に存在し，その一つが大気である。炭素原子の多くは，CO_2 (*g*)（約 400 ppm），CH_4 (*g*)（約 1.8 ppm），CO (*g*)（大気汚染物質として微量）の形で存在している。炭素の第二の貯蔵庫は，炭酸塩を含む岩石である。炭素の第三の貯蔵庫は植物や動物で，炭素原子は酸素，水素，窒素，その他の元素と結合して炭水化物，タンパク質，脂質を形成している。

補足

炭水化物やタンパク質，脂質の詳細については，第 11 章で検討する。

炭素原子は，元素のままではほとんど存在しておらず，通常は他の元素と一定の割合で化合された化合物の中に存在する。岩石に含まれる炭素原子は，一般に**イオン化合物**の一部となっている。**イオン**とは，一つまたは複数の電子を獲得または失った結果，正または負の電荷を持った原子または原子のグループのことを意味する。この用語は，ギリシャ語の "放浪者" に由来している。Na^+は**陽イオン**（カチオン）の一例であり，正電荷を帯びたイオンである。同様に，Cl^-は**陰イオン**（アニオン）の一例であり，負に帯電したイオンである。イオン結合とは，逆の電荷を帯びたイオンが引き合うことで形成される化学結合のことであり，イオン化合物とは，

補足

化合物の命名の詳細については，2.7 節を参照すること。このような化合物は，原子が共有結合で結びついていることから，共有結合化合物と表記されることもある。

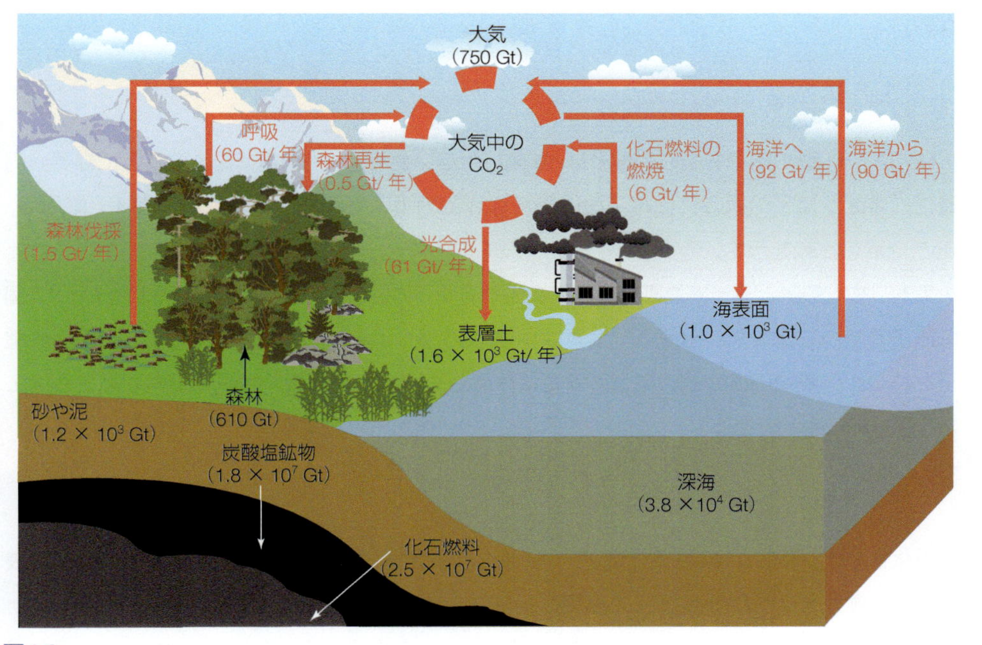

図4.2
世界の炭素循環。数字は，さまざまな炭素貯蔵層（黒）に貯留されている炭素量（ギガトン（Gt）），またはシステム内を年間移動している炭素量（赤）を示している。
出典：Purves, Orians, Heller and Sadava : Life, The Science of Biology, 5th edition, 1186（1998）.

1 ギガトン（Gt）は 10 億 t または 2.2 兆ポンドに相当する。比較として，荷物を満載したジャンボジェット機は 800,000 ポンドであり，1 Gt はそれの 300 万倍に相当する。

表 4.1　陽イオン形成

ナトリウム原子	ナトリウムイオン	ネオン原子
Na	Na^+	Ne
陽子 11 個	陽子 11 個	陽子 10 個
電子 11 個	電子 10 個	電子 10 個
全体の電荷 0	全体の電荷 1＋	全体の電荷 0

表 4.2　陰イオン形成

塩素原子	塩素イオン	アルゴン原子
Cl	Cl^-	Ar
陽子 17 個	陽子 17 個	陽子 18 個
電子 17 個	電子 18 個	電子 18 個
全体の電荷 0	全体の電荷 1－	全体の電荷 0

イオンを一定の割合で含んでいて，規則的で幾何学的な構造を持った化合物のことである。

イオン化合物についての説明はしたが，なぜ原子が電子を失ったり獲得したりしてイオンを形成するのかを説明する必要がある。その性質は，原子内の電子の分布に関係している。例えば，中性のナトリウム原子は，11 個の電子と 11 個の陽子を持っていることを思い出そう。ナトリウムは，1 族の他の金属と同様に 1 個の価電子を持っていて，この電子の原子核への束縛は弱いため電子は簡単に引きはがされてしまう。このとき，Na 原子は陽イオンである Na^+ になる。

$$Na \rightarrow Na^+ + e^- \qquad [4.1]$$

Na^+ は，11 個の陽子を含むが電子は 10 個しかないため，＋1 の電荷を持つことになる。同時に，ネオン原子のように価電子殻に完全な 8 個の電子を持つことになる。**表 4.1** に，Na，Na^+，Ne の比較を示す。

ナトリウム原子と違って塩素原子は非金属である。中性の塩素原子は，17 個の電子と 17 個の陽子を持つことを思い出そう。塩素は，17 族に属する全ての非金属と同様に，7 個の価電子を持つ。外殻電子は 8 個の場合に安定になるため，塩素が 1 個の電子を獲得することはエネルギー的に有利である。

$$Cl + e^- \rightarrow Cl^- \qquad [4.2]$$

塩化物イオン（Cl^-）は 18 個の電子と 17 個の陽子を持つため，正味の電荷は－1 である（**表 4.2**）。金属ナトリウム（Na (*s*)）と塩素ガス（Cl_2 (*g*)）は，接触すると激しく反応して，Na^+ と Cl^- の化合物である塩化ナトリウム（すなわち食卓塩）を生成する。塩化ナトリウムのようなイオン化合物では，共有結合のように電子を共有するのではなく，実際に片方の原子からもう片方の原子へと電子が移動している。では，純塩化ナトリウムに電荷を持つイオンが存在する証拠はあるだろうか。実験によると，塩化ナトリウムの結晶は電気を通さないことが分かっている。これは，結晶の中ではイオンが固定されているため，移動して電荷を運ぶことができないことを意味している。しかし，結晶を高温にして液体にすると，イオンは自由に動くようになり，熱い液体は電気を通すようになる。これは，イオンが存在することの証拠となる。

他のイオン化合物と同様に，NaCl の結晶は硬いが脆い。強くたたくと平らになるのではなく粉々になる。これは，強い力がイオン結晶全体に及ぶことを示唆している。厳密にいうと，分子内の原子同士をつなぐ共有結合のような局所的な結合は「イオン結合」には存在しない。イオン結合は，Na^+と Cl^-のような大きなイオンの集合体をつなぎ留めるものである。

読者は塩化ナトリウムや酸化アルミニウム，臭化マグネシウムといったいくつかのイオン化合物を耳にしたことがあるだろう。その英語での化合物の命名法は，まず陽イオン，次に陰イオンの順で名前を付け，最後に接尾語の -ide を付ける。日本語ではその逆で，まず陰イオンの元素名の“素”の代わりに“*化*”を付けて，その後に陽イオンを付ける。従って，CaO は酸化カルシウムであり，各イオンには元素の名前が付けられ，酸素は酸化物と修正される。同様に，NaI はヨウ化ナトリウム，KCl は塩化カリウムとなる。

これまで紹介した元素は，それぞれ１種類のイオンしか形成しない。１族と２族の元素は，それぞれ＋1 と＋2 の電荷を持つイオンを形成するのみである。ハロゲンは，典型的には－1 の電荷を持つイオンを形成する。臭化リチウムの化学式は LiBr であり，これはリチウム原子が Li^+になり臭素原子は Br^-を形成するため，1 : 1 の比率になることが理解できる。イオンは，常にそのイオン化合物の正味の電荷がゼロになるように反対の電荷を持つイオンと結合する。このようなイオン化合物の命名には，*モノ*，*ジ*，*トリ*，テトラという接頭語は用いない。LiBr を“一臭化リチウム”と呼ぶ必要はない。同様に，$MgBr_2$ は臭化マグネシウムであり，二臭化マグネシウムではない。マグネシウム原子は Mg^{2+}を形成するだけなので，1 : 2 の比率になることは明らかであり，分子化合物の命名時のようにその個数を明示する必要はない。この考え方は，他のイオン化合物である MgO や Al_2O_3 でも同じである。これらはどちらも酸素を含んでいるが，その比率は異なっている。16 族である酸素が６個の価電子を持っていることを考えると，中性の酸素原子が２個の電子を獲得して O^{2-}となり，８個の電子を持つようになることが分かる。同様に，マグネシウム原子は２個の電子を失い，Mg^{2+}となる。この二つのイオンは，全体の電荷がゼロになるように，1 : 1 の割合で結合しなければならないので，化学式は MgO となる。電荷は常に個々のイオンに書かなければならないが，イオン化合物の化学式では電荷は省略して書かれる。従って，化学式を $Mg^{2+}O^{2-}$と書くのは間違いである。電荷は化学式から見て取れる。

もう一つの例として Al_2O_3 について考える。アルミニウムは電子を３個失って Al^{3+}になる傾向があるので，Al^{3+}と O^{2-}からできるイオン化合物の化学式を Al_2O_3 と書くことができる。ここで，化合物全体の電荷がゼロになるように，イオンの比率は 2 : 3 になる。ここでも，化学式を $Al_2{}^{3+}O_3{}^{2-}$と書くのは間違いである。

しかし，**図 4.3** に示すように，電荷の異なるイオンを形成する元素もある。この場合，接頭語は使わずに金属イオンの電荷をローマ数字で指定する。例えば，銅の化合物を考えてみよう。もしも読者が先生から倉庫から“酸化銅”を持って来るように言われたら，どうすればよいだ

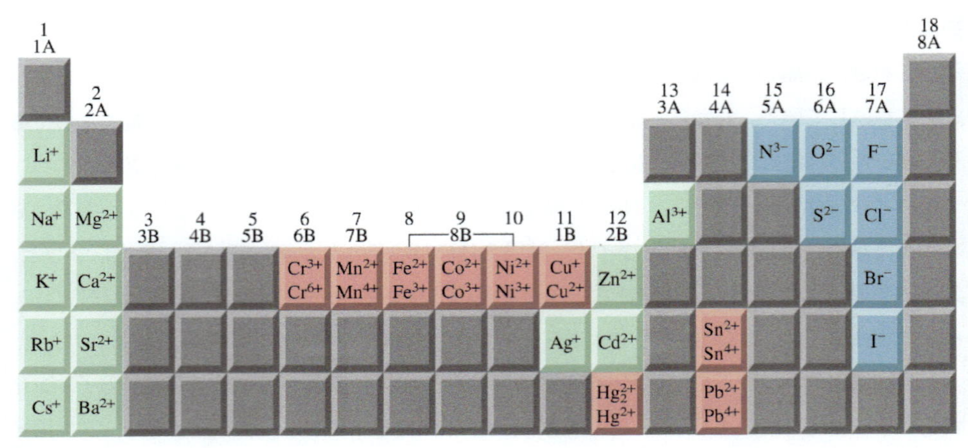

図4.3
各元素から発生する典型的なイオン。緑（陽イオン）と青（陰イオン）のイオンは単一の電荷しか持たない。赤（陽イオン）のイオンは二つ以上の電荷を持つ可能性がある。

ろうか。銅イオンは異なるイオンを形成するので，酸化銅（I）（Cu_2O）か酸化銅（II）（CuO）のどちらのことなのかを確認する必要がある。同様に，鉄イオンも異なる酸化物を形成することができる。一般的なのは FeO（Fe^{2+}から生成）と Fe_2O_3（Fe^{3+}から生成，一般に錆と呼ばれる）の二つである。FeO と Fe_2O_3 はそれぞれ酸化鉄（II）と酸化鉄（III）と呼ばれている。ここで注意すべきは，スペースがローマ数字を囲む括弧の後ろではなく前にあることである。

最後の比較として，$CuCl_2$ は塩化銅（II）と表記されるが，$MgCl_2$ は塩化マグネシウムと表される。マグネシウム原子は一つのイオン（Mg^{2+}）しか形成しないのに対して，銅原子は二つのイオン（Cu^+と Cu^{2+}）を形成することができるからである。

問 4.3　練習問題

イオン化合物の形成

以下に示す対になっている元素はイオン化合物を形成する。それぞれについて，考えられる化学式と名前を答えなさい。

a. Ca，S　**b.** F，K　**c.** Mn，O　**d.** Cl，Al　**e.** Co，Br

イオン化合物のイオンの一方または両方は複数の原子から成る**多原子イオン**であることがあり，そこでは二つ以上の原子が共有結合でつながっており，全体として正または負の電荷を持つ。例えば，炭酸アニオンの CO_3^{2-}では 3 個の酸素原子が中心の炭素原子に共有結合している。**表** 4.3 には，一般的な多原子イオンの一覧表が示してある。多くは陰イオンであるが，アンモニウムイオン（NH_4^+）のように，多原子陽イオンも存在する。一部の元素（炭素，硫黄，窒素）は，酸素と複数の多原子アニオンを形成することがある。

多原子イオンを含むイオン化合物の命名法は，二つの単原子イオンを含むイオン化合物の命名規則と同じ規則に従う。炭酸カルシウムは，チョークとも呼ばれるイオン化合物で，炭素循環の岩石部分に含まれる。$CaCO_3$ という化学式は，カルシウム（Ca^{2+}）と炭酸イオン（CO_3^{2-}）

表 4.3　一般的な多原子イオン

名称	化学式	名称	化学式
酢酸イオン	$C_2H_3O_2^-$	亜硝酸イオン	NO_2^-
重炭酸イオン*	HCO_3^-	リン酸イオン	PO_4^{3-}
炭酸イオン	CO_3^{2-}	硫酸イオン	SO_4^{2-}
水酸化物イオン	OH^-	亜硫酸イオン	SO_3^{2-}
次亜塩素酸イオン	ClO^-	アンモニウムイオン	NH_4^+
硝酸イオン	NO_3^-		

＊炭酸水素イオンとも呼ばれる。

を 1：1 の割合で含む化合物であると解釈することができる。

多原子アニオンから生成する化合物の一つに硫酸アルミニウム，$Al_2(SO_4)_3$ があるが，最後の下付き数字の“3”は，括弧で囲まれた SO_4^{2-} 全体にかかっている。従って，この化合物は，2 個のアルミニウムイオンに対して 3 個の硫酸イオンを含んでいる。同様に，イオン化合物である硫化アンモニウム，$(NH_4)_2S$ では，NH_4^+ は括弧で囲まれているので，下付き数字の“2”は，硫化物イオン 1 個に対してアンモニウムイオンが 2 個あることを表している。なお，この化学式でもまだ電荷は表示されていない。しかし，多原子イオンを括弧で囲まない場合もある。多原子イオンの添え字が 1 になる場合は，括弧が省略される。それでも，$AlPO_4$ の化学式はリン酸イオンを含むと“読み取り”，NH_4Cl はアンモニウムイオンを含むと“読み取る”。次の三つの問題で，多原子イオンを持つ化合物の名前を練習しよう。

地球上の炭素の位置が分かり，イオン化合物の名前が分かるようになったところで，炭素が地球上でどのように循環しているのかを見ていくことにしよう。

問 4.4　練習問題

多原子イオン（1）

以下に挙げたイオンの組み合わせでできるイオン化合物の化学式を書きなさい。

a.　Na^+，SO_4^{2-}　　b.　OH^-，Mg^{2+}

c.　Al^{3+}，$C_2H_3O_2^-$　　d.　CO_3^{2-}，K^+

問 4.5　練習問題

多原子イオン（2）

以下に挙げた化合物の名前を書きなさい。

a.　KNO_3　　b.　$(NH_4)_2SO_4$　　c.　$FeSO_4$

d.　$NaHCO_3$　　e.　$Mg_3(PO_4)_2$

資料室

Chemistry in Context
Tutorial

NOMENCLATURE

©Bradley D. Fahlman

イオン化合物の命名の例については，この動画で示されている。

www.acs.org/cic

動画を見てみよう

©World Meteorological Organization (WMO)

www.acs.org/cic では，人間の活動が自然の炭素循環にどのような影響を与えたかを見ることができる。

問 4.6　練習問題

多原子イオン（3）

以下に挙げた化合物の化学式を書きなさい。

a. 次亜塩素酸ナトリウム（一般的な家庭用漂白剤に含まれる成分）
b. 炭酸マグネシウム（石灰岩に含まれる）
c. 硝酸アンモニウム（肥料に含まれる有効成分）
d. 水酸化カルシウム（水の浄化に使われる薬剤）

4.2　炭素原子はどこへ行ったのか

第３章では，炭素原子は地球上で大気中（CO_2 (*g*)，CO (*g*)，CH_4 (*g*)）や岩石中の炭酸塩鉱物，そして植物や動物（タンパク質，炭水化物，脂質）に存在することを明らかにした。しかし，炭素循環は，炭素原子が常に移動していることを示している。燃焼や光合成，沈殿などの過程を経て，炭素原子はある貯蔵庫から別の貯蔵庫へと移動する。平均的な炭素原子は，地球の歴史の中で，堆積物から地球上での移動を経て堆積物に戻るというサイクルを 20 回以上繰り返してきたと推定されている。もしかしたら，読者の体の中の炭素原子の一部は，かつては恐竜やジュリアス・シーザーが持っていたものかもしれない。今，空気中に漂っている二酸化炭素は，1,000 年以上前のキャンプファイヤーから放出されたものかもしない。図 4.2 を見てみると，全てのプロセスが同時に起こっていることが分かる。しかし，その全てのプロセスが同じ速度で起こっているわけではない。

炭素原子が地球上でどのように循環しているかを知ることは重要である。例えば，数百万年前に生物から化石燃料へとゆっくりと変化した炭素は，私たちにとって非常に重要なものである。しかし，今日の化石燃料の燃焼による炭素の大気中への放出は，将来の世代にそのツケを回すほどの影響を与えている。次は，炭素を含む化合物の貯蔵庫と，その中で炭素原子を移動させるプロセスについて詳しく説明する。

問 4.7　考察問題

炭素循環

図 4.2 を用いて，以下の問いに答えなさい。

a. 大気中に炭素原子（CO_2）を添加するのはどのプロセスか。
b. 大気から炭素原子を除去するのはどのプロセスか。
c. 炭素原子の二大貯留層は何か。
d. 炭素循環の中で，人間の活動によって最も影響を受けるのはどの部分か。
e. 図 4.2 が“炭素循環”と呼ばれているのはなぜだと思うか。

これまでの話から，炭素循環は自然界における合成反応と分解反応の両方のメカニズムから成るダイナミックなシステムであることが分かる。呼吸は二酸化炭素を大気中に放出し，光合成は CO_2 を大気中から取り除く作用がある。

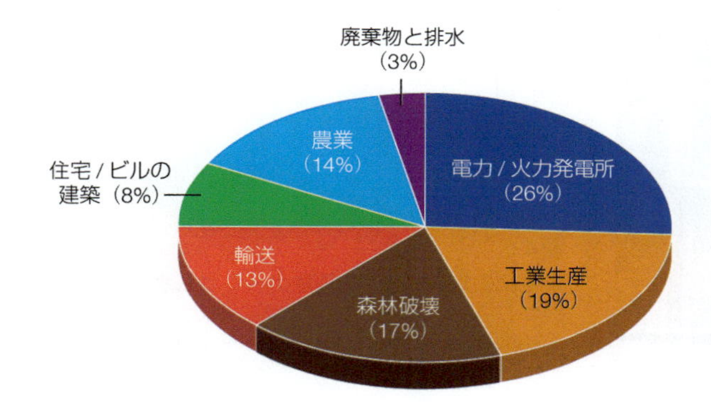

図4.4
世界の二酸化炭素排出量。
出典：アメリカ環境保護庁（EPA）

呼吸：$6\ O_2 + C_6H_{12}O_6 \rightarrow 6\ CO_2 + 6\ H_2O$　[4.3]

光合成：$6\ CO_2 + 6\ H_2O \rightarrow 6\ O_2 + C_6H_{12}O_6$　[4.4]

$C_6H_{12}O_6$ は，ブドウ糖（単糖）の式である。

動物界の一員である私たち人類は，他の動物らと同様に炭素循環プロセスの一部に組み込まれている。どんな動物でも，息を吸って吐いて，食物を摂取して排泄し，そして生きて死んでいく。しかし，人類の生み出した文明は，除去プロセスでの炭素原子の減少よりも多くの炭素原子を大気中に放出している（**図 4.4**）。電力生産や輸送や暖房のために，石炭や石油や天然ガスを広く燃焼させて地下にある巨大で最も大きな炭素貯蔵庫から大気中に炭素原子を放出させている。

また，人間が CO_2 排出に与える影響として，燃焼による森林破壊があり，毎年約 1.5 Gt の炭素が大気中に放出されている。世界の熱帯雨林では，毎日毎秒，サッカー場 2 面分の森林が消失していると推定されている。正確な数字は不明であるが，熱帯雨林の面積が最も減少しているのはブラジルで，毎年 540 万エーカー以上のアマゾンの熱帯雨林が消失している。二酸化炭素を効率良く吸収する樹木は，森林伐採によって炭素循環プロセスの一員から外されることになる。木材を燃やせば大量の二酸化炭素が発生し，腐敗させても二酸化炭素は遅いとはいえ発生する。また，建築用に木材を伐採し，その土地に農作物を植えたとしても，二酸化炭素吸収能力の損失は 80%にも及ぶといわれている。

問 4.8　考察問題

熱帯雨林

インターネットで，世界の熱帯雨林の現在と 20 年前の位置を示す地図を検索して，両者にどのような違いがあるか見てみよう。次に，20 年後にはどうなっているか考えてみよう。

海は二酸化炭素を吸収し，排出もする。これについては第 5 章で詳しく説明するが，CO_2 などの気体や周期表 1 族の陽イオンのイオン化合物などの固体は水に溶ける。コンロの上に水を入れた鍋を置くことを想像してみよう。その水に食塩を入れると溶ける。固体や気体が液体に溶けると，**溶液**ができる。溶ける物質を**溶質**，溶かす物質を**溶媒**と呼ぶ。従って，塩水は水溶液の一種であり，塩が溶質，水が溶媒として機能していることになる。

図4.5
塩化銀の沈殿の様子（硝酸ナトリウム水溶液中）。

前述のように，気体も液体に溶け込むことができる。炭酸飲料はその一例で，水溶液に二酸化炭素が溶け込むことで，炭酸飲料の発泡性が生まれる。ソーダが温まるとどうなるか。多くの場合，より多くの泡が発生し，泡が立つと**脱気**と呼ばれるプロセスで溶液から二酸化炭素が排出される。水温が上がると，海でも同じようなことが起こり，脱気によりもともと海に溶けていた二酸化炭素の一部が大気中に放出される。このように，海は大気中に放出された二酸化炭素を吸収する大きな役割を担っている。

読者は，洞窟の中で岩石層を見たことがあるだろうか。これらの層の中には，**結晶化**と同様に，固体の溶質が溶液から析出してできたものがある。**図4.5**のように固体が溶液内で"落ちる"ことを**沈殿**と呼び，その固体を**沈殿物**と呼ぶ。沈殿は温度の変化に影響を受ける。沈殿に影響を与える他の要因を思い浮かべることができるだろうか。第5章で詳しく説明するが，例として覚えておくべきなのは珊瑚礁である。珊瑚礁は，特定の条件下での沈殿反応によって形成され，その条件が変わると，珊瑚礁は大きくなったり，溶けたりする。では，このどちらが問題になるのだろうか。

森林伐採や化石燃料の燃焼などの人間の活動によって放出される炭素含有物質の総量は，年間約 7.5 Gt になる。このうち約半分は最終的に海洋や生物圏にリサイクルされるが，二酸化炭素は大気への排出速度ほど早く除去されるわけではない。CO_2 の多くは大気中にとどまり，図4.2 に示した既存のベースである 750 Gt に，年間 3.1 ～ 3.5 Gt の炭素を追加している。私たちは，大気中の二酸化炭素の急速な*増加*に関心を持つべきである。なぜなら，*過剰*な CO_2 は，地球の気候や従来の海洋の働きに影響を与える可能性があるからである。そのため，毎年，大気中に追加される CO_2 の質量（Gt）を知ることが有益である。つまり，3.1 Gt と 3.5 Gt の中間である 3.3 Gt の炭素を含む CO_2 は，どれほどの量なのか。この問いに答えるには，化学のより基本的で定量的な側面に立ち返る必要がある。

"ギガトン炭素"と表記されることもあれば，"ギガトン二酸化炭素"と表記されることもある。科学者は"ギガトン炭素"を最もよく使うが，これは炭素循環について話しているからである。

4.3 炭素の定量の第一段階：質量

前節の問題を解決するためには，CO_2 ガスのサンプルに含まれる C 原子の質量と，CO_2 分子の質量がどのように関係しているかを知る必要がある。CO_2 は，その発生源に関わらず化学式は常に同じであり，CO_2 分子に対する C 原子の質量パーセントも一定である。そのため，化学式から CO_2 分子中の C 原子の質量パーセントを計算することができる。次の二つの節では，その割合の値を求めることに重点を置くことにする。

そのためには，関係する全ての原子の質量を使う必要があるが，問題は「個々の原子はどれくらいの重さなのか」ということである。原子の質量は，主に原子核に含まれる中性子と陽子による。第１章で学んだように，元素によって質量が異なるのは，原子を構成するものの組成が異なるからである。化学者は，個々の原子の実際の質量を用いる代わりに，相対的な質量を用いるのが便利であることに気が付いた。国際的に認められている質量標準は，炭素原子の 98.90％を占める炭素 -12 である。炭素 -12（C-12）原子は，6 個の陽子と 6 個の中性子から成る原子核を持つので，質量数は 12 である。

補足

7.1 節で詳細を説明するが，同位体記号はしばしば上付き数字を使うことが多い。例えば重水素（H-2）は ^{2}H，水素（H-1）は ^{1}H である。

しかし，周期表を見ると，炭素の原子質量は 12.00 ではなく，12.01 である。これは誤りではなく，炭素には 3 種類の同位体が存在することを反映している。C-12 が主たる同位体であるが，炭素の 1.10％は C-13 という陽子 6 個，中性子 7 個の同位体である。さらに，天然炭素には，陽子 6 個，中性子 8 個の同位体である C-14 が微量に含まれている。表中の質量値 12.01 は**相対原子質量**と呼ばれ，天然に存在する全ての炭素の同位体の質量と存在比率を考慮した平均値である。この同位体分布と平均質量 12.01 は，黒鉛鉛筆，ガソリンタンク，パン，石灰岩の塊，あなたの体など，あらゆる天然資源から得られる炭素を特徴付けている。**表 4.4** に，自然界に存在する炭素の同位体についてまとめてある。

原子量という用語は長い間化学者によって使用されてきたが，多くの人は同等の用語である相対原子質量を好んで使用している。原子質量に単位が使われていないことに気付くだろうか。これらは統一原子質量単位（u）で表され，これは 1.67×10^{-27} kg に等しい。

表 4.4　炭素の同位体

同位体	原子量	存在比	相対的な原子量への寄与*
C-12	12	98.90％	11.868
C-13	13	1.10％	0.143
C-14	14	～ 0.001％	0.0001
			平均原子量＝ 11.868 ＋ 0.143 ＋ 0.0001 ＝ 12.011

＊存在比×質量数で計算される。例えば，C-12（^{12}C）の 98.90％は 0.9890 × 12 ＝ 11.868 である。

問 4.9　練習問題

窒素の同位体

同位体とその存在量や元素の平均原子質量との関係について学ぶために，シミュレーションを見てみよう（www.acs.org/cic）。このシミュレーションを使って，天然に存在する窒素の二つの同位体（N-14（^{14}N）と N-15（^{15}N））に関する以下の質問に答えなさい。

a. 周期表を使って窒素原子の原子番号と原子質量を求めなさい。
b. 中性原子 N-14 の陽子，中性子，電子はそれぞれいくつか答えなさい。
c. b の答えを，N-15 の中性原子の答えと比較しなさい。
d. 窒素の相対原子質量を考えると，自然存在量が最も多いのはどの同位体か。PhET シミュレーションを参照して答えを確認しなさい。

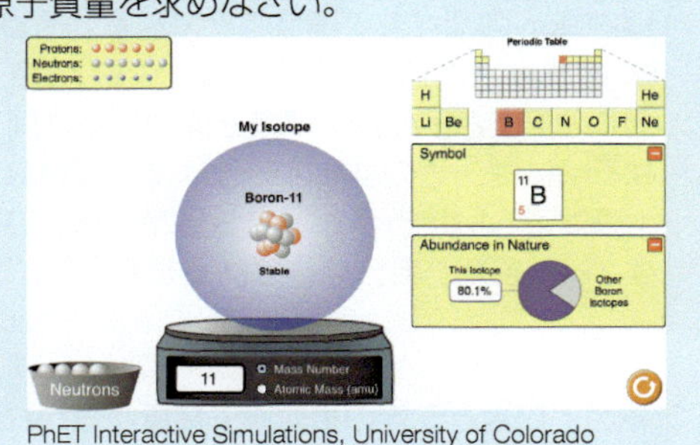

PhET Interactive Simulations, University of Colorado

同位体の意味を確認したところで，次は原子の質量，特に CO_2 に含まれる原子の質量に話を戻すことにしよう。原子の質量は非常に小さいので，1 個の原子の重さを測るのが困難であることは想像に難くない。一般的な実験用天秤で測ることができる最小質量は 0.1 mg で，これは炭素原子 5,000,000,000,000,000,000 個分，つまり 5×10^{18} 個の炭素原子に相当する。原子質量単位（u）は，通常の化学実験室で測定するにはあまりにも小さすぎるため，化学における質量単位はグラムが選ばれている。そのため，科学者たちは，全ての元素の原子量の基準として，ちょうど 12 g の炭素 -12 を使用している。相対原子質量とは，12 g の炭素 -12 に含まれる原子と同じ数の原子の質量（g）であると定義されている。このときの原子の個数（**アボガドロ数**）はもちろん*非常に*大きく，その値は 602,000,000,000,000,000,000,000 になる。科学的な表記では，6.02×10^{23} とコンパクトに書かれる。これは，12 g（大さじ 1 杯程度の煤）の炭素 -12 に含まれる原子の数であり，非常に大きな数である！

アボガドロ数は，ダースという言葉で卵を数えるように，原子を数えるときに用いられる。卵が大きいか小さいか，茶色か白か，有機かそうでないかなどは関係ない。どんな場合でも，12 個の卵があれば，1 ダースと数える。しかし，ダチョウの卵 1 ダースは，ウズラの卵 1 ダースよりも質量が大きい。**図 4.6** は，この点を 1/2 ダースのテニスボールと 1/2 ダースのゴルフボールで説明している。異なる元素の原子のように，同じ個数であってもテニスボールとゴルフボールの質量は異なる。

図4.6
テニスボールとゴルフボールの質量の比較。テニスボール 6 個の方がゴルフボール 6 個よりも質量が大きい。
©Conrad Stanitski

この重要な化学数は，ロレンツォ・ロマーノ・アマデオ・カルロ・アヴォガドロ・ディ・クァレーニャ・エ・ディ・チェレット伯爵（1776 ～ 1856）という印象的な名前のイタリアの科学者にちなんで名付けられた（彼の友人たちは彼をアマデオと呼んだ）。

問 4.10　展開問題

マシュマロと小銭

アボガドロ数は非常に大きいので，それを視覚化するには類推するしかない。例えば，普通サイズのマシュマロがアボガドロ数の 6.02×10^{23} 個あると，アメリカの表面を 1,000 km の深さまで覆うことになる。あるいは，マシュマロよりもお金に感動する人は，6.02×10^{23} 個の小銭を地球上の約 75 億人の住民に均等に配ったと仮定してみよう。全ての男女と子供が，昼夜を問わず毎時間 100 万ドルを使うことができ，各人が亡くなる頃には，その小銭の半分はまだ使われていないことになる。これらの素晴らしい主張は正しいだろうか。どちらか，あるいは両方にチェックを入れ，その理由を示しなさい。また，自分なりの例えを考えなさい。

アボガドロ数と元素の相対原子質量が分かれば，その元素に含まれる個々の原子の平均質量を計算することができる。従って，6.02×10^{23} 個の酸素原子の質量は，周期表から得られる相対原子質量である 16.00 g となる。酸素原子 1 個の平均質量は，原子の大きな集合体の質量をその集合体の大きさで割ることで求めることができる。化学的にいうと，相対原子質量をアボガドロ数で割ることに相当する。幸いなことに，電卓を使えば，この作業を素早く簡単に行うことができる。

$$\frac{16.00\ [\mathrm{g}]}{6.02\times10^{23}\ [個]} = 2.66\times10^{-23}\ [\mathrm{g}/個]$$

一般的に，化学者は少数の原子を扱うことはなく，一度に何兆個もの原子を取り扱っている。そのため，科学技術に携わる人は，化学者にとっての 1 ダース（＝アボガドロ数），それも非常に大きな 1 ダースを用いて物質を測定している。

問 4.11　練習問題

原子の質量の計算

以下の指示（1 ～ 3）に従って三つの例について検討しなさい。
1. 値が大きいか小さいかを予測しなさい。
2. 値を計算しなさい。
3. 計算と予測は合っているか。読者の予測が妥当かどうか考えなさい。
   a. 炭素の個々の原子の平均質量（g）
   b. 5 兆個の炭素原子の質量（g）
   c. 6×10^{15} 個の炭素原子の質量（g）

4.4　炭素の定量の第二段階：分子とモル単位

化学者には，原子やイオン，そして分子の数を数える独自の方法がある。それは，**モル**（mol）という用語で，アボガドロ数を 1 単位とした数として定義されている。この用語は，ラテン語の「積み重ねる」という言葉に由来している。従って，炭素原子 1 mol は 6.02×10^{23} 個の C 原子，アルミニウム原子 1 mol は 6.02×10^{23} 個の Al 原子となる。実際，1 mol の人は 6.02×10^{23} 人となる。では，1 mol の酸素ガスは何個の原子で構成されているのか。6.02×10^{23} 個の酸素原子と答える前に，酸素ガスは O_2 分子でできていることを考慮する必要がある。1 mol の酸素分子 O_2 に対して酸素原子 O は 2 mol であるから，酸素ガス 1 mol には 1.20×10^{24} 個の O 原子が含まれていることになる。

このように，化学において化学式や方程式は，原子や分子の単位で記述される。例えば，炭素を酸素で完全燃焼させる場合の 4.5 式をもう一度見てみよう。

$$C\ (s) + O_2\ (g) \rightarrow CO_2\ (g) \qquad [4.5]$$

この式は，炭素 1 *原子*が酸素 1 分子と結合して，二酸化炭素 1 分子を生成することを表している。従って，反応する粒子の比率を反映している。同様にして，10 個の C 原子が 10 個の O_2 分子（20 個の O 原子）と反応して，10 個の CO_2 分子を生成するということができる。また，もっと大きなスケールでいえば，6.02×10^{23} 個の C 原子が 6.02×10^{23} 個の O_2 分子（1.20×10^{24} 個の O 原子）と反応して，6.02×10^{23} 個の CO_2 分子を生成するということもできる！

表 4.5　化学反応式を理解するために

C	+	O_2	→	CO_2
1 原子		1 分子		1 分子
6.02×10^{23} 個の原子		6.02×10^{23} 個の分子		6.02×10^{23} 個の分子
1 mol		1 mol		1 mol

一つ前の文は，「1 *mol* の炭素と 1 *mol* の酸素が 1 *mol* の二酸化炭素を生成する」といっているのと同じことである。このように，**表 4.5** にまとめたように，反応に関与する*原子*や*分子*の数は，同じ物質の*モル*数に比例する。その結果，二酸化炭素に関していえば，酸素原子 2 個と炭素原子 1 個の比率は，二酸化炭素の分子数に関係なく同じである。

実験室や工場では，反応に必要な物質の量を重さで測定することが多い。モルとは，分子の数をより簡単に測定できる質量と関連付ける実用的な方法である。**モル質量**とは，指定された物質のアボガドロ数，つまり 1 mol の質量のことである。例えば，周期表から，炭素原子 1 mol の質量は 12.0 g であり，酸素原子 1 mol の質量は 16.0 g であることが分かる。酸素分子 1 個には 2 個の酸素原子が含まれているので，1 mol の酸素分子には 2 個の酸素原子が含まれている。その結果，O_2 のモル質量は 32.0 g となり，O のモル質量の 2 倍となる。

O_2 のモル質量を決めるのと同様に，二酸化炭素のような他の分子のモル質量も決めることができる。二酸化炭素の式（CO_2）を見ると，1 分子に炭素原子 1 個と酸素原子 2 個が含まれていることが分かる。アボガドロ数の 6.02×10^{23} でスケールアップすると，1 mol の CO_2 は 1 mol の C 原子と 2 mol の O_2 原子で構成されていることになる。以上のことから，二酸化炭素のモル質量は炭素原子のモル質量と酸素原子のモル質量の 2 倍を足し合わせて得られることが分かる。

$$\begin{aligned}
1\ \text{mol}\ CO_2 &= 1\ \text{mol C} + 2\ \text{mol O} \\
&= \left(1\ \cancel{\text{mol C}} \times \frac{12.0\ \text{g C}}{1\ \cancel{\text{mol C}}}\right) + \left(2\ \cancel{\text{mol O}} \times \frac{16.0\ \text{g O}}{1\ \cancel{\text{mol O}}}\right) \\
&= 12.0\ \text{g C} + 32.0\ \text{g O} \\
1\ \text{mol}\ CO_2 &= 44.0\ \text{g}\ CO_2
\end{aligned}$$

この計算手順は，モル質量が重要となる化学での計算で使用される。次の問題では，他のいくつかの分子を例として挙げてある。どの場合も，各原子のモル数に対応するモル質量（g/mol）を掛けて，その結果を足し合わせることで分子のモル質量が得られる。

化学者の中には，毎年10月23日（10^{23}）の午前6時2分から午後6時2分の間に「モルの日」を祝う人もいる。彼らがお祝いの最中に 1 mol のアイスクリームを食べようとしないことを祈ろう！

問 4.12　練習問題

モル質量

大気中に存在する以下の各気体のモル質量を計算しなさい。

a. O_3（オゾン）

b. N_2O（一酸化二窒素または亜酸化窒素）

c. CCl_3F（フロン -11，トリクロロフルオロメタン）

私たちは，3.3 Gt の炭素を燃やしたときに発生する CO_2 の質量を計算するために，以上の数学的な寄り道をしたが，これで全てのピースが揃ったことになる。44.0 g（1 mol）の CO_2 のうち，12.0 g は C 原子である。この質量比は，全ての CO_2 サンプルに適用され，既に分かっている CO_2 の質量に含まれる C 原子の質量を計算することができる。さらにいえば，この質量比を使えば，既知の質量の炭素を燃焼させて放出される CO_2 の質量を計算することができる。それは，比率をどのように利用するかによって決まる。C：CO_2 の質量比は $\frac{12.0\ \text{g C}}{44.0\ \text{g CO}_2}$ であるが，CO_2：C の比は $\frac{44.0\ \text{g CO}_2}{12.0\ \text{g C}}$ という使い方も可能である。

さらに，このように関係を利用することで，100.0 g の CO_2 に含まれる炭素原子の重さ（g）を算出することもできる。

$$100.0\ \text{g}\ \cancel{\text{CO}_2} \times \frac{12.0\ \text{g C}}{44.0\ \text{g}\ \cancel{\text{CO}_2}} = 27.3\ \text{g C}$$

二酸化炭素 100.0 g の中に 27.3 g の炭素が含まれているということは，CO_2 中の C の質量パーセントが 27.3% であるということと同じである。なお，上式において「g CO_2」や「g C」という単位を使うことで，計算間違いを減らすことができる。「g CO_2」という単位を約分して，「g C」という単位を残すことができるのは，一方の「g C」という単位が分子にあり，もう一方の「g CO_2」という単位が分母にあるからである。単位を把握しておいて適切なところで約分することは，多くの問題を解く上で有用な手法である。

実験室 

©Matt Meadows/McGraw-Hill Education

この動画で，反応物と生成物のモル比を実験的に決定する方法を見ることができる。www.acs.org/cic

問 4.13　練習問題

質量比とパーセント

a. SO_2 分子中の S 原子の質量比を計算しなさい。

b. SO_2 分子中の S 原子の質量パーセントを求めなさい。

c. N_2O 分子中の N 原子の質量比と質量パーセントを計算しなさい。

計算では，使用した測定器の不確かさを表すために有効数字を使って結果が報告される。例えば，± 0.01 g の精度を持つ天秤で求めた "1 g" の質量は，1.00 g と報告する必要がある。もしも，この質量を誤って 1.0 g と報告してしまうと，測定器の精度を実際よりも低く考えていることになる。一方，1.000 g と報告した場合は，小数点以下の桁数が測定の不確かさを表

遺伝学の詳細については，第13章を参照のこと。

しているため，精度を過大評価していることになってしまう。

測定値の有効数字数には，以下のルールがある。

1. 0以外の桁は全て有効数字となる。例えば，1.55 g という数値は有効数字が3桁になる。
2. 0以外の桁の間に埋め込まれている0は全て有効数字となる。例えば，1.003 mL は有効数字4桁となる。
3. 0以外の桁と小数点に続く0は，有効数字となる。例えば，1.000 g は有効数字4桁となる。3.0 mL は有効数字2桁となる。
4. 0以外の桁の前に置かれた先頭の0は，有効数字ではない。例えば，0.00032 g は有効数字が二つしかないことになる。0.00305 mL は，頭に付いている3個の0は有意ではないので，有効数字が3桁になる。

問 4.14　展開問題

有効数字（1）

以下の各数値について，有効数字の数を求めよ。

a. 100.0 mL　b. 60.1 g　c. 0.0001 L　d. 1.003 g

測定値を適切な有効数字で報告する場合，測定値が加算か減算か，そして掛け算か割り算かが重要となる。測定値から計算された答えを報告する場合は，次のルールを使用する。

1. *足し算と引き算*の場合は，足し算や引き算をする数の中で*小数点以下の桁数が少ないもの*を答えとする。例えば，1.003 g＋0.2 g＋0.001 g＝1.204 g であるが，小数点以下の桁数が最も少ないのは 0.2 g（小数点以下1桁）なので，答えは 1.2 g と報告する必要がある。
2. *掛け算や割り算*の場合は，掛け算や割り算をする数のうち，*有効数字*が最も小さいものを答えにする。例えば，1.002 cm×0.005 cm＝0.0050 cm^2 となるが，最小の有効数字（0.005 cm は1桁）に基づき，答えは 0.005 cm^2，科学的表記では 5×10^{-3} cm^2 と報告されるべきである。

資料室

Chemistry in Context Tutorial

CO_2 CALCULATIONS

©Bradley D. Fahlman

www.acs.org/cic の動画で，Gt 単位の炭素の燃焼から g 単位の CO_2 を計算する方法を詳しく説明しているので，チェックして欲しい。

問 4.15　練習問題

有効数字（2）

以下の各項目について，正しい有効数字までの答えを書きなさい。それぞれの計算に正しい単位を含めることも忘れないこと。

a. 5.0 g÷0.31 mL　b. 15.0 m×0.003 m
c. 1.003 g＋0.01 g　d. 1.000 mL－0.1 mL

C原子を 3.3 Gt 含む CO_2 の質量を求めるには，3.3 Gt を g に変換すればいいと考えがちだがその必要はない。C原子と CO_2 分子の質量単位が同じであれば，同じ比率が成り立つからである。前回の計算と比較して，この問題では比率の使い方が異なっているのが注意すべき点である。単位をよく見れば分かるように，C原子の質量ではなく，CO_2 分子の質量について解いている。

$$3.3\ \cancel{\text{Gt C}} \times \frac{44.0\ \text{Gt CO}_2}{12.0\ \cancel{\text{Gt C}}} = 12\ \text{Gt CO}_2$$

ここでも単位は約分され，「Gt CO_2」となる。

私たちの疑問であった化石燃料の燃焼によって毎年大気中に追加される CO_2 分子の質量について，その値は 12 Gt であるという答えが得られた！このように，私たちは化学的問題の解決方法について提示し，その中で六つの重要な概念（原子質量，アボガドロ数，モル，モル質量，質量パーセント，有効数字）について説明した。次の問題では，これらの重要な概念を使って考えてもらう。

問 4.16　練習問題

火山噴火からの SO_2

a. 世界の火山は，年間約 1.9×10^7 t（1,900 万 t）の SO_2 を放出していると推定されている。この量の SO_2 分子に含まれる硫黄原子の質量を計算しなさい。
b. 化石燃料の燃焼によって年間 1.42×10^8 t の SO_2 が放出されるとすると，この量の SO_2 分子に含まれる硫黄原子の質量を計算しなさい。

これまで説明した考え方を知っていれば，炭素や CO_2 やその他の物質の放出に関する報道を慎重に評価し，その的確さを判断することができる。また，そのような報道を鵜呑みにすることも，化学的な概念に数学を適用してその正確さを確認することもできる。もちろん，全ての主張をチェックする時間はない。しかし，本書を含めた化学と社会に関する全ての記述に対して，疑問と慎重な態度を身に付けることを，この本を書いた私たちは望む。

問 4.17　展開問題

車の排気ガス

ガソリン１L の消費につき，クリーン燃焼の自動車エンジンは CO_2 分子の形で約 0.6 kg の C 原子を排出する。アメリカの平均的な車の年間走行距離は約 20,000 km である。この情報と読者の考えた仮定を使って，「アメリカの平均的な自動車は，その重さ分の炭素を大気中に放出している」という記述を検討しなさい。なお，この問題を解くために用いた仮定を全て挙げなさい。そして，読者のリストと答えをクラスメイトの答えと比較しなさい。

4.5　炭素原子の行き着く先が重要なのはなぜか

さて，さまざまな炭素貯蔵庫に含まれる炭素の量を定量化できたところで，炭素を含む物質がこれらの貯蔵庫にどのような影響を与えるかを見てみる必要がある。この議論を始めるには，地球のエネルギーバランスと，地球がどのように加熱され冷却されているかを理解する必要がある。地球を暖めるエネルギーは，主に太陽からもたらされているが，これが全てではない。太陽からの距離と太陽からの日射量から見積もられる地球の平均気温は－18℃であり，その

図4.7
ガリレオ探査機が撮影した金星。
出典：ガリレオ探査機，JPL，NASA，著作権はCalvin J. Hamilton/NASA

気温では海は年間を通して凍っているはずである。ありがたいことにこれは事実でなく，地球の平均気温は現在約 15℃である。

金星（**図 4.7**）もまた，太陽からの距離で見積もられる温度と実際の気温が一致しない惑星である。夜空で最も明るく美しいといわれる金星の平均気温は約 450℃である。しかし，太陽からの距離から考えると，金星の平均気温は水の沸点である 100℃となるはずである。では，地球と金星にはどんな共通点があるのだろうか。それは，大気があるということである。では，大気がどのような役割を担っているのかを知るために，太陽からの日射が地球に届くとどうなるのかを見ていくことにする。

図 4.8 は，地球のエネルギーバランスに寄与するエネルギー過程を示している。地球は，ほぼ全てのエネルギーを太陽からの紫外線と可視光線と赤外線の形で受けている。この放射の一部は，大気中に浮遊する塵やエアロゾル粒子によって宇宙空間に反射され（25%），また，地球表面の特に雪や海氷で覆われた地域（6%）でも反射される。つまり，太陽からの放射の31%は宇宙空間へ反射される（青色の矢印）。

残りの 69%の放射は，大気（23%）または陸地や海（46%）に吸収される（オレンジ色の矢印）。太陽からの放射は全て反射か吸収に費やされる（31%＋69%＝100%）。

問 4.18　練習問題

太陽光

第 3 章では，電磁スペクトルのさまざまな構成要素について説明した。太陽から放射される 3 種類の電磁波（赤外線（IR），紫外線（UV），可視光線）について考えてみよう。
a. 波長の長い順に並べなさい。
b. エネルギーの大きい順に並べなさい。

地球のエネルギーバランスを保つためには，太陽から吸収された放射の全てが最終的に宇宙空間に戻る必要があり，図4.8 はそれを示している。

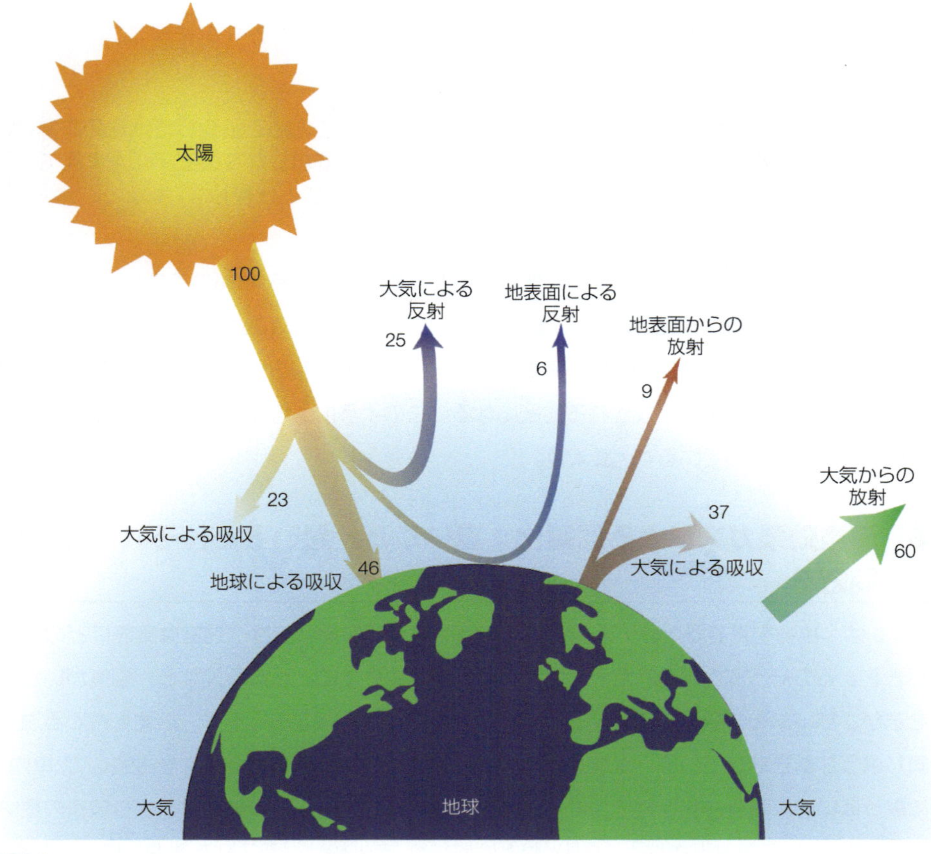

図4.8
地球のエネルギーバランス。オレンジは太陽からの放射を表し，波長の短い放射は青，長い放射は赤で示されている。数値は全入射日射量に対するパーセンテージで示されている。

- 太陽からの放射の 46%は地球に吸収される。
- 地球は吸収した全ての放射を赤外線として再び外部へ放出している。
- 46%のうちの一部（9%）は宇宙へと放出されている。
- 残り（37%）は大気に吸収されている。
- 太陽からの放射の残りの 54%の内訳は，大気に吸収される分（23%），大気に反射される分（25%），そして地球表面に反射される分（6%）である。

大気に吸収される放射エネルギーの 60%は最終的に宇宙空間に放出され，エネルギー収支を保っている。その 60%のうち，23%は太陽から直接吸収した分であり，37%は地球表面からの放射を吸収した分である。

資料室

出典：NASA Earth Observatory
地球のエネルギーバランスの詳細は，こちらの動画で分かる。www.acs.org/cic

問 4.19 考察問題

独自のエネルギー収支図を作成しよう

図 4.8 を完全に理解するのは容易ではない。この図と，この節で紹介した地球のエネルギー収支の説明を使って，地球のエネルギー収支を表す自分なりのモデルを考えてみよう。また，作成した自分のモデルをクラスメイトのものと比較しなさい。

また，太陽からの放射の，地球自体が吸収してから再び放出する 46%のエネルギーのうち，37%は宇宙空間に放出される前に大気圏で吸収される。この吸収によりエネルギーを得た大気分子同士が衝突し，地球の大気が上昇する。つまり，地球から放出される放射線の 80%（37 ÷ 46 × 100%）が大気中に吸収されることになる。このように，地球の大気は，まるで植物の温室のように熱を蓄えている！（**図 4.9**）。

4.6 温室効果ガスによる温暖化：良いこと，悪いこと，それともその両方？

図 4.9 は，植物を育てるために使用される温室の写真である。では，温室は実際にどのような働きをするのだろうか。晴れた日に窓を閉めて車を停めたことがある人なら，温室がいかに熱を逃がさないかを体験したことがあるはずである。ガラス窓のある車は，植物を育てる温室と同じような働きをしている。太陽からの可視光線や紫外線は車のガラス窓を透過して，車内，特に黒っぽい物に吸収される。そして，この吸収されたエネルギーの一部は，より波長の長い赤外線（熱）として再放出される。可視光線とは異なり，赤外線はガラス窓を透過しにくいため，車内に“閉じ込められる”ことになる。そうすると車に乗ろうとしたとき，車内からの熱風を浴びることになる。車内の温度は，気候によっては夏場に 49℃を超えることもある！窓という物理的なバリアが地球の大気と全く同じというわけではないが，車内を暖めるという効果に関しては地球の温暖化とよく似ている。

水蒸気は大気中で最も多く存在する温室効果ガスであり，地球大気の温度が上昇するにつれて増加する。しかし，水蒸気の生成は主に自然現象によるものである。

温室効果とは，地球が放射する赤外線の大部分（約 80%）を大気中のガスが閉じ込めるとい

図4.9
典型的な植物温室。
©Jeanie333/Shutterstock

う自然現象で，地球の年平均気温が15℃と予想以上に高いのも，大気中の気体が熱をためる結果である。金星の大気も同じような働きをしているが，そこではより多くの熱を閉じ込めている。なぜならば，金星の大気は，96%近くが二酸化炭素でできており，その濃度は地球の大気よりもはるかに高いからである。

地球と金星の大気中に存在する二酸化炭素は，温室効果ガスの一つである。**温室効果ガス**とは，赤外線を吸収・放出し，大気を暖めることができる気体のことである。二酸化炭素の他，水蒸気，メタン，亜酸化窒素，オゾン，クロロフルオロカーボンなどがある。これらのガスが存在することで，私たちの地球は居住可能な温度に保たれている。

エネルギー収支の説明で，地球が吸収した太陽からの放射の80%が大気中に放出されることを示した。地球，大気，宇宙の間でエネルギーがやり取りされることで，地球の平均気温は定常状態となり，一定に保たれているのである。しかし，現在起こっている温室効果ガスの濃度上昇は，エネルギーバランスを変化させ，地球の温度変化を引き起こしている。**温室効果の増大**とは，地球表面から放出される熱エネルギーの80%*以上*を大気中のガスが吸収することで再び地表を暖めて気温を上昇させる現象のことである。**地球温暖化**という言葉は，温室効果の高まりによる地球の平均気温の上昇を表す言葉としてよく使われている。

大気中の温室効果ガスが増加している原因は何か。工業，輸送，鉱業，農業などの人間の活動による**人為的な影響**が考えられている。これらの活動には，炭素を主成分とする燃料が必要であり，燃やすと二酸化炭素が発生する。19世紀後半，スウェーデンの科学者スヴァンテ・アレニウス（1859～1927）は，工業化の進展が大気中のCO_2を増加させ，問題を引き起こす可能性があると考えた。彼の見積もりでは，CO_2の濃度が2倍になると，地球の表面の平均気温が5～6℃上昇することが分かった。では，何が大気中のCO_2を増加させているのであろうか。

問4.20　考察問題

温室としての地球

地球がどのように温室として機能しているかを説明する図や模型を描きなさい。そして，描いたものを言葉で説明しなさい。

問4.21　展開問題

温暖化問題の再検討

この章を始めるにあたり，私たちは「地球の大気に温室効果ガスを供給することは，良いことなのか悪いことなのか？」と問いかけた。
ここまで読み進んだ読者はこの問いにどう答えるか，考えを述べなさい。

温室効果とそれが地球に与える影響について学んだところで，なぜCO_2や水蒸気などが温室効果ガスとして働くのか，その原因を明らかにする必要がある。

2.3節で，大気は78%の窒素と21%の酸素ガスで構成されていることを思い出して欲しい。

4.7　温室効果ガスを見分ける方法

二酸化炭素，水，メタンは温室効果ガスだが，それに対して窒素や酸素は温室効果ガスではない。なぜこのような違いが生まれるのだろうか。その答えは，分子を構成する原子の数と分子の形にある。ここでは，ルイス構造の知識を活かして，分子の形について考えていく。次章では，この形状を分子の振動に結びつけ，温室効果ガスと非温室効果ガスの違いを説明する。

第3章では，ルイス構造を用いて，原子や分子の中で電子がどのように配置されているかについて学んだ。その際，分子の形については気を配らなかった。では，O_2 や N_2 のような二原子分子の形はどうなっているだろうか。ここでは，分子が直線状である必要があるため，その形は明らかである。

:N⋮⋮N:　または　:N≡N:　または　N≡N

O::O　または　O=O　または　O=O

各原子の周囲に4対の電子があるという通常のパターンには例外もある。例えば，HとHeは最大2個の電子を持ち，13族の原子は通常オクテットより少ない。さらに，第3周期以下の原子は"オクテットを広げる"ことができ，8個以上の電子を持つこともある。

大きな分子になると何種類もの形を取ることが可能になることがあるが，ルイス構造は分子の形状を理解するのに役立つモデルであることに変わりはない。従って，分子の形を考えるための最初のステップは，そのルイス構造を書くことである。各原子（水素とヘリウムを除く）には，通常4組の電子が付随しており，*オクテット則*（八隅子則）として知られている。分子によっては，非結合性の孤立電子対を含むこともあるが，何らかの結合電子を持っていなければ，それは分子とはいえない！

電子はマイナスに帯電し，互いに反発し合うが，ペアになると安定する。磁石のペアを思い浮かべて欲しい。互いの逆極が隣り合うように向きを変えれば，磁石は引き合う。電子も似たような（しかしより複雑な）働きをする。

反対の電荷同士は引き合い，同じ電荷同士は反発する。負に帯電した電子は，正に帯電した原子核に引き寄せられる。そこで，全て同じ電荷を持つ電子は，正電荷を持つ原子核への引力を維持したまま，空間的にできるだけ互いに離れた所に居ようとする。負に帯電した電子対は，互いに反発し合う。従って，分子の形は，互いに反発し合う電子対ができるだけ離れられるような形を取る。ここでは，温室効果ガスであるメタン（CH_4）を例に，分子の形を理解するための手順について説明する。

1. **分子内の各原子に付随する価電子の数を決める。**炭素原子（14族）は4個の価電子を持ち，4個の水素原子はそれぞれ1個の電子を提供する。このため，8個の価電子が存在する。
2. **中心原子の周りに8個の電子を含むように価電子を配置したルイス構造を書く。**このためには，単結合，二重結合，三重結合が必要となる場合もある。メタン分子の場合，8個の価電子を使って，中心の炭素原子の周りに4個の単結合（4個の電子対）を形成する。これがルイス構造である。

H:C:H（上下にH）　すなわち　H—C—H（上下にH—）

構造を見てみると，炭素が8分子で，各水素が2個の電子を持っているため，これは安定な構造であることが分かる。この構造は，CH_4 分子が平面構造を持つように見えるが，

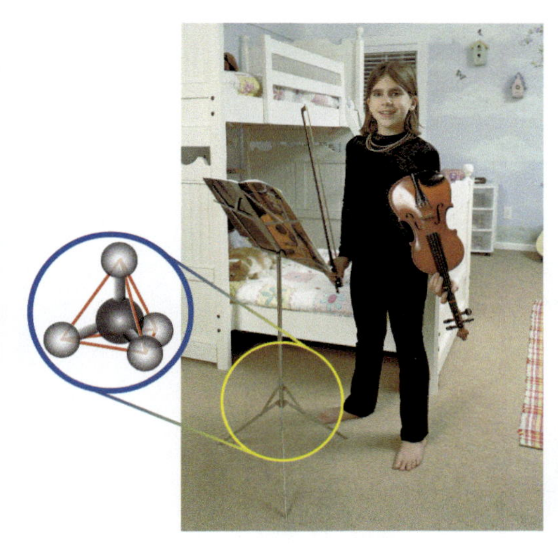

図4.10
譜面台の脚と軸は，メタンのような四面体分子の結合の形状によく似ている。
©Mark Hall/Getty Images

そうではなく，次のステップで見るように，実はメタン分子は*四面体構造*を持つ。

3. **最も安定な分子形状は，結合電子対が三次元的に可能な限り離れていると仮定する**（注：他の分子では，非結合電子も考慮する必要がある場合もあるが，CH_4 にはそれがない）。CH_4 の炭素原子の周りにある四つの結合電子対は互いに反発し合い，最も安定した配置では互いにできるだけ離れている。その結果，四つの水素原子も互いにできるだけ離れた位置にある。この構造では水素原子が四面体の各頂点にあたる場所にあるため，四面体構造と呼ばれる。四面体は，全ての面が同じ形をした四つの三角形から成る形状で，*三角錐*と呼ばれることもある。

CH_4 分子の形状を説明する一つの方法は，折りたたみ式の譜面台の台座になぞらえると分かりやすい。四つの C-H 結合は，等間隔に並んだ３本の脚と，スタンドの垂直な軸に対応している（**図 4.10**）。各結合の間の角度は 109.5° である。CH_4 分子がこの四面体構造を持つことは，実験的にも確かめられている。実際，この形は自然界，特に炭素を含む分子で最も一般的な原子の配置の仕方の一つである。

問 4.22　練習問題

メタンは平面構造か四面体構造か

a. 二次元で書いたルイス構造が予測するように，メタン分子が平らであったとしたら，H-C-H 結合の角度は何度になるか答えなさい。
b. この分子にとって，二次元の平面構造ではなく，四面体構造の方が有利である理由を述べなさい。
ヒント：炭素原子の周りの電子の位置について考えなさい。
c. 図 4.10 に示す，黄色の線で囲んだ譜面台の部分を考えてみよう。譜面台を使った形状の類推では，炭素原子があるのはどこで，水素原子があるのはどこか答えなさい。

化学者が使う分子の表現方法にはいくつかある。最も単純なものは，もちろん化学式そのも

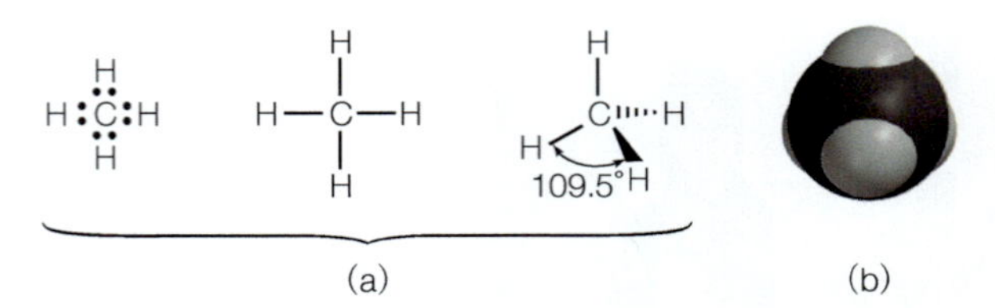

図4.11 **資料室**
メタン分子（CH_4）の表現。(a) ルイス構造と構造式，(b) 空間充塡模型。
この構造の三次元的表現は www.acs.org/cic で見ることができる。

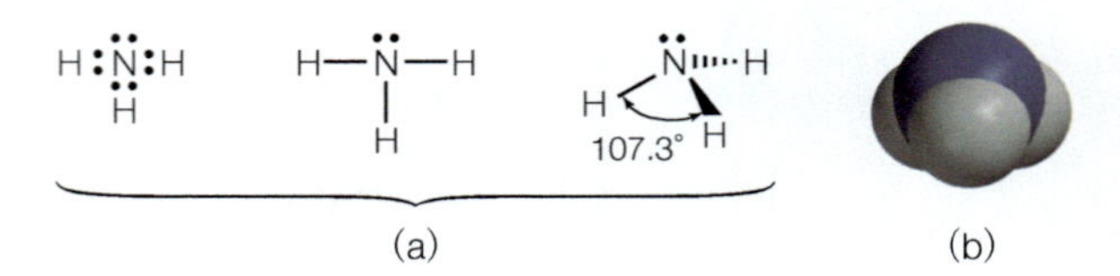

図4.12 **資料室**
アンモニア分子（NH_3）の表現。(a) ルイス構造と構造式，(b) 空間充塡模型。
この構造の三次元的表現は www.acs.org/cic で見ることができる。

のである。メタンの場合，これは単に CH_4 と書かれる。もう一つはルイス構造であるが，これも価電子に関する情報を与えるだけの二次元的な表現である。**図 4.11** には，これら二つの表現と，三次元的に見える他の二つの表現が示されている。一つは，紙面から読者に向かって出てくる結合軸を表すくさび状の線がある。同じ構造式の中の破線のくさびは，読者から遠ざかる方を向いている結合軸を表している。2 本の実線は，紙面と平行にある。もう一つは，分子描画ソフトで描いた空間充塡模型であり，原子や分子の電子が占める体積を反映させた模型である。教室や実験室で物理的な模型を見たり操作したりすることは，分子構造のイメージをつかむのに大いに役立つ。

しかし，全ての価電子が結合に寄与するわけではない。分子によっては，中心原子が*孤立電子対*と呼ばれる非結合電子対を持つ場合がある。例えば，**図 4.12** に示されているのはアンモニア分子で，窒素は 8 個の電子に囲まれるオクテット則に従っている。この場合，3 個の結合電子対と 1 個の孤立電子対の電子が存在する。

孤立電子対は，結合電子対よりも大きな空間を占める。その結果，孤立電子対は，結合電子対が互いに反発するよりも強く結合電子対を反発させる。この反発力の強さの違いにより，結合電子対は互いに接近し，H-N-H の角度は，正四面体での結合軸間の角度 109.5° よりわずかに小さくなる。実際に測定で得られた 107.3° という値は正四面体の角度に近く，このことからも，私たちの模型が十分に信頼できることが分かる。

分子の形は原子の配置によって表される（**表 4.6**）。アンモニア分子（NH_3）の水素原子は三角形を形成し，その上にある窒素原子は*三角錐*の頂点に位置している。従って，アンモニア分子は三角錐の形をしているといえる。先ほどの図 4.10 の折りたたみ式譜面台に例えると，譜面台の各脚の先端に水素原子があるとして見ればよい。このため，窒素原子は脚と軸の交点に位置し，非結合電子対はスタンドの軸に対応する。

表 4.6　分子の一般的な形状

中心原子に結合している原子数	中心原子の非結合電子対の数	形状	空間充填模型
2	0	直線	CO_2 
2	2	湾曲	H_2O 
3	0	平面三角形	BCl_3 
3	1	三角錐	NH_3 
4	0	正四面体	CH_4 

水分子（H_2O）は曲がっていて，中心の酸素原子（16 族）には，2 個の水素原子から 1 個ずつと，酸素原子から 6 個の合計 8 個の価電子がある。この 8 個の電子は，二つの結合電子対と二つの孤立電子対の組に分かれている（**図 4.13**a）。

この 4 組の電子対が互いにできるだけ離れて配置されているとすると，H-O-H の結合角度は 109.5° となり，メタン分子の H-C-H の結合角度と同じになると予想される。しかし，メタン分子とは異なり，水分子は非結合電子対を二つ持っていて，これらの反発により，結合角は 109.5° より小さくなる。実験によると，約 104.5° という値が出ている。

問 4.23　練習問題

分子形状の予測（1）

表 4.6 と今述べた方法を用いて，以下の分子の形をそれぞれスケッチしてみよう。

a. CCl_4（四塩化炭素）
b. CCl_2F_2（フロン -12，ジクロロジフルオロメタン）
c. H_2S（硫化水素）

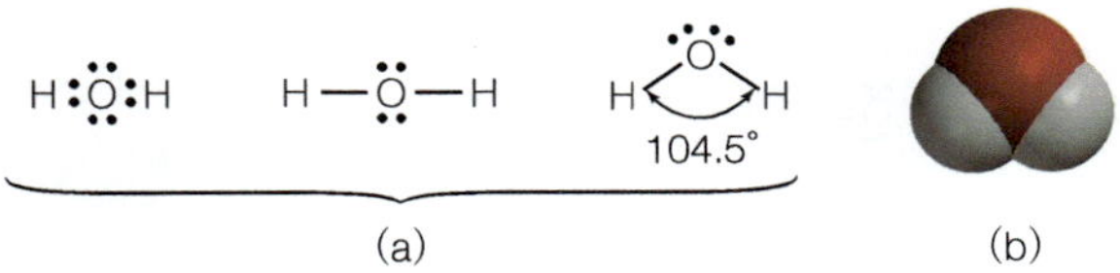

H:Ö:H　H—Ö—H　H∠Ö∠H 104.5°

(a)　(b)

図4.13　**資料室**

水分子（H_2O）の形状。(a) ルイス構造と構造式，(b) 空間充填模型。この構造の三次元的表現は www.acs.org/cic で見ることができる。

私たちはこれまでに気候変動を化学的に理解するために必要な重要な分子の構造をいくつか見てきた。では，二酸化炭素分子のルイス構造はどうなっているのであろうか。二酸化炭素分子には合計 16 個の価電子があり，そのうち 4 個が C 原子から，12 個が 2 個の酸素原子からそれぞれ 6 個ずつ提供される。単結合だけであれば，各原子が 8 個の電子に囲まれることはない。しかし，中央の炭素原子が二つの酸素原子とそれぞれ二重結合を形成し，各酸素原子と 4 個の電子を共有すれば，これが可能になる。

では，CO_2 分子はどのような形をしているだろうか。ここでも，電子は互いに反発し合うので，結合電子対の負の電荷が互いに最も遠く離れているのが最も安定な配置になる。この場合の結合は二重結合であり，O=C=O の結合角は 180° で最も離れている。この模型では，CO_2 分子内の三つの原子は全て一直線上にあり，分子は*直線的*であることが予測され，実際にそうなっている（**図 4.14**）。

これまでに電子対同士の反発の考え方を，中心原子を取り囲む電子群が四つ別々の電子対である 4 電子群の場合（CH_4，NH_3，H_2O）と，二つの電子対が組みになった 2 電子群の場合（CO_2）に適用した。電子対反発は，三つ，五つ，六つの電子群を含む分子にもうまく適用される。ほとんどの分子では，電子と原子はやはり電子間の距離が最大になるように配置されている。この考え方は，3.8 節で曲がった形のオゾン分子にも適用される。

18 個の価電子を持つオゾン（O_3）分子のルイス構造は，単結合と二重結合を含み，中央の酸素原子は非結合の孤立電子対を持つ（**図 4.15**）。つまり，中央の O 原子は，単結合を構成する電子対，二重結合を構成する二つの電子対，そして孤立電子対の三つの電子群を持っている。これら三つの電子群は互いに反発し合うので，電子群が最も離れているときに分子のエネルギーが最小になる。その場合は，電子群が全て同一平面上にあり，互いに約 120° の角度を成している。従って，O_3 分子は曲がっていて，三つの原子が作る角度は約 120° であると考えら

O_3 分子は，二つの等価な共鳴構造によって最も良く表される。この話は 3.8 節で紹介した。

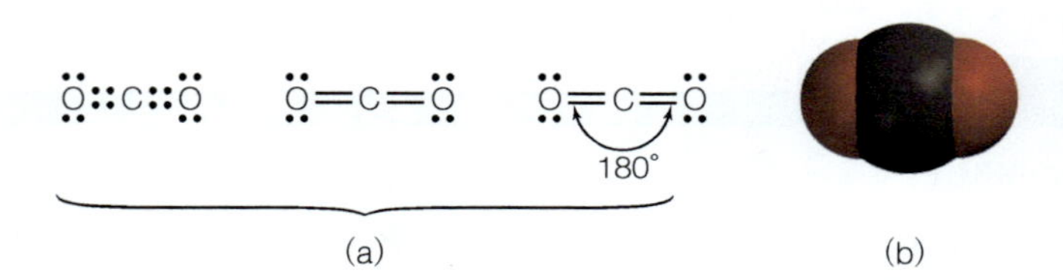

図4.14 **資料室**
二酸化炭素分子（CO_2）の形状。(a) ルイス構造と構造式，(b) 空間充填模型。この構造の三次元的表現は www.acs.org/cic で見ることができる。

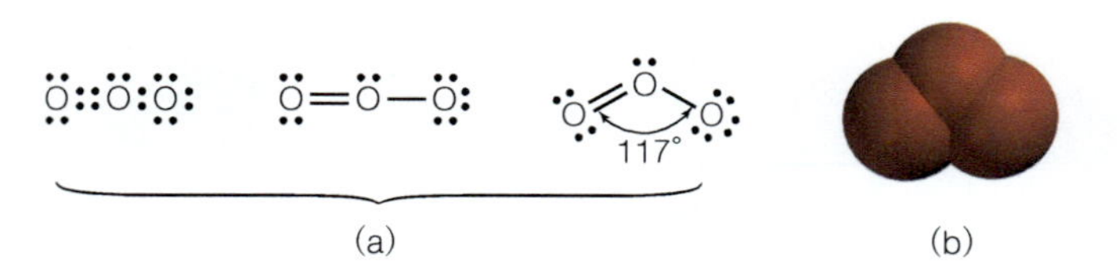

図4.15 **資料室**
オゾン分子（O_3）の表現。(a) 一つの共鳴構造に対するルイス構造と構造式，(b) 空間充填模型。この構造の三次元的表現は www.acs.org/cic で見ることができる。

れる。実測してみると，結合角は 117° で，予測よりわずかに小さかった。これは，中央の酸素原子の非結合性電子対が，結合性電子対よりも大きな体積を占めているため，反発力が大きくなり，結合角がわずかに小さくなったものと考えられる。

結合角に影響を与えるのは，中心原子の周りの電子だけである。つまり CO_2 では，酸素原子の周りの電子は全体の形状に影響を与えない。

問 4.24　練習問題

分子形状の予測（2）

表 4.6 と先ほどの方法を用いて，SO_2（二酸化硫黄）と SO_3（三酸化硫黄）の分子の形を予測し，スケッチしなさい。

この節では，分子にはさまざまな形があり，それを予測できることを説明してきた。次回は，温室効果ガスの話に戻り，分子の形についての知識を活かして，全てのガスが温室効果ガスではない理由について考えていく。

資料室

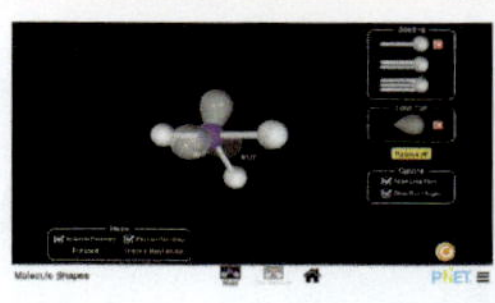

PhET Interactive Simulations, University of Colorado

3D で分子を構築して分子の形状を探索するシミュレーションを見ることができる。www.acs.org/cic

4.8　温室効果ガスの働き

温室効果ガスはどのようにして熱を閉じ込め，地球を快適な温度に保っているのであろうか。その答えの一端は，分子がエネルギーである光子にどのように反応するかにある。これは複雑なテーマであるが，大気中の温室効果ガスがどのように熱を閉じ込めているのかを理解するためには必要な知識である。同時に，*熱をため込まないガス*がある理由も明らかにする。

まずは，第 3 章でのオゾン層の説明に関連して述べた，紫外線と分子との相互作用についてもう一度考えてみる。第 3 章では，高エネルギーの光（UVC）は O_2 の強い共有結合を切断し，低エネルギーの光（UVB）は O_3 の弱い結合を切断することができることを思い出して欲しい。つまり，オゾン分子も酸素分子も紫外線を吸収し，この吸収が起こると酸素と酸素の結合が壊れることになる。

赤外線には化学結合を切断するのに十分なエネルギーがないが，その代わりに分子の振動を引き起こすのに十分なエネルギーを分子に加えることができる。分子構造によっては，特定の振動にしかエネルギーを渡すことができない。赤外線が吸収されるには，入射した赤外線の光子のエネルギーが分子の振動エネルギーと正確に一致している必要がある。つまり，分子によって吸収する赤外線の波長が異なるため，振動するエネルギーも異なってくる。

補足　エネルギーと波長は反比例することを 3.2 節で述べた。

原子をボール，共有結合をバネに見立てた CO_2 分子の模型で，これらの考え方を説明しよう。**図 4.16** に示すように，全ての CO_2 分子の振動には 4 種類の動き方（振動モード）がある。矢印は，それぞれの振動における原子の運動方向を示し，原子は矢印に沿って前後に振動する。(a) と (b) の振動は伸縮振動と呼ばれる。(a) の振動では，中心の炭素原子は静止しており，酸素原子は中心原子から反対方向に前後に移動（伸張）する。あるいは，(b) のように酸素原子が同じ方向に，炭素原子が反対方向に動くこともある。振動 (c) と (d) は非常によく似ている。どちらの場合も，分子は通常の直線状から曲がる方向に変形する。この変形は，二つの可能な平面のどちらかで起こるので，別個の二つの振動として考える。振動 (c) では，分子は紙の平面内で上下に曲がっているのに対し，振動 (d) では，分子は紙の平面から飛び出す方向に曲がっていることが示されている。

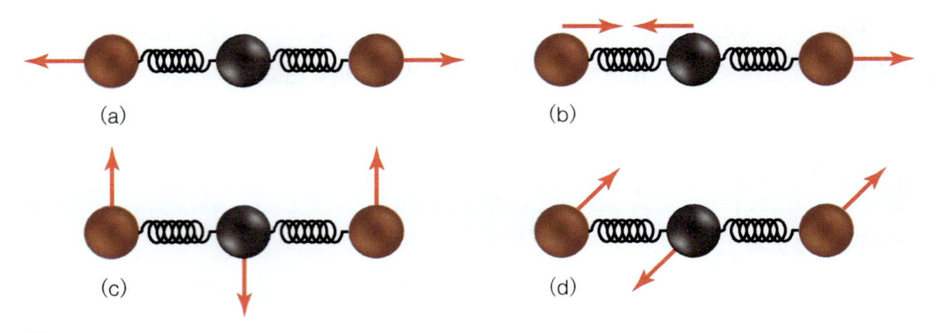

図4.16
二酸化炭素（CO_2）の分子振動。それぞれのバネはC=O二重結合を表す。(a) と (b) は伸縮振動，(c) と (d) は変角振動である。

資料室

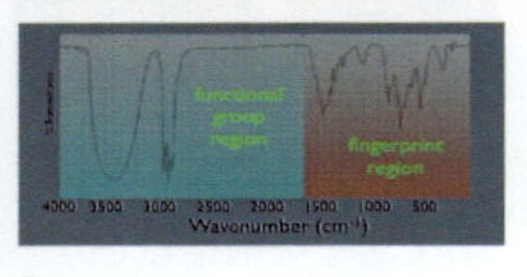

©Knowbee
赤外線が分子とどのように相互作用するかについては，こちらの動画で見ることができる。
www.acs.org/cic

バネをいじったことがある人は，バネは曲げるよりも伸ばす方がより多くのエネルギーが必要であることに気付いたのではないだろうか。同様に，CO_2 の分子を伸ばすには，曲げるよりも多くのエネルギーが必要となる。つまり，(a) や (b) の伸びる振動を起こすには，(c) や (d) の曲がる振動を起こすよりも，よりエネルギーの高い波長の短い赤外線が必要になる。例えば，波長 15.0 マイクロメートル（μm）の赤外線を吸収すると，(c)，(d) の変角振動がそのエネルギーを受け取る（これを，変角振動が“高いエネルギー状態に励起”されるという言い方をする）。そのとき，原子は平衡状態の位置から遠く離れ，通常よりも速く（平均して）動くようになる。(b) の振動モードに同じことが起こるには，波長 4.3 μm の高エネルギーの赤外線が必要となる。この (b) の動き方は逆対称伸縮振動モードと呼ばれる。二酸化炭素の温室効果は，(b)，(c)，(d) の三つの振動モードが赤外線（熱）を吸収することによってもたらされる。

一方，(a) の振動モードは直接赤外線を吸収することはできない。CO_2 分子では，電子の分布の様子は炭素原子よりも酸素原子の方に偏っている。ここでいう**電気陰性度**（EN）とは，原子が結合電子を引き寄せる能力を示すものである。電気陰性度の高い元素は，周期表の右上（EN が最も高い F の方向）の方に位置していて，反対に電気陰性度が低い元素は周期表の左下（フランシウム，Fr）の方にある元素である。

炭素に比べて酸素の電気陰性度が高いということは，酸素原子が若干の負電荷（δ^-）を持ち，炭素原子が若干の正電荷（δ^+）を持つことを意味する。結合が伸びると，電子の位置が変わり，分子内の電荷分布の様子が変化する。CO_2 は直線的な形状で対称性があるため，対称的な伸縮振動（振動モード (a)）の際の電荷分布の変化は相殺され，赤外線吸収は生じないのである。

問 4.25　練習問題

分子はどのように伸びるのか？

以下の各分子について，その形状を描きなさい。そして，赤外吸収に対応する逆対称伸縮振動で分子のどの原子がどのように動くのか描きなさい。

a. NO_2　**b.** O_3　**c.** CH_4　**d.** NH_3

分光学は，試料に電磁波を照射して物質を調べる学問分野である。

分子が吸収する赤外線（熱）エネルギーは，**赤外線分光器**と呼ばれる装置で測定することが

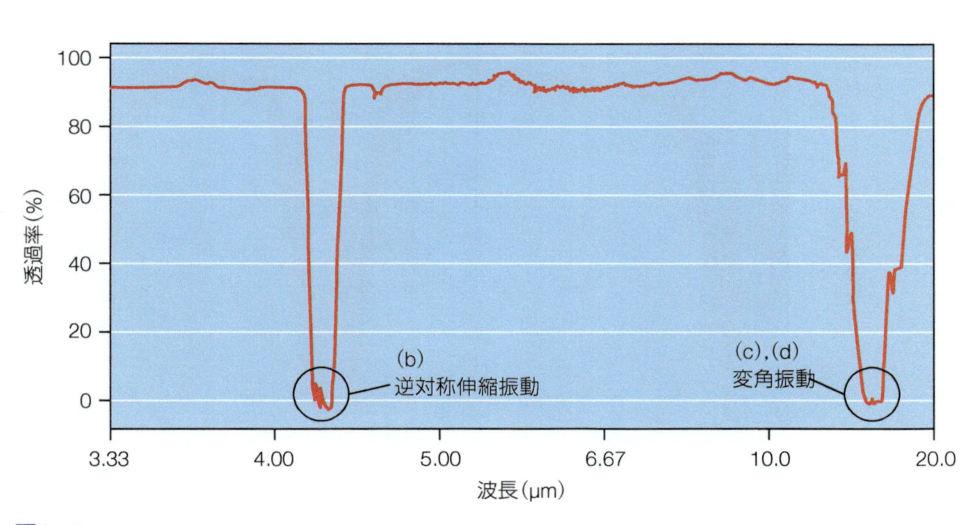

図4.17
CO_2 の赤外スペクトル。(b)，(c)，(d) は図 4.16 の分子振動を示す。

補 足

第 3 章でオゾン層破壊におけるフロンの役割について紹介したが，そこで起きていることは赤外吸収で起きていることとは全く別である。

できる。赤外線は，研究対象となる化合物（この場合は気体の CO_2）のサンプルに照射され，サンプルを透過したさまざまな波長の赤外線の強さを赤外線検出器で測定する。この場合，透過率が高ければ吸光度が低く，逆に透過率が低ければ吸光度は高くなる。この情報は，透過した赤外線の相対強度を波長に対してプロットすることでグラフ化され，化合物の赤外スペクトルが得られる。**図 4.17** は，気体である CO_2 の赤外スペクトルである。

図4.17 の赤外スペクトルは，実験室で採取した CO_2 ガスを用いて得られたものだが，大気中でも同じように吸収が行われている。特定の波長の赤外線エネルギーを吸収した CO_2 の気体分子は，さまざまな運命をたどることになる。あるものは，その余分なエネルギーを短時間保持した後に熱として四方八方に放出する。また，N_2 や O_2 といった大気中の分子と衝突し，吸収したエネルギーの一部を熱としてそれらの分子に分け与える場合もある。これらの過程を通して，CO_2 は地球から放出される赤外線の一部を“捕捉”して，地球を快適な気温に保つことができる。これが，CO_2 が温室効果ガスである所以である。

三つ以上の原子を持つ分子であれば，赤外線を吸収して温室効果ガスとして機能することができる。地球の温度を維持するために最も重要なガスは水蒸気であり，次いで二酸化炭素である。**図 4.18** は気体である H_2O の赤外スペクトルであり，強い吸収帯が見られる。また，メタンや亜酸化窒素，オゾン，クロロフルオロカーボン（CCl_3F など）も赤外線を強く吸収し，惑星の保温に寄与している。

問 4.26　考察問題

温室効果ガスのスペクトル

a. 図 4.18 を使って，水蒸気の最も強い赤外吸収の波長を答えなさい。
b. どの波長が変角振動を表し，どの波長が伸縮振動を表すと思うか答えなさい。次に，その予想の根拠を説明しなさい。
ヒント：H_2O と CO_2 の赤外スペクトルを比較してみよう。

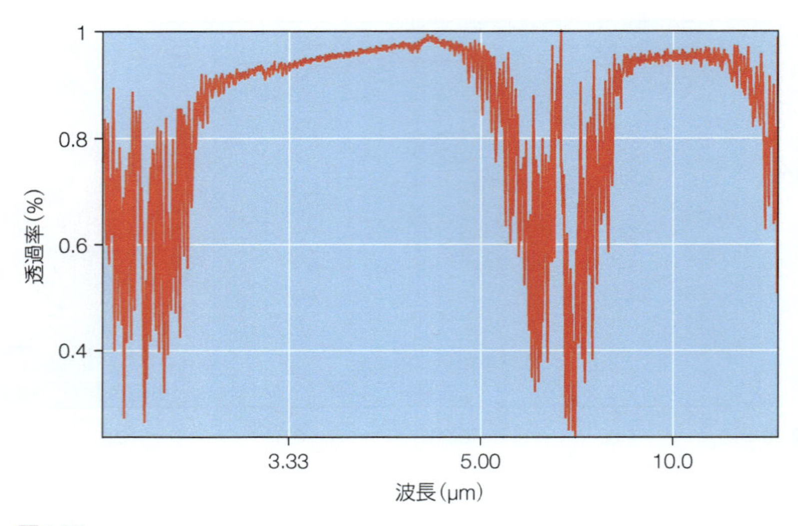

図4.18
水蒸気の赤外スペクトル。
出典：NIST Chemistry WebBook

N_2 や O_2 など，同じ原子が二つ集まった等核 2 原子分子の気体は，温室効果ガスではない。同じ原子を二つ並べた分子は振動するが，振動の際に全体の電荷分布は変化しない。先に，図 4.17 の対称伸縮振動が CO_2 の温室効果ガスの挙動に関与しない理由として，この全体の電荷分布の変化のなさを取り上げた。

問 4.27　考察問題

温室効果ガスのスペクトル

図 4.17 と図 4.18 にそれぞれ示したのは CO_2 と水蒸気の赤外スペクトルである。

a. 温室効果ガスと表示されている別の気体に関して，www.acs.org/cic でシミュレーションを行い，そのガスの赤外スペクトルを求めなさい。そのスペクトルと CO_2 や水蒸気のスペクトルの類似点と相違点が何か答えなさい。
b. 温室効果ガスでないことが知られているガスを選び，インターネットを使って同じ比較を行いなさい。
c. 温室効果ガスのスペクトルに特有のものは何か答えなさい。

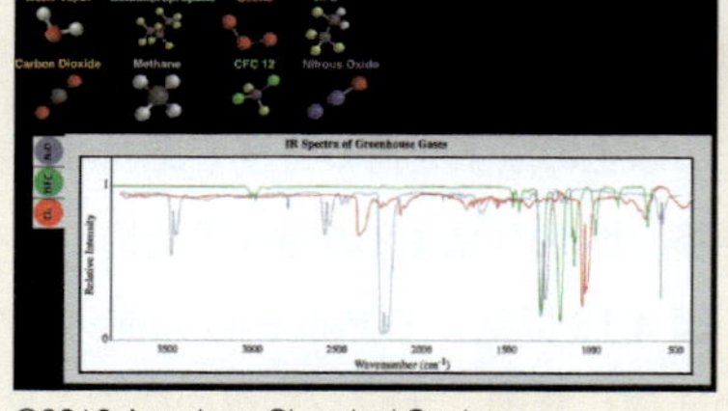

これまで，分子の放射に対する 2 種類の応答を紹介してきた。高周波で波長の短い高エネルギーの光子（紫外線など）は，分子内の結合を切断し，エネルギーの低い光子（赤外線など）は，分子の振動を大きくする。**図 4.19** には，この二つの過程が描かれてるが，この図には，おそらく読者にとってより身近な，光エネルギーに対する分子の別の反応も含まれている。

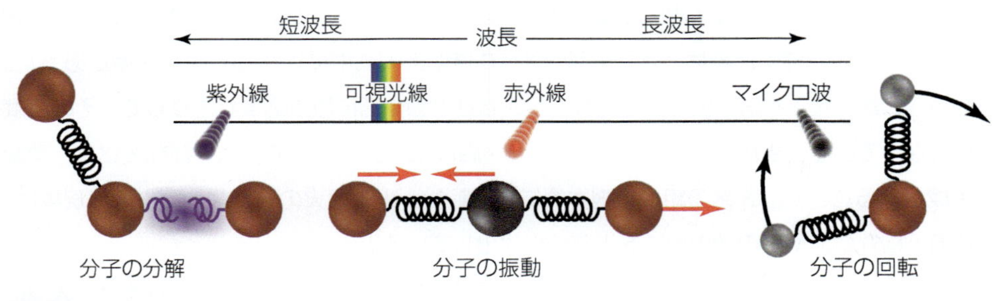

図4.19
電磁波の種類別の分子の応答。

資料室

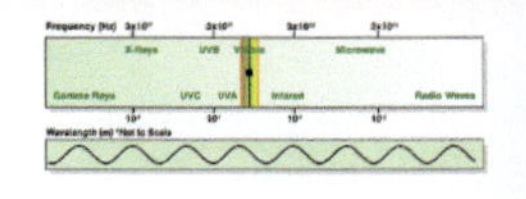

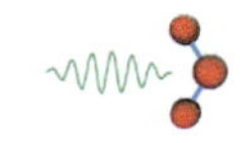

オゾン分子が電磁波のスペクトルのさまざまな領域と相互作用するシミュレーションを見ることができる。www.acs.org/cic

問 4.28　展開問題

温室効果の再検討

温室効果ガスの正体と，それらの分子がどのように大気の温暖化を引き起こすかを学んだところで，最初の質問を再確認する。以下の質問に対して読者の考えが変わったかどうか，変わったとしたらその理由も書きなさい。

a. 大気の温暖化は良いことか，それとも悪いことか。
b. 温室効果は気候変動の原因か。
c. 気候変動は起きているのか。

4.9　過去から何を学ぶか

では，炭素の貯蔵庫を調べ，分子の形と温室効果ガスとの関係を明らかにしたところで，過去の地球の気候がどうなっていたかを見てみよう。ここで，**気候**という単語と**天気**（または天候）という単語を区別する必要がある。天気とは，毎日の最高気温や最低気温，霧雨や豪雨，吹雪や熱波，秋風や夏の熱風など，比較的短時間で変化するものを指す。一方，気候は，地域の気温，湿度，風，雨，雪などの日単位ではなく，数十年単位のものである。天気は日々変化するが，私たちの住む地域の気候は，過去 1 万年以上にわたってほぼ一定である。引用した「地球の平均気温」の値は，気候現象を表す一つの指標に過ぎない。重要なのは，地球の平均気温の比較的小さな変化でも，気候のさまざまな側面に大きな影響を与えるということである。

問 4.29　考察問題

“気候” と “天気”

気候と天気（天候）の類似点と相違点を三つ挙げなさい。「地球温暖化」という言葉は，気候現象の説明か，天気（天候）現象の説明か，どちらなのか説明しなさい。

地球の年齢である約 45 億年前から，地球の気候や大気は大きく変化してきた。地球の気候は，地球の軌道の形や地軸の傾きが周期的に変化することによって直接影響を受けてきた。過去 100 万年にわたる氷河期は，このような変化によるものと考えられている。太陽そのものも変化しており，5 億年前に太陽から放出されていたエネルギーは現在よりも 25 ～ 30%も少ない。

また，大気中の温室効果ガス濃度の変化は，地球のエネルギーバランス，ひいては気候に影響を与えている。二酸化炭素は，かつて現在の 20 倍以上大気中に存在していた時期があった。しかし，二酸化炭素が海に溶け込んだり，石灰岩などの岩石に取り込まれたりして，その濃度は低くなっている。また，光合成という生物学的なプロセスによって，CO_2 が除去され，酸素が生成されることで，大気の組成が根本的に変化した。火山噴火のような地質学的な現象は，何百万 t もの CO_2 やその他のガスを大気中に放出している。

これらの自然現象は，今後も地球の大気や気候に影響を与え続けると考えられるが，人間の活動が果たしている役割についても評価する必要がある。現代の産業や交通の発達により，人類は石炭，石油，天然ガスなどの陸地にある資源から，比較的短期間に大量の炭素を CO_2 の形で大気中に放出させた。こういった人類の活動が大気に与える影響，ひいては気候変動への影響を評価するためには，この大量かつ急速に放出された二酸化炭素の行く末を調べることが重要である。実際，大気中の CO_2 濃度は，過去半世紀で大きく上昇している。**図 4.20** に示すように，ハワイのマウナロア天文台からの直接測定が最も優れている。赤いジグザグ線は月平均濃度を示しており，毎年 4 月にわずかに増加し，10 月にわずかに減少している。黒い線は 12 ヵ月の移動平均値である。年平均値は，1960 年の 315 ppm から現在では 400 ppm 以上と着実に上昇していることが分かる。

問 4.30　展開問題

CO_2 増加の原因は何か？

図 4.20 は，地球の大気中の二酸化炭素（CO_2）の量が増加していることを示している。この期間にこのような現象が起きている理由をリストアップしなさい。

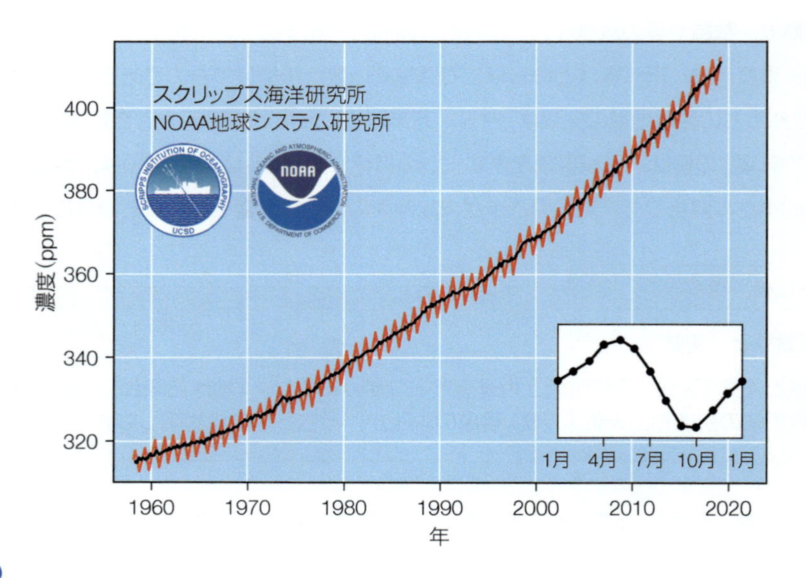

図4.20
ハワイのマウナロア天文台で測定された 1958 ～ 2018 年までの二酸化炭素濃度。
挿入図：月ごとの変動の1年間。
出典：アメリカ海洋大気庁（NOAA）

問 4.31　考察問題

他の温室効果ガスについては？

アメリカ海洋大気庁（NOAA）の地球システム研究所のウェブサイトで，これまでに取り上げた少なくとも三つの温室効果ガスに関するデータを調べなさい。それぞれの温室効果ガスと二酸化炭素の濃度の経年変化を比較して，それぞれどのように変化しているか述べなさい。次に，これらのデータから，他にどのような情報が重要だと思うか述べなさい。

問 4.32　練習問題

マウナロアでの周期

図 4.20 を見て，以下の問いに答えよ。

a. 過去 50 年間の CO_2 濃度の増加率を計算しなさい。

b. 任意の年における CO_2 の ppm の変動を推定しなさい。

c. 平均して，CO_2 濃度が 10 月より 4 月の方が高いのはなぜか答えなさい。

大気の組成のより過去にさかのぼったデータを得るにはどうすればいいのだろうか。多くの情報は，氷床コア試料の分析から得られる。地球上の雪に覆われた地域には，氷の層に埋もれた大気の歴史が保存されている。**図 4.21**a は，ペルーのアンデス山脈の氷の層の劇的な例である。地球上で最も古い氷は南極大陸にあり，科学者は 60 年以上にわたって掘削し，氷床コア試料を収集している（図4.21b）。氷の中に閉じ込められた気泡（図4.21c）は，大気中の微量大気ガス濃度の歴史を垂直方向の年表にしたもので，深く掘れば掘るほど過去にさかのぼることができる。

比較的浅い氷床コア試料のデータから，過去 1,000 年間のうちの最初の 800 年間（1,000 年前～ 200 年前）は，CO_2 濃度は約 280 ppm で比較的一定であったことが分かっている。**図 4.22** は，マウナロアのデータと過去 3 世紀の南極の氷床コアのデータを組み合わせたものである。

(a)

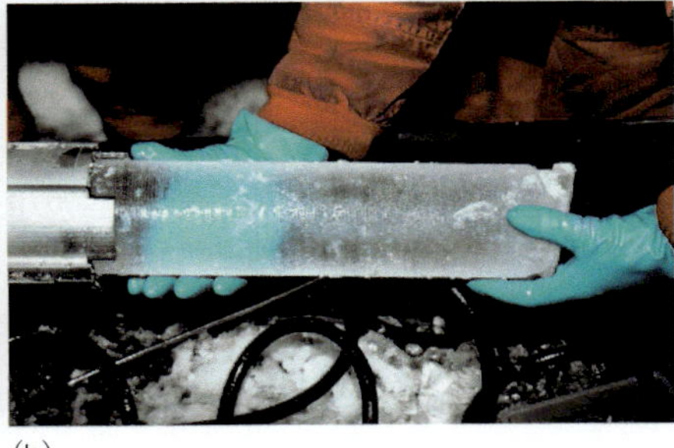
(b)

(c)

図4.21

(a) 年輪を示すケルカヤ氷冠（ペルー・アンデス），(b) 温室効果ガス濃度の経年変化を測定するために使用できる氷床コア，(c) 氷の中の微細な気泡。

(a)：©Lonnie G. Thompson, Ohio State University,（b）：©Vin Morgan/AFP/Getty Images,（c）：©W. Berner, 1978, PhD Thesis University of Bern, Switzerland（D. Lüthi, M. Le Floch, B. Bereiter, T. Blunier, J. M. Barnola, U. Siegenthaler, D. Raynaud, J. Jouzel, H. Fischer, K. Kawamura, and T.F. Stocker：High-resolution carbon dioxide concentration record 640,000-800,000 years before present, *Nature* **2008**, *453*, 379-382）

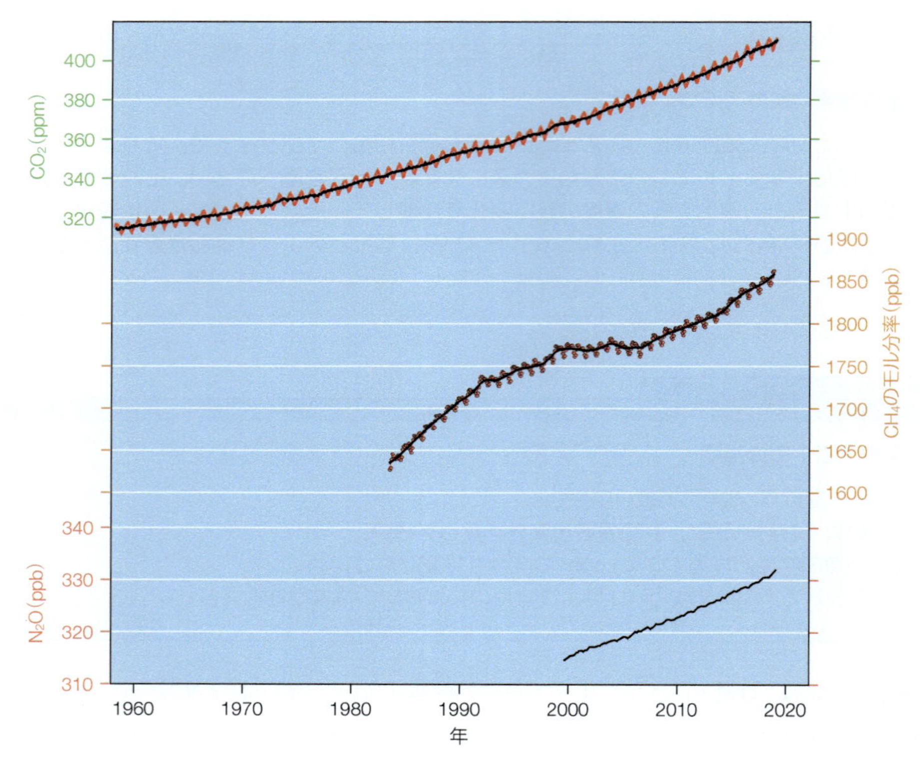

図4.22

南極の氷床コアと大気観測から得られた過去 3 世紀にわたる二酸化炭素とその他の温室効果ガス濃度。CO_2 と CH_4 濃度の月ごとの変動を示す。

出典：気候変動に関する政府間パネル（IPCC）統合報告書（2014）

1800 年代初頭から，大気中に含まれる CO_2 などの温室効果ガスが増加しているが，これは産業革命とそれに伴う**化石燃料**の燃焼によってもたらされたものである。

問 4.33　展開問題

CO_2 増加の事実の確認

a. 最近の政府報告書によると，大気中の二酸化炭素濃度は 1960 年以来 30%増加している。この報告について，インターネットが情報源のさまざまなデータを使って評価しなさい。

b. 地球温暖化懐疑論者は，1957 年以降の CO_2 大気レベルの増加率は，1860 年から現在までの増加率の約半分に過ぎないと述べている。その発言の正確さと，それが温室効果ガス排出政策にどのような影響を与える可能性があるか，述べなさい。

さらに過去にさかのぼるとどうだろう。ロシア，フランス，アメリカの科学者チームが南極のさまざまな場所で掘削した結果，80 万年前の雪から採取した氷床コア試料が得られた。80 万年前から現在までの大気中の二酸化炭素濃度を**図 4.23** に示す。

このグラフから最も明らかなのは，二酸化炭素濃度が高くなったり低くなったりする 10 万年周期の変動があることである。これらのデータから，二つの重要な結論を導き出すことができる。まず，現在の大気中の CO_2 濃度は，過去 100 万年間のどの時期よりも 100 ppm 以上高

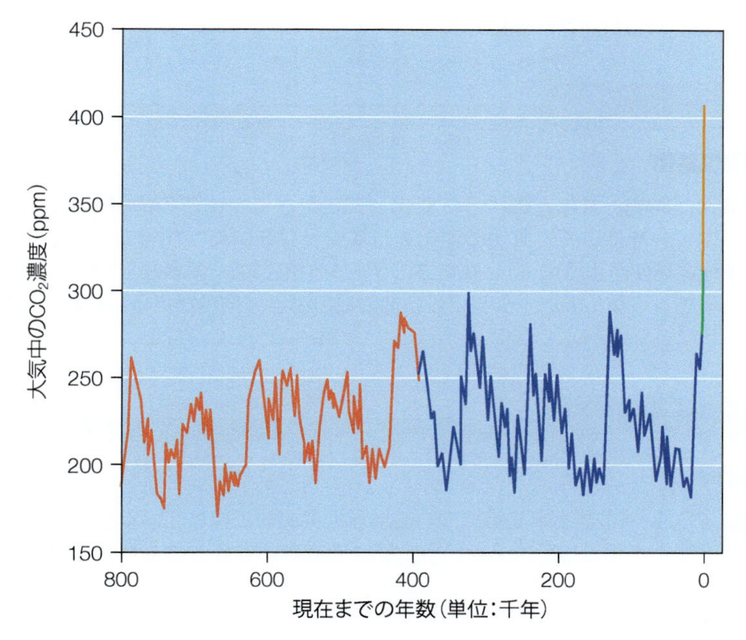

図4.23

過去８回の氷河期から現代までの大気中の二酸化炭素濃度。南極 EPICA ドームＣ（赤），ボストーク（青），ロー・ドーム（緑）の氷床コア試料と，マウナロア（オレンジ）での大気観測データの合成。

資料室

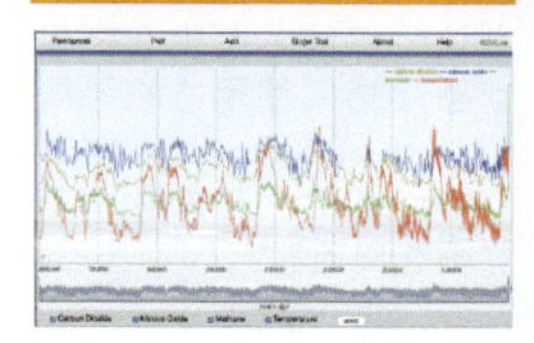

過去 80 万年間の気候変動に対する特定の温室効果ガスの影響を観察するシミュレーションをチェックしてみよう。www.acs.org/cic

いということである。また，この間に現在のように CO_2 濃度が急激に上昇したことは一度もない。

問 4.34　展開問題

同意しますか？

a. 前の段落で，私たちは図 4.23 に示されたデータについて二つの結論を出した。読者は私たちの結論をどう思うか述べなさい。
b. 結論で述べた変化は何が原因だと思うか答えなさい。

地球の気温はどうなっているだろうか。測定によると，過去 50 年ほどの間に，地球の平均気温は約 0.8℃上昇したことが分かっている。1880 年以降で最も暖かかった年のうち 10 年は，この 20 年間に起きている。科学者の中には，45 億年の地球の歴史から見れば 1 世紀や 2 世紀というのは比較的短い時間であると指摘する人もいる。彼らは，短期的な気温の変動に過度の注意を払うことに注意を呼びかけている。確かに観測されたいくつかの気温異常には，エルニーニョ現象やラニーニャ現象のような短期的な大気循環パターンの変化の寄与がある。

過去 50 年間の気温の推移は，おおむね二酸化炭素濃度の上昇に沿ったものであったが，年ごとの気温データはあまり一貫性がない。気温の上昇が CO_2 濃度の増加の結果であるかどうかは，絶対的な確信を持って判断することはできない。しかし，気候変動に関する政府間パネル（IPCC）は，二酸化炭素，メタン，亜酸化窒素の大気中濃度が，少なくとも過去 80 万年間で最も高い濃度にあると発表している。また，20 世紀半ば以降に観測された温暖化の主要因は，

2015 年 10 月～2016 年２月にかけて，ロサンゼルス近郊の天然ガス貯蔵施設の井戸から大規模なメタンの流出が起きた。これにより 10 万 t 以上のメタンが大気中に放出され，これはロサンゼルス盆地全体の年間メタン排出量の 25％に相当すると推定された。

これらの排出物である可能性が極めて高い。

問 4.35　考察問題

経時的温度変化

地球の気温が時間と共にどのように変化してきたかについての情報を紹介してきた。インターネットを使って，気温の変化を示すグラフをいくつか見つけてみよう（信頼できる情報源を使うように！）。私たちのデータや主張は，読者が見つけたグラフと一致しているだろうか。また，グラフから他にどのような結論が得られるだろうか。

問 4.36　展開問題

原因と相関

私たちは，CO_2 レベルが上昇するにつれて地球の気温が上昇していると述べた。しかし，一方が他方を引き起こしているという主張はできない。それはなぜか。相関関係はあるが，因果関係は証明できないからである。インターネットを使って，相関関係はあるが因果関係はない他の事例を三つ見つけよう。

資料室

地球の気候の歴史を評価するために使用される同位体比質量分析（IRMS）については，この動画で詳細を見ることができる。www.acs.org/cic

気を付けなければいけないことは，地球の平均気温が上がったからといって，地球全体で毎日が 1970 年に比べて 0.8℃も暖かくなったわけではない。地球上の多くの地域では，ほんの少し暖かくなり，他の地域では涼しくなっている。しかし，高緯度地域を中心に，平均よりも大きく温暖化している地域もある。特に北極圏では温暖化が顕著で，さまざまな気候変動の影響が表れている。

問 4.37　考察問題

気温変化

インターネットで，読者が住んでいる地域の過去 100 年間の気温変化のデータを検索してみよう。気温は大きく変化しているだろうか。次に，気温の変化を示す世界地図を検索して，過去 100 年間で最も気温が変化した地域と最も変化の少ない地域はどこか調べてみよう。そこは読者の住んでいる地域と比べてどういう違いがあるだろうか。

補足

放射性同位元素については第 7 章で詳しく紹介する。

また，氷床コア試料の凍った水に含まれる水素同位体から，さらに過去の気温を推定するためのデータを得ることができる。最も多い水素原子である H-1（^{1}H）を含む水分子は，重水素原子である H-2（^{2}H）を含む水分子に比べ軽い。重い H_2O よりも軽い H_2O の方が蒸発しやすいので，大気中の水蒸気には海洋に比べて ^{2}H よりも ^{1}H が多く含まれている。同様に，大気中の H_2O 分子は，軽い分子よりも重い分子の方が，ほんの少し凍りやすい。従って，大気の水蒸気から凝縮した雪は，^{2}H を多く含んでいる。その濃縮の度合いは，温度によって変化する。氷床コア試料の水分子中の $^{2}H : {}^{1}H$ の比を調べることで，雪が降ったときの気温を推定することができる。

大気の変化の影響を調べることができるもう一つの同位体として，炭素がある。放射性同位

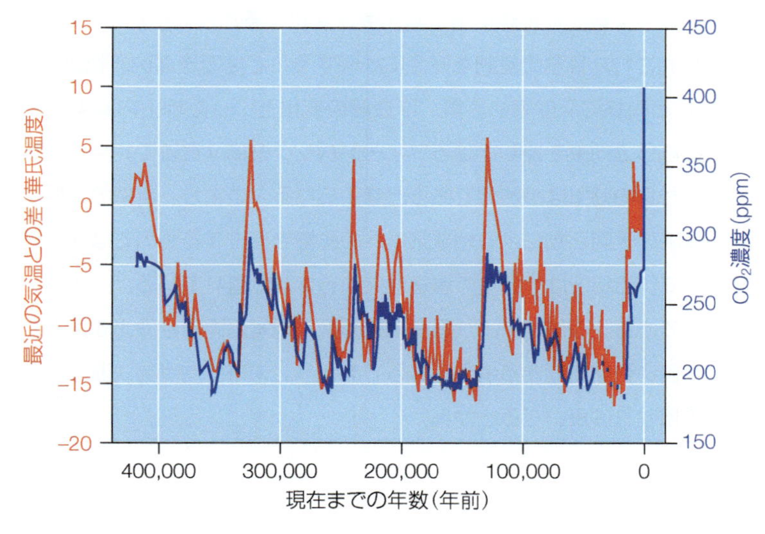

図4.24
氷床コアデータによる過去 40 万年間の二酸化炭素濃度（青）と地球の気温（赤）。
出典：環境防衛基金（EDF）

体である炭素 -14（^{14}C）は，微量にしか存在しないが，化石燃料の燃焼が過去 150 年間の大気中の CO_2 濃度の上昇の主な原因であることを直接示す証拠となる。全ての生物において，炭素原子 1,012 個のうち 1 個だけが ^{14}C であり，これは放射性物質である。植物や動物は，常に環境と CO_2 を交換しているため，生物内の ^{14}C 濃度は一定に保たれている。しかし，生物が死ぬと，炭素を交換する生化学的プロセスが機能しなくなり，^{14}C が補充されなくなる。つまり，生物の死後，^{14}C は放射性崩壊を起こし ^{14}N となるため，時間と共に濃度が低下する。石炭，石油，天然ガスなどは，数億年前に死んだ植物の残骸である。従って，化石燃料や化石燃料が燃焼する際に排出される二酸化炭素中の ^{14}C の濃度は基本的にゼロである。近年の精密な測定により，大気中の CO_2 に含まれる ^{14}C の濃度は，減少してきていることが分かった。このことは，化石燃料の燃焼という人間の活動が，大気中の CO_2 を増加させる原因であることを強く示唆している。

過去にさかのぼってみると，地球の気温は周期的な変動をしてきており，それが CO_2 濃度の変動と非常によく一致している（**図 4.24**）。また，気温が高い時期には，温室効果ガスであるメタンや亜酸化窒素の大気中濃度が高くなることも分かっている。これらのデータの精度は，因果関係を断定するには至らない。データの単純な相関関係以外の証拠は，因果関係を裏付けるものではあるが，決定的な証明にはならない。しかし，現在の CO_2 とメタンの濃度は，過去 100 万年のどの時期よりもはるかに高いということは明らかである。最も暑い時期から最も寒い時期までの変動幅は約 11℃しかない。しかし，この気温の差は現在の穏やかな気候と，2 万年前の氷河期最大期のように北アメリカやユーラシア大陸の大部分を氷が覆っている状態との違いに相当している。

過去 100 万年の間に，地球は 10 回の大きな氷河活動期と 40 回の小さな氷河活動期を経てきている。地球の気候が周期的に変動するのは，人為的な温室効果ガス濃度以外のメカニズムが絡んでいることは間違いない。この気温変動の一部は，地球の軌道のわずかな変化で，地球から太陽までの距離や太陽光が地球に当たる角度が変化することで引き起こされる。しかし，この仮説では，観測された気温の変動を完全に説明することはできない。軌道の影響は，CO_2 や CH_4 濃度の変化と同様に反射率や雲量，浮遊塵の変化といった地上の減少と連動している可能性が高い。これらの効果を連動させるフィードバック機構は複雑で完全には解明されていないが，それぞれからの効果は*相加的*であると考えられる。つまり，自然の気候サイクルの存在は，産業革命以降の人間活動による地球気候への影響を否定するものではない。

私たちの置かれている状況は，金星の温室効果からはかけ離れているが，難しい決断を迫られているのは確かである。電磁波により温室効果ガスが温室効果を生み出すメカニズムを理解することで，より良い決断をできるようになるであろう。未来に向けた決断をするために，過去をどのように活用すれば良いだろうか。

4.10　未来は予測できるか

「予知は非常に難しい，特に未来については」これは現代の原子の理解に大きく貢献したニールス・ボーア（1885 ～ 1962）が語った言葉である。彼の言葉は，今日もなお真実である！

問 4.38　展開問題

太陽懐疑論者

太陽フレアの増加など，太陽の変化が地球規模の気候変動を引き起こしていると述べる人がいる。Skeptical Science のウェブサイトなど，インターネットの情報源を見て調べてみよう。それを読んで，読者はどう思うだろうか。

IPCC は 7，8 年ごとに地球規模の気候変動の状況に関する報告書を発表している。次回の IPCC 報告書は 2022 年に発表される予定である。

しかし，それでも予測は必要である。そこで，1988 年に国連環境計画と世界気象機関が協力して，「気候変動に関する政府間パネル（IPCC）」を設立した。IPCC は，社会経済的なデータも含めた気候変動データの収集と評価を担当した。この評価には，何千人もの国際的な科学者が関わった。2014 年に発表された第 5 次報告書では，評価に参加した科学者の大半が，いくつかの重要なポイントに同意している。

- 地球の気候に対する人間の影響は明らかであり，人為的な温室効果ガスの排出は歴史上最も多い。
- 人間の活動（主に化石燃料の燃焼と森林伐採）は，大気や海洋の温暖化，地球上の氷や雪の減少，海面上昇の原因となっている。
- 温室効果ガスの継続的な排出は，地球の気候にさらなる温暖化と長期的な変化をもたらす。その結果，生態系と人間の双方に深刻で広範かつ不可逆的な影響を与える可能性が高い。

2018 年 10 月，IPCC は特別報告書「Global Warming of 1.5℃」において，気候変動に関するこれまでで最も強い警告を発した。6,000 報を超える科学論文のデータと，評価に関わった世界中の数千人の専門家からの意見に基づき，IPCC は，地球温暖化を産業革命以前のレベルから 1.5℃に抑えるべきであると強く推奨している。2℃の温暖化に比べ，1.5℃の温暖化は，多くの点で人々や自然生態系に次のような恩恵をもたらす。

- 2100年までに海面上昇が10 cm低下する。
- 夏の北極海に海氷がない状態が，10年に一度から100年に一度に減少する。
- 2℃の気温上昇があると，珊瑚礁が70～90%まで減少する。これは，実質的には全ての珊瑚礁を失うことになる。

温暖化を1.5℃に抑えるためには，土地利用，エネルギー，産業，建物，交通，都市などの分野で，CO_2排出を抑えるための行動を速やかに起こさなければならない。2030年までに，世界の人為的なCO_2純排出量を2010年比で45%減少させる必要がある。この目標を達成するためには，世界中の政府，産業界，そして読者個人の速やかな努力が必要となる。

問 4.39　展開問題

厳しい警告

2018年のタイム誌に「国連の新報告書によれば，破滅的な気候変動を防ぐために人類が直ちになすべきことはこれだ」という記事が掲載された。その中で，アメリカがIPCCの目標である炭素排出量の45%削減に従うためには，年間排出量を25億t以上減らすのに12年しか猶予がないと主張した。

a. この記事を読んで，図4.4と比較しなさい。円グラフのどの部分が，変化を必要とする部分としてこの著者のターゲットになっているだろうか。科学的根拠を検討し，どの程度説得力があるか考えを述べなさい。資源の消費者，利用者として，この情報はあなたにとってどのような意味があるだろうか。
b. 読者の住む地域で，この報告書を呼んだグループが二酸化炭素排出量を削減するためのプラントを建設する運動を始めたとする。読者はそのグループに加わるのか，あるいは加わらないのか，読者の立場と考えを説明しなさい。
c. 読者は個人的にどのような形で二酸化炭素排出に加担しているか考えてみよう。さらに，食堂，レクリエーションセンター，フードコートなど，地域社会で利用する場所を選び，二酸化炭素排出につながる全ての行動を記録してみよう。
d. 炭素排出量を減らすために，日々の行動を減らしたり，修正したりする方法はあるだろうか。また，地域社会の二酸化炭素排出量を削減するために，行動を変える意思はあるだろうか。

しかし，課題は，現在の気候変動を十分に理解し，*将来の変化を予測*することで，有害な変化を最小限に抑えるために必要な排出量の減少を判断することである。そのために，科学者たちはモデルを使って予測を立てる。熱を吸収する能力，物質を循環・輸送する能力を考慮した海洋と大気のコンピューターモデルを組み立てる（**図 4.25**）。さらに，天文学的，気象学的，地質学的，生物学的な要素も考慮しなければならないし，人口，工業化レベル，汚染物質の排出など，人間の影響も含まなければならない。イリノイ大学で気候研究を指揮するマイケル・シュレシンジャー博士は，次のように述べている。「もし，モデル化する惑星を選ぶとしたら，この惑星を選ぶのは*最後*だろう」。

気候科学者は，地球の放射線の入射と出射のバランスに影響を与える要因（自然および人為

図4.25

気候科学者は，将来の気候変動を理解するためにコンピューターモデルを利用している。

出典：ローレンス・バークレー国立研究所/アメリカエネルギー省

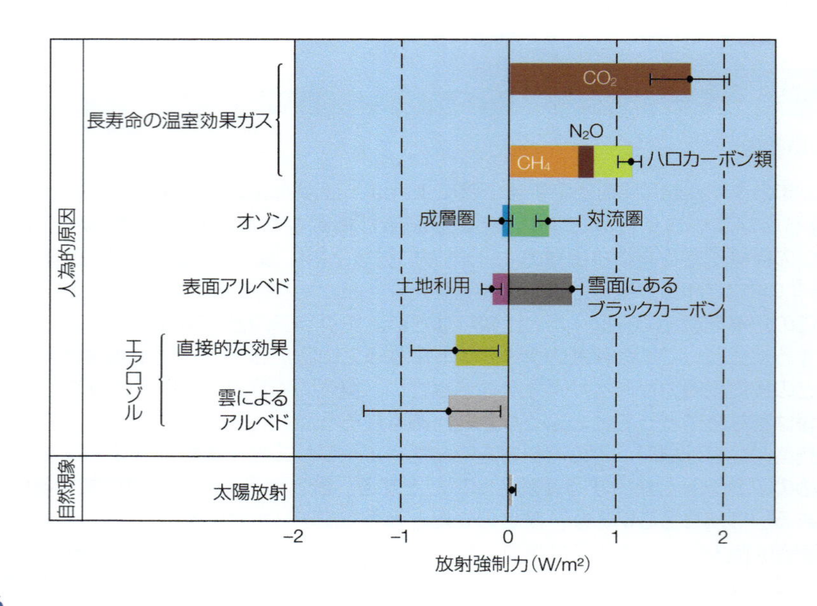

図4.26

1750 ～ 2011 年までの気候の放射強制力。横軸の単位は W/m^2 で，毎秒地球表面 1 m^2 に降り注ぐ光エネルギーである。

出典：Climate Change 2013: The Physical Science Basis. 気候変動に関する政府間パネル第4次評価報告書への第1作業部会の報告

的なもの）を**放射強制力**と呼んでいる。負の影響には冷却効果があり，正の影響には温暖化効果がある。気候モデルで用いられる主な強制力は，太陽放射照度（太陽輝度），温室効果ガス濃度，土地利用，およびエアロゾルである。これらの強制力が地球のエネルギーバランスに与える影響を**図 4.26** にまとめてあり，温室効果ガスが温暖化効果を，エアロゾルが冷却効果をもたらすことを示した。それぞれの強制力にはエラーバーがあり，エラーバーが大きいほど不確かな値であることを示している。ここで，いくつかの要因について，より詳しく考えてみよう。

太陽光

私たちは，太陽光の強さの自然な季節的変動を直接観察することができる。高緯度地域では，夏の方が気温が高くなり，冬に比べれば，太陽は高くなり，長くとどまっている。地球上では，北半球が冬でも南半球は夏なので，これらの変動は基本的に相殺される。

太陽の明るさにも微妙な周期的変化があり，地球の公転軌道は 10 万年周期でわずかに変動し，その形を変えている。また，地軸の傾きの大きさや傾きの方向も数万年単位で変化している。これらの小さな変化が，地球に降り注ぐ日射量に影響を与えている。しかし，いずれも産業革命以降の温暖化を説明するのには，変化の時間スケールが長すぎる。

また，太陽黒点は約 11 年ごとに大量に発生する。太陽に黒い斑点があると，地球に降り注ぐ放射線の量が少なくなると思いがちだが，事実は全く逆である。太陽黒点が生じるのは，太陽の外層で磁気活動が活発になり磁場が強くなるためで，その結果，放射線を出す荷電粒子が大量に発生する。特に，17 世紀から 18 世紀にかけては，ヨーロッパの気温が平均を下回ったため，「小氷河期」と呼ばれる期間があるが，それに先んじて黒点活動がほとんどない時期があった。実際のところ，11 年周期を持つ黒点活動による太陽の明るさの変化は，約 0.1%程度である。図4.26 から分かるように，この自然変動は，列挙したどの正の強制力の中でも最も小さい。

問 4.40　練習問題

太陽からの放射

太陽からの電磁波は絶えず地球に降り注いでいる。太陽から放射される電磁波の種類は何か答えなさい。その中で最も大きな割合を占めるのはどのような電磁波か答えなさい。

ヒント：図 4.8 を参照。

温室効果ガス

温室効果ガス（GHG）は，人為的な強制力の中で最も強いものである。実際，GHG による正の強制力は，太陽放射照度の自然変化の 30 倍以上である。最も活発なのは CO_2 で，全 GHGs による温暖化の約 3 分の 2 を占めている。しかし，先ほど説明したように，メタン，亜酸化窒素，その他のガスの寄与も無視できない。図4.26 に示すように，「ハロカーボン類」（CFC, HCFC）の寄与が比較的小さいことに注目してもらいたい。モントリオール議定書によるフロン類の生産禁止がなければ，1990 年にはフロン類による強制力が CO_2 による強制力を上回ったと推定されている！

土地の利用法

土地の利用方法が変わると，日射量のうちで地球表面で吸収される割合が変化するため，気候変動が引き起こされる。*日射量*に対して，地表で*反射*される電磁波の割合を**アルベド**と呼ぶ。つまり，アルベドとは，地表の反射率を示す指標である。**表 4.7** の値から分かるように，地球表面のアルベドは約 0.1 ～ 0.9 の範囲にあり，数値が高いほど表面の反射率が高くなる。

季節が変わると，地球のアルベドも変化する。雪が解けるとアルベドが減少し，より多くの

アルベドとして知られる反射係数は無次元量である。0（完全に黒い表面からは反射しない）から 1（白い表面からは完全に反射する）までのスケールで表される。

表 4.7　さまざまな地表面のアルベド値

地表面	アルベド値
新雪	0.80 〜 0.90
時間のたった積雪	0.40 〜 0.80
砂漠の砂	0.40
草原	0.25
落葉樹林	0.15 〜 0.18
針葉樹林	0.08 〜 0.15
ツンドラ	0.20
海洋	0.07 〜 0.10

太陽光が吸収されるため，正のフィードバックループが生じ，さらに温暖化が進む。この効果は，海氷や積雪が減少している北極圏で観測される平均気温の上昇をより大きくすることにつながる。同様に，氷河が後退して黒っぽい岩石が露出すると，アルベドが減少し，さらなる温暖化を引き起こす。

人間の活動も地球のアルベドを変化させるが，特に典型的なのが熱帯地方での森林伐採である。私たちが植える農作物は，熱帯雨林の濃い緑の葉よりも日光を多く反射するため，アルベドを増加させ，結果として冷房効果をもたらす。さらに，熱帯地方では太陽光が安定しているため，低緯度地方での土地利用の変化は，極地での変化よりも大きな影響をもたらすことになる。熱帯雨林が農地や牧草地に変わることで，極地付近の海氷や積雪の減少を補って余りある効果がある。従って，地球のアルベドの変化は，正味の冷却効果を引き起こしている。

問 4.41　練習問題

白い屋根，緑の屋根

a. 2009 年，スティーブン・チューアメリカエネルギー省長官は，屋根を白く塗ることが地球温暖化対策の一つになると示唆した。この行動の背景にある理由を説明しなさい。

b. 屋上緑化という考え方も注目されている。屋上に庭園を作ることで，白い屋根の利点に加えてメリットがある。しかし，このような庭園には限界もある。メリットと限界について説明しなさい。

エアロゾル

エアロゾルは，気体や液体の中に小さな固体粒子が浮遊した複雑な物質であり，気候に与える影響もそれに応じて複雑となる。エアロゾルの発生源は，砂嵐，海水飛沫，森林火災，火山噴火など，自然界に多く存在する。第 2 章のエアロゾルと粒子状物質に関する議論を思い出して欲しい。人間の活動でも，煙，煤，石炭燃焼による飛散灰などの形でエアロゾルを環境中に放出させている。

エアロゾルが気候に与える影響は，図 4.26 に示した強制力の中で最も理解されていないも

図4.27
1991 年のピナツボ山噴火で放出されたエアロゾル煙霧の写真。

のであろう。小さなエアロゾル粒子（< 4 μm）は，入ってくる太陽放射を効率良く散乱させる。その他のエアロゾルは入ってくる放射線を吸収し，さらに他の粒子は散乱と吸収の両方を行う。どちらのプロセスも，温室効果ガスによる吸収に利用できる放射線の量を減少させる。1991 年のフィリピン・ピナツボ山の噴火では，2,000 万 t 以上の二酸化硫黄（SO_2）が大気中に放出された（**図 4.27**）。数ヵ月に及ぶ日射量の減少に加えて，この二酸化硫黄は大気中で硫酸塩エアロゾルとなり，世界中の気温をわずかに低下させ，冷却効果を発揮した（負の強制）。この結果は，気候の計算モデルの検証に用いられ，最も信頼性の高いモデルは，噴火による冷却効果を再現することができた。

エアロゾル粒子は，直接的な冷却効果に加え，水滴の凝縮の核となり雲の発生を促す。雲は入射する太陽放射を反射するが，雲が増えることによる影響は単なる反射だけでなくもっと複雑である。このように，エアロゾルは，直接的・間接的に温室効果ガスの温暖化効果を抑える働きがある。

先ほど説明した全ての強制力の複雑さを考えると，これらの強制力を気候モデルに組み入れるのは簡単なことではないことが分かる。さらに，一度構築されたモデルの妥当性を評価することも難しい。しかし，科学者には評価を行う際のコツがある。それは，気候モデルを既知のデータセットでテストすることで，地球の気候に影響を与えるさまざまな要因の寄与を明らかにする方法である。私たちは 20 世紀の気温データを持っている。**図 4.28** では，黒い線が既知のデータを表していて，紫色の太い線は自然の強制力*のみ*を用いた気候モデルによって予測される温度の範囲を表している。見ての通り，自然の強制力は実際の気温にうまく対応できていないことは明らかである。最後に，ピンク色の太線を見ると，人為的な影響を加えると，20 世紀の気温上昇を正確に再現できることが分かる。つまり，過去 50 年間の温暖化は*自然要因*の影響を受けてはいるが，さらに人間活動の影響を含めなければ実際の気温の変化は説明できないということである。

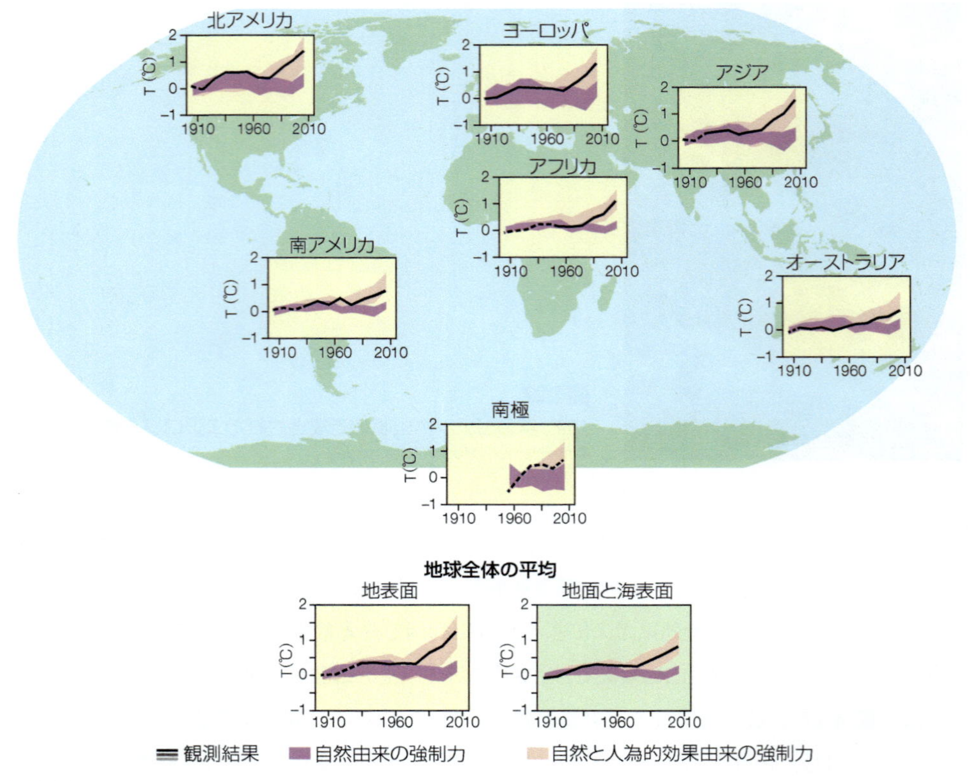

図4.28

1905 ～ 2005 年までの自然強制と人為強制に基づく気候変動の観測値とシミュレーション値の比較。
出典：Climate Change 2013: The Physical Science Basis. 気候変動に関する政府間パネル第4次評価報告書への第1作業部会の貢献

問 4.42　展開問題

気候モデルの評価

1950～2005年にかけて，自然強制力のみを用いた気候モデル（図 4.28の紫色の帯）は，全体的に冷却効果を示したため，観測された気温と一致しなかった。

a. 自然強制力のみを用いたモデルに含まれる強制力を挙げよ。
b. 20 世紀の気温をより正確に再現するモデルに含まれる，追加的な強制力を二つ挙げよ。

将来の排出量，つまり将来の温暖化は，多くの要因に左右される。ご想像の通り，人口がその一つである。2019 年現在，世界には約 75 億人が生活している。今後，地球上の人口が増えると仮定すると，私たち人類が排出する CO_2（**カーボンフットプリント**，二酸化炭素排出量）や他の温室効果ガスの量は年単位で増加していくと考えられる。多くの人が必要とする食料，衣服，住居，輸送のために，より多くのエネルギーを消費することになる。その結果，少なくとも現在の燃料の使用量が増え続ければ，CO_2 排出量も増えることになる。さらに，気候モデルを作成する科学者は，次の二つの要素を考慮する必要があるとしている：(1) 経済成長率，(2)“グリーン”（炭素の関わらない）エネルギー源の開発率。この二つも，予想通り予測は困難である。

では，将来の気候について，コンピューターモデルから分かることがあるとすれば，それは何であろうか。これまで述べてきたような不確実な要素を考慮すると，21 世紀の気温の予測シナリオは何百通りもあり，そのほとんどが気温が上昇することを示している。ある程度の温暖化が確実となったところで，次は気候変動がもたらす影響について検討することにする。

4.11　私たちの未来について

前節で述べた最も極端（大げさ）な温暖化予測に対してさえ，読者は「だから何？」と思うだろう。何しろ，ほとんどのモデルで予測される気温の変化は数度程度なのである。地球上のどの地点でも，毎日その数倍の気温が変動している。ただ，ここで重要なのは，地球の平均気温の比較的小さな変化が，気候のさまざまな側面に大きな影響を与える可能性があるということである。

2014 年の IPCC 報告書は，将来のさまざまな気温シナリオをモデル化することに加えて，さまざまな結果の可能性について推定した。報告書は，政策立案者と一般市民の両方がデータの持つ不確定性をよりよく理解できるように，記述的な用語（「信頼度の判断推定値」）を採用した。

2014 年の IPCC 報告書の結論は，**図 4.29** に示されている。気候変動の影響に関する証拠は，自然界に対して最も包括的に研究されてきた。例えば，多くの生物種は，気候変動の影響により，移動パターン，季節的活動，生息地が変化している。また，人間系への影響も観察されて

資料室

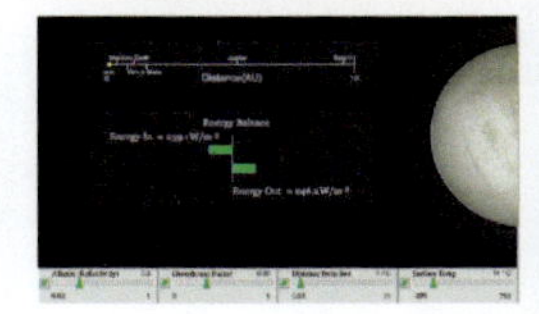

©2018 American Chemical Society
この対話型のシミュレーションを使って，惑星での生活に必要な放射線のバランスを見つけよう。
www.acs.org/cic

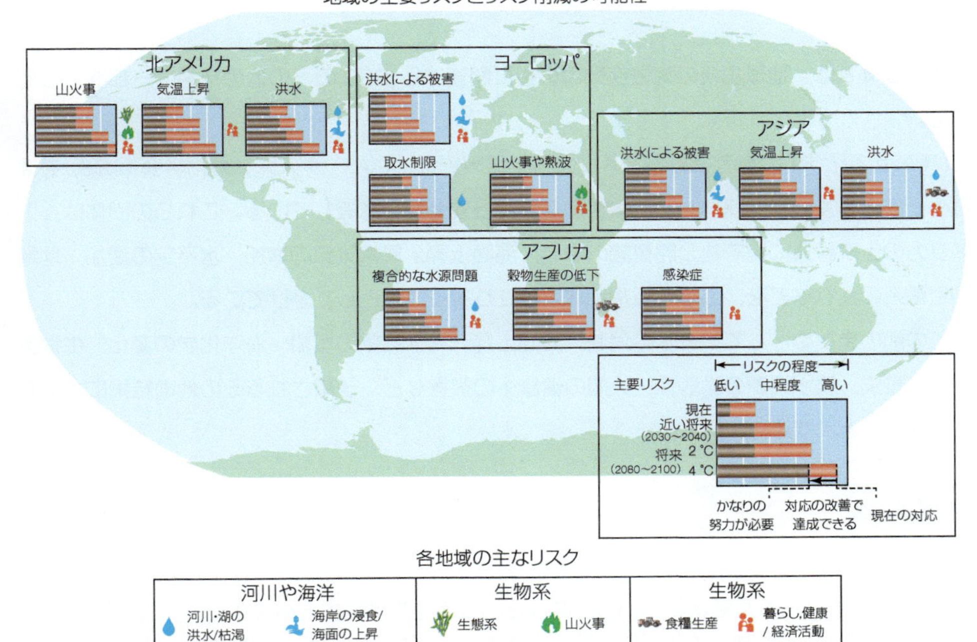

図4.29
気候変動に起因する世界のさまざまな影響。
出典：気候変動に関する政府間パネル2014：影響，適応，脆弱性，政策決定者のための要約

表 4.8　気候変動に関する政府間パネル（IPCC）が 2014 年に下した主な結論

ほぼ確実（99 ～ 100%の確率）
- 1971 ～ 2010 年にかけて，海洋の上層部（0 ～ 700 m）が暖かくなる。
- ほとんどの陸地では，日および季節の時間スケールで，高温と低温の極端な気温差が頻繁に生じる。
- 北半球の高緯度地域では，表層永久凍土の面積が減少する。
- 世界の平均海面上昇は，2100 年以降何世紀にもわたって続く。

可能性が極度に高い（95 ～ 100%の確率）
- 近年の温暖化の主な原因は，人間の活動である。

可能性が非常に高い（90 ～ 100%の確率）
- 人為起源の影響，特に温室効果ガスと成層圏のオゾン層破壊は，1961 年以降，対流圏の温暖化とそれに伴う成層圏下部の寒冷化の観測パターンをもたらした。これらの影響は，1979 年以降の北極海の海氷の減少にも寄与している。
- 20 世紀半ば以降，地球規模では寒い昼夜の数が減り，暖かい昼夜の数が増えている。
- 熱波は，より高い頻度で，より長い期間発生する。
- ほとんどの中緯度陸地と湿潤な熱帯地域で，極端な降水現象がより激しく，より頻繁に起こるようになる。

可能性が高い（66 ～ 100%の確率）
- 20 世紀半ば以降の気温上昇には，人為的要因が大きく寄与している。
- 人為起源の影響は，1960 年以降，地球の水循環と氷河の後退に影響を与えている。
- 20 世紀後半には，降水量が減少した地域よりも増加した地域の方が多い。
- 1957 ～ 2009 年にかけては水深 700 ～ 2,000 m，1992 ～ 2005 年にかけては水深 3,000 m 以深の海が温暖化した。
- 熱帯の酸素欠乏帯はここ数十年で拡大している。
- 1951 ～ 2010 年にかけての世界平均の地表面温暖化は 0.5 ～ 1.3℃の範囲にある。

可能性は低い（0 ～ 33%の確率）
- 1850 ～ 1900 年との比較で，21 世紀末（2081 ～ 2100 年）の世界の気温変化が 2℃を超える。

いる。**表 4.8** は，地球規模の気候変動の影響に関連する IPCC のその他の結論の一部を示している。

「実感する化学」の著者であるアメリカ科学振興協会（AAAS）やアメリカ化学会（ACS）をはじめとする多くの科学団体も，気候変動がもたらす脅威を認識している。これらの団体は，アメリカの上院議員に宛てた公開書簡の中で，海面上昇，異常気象の増加，水不足の増加，地域の生態系の乱れなどを，温暖化した地球で起こり得ることとして挙げている。

この節のまとめとして，海氷の消滅，海面上昇，異常気象の増加，海洋化学の変化，生物多様性の喪失，淡水資源の脆弱性，人間の健康への被害など，予想されるその他の結果について説明することにする。

問 4.43　展開問題

IPCC の報告

表 4.8 に挙げられた結論について，あなたの考えを簡潔にまとめなさい。IPCC の知見を支持するかどうか，まだ疑問があるのはどの分野かについて考えを述べなさい。

海氷の消滅

先に述べたように，北極圏の気温は地球上のどの地域よりも速く上昇していて，その結果，海氷の減少が進んでいる（**図 4.30**）。2012 年 9 月には，海氷面積が過去最低を記録した。夏の海氷は，1970 年代後半に人工衛星が海氷面積の追跡を開始したときと比較して，約 40%減少している。コンピューターモデルと北極圏の実情データの両方を組み合わせた新しい分析では，20 年後には北極圏の海氷の大半が消滅すると予測されている。その場合，野生生物の生存が危ぶまれるだけでなく，アルベドの減少に伴い，さらに温暖化が進むことが予想される。

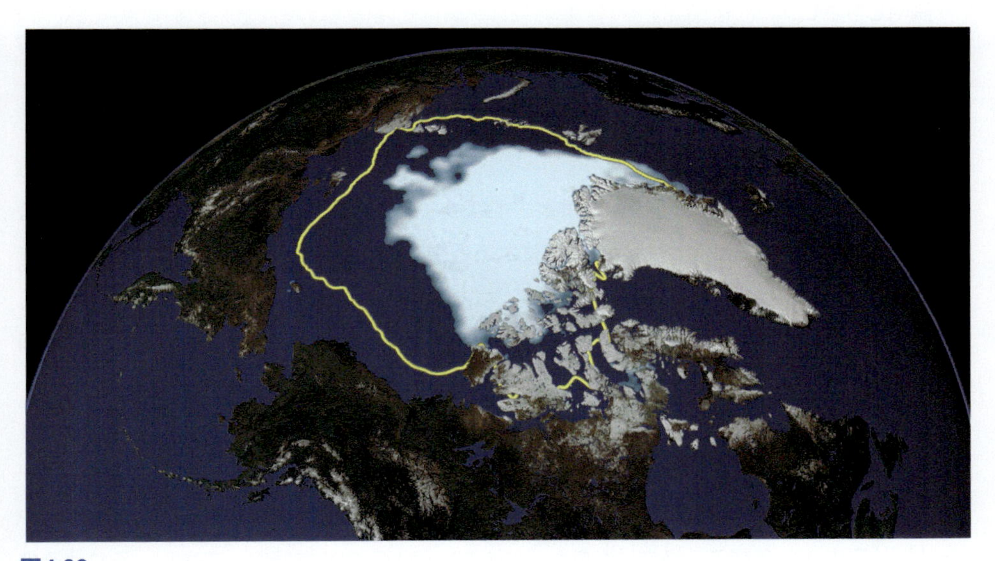

図4.30
2012 年 9 月の北極海の海氷域面積と過去 30 年間の平均の海氷最小値（黄色線）との比較。
出典：Scientific Visualization Studio/NASA

海面上昇

気温が高くなると，水が温められて膨張するために海面の上昇が起きる。また，それよりも小さな影響として，陸地の氷河の流出による海への淡水の流入が挙げられる。1897 ～ 1997 年にかけて，潮位計は 18 cm の海面上昇を示したが，より最近の衛星レーダーによる測定では，1993 ～ 2017 年までに 7.5 cm の上昇が認められ，海面上昇が加速している傾向が示されている。IPCC は，2100 年までに世界の海面が 1 m 以上上昇する可能性があると推定している。しかし，その上昇は地球上で一様に生じるわけではなく，さらに，地域の気象パターンの影響も受ける。ともあれ，わずかな海面上昇により，沿岸地域の浸食や，ハリケーンやサイクロンによってこれまで以上の高潮を引き起こす可能性がある。

問 4.44　展開問題

外部費用

既に記した結果およびこれから記す結果は，外部費用と呼ばれるものの一例である。外部費用は，ガソリン 1 L や石炭 1 t の価格のように，商品の価格には含まれないが，環境にツケを回している。化石燃料を燃やすことによる外部費用は，島国モルディブの人々のように，二酸化炭素をほとんど排出しない人々にも負担を強いている。わずか数ミリの海面上昇は大したことではないと思われるかもしれないが，海面スレスレの高さしかない国にとっては壊滅的な影響をもたらす可能性がある。インターネットの資料を使って，モルディブの人々が海面上昇にどのように備えているかを調べてレポートを書きなさい。また，このケースがコモンズの悲劇にどのように当てはまるか説明しなさい。

より極端な異常気象の発生

地球の平均気温が上昇すると，嵐，洪水，干ばつなどの異常気象が発生する可能性がある。北半球では夏はより乾燥し，冬はより湿潤になると予測されている。過去数十年の間に，全ての大陸で山火事や洪水が頻発している。また，サイクロンやハリケーンの発生頻度も増加している。これらの熱帯低気圧は，海からエネルギーを得ているため，海が暖かくなれば，暴風雨のエネルギー源となる。

海洋の化学過程の変化

シアトルの国立太平洋海洋環境研究所のシニアサイエンティスト，リチャード・A・フィーリーは，「過去 200 年間で，海洋は大気から約 5,500 億 t の CO_2 を吸収してきた。それはその期間の人為的な CO_2 総排出量の 3 分の 1 に相当する」と報告している。科学者たちは，毎日毎時 100 万 t の CO_2 が海に吸収されていると推定している！二酸化炭素を吸収する役割を果たすことで，世界の海洋は，二酸化炭素が大気中に残っていれば引き起こしたであろう温暖化を部分的に防いでいる。しかし，この吸収には代償が必要である。第 5 章でさらに詳しく説明するように，海洋では既に重大な変化が起きている（**図 4.31**）。例えば，二酸化炭素は水に

図4.31
インド洋にあるモルディブ共和国の珊瑚の白化現象。

わずかに溶けて炭酸になる。このため，海洋の酸性度が変化し，炭酸，重炭酸，炭酸イオンなどの炭素含有種の濃度が変化する。その結果，海洋生物は健全な殻や骨格を保つことが難しくなる。大気中の二酸化炭素濃度の上昇は，海洋生態系全体を危険にさらしていることになる。

問 4.45　展開問題

プランクトンと私たち

プランクトンは，海水と淡水の両方に生息する植物や動物に似た微小な生物である。多くのプランクトンは炭酸カルシウムでできた殻を持っており，酸性環境でその殻が弱くなる。人間はプランクトンを食べないが，他の多くの海洋生物は食べる。プランクトンと人間のつながりを示す食物連鎖の図を描きなさい。また，海洋酸性化が，あなたの考えた食物連鎖に与える影響はどのようなものか説明しなさい。

生物多様性の喪失

気候変動は，既に世界中の植物，昆虫，動物種に影響を与えている。カリフォルニアオニヒトデ，高山植物，ヒョウモンモドキ（**図 4.32**）など，多様な種がその生息域や習性に変化を示している。過去の気候変動に詳しいペンシルバニア州立大学のリチャード・P・アレイ博士は，互いに依存し合う動物や植物が，同じ速度で生息域や習性を変える必要はないという事実に，特に重要性を見出している。影響を受ける種について，彼は「食べるものを変えるか，食べるものを減らすか，食べるために遠くへ行く必要があり，それらは全て何らかの危険を伴うものである」と述べている。極端な例では，これらのコストは種の絶滅を引き起こす可能性がある。現在，世界の絶滅率は，過去 6,500 万年間のどの時期よりも 1,000 倍近くも高くなっている！2004 年の「*Nature*」誌の報告（DOI：10.1038/nature02121）では，最も楽観的な気候予測の元でも，2050 年までに植物や動物の約 20%が絶滅に直面すると予測している。大量絶滅の主な原因は，人間による環境破壊であり，気候変動はその二次的なものでしかない。

淡水資源の脆弱性

極地や海氷と同様に，世界各地の氷河も平均気温の上昇により縮小している（**図 4.33**）。何十億人もの人々が，飲料水と農作物の灌漑の両方を氷河の流出水に頼っている。IPCC の 2014 年版報告書では，地球の気温が 1℃上昇すると，5 億人以上がこれまで経験したことのない水不足を経験することになると予測している。淡水の再分配は，食料生産にも影響を及ぼす問題である。干ばつと高温は，アメリカ中西部の作物収量を減少させる可能性があるが，栽培範囲

図4.32
ヒョウモンモドキにはさまざまな種類が存在する。これはウィスコンシン州の一部で見られる。
©www.wisconsinbutterflies.org

図4.33
カナダ，アルバータ州ジャスパー国立公園のアサバスカ氷河の眺め（2012 年撮影）。
©Mary Caperton Morton

はカナダまで広がるかもしれない。しかし，北の方の土壌の種類は，同じレベルの食糧生産を支えるのに適していない可能性がある。また，一部の砂漠地帯では，十分な雨が降って耕作が可能になる可能性もある。以上のように，ある地域の損失が，別の地域の利益につながる可能性もあるが，それはまだ分からない。

人の健康への害

温暖化した世界では，全員が敗者になる可能性がある。2018 年，世界保健機関は，気候変動の影響により，2030 ～ 2050 年の間に年間約 25 万人の早期死亡が発生する可能性があると予測している。これら温暖化の影響には，より頻繁で深刻な熱波，水不足の地域での干ばつの増加，これまで発生していなかった地域での感染症の発生が含まれる。さらに平均気温が上昇すると，蚊やツェツェバエなど病気を媒介する昆虫の生息域が拡大することが予想される。その結果，アジア，ヨーロッパ，アメリカなどの新しい地域で，マラリア，黄熱病，デング熱，睡眠病などの病気が大幅に増加する可能性がある。

以上，私たちの未来に起こり得る可能性について考えてきたが，では，その可能性を防ぐために，私たちが今できることは何なのかを考えることにしよう。

4.12　将来の地球規模の破滅に対する対策：誰が，そしてどうやって？

気候変動をめぐる議論は，近年，異なる様相を呈してきた。今日の科学的データは，地球の気候が変化していることを明確に示している。例えば，地表や海洋の温度上昇，氷河や海氷の後退，海水面の上昇などが起きていることは測定結果から明白である。また，観測された温暖化の多くが人間活動に起因していることは，大気中の CO_2 に含まれる炭素同位体比の測定結果から考えて疑いようがない事実である。しかし，問題は，起こっている変化に対して，私たちに*何*ができるのか，*何*をすべきなのかということである。

読者は，車の燃費を計算する方法を知っているし，自分が消費するカロリーを推定することもできる。ただ，自分の生活を支えるために必要な地球の資源量の計算となると，はるかに難しくなる。しかし，幸運にも科学者たちは既にその計算方法，すなわち人々の生活様式と，その生活様式を維持するために必要な再生可能資源を基に計算を行う方法を編み出している。

足跡に例えると，砂や雪に残る足跡や，泥の付いた靴で帰宅した時の，入り口から玄関までに残された足跡は目で見て確認することができる。それと同じように，あなたの生活や人生も地球上に足跡を残していて，その足跡はヘクタールやエーカーという単位を用いて知ることができる。1 ヘクタールの半分弱が 1 エーカーである。エコロジカルフットプリントとは，特定の生活水準やライフスタイルを維持するために必要な生物学的生産空間（土地と水）の量を推定する手段である。

問 4.46　練習問題

フットプリントの計算

個人の二酸化炭素排出量とエコロジカルフットプリントを計算する複数のウェブサイトを調べなさい。

a. それぞれのサイトについて，名前，スポンサー，フットプリントを計算するために必要な情報を挙げなさい。
b. 要求される情報はサイトによって違うだろうか。もしそうなら，その違いを述べなさい。

平均的なアメリカ市民の場合，エコロジカルフットプリントは 2014 年に約 8.4 ヘクタール（21 エーカー）と推定されている。つまり，アメリカで生活する場合，食事，衣服，交通，そして快適な住居のために，平均して 8.4 ヘクタールの土地が必要となる。**図 4.34** から分かるように，アメリカの人々は比較的大きな足跡を持っている。2014 年の世界平均は，1 人あたり 1.7 ヘクタールである。

私たちの地球上には，生物学的に生産性の高い土地や水がどれくらいあるのだろうか。それは農地や漁業地帯などの地域を含み，砂漠や氷冠などの地域を省くことで推定することができる。現在，陸地，水面，海面合わせて約 120 億ヘクタール（約 300 億エーカー）と推定されていて，これは地球表面の約 4 分の 1 に相当している。では，これだけあれば地球上の全ての人が，アメリカの人々のライフスタイルを維持できるのであろうか。以下の問題では，それを

図4.34
グローバルヘクタールを用いたエコロジカルフットプリントの比較。
出典：国別フットプリント勘定（NFA），2018年版（2014年のデータに基づく）

自分で確かめることができる。

問 4.47　考察問題

あなたの取り分

先に述べたように，生物学的に生産性の高い土地，水，海は，地球上におよそ120億ヘクタール（約300億エーカー）存在すると推定されている。

a. 世界人口の現在の推定値を求めなさい。出典を明記すること。
b. この推定値と生物学的に生産可能な土地の推定値を合わせて，理論上，世界の1人ひとりが利用できる土地の量を計算しなさい。

なぜこれが重要なのかというと，1970年代以降，私たちは地球の能力を超えて，私たちの欲求を満たしてきたからである。国民の平均的なフットプリントが約1.7ヘクタールを超える国は，地球の「環境収容力」を超えていることになる。アメリカを例にとって，どのくらい超過しているのか，もう一度計算してみよう。

問 4.48　考察問題

地球何個分か？

2014年，アメリカのエコロジカルフットプリントは1人あたり約8.4ヘクタール（約21エーカー）だった。

a. アメリカの現在の人口の推定値を求めなさい。出典を明記すること。
b. この人口に対して，アメリカが現在必要とする生物学的に生産性の高い土地の量を計算しなさい。
c. この面積は，地球上に存在する生物学的に生産可能な土地の何パーセントにあたるか計算しなさい。

エネルギーは人間が生活する上で必要不可欠なもので，人は食事をして代謝することで必要なエネルギーを賄っている。国家や地域社会では，石炭や石油，天然ガスなどのさまざまな方法で必要なエネルギーを得ている。これらの炭素系燃料を燃焼させると，二酸化炭素を含むさまざまな副産物が発生する。人口の多い国や工業化の進んだ国では，大量の燃料を燃やして多

くの CO_2 を排出する傾向がある。これを憂慮する科学者同盟によると，2015 年の CO_2 排出量の上位は，中国，アメリカ，欧州連合，インド，ロシア連邦，日本であった（国際エネルギー機関のデータによる）。次の問題では，他にはどの国が上位にランクインしているのかを調べる方法を紹介する。

問 4.49　考察問題

国別の炭素排出量

「憂慮する科学者同盟（The Union of Concerned Scientists）」は，CO_2 排出量上位 20 ヵ国のリストを発表している。

a. 読者がこのリストに載っていると考える 10 ヵ国を予想しなさい。読者の予測がどの程度正確であったか，インターネットを使って確認しなさい。
b. 国民 1 人あたりの CO_2 排出量を算出した場合，この順位はどのように変わるか示しなさい。

2009 ～ 2017 年までオバマ大統領の科学技術問題担当上級顧問を務めたジョン・ホールドレンは，気候変動に対処するための選択肢を「軽減，適応，苦しみ」という三つの言葉でまとめている。「基本的に，もし私たちが軽減と適応を行わなければ，私たちはもっと多くの苦しみを味わうことになる」と彼は結論付けた。しかし，誰が軽減の旗を振り，誰が適応を余儀なくされるのだろうか。そして，その苦しみを背負うのは誰なのか。これらの質問に対する答えについては，大きな意見の相違が生じる可能性がある。しかし，現実的な解決策は世界共通なものでなければならず，それには危機感，社会的価値観，政治，経済が複雑に絡み合うことは明らかである。

気候緩和とは，気候変動が人間の生命，財産，環境に及ぼす長期的なリスクや危険性を恒久的に排除または低減するために取られるあらゆる行動を意味する。人為的な気候変動を最小限に抑えるための最も明白な戦略は，そもそも大気中に排出される CO_2 やその他の温室効果ガスの量を減らすことである。しかし，図4.4 を振り返ってみると，これらの“必需品”のうちのどれかを大きく削減することは考えにくい。従って，少なくとも短期的には，エネルギー消費を減らすことは容易ではないことが分かる。そこで，最もシンプルで安価な方法は，グリーンケミストリーの重要な考え方の一つであるエネルギー効率の改善である。エネルギー生産には非効率なところがあるため，消費者側でエネルギーを節約すれば，生産側での効果は 3 倍から 5 倍になる。しかし，世界中の消費者 1 人ひとりが気候変動に配慮した商品を購入し，気候変動に配慮した行動を取るだけでは，CO_2 排出量を有害なレベル以下に抑えることはできない。

問 4.50　練習問題

炭素吸収源としての樹木

平均的な大きさの木は，毎年 25 ～ 50 ポンドの二酸化炭素を吸収する。アメリカでは，1 人あたりの平均年間 CO_2 排出量は 19 t である。

a. 平均的なアメリカ市民の年間 CO_2 排出量を吸収するためには，何本の新しい木が必要か計算しなさい。

b. 化石燃料の燃焼による世界の年間排出量のうち，120 億本の樹木が吸収できる割合（%）を計算しなさい。**ヒント**：図 4.2 を参照。

将来的に排出量が減少する可能性はあるにせよ，気候変動の影響は避けられないものがある。前述したように，今日排出された CO_2 分子の多くは，何世紀にもわたって大気中にとどまっている。**気候適応**とは，生活インフラや生態系などが気候変動に適応して，起こり得る被害を軽減したり，その変動を利用したりして，結果に対処する能力を指す言葉である。適応の方法としては，新しい作物品種の開発，低地の国や島に対する海岸線の防御システムの補強や構築などがある。さらに感染症のさらなる蔓延を最小限に抑えるための，公衆衛生システムの強化なども挙げられる。これらの多くは，気候変動という課題がない場合でも，社会に利益をもたらす Win-Win の対策である。

温室効果ガスが気候変動の主な原因であるという科学的コンセンサスに比べ，温室効果ガスの排出を制限するために取るべき行動に関する政府間の合意は，はるかに少ない状況にある。1992 年にリオデジャネイロで開催された地球サミットの成果の一つが「気候変動枠組条約」の締結である。この国際条約の目的は，「大気中の温室効果ガス濃度を十分に低いレベルで安定化させるために，気候への危険な人為的干渉を防ぐこと」であった。この条約は拘束力がないだけでなく，「危険な人為的干渉」とは何か，それを回避するためにはどの程度の温室効果ガスの排出が必要なのかについて，合意が得られていなかった。

1997 年，京都に 161 ヵ国，1 万人近い参加者が集まり，温室効果ガスの排出量に法的拘束力を持たせる初の国際条約（京都議定書）が作成された。そこでは 6 種類の温室効果ガスの排出量を削減するため，先進国 38 ヵ国に対して 1990 年レベルを基準とした拘束力のある排出量目標が設定された。規制対象となったガスは，二酸化炭素，メタン，亜酸化窒素，ハイドロフルオロカーボン（HFCs），パーフルオロカーボン（PFCs），六フッ化硫黄の 6 種類のガスである。その議定書では，2012 年までに 1990 年比でアメリカは 7%，EU 諸国は 8%，カナダと日本は 6%の排出量を削減することが求められていた。

問 4.51　展開問題

イギリスの経験

1997 年，トニー・ブレア党首に率いられたイギリス労働党は，2010 年までにイギリスの温室効果ガス排出量を 20%削減することを約束した。これは京都条約が要求する 12.5%を大幅に上回るものである。イギリスは目標を達成できたかどうかについて調べ，温室効果ガス削減におけるイギリスの経験について短いレポートを書きなさい。また，他の国は 1997 年以降，排出量を大幅に削減できたかどうか調べなさい。

この条約は，ロシア連邦が批准した 2005 年に発効したが，アメリカは参加しなかった。その理由の一つは，議定書で定められた削減要件を満たそうとすると，アメリカ経済が深刻な打撃を受けると考えられるからである。また，今後最も二酸化炭素の排出量を増やすと予想される中国やインドを中心とする開発途上国に排出量に制限がないことも批准を見送った理由である。当時のブッシュ大統領は，先進国と開発途上国の間でこのような不平等な負担を強いることは，アメリカにとって経済的に破壊的であると主張した。

アメリカは，同様の経済的理由で，CO_2 排出を制限する国内法にも抵抗してきた。2000 年代前半に実施された自主的な削減プログラムでは，さまざまな理由から排出量の削減が不十分であることが判明した。一つは，化石燃料が比較的安価であることである。さらに重要なことは，軽減策を講じるには多額の初期費用がかかり，また企業が効果的な計画を立てるのに必要な軽減策のためのコストを正確に見積もるのが難しいことである。現在の世界のエネルギーインフラは，開発・流通に 15 兆ドルもかかっており，二酸化炭素の排出を削減することは，その多くを置き換えることを意味する。さらに，CO_2 の大気中での滞留時間が長いため，数十年後になってやっと排出削減の効果が現れるという問題もある。

2015 年のパリ協定は，世界の平均気温の上昇を産業革命以前に比べて 2℃以下に抑えるため，温室効果ガス排出量のこれ以上の増加を抑えることを目標としていた。

第 1 回地球サミットから 25 年以上が経過した今，科学界では，どの程度の CO_2 が "危険" であるかを判断することに焦点が当てられ始めている。2007 年の国連気候変動会議では，温室効果ガスの排出量を 2020 年頃までをピークとし，2050 年までに現在の半分以下にまで削減する必要があるとの結論が出た。これは，絶対量として，全世界で年間約 90 億 t の排出量を削減しなければならないことを意味している。この目標の大きさを実感してもらうために，10 億 t の排出量を削減するためには，次のいずれかの変化が必要であることを考えて欲しい。

- 世界の建築物のエネルギー使用量を現在に比べて 20 ～ 25%削減する。
- 全ての車の燃費を 2 倍（例えば 12 km/L から 24 km/L）にする必要がある。
- 800 基の石炭火力発電所で二酸化炭素を回収し，固定化する。
- 700 基の大型石炭火力発電所を原子力発電，風力発電，太陽光発電に置き換える。

明らかに，これらのうちのどれを実施するにしても，無償で実施できるわけではない。アメリカやその他の地域では，温室効果ガスの排出を削減するために法律や規制が必要であるという認識が急速に高まっている。その一例が，アメリカで硫黄酸化物や窒素酸化物の排出削減に成功したような「キャップ・アンド・トレード」制度である。このキャップ・アンド・トレード制度の "取引" 部分は，排出枠のシステムを通じて行われる。企業には，その年またはそれ

資料室

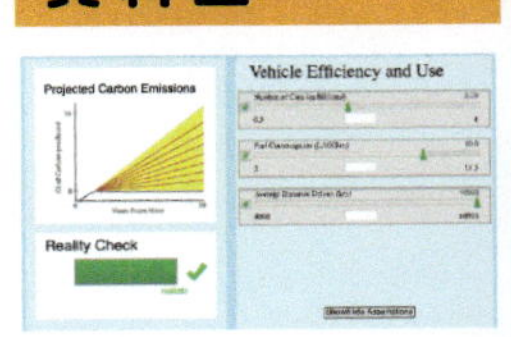

さまざまな技術が排出する炭素量に対する総括的効果はこのシミュレーションを見ると分かる。
www.acs.org/cic

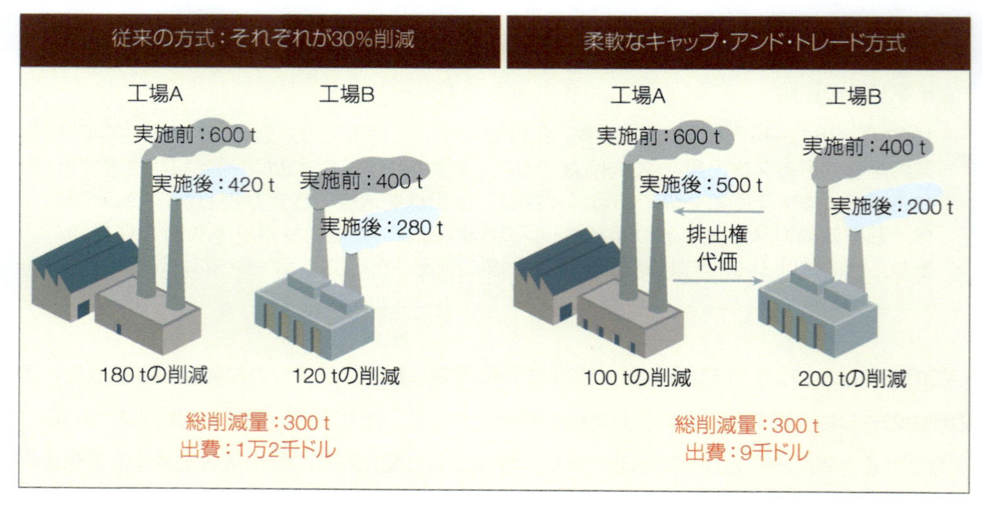

図4.35
排出物を対象とするキャップ・アンド・トレードの概念。
出典：アメリカ環境保護庁（EPA）：Clearing the Air, The Facts About Capping and Trading Emissions, 3, (2002).

以降の一定量の CO_2 の排出枠が割り当てられ，各企業はその枠内で実際の排出量を抑えなければならない。もしも排出枠が余っている場合は，排出枠を超過している可能性がある他の企業とその枠を交換または売却することができ，排出枠が足りない場合は排出枠を購入することになる。この "キャップ" は，毎年一定数の排出枠しか作らないことで実施されている。

キャップ・アンド・トレードの仕組みの一例を紹介しよう（**図 4.35**）。排出規制がない場合，A 工場は 600 t，B 工場は 400 t の CO_2 を排出している。排出規制（30%削減）を満たすためには，両者の排出量を合わせて 300 t 削減する必要がある。そのためには，各自で自社のコストを負担して，それぞれが自分の排出量を 30%削減することになる。しかし，どちらかの工場（B 工場）がより効率的に排出量を削減し，規定の 30%よりも排出量を少なくすることができたとすると，A 工場は B 工場から未使用の排出枠を購入することができ，A 工場が 30%の排出削減を遵守するために必要なコストよりも低いコストで目標を達成することができる。そうすれば，両工場にとって最も財務的に有利な方法で，全体の排出量削減が達成されることになる。

キャップ・アンド・トレード方式には，排出権市場が不安定になるなどのデメリットも考えられる。エネルギー生産側にとってみれば，エネルギーコストが大きく変動し，しばしば予測不可能な事態に陥る可能性がある。このような変動は，消費者のコストに大きな変動をもたらすだろう。キャップ・アンド・トレードに代わるものとして，炭素税の導入という方法もある。炭素税は，排出量制限を遵守するための "最善" の方法を市場に委ねる代わりに，化石燃料を燃やすコストを単純に増加させる。ある種の燃料に含まれる炭素の量に応じた追加コストを課すことで，短期的には代替エネルギー源の競争力を高めることを目的としている。もちろん，炭素燃料や排出ガスに課税することは，消費者にとって価格上昇につながることを意味する。

問 4.52　展開問題

気候変動保険とは？

気候変動の軽減は，危険度–有益性（リスク–利便）シナリオの一つと見なすことができる。政府がこの見地に立つと，日時が過ぎてから生じる効果に不確定さがあるため，経費がかかる行動を実行する決断が鈍るかもしれない。気候変動への対応におけるもう一つの視点は，私たちが保険に加入する理由と同様にリスクマネジメントの問題と見なす視点である。自動車保険についていえば，加入すれば自動車事故に巻き込まれる危険度が低くなるわけではないが，万一事故が起こったときに当事者の出費を抑えることができる。さて，気候変動に対処するための行動と政策について保険を使った類推がどの程度当てはまるか，読者の意見を述べなさい。

アメリカ連邦政府は，気候変動に関する拘束力のある法律の制定に遅れをとっているが，各州は自らの手で問題を解決している。2005年には，北東部の10州から成る「地域温室効果ガスイニシアチブ（RGGI）」が，アメリカ初の二酸化炭素の排出量取引制度に署名した。このプログラムでは，2014年に現在の水準で新たな排出枠を設定し，その後2015～2020年まで毎年2.5%ずつ減少していくこととした。また，カリフォルニア州とカナダのブリティッシュ・コロンビア州，ノバスコシア州，ケベック州を含む西部気候イニシアチブは，排出量報告の義務付けと，再生可能エネルギー技術の開発を促進する地域的な取り組みに合意している。より広くは，アメリカのパリ協定からの離脱を受けて，2017年6月に22の州から成る超党派連合である「アメリカ気候同盟」が設立された。この同盟は2025年までに温室効果ガス排出量を2005年比で26～28%削減することを約束している。さらに，このグループは，発電によるCO_2排出量を2030年までに2005年比で32%削減することを目標としている。

よりローカルなところでは，気候変動に関するパリ協定で定められた排出量の目標を守ることに重点を置いた「全米市長による気候行動指針」が2014年に設立された。現在，この団体は407都市を代表しており，その総人口は6,800万人（アメリカの人口の20%近く）にのぼる。

問 4.53　展開問題

バケツの中の一滴

評論家たちは，たとえ成功したとしても，個々の国家や国による行動が，世界全体の温室効果ガス排出量に大きな影響を与えることはあり得ないと指摘する。NASAの気候科学者であるジェームズ・ハンセンのような，早急な行動が必要と考える人々は異なるアプローチを取っている。「中国とインドは，海面近くに膨大な人口が住んでいるため，制御不能な気候変動から最も多くのものを失うことになる。アメリカのような先進国が適切な最初の一歩を踏み出せば，彼らは地球温暖化解決の一翼を担うことになるだろう」。この章を読んだ読者はどちらの立場に立つか説明しなさい。

問 4.54　展開問題

グループ演習："重要な質問" を再び

グループを作り，現在の知識に基づいて以下の質問に答えなさい。

a. 温室効果や大気の温暖化は良いことだと思うか，それとも悪いことだと思うか。また，その理由は何か。
b. 大気中の二酸化炭素はどこから来るのか。
c. 気候変動とは何か。
d. 気候変動は起きているか。また，その根拠は何か。

読者の答えが，この章の前の方にある問 4.28 の答えと比べてどのように変わったか説明しなさい。

結び

©Fuse/Getty Images

このチンパンジーの家族は，地球規模の気候変動にほとんど，あるいは全く関与していないため，おそらくこの問題の議論に参加することはないが，彼らはこれから起こる変化に適応していかなければならない。人間と違って，チンパンジーは植物や他の動物と同様に，気候が変化しているかどうかを互いに議論することはしない。彼らは，食料や水の調達具合や生息域に影響を与える世界の変化に適応していくだけである。例えば，気候が変化すると，食料の入手方法が変わり，チンパンジーのような動物は，生き残るために十分なカロリーを得るために適応することを余儀なくされる。また，気候の変化や天候パターンの変化により，チンパンジーの生息地も変化する。

地球の多くの場所と同じように，海の塩水にも発する声はないが，それでも気候変動に対応して語るべき手段を持っている。寒冷地では，気温が下がると海水が静かに凍りついて海氷ができ，そして春になって気温が上がると，その海氷が騒々しく崩れ落ちる。この凍結融解の繰り返しは数千年前から続いていて，地球の気温の変化に合わせて，氷ができたりできにくかったりするように徐々に変化してきた。しかし，近年は凍結融解のサイクルが顕著になり，北極の海域に氷がない期間が長くなってきている。北極の変化の原因は二酸化炭素なのだろうか。温室効果ガスである二酸化炭素は，地球を快適に暖め，生命を維持する役割を担っているが，“過ぎたるは及ばざるがごとし”ということがある。ジョン・ホールドレンは，何度かこう語っている。「地球温暖化という言葉は誤った呼び方である。なぜならば，その言葉は緩やかなもの，均一なもの，安全なものをイメージさせるからである。私たちが直面している気候変動は，そのどれにも当てはまらない」。

ホールドレンの主張で，まず「地球温暖化は緩やかではない」という主張があるが，これは過去と比較して現在私たちが目にしている気候変動がはるかに急速に起こっていることを意味している。自然な気候変動は地球の歴史の一部であり，例えば氷河は何度も後退と前進を繰り返しているし，地球の気温は現在の気温よりもずっと高くなったり低くなったりしている。しかし，地質学的な証拠によると，これらの過去の変化は，現在のように数十年単位ではなく，数千年単位で起こっている。つまり，ホールドレンの主張は正しく，過去の地質学的な時間軸と比較すると，現在の地球温暖化は緩やかなものであるとはいえない。

次に彼は「地球温暖化は地球上で一様に起こっているわけではない」と主張しており，これもまた正しい。今日まで，最も劇的な影響は極地で観察されてきた。氷河の後退，海氷の減少，永久凍土の融解などである。しかし，人口密度の高い低緯度地域では，気候変動がもたらす影響ははるかに小さい。

三つ目の主張である「地球温暖化は安全ではない」を評価するのは最も難しい。なぜならば，地球温暖化が地球のどの部分に，どの程度の影響を与えるかを正確には予測できないからである。さらに，わずか数度の温暖化がなぜ壊滅的な影響を及ぼすのかが容易に理解できないことも，この問題を複雑にしている。

ホールドレンの指摘の通り，地球規模の気候変動は非常に複雑な現象である。私たちは今，地球規模の実験の真っ最中であり，経済発展と環境の両方を維持する能力を試されているのである。

次章では，地球上の生命に不可欠な化学物質である“水”について学ぶことにする。そこでは私たちの日々の行動が，水の利用可能性や純度，性質にどのような変化をもたらすかを理解することができる。この貴重な資源に焦点を当てながら，将来の世代に適した水資源を確保する可能性に影響を与える大気質や気候変動に関する議論を続けていくことにする。

■章のまとめ

この章の学習を終えた読者には以下のことができるはずである。

- 異なる炭素含有物質からの炭素が，特定の生態系を中心とした炭素循環の中で，どのように炭素貯留層間を流れるかを図示し，特定し，予測する。**(4.1，4.2 節)**
- ルイス構造や分子形状など，分子化合物の主な特徴を説明する。**(4.1，4.7 節)**
- 岩石や土壌の鉱物源となる原子および多原子イオンから成るさまざまなイオン化合物の式と名前を書く。**(4.1 節)**
- 物質中に存在する炭素やその他の原子の量を定量化する。**(4.3，4.4 節)**
- 温室効果ガスが温室効果によって地球の温度にどのように影響するかを区別する。**(4.5，4.6 節)**
- 電磁波，特に紫外線，赤外線，マイクロ波が，分子の動きや分子結合にどのような影響を与え，分子内の結合の伸縮運動や変角運動が，最終的に地球の温度にどのような影響を与えるかを説明する。**(4.7，4.8 節)**
- 同位体の分析から過去の気候傾向を判断する方法など，過去から現在に至る気候データの収集方法を説明し，現在の気候傾向が過去とどのように異なるかを説明することにより，データの信頼性を守る。**(4.9，4.10 節)**
- 気候変動が地球規模でもたらす影響を評価し，その深刻さを軽減できる要因を説明する。**(4.11 節)**
- 個人のカーボンフットプリント（日々の活動）の変化や，より広くは都市や国家が気候変動の影響をどのように軽減できるかを予測する。**(4.12 節)**

■章末問題

● 基本的な設問

1. この章の最後には，ジョン・ホールドレンの言葉が引用されている：「地球温暖化という言葉は誤った呼び方である。なぜならば，その言葉は緩やかなもの，均一なもの，安全なものをイメージさせるからである。私たちが直面している気候変動は，そのどれにも当てはまらない」。以下の問いに例を用いて答えなさい。
   a. 気候変動が均一でない理由は何か。
   b. 少なくとも，社会システムや環境システムの対応できる速度に比べて，気候変動が緩やかでない理由は何か。
   c. 気候変動が安全なものでない理由は何か。
2. 金星と地球の表面温度は，それぞれ太陽からの距離から予想される温度よりも高いのはなぜか。
3. 地球から放射されるエネルギーを温室に例えて説明すると，地球の温室の“窓”に相当するのは何か。この例えの不十分な点は何か。
4. CO_2 と H_2O を光合成でブドウ糖（$C_6H_{12}O_6$），O_2 に変換することを考えよう。
   a. 平衡の方程式を書きなさい。
   b. 方程式の両辺にある各原子の数は同じか。
   c. 方程式の両辺にある分子の数は同じか。答えの理由も説明しなさい。
5. 気候と天気の違いについて説明しなさい。
6. a. 毎日，大気圏の上部には太陽から 29 MJ/m^2 のエネルギーが降り注いでいると推定されているが，地表に届くのは 17 MJ/m^2 だけである。残りはどうなっているのか説明しなさい。
   b. 定常状態では，どれくらいのエネルギーが大気圏上層部から放出されているのか。
7. 図 4.24 を使って考えてみよう。
   a. 現在の大気中の CO_2 濃度は，2 万年前の濃度と比べてどうなっているのか。また，12 万年前の濃度と比べてどうなっているのか。
   b. 現在の大気中の温度は，1950 ～ 1980 年の平均温度と比較してどうなっているのか。2 万年前の温度と比較した場合はどうなっているのか。
   c. b で得た二つの温度と 12 万年前の平均気温を比較してみると何が分かるか。
   d. a と b の答えは，因果関係，相関関係，無関係のどれを示すか説明しなさい。

8. 地球温暖化問題を理解するためには，地球のエネルギーバランスを理解することが必要不可欠である。例えば，地表に降り注ぐ太陽エネルギーは平均 168 W/m^2 であるが，地表から放出されるエネルギーは平均 390 W/m^2 である。なぜ，地球は急激に冷えないのか。
9. 以下に挙げた観察結果をそれぞれ説明しなさい。
   a. 日当たりの良い場所に駐車している車は，ペットや小さな子供を乗せたままにしておくと，命に関わるほど高温になることがある。
   b. 冬の夜は，曇りよりも晴れの方が寒くなる傾向がある。
   c. 砂漠は，湿潤な環境よりも 1 日の温度変化が大きい。
   d. 夏場に暗い色の服を着ている人は，白い服を着ている人よりも熱中症になる危険性が高い。
10. 分子模型キット（または発泡スチロールのボールやガムテープで原子を，つまようじで結合を表現する）でメタン分子（CH_4）を作ってみよう。水素原子が全て同じ平面上にある場合（正方形平面配置）よりも，四面体配置の方が水素原子が互いに離れていることを確かめなさい。
11. 以下に挙げた分子のルイス構造と幾何構造を述べよ。
    a. H_2S
    b. OCl_2（酸素が中心原子）
    c. N_2O（窒素が中心原子）
12. 以下に挙げた分子のルイス構造と幾何構造を述べよ。
    a. PF_3
    b. HCN（炭素が中心原子）
    c. CF_2Cl_2（炭素が中心原子）
13. a. メタノール（H_3COH）のルイス構造を書きなさい。
    b. この構造に基づいて，H-C-H の結合角を求め，その理由を説明しなさい。
    c. この構造に基づいて，H-O-C の結合角を求め，その理由を説明しなさい。
14. a. C=C 二重結合を持つ小さな炭化水素であるエテン（エチレン），H_2CCH_2 のルイス構造を書きなさい。
    b. この構造に基づいて，H-C-H の結合角を求め，その理由を説明しなさい。
    c. 求めた結合角度が分かるように分子のスケッチを描きなさい。
15. 以下に示した水分子の三つの異なる振動モードのうち，温室効果に寄与するものはどれか説明しなさい。

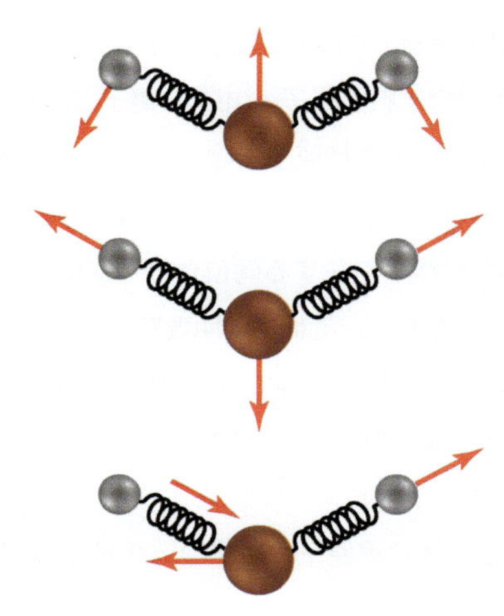

16. 二酸化炭素の分子が赤外領域の特定の光子と相互作用すると，原子の振動運動が激しくなる。CO_2 の吸収する波長は 4.26 μm と 15.00 μm である。
    a. これらの赤外光子に対応するエネルギーを求めなさい。
    b. 激しく振動している CO_2 のエネルギーはその後どうなるのか説明しなさい。
17. 水蒸気と二酸化炭素は温室効果ガスだが，N_2 や O_2 は温室効果ガスではない。この違いが生じる理由を説明しなさい。
18. 以下に挙げた事柄が，地球の気候変動にどのように関係しているか説明しなさい。
    a. 火山の噴火
    b. 成層圏のフロン類
19. シロアリは，セルロースをグルコース（$C_6H_{12}O_6$）に分解し，グルコースを CO_2 と CH_4 に代謝する酵素を持っている。
    a. グルコースの CO_2 と CH_4 への代謝の平衡方程式を書きなさい。

b. シロアリが 1 日に 1.0 mg のグルコースを代謝した場合，1 年間に放出する CO_2 は何 g か。

20. 図 4.4 について考えてみよう。
    a. 化石燃料の燃焼による CO_2 排出量が最も多いのはどの部門か。
    b. CO_2 排出量の多い主要部門には，それぞれどのような代替案があるか。

21. 銀の原子番号は 47 である。
    a. 最も一般的な同位体である Ag-107 の中性原子に含まれる陽子，中性子，電子の数を答えよ。
    b. Ag-109 の中性原子の陽子，中性子，電子の数と Ag-107 のそれらとの違いは何か。

22. 銀には天然に存在する同位体が Ag-107 と Ag-109 の二つしかない。では，周期表で与えられている銀の平均原子質量が単純に 108 ではないのはなぜか。

23. a. 銀の個々の原子の平均質量を g 単位で計算しなさい。
    b. 10 兆個の銀原子の質量を g 単位で計算しなさい。
    c. 5.00×10^{45} 個の銀原子の質量を g 単位で計算しなさい。

24. 以下に挙げた大気化学に関与している化合物のモル質量を計算しなさい。
    a. H_2O
    b. CCl_2F_2（フロン -12）
    c. N_2O

25. a. CCl_3F（フロン -11）中の塩素の質量パーセントを計算しなさい。
    b. CCl_2F_2（フロン -12）に含まれる塩素の質量パーセントを計算しなさい。
    c. これらの化合物 100 g が成層圏で放出し得る塩素の最大質量は何 g か計算しなさい。
    d. c で計算した質量に対応する塩素の原子は何個になるか。

26. 地球上の生物に含まれている炭素の全質量が 7.5×10^{17} g と推定されている。一方，地球上の炭素の全質量は 7.5×10^{22} g と推定されている。以上のことから，地球上の炭素原子の総量に対する生物系の炭素原子の比率は何パーセントか。答えをパーセントと ppm で答えなさい。

27. 大気中の濃度以外に，物質の地球温暖化係数の計算に含まれる他の二つの特性は何か答えなさい。

● 概念に関する設問

28. 以下に挙げた中性原子の陽子，中性子，電子の数をそれぞれ述べよ。
    a. 酸素 -18（$^{18}_{8}O$）
    b. 硫黄 -35（$^{35}_{16}S$）
    c. ウラン -239（$^{239}_{82}U$）
    d. 臭素 -82（$^{82}_{35}Br$）
    e. ネオン -19（$^{19}_{10}Ne$）
    f. ラジウム -226（$^{226}_{88}Ra$）

29. 以下の条件を有する同位体について，原子番号と質量数を示す記号を示しなさい。
    a. 陽子 9 個，中性子 10 個（核医学に使われる）
    b. 陽子 26 個と中性子 30 個（この元素の最も安定な同位体）
    c. 陽子 86 個と中性子 136 個（一部の家庭で見られる放射性ガス）

30. 以下の各数値について，有効数字の数を求めよ。
    a. 780.2 g　　b. 9.003 L
    c. 400.0 g/mL　　d. 0.0025 μm

31. 以下の各計算について，正しい有効数字と正しい単位で答えを出しなさい。
    a. 5.078 g＋0.04 g
    b. 3.00 L－0.1 L
    c. 7.645 g÷1.87 mL
    d. 56 nm×98.24 nm

32. 与えられたシリコンの試料は，質量が 1.25 g，体積が 0.54 cm^3 であった。この試料の密度を計算しなさい。答えには正しい有効数字が含まれていること。

33. 本章の最後に引用されているジョン・ホールドレンは，“*地球温暖化*”ではなく，“*地球規模の気候変動*”という言葉を使うことを提案している。この章を読んで，あなたは彼の提案に賛成するであろうか。賛成するなら，その理由を説明しなさい。

34. 北極は，“私たち全てに影響を与える気候変動における炭坑のカナリア”と呼ばれている。
 a. “炭鉱のカナリア”とはどのような意味なのか説明しなさい。
 b. 北極圏が炭鉱のカナリアとなる理由を説明しなさい。
 c. ツンドラ地帯の融解が他の場所の変化を加速させる理由を一つ述べなさい。

35. 過去数千年にわたる地球の大気温度の直接測定は不可能である。では，科学者はどうやって過去の温度変動を推定しているのか。その方法を説明しなさい。

36. 友人から，「温室効果は人類にとって深刻な脅威である」という新聞記事について聞いた。この記事に対して，あなたはどう思い，その友人に何と言うか。

37. この章を通して，地球の大気中の CO_2 濃度が人為的にどのように変化しているかを説明してきた。CO_2 の濃度が変化した他の理由に何があるか説明しなさい。

38. 過去20年間で，化石燃料の燃焼により約1,200億tの CO_2 が排出されたが，大気中の CO_2 の量は約800億tしか増加していない。その理由を説明しなさい。

39. 炭酸ガスと水蒸気は，ともに赤外線を吸収する。では，可視光線も吸収するのであろうか。あなたの身近な体験に基づいて答えなさい。

40. CO_2 が赤外線を吸収する振動を起こすのに必要なエネルギーは，炭素原子と酸素原子が二重結合ではなく単結合でつながっていた場合，どのように変化するか説明しなさい。

41. 電子レンジを使うと，ガラスのコップの中の水はすぐに温まるのに対してガラスのコップ自体はゆっくり温まる理由を説明しなさい。

42. エタノール（C_2H_5OH）は，トウモロコシやサトウキビなどの作物に含まれる糖やデンプンから製造することができる。エタノールはガソリン添加物として使用され，燃焼すると O_2 と結合して H_2O と CO_2 を生成する。
 a. C_2H_5OH の完全燃焼の反応式を書きなさい。
 b. C_2H_5OH を完全燃焼させたときに，1 mol あたりで発生する CO_2 のモル数を求めなさい。
 c. 10 mol の C_2H_5OH を燃焼させるには，何 mol の O_2 が必要になるか求めなさい。

43. 温室効果ガスの大気中の寿命が重要な理由を説明しなさい。

44. オゾン層破壊と気候変動を，関与する化学種や放射線の種類，そして予想される環境への影響という観点から比較検討しなさい。

45. 気候モデリングに疎い人に，*放射強制力*という言葉を説明しなさい。

46. 牛や羊などの地球の反芻動物は，毎年7,300万tの CH_4 を吐き出していると推定されている。この大量の CH_4 には，何tの炭素が含まれているか求めなさい。

47. 1880年以降で最も暖かかった10年のうちの9年は2000年以降に発生している。この事実は，温室効果（地球温暖化）が促進されていることの*証明*になるかどうか説明しなさい。

48. フロンの代替品として考えられるのはHFC-152aで，寿命は1.4年，地球温暖化係数（GWP）は120である。もう一つは，HFC-23で，寿命は260年，GWPは12,000である。いずれも温室効果ガスとしての効果が高いので，京都議定書で規制されている。
 a. 地球温暖化の可能性のみを考慮した場合，与えられた情報から考えてどちらがより良い代替品と思われるか。
 b. 代替物を選択する場合に，他にどのような点に注意する必要があるか説明しなさい。

49. 化石燃料の燃焼による CO_2 の排出量は，さまざまな方法で報告される。例えば，二酸化炭素情報分析センター（CDIAC）の2014年の報告では，中国，アメリカ，インドが世界各国の中で上位にランクされている。

a. 1人あたりで表現した場合，この順位は変わるだろうか。変わるとした場合，どの国が1位になるであろうか。

b. CDIACでは，1人あたりのランキングをCO_2排出量ではなく，炭素排出量を基準に報告している。その場合，カタールは1人あたりの炭素排出量が45.4トンで世界一となる。この値をCO_2排出量で表すと，高くなるか低くなるかどちらか説明しなさい。

順位	国	CO_2排出量（t）
1	中国	10,291,927
2	アメリカ	5,254,279
3	インド	2,238,377

50. キャップ・アンド・トレードシステムと炭素税を比較検討しなさい。

51. アレニウスが大気中の温室の役割を最初に理論化したとき，彼はCO_2濃度を2倍にすると，地球の平均気温が5～6℃上昇すると算出した。彼の考えたモデルは現在のIPCCのモデルからどれくらいずれていたのか説明しなさい。

● 発展的設問

52. 元副大統領のアル・ゴアは，2006年に出版した著書・映画「*不都合な真実*」の中で，“私たちには，地球温暖化を政治的な課題とみなす余裕などもはやない。私たちがこの地球に築き上げた文明が直面する最大の倫理的課題なのだ”と書いている。

a. 読者は地球温暖化を倫理的な課題であると考えるだろうか。もしそうならその理由を説明しなさい。

b. 読者は地球温暖化を政治的な課題であると考えるだろうか。もしそうならその理由を説明しなさい。

53. 中国の経済成長は，中国の“諸刃の剣”といわれる石炭への依存によって支えられている。石炭は，新しい経済の“黒い金”であり，“壊れやすい環境の暗雲”でもあるといえる。

a. 硫黄分の多い石炭への依存は，どのような結果をもたらすか。

b. 中国からの硫黄汚染は，地球温暖化を遅らせるかもしれないが，一時的なものである。その理由を説明しなさい。

c. 石炭火力発電所の建設を急速に進め，2030年には中国より人口が多くなると予想される国は他にあるか。

54. キノニセヒョウモンモドキ（quino checkerspot butterfly）は，メキシコ北部とカリフォルニア州南部の狭い地域に生息する絶滅危惧種である。2014年に報告された証拠（DOI：10.1007/s10841-014-9743-4）では，この蝶の生息地域が以前の研究から予測されていたよりも大きいことを示している。

a. この蝶が温暖化する気候にどのように適応してきたかを説明しなさい。

b. 今後30年以内のこの蝶の生息地域と生存の可能性について考えなさい。

55. 大気中のCO_2が増加していることが，長期にわたる観測データから明らかになっている。産業革命以降，炭化水素の燃焼量が大幅に増加したことが，CO_2濃度の増加の理由としてよく挙げられる。しかし，この間，水蒸気の増加は*観測されていない*。炭化水素の燃焼の一般的な反応式を踏まえて，この二つの傾向の違いは，人間活動と地球温暖化の関係を否定するものといえるか。読者の考えとその理由を説明しなさい。

56. エネルギー業界で常用される標準立方フィート（SCF）の天然ガスには，15.6℃で1,196 molのメタン（CH_4）が含まれている。換算係数については，付録1を参照されたい。

a. 1SCFの天然ガスを完全に燃焼させると，何molのCO_2が発生するか計算しなさい。

b. aで求めたCO_2の量をkg単位で示しなさい。

c. aで求めたCO_2の量をt単位で示しなさい。

57. 2015年11月，フランスのパリで気候変動に関する画期的な国際会議が開催された。この会議の成果の概要を説明しなさい。

58. ソーラーオーブンは，太陽光を集光して食品を調理するローテクでローコストな器具である。ソーラーオーブンは，地球温暖化の緩和にどのように役立つか読者の考えを述べなさい。また，この技術を使うことで最も恩恵を受けるのは，世界のどの地域と考えられるか説明しなさい。

59. 欧州連合（EU）は，2005年にCO_2に対するキャップ・アンド・トレード方式を採用した。この政策が生んだ結果について，経済上の効果およびヨーロッパにおける温室効果ガス排出に与えた効果の両面で短いレポートを書きなさい。

60. *ロンドン，エディンバラ，ダブリンの哲学雑誌*に寄稿したアレニウスは，その中で「私たちは炭鉱を空気中に蒸発させている」という表現を使った。1898年当時，この文章は注目を集めるのに有効だったが，大気中に追加されるCO_2の量を論じるにあたって，彼が本当に言及したのはどのようなプロセスなのか説明しなさい。

第5章　水：最も貴重な資源

©Tiago Fioreze

動画を見てみよう

どこにでもある水

www.acs.org/cic にある第 5 章のオープニング動画を見て，読者が日常的に飲んだり使ったりしている水について考えてみよう。

a.　その水にはどんな物質や不純物が含まれているのか。

b.　その水はどこから来て，最終的にどこへ排水されるのか。

c.　地域社会の習慣は，自然の水の供給にどのような影響を与えるのだろうか。

この章で学ぶべきこと

この章では，以下のような問いについて考える。

- ■水特有の性質とは何か。
- ■私たちや他の生物が利用する水はどこにあるのか。
- ■水は他の化学物質とどのように相互作用するのか。
- ■他の物質との相互作用によって，水の性質はどのように変化するのか。
- ■水の質を向上させるにはどうしたらよいか。

©Maryia Bahutskaya/Getty Images

©Arnulf Husmo/Getty Images

序文

静寂と荒々しさ。生と死。渇きと潤い。豊富と枯渇。これらの言葉は全て，地球上の生命にとって最も重要な資源である“水”を表すことができる。水は，私たちの地球上で起こるほぼ全てのことに関与している。人間の 60%は水であり，地球の 71%は水で覆われている。水のない世界を想像したことがあるだろうか。もし，読者が水を飲むことができなかったらどうだろうか。

問 5.1　展開問題

反対者同士は引き合う

上の水の写真から水について何が分かるだろうか。水が私たちの生活に及ぼすさまざまな影響とは何か。これらの質問に答えた後，水がない世界はどのようなものかを答えなさい。

海には多くの動植物が生息しているが，陸に住む生物にとっては決して住みやすい環境ではない。レイチェル･カーソン（1907 ～ 1964）は，「沈黙の春」の中で，「地球の表面の大部分は，圧倒的に海によって覆われている。しかしながら，この豊富な水のほとんどは，塩水であるため農業や工業，人間の飲み物には使えない」と語っている。陸に住む人々は淡水を必要とし，雨や雪などの自然現象，あるいはエネルギーを大量に消費する浄水技術によってそれを手に入れなければならない。

科学者であり自然保護論者であり作家であるレイチェル・カーソンは，1962 年に著書「沈黙の春」を出版し，環境保護運動の立ち上げに貢献した。

残念ながら，淡水は地球上で無限に存在する資源ではなく，さらに増え続ける人口に見合うだけの速さで再生できるわけでもない。その結果，水は戦略的な資源となっており，その希少性は紛争を生み，誰が水を使用する権利を持っているのかという問題を提起している。

海，湖，川などのどこであろうと，水は特異な性質を持つ化合物である。その性質の中には，地球上の大規模な変動を理解する上で重要なものがある。例えば，水は地球の平均的な温度で固体，液体，蒸気として存在することができる唯一の一般的な物質であり，この三つの状態において，水はその地域の日々の天気や，より長い期間での気候に影響を与えている。

水の特性は他にもあり，生態系の保護に役立っている。例えば，氷は他の物質と異なり，液体の水よりも密度が低いので，氷は水に浮く。そのため，厳寒の冬でも湖や小川の生態系は氷の下で生きていくことができる。また，水は他の物質よりも 1 g あたりに吸収する熱量が大きいため，地球上の水域は熱の貯蔵庫として機能している。そのため，海や湖の温度変化は緩やかで，気温の変化を緩やかにしている。

さらに，水の持つ特性は，より小規模なプロセスにとっても重要なものとなっている。例えば，水は多くの物質を溶かし込むことができる。そのため，人間を含む全ての生命体の細胞内で生じる生化学的な反応に不可欠な物質でもある。人間は，食べ物がなくても数週間は過ごすことができるが，水がなければ数日しか過ごせない。もし，体内の水分量が 2%減少したら喉の渇きを感じ，5%の水分が失われると疲労を感じ，さらに頭痛がするようになる。10 ～ 15%減ると，筋肉が痙攣して錯乱状態になる。15%以上の脱水状態になると死に至る。

1 日に飲むべき水の量は，体格，年齢，健康状態，運動量によって異なる。

問 5.2　展開問題

水について知っていることは？

これまで述べたことを踏まえて，水の性質に関するあなたの知識を評価してみよう。そうすれば，どの性質について最もよく知っていて，どの性質についてもっと学ぶ必要があるかが分かるはずである。読者が，水について他に学ぶべきこと，学びたいことはなんだろうか。

話を進める前に，読者にとって水がどのような存在であるかを考えてみることにしよう。読者は水道の蛇口やボトル，缶から水を飲むこともあるだろうし，野菜を蒸したり，洗濯をしたり，トイレの水を流したりすることもあるだろう。また，川辺に座って魚釣りをすることもあるだろう。次の問題で，水が読者の生活の中でどのような役割を果たしているかを記録してみよう。

問 5.3　考察問題

水日誌

2日間の間に読者が行う水関連の行動の全てについて，行動の種類と時刻を記録した日誌を付けなさい。その記録には次の事項も加えなさい。

a. それぞれの項目での水の役割。例えば，読者が飲んだのか，何らかの行為に使ったのか，あるいは，屋外での経験の一部だったのか，などを記入しよう。
b. それぞれの項目で使った水の出所，使った量，使用後はどこに行ったのか，などを記入しよう。
c. それぞれの項目での行為によって水を汚した程度を記入しよう。

問 5.4　展開問題

トイレの先は？

トイレの水を流す行為は，読者が日常的に行う水絡みの行為のほんの一部である。ウォーターフットプリントを見積もることができるウェブサイトで読者のウォーターフットプリントを計算してみよう。

a. 水の使用について驚いたことはあるだろうか。
b. この結果に基づいて，どのような行動を取るべきだと思うか。

アメリカ地質調査所（USGS）によると，平均的なアメリカ市民の生活を支えるには，1日あたり390 L以上の水が必要とされている。問5.3の水日誌を見て分かるように，私たちは水をさまざまな用途に使っている。

読者は「水また水，見渡す限り水，それでいて飲める水は一滴も無い」（「老水夫行」より）というせりふを聞いたことがあるかもしれない。もし，これを「水，水，見渡す限り水……でも，昔はそうではなかったかもしれない」と変えたらどうだろうか。水は生命にとって不可欠な化学物質で，水なしには，地球上に生命は存在し得ない。この章では，水のユニークな特性，水中での化学物質の挙動，これが水質に与える影響，そして地球規模の大きな問題が湖，川，海の水に与える影響について説明する。

5.1　水の特異な性質

水は，標準的な温度と圧力，すなわち温度0℃，圧力1バール（～1気圧）の条件下では液体である。水と同じモル質量の化合物は，この条件下ではほとんど気体であることを考えると，これは驚くべきことである。例えば，空気中に含まれる三つの気体成分（N_2，O_2，CO_2）について考えてみよう。モル質量はそれぞれ28，32，44 g/molで，いずれも水（18 g/mol）より大きい。

また，水の沸点は100℃と異常に高く，同じような分子構造の液体，例えば硫化水素の沸点はもっと低い。さらに，ほとんどの液体は固化すると収縮するのに対して，水は凍ると膨張するという，ちょっと不思議な性質も持っている。このような水の不思議な性質は，水の分子構造と分子間の相互作用に由来している。

一般に，分子の質量が重くなれば沸点も高くなる。

水はH_2Oと呼ばれ，これは世界で最も広く知られている化学の豆知識であろう。水は共有

読者は，ルイス構造に基づいて分子の形状を予想する方法を 4.7 節で学んだ。

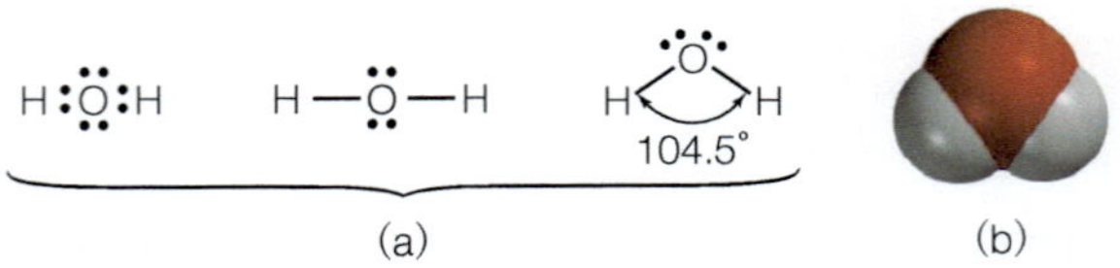

図5.1
水（H_2O）のさまざまな表し方。(a) ルイス構造と構造式，(b) 空間充填模型。

結合を持つ分子で，曲がった形をしていることを思い出して欲しい。**図 5.1** は，第 4 章で使用したのと同じ水分子の表現である。

水分子の中の O-H の共有結合で，電子がどのように共有されているかに注目しよう。二つの原子がつながっていることを示す線が引かれているにも関わらず，電子は両原子間で均等に共有されているわけではない。実験から，O 原子は H 原子よりも強く共有電子対を引き寄せていることが分かっている。このような状況を，化学用語では酸素の方が水素よりも電気陰性度が高いという言い方をする。**電気陰性度**とは，化学結合における原子の電子に対する吸引力を示す尺度である。この尺度には単位がなく，互いに相対的な測定値であり，最大値はフッ素の 4.0 である（**表 5.1**）。電気陰性度が大きいほど，原子は化学結合の電子を自分自身に引き寄せることができる。

電気陰性度の値の決め方は，化学者であり平和活動家であるノーベル賞受賞者のライナス・ポーリング（1901 ～ 1994）によって定義された。

結合した二つの原子の電気陰性度の差が大きいほど，その結合は極性を持つ。例えば，酸素と水素の電気陰性度の差は 1.4 である。一方，S-H 結合ではこの差は 0.4 しかなく，O-H 結合よりもはるかに極性が低くなる。O-H 結合の電子は，より電気陰性度の高い酸素原子の近くに引き寄せられる。**図 5.2** に示すように，この不平等な共有により，O 原子には部分的に負の電荷（δ^-）が，H 原子には部分的に正の電荷（δ^+）が生じる。

電子対が引力を受けて，電子の分布がずれる方向を矢印で示し，これを**結合双極子**と呼ぶことが多い。その結果として得られるのが**極性共有結合**であり，これは電子が均等に共有される

表 5.1　いくつかの元素の電気陰性度

1 族	2	13	14	15	16	17	18
H 2.1							He *
Li 1.0	Be 1.5	B 2.0	C 2.5	N 3.0	O 3.5	F 4.0	Ne *
Na 0.9	Mg 1.2	Al 1.5	Si 1.8	P 2.1	S 2.5	Cl 3.0	Ar *

* 希ガス元素は，滅多なことでは他の元素と結合しない（絶対に結合しないとはいえない）。それゆえ電気陰性度を持たない。

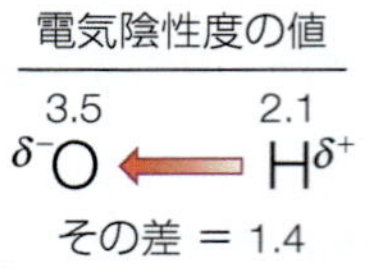

電気陰性度の値

3.5		2.1
δ^-O	←	H$^{\delta+}$

その差 ＝ 1.4

図5.2
水素原子と酸素原子の極性共有結合。電子はより電気陰性度の高い酸素原子に引き寄せられる。

のではなく，より電気陰性度の高い原子に近づく共有結合のことを意味している。一方，**無極性共有結合**は，電子が原子間で平等に共有される共有結合である。無極性共有結合の例として，大気中に存在する N_2 や O_2 のような分子を考えてみよう。この分子を構成する原子はどちらも同じであるため，原子の間に電気陰性度の差はなく，電子が均等に共有されていることになる。

問 5.5　練習問題

極性結合

以下の a ～ d のそれぞれに書かれた二つの結合について，どちらがより極性が高いだろうか。また，読者が選んだ結合では，電子対はどちらの原子に強く引き付けられているだろうか。

ヒント：表 5.1 を使おう。

a. H-F，H-Cl　**b.** N-H，O-H　**c.** N-O，O-S　**d.** H-H，Cl-C

以上述べたように，結合が極性を持ち，極性には強さの違いがあることを明らかにした。続いて，分子全体が極性を持つかどうかを予測するために，以下の二つの有用な考え方を紹介する。

- 無極性結合のみを含む分子は，*無極性でなければならない*。例えば，O_2，N_2，Cl_2，H_2 などの二原子元素は無極性である。
- 極性共有結合を持つ分子は，*極性を持つ場合と持たない場合がある*。極性の有無は分子の幾何構造で決まる。例えば，水分子には二つの極性結合があり，分子は極性を持つ（**図 5.3**）。2 個の H 原子は正の部分電荷（δ^+）を持ち，酸素原子は負の部分電荷（δ^-）を持つ。この二つの極性結合と曲がった形状により，水分子は極性を持つことになる。

$BeCl_2$ の中心にあるベリリウム原子は，オクテット則（八隅子則）の例外で，8 個より少ない電子しか持たない。

$BeCl_2$ の中心にあるベリリウム原子は，オクテット則の例外で，8 個より少ない電子しか持たない。

極性結合は，二つの原子の間の“綱引き”に例えられる。水のように，結合の双極子が互いに 180° からずれた位置にあり，相殺されない場合，その分子は*極性*を持つようになる。では，ここで $BeCl_2$（**図 5.4**）を考えてみよう。第 4 章で説明した考え方でルイス構造を作ってその形状を決定すると，この分子は曲がっているのではなく，直線的であることが分かる。そして，結合の双極子間の“綱引き”が打ち消し合うので，$BeCl_2$ は二つの極性共有結合を持つにも関

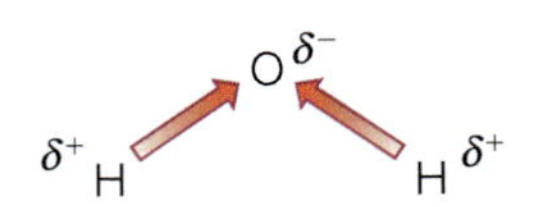

図5.3
H_2O，極性共有結合を持った極性分子。

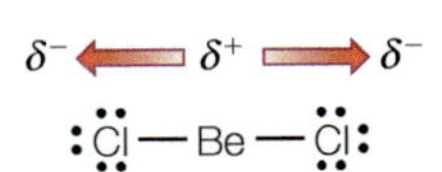

図5.4
塩化ベリリウム（$BeCl_2$），極性共有結合を持った無極性分子。

わらず，無極性分子となる。

水の特異な性質の多くは，その極性に由来している。水の話を続ける前に，問 5.6 を片付けよう。

問 5.6　練習問題

分子の極性

二酸化炭素分子についてもう一回考えよう。

a. 二酸化炭素のルイス構造を書きなさい。

b. CO_2 の共有結合は極性か無極性か答えなさい（表 5.1 参照）。

c. 図 5.3 と図 5.4 と同様に，CO_2 を書いてみよう。まずは，www.acs.org/cic のシミュレーションソフトを使って，原子を正しい幾何学的配置に置いて，CO_2 分子を構築しよう。できたら原子の相対的な電気陰性度を表示されているスライダーを使って変えてみよう。

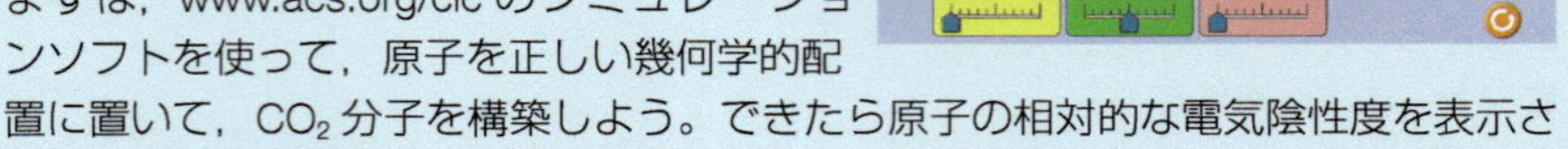

d. H_2O 分子とは対照的に，CO_2 分子は無極性である理由を説明しなさい。

e. 以下の分子について，CO_2 と同様に a ～ c の作業をして分子構造を書きなさい。

COS，SO_2，I_3^-

これらの分子が極性か無極性かを判断しなさい。

比較：

- *分子間力*（intermolecular force）は分子間の力であり，*分子内力*（intramolecular force）は分子内の原子間で働く力である。
- *大学間スポーツ*（intercollage sports）は大学間で行われるのに対し，大学*内*（intracollage）（または学内：intramural）スポーツは大学内で行われる。

相対的な結合の強さは，（一般的に）イオン結合＞共有結合＞＞水素結合である。

5.2　水素結合の重要な役割

二つの水分子が互いに近づくとどうなるか考えてみよう。異なる電荷が引き合うので，一方の水分子の H 原子（δ^+）は，隣の水分子の O 原子（δ^-）に引き寄せられる。これが**分子間力**，つまり*分子と分子の間*に生じる力の一例である。

水分子が増えると，話はより複雑になる。**図 5.5** の各 H_2O 分子を見てみると，H 原子と O 原子上の非結合電子対が引き合っていて，このような分子間の引力は，「水素結合」と呼ばれている。**水素結合**とは，電気陰性度が大きい原子（O，N，F）と結合している H 原子と，隣接する別の O，N，F 原子（別の分子内または同じ分子内の別の部分）の間で働く静電引力による結合である。水素結合と共有結合を混同しないように気を付けて欲しい。一般に，水素結合は*分子内の原子*をつなぐ共有結合の 10 分の 1 程度の強さしかない。また，水素結合している原子間の距離は，共有結合の場合よりもかなり大きい。液体の水では，図5.5 に示すように，水分子一つにつき最大四つの水素結合が存在することがある。

問 5.7　練習問題

水素結合

a. 図 5.5 の水分子間の破線が何を表しているか説明しなさい。

b. 同じ図において，隣接する二つの水分子上の原子に δ^+ または δ^- のラベルを付けなさい。また，これらの部分電荷は，分子の向きをどのように説明するのに役立つか答えなさい。

c. 4 個の NH_3 分子の水素結合の図を描きなさい。

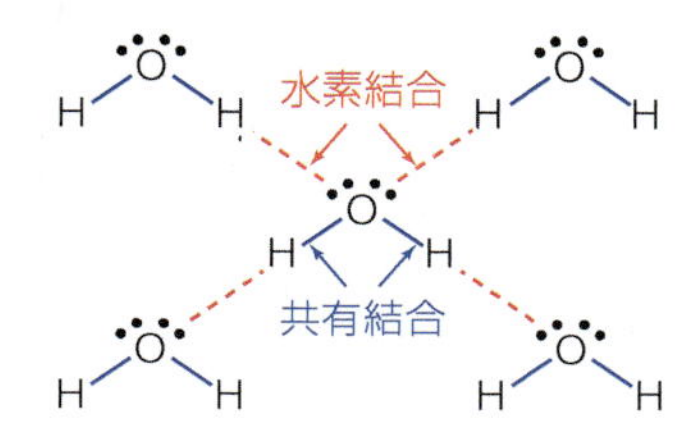

図5.5　**資料室**
水分子における分子間（水素結合）および分子内（共有結合）の結合。なお，それぞれの結合距離は実際の縮尺と異なっている。水素結合の詳細については，www.acs.org/cic を参照。

水素結合は共有結合ほど強くないが，他の分子間力による結合に比べればかなり強い結合である。水の沸点に基づいて考えてみよう。例えば，水と同じ形をしているが，水素結合を持たない分子である硫化水素（H_2S）は，その弱い分子間力のため約－60℃で沸騰し，室温では気体である。一方，水は 100℃で沸騰する。これは水素結合があるためで，水は室温でも液体であり，体温（約 37℃）でも液体である。実は，私たちの地球上の生命の存在そのものが，この性質のおかげである。

問 5.8　考察問題

水分子を含んだ結合

水が沸騰すると共有結合は切れるかどうか，図を使って説明しなさい。
ヒント：図 5.5 に示すように，まず液体状態の水分子から始めて，気体状態の水分子を描いてみよう。

アイスキューブや氷山が水に浮く理由も，水素結合に基づいて理解することができる。氷の中では，それぞれの H_2O 分子が 4 個の水分子と水素結合を作って規則的に並んでいる。その様子が**図 5.6** に示してある。六角形の断面を持つトンネル状の空洞（チャンネル）があることに注意しよう。氷が融けると，図に示されるパターンが崩れて水分子が空洞に入り込めるようになる。そのため，液体の中の分子は固体のときより密な詰まり方をする。1 cm^3 の水に入っている水分子の数は，同じ 1 cm^3 の氷に入っている水分子の数より多い。よって，1 cm^3 の水は 1 cm^3 の氷より質量が大きい。言い換えると，液体である水の**密度**すなわち単位体積の質量は氷の密度より高い。

資料室

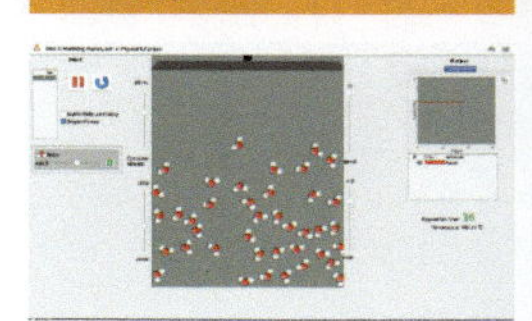

©University of Illinois at Chicago
このシミュレーションで，温度変化によって水分子の集団に何が起きるかが分かる。www.acs.org/cic

私たちは一塊の水の分量を表すのに普段はグラム（g）を用いている。体積を表す単位はやや込み入っている。体積は立方センチメートル（cm^3）かミリリットル（mL）を使って表すが，この二つの単位は同じ体積を表している。液体の水の密度は，4℃で 1.00 g/cm^3 であり，温度によってわずかに変化する。一方，1.00 cm^3 の氷の質量は 0.92 g しかないので，密度は 0.92 g/cm^3 となる。要するに氷の密度は水よりも小さく，あなたの好きな飲み物に入っている氷が浮くのはその密度が小さいことが原因である。

水は 4℃で最も密度が高くなり，0℃では密度がわずかに低くなる。

水以外のほとんどの物質は固体の方が液体より密度が高い（**図 5.7**）。水が他の物質と反対の性質を持つおかげで，冬の湖では氷が沈まないで湖面に浮いている。このあべこべの挙動によって，しばしば雪に覆われながらも水面の氷が断熱材の働きをして，下にある湖水が凍って固くなるのを防いでいる。これによって，水生植物や魚が冬の間も淡水湖で生きることができる。春になって氷が解けると冷たい水が底に沈みこんで，淡水の生態系での栄養分の混ざり合いを

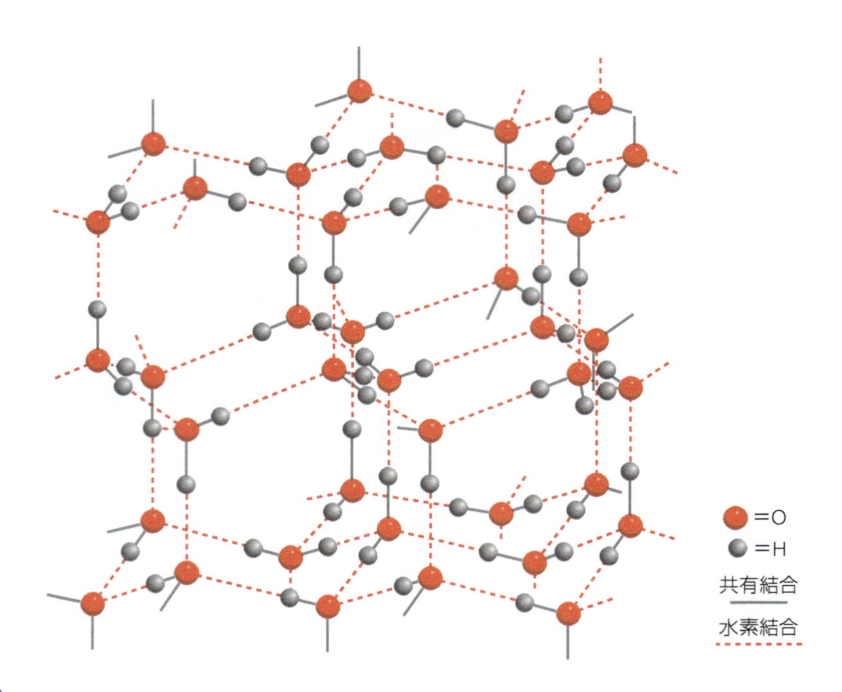

図5.6
一般的な氷の水素結合格子構造。水分子の“層”と“層”の間に開いた溝があり，これが氷の密度を液体の水よりも低くしている。

タンパク質と DNA の構造については，第 13 章で詳しく説明する。

図5.7
固体のパラフィンワックスは液状のものよりも密度が高いため，容器の底に沈む（左）。対照的に，氷は水よりも密度が低いので水に浮く（右）。
©Richard Megna/Fundamental Photographs, NYC

助長する。言うまでもないことだが，この水の独特の挙動には生物科学と生命そのものの両方に対して意味があるのだ。

水素結合では水以外にも，O-H 共有結合や，N-H 共有結合，F-H 共有結合を含む分子が作られることがある。水素結合は，タンパク質や核酸のような大きな生体分子の形状を安定させる働きがある。例えば，DNA 分子の二重らせん構造は，DNA の*異なる分子鎖*の間に水素結合を形成することで二重らせん構造が安定化される。一方，タンパク質は，*同じ分子内*の異なる部分と水素結合を形成している。このように，生命の営みに欠かせない役割を担っているのが水素結合である。

この節の最後に，水の特異な性質として，熱を吸収し放出する能力が非常に高いことについて説明する。**比熱**とは，ある物質 1 g の温度を 1℃上昇させるのに必要な熱エネルギーの量のことである。水の比熱は 4.18 J/g・℃（1.00 cal/g・℃）である。つまり，液体の水 1 g の温度を 1℃上げるには，4.18 J のエネルギーが必要である。逆に，1 g の水を 1℃冷やすためには，4.18 J の熱を取り除かなければならない。水は物質の中で最も高い比熱を持つ部類に属し，熱容量が大きいことで知られている。そのため，自動車のラジエーターや発電所，人体などの余分な熱を取り去る優れた冷却剤である。

ジュール（J）とカロリー（cal）は，第 6 章で紹介するエネルギーの単位である。1 J 分のエネルギーがあれば，中くらいの大きさのリンゴを地面から 1 m の高さまで持ち上げることができる。

水は比熱が高いため，大量の水があるとその地域の気候が影響を受ける。海や川，湖から水が蒸発するのは水が熱を吸収しているからで，海や雲の中の水滴は大量の熱を吸収することで，地球の気温を下げている。また，水は地面よりも熱を蓄える能力が高いため，寒くなると地面の方が早く冷える。水の方が熱を保持しやすいので，より長い時間，より多くの暖かさを周囲に提供することができる。このような性質は，大きな水辺の近くに住んだことのある人ならなじみ深いことであろう。

問 5.9　展開問題

裸足の遠足

読者は，カーペットやタイルの上を裸足で歩いたことがあるだろう。もしもそういう経験がなければ，試してみることを勧める。その結果，カーペットとタイルのどちらが熱容量が大きいと考えるか説明しなさい。

ここまでに，水の特殊な性質という，地球上の生命に影響を与える事項をいくつか調べた。さまざまな物質を溶解させる能力について調べる前に，水の出どころと使われ方，そしてその使われ方にまつわる問題を概観しておこう。

5.3　水はどこにあるのか

私たちが呼吸するためには，汚染されていないきれいな空気が必要なのと同じように，飲み水や調理に使っても安全な**飲料水**も必要である。私たちは，さらにそのような水で入浴したり食器を洗ったりもするだろう。一方，飲料水に適さない水には，ゴミから混じりこんだ微粒子やヒ素などの有害金属，コレラの原因となる細菌などの汚染物質が含まれている。飲用に適さないとはいえ，非飲料水にも用途がある。例えば，川や湖の水はトラックで運ばれ（**図 5.8a**），歩道の洗浄，道路の粉塵の低減，灌漑に使われることがある。

2019 年現在，イエメンの人口の半数以上が，適切な医療資源や清潔な水を得られない状況にある。そのため，2016 年以来，コレラの流行がこの戦乱の国を襲い続け，記録史上最悪のコレラ流行となった。

自治体の水道施設で最初に処理された非飲料水は，上記以外の用途がある。中水（リサイクル水）と呼ばれるこの水は，図 5.8b に示すように，“紫のパイプ”を通じて地域社会に供給されて，運動場の灌漑，トイレの洗浄，消火活動などに利用される。水の供給を止めないため，地域の水道施設では利用可能な水の種類を用途別に振り分けている。

(a)

(b)

図5.8
(a) アラスカ大学フェアバンクス校の給水車。「この水は飲めません」という注意書きがある。
(b) 紫色のパイプで汲み上げられる再生水。
(a)：©Cathy Middlecamp, University of Wisconsin，(b)：©Reclaimed water booster pump station piping at City of Surprise, AZ 提供：Malcolm Pirnie, the Water Division of ARCADIS/Tim Francis

問 5.10　展開問題

機能させるための使い分け

再生水やリサイクル水（非飲料水）を，洗車や庭の水やり，トイレの洗浄に使っている地域がある。

a. 非飲料水の利用方法を，他に三つ挙げなさい。
b. 地域社会が非飲料水を使うようになるのは，どのような状況が考えられるか答えなさい。
c. 読者の地域では，再生水やリサイクル水を使用しているだろうか。もし使用していれば，どのような目的で使用しているか調べなさい。
d. この章の最初に書いた「水日誌」をもう一度見直して欲しい。読者の水の使い方の中で，非飲料水の使用方法を挙げなさい。その使用方法は，読者のどういう習慣によるものか答えなさい。

地球上のどこに淡水があるのだろうか。人間の活動に最も都合のいい水源は，湖，川，小川にある**地表水**である（**図 5.9**）。これに比べると取水しにくいのが**地下水**で，地下水は**帯水層**と呼ばれる地下の貯水層にある淡水のことである。世界各地の人々が，地下の深いところにある帯水層まで井戸を掘って地下水を汲み出している。私たちを取り巻く大気にも，モヤ（煙霧），霧，あるいは湿気の形を取る淡水が混じっている。

問 5.11　考察問題

水源

a. 読者の飲料水が地表水か地下水のどちらを水源としているかを調べ，読者の水の出所を示す地図を作りなさい。
b. 自分が住んでいる場所以外で地表水を使用している地域を探しなさい。その水源を巡って紛争があったかどうかを調べなさい。
c. アメリカの帯水層の地図に基づいて，地下水に依存している地域を調べなさい。人口密度と地下水への依存度は関係があるだろうか。

地球上の水のうち，淡水の占める割合はどのくらいかというと，なんと約 3%しかなく，残

図5.9
湖や貯水池は大量の飲料水を供給している。ヘッチ・ヘッチー貯水池はカリフォルニア州サンフランシスコに水を供給している。

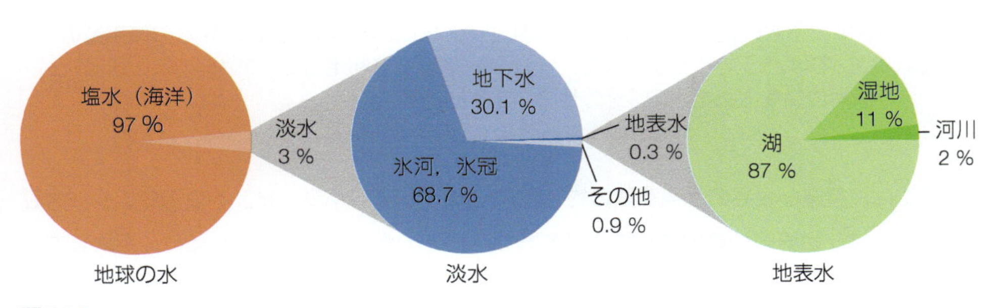

図5.10
地球上の淡水の分布。

りは海水である。**図 5.10** に示すように，この淡水の約 3 分の 2 は氷河や氷冠，雪原に閉じ込められている。また，約 30%は地下にあり，利用するためには地上に汲み上げなければならない。湖や川，湿地帯の淡水は，全体のわずか 0.3%に過ぎない。分かりやすくいうと，2 L のペットボトルに入った水が地球上の全ての水だとすると，そのうち 60 mL が淡水で，湖や川など，私たちの身近にある水は，わずか 4 滴程度しかない！

補 足

海水が飲用に適するのは，*海水淡水化*と呼ばれる処理で塩分を除去した場合のみである。この処理については 5.13 節で説明する。

問 5.12　展開問題

1 滴の飲み水

先ほど，私たちに入手できる淡水は 2 L のうちの 4 滴に過ぎないと述べた。この例えが正しいか否かを確かめるために，読者自身の計算を示しなさい。
ヒント：図 5.10 の関係を使用し，1 mL あたり 20 滴と仮定する。

問 5.13　考察問題

地球上の淡水

図 5.10 に示したのは，地球上に存在する水に関するものである。しかし，残り 0.9%の淡水の詳細については示されていない。地球上の淡水の内訳を調べ，地球上の水の配分の詳細な図を自分で作成しなさい。

私たちの水の使い方は住んでいる場所によって異なってくる。アメリカでは，USGS の推定によると，1 日に取水される 3,220 億ガロンのうち，86%が淡水からで，14%が塩水から取水されている。**図 5.11** は，この水の主な使い道を示しており，中でも最も大きな割合を占めているのが発電である。1 日あたり約 1,320 億ガロン（取水量全体の 41%）が石炭，天然ガス，原子力の発電所で冷却水として使用されている。次に多いのは，農作物の灌漑用と家庭，学校，企業用で，それぞれ 37%と 12%を占めている。

問 5.14　考察問題

読者の地域の水

USGS はアメリカ各州のデータを提供している。USGS のウェブサイトを参照し，読者の住む州および郡の取水量の内訳を確認しなさい。これらは，アメリカの他の地域と比較してどのように違うだろうか。次に，さまざまな使用方法について，淡水と海水の割合による水の使用量の内訳も調べなさい。2005 年以降の全体的な水の使用量の傾向についてはどうだろうか。また，インターネットを利用して，2015 年に 1 日あたり 160 億ガロンを占めた水の“その他の”用途を調べなさい。

世界では，農業が世界の水消費量の約 30%を占めている。小麦，米，トウモロコシ，大豆などの作物は，世界中の農家で栽培されており，1 kg の食料を生産するために，平均して数

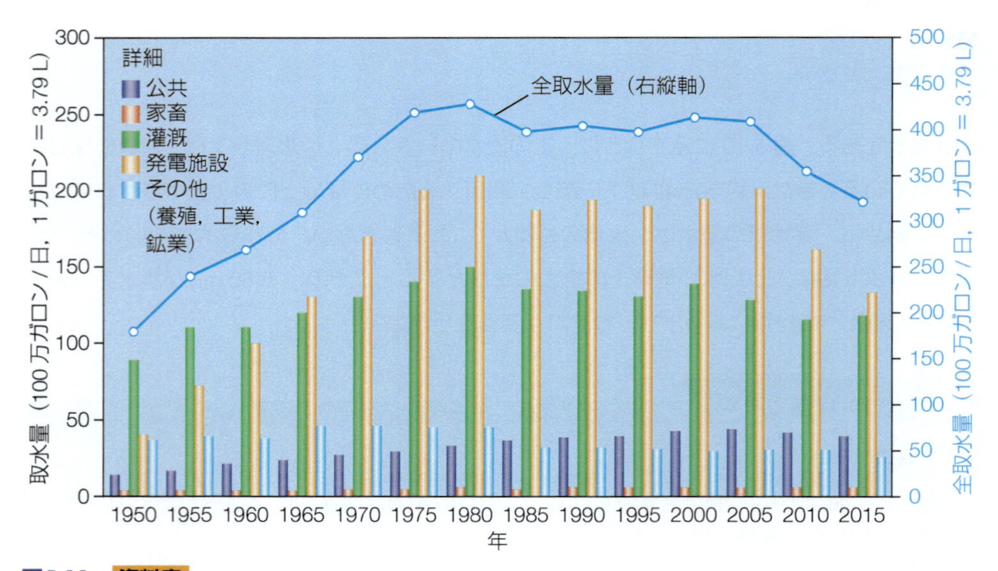

図5.11　**資料室**
アメリカにおける淡水と海水の総取水量（2015 年）。この図の対話版は www.acs.org/cic にある。
出典：2015年のアメリカにおける水の推定使用量，USGS（2018）

表 5.2　食肉と穀物のウォーターフットプリント

食品（1 kg）	ウォーターフットプリント（L，世界平均）
トウモロコシ	1,200
小麦	1,800
大豆	2,100
米	2,500
鶏肉	4,300
豚肉	6,000
羊肉	8,700
牛肉	15,400

出典：Water Footprint Network（2012）

千 L の水を必要としている。**表 5.2** に示す値は，**ウォーターフットプリント**の一例で，商品を生産したり，サービスを提供したりするために使用される淡水の量を推定したものである。表5.2 の値は，世界平均値である。ウォーターフットプリントの実際の値は，国や作物が栽培されている国内の特定の地域によって異なる。例えば，ウォーターフットプリントネットワークによると，アメリカで栽培されるトウモロコシの平均ウォーターフットプリントは 760 L である。これに対し，中国とインドでのこの値は，それぞれ 1,160 L と 2,540 L である。降雨量や農法が変われば，フットプリントの数値は時間と共に変化する。

問 5.15　展開問題

ウォーターフットプリントの違い

表 5.2 のデータに基づき，水の使用量という点で，農作物と食肉とではどのような違いがあるか，そしてその違いの理由について説明しなさい。

ウォーターフットプリントは，他の製品についても同様に推定することができる。例えば，250 mL の牛乳を作るために使われる水の量は平均 255 L で，牛乳 1 杯のほぼ 1,000 倍にもなる！この中には，牛の世話に必要な水や，牛が食べる飼料を育てるための水も含まれているし，牛乳の回収や設備の洗浄に使われる水も含まれている。その他の飲料や食品や消費財の生産に必要な水は，**表 5.3** で確認することができる。

問 5.16　展開問題

水はどこから来るのか？

表 5.3 に挙げた品目から二つを選び，その品目の生産に水が使用されている全ての地域について考えよう。それらの品目について，ウォーターフットプリントを削減する方法があるかどうか説明しなさい。

ウォーターフットプリントの数値は正確さが欠けているため，異論もある。数値を提示する

表 5.3　各種商品のウォーターフットプリント

商品	ウォーターフットプリント（L，世界平均）
コーヒー 1 杯（250 mL）	260
紅茶 1 杯（250 mL）	27
バナナ 1 本（200 g）	160
オレンジ 1 個（150 g）	80
オレンジジュース 1 杯（200 mL）	200
卵（60 g）	200
チョコレート（100 g）	1,700
綿の T シャツ（250 g）	2,500

出典：Water Footprint Network（2012）

主旨は，事項ごとに善悪のラベル付けをすることではない。それぞれの物品を生産するために水が使われていることを認識してもらうこと，そして，水の使用に関して一層包括的な描像を持ってもらうことが目的である。ウォーターフットプリントが大きいと，次の節で記すように灌漑の効率化や水が節約される生産工程の設計に向けた努力の必要性を私たちは実感するようになる。

5.4　水には何が混ざっているのか

国によっては，蛇口を開ければ出てくる水は安売り商品そのものである。例えば，アメリカでは 1,000 ガロン（3,800 L）の水道水の平均価格は 2 ドル程度である。そのため，道路沿いや公園，公共施設などにある水飲み場では，この水道水が無料で提供されている（**図 5.12**）。

では，そもそも蛇口がなく，ボトルの水も買えないところに読者がいるとしたらどうだろう。水にたどり着くために何km も歩き，容器を水で満杯にして自宅まで運ばなければならない場所に住んでいる人たちが実際にいるのである（**図 5.13a**）。また，緊急事態でいつもの給水系が止まってしまい，給水車やボトル入り飲料水の寄付を頼りにする人たちもいる（図 5.13b）。

また，自分たちの住む地域へ水を運ぶための巨大な構造物を設計する技術者を必要としている人もいる。例えば，アメリカの水道橋は，コロラド川から南西部の都市に水を運んでいる。水の大規模な分散化は，後で述べるように，しばしば意図しない結果を生み出すことがある。残念ながら，地球上で水のある場所が，それを必要とする人々のいる場所と一致するとは限らない。気候変動，水の過剰消費と非効率的な使用，汚染などの問題が水利用の可能性をさらに複雑にしている。そこで，これらの問題について順に説明していくことにする。

図5.12
安全な飲料水を当たり前のように利用できる人もいる（全ての人がそうではない）。
©Shutterstock/Duplass

(a)

(b)

図5.13
(a) 満杯にした水瓶を持って家路を歩く少女たち。(b) ミシガン州フリントの飲料水から高濃度の鉛が検出されたため，ボトル入りの水を住民に配るのを手伝う州兵。
(a)：©NOAH SEELAM/Getty Images，(b)：©Sarah Rice/Getty Images

気候変動

炭素が地球上のあちこちで循環しているように，水もまた循環している。例えば，雨や雪は陸地に降り注いだ後に湖や川となる。また，その一部は土壌に浸透して帯水層に達する。また，海に流れ込んだり，雪や氷河の中に閉じ込められたりする水もあるし，蒸発して大気中の水蒸気となる水もある。このように，この地球では，自然の営みによって絶えず水が循環している。

気候は，地球上における水循環のタイミング，つまり地球上の水の分布に重要な役割を担っている。例えば，氷河は冬の間に雪を蓄えて，夏の間に通常の川の流れとして水を放出している。ヒマラヤ山脈の大氷河は，アジアの七つの大河に水を供給し，世界人口の４分の１以上にあたる20億人に安定した水を供給している。

地球上で定期的に起きている激しい嵐や洪水は，大量の水をもたらしている。逆に干ばつは深刻な水不足を引き起こしている（**図5.14**）。水循環のタイミングは，地球の生態系にも影響を与えている。例えば，鳥が餌の昆虫を食べる一方で，昆虫が植物を受粉させ，植物が成長す

(a)

(b)

図5.14
(a) オーストラリア南東部の町に接近する砂嵐。(b) オーストラリアの大干ばつ（Big Dry と呼ばれている）時にダムの水が減少し，数千匹の魚が死んだ。
(a)：©AP Photo/Denis Couch，(b)：©Jack Atley/Bloomberg via Getty Images

るには，昆虫や鳥そして植物が正しい順番で出現する必要がある。もし，鳥の春の渡りが早すぎると，餌となる昆虫が十分に孵化していないかもしれない。逆に鳥が食べる前に多くの昆虫が孵化してしまうと，その幼虫によって作物が壊滅的な打撃を受けることになる。いずれにせよ，これらの生き物が暮らす生態系を支える重要な因子が水である。

問 5.17　考察問題

天候と水

最近起こった干ばつまたは洪水のうちで多くの人たちや生態系に害を与えたものを一つ選びなさい。そして，どのような聴衆を想定するかは読者が決めて良いから，その災害がどのような被害を与えたか，どのような人たちまたは動物たちがどのように痛めつけられたのか，そして，復旧に向けたチャレンジの進み具合について報告するための箇条書きを作りなさい。

水の過剰な消費と非効力的な消費

自然界における水循環による補充を上回る速さで水が汲み上げられている場所が多数ある。例えば，アメリカ中部における穀物の潤沢な収穫は，ハイ・プレーンズ帯水層から取った水を使った結果である。この巨大な帯水層には前回の氷河期から水が蓄えられ，サウスダコタ州からテキサス州にわたって広がっている（**図 5.15**）。自然界における水循環による補充の速さを上回る速さで帯水層から水を汲み出す行為は持続可能性のない行為である。休みなく水を汲み出した結果，害を生じることがある。例えば，海岸近傍の地質学的に不安定な地域から水を取り去ると，淡水の帯水層に塩水が浸入する可能性がある。

地表水の過剰使用が生み出す問題もある。カザフスタンとウズベキスタンの 2 国に挟まれているアラル海を考えてみよう。最近までこの海は，世界で 4 番目に広い内陸淡水湖であった。1960 年代に，乾燥気候を持つ地域で綿を栽培するために，当時のソビエト連邦の労働者たちがアラル海に注ぐ川から取水する運河網を建設した。アラル海に水を供給していた川が他所に振り向けられただけではなく，取水された水の効率的な利用がなされなかった。例えば，綿畑灌漑用の水の輸送が開放式水路で行われたため蒸発による損失が生じた。

その結果，**図 5.16** から分かるようにアラル海が干上がってしまった。ここは，かつては漁

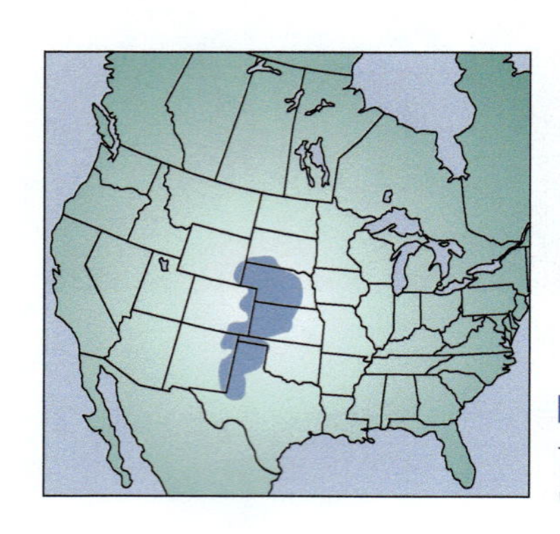

図5.15
世界最大の帯水層の一つであるハイ・プレーンズ帯水層は，この地図では濃い青色で示されている。

業が盛んな生態系であったが，現在では塩分を含んだ水たまりがわずかに残るのみである。国連は，これを 20 世紀最大の環境破壊と呼んでいる。また，この地域には毒素，殺虫剤，および塩分が混じっている塵が空を舞い，健康問題を生むと共に地域の貧困にも加担している。

このような水利用の話は，**コモンズの悲劇**（2.14 節参照）の実例を示してくれる。帯水層や地表水の取水は，誰もが共通（コモン）に使う資源の使用にあたるが，この資源の使用に対して取りたてて責任がある個人は存在しない。農業用や他の目的のためにそこの水を過剰に汲み出す行為は，必要な資源に共通で依存している全員に損害を及ぼすことになる。

水を節約する方法としては，効率的な灌漑方法の利用，芝生の自生植物への植え替え，老朽化した配水システムの漏水管の修理などがある。

問 5.18　展開問題

身近な水の誤用

読者の住む地域で水の誤用があった証拠を探しなさい。また，その誤用はどのように処理され，今後の誤用を防止するためのガイドラインは設定がされたかどうかについて調べなさい。

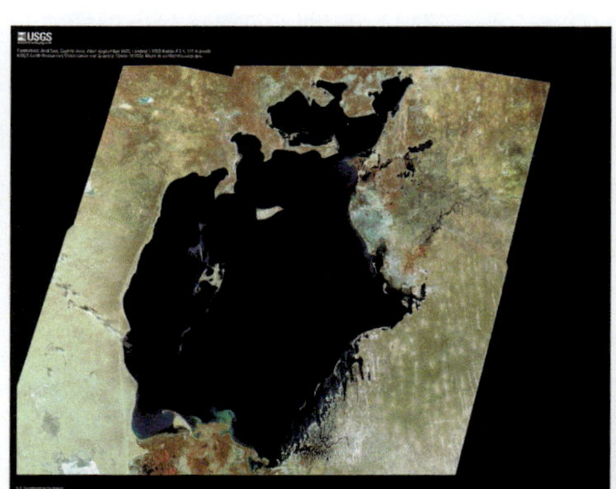

アラル海（1973 年）

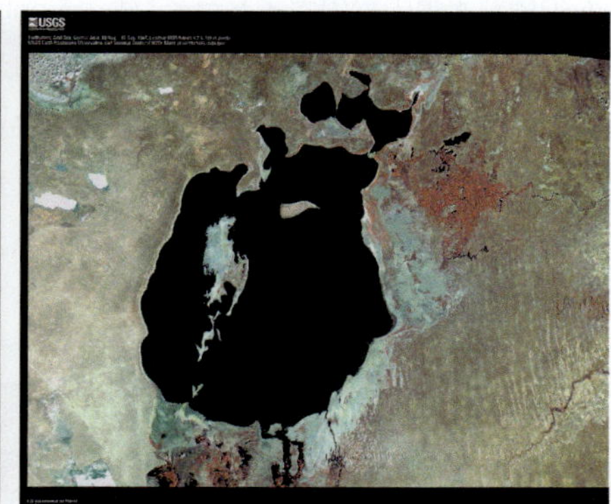

アラル海（1987 年）

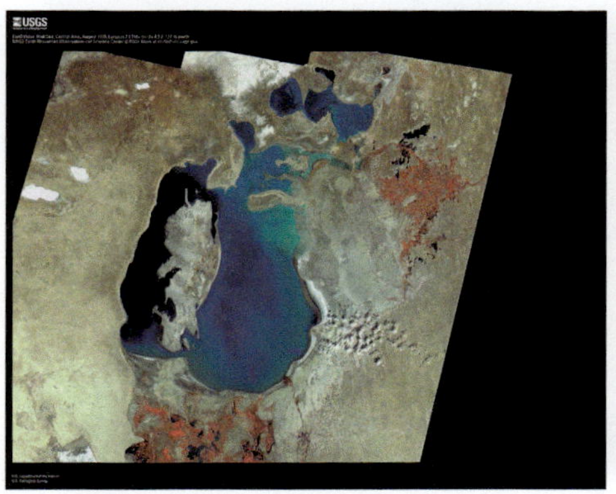

アラル海（1999 年）

アラル海（2009 年）

図5.16
アラル海は，水を供給していた河川が農作物の灌漑用に使われたため，30 年間で 80%以上の水を失った。
出典：（1973年，1987年，1999年）：アメリカ地質調査所（USGS），（2009年）：Jesse Allenが作成したNASAの画像

水の汚染

私たちは，有害な化学物質や微生物などが入っていない安全な水がいつでも手に入ると思い込んでいる。ところが世界保健機関/国連児童基金（WHO/UNICEF）が 2017 年に公表した報告では，主として発展途上国に住んでいる 21 億人が安全な飲料水を手に入れることができていない。見ただけで汚染されていることが分かる水（**図 5.17**）や見た目には分からないが汚染されている水が原因で，毎日 3,000 人以上の乳児や幼児が死亡している。

安心して飲める水とは何だろうか。"安全" な水とは，純粋な水という意味ではない。全ての水源には溶存物質が含まれていて，これらの物質の多くは自然界に存在するものである。例えば，地下水に含まれる有益なミネラルは，水にカルシウムやマグネシウムイオンを供給している。しかし，他の天然物質は有害である可能性がある。アメリカ環境保護庁（EPA）は，水質汚染物質を，「人の健康に有害な，または水の味や色を劣化させる物理的，化学的，生物学的，放射性物質」と定義している。EPA は，飲料水を汚染することが知られている 90 以上の物質を規制している。

2014 年にミシガン州フリントで起きた水質問題は，私たちに水質汚染への関心を新たにさせ，当たり前のように使っている水源に対してより慎重になる必要があることを教えてくれた。EPA の飲料水中の鉛のガイドラインが 15 ppb のところ，フリント地区の家庭から採取されたいくつかの水サンプルからは，100 ppb を超える鉛の濃度が検出された。残念ながら，この汚染は，高濃度の鉛を含んだ飲料水を飲んだ子どもたちに，学業成績の低下など生涯にわたる問題を引き起こす可能性がある。この事件は，定期的な水質検査と，倫理的かつ透明性のある方法で検査が行われることの重要性を示している。

図5.17

2015 年 7 月，コロラド州デュランゴ近郊のアニマス川で，鉱山廃棄物の流出によって汚染された水の中でカヤックをする人々。ここは一目見て汚染されていることが分かるが，実は透明な水も人間の健康や環境にとって同様に有害な場合もある。

問 5.19　考察問題

水の汚染

残念なことに，水の汚染は滅多にないことではない。水が汚染され，健康上の懸念につながった事件を調べて，その事件と状況を改善するために行われたことについて簡単なレポートを書きなさい。

水中に含まれる全ての汚染物質が監視され，規制されているわけではない。例えば，化粧品，ローション，香料などの日常的な製品（パーソナルケア製品）からは，何千もの化学物質が排水中に混ざり込むことになる。さらに，微量の医薬品が廃水の流れに乗り，飲料水にも入ってしまう可能性が大いにある。2019 年の *Chemical & Engineering News* の記事によると，これらの物質が環境に及ぼす影響に関して，私たちの理解はまだまだ浅いと報告されている。次の問題で，パーソナルケア製品の使用状況に関して考えてみよう。

問 5.20　展開問題

“清潔に” か “汚く” か？

私たちがパーソナルケア製品を使うときには何らかの目的がある。髪を洗うためにシャンプーを使い，肌をリフレッシュするためにローションを使い，皮膚を柔らかくするためにハンドクリームを使う。では，製品が役目を終えた後はどうなるのであろうか。

a. 読者が毎日使うパーソナルケア製品をいくつか挙げなさい。
b. これらのパーソナルケア製品が，どのような経路で水に流れ込むか，例を挙げなさい。
c. 上記の a についてもう一度考えよう。グリーンケミストリーの考え方を，読者が毎日パーソナルケア製品を使う際にどのように応用できるか説明しなさい。例えば，シャンプーの使用量を減らしても，髪を洗うのに効果的であろうか。
d. 水日誌をもう一度見直してみよう。パーソナルケア製品が水の使用量に影響するのはどのような場合か説明しなさい。

この節で，水がどのように使用され，誤用され，時には自然由来や人為的な汚染物質が混入してしまうかについて認識することができたことだろう。この人為的汚染という点に注目して欲しい。水の汚染が簡単に起きてしまうのはなぜであろうか。次の節では，なぜ水が多くの物質を溶かしたり混ぜたりすることができるのかについて，理解を深めていくことにする。

問 5.21　考察問題

水問題と読者の日誌

この章の最初に書いた「水日誌」をもう一度見直してみよう。気候変動問題，過剰消費，非効率的な使用，汚染は，現在の水の使い方にどのような影響を与えているのだろうか。これらの要因によって最も影響を受けると思われる地域はどこだと考えられるか意見を述べなさい。

5.5 水質の定量化

驚くほどさまざまな物質が水に溶ける。塩，砂糖，エタノール，大気汚染物質である SO_2 など，いずれも水に*非常によく溶ける*物質である。それに比べて，石灰岩や酸素，二酸化炭素は水にはほんのわずかしか溶けない。水質に関する理解を深めるには，*何*が水に溶けて，*なぜ*溶けるのか，そして溶けた溶液の濃度をどうやって決めるのかを知る必要がある。ここでは，溶液の濃度について説明し，次節では溶解度について説明する。

いくつかの有用な化学用語の説明から始めよう。水は**溶媒**である。溶媒とは，一つまたは複数の純粋な物質を溶かすことができる物質のことで，多くの場合液体である。固体，液体，または気体などの溶媒に溶ける物質は**溶質**と呼ばれる。溶媒に溶質が溶けているものを**溶液**と呼ぶ。溶液は一つまたは複数の溶質の均質な（組成が均一な）混合物である。ここでは，特に水を溶媒とする**水溶液**に注目する。

水は極めて優れた溶媒であるため，“100%純粋な水”は事実上存在しない。必ず別の物質（不純物）を含んでいる。例えば，地球上の岩石や鉱物の上を水が流れると，その成分がわずかに水に溶け込む。普通はこういったことが飲料水に害を及ぼすことはないが，時には水に溶け込んだイオンが有害となる場合がある。地球にある水は空気にも触れているので，空気中にある気体がわずかに溶け込む。中でも特に酸素と二酸化炭素が溶けやすい。空気汚染物質のいくつかも極めて水に溶けやすいので，雨が降ると雨滴によってそのような汚染物質，とりわけ SO_x や NO_x が空気から洗い流される。後述するが，この時にできる酸性の水（酸性雨）が環境に深刻な影響を与えている。

補足

酸性雨の原因となる反応は第2章で紹介した。

人間も水に溶けている物質の種類を増やしている。洗濯をする時には，使用済みの洗剤だけでなく，衣類についた汚れもそっくり水に移ることになる。トイレで水を流す時には，液体と固体の排泄物を水に加えている。都市部の道路では，雨水が流れる過程で溶質が加わり，農作業では，肥料やその他の可溶性化合物を水に混ぜている。

水が優れた溶媒であることは，私たちの飲料水にとってどのような意味を持つのだろうか。水質を評価するためには，いくつかのことを知っておく必要がある。一つは，溶けている物質の量をどのように表示するかで，それができれば基準濃度と比べることができる。つまり，“濃度”の概念を理解する必要があるのだ。濃度に関しては，第2章で空気の組成に関連して紹介した。例えば，乾燥した空気には，O_2 が約21%，N_2 が約78%含まれている。ここでは，この考え方を水に溶けている物質に当てはめて考える。後で述べるように，水溶液の濃度表現としては，パーセントやppmが有効である。

資料室

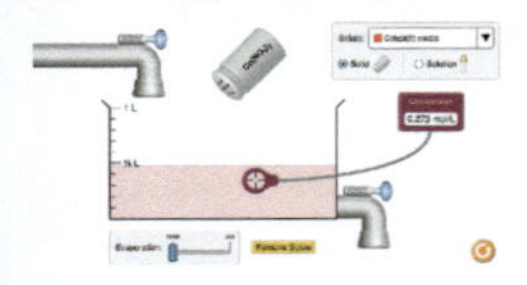

PhET Interactive Simulations, University of Colorado

溶質または溶媒の相対量が溶液の濃度にどのように影響するかは，このシミュレーションを見ると分かる。www.acs.org/cic

溶液の濃度を知るために，身近な例として紅茶の甘さを例に取って説明することにしよう。カップ1杯の紅茶に小さじ1杯の砂糖を溶かすと，カップ1杯あたり小さじ1杯と表現される濃度の溶液ができる。この濃度は，3杯の紅茶に小さじ3杯の砂糖を溶かしても，半分の紅茶に小さじ半分の砂糖を溶かしても，同じ濃度になることが重要な点である。レシピを3倍や半分にする場合は，砂糖と紅茶の比例関係を保つことで同じ濃度が得られる。従って，**濃度**（溶液の量に対する溶質の量の割合）は，どの場合も等しくなる。

水溶液中の溶質濃度は同じ考え方で表されるが，単位は異なる。単位としてはパーセント

（%，100 分率），ppm（100 万分率），ppb（10 億分率），そしてモル濃度（M）という単位が用いられる。このうち，初めの三つの単位は既に紹介済みである。四つ目のモル濃度は，4.4 節で紹介したモルの概念を使用する。

パーセント（%）とは，100 分の 1 を意味する。例えば，100 g の水溶液中に 0.9 g の塩化ナトリウム（NaCl）を溶かした水溶液は，質量比で 0.9%の水溶液となる。この濃度の塩化ナトリウム水溶液は，医療現場で静脈注射される場合，「生理食塩水」と呼ばれる。読者の薬箱の中にある防腐剤のイソプロピルアルコールは，体積比で 70%水溶液である。これは 100 mL の水溶液に対して 70 mL のイソプロピルアルコールが含まれていることを意味している。パーセントは，さまざまな溶液の濃度を表すのに使われる。

しかし，飲料水に溶けている多くの物質のように，濃度が非常に低い場合は，**ppm** がより一般的に使用されている。なぜなら，私たちが飲む水には，100 万分の 1 程度の割合でさまざまな物質が含まれているからである。例えば，農業地域の井戸水に含まれる硝酸イオン（NO_3^-）の EPA 許容値は 10 ppm，フッ化物イオン（F^-）の許容値は 4 ppm である。

ppm は便利な濃度単位ではあるが，100 万 g（1 t）の水を量るのはあまり現実的ではない。質量から体積に切り替えてリットル（L）単位にすることで，作業が容易になる。以下の計算のように，水中に含まれる物質の 1 ppm は，1 L の溶液にその物質が 1 mg 溶けたことに相当する。

$$1\ \text{ppm} = \frac{1\ \text{g の溶質}}{1 \times 10^6\ \text{g の水}} \times \frac{1{,}000\ \text{mg の溶質}}{1\ \text{g の溶質}} \times \frac{1{,}000\ \text{g の水}}{1\ \text{L の水}} = \frac{1\ \text{mg の溶質}}{1\ \text{L の水}}$$

都市の水道施設は，水道水に溶解しているミネラルやその他の物質を報告するために，mg/L という単位を使用する場合がある。例えば，**表 5.4** に示したのは，アメリカ中西部の地域に供給する帯水層の水道水の分析結果である。

汚染物質の中には，100 万分の 1 よりはるかに低い濃度でも問題視されるものがあり，その場合は **ppb** という単位が用いられる。水溶液の場合，1 ppm ＝ 1 mg/L であるのに対して 1 ppb ＝ 1 μg/L となる。ppm と ppb を直観的に理解する別の考え方として，1 ppm は約 12 日間のうちの 1 秒に相当し，1 ppb は 33 年の 1 秒に相当する。また，10 億分の 1 は地球の円周に対して数 cm の長さに相当する！

表 5.4　水道水に含まれるミネラル

陽イオン	mg/L	陰イオン	mg/L
カルシウムイオン	97	硫酸イオン	45
マグネシウムイオン	51	塩素イオン	75
ナトリウムイオン	27	硝酸イオン	4
		フッ素イオン	1

問 5.22　考察問題

濃度の単位

a. 次元解析を使って，ppb を μg/L と表記する方法を示しなさい。また，さらに小さな単位である 1 兆分の 1（ppt）を，1 L あたりの質量で表すとどうなるか答えなさい。
b. 溶液の濃度が 1 ppm の場合，1 ポンドの溶質に対して必要な水の量を答えなさい。濃度が 1 ppb の場合についても答えなさい。

水中の水銀は，原子状の Hg ではなく，可溶性の形態（Hg^{2+}）で存在する。

10 億分の 1 のレンジで検出される汚染物質の一つに水銀が挙げられる。人間にとって，水銀にさらされる主な原因は食物であり，主に魚やその加工品である。そうだとしても，水中の水銀の濃度を監視する必要がある。水中に 1 ppb の水銀（Hg）があるということは，水道水 10 億 g に 1 g の Hg が溶けていることに相当する。もっと分かりやすくいうと，水 1 L 中に 1 マイクログラム（1 μg または 1 × 10^{-6} g）の Hg が溶けていることを意味する。アメリカにおける飲料水中の水銀の許容限界は 2 ppb である。

$$2\ \text{ppb の Hg} = \frac{2\ \text{g の Hg}}{1 \times 10^{9}\ \text{g の } H_2O} \times \frac{1\ \mu\text{g の Hg}}{1 \times 10^{-6}\ \text{の Hg}} \times \frac{1{,}000\ \text{g の } H_2O}{1\ \text{L の } H_2O} = \frac{2\ \mu\text{g の Hg}}{1\ \text{L の } H_2O}$$

単位が相殺することを確かめておこう。

問 5.23　練習問題

水銀イオン濃度

a. 5 L の水に 80 μg の水銀イオンが含まれている。この水に含まれる水銀イオン濃度を ppm と ppb で表せ。
b. 上記の a の答えは，アメリカの飲料水の許容限界に準拠しているかどうかを説明しなさい。

問 5.24　考察問題

濃度

アメリカの水に対する現在の許容金属イオン濃度をインターネットで調べて，それを読者の住んでいる地域の同じ金属イオンの許容濃度のデータと比較しなさい。次に，それらに違いがあるかどうか答えなさい。

濃度のもう一つ有用な単位である**モル濃度**（M）は，1 L の溶液の中にある溶質の物質量を mol の単位で表す。

$$\text{モル濃度（M）} = \frac{\text{溶質の物質量（mol）}}{\text{溶液の体積（L）}}$$

モル濃度の大きな利点は，同じモル濃度の溶液には全く同じモル数の溶質が含まれること，すなわち溶質分子（イオンまたは原子）の分子数が同じ数だけ含まれるということである。

1 mol の砂糖と 1 mol の塩化ナトリウムでは質量が異なるように，同じ分子数でも溶質の質量は種類によって異なる。しかし，同じ体積を取れば，1 M 溶液（1 モーラーと読む）は全て同じ数の溶質分子を含んでいる。

例として，NaCl を水に溶かした場合を考えてみよう。NaCl の 1 mol あたりの質量（モル質量）は 58.5 g/mol なので，1 mol の NaCl の質量は 58.5 g となる。58.5 g の NaCl を水に溶かしてから，そこに 1.00 L ちょうどになるように水を加えれば，1.00 M の NaCl 水溶液となる。

補足　4.4 節では，モル質量の計算方法を説明した。NaCl のモル質量は 58.5 g/mol である。

図 5.18 は，塩化ナトリウムの 1.00 M 溶液を調製する方法を示したものである。この時使用する容器は**メスフラスコ**と呼ばれ，容器の首の所に記された標線に液体の水平部分（メニスカスという）が一致するとき，入っている液体の体積がフラスコに与えられている容量と等しくなる。しかし，濃度は溶液の量に対して溶質の量が占める比率だから，NaCl の 1.00 M 水溶液を作る道筋はいくつもある。0.500 mol (29.2 g) の NaCl を溶かして 0.500 L の水溶液にしたものも 1.00 M の NaCl (*aq*) 溶液である。ただ，この場合には図5.18 に示した 1 L のメスフラスコの代わりに，500 mL のメスフラスコを使用する必要がある。

(*aq*) は aqueous の略で，溶媒が水であることを示す。

$$1.00\ \mathrm{M\ NaCl}\ (aq) = \frac{1.00\ \mathrm{mol\ の\ NaCl}}{1.00\ \mathrm{L\ の溶液}}\ \text{あるいは}\ \frac{0.500\ \mathrm{mol\ の\ NaCl}}{0.500\ \mathrm{L\ の溶液}}$$

水銀 Hg^{2+}が 150 ppm の濃度で溶けている水の試料があるとしよう。この濃度をモル濃度で表すとどのような値になるだろうか。必要な計算は次のようになる。

$$150\ \mathrm{ppm\ Hg^{2+}} = \frac{150\ \mathrm{mg}\ \cancel{\mathrm{の\ Hg^{2+}}}}{1\ \mathrm{L\ の\ H_2O}} \times \frac{1\ \mathrm{g}\ \cancel{\mathrm{の\ Hg^{2+}}}}{1{,}000\ \cancel{\mathrm{mg\ の\ Hg^{2+}}}} \times \frac{1\ \mathrm{mol\ の\ Hg^{2+}}}{200.6\ \cancel{\mathrm{g\ の\ Hg^{2+}}}}$$

$$= \frac{7.5 \times 10^{-4}\ \mathrm{mol\ の\ Hg^{2+}}}{1\ \mathrm{L\ の\ H_2O}}$$

1. 容量 1.000 L のメスフラスコに，1.00 mol（58.5 g）の NaCl を入れる。
2. メスフラスコの半分ぐらいまで蒸留水を加え，メスフラスコを振って NaCl を溶解させる。
3. メスフラスコの首の部分に 1,000 mL を示す目盛り線（標線）があるので，水面の水平線がその線に一致するまで水を加える。
4. 栓をして，十分混ぜ合わせる。

1,000 mL

1.00 M NaCl 溶液

図5.18　**資料室**
1.00 M の NaCl 水溶液の調製方法。溶液調製を紹介した動画を www.acs.org/cic で見ることができる。

資料室

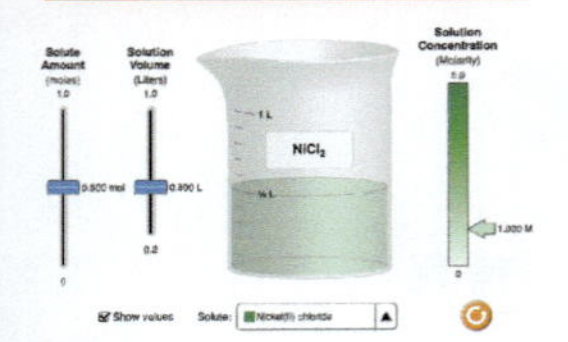

PhET Interactive Simulations, University of Colorado
溶質のモル数または溶媒の体積が溶液のモル濃度にどのように影響するかは，このシミュレーションを見ると分かる。
www.acs.org/cic

よって，水銀の濃度 150 ppm を 7.5×10^{-4} M と表すこともできる。

問 5.25 練習問題

モルとモル濃度

a. 16 ppb の Hg^{2+} の濃度をモル濃度で表しなさい。
b. 1.5 M と 0.15 M の NaCl について，それぞれ 500 mL 中に何mol の溶質が存在するか答えなさい。
c. 0.50 mol の NaCl を水に溶かして溶液量が 250 mL になるように調製した。もう一つの溶液は，0.60 mol の NaCl を 200 mL の溶液になるように調製した。どちらの溶液が NaCl の濃度が高いか答えなさい。
d. ある生徒が 2.0 M の $CuSO_4$ 溶液 1.0 L を調製するように頼まれた。その生徒は 40.0 g の $CuSO_4$ 結晶をメスフラスコに入れ，1,000 mL の目盛りまで水を入れた。調整した溶液は 2.0 M になっているかどうか答えなさい。

この節では，水がさまざまな物質の溶媒として優れていること，そしてその濃度を数値で表すことができることを説明した。次節では，物質が水に溶ける仕組みや理由について説明する。

5.6 溶質について

塩と砂糖はどちらも水に溶ける。しかし，これらの化合物の一方はイオン化合物であり，もう一方は分子化合物である。イオン化合物と分子化合物の違いはどこにあるのだろうか。次の問題で，記憶をリフレッシュして欲しい。

問 5.26 練習問題

イオン性と分子性

化学の学習を通して，大気の質，地球規模の気候変動，携帯電子機器など，さまざまな場面でイオン化合物と分子化合物について考えてきた。これらの化合物の違いに関する現在の知識を使って下の表を完成させなさい。新しい情報や，“水中での挙動”など，この章で学んだ他の情報を追加して，さらに行を増やしてもかまわない。

	イオン化合物	分子化合物
定義		
構造		
特徴		
分子間力		
結合モデル		
結合の強さ		
命名規則		
その他		

先ほども指摘したように，地球上の水の約 97%は塩分を含んだ海水である。海水には単な

る食卓塩（NaCl）が水に溶けているだけではなく，多くのものが溶け込んでいる。なぜ，そんなに多くのイオン化合物が海水に溶け込んでいるのか考えていくことにしよう。

5.1 節で述べたように水分子は極性を持つ。塩の結晶を取って水に溶かすと，極性を持つ H_2O 分子は，この結晶に含まれる Na^+ と Cl^- に引き寄せられる。詳しく見ると，部分的な負電荷（δ^-）を持つ O 原子は，塩の結晶に含まれる正電荷の Na^+ カチオン（陽イオン）に引き寄せられ，部分的な正電荷（δ^+）を持つ H 原子は負に帯電した Cl^- アニオン（負イオン）に引き寄せられる。時間の経過と共に，塩を構成するイオンは溶け出して，水分子に囲まれる。この塩化ナトリウム水溶液ができる過程を表しているのが 5.1 式と**図 5.19** である。

$$NaCl(s) \xrightarrow{H_2O} Na^+(aq) + Cl^-(aq) \qquad [5.1]$$

多原子イオンを含む化合物の水溶液ができるのも同じメカニズムである。例えば，固体の硫酸ナトリウムを水に溶かすと，ナトリウムイオンと硫酸イオンは正負のイオンに分かれて溶け出す。ただし，硫酸イオンは一つの分子イオンとして残る。

$$Na_2SO_4(s) \xrightarrow{H_2O} 2\,Na^+(aq) + SO_4^{2-}(aq) \qquad [5.2]$$

多くのイオン化合物はこのように溶解するので，自然界に存在するほとんどの水には，さまざまな量のイオンが含まれている。体液も同様で，**電解質**と呼ばれるイオン性溶質を高濃度に含んでいる。NaCl などの強電解質や他のイオン化合物を水のような極性溶媒に入れると，化合物は完全に正負のイオン（陽イオンと陰イオン）に解離する。このような溶液に電圧をかけると，第 8 章で説明するように，陽イオンと陰イオンが反対に帯電した電極に引き寄せられ，

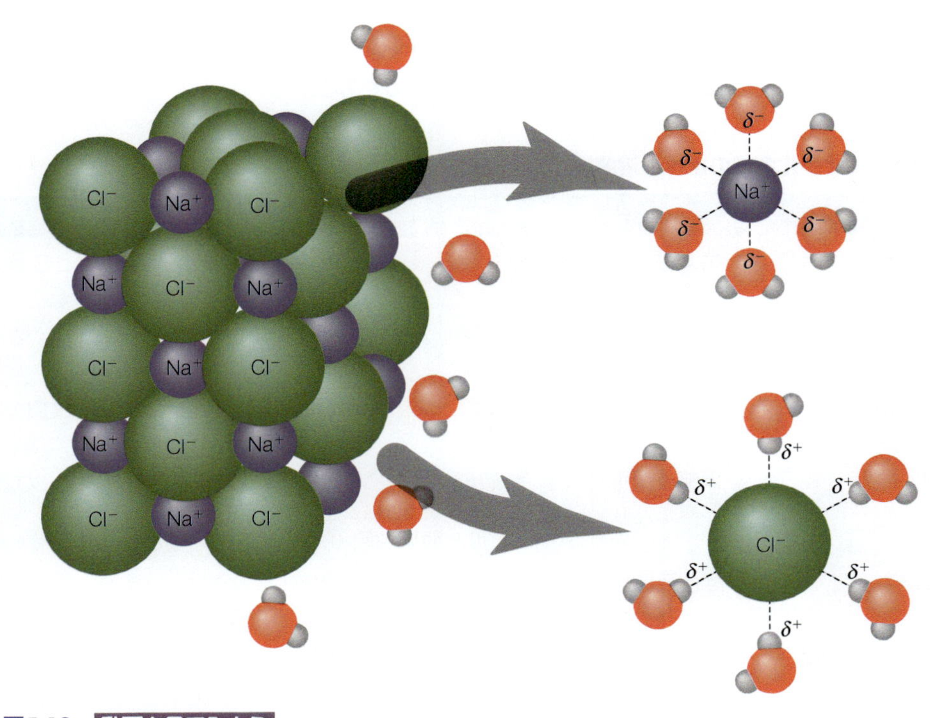

図5.19　動画を見てみよう
塩化ナトリウムの水への溶け方。アニメーションは www.acs.org/cic で見ることができる。

電気伝導性を持つようになる。従って，純水が電気を通さないのに対し，塩水は電気を通すのである。

問 5.27　展開問題

電気と水は混ざらない

ヘアードライヤーやカールアイロンなどの小型電気製品には，水の近くで使用しないようにという警告ラベルが貼られている。純水は電気を通さないのに，なぜ水が問題になるのだろうか。プラグを差し込んだヘアードライヤーが誤って水の入ったシンクに落ちてしまった場合，どのような対処をすれば良いだろうか。

もし，今説明したイオン化合物が水に溶け出すメカニズムが全てのイオン化合物に適用されるとしたら，私たちの地球は大変なことになる。雨が降れば，炭酸カルシウム（石灰岩）のようなイオン化合物が溶け出し，海に流れ込んでしまうことになる。しかし，幸いなことに，多くのイオン化合物は溶解度が極めて低い。この違いは，イオンの大きさや電荷，イオン同士の引き合う強さ，イオンが水分子に引き付けられる強さに起因している。

イオン化合物が反応する場合，通常は陽イオンと陰イオンが反応物間で交換される**二重置換**によって反応が進む。例えば，塩化ナトリウム（$NaCl$）水溶液と硝酸銀（$AgNO_3$）水溶液を反応させると，硝酸ナトリウム（$NaNO_3$）と塩化銀（$AgCl$）が得られる。**表 5.5** を溶解度の目安にすると，生成物である $NaNO_3$ は溶解し，$AgCl$ は不溶性なので，固体の**沈殿物**を形成する。溶解度の他の例として，硝酸カルシウム（$Ca(NO_3)_2$）は，硝酸イオンを含む全ての化合物と同様に水に溶ける。炭酸カルシウム（$CaCO_3$）は，ほとんどの炭酸塩と同様に不溶性である。同様の理由で，水酸化銅（$Cu(OH)_2$）は不溶性だが，硫酸銅（$CuSO_4$）は可溶性である。こういった鉱物の溶解に関連する環境への影響が**表 5.6** にまとめてある。

表 5.5　イオン化合物の水への溶解性

イオン	溶解性	溶解性における例外	例
1 族金属，NH_4^+	全て可	なし	$NaNO_3$ と KBr はどちらも可溶
硝酸塩	全て可溶	なし	$LiNO_3$ と $Mg(NO_3)_2$ はどちらも可溶
塩化物	大部分が可溶	塩化銀，塩化水銀（I），塩化鉛（II）	MgCh は可溶，AgCl は不溶
亜硫酸塩	大部分が可溶	亜硫酸ストロンチウム，亜硫酸バリウム，亜硫酸鉛（II），亜硫酸銀（I）	K_2SO_4 は可溶，$BaSO_4$ は不溶
炭酸塩	ほとんどが不溶*	1 族金属と NH_4^+の炭酸塩は可溶	Na_2CO_3 は可溶，$CaCO_3$ は不溶
水酸化物，硫化物	ほとんどが不溶*	1 族金属と NH_4^+の炭酸塩は可溶	KOH は可溶，Sr(OH) は不溶

* 「不溶」という用語は，水に対する溶解性が極めて低い（0.01 M 以下の濃度にしかならない）化合物に適用する。全ての化合物は，極度に低い溶解性なら水に対して持っている。

表 5.6　溶解性が環境に及ぼす影響

発生源	イオンの種類	溶解性と影響
岩塩鉱床	ナトリウムとカリウムのハロゲン化物*	水に可溶なため時間が経つと水に溶けて海に達する。海水が塩辛いのはそのためである。海水を飲めるようにするには高い経費をかけて淡水化する必要がある。
農業用肥料	硝酸塩	硝酸塩は全て可溶である。肥料が撒かれた畑地からの流出水によって硝酸塩が地表水や地下水に混ざり込む。硝酸塩は有毒で，特に幼児に悪い。
金属鉱床	硫化物，酸化物	硫化物と酸化物の大部分は不溶である。鉄，銅，および亜鉛が入っている無機化合物（ミネラル）には，しばしば硫化物と酸化物が含まれている。これらが水に溶けるなら，はるか昔に海まで運ばれてしまっただろう。
鉱山廃棄物	水銀（I），鉛（II）	水銀化合物と鉛化合物の大部分は不溶である。しかし，捨て石堆積場（ボタ山）から浸みだして水源を汚染する可能性がある。

＊ハロゲン化物とは，Cl^- や I^- など 17 族元素の陰イオンが入っている化合物を指す。

実験室

©Edgieus/Shutterstock
さまざまなイオン化合物の溶解度特性を調べるデモを見ることができる。
www.acs.org/cic

問 5.28　練習問題

イオン化合物の水への溶解性

硝酸銀（$AgNO_3$），硝酸銅（II）（$Cu(NO_3)_2$），硫化ナトリウム（Na_2S），塩化ナトリウム（NaCl）の水溶液間の反応を示す動画を見てみよう（www.acs.org/cic）。これらの反応が二重置換によって起こると仮定して，各反応の釣り合い式を書き，沈殿物が形成されるかどうかを予測しなさい。

a. 反応１：硝酸銀＋硝酸銅（II）
b. 反応２：硝酸銀＋硫化ナトリウム
c. 反応３：硝酸銀＋塩化ナトリウム
d. 反応４：硝酸銅（II）＋硫化ナトリウム
e. 反応５：硝酸銅（II）＋塩化ナトリウム
f. 反応６：硫化ナトリウム＋塩化ナトリウム

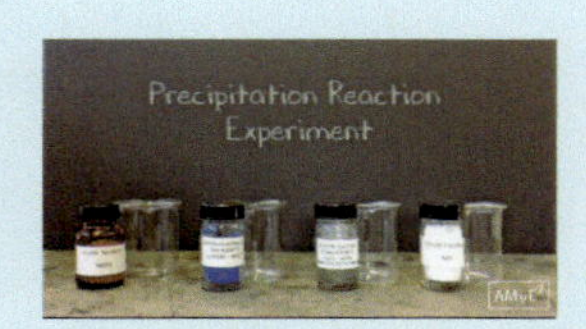

©2018 American Chemical Society

ここまでイオン化合物がどのように水に溶解して反応するかを見てきたが，次は分子化合物について見ていくことにしよう。これまでの説明で，水に溶けるのはイオン化合物だけという印象を持ってしまったかもしれないが，砂糖も水に溶けることを忘れてはいけない。コーヒーや紅茶の甘み付けに使う砂糖（グラニュー糖）は*ショ糖*（スクロースまたはサッカロース）と呼ばれ，化学式 $C_{12}H_{22}O_{11}$ を持つ極性分子化合物である（**図 5.20**）。

ショ糖が水に溶けると，ショ糖分子は H_2O 分子の中に一様に分散する。しかし，イオン化合物とは異なり，ショ糖分子はそのままで，*イオンに分離することはない*。その証拠に，ショ糖水溶液は電気を通さない（**図 5.21**）。砂糖の分子が非電解質であるとはいえ，砂糖分子も水分子もどちらも極性を持ち互いに引き合うため，分子間に相互作用がある。さらに，ショ糖分子には八つの OH 基と三つの O 原子があり，それらが水分子との間で水素結合を起こす。溶解という現象は，溶媒分子と溶質分子またはイオンの間に引力が存在する場合に常に促進され

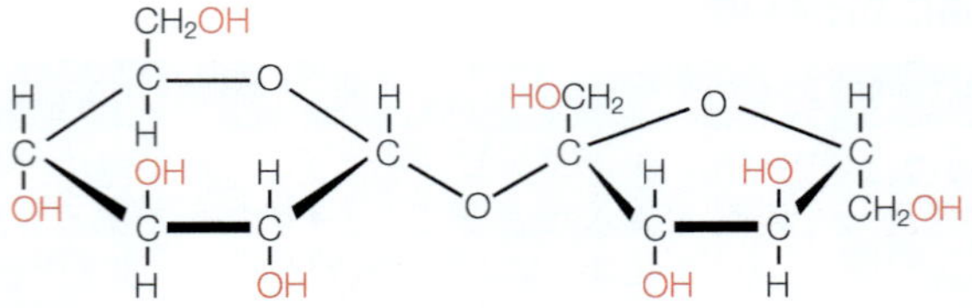

図5.20 **資料室**
ショ糖の構造式。共有結合している -OH 基は赤で示されている。この分子の三次元構造は www.acs.org/cic で見ることができる。

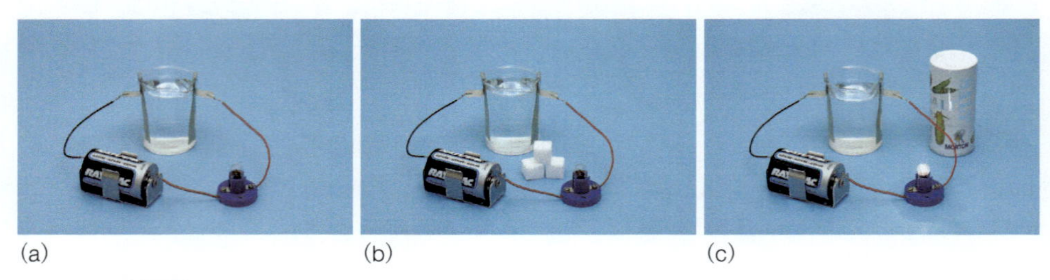
(a) (b) (c)

図5.21 **資料室**
導電率の実験装置。ここに示した装置は，電気が流れているかどうかを豆電球の点灯の有無で示す。電極が導電性の溶液に浸っている場合にのみ電気回路がつながって電流が流れるので電球が光る。表示されているのは (a) 蒸留水（非導電性），(b) 蒸留水に溶かした砂糖（非導電性），(c) 蒸留水に溶かした塩（導電性）である。溶液の導電性を説明した動画は www.acs.org/cic で見ることができる。

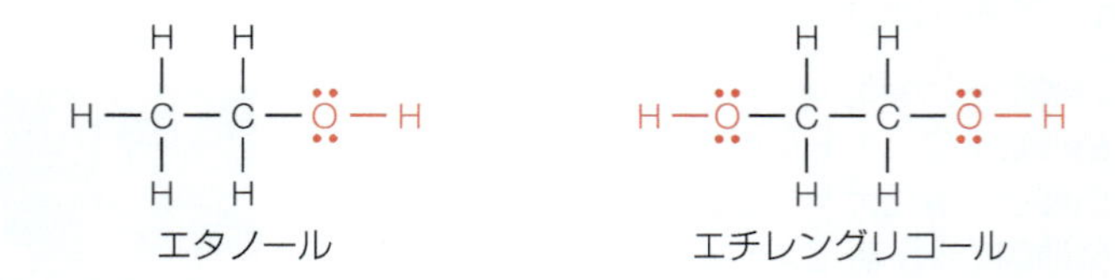

図5.22
エタノールとエチレングリコールのルイス構造。-OH 基は赤で示してある。

る。これは一般的な溶解性の法則である“*似たもの同士がよく溶ける*”が得られる。

ここで，水によく溶ける二つの極性共有化合物を考えてみよう。一つは不凍液の主成分であるエチレングリコールであり，もう一つはビールやワインに含まれるエタノール（エチルアルコール）である。これらの分子はいずれも極性基（-OH 基）を持ち，アルコール類に分類される（**図 5.22**）。

図 5.23 に示すように，エタノール分子の -OH 基の H は，水の場合と同様に水素結合することができるため，水とエタノールは互いに高い親和性を持っている。水の部分的な負電荷（δ^-）はエタノールの部分的な正電荷（δ^+）に引き寄せられるし，逆もまた起こり得る。どんなバーテンダーでも知っていることだが，エタノールと水は任意の割合で溶液になる。ここでも，両方の分子が極性で“*似たもの同士がよく溶ける*”ための条件を満たしているのである。

“グリコール”と呼ばれることもあるエチレングリコールもアルコールの一種で，水が凍らないようにするために車のラジエーターの水などに添加される。また，不凍液として，水性塗

— 共有結合
---- 水素結合

図5.23
エタノール分子と三つの水分子の水素結合の様子。

料の乾燥時に発生する揮発性有機化合物（VOC）の一つでもある。図5.22 の構造式を見ると，エチレングリコールは水素結合に利用できる -OH 基を二つ持っていることが分かる。これらが分子間相互作用に寄与するため，エチレングリコールには凍結防止剤に必要な性質である高い水溶性が備わっている。

“油と水は混ざらない” ということがよくいわれるが，それは水分子は極性を持ち，油に含まれる炭化水素分子は無極性を持つことに由来する。この違いのために，両者が混じると水分子は水分子同士でくっつき，炭化水素分子は炭化水素分子同士でくっつき合う。油は水より密度が低いので，油膜は水の上に浮く（**図 5.24**）。

問 5.29　練習問題

炭化水素について

ペンタン（C_5H_{12}）やヘキサン（C_6H_{14}）のような炭化水素分子には，C-H と C-C 結合がある。表 5.1 の電気陰性度の値を用いて，これらの結合が極性か無極性かを考えなさい。なぜこれらの分子化合物は無極性なのか答えなさい。
ヒント：結合の双極子だけでなく，分子形状も考えよう。

図5.24　**資料室**
油と水が混ざり合わない様子。この現象の動画は www.acs.org/cic で見ることができる。
©Charles D. Winters/Science Source

水はグリースや油を溶解する力が弱いので，水を使ってこれらを洗い流すことはできない。そのため，私たちは手や衣服を洗うのに石鹸や洗剤を使うことになる。この働きをする石鹸や洗剤などの化合物は**界面活性剤**と呼ばれ，極性化合物と無極性化合物の混じり合いを助ける働きがある。そのため，「湿潤剤」と呼ばれることもある。界面活性剤分子は極性基と無極性基の両方を持っていて（**図 5.25**），極性基は界面活性剤を水に溶かすことができ，無極性基はグリースを溶かすことができる。

問 5.30　考察問題

界面活性剤の役割

界面活性剤には極性末端と無極性末端があることを知った上で，図 5.25 に基づいて界面活性剤の分子構造を描きなさい。次に、界面活性剤分子と無極性分子、および水分子が混ざった状態の概略図を描きなさい。インターネットや教科書に掲載されている図と比較して、自分の描いた図が正しいかどうかを確認すること。

無極性分子を液体に溶かすもう一つの方法は，無極性溶媒を使用することである。“似たもの同士がよく溶ける！”のである。無極性溶媒（有機溶媒とも呼ばれる）は，医薬品やプラスチックや塗料，さらには化粧品や洗浄剤などの製造に広く使用されている。例えば，ドライクリーニングでは溶媒として塩素化炭化水素がよく使用される。その一つで“perc”（パーク）の俗称を持つテトラクロロエチレンは，エテンの従兄弟筋にあたる。エテンは C=C 二重結合を持つ化合物でエチレンと呼ばれることもある。このエテンが持つ H 原子の全部を Cl 原子で置き換えて得られるのがこのテトラクロロエチレンで，パークロロエチレン（略して“perc”）とも呼ばれる。

H　　H
C=C
H　　H
エチレン

Cl　　Cl
C=C
Cl　　Cl
テトラクロロエチレン
(perc)

このテトラクロロエチレンおよびそれに類似の塩素化炭化水素は，発癌性物質またはその疑いがある物質である。私たちが仕事場でそれにさらされた時だけではなく，空気，水，あるいは土壌の汚染物質になっていても，深刻な健康被害が発生する。

グリーンケミストリーの専門家たちは，生産工程の設計をやり直して溶媒を必要としないものに変えようとする。もしそれが不可能な場合は，perc のような有害な溶媒に代えて環境に優しい溶媒の使用を試みる。可能性の一つが液体二酸化炭素である。高圧条件下では，私たちが炭酸ガス CO_2 として知っている物質を凝縮して液体にすることができる！有機溶媒と比較したときに，CO_2 (*l*) には多くの利点がある。毒性がなく，燃焼性もなく，化学的に不活性で，オゾン層を破壊せず，スモッグの発生にも寄与しない。この化合物が温室効果ガスであることが気になるかもしれないが，溶媒に使われる CO_2 は生産工程から回収されたものであり，しかも通常は繰り返し再利用される。

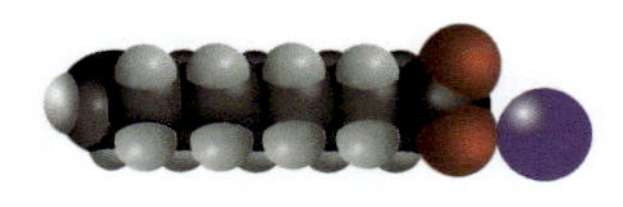

```
   H  H  H  H  H  H  H  O
   |  |  |  |  |  |  |  ||
H—C—C—C—C—C—C—C—C—O⁻ Na⁺
   |  |  |  |  |  |  |
   H  H  H  H  H  H  H
```

無極性分子鎖　　極性基

図5.25 **資料室**
界面活性剤の分子には，極性基と無極性基の両方が含まれている。この分子の三次元構造は，www.acs.org/cic で見ることができる。
出典：https://imgur.com/LZrxG26

液体 CO_2 自体は汚れた衣類などに付着している油類，ワックス類，およびグリース類に対する良好な溶媒ではないため，ドライクリーニングに適用する試みはチャレンジであった。ノースカロライナ大学チャペルヒル校の化学者であり化学工学者の Joe DeSimone 博士は，CO_2 (*l*) と一緒に使用する界面活性剤を開発して CO_2 (*l*) の溶媒としての機能を向上させた。同博士はこの功績により 1997 年の大統領グリーンケミストリー・チャレンジ賞を受賞した。彼の仕事がブレークスルーになって，現在使われている通常の有機溶媒または水溶媒に代わるべきものとして，環境に優しく，安価で，しかも再利用が容易な代替品の設計への道が拓かれた。DeSimone 博士が開発した工程を使うドライクリーニングチェーンの Hangers Cleaners 社の立ち上げにとって，DeSimone 方式が決定的な因子であった。

問 5.31　展開問題

溶媒としての液体 CO_2

a. 有機溶媒に代わる溶媒として液体 CO_2 を使うことをどのように考えるか述べなさい。
b. 以下の記述について意見を述べなさい。
「有機溶剤の代替として二酸化炭素を使用することは，単に環境問題を別のものに置き換えるだけである」
c. 地元のドライクリーニング事業者が“perc”から二酸化炭素に切り替えたとしたら，この事業者は経済，社会，環境にどのような改善をもたらすと考えられるか。

無極性化合物が無極性化合物に溶けやすいという性質は，PCB（ポリ塩化ビフェニル）や DDT（ジクロロジフェニルトリクロロエタン）といった無極性物質が魚や動物の脂肪組織に蓄積されることにつながっていく。魚がこれらの物質を摂取すると，これらの分子が極性を持つ血液の中ではなく無極性の体脂肪の中に蓄えられていく。かつては電気の冷却液として広く使われていた PCB は，場合によっては 1 ppb 以下の濃度で，人間を含むさまざまな動物の正常な成長と発達を阻害する可能性がある。

食物連鎖の上位に行くほど，DDT のような有害な無極性化合物の濃度が高くなっていく。この現象は**生物濃縮**と呼ばれ，食物連鎖の上位に行くほど，特定の難分解性化学物質の濃度が高くなることを指している。**図 5.26** は，1960 年代に盛んに研究された生物濃縮の過程が示されている。当時，DDT が食物連鎖の最上位に位置するハヤブサなどの肉食鳥の繁殖を阻害することが示された。また，1962 年にはレイチェル・カーソンが「沈黙の春」を発表し，鳴禽類

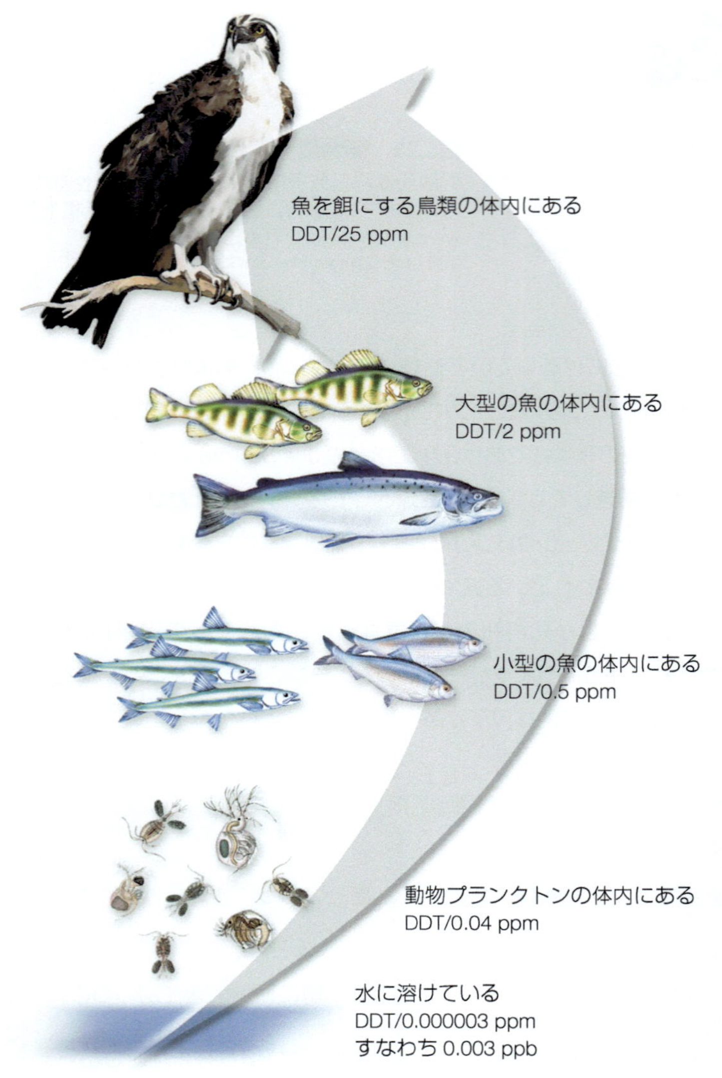

図5.26
水中の生物は DDT を取り込んで体内に蓄える。その生物はより大きな生物に食べられ，またその生物はさらに大きな生物に食べられる。その結果，食物連鎖の最上位に位置する生物が最も高濃度の DDT を体内に蓄積することになる。
出典：William and Mary Ann Cunningham : Environmental Science: A Global Concern, 10th ed., McGraw-Hill Education（2008）

の個体数の減少と農薬への暴露を関連付けた。

酸や塩基の溶媒としての水について考える前に次の二つの問題でイオン化合物や分子化合物の溶媒和過程を復習し，水日誌と関連付けてみよう。

問 5.32　考察問題

溶媒和

イオン化合物と分子化合物の水溶液の比較表を作成しなさい。最低限，それぞれの溶解方法，溶液の性質，環境への影響，溶液の用途についての説明を含めること。

問 5.33　展開問題

水日誌の中に出てくる溶質

読者が自分の水日誌を読み返してみて，使っている水に溶け込んでいるイオン化合物や分子化合物の発生源がどこか検討しなさい。また，読者は，水を使う際に何か物質を加えることはあるだろうか。

5.7　腐食性と侵食性：酸と塩基の性質と影響

水はさまざまな溶質を溶かすことから，「万能溶媒」として知られている。ここで，地球や私たちの生活に大きな影響を与える二つの溶液，「酸」と「塩基」について考えてみよう。酸も塩基も溶液であり，その多くは水を溶媒として利用する。歴史的には，化学者は酸を“酸っぱさ”などの特性で識別していた。味見という方法は薬品を識別するのに適した方法ではないが，酢に含まれる酢酸の酸味は，読者もよく知っていると思う。レモンの酸味も酸に由来するものである（**図 5.27**）。また，酸はリトマスなどの指示薬で特徴的な色の変化を見せる。

植物の色素であるリトマスは，酸の中で青からピンクに変化する。興味深いことに，リトマス試験紙という言葉は，将来の成功や失敗の重大な指標を指すようにもなった。

酸を識別するもう一つの方法は，その化学的特性を利用する。例えば，ある条件下では，酸は大理石や卵の殻，海洋生物の殻と反応して溶かすことができる。これらの物質は全て炭酸イオン（CO_3^{2-}）を含んでおり，炭酸カルシウムまたは炭酸マグネシウムのいずれかである。酸は炭酸塩と反応して炭酸ガスを発生させ，この発生したガスが，炭酸塩を含む胃酸中和剤の錠剤が胃の中の酸と反応したときに出る「げっぷ」になる。後述するように，この化学反応は，海水が酸性化した海で珊瑚などの炭酸塩系海洋生物の骨格が溶解することにつながっていく（**図 5.28**）。

分子レベルでは，**酸**は水溶液中で水素イオン（H^+）を放出する化合物である。水素原子は電気的に中性であり１個の電子と１個の陽子から構成されているが，電子が失われると原子は正電荷を帯びたイオン H^+ になる。そのとき残るのは陽子だけなので，H^+ を**陽子**と呼ぶこともある。

例えば，常温で気体である塩化水素（HCl）という化合物を考えてみよう。塩化水素は HCl 分子で構成されていて，水に溶けると“*塩酸*”と呼ばれる溶液になる。極性のある HCl 分子が溶けると，その周りを極性のある水分子が取り囲むようになる。HCl がひとたび水に溶解すると，これらの分子は $H^+(aq)$ と $Cl^-(aq)$ の二つのイオンに分解される。以下の式は，この分解反応の二つのステップを表している。

補足
食事における酸と塩基の役目については第 10 章で説明する。

$$HCl(g) \xrightarrow{H_2O} HCl(aq) \longrightarrow H^+(aq) + Cl^-(aq) \qquad [5.3]$$

図5.27
柑橘類にはクエン酸とアスコルビン酸の両方が含まれている。
©Nancy R. Cohen/Getty Images

図5.28
珊瑚礁の眺め。
©Shutterstock/Manamana

また，HCl は H^+ と Cl^- に*解離*するということもできる。HCl は水中では完全に解離するため，溶液中に HCl 分子は残らない。これは**強酸**に共通する特徴である。

「水溶液中で H^+（陽子）を放出する物質が酸である」という定義には若干の複雑さが伴う。H^+ はそれ自体で存在するには反応性が高すぎるので，水分子のような他のものにくっつくようになる。水に溶けると，HCl 分子は H_2O 分子に陽子（H^+）を供与し，H_3O^+ という**ヒドロニウムイオン**を形成する。この全体の反応を表したものが以下の反応式である。

$$HCl(aq) + H_2O(l) \longrightarrow H_3O^+(aq) + Cl^-(aq) \qquad [5.4]$$

5.3 式と 5.4 式のどちらも右辺の生成物として表される溶液は塩酸と呼ばれる。H_3O^+ が存在するため，酸の特徴的な性質を持っている。化学者は，酸のことを単に H^+ と書くことが多いが（例えば 5.3 式），これは水溶液中の H_3O^+（ヒドロニウムイオン）を指すことが暗黙の了解となっているためである。なお，ヒドロニウムイオンのルイス構造を**図 5.29** に示している。

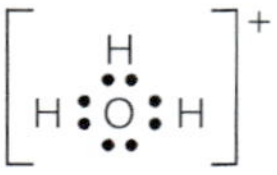

$$\left[\begin{array}{c} \mathrm{H} \\ \mathrm{H:\ddot{O}:H} \end{array}\right]^+$$

図5.29
ヒドロニウムイオンのルイス構造。この構造では，酸素がオクテット則に従っていることに注意して欲しい。

問 5.34　練習問題

酸性溶液

以下に示す a ～ c の強酸について，水に溶けたときに陽子，H^+が放出されることを示す化学平衡の式を書きなさい。また，ヒドロニウムイオンの生成を示す方程式も書きなさい。

ヒント：イオンの電荷を含めることを忘れないように。方程式の両辺の正味の電荷は同じでなければならない。

a. HI (*aq*)，ヨウ化水素酸

b. HNO_3 (*aq*)，硝酸

c. H_2SO_4 (*aq*)，硫酸

問 5.35　展開問題

全ての酸は有害か？

酸という言葉からさまざまなイメージが浮かぶかもしれないが，実は私たちは，毎日さまざまな酸を食べたり飲んだりしている。食品や飲料のラベルに載っている酸をリストアップして，それぞれの酸の目的を推測してみよう。

塩化水素は，水に溶けて酸性の水溶液を作る数ある気体の一つで，その他には二酸化硫黄 (SO_2) と二酸化窒素 (NO_2) などが挙げられる。この後者の二つの気体は，熱や電気を作るために特定の燃料（特に石炭）を燃焼させる際に排出される気体である。SO_2 も NO_2 も雨や霧の中に溶け込んで酸になり，それが地表に降り注ぐ。

しかし，窒素酸化物や二酸化硫黄により生じる酸性雨について掘り下げる前に，二酸化炭素について考えよう。二酸化炭素の大気中濃度は 2018 年の段階で約 407 ppm で，二酸化硫黄や二酸化窒素よりもはるかに高い濃度にある。固体の種類によって水への溶けやすさに違いがあるように，気体も同様に溶けやすさに違いがある。二酸化炭素は，SO_2 や NO_2 のような極性の高い化合物に比べて水への溶解度が非常に低い気体であるが，それでも溶けて弱酸性の水溶液になる。

酸は水中で水素イオンを放出する物質と定義されていることと，水素原子を持たない二酸化炭素が酸として作用することはどのように結びつくのだろうか。それは，二酸化炭素が水に溶けると炭酸 H_2CO_3 (*aq*) を生成することと関係している。ここでは，その過程を表す方法をいくつか紹介する。

$$CO_2(g) \xrightarrow{H_2O} CO_2(aq) \qquad [5.5a]$$

$$CO_2(aq) + H_2O(l) \longrightarrow H_2CO_3(aq) \qquad [5.5b]$$

炭酸は溶解して H^+と炭酸水素イオン（重炭酸イオンとも呼ばれる）を生成する。

$$H_2CO_3(aq) \rightleftharpoons H^+(aq) + HCO_3^-(aq) \qquad [5.5c]$$

二重矢印の記号で示すように（詳細は後述），この反応は反応式の右辺に偏るわけではなく，少量の H^+ と HCO_3^- が生成されるだけである。従って，炭酸は水溶液中で完全に解離しない**弱酸**であるといえる。

強酸と弱酸は強電解質と弱電解質に類似しており，両者はイオン種に解離する相対的な度合いによって定義される。

二酸化炭素は水にわずかに溶けるだけなので，溶け込んだ炭酸が解離して生成される H^+ もごくわずかである。しかし，このような反応は地球上の至る所で大規模に起こっていることを忘れてはならない。二酸化炭素は対流圏で水に溶けて酸性の雨を降らせたり，地球の海や湖，小川に溶け込んだりするのである。

酸の議論は，その化学的に対極にある塩基を抜きにしては成り立たない。ここでいう**塩基**とは，水溶液中で水酸化物イオン（OH^-）を放出する化合物のことである。塩基の水溶液は，OH^-（*aq*）の存在に起因する独自の特性を持っていて，塩基は酸と異なり一般に苦味があり，食品に好まれる味ではない。塩基の水溶液は，滑りやすく，石鹸のような感触がある。塩基の代表例としては，家庭用アンモニア（NH_3 水溶液），NaOH（灰汁，苛性アルカリ溶液）などがある。この苛性アルカリ溶液は目，皮膚，衣服に深刻なダメージを与えることが，オーブンクリーナーの注意書き（**図 5.30**）に警告されている。

多くの一般的な塩基は，水酸化物イオンを含む化合物である。例えば，水溶性のイオン化合物である水酸化ナトリウム（NaOH）は，水に溶けてナトリウムイオン（Na^+）と水酸化物イオン（OH^-）を生成する。

$$NaOH(s) \xrightarrow{H_2O} Na^+(aq) + OH^-(aq) \qquad [5.6]$$

水酸化ナトリウムは水に非常に溶けやすいが，イオン化合物の溶解度の傾向（表 5.5）によれば，水酸化物イオンを含むほとんどの化合物は水にほとんど溶けないことが分かる。読者の想像する通り，NaOH のように水中で完全に解離する塩基は**強塩基**と呼ばれる。

薄めた塩基性溶液は石鹸のような感触があるが，これは塩基が肌の油分と反応してほんの少し石鹸を生成するためである。

問 5.36　練習問題

塩基性溶液（アルカリ性溶液）

以下に示す a ～ c の塩基について，水に溶けたときの水酸化物イオン（OH^-）の放出を示す化学式を書きなさい。

a. KOH（*s*），水酸化カリウム
b. LiOH（*s*），水酸化リチウム
c. $Ca(OH)_2$（*s*），水酸化カルシウム

ヒント：一つ以上の陽子を持つ酸（多塩基酸として知られる）が一度に一つの H^+ を失うのに対し，塩基は全ての OH^- 基を一度に失う。

工業的な用途の一つとして，冷媒ガスとして HCFC（第 4 章で説明）ではなくアンモニアが使用されている。アンモニアガスは湿った肺組織と反応し，傷害や死に至る可能性があるため，作業員がアンモニアに暴露されないよう，十分な注意が必要である。

しかし，塩基の中には，水酸化物イオン（OH^-）を含まず，水と反応することで水酸化物イオンを生成するものがある。その一例がアンモニアで，独特の刺激臭を持つ気体である。二酸化炭素とは異なり，アンモニアは水に非常に溶けやすいので，水に急速に溶けて水溶液になる。

$$NH_3(g) \xrightarrow{H_2O} NH_3(aq) \qquad [5.7a]$$

店の棚には，「家庭用アンモニア」と呼ばれるアンモニアの 5%（質量比）水溶液が並んでい

図5.30
オーブン用の洗剤には，一般に灰汁と呼ばれる NaOH が含まれていることがある。
©McGraw-Hill Education/Eric Misko/Elite Images

ることがある。この洗剤は嫌な臭いがするので，肌に付いたら大量の水で洗い流す必要がある。

アンモニア水溶液の化学的挙動を単純化するのは難しいが，あえて単純化して表現すると以下のようになる。アンモニア分子が水分子と反応すると，水分子の H^+ が NH_3 分子に乗り移ってアンモニウムイオン $NH_4^+(aq)$ と水酸化物イオン $OH^-(aq)$ が生成される。しかし，この反応はほんの少ししか起こらない。つまり，ごく少量の $OH^-(aq)$ が生成されるだけである。

アンモニウムイオン（NH_4^+）は，ヒドロニウムイオン（H_3O^+）と類似しており，両者とも中性化合物（NH_3，H_2O）に陽子（H^+）が付加されることによって形成される。

$$\underset{\text{弱塩基}}{NH_3(aq)} + \underset{\text{酸}}{H_2O(l)} \rightleftharpoons \underset{\text{共役酸}}{NH_4^+(aq)} + \underset{\text{共役塩基}}{OH^-(aq)} \qquad [5.7b]$$

5.7b 式に示すように，水は酸の役目を果たして陽子である H^+ を塩基として働いている NH_3 に供与する。この反応式の二重矢印は，これが**平衡反応**であることを示し，左右両方向に反応が進んで，絶えず生成物と反応物の両方が形成されるものである。逆方向（右→左）では，NH_4^+ は OH^- に陽子を供与する。従って，NH_4^+ は塩基 NH_3 の**共役酸**と呼ばれ，OH^- は酸の役目をしている H_2O の**共役塩基**である。アンモニア水溶液が塩基であることをより明確に示すために，$NH_4OH(aq)$ という表現を使う場合もある。原子（と電荷）を足し合わせると，$NH_4OH(aq)$ は 5.7b 式の左辺に相当することが分かるはずである。しかし，この $NH_4OH(aq)$ がアンモニア水溶液の中にそのままの形で存在することは考えにくい。

NH_4^+/NH_3 と H_2O/OH^- はしばしば共役酸塩基対と呼ばれ，それぞれの対は１個の陽子，つまり H^+ だけ異なる。

家庭用アンモニアに含まれる水酸化物イオンの起源を明らかにする必要がある。アンモニアが水に溶けると，少量の水酸化物イオンとアンモニウムイオンが放出される。アンモニアは**弱塩基**（水溶液中で完全に解離しない塩基）の一例である。5.7b 式に示す平衡反応では，反応物（左辺）の濃度は生成物（右辺）よりはるかに大きい。これに対して，NaOH のような強塩基を用いた類似の反応では，反応は生成物側に大きく偏る。反応を可逆平衡と書く代わりに，強酸と強塩基を含む反応は，従来通りの矢印で表現するのが最も適している。

5.8 式の両辺から溶媒 $H_2O(l)$ を取り除くと，水溶液中の NaOH の単純解離である 5.6 式が得られる。

$$\underset{\text{強塩基}}{NaOH(aq)} + \underset{\text{酸}}{H_2O(l)} \xrightarrow[\text{不可逆反応}]{100\ \%} Na^+(aq) + OH^-(aq) + H_2O(l) \qquad [5.8]$$

問 5.37　考察問題

水日誌の中に現れる酸と塩基

この章の初めに書いた水日誌を振り返ろう。酸や塩基は日誌の中のどこに出てくるだろうか。水に酸や塩基をあえて添加する必要があるだろうか。読者の行動の中に，水に酸性成分や塩基性成分を加えるものがあるかどうか考えなさい。

5.8　胸焼け？酸–塩基の中和で楽になる！

前節で見たように酸と塩基は互いに反応を起こす上に，しばしば非常に速く反応する。これは実験室の試験管の中だけでなく，家庭や地球上のほぼ全ての生態系で起こっている。例えば，魚にレモン汁をかけると，酸–塩基反応が起こる。レモンに含まれる酸が，“生臭さ”を発生させるアンモニア化合物を中和してくれる。同様に，トウモロコシ畑のアンモニア肥料が，近くにある発電所の酸性の排気ガスと接触すると，酸塩基反応が起こってしまう。

まず，塩酸と水酸化ナトリウムの水溶液の酸塩基反応について見てみよう。この二つを混ぜ合わせると，生成物として塩化ナトリウムと水が生成する。

$$\underset{\text{酸}}{HCl\,(aq)} + \underset{\text{塩基}}{NaOH\,(aq)} \longrightarrow NaCl\,(aq) + H_2O\,(l) \qquad [5.9]$$

これは**中和反応**の一例で，酸から出た陽子と塩基から出た水酸化物イオンが結合して水分子ができる化学反応である。水の生成は以下の反応式で表すことができる。

$$H^+\,(aq) + OH^-\,(aq) \longrightarrow H_2O\,(l) \qquad [5.10]$$

ナトリウムイオンと塩化物イオンではどうだろうか。5.3 式および 5.6 式から，HCl (*g*) と NaOH (*s*) が水に溶けると，完全にイオンに解離することから，5.9 式を以下の反応式のように書き直すことができ，これはしばしば*全イオン反応式*と呼ばれる。

$$H^+\,(aq) + Cl^-\,(aq) + Na^+\,(aq) + OH^-\,(aq) \longrightarrow Na^+\,(aq) + Cl^-\,(aq) + H_2O\,(l) \qquad [5.11]$$

$$H^+\,(aq) + \cancel{Cl^-\,(aq)} + \cancel{Na^+\,(aq)} + OH^-\,(aq) \longrightarrow \cancel{Na^+\,(aq)} + \cancel{Cl^-\,(aq)} + H_2O\,(l) \qquad [5.12]$$

Na^+ (*aq*) も Cl^- (*aq*) も中和反応には参加しておらず，変化していない。これらのイオン（スペクテーターイオン（*傍観者*）と呼ばれる）を両辺から消し去ると，酸塩基の中和反応で起こる化学変化をまとめた 5.10 式が得られる。このようにスペクテーターイオンを省略した中和方程式を，正味のイオン反応式と呼ぶことがある。

問 5.38　練習問題

中和反応

以下の各酸塩基対について，平衡中和反応を書きなさい。次に，式を全イオン反応式と正味のイオン反応式に書き直しなさい。それぞれの場合の最後の簡略化されたステップの関連性は何か答えなさい。

a. HNO_3 (*aq*) と KOH (*aq*)　　b. HCl (*aq*) と NH_4OH (*aq*)

c. HBr (*aq*) と $Ba(OH)_2$ (*aq*)

酸性溶液：
$[H^+] > [OH^-]$
中性溶液：
$[H^+] = [OH^-]$
塩基性溶液：
$[H^+] < [OH^-]$

中性溶液は酸性でも塩基性（アルカリ性）でもなく，H^+とOH^-の濃度が等しくなっている溶液である。純水は中性溶液である。また，固体の NaCl を水に溶かしてできる塩水も中性である。一方，酸性溶液はOH^-よりH^+の濃度が高く，塩基性溶液（アルカリ性溶液）はH^+よりOH^-の濃度が高くなる。

酸性と塩基性の溶液に*水酸化物イオンと陽子*の両方が含まれているのは不思議に思えるかもしれないが，水が関与している場合，OH^-を伴わないH^+はあり得ないし，またはその逆も然りである。水溶液中の陽子と水酸化物イオンの濃度には，シンプルで有用な，そして非常に重要な関係が存在する。

$$[H^+]\ [OH^-] = 1 \times 10^{-14} \qquad [5.13]$$

5.13 式のカギ括弧はイオン濃度をモル濃度で表したもので，$[H^+]$ は“水素イオン（または陽子）濃度”と読む。5.13 式に示すように，$[H^+]$ と $[OH^-]$ の積は 1×10^{-14} の値を持つ定数となる。これは，H^+とOH^-の濃度が互いに依存し合っていることを示している。$[H^+]$ が増加すると $[OH^-]$ は減少し，$[H^+]$ が減少すると $[OH^-]$ は増加する。しかし，両イオンは水溶液中に常に存在する。

H^+の濃度（$[H^+]$ の値）が分かれば，5.13 式を用いてOH^-の濃度を計算することができるし，その逆も同様である。例えば，雨水のH^+濃度が 1×10^{-5} M の場合，$[H^+]$ に 1×10^{-5} M を代入してOH^-濃度を算出することができる。

$$(1\times10^{-5}\ \mathrm{M}) \times [OH^-] = 1\times10^{-14}$$

$$[OH^-] = \frac{1\times10^{-14}}{1\times10^{-5}}$$

$$[OH^-] = 1\times10^{-9}\ \mathrm{M}$$

水酸化物イオン濃度（1×10^{-9} M）が水素イオン濃度（1×10^{-5} M）より小さいので，この雨水は酸性であることが分かる。

定義により，二つの濃度の積には単位はない。

純水や中性溶液では，水素イオンと水酸化物イオンの濃度は共に 1×10^{-7} M となり，5.13 式を適用すると，$[H^+]\ [OH^-] = (1\times10^{-7}\ \mathrm{M})\ (1\times10^{-7}\ \mathrm{M}) = 1\times10^{-14}$ となることが分かる。

海水や雨水などの酸性度が気になる場合，その酸性度をどのように評価すれば良いのだろうか。溶液の酸性度や塩基性度を表す尺度として pH スケールがある。pH スケールは溶液の酸

性度を H^+ 濃度に関連付ける尺度である。

問 5.39　練習問題

酸／塩基の水溶液

以下の a と c について，$[OH^-]$ を計算しなさい。b については，$[H^+]$ を計算しなさい。次に，それぞれの水溶液を酸性，中性，塩基性に分類しなさい。

a. $[H^+] = 1 \times 10^{-4}$ M　　b. $[OH^-] = 1 \times 10^{-6}$ M

c. $[H^+] = 1 \times 10^{-10}$ M

問 5.40　練習問題

酸／塩基の水溶液のイオン

以下の a ～ d の水溶液は強酸または強塩基である。それぞれを酸性または塩基性に分類しなさい。次に，各溶液中に存在するイオンを，相対量の少ない順に並べなさい。

a. KOH (*aq*)　　b. HNO_3 (*aq*)

c. H_2SO_4 (*aq*)　　d. $Ca(OH)_2$(*aq*)

実験室 LAB

©McGraw-Hill Education/Charles D. Winters

この実験デモの動画では，中和反応における pH の変化を説明している。www.acs.org/cic

5.9　酸性・塩基性の定量化：pH スケール

土壌や水族館やプールの水の検査キットでは酸性度を pH という単位で表しているので，読者には“pH”という言葉はなじみのある言葉であろう。消臭剤やシャンプーは，pH バランスに配慮していることをうたっている（**図 5.31**）。もちろん，酸性雨に関する記事でも pH について言及されている。pH という表記は，常に小文字の p と大文字の H で書かれ，“power of hydrogen”の略である。最も単純にいえば，pH の値は 0 ～ 14 の間の数値で，溶液の酸性度（または塩基性度）の目安となる尺度である。

pH7 は，酸性溶液と塩基性溶液を分ける分岐点である。pH7 未満の溶液は酸性で，pH7 以上の溶液は塩基性（アルカリ性）である。pH7 の溶液（純水など）は，H^+ と OH^- の濃度が等しく，中性といわれる。

図 5.32 にはなじみ深いさまざまなものの pH の値を示してある。読者はこれだけ多くの酸を食べたり飲んだりしているのである。酸は食品中に自然に存在して，独特の味を作り出している。例えば，マッキントッシュリンゴのピリッとした味はリンゴ酸に由来しており，ヨーグ

図5.31

このシャンプーでは“pH バランス”をうたっており，中性であることを売りにしている。普通，石鹸は塩基性になりがちで，肌に刺激を与えることがある。

©McGraw-Hill Education/C. P. Hammond, photographer

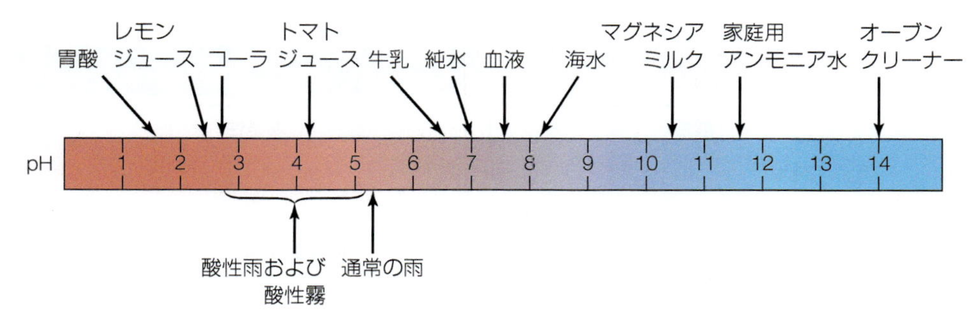

図5.32
一般的な物質とその pH の値。

万能指示薬は，溶液の pH を素早く測定する方法である。しかし，より正確な結果を得るには，pH メーターを使用する。酸性または塩基性の強い溶液の場合，pH は 0 ～ 14 の範囲外になることがある。

ルトの酸味は乳酸によるものである。またコーラにはリン酸などの複数種の酸が含まれている。なじみのあるトマトの酸味の pH は 4.5 程度で，酸味としては他の多くの果物よりも弱めである。

問 5.41　練習問題

食べ物の酸性度

a. トマトジュース，レモンジュース，牛乳，コーラ，純水を，酸性度の高い順に並べなさい。次に，図 5.32 と照らし合わせて順位を確認しなさい。
b. 他に五つの食品を選んで，同じような順位を付けてみよう。実際の pH 値はインターネットを使って調べてみよう。
c. あなたの水日誌に，pH 値があるものはあるだろうか。あるとしたら，その値はいくつだろうか。

水素イオン濃度 $[H^+]$ と pH の関係は，$pH = -\log [H^+]$ で表され，pH 値は水素イオン濃度を使って表される。例えば，$[H^+] = 1 \times 10^{-3}$ M であれば，pH は 3 となり，$[H^+] = 1 \times 10^{-9}$ M であれば，pH は 9 となる。pH 値が増加すると，$[H^+]$ は減少し，$[OH^-]$ が増加する。重要なのは，5.13 式より水素イオン濃度 $[H^+]$ と水酸化物イオン濃度 $[OH^-]$ を掛け合わせた値が 1×10^{-14} と一定である点である。H^+の濃度が高くなると，OH^-の濃度は低くなる。

pH 値が小さくなるにつれて，酸性度は高くなる。例えば，pH5.0 の溶液の水素イオン濃度は $[H^+] = 0.00001$ であり，pH4.0 の溶液の水素イオン濃度は $[H^+] = 0.0001$ である。すなわち，pH5.0 の溶液の酸性度は pH4.0 の溶液の酸性度の 10 分の 1 である。**図 5.33** には pH 値と水素イオン濃度の関係が示されている。

では，地球上の水は果たして酸性なのか，塩基性なのか，中性なのか。水の pH は 7.0 と思われるが，図5.32 では，水の pH が存在する場所によって異なることを示している。“普通”の雨は弱酸性で，pH 値は 5 ～ 6 の値を示す。溶け込んだ二酸化炭素から形成される酸は弱酸であるにも関わらず，雨の pH を下げるのに十分な H^+が生成されていることを意味している。一方，海水は弱塩基性で，pH は約 8.2 の値を示す。

補足

対数の詳細については付録 3 を参照のこと。

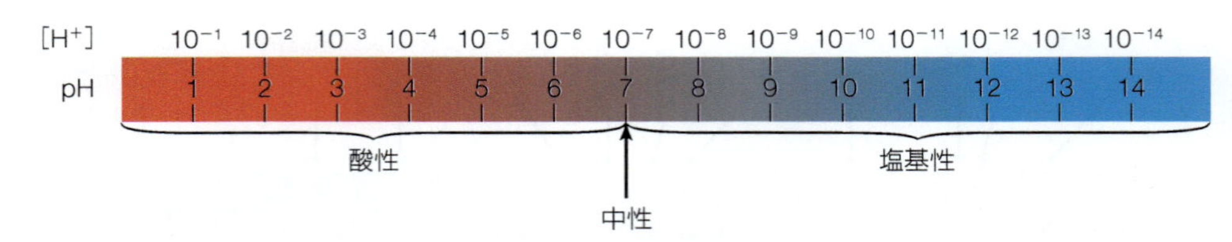

図5.33

pH と H^+の濃度（mol/L，M）の関係。pH の値が増加すると，[H^+] は減少する（[OH^-] は上昇する）。

資料室

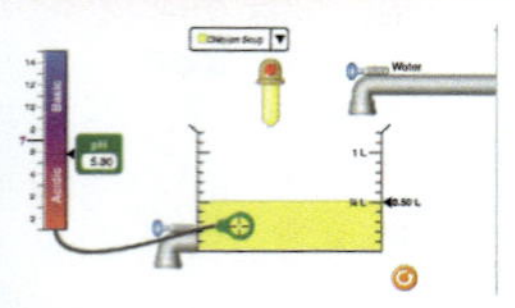

PhET Interactive Simulations, University of Colorado

このシミュレーションでは，pH をテストし，家庭にある物質や自分でデザインした液体の溶液中のイオンを視覚化することができる。

www.acs.org/cic

問 5.42　練習問題

微小な変化と大きな効果

以下の a ～ c に示した二つのサンプルについて，どちらが酸性度が高いか答えなさい。二つの pH 値の間の水素イオン濃度の相対的な差も計算しなさい。

a. 雨水（pH=5.0），湖水（pH=4.0）
b. 海水（pH=8.3），水道水（pH=5.3）
c. トマトジュース（pH=4.5），牛乳（pH=6.5）

問 5.43　展開問題

議事録について

読者が秘書をしている中西部のとある議員が，州の環境政策は雨の pH をゼロにすることだと熱弁を振るった。この上司がさらなる恥をかかないようにするために，彼に渡す気の利いたメモを考えなさい。

5.10　酸性雨の化学

図 5.34 によると，アメリカ東部の 3 分の 1，特にオハイオ川流域では，雨水の pH は正常値を大きく下回っていることが分かる。このことは，雨水に含まれる H^+の源が二酸化炭素だけではないことを示唆している。雨水の化学分析では，H^+の生成をもたらす他の物質である二酸化硫黄（SO_2），三酸化硫黄（SO_3），一酸化窒素（NO），二酸化窒素（NO_2）の存在が確認されている。これらは "SO_x" や "NO_x" と呼ばれる化合物であり，化学的には SO_x（x=2 または 3）や NO_x（x=1 または 2）である。では，SO_x と NO_x を順番に見ていくことにしよう。まず，三酸化硫黄（SO_3）が水に溶けて硫酸になる過程を表すと，次のようになる。

補足

5.14 式は，CO_2 と水の反応（5.5b 式）に類似している。

$$SO_3\,(g) + H_2O\,(l) \longrightarrow \underset{\text{硫酸}}{H_2SO_4\,(aq)} \qquad [5.14]$$

水中では，硫酸は H^+の源である。

$$H_2SO_4\,(aq) \longrightarrow H^+\,(aq) + \underset{\text{硫酸水素イオン}}{HSO_4^-\,(aq)} \qquad [5.15a]$$

硫化水素イオンは，さらに H^+を放出することができる。

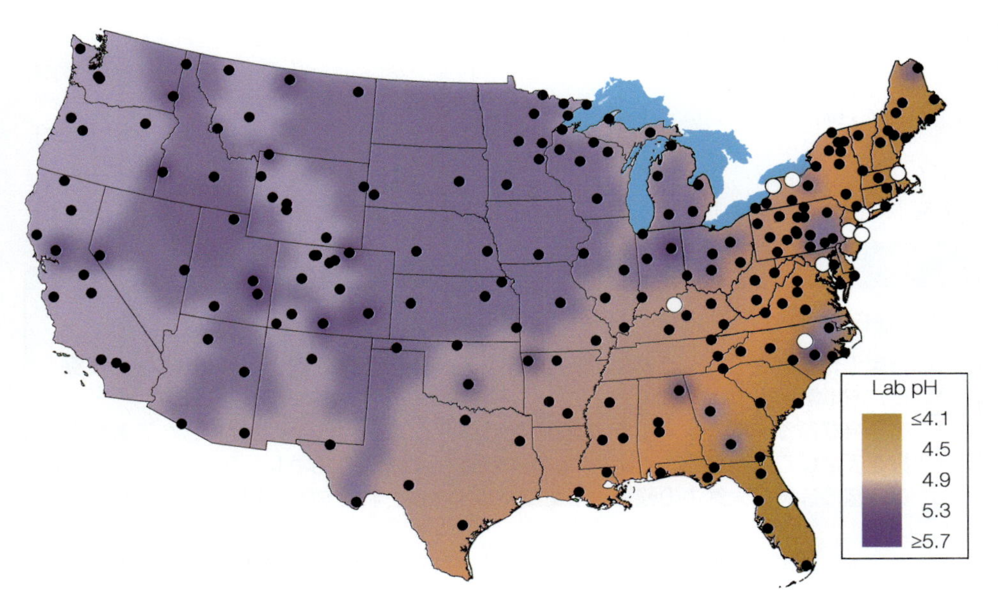

図5.34
雨サンプルの pH。2016 年，中央分析研究所での測定。
出典：National Atmospheric Deposition Program

資料室

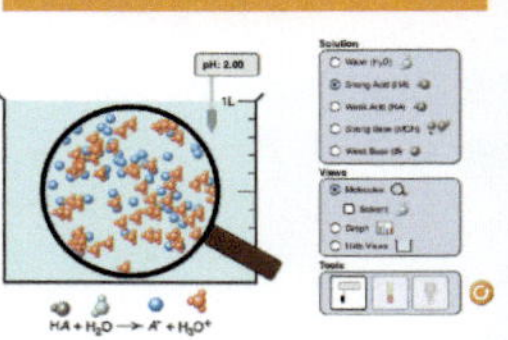

PhET Interactive Simulations, University of Colorado
このシミュレーションを見ると，強酸と弱塩基の相対濃度が溶液の pH にどのような影響を与えるかが分かる。
www.acs.org/cic

$$HSO_4^-(aq) \longrightarrow H^+(aq) + \underset{\text{硫酸イオン}}{SO_4^{2-}(aq)} \qquad [5.15b]$$

5.15a 式と 5.15b 式を足し合わせると，硫酸分子は 2 個の H^+ と硫酸イオン（SO_4^{2-}）を生成することが分かる。

$$H_2SO_4(aq) \longrightarrow 2H^+(aq) + SO_4^{2-}(aq) \qquad [5.15c]$$

雨水中に硫酸イオンが検出されたことは，雨水の酸性度が高くなる原因を突き止めるための手がかりになる。

問 5.44　練習問題

亜硫酸

二酸化硫黄が水に溶けて亜硫酸 H_2SO_3 になる。亜硫酸から $2H^+$ (*aq*) が生成する式を，5.15a 式，5.15b 式，5.15c 式になぞらえて書け。

ここで，2.13 節で初めて紹介した NO_x に目を向けてみよう。窒素酸化物も水に溶けて酸になるが，そこには O_2 も反応物として登場するため，化学反応はより複雑となる。例えば，NO_2 は湿った空気中で反応して硝酸を生成する。5.16 式は，大気中で起きる化学反応を単純化したものである。

$$4\,NO_2(g) + 2\,H_2O(l) + O_2(g) \longrightarrow \underset{\text{硝酸}}{4\,HNO_3(aq)} \qquad [5.16]$$

硝酸は水中では解離してH^+を発生する。

$$HNO_3\,(aq) \longrightarrow H^+\,(aq) + \underset{\text{硝酸イオン}}{NO_3^-\,(aq)} \qquad [5.17]$$

この反応で生成する硝酸イオンもまた雨水中で検出されている。

問 5.45　練習問題

石炭からの SO_x

a. 石炭の化学式を $C_{135}H_{96}O_9NS$ と仮定する。石炭中の硫黄の割合とパーセント（質量比）を計算しなさい。
b. ある発電所が年間 1.00×10^6 t の石炭を燃焼している。上記 a で計算した硫黄含有量を仮定して，1 年間に放出される硫黄の量（t）を計算しなさい。
c. この量の硫黄が大気中の酸素と平衡反応して生成される SO_2 の量（t）を計算しなさい。
d. 大気中に放出された SO_2 は，酸素と反応して SO_3 になる可能性が高い（2.8 式を参照）。SO_3 が水滴に取り込まれたら，次に何が起こるか答えなさい。

問 5.46　練習問題

酸性雨が及ぼす影響

この節で述べたように，気体の NO_x と SO_x は水と結合して酸性雨のエアロゾルを形成する。

a. 炭酸カルシウム（$CaCO_3$）を主成分とする大理石の石灰岩が，酸性雨の水滴と接触して浸食される反応を表す式を書きなさい。
b. 酸性雨は鉄などの金属にどのような影響を与えるか答えなさい。また，酸性雨の影響から金属を守るにはどうしたらいいかについても答えなさい。

5.11　酸が及ぼす影響

pH の変化は，海や他の水源地に影響を及ぼす。この節では，pH 変化が地球上の生物にどのような影響を与えるかを見ていくことにする。図5.32 に示すように，雨は酸性なのに，海水はどうして塩基性を保っているのか。

海水には，溶存する二酸化炭素に由来する三つの化学種が少量含まれており，これらが海の pH を約 8.2 に維持する役割を担っている。この三つの化学種（**図 5.35**）は，*炭酸イオン*

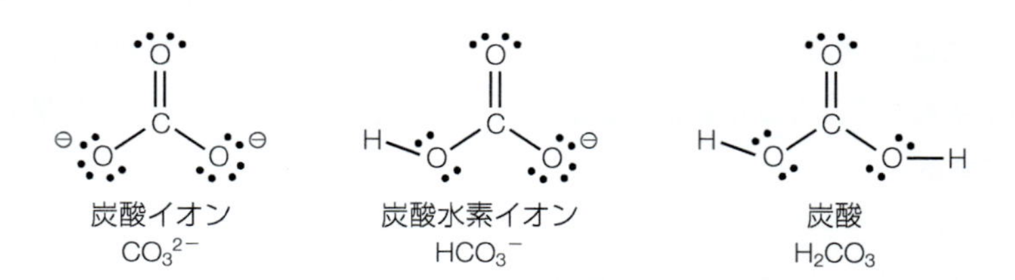

図5.35
炭酸イオンと炭酸水素イオン，および炭酸のルイス構造。

(CO_3^{2-})，重炭酸イオン (HCO_3^-)，炭酸 (H_2CO_3) であり，互いに影響を及ぼし合っている。また，これらの化学種は，血液の pH を約 7.4 に維持するのにも役立っている。

軟体動物，ウニ，珊瑚など，多くの生物は炭酸カルシウム ($CaCO_3$) で殻を作るため，この海洋化学と深い関係がある。炭酸のように，ある化学種の量が変わると，他の化学種の濃度も変化し，海洋生物に影響を与えることになる。過去 200 年間に，大気中に放出された二酸化炭素の量は増加している (4.9 節)。そのため，より多くの二酸化炭素が海洋に溶け込んで炭酸を形成している。その結果，海水の pH は 1800 年代初頭から pH にして約 0.1 ほど低下している。大した変化には見えないかもしれないが，pH の値が 1 違うと，H^+の濃度が 10 倍違うことを思い出して欲しい。pH にして 0.1 の減少は，海水中の H^+の量が 26 %増加することに相当する。大気中の二酸化炭素の増加により，海の pH が低下することを「**海洋酸性化**」と呼ぶ。

海洋の pH は，緯度や地域によって±0.3pH 単位で変動する。

このようなわずかな pH の変化が，なぜ海洋生物にとって危険なのであろうか。その答えの一つは，CO_3^{2-} (*aq*)，HCO_3^- (*aq*)，H_2CO_3 (*aq*) の間の化学的な相互作用にある。炭酸の解離によって生じた H^+は，海水中の炭酸イオンと反応して重炭酸イオンを形成する。

$$H^+(aq) + CO_3^{2-}(aq) \longrightarrow HCO_3^-(aq) \qquad [5.18]$$

その結果，海水中の炭酸イオンの濃度が低下する。すると，海水中の炭酸イオンの減少を補うために，生物の殻に含まれる炭酸カルシウムが溶け始める。

$$CaCO_3(s) \xrightarrow{H_2O} Ca^{2+}(aq) + CO_3^{2-}(aq) \qquad [5.19]$$

炭酸，重炭酸イオン，炭酸イオンの相互作用が**図 5.36** にまとめてある。二酸化炭素 (CO_2) が海水に溶け込むと，炭酸 (H_2CO_3) が生成される。これが解離して，H^+の形で“余分”な酸が生成される。H^+イオンは炭酸イオン (CO_3^{2-}) と反応し，海水中の炭酸イオンを減少させ，重炭酸イオンを増加させる。減少した炭酸イオン (CO_3^{2-}) を補うために，珊瑚などから炭酸カルシウムが溶け出してしまう。

海洋科学者は，今後 40 年以内に炭酸イオンの濃度が低くなり，海面付近の生物の殻が溶け始めると予測している。実際，オーストラリア沖のグレートバリアリーフは，既にそれらの成長速度が遅くなっているとの調査結果もある。しかし，この成長速度の減少に関しては，他の要因も考えられる。例えば，海洋の温暖化も珊瑚礁の健康状態の悪化に寄与している。木の年輪を見るのと同じように，珊瑚の切れ端の成長輪を調べることができる (**図 5.37**)。

これまで，貝殻が薄くなることによる海の生き物への影響に着目した研究者はごく少数しかいなかった。しかし，生態系全体への悪影響は予想されている。例えば，珊瑚礁が減少する（またはなくなる）と，厳しい波から海岸線を守ることができなくなる可能性がある。また，珊瑚礁は魚類に生息地を提供しており，珊瑚礁の損傷は海洋生物の減少につながる。さらに，珊瑚礁が減少すると，そこを住み家にしている魚類は嵐や外敵からの被害をさらに受けやすくなる。

海は自然治癒力を発揮できるのだろうか。答えはまだ分からないが，過去の事例から推測することは可能である。海の pH が長期間に渡って変化した場合，海はそれを補うことができた。これは，海底の堆積物に炭酸カルシウムが大量に含まれているためで，その多くは長い年月を経て死んだ海洋生物の殻に由来している。この炭酸カルシウムが長い年月をかけて溶解するこ

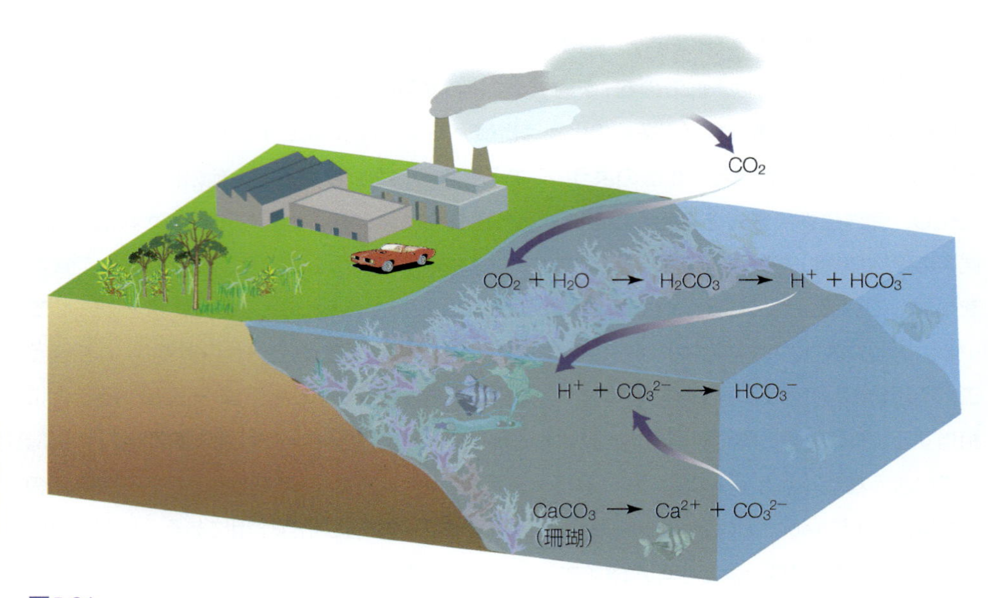

図5.36
海洋における CO_2 の化学反応。

補 足
pH を一定に保つイオン種を含む溶液は，緩衝液と呼ばれる。**緩衝液**については 12.2 節で詳しく説明する。

動画を見てみよう

©Bradley D. Fahlman
この動画で，水の酸性度を上げると化学反応によって卵の殻が溶ける様子を見ることができる。
www.acs.org/cic

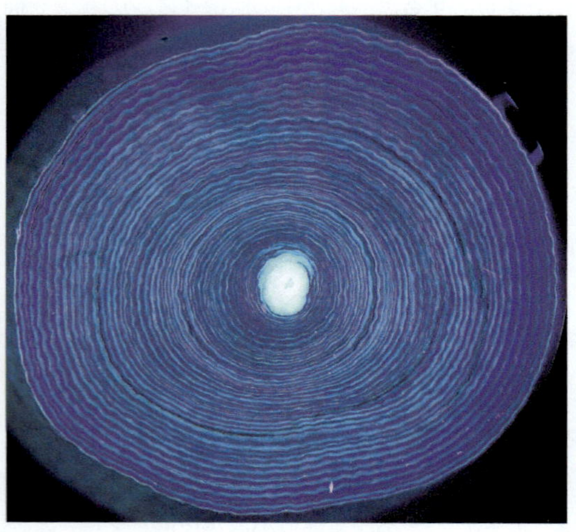

図5.37
特殊な照明で年輪を浮かび上がらせた珊瑚の薄片。過去 35 年間で成長率が激減した珊瑚もある。
©Owen Sherwood

とで，過剰な水素イオンとの反応によって失われた炭酸塩を補充してきた。しかし，現在の海水の pH 変化は，地質学的な時間スケールで見ると，急速に起こっている。近年のわずか 200 年間の海の pH 変化は，過去 4 億年では見られなかったレベルまで低下しているのである。酸性化は比較的短期間に，しかも水面に近い場所で起こっているため，酸性化の影響を打ち消すための堆積物の溶解が追い付かない状況にある。

仮に大気中の二酸化炭素の量が今すぐにゼロになったとしても，海が産業革命前の pH 値に戻るには数千年かかると考えられている。そして珊瑚礁の再生にはさらに時間がかかる上，絶滅してしまった生物種はもちろん戻ってこない。

問 5.47　展開問題

海洋の酸性化に対する世界的な取り組み

2008 年，海洋酸性化に対する認識を高めるために，科学者グループがモナコで会合を開いた。彼らはモナコ宣言を発表し，2020 年までに二酸化炭素の排出傾向を逆転させるよう世界各国に呼びかけた。では，現段階で，海洋酸性化に対処するための世界的な政策は生まれたのだろうか。自分で調査し，その結果をまとめなさい。

酸性化の影響を受けるのは人間だけではない。酸性雨（*酸性降水*とも呼ばれる）が湖や川を満たすと，世界の表層水域に生息する生物はその環境変化の影響を受けることになる。正常な湖の pH は 6.5 かそれより少し高い程度であるが，pH が 6.0 より低くなると，魚やその他の水生生物が影響を受けるようになる（**図 5.38**）。pH5.0 以下では，少数の丈夫な種だけが生き残ることができ，pH4.0 になると湖の生態系はほぼ死んだ状態にあるといえる。

さまざまな地域の湖や川で酸性化が進行して魚の個体数が減少していることは，数多くの研究で報告されている。最初にこの問題が発生したノルウェーやスウェーデンの南部では，湖の 5 分の 1 には魚がいなくなり，川の半分にはブラウントラウト（マスの一種）がいなくなった。オンタリオ州南東部では，湖の平均 pH が 5.0 となり，正常な湖に必要な pH6.5 を大きく下回っている。バージニア州では，マスの生息する川の 3 分の 1 以上が酸性に傾いているか，その危険性がある。

アメリカ中西部は酸性雨の主な発生源であるが，この地域の湖や川で酸性化が問題になっていない。この一見矛盾した現象の説明は簡単である。酸性雨が降ったり湖に流れ落ちたりすると，酸が中和されるか，あるいは周囲の植物によって利用されない限り，湖の pH は低下する（酸性度が高くなる）。地域によっては，周囲の土壌に酸を中和する塩基が含まれていることがある。湖やその他の水域が pH の低下に抵抗する能力は，**酸中和能**と呼ばれる。中西部の多くの地域の地質は，石灰岩（$CaCO_3$）である。石灰岩は酸性雨とゆっくりと反応するため，中西部の湖は酸を中和する高い能力がある。また，最も重要なのは，湖や小川にカルシウムイオンや重炭酸イオンが比較的多く含まれているということである。これは，石灰岩が二酸化炭素や水と反応した結果，発生するものである。

$$CaCO_3(s) + CO_2(g) + H_2O(l) \longrightarrow Ca^{2+}(aq) + 2\,HCO_3^{-}(aq) \quad [5.20]$$

カルシウムイオン　炭酸水素イオン

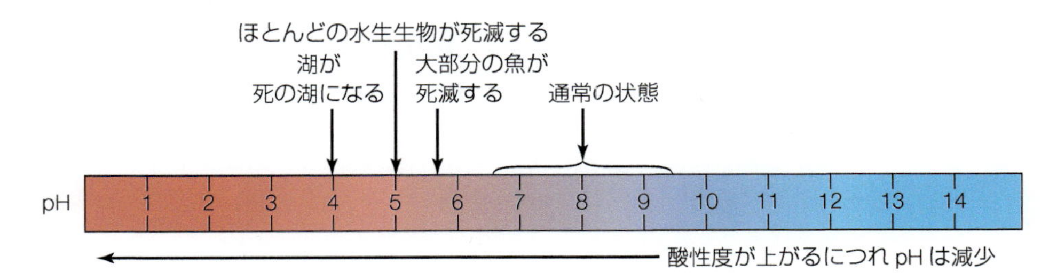

図5.38
水生生物と pH。

酸は炭酸イオンや重炭酸イオンと反応して中和されるので，湖の pH は大よそ一定値を保っているのである。

問 5.48　練習問題

重炭酸イオン

5.20 式で生成された重炭酸イオンは，水素イオン H^+ も受け入れることができる。
a. 平衡化学方程式を書きなさい。
b. 重炭酸イオンは酸として機能しているか，塩基として機能しているか。

中西部とは対照的に，ニューイングランド地方やニューヨーク北部の多くの湖は，ノルウェーやスウェーデンと同様に花崗岩という硬くて不浸透性で反応性の低い岩石で囲まれている。このような湖では，別の地域的な作用がない限り，酸を中和する能力をほとんど持たないので，多くの湖で酸性化が徐々に進んでいる。

湖沼の酸性化を理解するには，単に pH や酸中和能を測定するよりもはるかに複雑である。その複雑さの一因は，年ごとの気候の変動にある。例えば，冬の大雪が春まで続き，その後急に溶ける年があったりする。その結果，雪に含まれていた酸性物質が全て雪解け水として流れ出すため，通常よりも雪解け水の酸性度が高くなる場合がある。そして，魚が産卵したり孵化したりする時期に酸性度が急上昇すると，魚が被害を受けることになる。ニューヨーク州北部のアディロンダック山脈では，湖の約 70%が偶発的な酸性化のリスクにさらされているのに対し，慢性的な影響を受けているのは 19%とはるかに少ない割合である。アパラチア山脈では，偶発的に酸性化する湖の数（30%）は，慢性的に酸性化する湖の数の 7 倍である。

このように，水の pH の違いは，生物多様性，生息地，そして環境全体に大きな影響を及ぼす。この章の最後の節では，人々が飲むためのきれいな淡水を提供することについて，もう一度考えてみよう。

5.12　飲料水の処理

ここでは，「水をきれいにする」（浄水場）と「水を汚した後」（下水処理場）の両側面から調べていくことにする。まず，浄水場に関しては，帯水層や湖から水を得ることを想定している。例えば，サンアントニオでの飲み水はエドワーズ帯水層から汲み上げられ，サンフランシスコなら水は 100 マイル以上離れたヘッチ・ヘッチー渓谷の貯水池から送られてくる。

一般的な浄水場（**図 5.39**）では，まず最初に水をフィルターに通して，雑草や枝，飲料のボトルなどの大きな不純物を物理的に取り除いてから，硫酸アルミニウム（$Al_2(SO_4)_3$）と水酸化カルシウム（$Ca(OH)_2$）を添加する。では，この二つの化学物質の働きは何なのか。

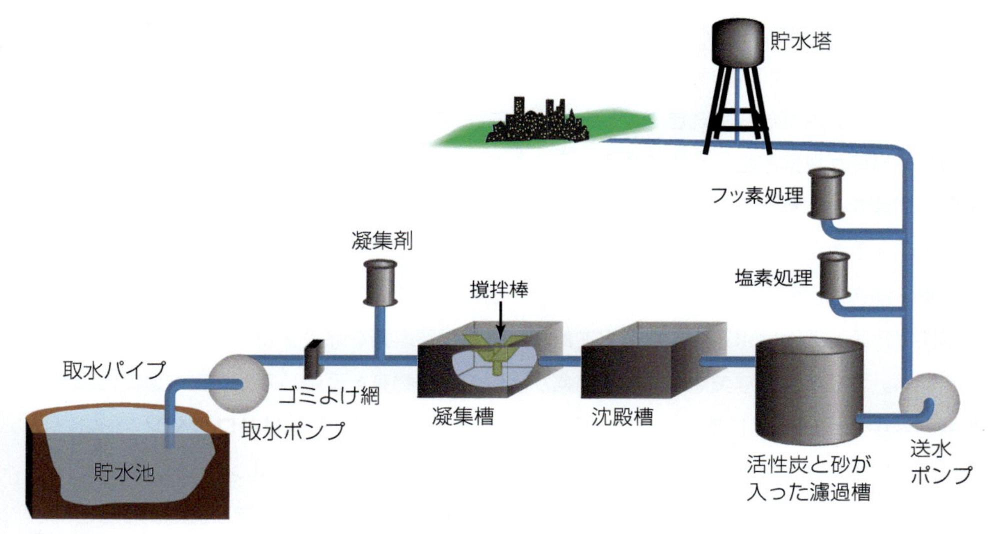

図5.39
典型的な地方自治体の水処理施設。各部分の縮尺は同じではない。

問 5.49　練習問題

水処理の薬品

a. 硫酸イオン，水酸化イオン，カルシウムイオン，アルミニウムイオンの化学式を書きなさい。
b. これら四つのイオンからできる化合物は何か。それらの化学式を書きなさい。
c. 次亜塩素酸イオン（ClO^-）は，水の浄化に一役買っている。次亜塩素酸ナトリウムと次亜塩素酸カルシウムの化学式を書きなさい。

硫酸アルミニウムと水酸化カルシウムは*凝集剤*であり，水中で反応して水酸化アルミニウム $Al(OH)_3$ の粘着性のあるゲル状物質を形成する（5.21 式）。浮遊している粘土や汚れの粒子がこの $Al(OH)_3$ ゲルの表面に付着し，ゲルがゆっくりと沈降するにつれて，水中に浮遊していた粒子も一緒に取り除かれていく。残った粒子は，木炭や砂利や砂で水が濾過される時に取り除かれる。

タマリンド種子の粉末は，安価で天然の生分解性凝集剤である。

$$Al_2(SO_4)_3\,(aq) + 3\,Ca(OH)_2\,(s) \longrightarrow 2\,Al(OH)_3\,(s) + 3\,CaSO_4(aq) \quad [5.21]$$

次に重要なステップとして，病気の原因となる微生物を殺すために水を殺菌する。アメリカでは一般に水中で抗菌剤である次亜塩素酸（HClO）を生成させるために，塩素ガス（Cl_2）や次亜塩素酸ナトリウム（NaClO），そして次亜塩素酸カルシウム（$Ca(ClO)_2$）などを添加する。生成した HClO は 0.075 ～ 0.600 ppm と非常に低濃度で，水が水道管を通って市民に届くまでの間に，さらなる細菌汚染から水を保護している。**残留塩素**とは，塩素処理後に水中に残留する塩素を含む化学物質のことで，次亜塩素酸（HClO），次亜塩素酸イオン（ClO^-），溶存塩素（Cl_2）などを指す。

塩素が殺すことができるのは，それが接触した微生物だけである。沈泥や粘土の粒子の中にいるバクテリアやウイルスは，塩素では死滅しない。これが，塩素処理の前に粒子を除去する理由の一つである。
NaClO は洗濯用漂白剤に含まれている。$Ca(ClO)_2$ はプールの消毒によく使われる。

塩素消毒が行われる以前は，汚染された水を介した伝染病により何千人もの人が亡くなっていた。イギリスの医師ジョン・スノー（1813 ～ 1858）が行った研究では，1800 年代半ばにロンドンでコレラが流行した原因がコレラ患者の排泄物に汚染された水にあると結論した。もう一つの例は，2007 年の戦時下のイラクで起こった。その年の初めに，過激派による塩素タンクを用いた自爆攻撃が数回続き，二十数人が死亡し，数百人がパニックに陥る事態が発生した。そのため当局が塩素を厳しく管理するようになり，一時は，10 万 t の塩素がヨルダン国境で 1 週間も滞留する事態となった。その結果，水と衛生が低下したため，糞便性大腸菌が激増し，数千人のイラク人がコレラに罹患した。

塩素の輸送が比較的安全な平和時でも，水の塩素処理には欠点がある。残留塩素の味と臭いは不快なため，人々はボトル入りの水を飲んだり，残留塩素を除去するフィルターを使ったりしている。さらに深刻な欠点は，残留塩素が水中の他の物質と反応して，有害な濃度の副産物を飲料水中で生成してしまうことである。最も広く知られている**トリハロメタン**（THM）は，$CHCl_3$（クロロホルム），$CHBr_3$（ブロモホルム），$CHBrCl_2$（ブロモジクロロメタン），$CHBr_2Cl$（ジブロモクロロメタン）といった化合物で，塩素や臭素が飲料水中の有機物と反応することにより生成する。また，温泉の消毒に使用される次亜臭素酸（HBrO）は，HClO と同様にトリハロメタンを発生する可能性がある。

問 5.50 練習問題

THM について

a. 任意の二つの THM 分子のルイス構造を書け。
b. THM の化学組成はフロンとどう違うか答えなさい。
c. THM の物理的性質はフロンとどう違うか答えなさい。

ヨーロッパの多くの都市とアメリカのいくつかの都市では，水道の消毒にオゾンを使用している。オゾンを用いる利点は，殺菌に必要なオゾンの濃度が塩素より低い上に，水を媒介とするウイルスに対して塩素よりも効果的な点である。しかし，オゾンにも欠点はある。一つは費用の点で，経済的にオゾン処理を利用できるのは大規模な浄水場のみである。また，オゾンはすぐに分解してしまうため，自治体の配水システムを通る際に起こり得る汚染から水を守ることができない。そのため，オゾン処理された水が処理施設を出る時に，少量の塩素を加える必要がある。

下層大気（対流圏）におけるオゾン（O_3）の毒性と，上層大気（成層圏）におけるオゾンの効用については，それぞれ 2.8 節と 3.6 節で述べた。

最近増えてきているのが紫外線（UV）を使った水の殺菌である。UV とは，細菌などの微生物の DNA を破壊することができる高エネルギーの紫外線の UVC のことである。UVC による消毒は，高速で，副産物を残さず，安全でない井戸水を持つ田舎の家庭など，小規模な設置でも適用できる。しかし，オゾンと同様に，UVC は処理場から出た後の水を保護することはできないので，少量の塩素を加える必要がある。地域のニーズに応じて，水処理施設での消毒の後に，いくつかの浄化処理を追加することも可能である。水を空気中に噴霧して，不快な臭いや味の原因である揮発性の化学物質を除去する場合もある。水道水に天然のフッ素がほとんど存在しない場合，自治体によってはフッ素イオン（～1 ppm NaF）を添加して虫歯を予防している。次の問題では，フッ素の添加について学んでもらおう。

問 5.51　展開問題

歯を大切に

つい最近まで，年を取るにつれて歯を失うことはよくあることだった。その原因は虫歯であり，虫歯は細菌がエナメル質を攻撃して感染症を引き起こす病気である。

a. 公共水道水へのフッ素の添加は，アメリカ疾病予防管理センターによって，20 世紀における十大公衆衛生の功績の一つに挙げられている。

b. 水へのフッ素の添加は全ての地域社会で重要であるが，特に低所得地域にとって重要である。その理由を説明しなさい。

c. 地域によっては，水へのフッ素の添加は非常に議論の的となっている。飲料水へのフッ化物添加に反対する理由を説明しなさい。

これまでに水道水が飲めるようになるまでに水がどのように処理されるかを説明してきた。しかし，水道の蛇口をひねった途端，私たちは水を再び汚し始めることになる。トイレで水を流したり，シャワーで石鹸を使ったり，食器を洗った水をシンクに流したりするたびに，私たちは水にゴミを混ぜていることになる。水を汚したら，環境に戻す前にもう一度きれいにしなければならないので，水はできるだけ節約することが好ましい。グリーンケミストリーを思い出して欲しい。そして，ゴミを処理したり掃除したりするよりも，ゴミを出さないようにすることが第一であることを思い出して欲しい。

水からゴミを取り除くにはどうしたらいいか。もし，読者の家の排水溝が自治体の下水道につながっているなら，排水は下水処理場へと流れていく。下水処理場では，最終段階の塩素消毒を除いて，水処理と同じような洗浄工程を経て，再び自然界へ放出されることになる。

しかし，下水には有機化合物や硝酸イオンなどの老廃物が含まれているため，より複雑な浄化過程が必要である。多くの水生生物にとってこの廃棄物は餌となっていて，これらの生物が餌を食べることで水から酸素が失われてしまう。微生物が水中の有機廃棄物を分解する際に使用する溶存酸素量を示す指標で**生物学的酸素要求量**（BOD）と呼ばれるものがある。BOD が低いことは，水質が良好であることを示す一つの指標となる。

硝酸塩とリン酸塩は，いずれも水生生物にとって重要な栄養源であるため，BOD に影響を及ぼす。硝酸塩とリン酸塩のどちらかが過剰になると，栄養素のバランスが崩れて藻類の爆発的な繁殖（**図 5.40**）につながっていく。繁殖した藻類は水路を詰まらせてしまい，水中の酸素を奪って魚の大量死を引き起こす。そもそも酸素の水への溶解度は非常に低いので，水中の酸素が減少する問題はますます深刻化することになる。

一部の下水処理場では，湿地帯を利用して硝酸塩やリン酸塩などの栄養塩を回収してから外部に放出している。これらの湿地帯（沼地や湿原）に生息する植物や土壌微生物は，硝酸塩やリン酸塩などの栄養塩を再循環することができるので，水中のこういった栄養塩の負荷を軽減することができる。下水を処理した水が十分にきれいなら，それを飲料水として利用できるのではないか。人口が増加しているシンガポールでは，いくつかの飲料水はいくつかの水源に依存していて，そのうちの一つが NEWater である。NEWater は，廃水を浄化精製したもので，シンガポールの現在の需要の 40 %まで十分に満たすことができる。次の問題では，賛否両論ある再生水の利用法について検討しよう。そして，最終節では，より多くの人々に飲料水を供

図5.40
イギリスのブルックミル・パークにある異常繁殖した池。
©DeAgostini/Getty Images

給するために，科学者や自治体が行っている化学的方法について紹介することにする。

問 5.52　展開問題

トイレから蛇口へ

地域によっては，再生水を飲料水として利用することが検討されている。下水処理工程で生成された水の水質が，現在の飲料水システムの水質と同じであった場合，読者はその下水処理水を飲料水として受け入れるかどうか，意見を述べなさい。

問 5.53　考察問題

水処理と水日誌

水日誌を見直してみて，日誌を付けた期間中に使用した水は，その後どのように処理されているか，読者の住む地域の処理過程を調べなさい。処理に必要な水の量を節約する方法はあるだろうか。

5.13　水に関する地球規模の課題に対する解決法

国連のホームページには，「水は，自然環境の保全や貧困と飢餓の緩和など，持続可能な開発にとって極めて重要である。水は，人間の健康と幸福に欠かせないものである」と述べられている。

この最終節では，水の持続可能な利用を示す取り組みを紹介する。一つ目は，海水から真水を作る取り組みで，もう一つは，発展途上国の人々が自分たちの飲み水を浄化する方法について説明する。

塩水の淡水化

海水は塩分濃度が 3.5 %と高く，人間の飲料水には適さない。海水でも生きられる生物はいるが，人間は海水を飲んでも生きていけない。現在，私たちは農業用水や飲料用水の水源として海を利用することができる。**海水淡水化**（脱塩）とは，塩分を含んだ水から塩化ナトリウムなどのミネラルを除去し，飲料水を製造することである。2015 年，国際脱塩協会によると，世界で 18,000 以上の脱塩プラントが，毎日 860 億 L 以上の水を生産していると報告されている。淡水への需要が高まる中，世界各地で海水淡水化施設の建設が進んでいる。**図 5.41** に示されているのは，アラブ首長国連邦の世界最大級の海水淡水化施設である。

海水淡水化の一つの方法として，**蒸留**が挙げられる。不純物を含んだ水を加熱して気化させることで，不純物の大部分を取り除くことができる。しかし，蒸留にはエネルギーが必要である！**図 5.42** は，このエネルギーを，一方はブンゼンバーナーで，他方は太陽で供給している。水は比熱と気化熱が高く，蒸気に変換するのに非常に大きなエネルギーが必要である。この二つの性質は，水分子同士の水素結合が大きいことに起因している。

大規模な蒸留操作では，*多段フラッシュ蒸発*のような印象的な名前の付いた新技術が採用されている。これらの技術は，図 5.42a に示す初歩的な蒸留よりもエネルギー効率は改善されているが，必要なエネルギーは依然として高く，通常は化石燃料の燃焼によって供給される。図 5.42b に示すように，より小型の太陽熱蒸留装置を用いて水を蒸留する方法もある。

図5.41
アラブ首長国連邦のジェベル・アリの海水淡水化プラント。
©airviewonline.com

蒸留については，原油をさまざまな燃料に分留するという観点に立って6.12節で説明する。

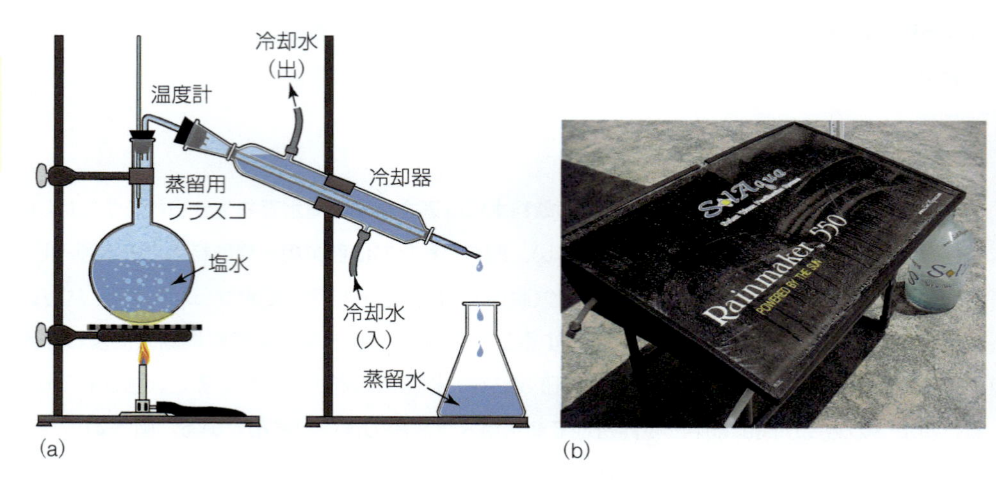

図5.42
(a) 実験室の蒸留装置。(b) 卓上ソーラー蒸留器。
(b)：©Courtesy of SolAqua

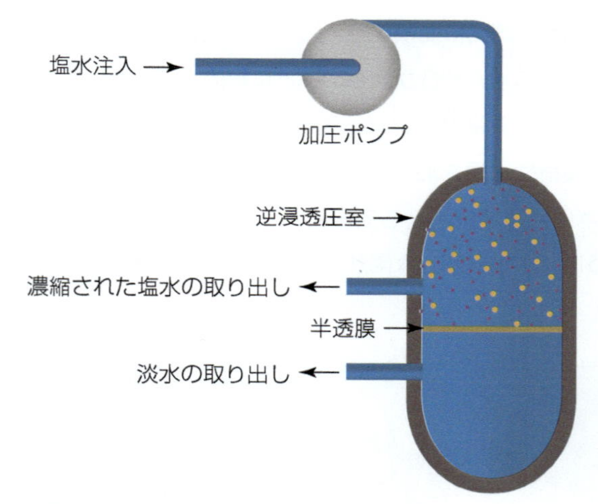

図5.43
逆浸透圧法による水の浄化。

他の脱塩技術としては，例えば，**浸透圧**を利用する方法がある。浸透圧とは，半透膜を通して，濃度が低い溶液から濃度が高い溶液へと水を通す現象である。このとき，水のみが膜を通過して拡散し，溶質は拡散しない。これが，膜が“半透膜”と呼ばれる所以である。しかし，エネルギーを投入すれば，浸透圧を逆転させることができる。**逆浸透圧**は，圧力によって半透膜を通過する水を，濃度の高い溶液から濃度の低い溶液へと強制的に移動させることができる。この現象を利用して水を浄化するには，塩水側に圧力をかけ，塩やその他の不純物を残して膜を通過させる必要がある（**図** 5.43）。

逆浸透圧法で必要な圧力を発生させるには，エネルギーが必要となる。逆浸透圧技術は，ボトル入り飲料水や，マイクロエレクトロニクス（微細電子工学）や製薬業界で使用される超純水の製造に使用できる。また，ポータブルな装置は，ヨットでの使用にも適している（**図** 5.44）。

図5.44
海水を飲料水に変えるための小型逆浸透圧装置。
©Katadyn

資料室

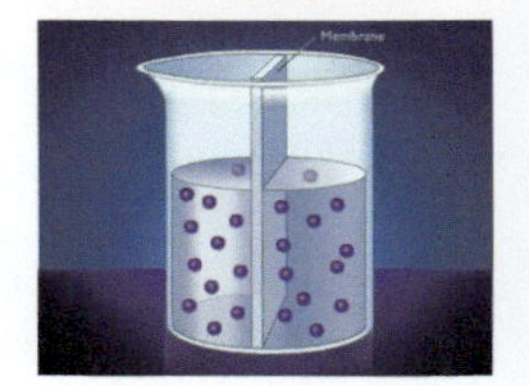

©McGraw Hill Education
この動画で半透膜の挙動を見ることができる。
www.acs.org/cic

問 5.54　展開問題

その代償は何か？

あるインターネットブロガーが，「海水淡水化によって，私たちはきれいな水を手に入れることができる。これで水不足は解決する」と発言した。この主張に反論するために，グリーンケミストリーの基本となる考え方をもう一度確認しよう。

臨場型ストロー

過去 100 年にわたる公衆衛生の改善や水を介した疾病の防止の進歩により，先進国の多くの人々は，一定の基準を満たした高品質な飲料水を飲むことができる。しかし，世界では，未処理の水に含まれる微生物によってコレラや腸チフスなどの病気が引き起こされ，毎年 20 億人以上が病気になったり死亡したりしている。そこで，水中の細菌や原虫寄生虫をほぼ全て除去できる「LifeStraw」がヨーロッパの Vestergaard Frandsen 社により開発された。この LifeStraw は，自然災害時など世界各地で使用されている。

LifeStraw は，**図 5.45** に示すように，水を吸い込むためのパイプフィルターであり，その名の通り，個人用の LifeStraw である。小川や川，湖の水を飲むのに使用する。約 3 年間の連続使用で，約 4,000 L の水を浄化することができる。より大きな LifeStraw ファミリー・ユニットには，バクテリアを除去し，水質をさらに向上させる別のフィルターが搭載されている。ファミリーユニットでは，5 人家族の場合，3 年間で最大 18,000 L の水を濾過することができる。

しかし，個人用の LifeStraw には限界があり，飲料水不足に対する長期的な解決策とはならない。また，ヒ素や水銀などの金属や，下痢の原因となるウイルス性の微生物は除去できない。どちらのタイプの LifeStraw も，真水が微生物で汚染されている地域の暫定的な解決策である。

図5.45

LifeStraw を使って飲み物を飲む子供たち。

©Vestergaard Frandsen

問 5.55　考察問題

グループ演習：水の将来像

a. 水をきれいに保つのに役立ちそうなアイデアを二つ挙げなさい。
b. 世界的な水の問題を挙げて，その問題が重要である理由を二つ挙げなさい。さらに，現在，人類がこの問題に取り組んでいる方法を二つ挙げなさい。

問 5.56　考察問題

水日誌の最終分析

水日誌をもう一度見直して，この章を読んで，現在の水の使用量についてどう思うか意見を述べなさい。そして，水の使用量を記録する別の方法を提案しなさい。

結び

私たちが呼吸する空気と同じように，水は私たちの生活に欠かせないものである。私たちの細胞を潤し，栄養分を体中に運び，体重の大部分に相当し，蒸発することで私たちを冷やしてくれる。また，水は私たちの生活にも欠かせないもので，水を飲み，水で料理をし，水で物を洗い，水で農作物を灌漑し，水で商品を製造している。しかし，その一方で，私たちは水にゴミを混ぜて汚している。淡水は蒸発と凝縮を繰り返す自浄作用を持っているが，自然が水をきれいにするよりも早く，私たち人間が水を汚しているのが現状である。

さらに，二酸化炭素，硫黄酸化物，窒素酸化物などの酸性酸化物の排出は，世界の海，雨，湖，川の酸性度に影響を及ぼしている。「酸性雨」は，アメリカでかつて環境保護論者やジャーナリストによって語られたような悲惨な災厄ではないが，無視できる問題でもない。酸性雨の前駆物質である SO_x と NO_x の排出を削減するために，1990 年の大気浄化法改正という連邦法が制定されたほど，深刻な問題である。読者がこの章から何かを学んだとしたら，複雑な問題は単純な戦略では解決できないということを認識したことと思う。石炭やガソリンの燃焼，炭素や硫黄や窒素酸化物の生成，そして海水の pH 低下と沈殿物など，これらは相互に絡み合った現象であり，これらの関係を認めないことは，化学的な事実を信じないことと同じである。酸性雨を生態系全体の中で理解するためには，生態学や生物学的システムの知識も必要であり，そのためには複数の分野の専門家が協力する必要がある。

淡水は再生可能な資源だが，人口増加や豊かさの増大，その他の地球規模の問題によって，この重要な資源が加速的に不足し始めている。もしも，私たちの個人的，国家的，そして世界的な要求に従って化石燃料の使用が増加し続ければ，地球の環境はより暖かく，より酸性になっていくであろう。さらに，石油や硫黄分の少ない石炭の供給が減り，硫黄分の多い石炭に依存するようになれば，問題はさらに深刻化するであろう。

次の章では，化石燃料が生み出すエネルギーと，原子力，水や風，バイオマス，そして太陽光といった再生可能なエネルギーについて説明する。いずれも現在利用されているものであり，その利用は間違いなく拡大していく。しかし，さまざまな理由から，産業界や個人によるエネルギーの節約は，水を含む地球の環境維持に大きく貢献できるという控えめな提案で，本章を締めくくることにする。

■章のまとめ

この章の学習を終えた読者には，以下のことができるはずである。

- 極性分子と無極性分子の形状，極性，分子間力を予測し，物性におけるその役割を説明する。**(5.1，5.2節)**
- 地球上の水源と，淡水の相対的な利用可能性を特定する。**(5.3，5.4節)**
- 水が汚染される可能性がある方法を説明し，水の使用，消費，および汚染の程度を評価するためにデータを分析する。**(5.5節)**
- 溶液を溶媒に溶けた溶質として表現し，溶液の濃度をppm，ppb，モル比で計算する。**(5.5節)**
- イオン化合物や分子化合物の水中での溶媒和を説明し，モデル化する。**(5.6節)**
- 酸塩基反応に関与する種を強酸・強塩基・弱酸・弱塩基に分類し，その共役種を同定する。**(5.7節)**
- 溶液の相対的な酸性・塩基性を，存在する化学種とpHスケールで説明する。**(5.8，5.9節)**
- 酸性雨の化学的性質と，大気中の二酸化炭素濃度が海洋酸性化に及ぼす影響について説明する。**(5.10，5.11節)**
- 水を利用できるようにするために，小規模および大規模でどのように水を処理できるかを説明する。**(5.12，5.13節)**

■章末問題

●基本的な設問

1. 水は地表面で最も豊富にある化合物である。
   a. *化合物*という言葉を説明し，水が元素でない理由も説明しなさい。
   b. 水のルイス構造を書き，その形が曲がっている理由を説明しなさい。
2. 今日，私たちは，自然が水を浄化するよりも早く，汚れた水を作り出している。
   a. 水を汚す日常的な行為を五つ挙げなさい。
   b. 汚染物質が自然に水から取り除かれる方法を二つ挙げなさい。
   c. 私たちが水をきれいに保つ五つのステップを挙げなさい。
3. 地球上の生命は水に依存している。次のそれぞれの記述について説明しなさい。
   a. 水域は熱の貯蔵庫として働き，気候を緩和する。
   b. 氷は沈むのではなく浮くことで，湖の生態系を守っている。
4. 極寒の季節に水道管が壊れるのはなぜか。
5. 以下は，4組の原子の組み合わせである。表5.1を参照し，これらの質問に答えよう。

   NとC　　SとO
   NとH　　SとF

   a. 原子間の電気陰性度の差とは何か。
   b. 各原子の間で共有結合が形成されると仮定する。結合中の電子対をより強く引き寄せるのはどちらの原子か。
   c. 各原子の間で共有結合が形成されると仮定する。結合の極性が大きい順に並べなさい。
6. アンモニア（NH_3）の分子について考える。
   a. そのルイス構造を書きなさい。
   b. NH_3分子中の結合は極性を持つか。
   c. NH_3分子は極性を持つか。

   ヒント：その幾何学的形状に基づいて考えなさい。

   d. NH_3は水に溶けるかどうか，考えを述べなさい。
7. 物質の沸点は，そのモル質量が大きくなると高くなる場合がある。
   a. 炭化水素の場合，このようなことが起きるか。例を挙げて説明しなさい。
   b. H_2O，N_2，O_2，CO_2のモル質量から，最も沸点が低いと思われるものはどれか。
   c. N_2，O_2，CO_2とは異なり，水は室温で液体である理由を説明しなさい。
8. メタン（CH_4）と水は，どちらも水素と別の非金属の化合物である。
   a. 非金属の例を四つ挙げなさい。一般的に，非金属の電気陰性度は，金属の電気陰性度と比べてどうなるか。

b. 炭素，酸素，水素の電気陰性度を比較するとどうなるか。

c. C-H 結合と O-H 結合，どちらの結合がより極性が高いか。

d. メタンは室温で気体だが，水は液体である理由を説明しなさい。

9. この図は，液体状態の二つの水分子を表している。矢印で示された赤い点線はどのような結合力を示しているか。

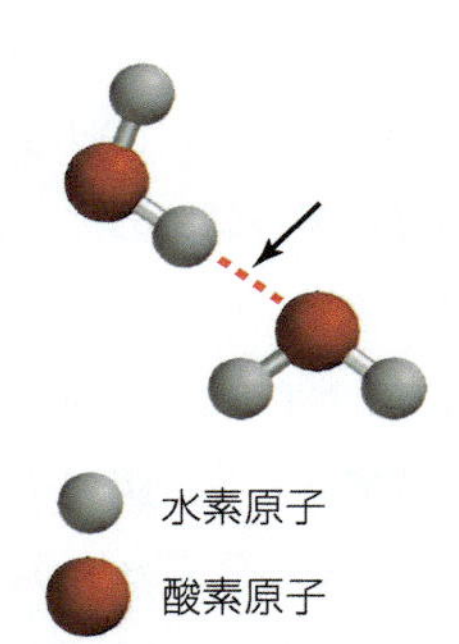

10. a. 水分子のルイス構造を書きなさい。

b. 水素イオンと水酸化物イオンのルイス構造を書きなさい。

c. a と b の 3 つの構造全てを関連付ける化学反応を書きなさい。

11. 0 ℃の水の密度は 0.9987 g/cm^3 であり，同じ温度の氷の密度は 0.917 g/cm^3 である。

a. 0 ℃で 100.0 g の液体水と 100.0 g の氷が占める体積を計算しなさい。

b. 100.0 g の水が 0 ℃で凍ったときの体積の増加率を計算しなさい。

● 概念に関連する設問

12. 以下の液体について考えてみよう。

液体	密度，g/mL
皿洗い用洗剤	1.03
メープルシロップ	1.37
植物油	0.91

a. 250 mL のメスシリンダーに，これら三つの液体を同量ずつ入れた場合，どのような順序で液体を加えれば，三つの別々の層を作ることができるか考えを述べなさい。

b. 同量の水を a の円筒に注ぎ，激しく混ぜ合わせるとどうなると思うか述べなさい。

13. 500 L のドラム缶に入った水が，世界の総供給量に相当するとする。飲用に適するのは何 L か。

14. あなたの経験から，これらの物質はそれぞれどのくらい水に溶けるか。「*よく溶ける*」「*部分的に溶ける*」「*溶けない*」などの用語を当てはめなさい。裏付けとなる証拠も挙げること。

a. 濃縮オレンジジュース　b. 家庭用アンモニア

c. 鶏の脂肪　d. 洗濯用液体洗剤

e. 鶏のだし汁

15. a. 2011 年のボトル入り飲料水の消費量は，アメリカで 1 人あたり 29 ガロンと報告されている。2010 年のアメリカ国勢調査では，人口は 3.1×10^8 人であると報告されている。このことから，アメリカにおけるボトル入り飲料水の総消費量を推定しなさい。

b. a の答えを L に換算しなさい。

16. NaCl はイオン化合物だが，$SiCl_4$ は分子化合物である。

a. 表 5.1 を用いて，塩素とナトリウム，塩素とケイ素の間の電気陰性度の差を求めなさい。

b. 結合原子間の電気陰性度の差と，イオン結合や共有結合を形成する傾向について，どのような相関があるか。

c. b の部分で得られた結論を，分子レベルでどのように説明できるか。

17. 飲料水中の水銀の最大汚染濃度（MCL）は，0.002 mg/L である。

a. この水銀濃度は 2 ppm または 2 ppb のどちらに相当するか。

b. この水銀は，中性の水銀（Hg）か水銀イオン（Hg^{2+}）か，どちらか。

18. 農業地域の井戸水でよく見られる硝酸塩の許容限界は 10 ppm である。ある水のサンプルに 350 mg/L の硝酸塩が検出された場合，その硝酸塩は許容値を下回っているか。

19. 学生が 0.10 M の溶液を作るために 5.85 g の NaCl を量り取った。その学生が使うべきメスフラスコの容量を答えなさい。

20. この図のような器具を使って，溶液の導電性を調べることができる。

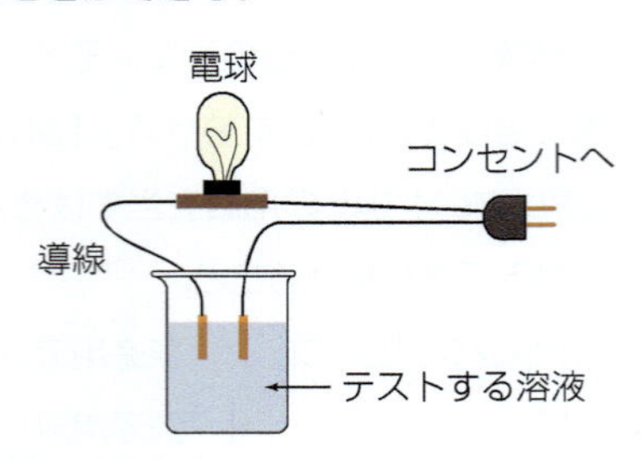

以下の希薄な溶液のそれぞれについて導電性をテストしたとき，何が起こるか説明しなさい。

a. $CaCl_2$ (*aq*)　　b. C_2H_5OH (*aq*)

c. H_2SO_4 (*aq*)

21. KCl の水溶液は電気を通すが，ショ糖の水溶液は電気を通さない理由を説明せよ。

22. 表 5.5 の一般論に基づき，以下の化合物で水によく溶けると考えられるものを答えなさい。

a. $KC_2H_3O_2$　　b. LiOH

c. $Ca(NO_3)_2$　　d. Na_2SO_4

23. $Mg(NO_3)_2$ の 2.5 M 溶液について，各イオンの濃度を求めなさい。

24. 塩である炭酸カルシウムの化学式を書きなさい。炭酸カルシウムは水に溶けるか溶けないか，どちらか考えを述べなさい。

25. これらの酸の分子から水素イオン 1 個が放出されることを示す化学式を書け。

a. HBr (*aq*)，臭化水素酸

b. H_2SO_3 (*aq*)，亜硫酸

c. $HC_2H_3O_2$ (*aq*)，酢酸

26. 以下の水溶液を酸性，中性，塩基性のいずれかに分類しなさい。

a. HI (*aq*)　　b. NaCl (*aq*)

c. NH_4OH (*aq*)

27. 以下のイオンについて，与えられた $[H^+]$ に対応する $[OH^-]$ またはその逆の値を計算しなさい。そして，水溶液を酸性，中性，塩基性のいずれかに分類しなさい。

a. $[H^+] = 1 \times 10^{-8}$ M

b. $[OH^-] = 1 \times 10^{-2}$ M

c. $[H^+] = 5 \times 10^{-7}$ M

d. $[OH^-] = 1 \times 10^{-12}$ M

28. 以下の各組では，$[H^+]$ が異なっている。その違いは 10 分の 1 に等しいかどうか答えなさい。

a. pH=6 と pH=8

b. pH=5.5 と pH=6.5

c. $[H^+] = 1 \times 10^{-8}$ M と $[H^+] = 1 \times 10^{-6}$ M

d. $[OH^-] = 1 \times 10^{-2}$ M と $[OH^-] = 1 \times 10^{-3}$ M

29. 水素イオン濃度が*最も低い*のは，次のうちのどれか答えなさい。

0.1 M HCl，0.1 M NaOH，0.1 M H_2SO_4，純水

30. 硝酸イオン，硫酸イオン，炭酸イオン，アンモニウムイオンについて考えてみよう。

a. それぞれの化学式を書きなさい。

b. 水溶液にしたときにイオンが生成物として現れる化学式を書きなさい。

31. これらの塩基が水に溶けるとき，水酸化物イオンが放出されることを示す化学式を書け。

a. KOH (*s*)，水酸化カリウム

b. $Ba(OH)_2$ (*s*)，水酸化バリウム

32. 粉末の試薬と必要なガラス器具を使って，これらの溶液を調製する方法を説明しなさい。

a. 1.50 M の KOH を 2 L

b. 0.050 M の NaBr を 1 L

c. 1.2 M の $Mg(OH)_2$ を 0.10 L

33. a. シャワーを 5 分間浴びるには約 90 L の水が必要となる。シャワーの時間を 1 分短縮するごとに，どれだけの水を節約できるか答えなさい。

b. 歯を磨いている時に水を出しっぱなしにすると，その時の水の量は 1 L である。歯を磨くときに水を止めることで，1 週間にどれくらいの水を節約できるか答えなさい。

34. 水に溶けたときに次の各酸を生成する気体は何か答えなさい。

a. 炭酸（H_2CO_3）
b. 亜硫酸（H_2SO_3）

35. 次の酸塩基反応ついて，平衡時の化学反応式を書きなさい。
    a. 水酸化カリウムは硝酸で中和される。
    b. 塩酸は水酸化バリウムによって中和される。
    c. 硫酸は，水酸化アンモニウムで中和される。

36. 好きな塩基を五つ選び，名称と化学式を書きなさい。塩基に関して一般的に観察可能な性質を三つ挙げなさい。

37. あなたの選んだ五つの酸の名称と化学式を挙げなさい。酸に関して一般的に観察可能な性質を三つ挙げなさい。

38. インターネットを使って，100 g のチョコレートバーと 500 mL のグラスビールのどちらがウォーターフットプリントが高いかを調べて，その違いを説明しなさい。

39. 水が*万能溶媒*と呼ばれる理由を説明しなさい。

40. "純水" な飲料水というものは存在し得るか。この言葉が意味するもの，また世界各地でこの言葉の意味がどのように変わるかについて考えて議論してみよう。

41. ビタミンの中には水溶性のものと脂溶性のものがある。これらの分子の極性・無極性について考えを述べなさい。

42. お気に入りの釣り堀に，「注意：この湖の魚には 1.5 ppb 以上の Hg が含まれている可能性があります」と書かれた新しい標識が掲げられている。この濃度の単位が何を意味するのか，なぜこの注意書きに耳を傾けるべきなのか，釣り仲間に説明しなさい。

43. この周期表には，数字で示された四つの元素が含まれている。

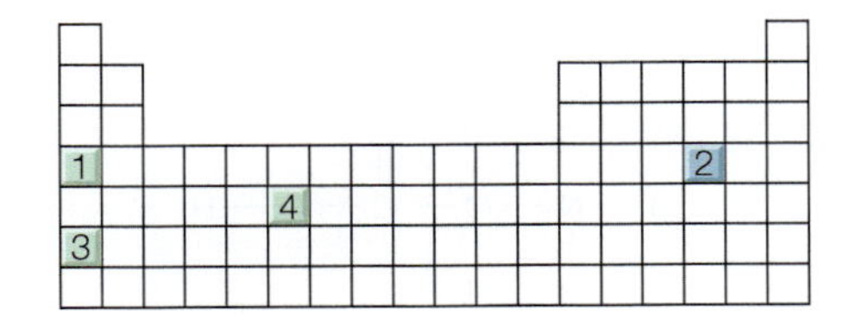

    a. 表 5.1 から観察される傾向に基づいて，四つの元素のうち，最も電気陰性度の値が高いと予想されるのはどれか理由と共に答えなさい。
    b. 周期表の傾向に基づいて，他の三つの元素を電気陰性度の値が小さい順に並べて，その理由について説明しなさい。

44. 極性結合を持つ二原子分子 XY は極性分子で*なければならない*。しかし，極性結合を含む三原子分子 XY_2 は，*必ずしも極性分子を形成しない*。この違いを実際の分子をいくつか例に挙げて説明しなさい。

45. 水蒸気が凝縮する様子を分子レベルで見ているとする。

    a. この図と同じような分子の絵を使って，気体の状態と液体の状態にある四つの水分子を描いてみよう。水蒸気が凝縮して液体になったとき，分子の集まりはどのように変化するか考えを述べなさい。
    b. 水が液体から固体に変化するとき，分子レベルでは何が起こっているか。

46. NH_3 が H_2O と同様に予想外に高い比熱を持っていることを説明しなさい。

47. a. 水素分子 H_2 の二つの水素原子を結びつけているのはどのような結合か説明しなさい。
    b. *水素結合*という用語が H_2 内の結合に*当てはまらない*理由を説明しなさい。
    c. *水素結合*という用語が，H_2O 内の結合には*適用されない*が，水のサンプルには*適用される*理由を説明しなさい。

48. 化学式 C_2H_5OH のアルコールであるエタノールについて考えてみよう。
    a. エタノールのルイス構造を書きなさい。
    b. 固体のエタノールは，液体のエタノールに浮くのではなく，沈む。水と氷の場合とは異なる挙動を示す理由を説明しなさい。

● **発展的設問**

49. 水の比熱が非常に高いため，年齢や活動，周囲の環境要因にも関わらず，私たちの体温は正常な範囲に保たれている。体が熱を作り出し，失う方法をいくつか考えてみよう。また，もし水の比熱が低ければ，これらはどのように違ってくるか考えを述べなさい。

50. 飲料水中の汚染物質に関する健康目標は，MCLG（最大汚染物質レベル目標）として表現される。法的な限界は，MCL（最大汚染物質レベル）として示されている。MCLG と MCL はどのような関係にあるか考えを述べなさい。

51. 飲料水に含まれる THM（トリハロメタン）の量が通常より多い地域があり，読者がそのような地域に引っ越すことを検討しているとする。地元の水道局に飲料水に関連した質問をする手紙を書きなさい。

52. 乳幼児は，消化管内の細菌が硝酸イオンをより毒性の強い亜硝酸イオンに変換するため，硝酸濃度の上昇に非常に影響を受けやすい。
    a. 硝酸イオンと亜硝酸イオンの化学式を書きなさい。
    b. 亜硝酸イオンは，血液が酸素を運ぶ能力を阻害する可能性がある。呼吸における酸素の役割について説明しなさい。
    c. 硝酸塩を含む水を沸騰させても，硝酸イオンは除去できない理由を説明せよ。

53. 2016 年，ミシガン州フリントの飲料水には，安全飲料水法で定められた濃度をはるかに超える鉛が溶け込んでいることが検査で判明した。
    a. 飲料水に含まれる鉛の主な発生源は何であったか。
    b. 高濃度の鉛がもたらす健康への影響にはどのようなものが考えられるか。
    c. この地域の水質を改善するために，どのようなことが行われているか。
    d. 最近，高濃度の鉛が報告された他の都市や州はどこか。

54. 技術的な有効性が証明されているにも関わらず，飲料水を製造するために海水淡水化技術があまり使用されていない理由を説明しなさい。

55. 2015 年，五大湖・セントローレンス川流域持続可能な水資源協定により，水管理を調整し，地域外の使用から水を保護することになった。
    a. このユニークな越境協定に関わる州や県を全て挙げなさい。
    b. これらの水域を保護するきっかけとなったのは何か答えなさい。

56. 液体 CO_2 二酸化炭素は，コーヒーのカフェイン除去に長年使用されている。その仕組みと理由を説明しなさい。

57. ハイキングで水を浄化するための三つの方法を挙げなさい。コストと効果の観点から，それらの方法を比較してみよう。それらの方法のうち，自治体の水源を浄化するために使用される方法と類似しているものがあるかどうか答えなさい。

58. 水素結合の強さは，約 4 ～ 40 kJ/mol の間で変化する。水分子間の水素結合はこの中の上限の値を示すとすると，その水素結合の強さと水分子内の O-H 共有結合の強さを比較しなさい。また，水素結合は共有結合の約 10 分の 1 の強さであるという主張は正しいといえるかどうか考えを述べなさい。

59. 自然界に存在する水に含まれる水銀のレベルは，通常 0.5 mg/L 未満である。
    a. 人間が水に Hg^{2+}（無機水銀）を混入させる原因を三つ挙げなさい。
    b. 有機水銀とは何か答えなさい。有機水銀は魚の脂肪組織に蓄積される傾向がある。その理由を説明しなさい。

60. 私たちは皆，体内にアミノ酸の一種であるグリシンを持っている。以下はその構造式である。

```
          H     O
          |     ||
H — N — C — C — O — H
    |     |
    H     H
```

a. グリシンは極性分子か無極性分子かどちらか説明しなさい。

b. グリシンは水素結合を示すことができるかどうか説明しなさい。

c. グリシンは水に溶けるかどうか説明しなさい。

61. 硬水には Mg^{2+} や Ca^{2+} のイオンが含まれていることがある。これらのイオンは軟水化処理によって除去することができる。

a. 読者の住んでいる地域の水の硬度はどのくらいか調べなさい。調べる方法の一つは，住んでいる地域の軟水化業者の数を調べることである。インターネットを使って，読者の住んでいる地域が軟水化装置の販売対象になっているかどうかを調べてみよう。

b. 硬水を処理することを選択した場合，どのような選択肢があり得るか。

62. あなたが，あなたの住んでいる地域で農業用農薬を製造する産業を規制する責任者であると仮定しよう。この工場が必要な環境基準を守っているかどうか，あなたはどのように判断すれば良いだろうか。この工場の成功に影響を与える基準は何か答えなさい。

63. 1979 年にアメリカ環境保護庁（EPA）により PCB の製造が禁止される以前は，PCB は有用な化学物質と見なされていた。どのような性質が PCB を望ましいものにしていたのか答えなさい。PCB は環境中に残留する他，動物の脂肪組織で生物濃縮されてしまう。PCB 分子が無極性で脂溶性である理由を電気陰性度の概念に基づいて説明しなさい。

64. PUR 浄水器は，現場で使われる“臨場型（point-cf-use)”の浄水器である。

a. このシステムはどのように機能するのか。

b. それぞれのシステムが提供する利点を挙げて，個人用の LifeStraw と比較しなさい。

65. アメリカでは，EPA が飲料水に含まれる物質のうち，健康を脅かさない物質について第二最大汚染濃度（secondary maximum contaminant levels: SMCL）を設定している。EPA のウェブサイトにアクセスし，これらの物質の一つについて詳しく調べ，調査結果の要約を作成しなさい。

66. EPA は，規制対象物質リストに汚染物質を追加するために，大規模な手続きを取る。未規制汚染物質モニタリング規則（UCM）に関する情報をインターネットで調べてみよう。

a. UCM とは何か，また，いつ行われるのか。

b. 汚染物質候補リスト（CCL）の重要性と，予防原則との関連は何か答えなさい。

c. CCL に含まれる物質の一般的な分類をいくつか挙げなさい。また，最新のリストから具体的な物質を一つ挙げなさい。

67. 世界水の日の最近のテーマを挙げなさい。このテーマについて，好きな形式で短いプレゼンテーションをしなさい。

68. 二酸化炭素は，大気中に存在する気体である。

a. おおよその濃度はどのくらいか。

b. 大気中の濃度が増加しているのはなぜか。

c. CO_2 分子のルイス構造を書きなさい。

d. 二酸化炭素は海水によく溶けるかどうか，考えを述べなさい。

69. LifeStraw を製造している会社は，HP 上で「よくある質問」のページを用意している。「LifeStraw はヒ素，鉄，フッ化物などの重金属を濾過しますか？」という質問がある。“情報に通じた化学者”は，この回答の言い回しについて何と言うだろうか。

第6章　燃焼とエネルギー

©John Farr/123RF

動画を見てみよう

何が必要か？

www.acs.org/cic でオープニング動画を見て，以下の質問に答えなさい。

a. ニューヨークからロサンゼルスまで，アメリカ横断のドライブ旅行をすることを想像してみよう。この旅行の距離は 4,460 km で，読者が使う車の燃費は 1 L あたり 12 kg であるとする。この旅行に必要なガソリンの量を見積もってみよう。

b. 今，読者が使っている車が，バイオディーゼルやエタノールといった代替の再生可能燃料も使えるとする。しかし，エタノールはガソリンよりも効率が悪い。つまり，エタノールを使用した場合，1 L あたり 8 km しか走行できない。全行程をカバーするのに必要なエタノールは何 L か計算しなさい。

c. 現在，燃料として使われているエタノールは，主にトウモロコシから作られている。1 L のエタノールを作るのに重さにして 6.8 kg のトウモロコシが必要であり，27,400 kg のトウモロコシを生産するのに 1 エーカー（4,047 m^2）の土地が必要だと仮定する。この旅行に十分な燃料を生産するには，どれくらいの広さの土地が必要か見積もってみよう。

この章で学ぶべきこと

この章では，以下のような問いについて考える。

- ■燃料とは何か，そして燃料を燃やして得られるエネルギー量はどのくらいか。
- ■電気の作り方（発電方法）について。
- ■化石燃料の入手と使用が環境に与える影響とは何か。
- ■バイオ燃料の利点と，全体的な持続可能性について。

序文

有史以来，火は熱や光や安全の源として私たちの社会の中心となってきた。私たちが使っている現代の燃料は，さまざまな形で利用することができる。発電所では石炭を使って電気を作る。自動車を走らせるためにガソリンを使う。家を暖めるために天然ガスや暖房油を使う。夏のバーベキューでは，プロパンや炭，薪を使って料理をする。ロマンティックな晩餐を楽しむためにろうそくを使うこともあるだろう。これらの場合，燃料を使うということは，燃料を燃やすということである。

この章では，将来のエネルギー需要を満たすための代替燃料を含め，燃料とその特性について説明する。まず，燃料の性質と，燃料が燃やされるとどうなるかを説明する。次に，発電所の内部を見学し，燃料の燃焼がどのように電気に変換されるか，また，燃料には多くの種類があるため，その組成の違いが熱の発生だけでなく，燃焼によって発生するガス状生成物にどのような影響を与えるかについても説明する。では，次の質問に答えることから分析を始めよう。

“燃料とは何か，燃料が燃焼すると何が起こるのか？”

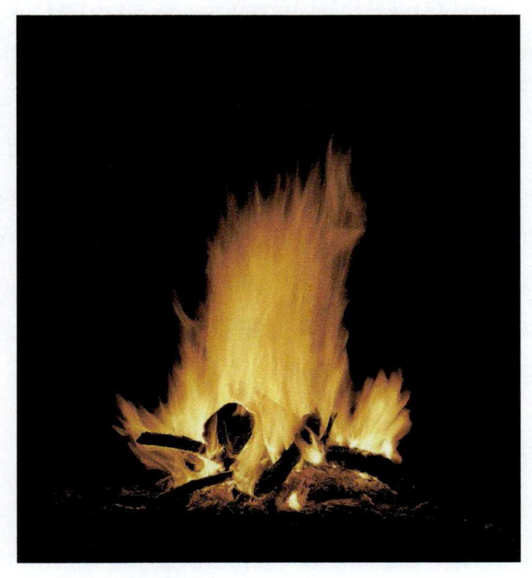

©Don Farrall/Photodisc/Getty Images

6.1　化石燃料：先史時代のガソリンスタンド

燃料とは，熱や仕事を生み出すために燃やす固体や液体そして気体のことである。燃料の起源は有史以前にさかのぼり，草やわらなどが熱を得るために燃やされていた。燃料としての石炭の使用は古代文明にまでさかのぼり，紀元前 1000 年頃には中国東北部の鉱石から銅を分離するために石炭が使用されていた。そして，18 世紀後半の産業革命によって，蒸気機関や製鉄に石炭が大量に使われるようになった。19 世紀半ばにはアメリカで油井の掘削技術が開発され，石油産業が盛んになり，輸送，電気，暖房，さらにはプラスチック製造のために石油製品が大量消費されるようになった。現在，世界のエネルギー需要は，化石燃料，石炭，石油の燃焼によって賄われている。これほど多くの燃料の選択肢がある中で，燃料の望ましい特性にはどのようなものがあるのだろうか。

化石燃料は恐竜に由来するという通説を示すニューヨーク州イサカの風刺的な電気メーターカバー。
©Jamie Ellis, Ithaca College

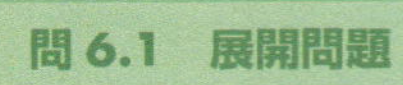
問 6.1　展開問題

最良の燃料とは？

古代から使われてきたさまざまな種類の燃料について考えてみよう。

a. 特定の燃料の優劣はどのような特性で決まるのか。
b. 燃料とその使用目的との適合性を高めるものは何か。
c. 以上のことを念頭に置いて，先進工業国が木材から石炭へ，そして最終的には石油や天然ガスを主な燃料源とするようになった理由をいくつか挙げなさい。
d. 将来，石油に代わる燃料として，どのような特性が必要とされるか答えなさい。

前の問題で考えたように，燃料は低温で容易に着火できて，燃焼で大量の熱を発生する場合に価値があると見なされる。さらに，燃料は安価に分離できて，安全で効率的な貯蔵や輸送を可能にする特性を備えていなければならない。最後に，望ましい燃料は，燃焼後にほとんど残留物を残さず，人体や環境に有害でない副産物を生成するものでなければならない。残念ながら，これらの条件を全て満たす燃料はない。

人類は現在，石炭，石油製品（ガソリン，ディーゼル，プロパンなど），天然ガスを主な燃料源として使用している。一般に思われていることとは異なり，これらの**化石燃料**と呼ばれるものは，恐竜の先史時代の遺骸ではない。実際，現在私たちが使っている化石燃料のほとんどは，最初の恐竜が現れる何百万年も前に栄えた植物が腐敗してできたものである。

石油や天然ガスの探査中に無傷の恐竜の化石が発見されることがある。このことは，恐竜が化石燃料の主要な供給源ではなかったことを示している。

原始植物を含む緑葉植物が示す光合成は，太陽光を取り込み，二酸化炭素と水からブドウ糖（グルコース）と酸素を生成する。

$$6\ CO_2(g) + 6\ H_2O(l) \longrightarrow C_6H_{12}O_6(aq) + 6\ O_2(g) \qquad [6.1]$$

物質が腐敗・分解すると 6.1 式の逆過程（ブドウ糖の分解）が進んで，エネルギーの放出と CO_2 (g) と H_2O (l) の生成が起きる。しかし，条件によっては生物由来の炭素化合物の分解が*部分的*にしか進まない場合がある。太古の昔，大量の動植物が沼地や海底の堆積物の下に埋もれた。それらの腐敗物質に酸素が届かず，その結果分解反応の進みが遅くなった。さらに泥や岩の層が埋もれた残骸を覆うにつれ，温度と圧力が上昇し，さらなる化学反応が起こった。そうして，かつて太陽の光を取り込んでいた植物は石炭，石油，天然ガスと呼ばれる物質へと変化していった。これらの植物の化石は，まさに太古の太陽エネルギー（太陽光）が固体，液体，気体の状態で蓄積されたものと考えることができる。

問 6.2　考察問題

堆肥からの蒸気

動植物をリサイクルして再利用するならば，堆肥の山を作るのが良い。適切な気象条件下では，堆肥の山から蒸気が上がるのが見える。蒸気が発生する理由について説明しなさい。

すなわち，今日の植物が明日の化石燃料になるということである。しかし，その変化に要する時間は人間が変化したものを利用できるような時間スケールではない。私たちがわずか数世紀で消費してしまう量の化石燃料は，自然界では数千年の歳月をかけて生成されたものであることを忘れてはならない。何百万年，何千万年という地質学的な時間をかけて，温度と圧力の変化が動植物の死骸を石炭や原油のような価値あるものに変えてきたのである。

動画を見てみよう

www.acs.org/cic で堆肥に関する記事にアクセスし，簡易ボトルコンポスターの作り方を見てみよう。

植物が化石燃料に変わるのに要する時間を考えると，現在私たちがエネルギーを得るために石炭，石油，天然ガスを燃やして消費している速度では，今後も持続的に同様のエネルギー量を確保することはできない。おそらく読者は，この主張に懐疑的だろう。というのも，化石燃料は常に新しい鉱床が発見され，採掘技術もより多くの化石燃料を捕獲するために改良され続けているからである。しかし，仮に化石燃料の供給が無限であるとしても（実際は無限ではない），持続可能性について考えるべきことは供給可能性だけではない。

問 6.3　展開問題

化石燃料はどこにある？

インターネットを使って，以下の質問に答えなさい。

a. 石炭，石油，天然ガスの世界最大の産出国はどこか。
b. これらの国々は，化石燃料の埋蔵量も多いか。
c. a と b の順位が同じでない理由を考えなさい。例えば，カナダは石油資源ランキング 3 位だが，生産ランキングは 4 位である。一方，アメリカは世界の石油埋蔵量で 10 位だが，生産量は 1 位である。
d. 特定の国の生産量と埋蔵量の傾向は，過去 10 年間で変化しているだろうか。これらの傾向を説明する社会経済的要因をいくつか挙げなさい。

問 6.4　展開問題

化石燃料は枯渇する？

再生不可能な石炭，石油，天然ガスの供給が枯渇する時期を，さまざまなインターネットの情報源を使って予測しなさい。これらの予測を悪化させたり改善させたりする要因は何か。

化石燃料を燃やしてエネルギーを得ることは，二つの点で持続可能性の基準を満たしていない。第一に，化石燃料は実用的な期間内での再生が不可能である。一度枯渇すると，それに代わるものはない。第二に，燃焼により発生したものは，現在も将来も私たちの環境に悪影響を及ぼし続ける。第 4 章では，産業革命が始まって以来，温室効果ガスである CO_2 の大気中濃度が劇的に上昇したことを説明した。この増加は，今後何世代にもわたって地球の気候に影響を及ぼし続けることになる。石炭を燃やすと，ばい煙，一酸化炭素，水銀，硫黄酸化物，窒素酸化物などの汚染物質が排出される。これらの排出物は，今まさに私たちに影響を及ぼしている。それは空気の質の低下であり，雨の酸性化であり，健康状態の悪化であり，地球規模の気候変動の加速などである。私たちに何ができるかを考える前に，まず化石燃料が燃やされるとどうなるのか，なぜ現在のエネルギー需要の多くを化石燃料が担っているのかを考えてみよう。

6.2　燃やす！燃焼のプロセス

物を燃やすには，熱源，燃料，酸化剤の三つが必要である（**図 6.1**）。これらの要素が組み合わさると化学反応が起こり，さまざまな副産物と共に大量の熱が放出される。いったん物が燃え始めれば，熱源や点火装置はもはや必要ない。酸素か燃料源がなくなるまで，火は燃え続ける。例えば，火災用毛布で消火できるのは，酸素を遮断することで燃料と酸素が反応するのを防いでいるからである。

図6.1
燃焼に必要な三つの要素を示す三角形。

密閉された環境では，室内で利用可能な酸素は燃料と反応してやがて消費され，火は鎮まっていく。しかし，不用意にドアを開けて，消えかけた火に新たな酸素を与えると，バックドラフトと呼ばれる爆発的な燃焼が起きる。

大気中の酸素（$O_2\,(g)$）は，最も代表的な酸化剤である。しかし，オゾン（$O_3\,(g)$），過酸化水素（$H_2O_2\,(l)$），亜酸化窒素（$N_2O\,(g)$），その他多くの酸素含有化合物などの酸化剤も考えられる。一般的ではないが，フッ素（$F_2\,(g)$），塩素（$Cl_2\,(g)$），臭素（$Br_2\,(l)$），あるいはハロゲン含有化合物など，ハロゲンを酸化剤とする燃焼反応も可能である。

燃料や酸化剤の種類に関係なく，燃焼の化学反応は 6.2 式に示すように皆同じである。全ての化学反応と同様に，化学式の左辺にある種は反応物（すなわち，燃焼反応の燃料と酸化剤分子）と呼ばれ，右辺に現れるものは生成物として知られている。

$$\text{燃料} + \text{酸化剤} \xrightarrow{\text{熱}} \text{生成物} \qquad [6.2]$$

生成物に関しては，燃焼に使用される燃料と酸化剤によって異なる。

燃料の大部分は**炭化水素**であり，水素と炭素から成る化合物である。炭化水素を理解するには，化学結合に関するいくつかの基本的な規則を知っておく必要がある。そのうちの一つが，3.8 節で紹介したオクテット則である。炭化水素に含まれる炭素原子は，8 個の価電子を共有する化学結合を形成する。例えば，天然ガスの主成分であるメタン（CH_4）では，中心の C 原子が 8 個の電子に取り囲まれ，四つの共有結合を形成している。

```
     H
     |
H ― C ― H
     |
     H
```

炭化水素では炭素が四つの結合を形成するという規則もある。一つはメタンのような四つの単結合である。別の例としては，各炭素の周りに一つの二重結合と二つの単結合を持ち合計四つの結合を形成するエテン（*エチレン*とも呼ばれる）が挙げられる。

補足
構造式は 3.8 節を参照。

```
H       H
 \     /
  C = C
 /     \
H       H
```

第 1 章で述べたように，CH_4，C_2H_4，C_8H_{18} といった化学式は，分子内に存在する原子の種類と数を示しているが，原子がどのようにつながっているかは示していない。このレベルの詳細な情報を得るには，*構造式*が必要である。例えば，ライターやキャンプ用ストーブの燃料として使われる炭化水素，*n*-ブタン（C_4H_{10}）の構造式を以下に示す。化学名の *n* は “*normal*” を表し，炭素原子が直鎖状になっていることを表している。

```
     H   H   H   H
     |   |   |   |
H ― C ― C ― C ― C ― H
     |   |   |   |
     H   H   H   H
```

4.7 節で述べたように，各炭素原子は C-H と C-C 結合の四面体配置を取る。

構造式の欠点は，ページ上で大きなスペースを占めることである。同じ情報をよりコンパクトに伝えるために，一部の結合を示さない**縮約構造式**がよく使われる。これらの形式では，構造式は適切な数の結合を含むと理解される。以下は，*n*-ブタンの二つの縮約構造式で，二つ目は一つ目よりも “縮約” されている。

CH_3 - CH_2 - CH_2 - CH_3　　　$CH_3CH_2CH_2CH_3$

これらの構造式では H 原子は C 原子から連なる鎖の一部であるように見えるが，そうではなく，全ての H 原子はその前に書かれている炭素原子と結合していると解釈することに注意して欲しい。

炭化水素は，前の章で紹介した無機化合物とは全く異なる命名規則に従う。これらの化合物では，接頭語がその構造内に存在する炭素原子の数を示す（**表 6.1**）。モノ-（*mono-*），ジ-（*di-*），

表 6.1　炭素数を使った炭化水素分子の名前

化学式	炭素原子数	化合物名	化学式	炭素原子数	化合物名
CH_4	1	メタン	C_6H_{14}	6	ヘキサン
C_2H_6	2	エタン	C_7H_{16}	7	ヘプタン
C_3H_8	3	プロパン	C_8H_{18}	8	オクタン
C_4H_{10}	4	ブタン	C_9H_{20}	9	ノナン
C_5H_{12}	5	ペンタン	$C_{10}H_{22}$	10	デカン

トリ-（*tri-*），*テトラ-*（*tetra-*）という接頭語が数を数えるのに使われるように，*メタ-*（*meth-*），*エタ-*（*eth-*），*プロパ-*（*prop-*），*ブタ-*（*but-*）という接頭語もある。接尾語は，分子内の炭素原子と水素原子の比率を示す。例えば，*-アン*（*-ane*）という接尾語は一般式 C_xH_{2x+2} を持つが，他の C：H 比の接尾語も存在する。

表6.1 に挙げた分子の接頭語は非常に汎用性が高い。これらの接頭語は，化学名の冒頭で使われるだけでなく，化学名の中で炭素原子と水素原子の鎖のグループを表すためにも使われる。炭化水素分子は 50 個以上の炭素原子を含むことがあり，それぞれに特徴的な化学式と化学名がある。

問 6.5　展開問題

Mother Eats Peanut Butter

多くの世代の化学を学ぶ生徒たちは，「Mother Eats Peanut Butter（母がピーナッツバターを食べる）」という語呂合わせを使って，メタ-，エタ-，プロパ-，ブタ- を覚えてきた。この記憶法，または他の記憶法を使って，これらの化合物に含まれる炭素原子の数を覚えよう。

a. エタノール（成人用飲料の成分，ガソリン添加剤）
b. 塩化メチレン（ペンキ剥離剤の成分で，室内空気汚染物質の可能性がある）
c. プロパン（液体石油ガス（Liquefied Petroleum Gas：LPG）の主成分）

2.13 節で述べた，地上レベルの有害なオゾンの形成における NO_x の役割を思い出して欲しい。

純粋な炭化水素を燃焼させた場合，完全燃焼で発生する生成物は二酸化炭素と水蒸気だけである。例として，プロパン（C_3H_8）の燃焼を考えてみよう。

$$C_3H_8\,(g) + 5\,O_2\,(g) \longrightarrow 3\,CO_2\,(g) + 4\,H_2O\,(g) \qquad [6.3]$$

しかし，*不完全燃焼*により一酸化炭素（$CO(g)$）や煤が発生することもある。プロパンの燃焼では，O_2：C_3H_8 のモル比が 5：1 未満の場合に発生する。このような状態を*酸素欠乏状態*と呼ぶ。

プロパンや石炭やその他のほとんどの燃料には硫黄が含まれており，その結果，燃焼により硫黄酸化物（SO_x，x=2 または 3）が発生する。さらに，窒素酸化物（NO_x，x=1 または 2）は，燃焼中の N_2 (*g*) と O_2 (*g*) の高温反応によって生成されることが多い。この章を通して分かるように，多様な生成物が燃焼により発生する。

問 6.6　練習問題

燃焼反応

以下の各燃料について，釣り合った燃焼反応を書きなさい。
a. ブドウ糖，砂糖（$C_6H_{12}O_6$）
b. メタン，天然ガス（CH_4）
c. ブタン，ライターの燃料（C_4H_{10}）
ヒント：等式の釣り合いについては，2.11 節を参照すること。

問 6.7　考察問題

空気中での燃焼

6.3 式に示した反応式は，純酸素中でのプロパンの燃焼を記述している。しかし，実際の燃焼は，窒素を主成分とする空気中で起こる。プロパンの空気中での燃焼を説明する反応式はどのように書けるだろうか。窒素はプロパンや酸素と反応しない不活性であると仮定する。

6.3　エネルギーとは何か

火を起こすことは，旧石器時代の私たちの祖先が生き延びていくための重要な発見だった。燃焼により発生するエネルギーは，私たちを暖かくし，自動車や照明，電化製品の動力源となっている。第 3 章では，エネルギーの一形態である紫外線と，それが人間の健康に及ぼす影響について説明した。しかし，「エネルギー」とは一体何なのだろうか。

エネルギーとは，宇宙の持つ基本的な性質であり，物が動いたり，変化したりする原動力のことである。例えば，自動車ではガソリンの燃焼によってエンジンが駆動し，車輪が回転する。また，花火に点火したときの熱や光，太陽で起こる核反応からもエネルギーが放出される。

電磁波は，電場と磁場の動きから生じる。従って，電磁波は運動エネルギーの一種に分類される。

エネルギーにはさまざまな形があるが，一般的には二つのタイプがある。一つは**運動エネルギー**で，これは物の動きに伴うエネルギーであり，原子や分子の動きや，歩く，登る，走るなどの私たち自身の運動もこれに含まれる。もう一つは**位置エネルギー**で，これは位置で決まるエネルギーで，他の物体との相対的な位置関係で決まる。燃料の種類によって原子の組成や配置が異なるため，保有する位置エネルギーも異なる。このエネルギーの大きさは，燃料の分子が持つ結合の種類に依存する。燃焼反応中では，燃料分子中の原子の相対位置が変化し，その結果位置エネルギーが変化する。

次の問題で，分子全体の位置エネルギーが隣り合う原子の位置にどのように影響するかを理解してもらいたい。

問 6.8　考察問題

近いと安定：2 原子分子の位置エネルギー

www.acs.org/cic で見られるこのシミュレーションは，2 原子分子の位置エネルギーと原子間の距離の関係を示してくれる。分子を選び，スライダーを使って原子を近づけたり遠ざけたりすると，分子の位置エネルギーがどのように変化するかを見てみよう。次に，ここで見られた一般的な変化の傾向を説明しなさい（原子核は正に帯電し，電子は負に帯電していることを忘れないこと）。

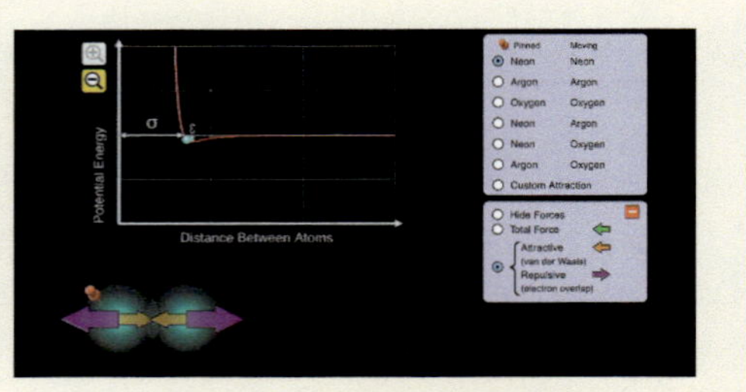

PhET Interactive Simulations, University of Colorado

動画を見てみよう

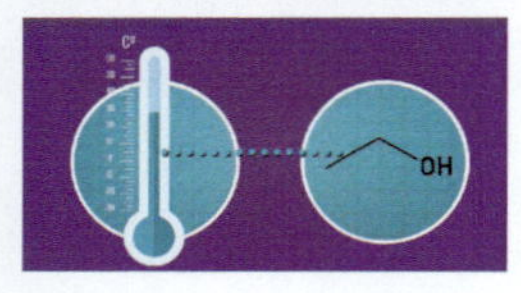

©2018 American Chemical Society

熱を直接測定することはできない。しかし，熱の出入りは温度の変化として検出することができる。温度測定器の歴史については，www.acs.org/cic にある動画で見ることができる。

燃焼反応中では，燃料分子に蓄えられたエネルギーは，運動エネルギーの一種である熱に変換される。**熱力学第一法則**は，エネルギー保存の法則とも呼ばれ，エネルギーは生成も消滅もされないというものである。これは，エネルギーの形は変化しても，変換前と変換後のエネルギーの総量は変わらないことを意味している。

熱とは，高温の物体から低温の物体へと流れる運動エネルギーのことである。二つの物体が接触すると，熱は常に温度の高い物体から低い物体へと流れる。**温度**とは，物質中に存在する原子や分子の平均運動エネルギーの尺度である。私たちの身の回りにあるものは全て，熱いとか冷たいとかぬるいとか，なんらかの温度を持った状態にある。ある物体が“冷たい”のは，その原子や分子の動きが，“温かい”物体に比べて平均的に遅いことを意味している。従って，物体の温度が上昇するには，その原子や分子の運動エネルギーが増加しなければならない。

温度と熱は互いに関連した概念であるが，同一ではない。水の入ったボトルと太平洋は同じ温度かもしれないが，海は水の入ったボトルよりもはるかに多くの熱を含み，運ぶことができる。これは，太平洋の水分子の数がボトルの中の水分子の数よりもはるかに多いからである。実際，海洋は大量の熱を吸収し，移動させることができるため，地域全体の気候に影響を与えることがある。

6.4　“熱い”とはどのくらい熱いのか？エネルギーの変化を測る

物質が熱エネルギーを供給する能力があれば，それは良い燃料といえる。この節では，燃料の燃焼から放出されるエネルギーの測定方法と表現方法について説明する。熱量の単位である**カロリー**（*cal*）は 18 世紀後半にメートル法と共に導入され，1 g の水の温度を摂氏 1 度（1℃）上げるのに必要な熱量として定義されている。食品に記されているカロリーのように，カロリーが大文字（Cal）で表記される場合は，一般的にメートル法でのキロカロリー（kcal）を意味する。

$$1\ \text{kcal} = 1{,}000\ \text{cal} = 1\ \text{Cal}$$

現代の単位系ではエネルギーの単位として**ジュール**（J）が使われており，1 J は 0.239 cal に等しい。逆に換算すると，1 cal＝4.184 J である。1 J は，100 g のリンゴを重力に逆らって 1 m 持ち上げるのに必要なエネルギーにほぼ等しい。また，人間の心臓の 1 回の拍動には約 1 J のエネルギーが必要である。**図 6.2** は，さまざまなエネルギーの大きさを J 単位で比較したものである。

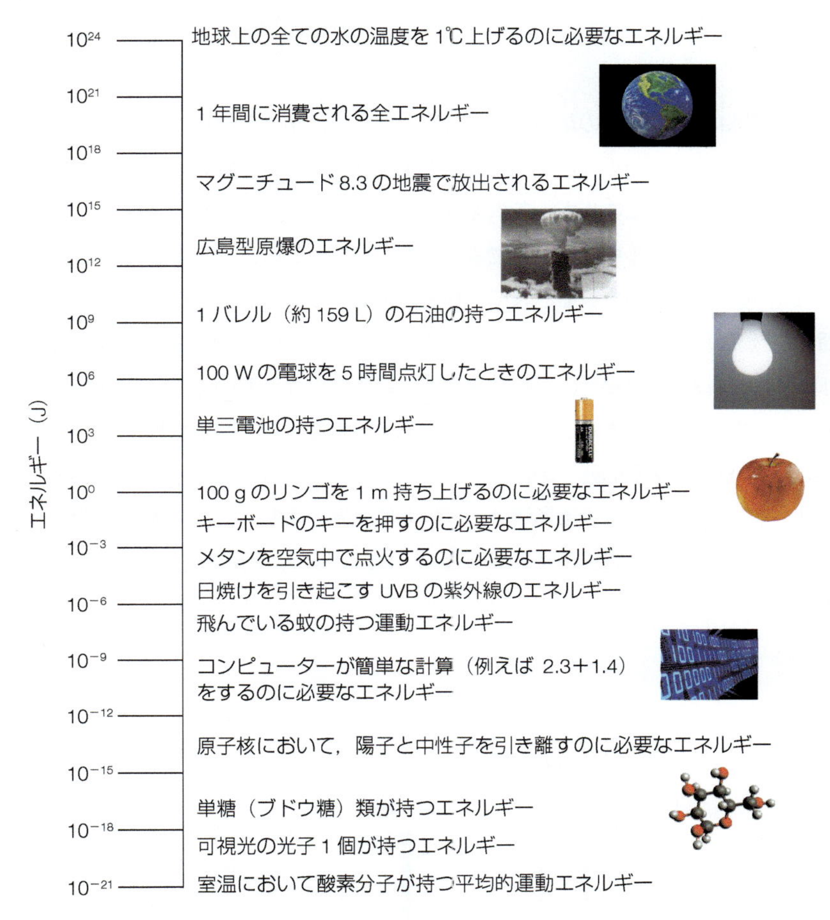

図6.2
さまざまなエネルギーの大きさの比較。
（地球）：©Studio Photogram/Alamy，（爆弾）：出典：アメリカ議会図書館印刷・写真部［LC-USZ62-36452］，（電球）：©Ingram Publishing/SuperStock，（バッテリー）：©Jeffrey B. Banke/Shutterstock，（リンゴ）：©lynx/ iconotec.com/Glow Images，（二進数）：©Mmaxer/Shutterstock

問 6.9　練習問題

エネルギーの計算

a. ピザ 1 切れは 217 kcal である。この値を kJ で表せ。
b. ピザ 1 切れを代謝したエネルギー量で，床から 2 m 離れた棚まで持ち上げられる 1 kg の本の数を計算しなさい。

問 6.10　展開問題

仮定の検証

問 6.9 の b で計算を行う際に，単純化した仮定を行った。

a. その仮定は何か。

b. この仮定に基づくと，あなたの答えは高すぎるか低すぎるかどちらだろうか。理由を説明しなさい。

では，食べ物は燃料になるのだろうか。結局のところ，私たちは食べても，食べ物に火を付けて燃やしているわけではない！燃焼とは，実際のところ酸化反応である。炭水化物（糖質）と脂肪は，私たちの体にエネルギーを供給する生体分子に分類される。それらが酸素と反応すると，生成物の位置エネルギーが反応物より小さくなる。このエネルギー差分だけ，体内で使用可能なエネルギーに変換されると共に，体全体に熱としてばらまかれる。

熱量計は，燃焼反応で放出される熱エネルギーの量を実験的に測定する装置である。**図 6.3** に，肉厚のステンレス製熱量計の概略図を示す。質量の分かっている燃料と過剰の酸素を反応室に加え，密閉してから水の入った容器に沈める。反応は火花で開始され，反応によって発生した熱は容器から水と装置の残りの部分へと拡散していく。その結果，熱量計全体の温度が上昇する。反応によって放出される熱量は，この温度上昇と水も含めた熱量計全体の熱容量から計算することができる。温度上昇（単位は℃）が大きいほど，反応から発生するエネルギー量（単位は J）も大きくなる。

実験室 LAB

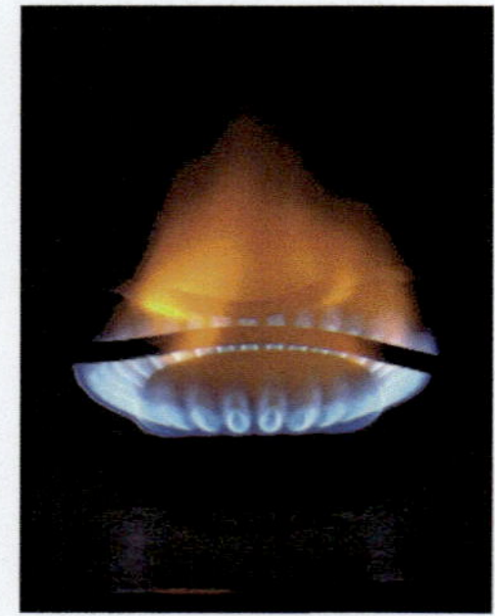

©Pakhnyushchy/Shutterstock

www.acs.org/cic で燃料のエネルギー含有量を測定する方法を動画で見てみよう。

試料点火用の導線
温度計
撹拌棒
酸素導入口
水
断熱容器
試料に接触させたヒューズ線
試料が入ったコップ
ボンベ（反応室）

図6.3

熱量計の概略図。燃焼中に密閉容器内に発生する大きな圧力から，反応室はしばしば“爆弾”と呼ばれる。

この種の実験的測定から得られた値が，燃焼熱のデータベースのほとんどを占めている。その名が示すように，**燃焼熱**とは一定量の物質が酸素中で燃焼したときに放出される熱エネルギーの量である。燃焼熱は通常，キロジュール / モル（kJ/mol），キロジュール / グラム（kJ/g），キロカロリー / モル（kcal/mol），キロカロリー / グラム（kcal/g）などの単位で報告される。例えば，実験的に決定されたメタンの燃焼熱は 802.3 kJ/mol である。これは，1 mol の CH_4 (g) が 2 mol の O_2 (*g*) と反応し，1 mol の CO_2 (*g*) と 2 mol の H_2O (*g*) を生成するとき，802.3 kJ の熱が発生することを意味する。

$$CH_4(g) + 2\,O_2(g) \rightarrow CO_2(g) + 2\,H_2O(g) + 802.3\ \text{kJ} \qquad [6.4]$$

メタンの燃焼は，滝の上から水が流れ落ちるのに似ている。最初は水は重力の位置エネルギーが高い状態にあり，それが位置エネルギーが低い状態へと落ちていく。水が落ちていくと位置エネルギーは運動エネルギーに変換され，水が下の岩にぶつかると，音や熱エネルギーといった他のエネルギーに変換される。同様に，メタンを燃焼させると，反応物（メタン）の原子が生成物に変化する際に位置エネルギーの低い状態に“落下”することでエネルギーが放出される。**図 6.4** は，このプロセスを模式的に表したものである。下向きの矢印は，1 mol の CO_2 (*g*) と 2 mol の H_2O (*g*) に関連するエネルギーが，1 mol の CH_4 (*g*) と 2 mol の O_2 (*g*) に関連するエネルギーよりも小さいことを示している。

メタンの燃焼は**発熱性**である。発熱性とは熱の放出を伴う化学的・物理的変化を指す用語である。この反応では，エネルギー差は−802.3 kJ である。発熱反応のエネルギー変化に付けられた負の符号は，反応物から生成物へ向かう位置エネルギーの減少（発熱）を意味する。もちろん，放出されるエネルギーの総量は燃焼した燃料の量に依存する。

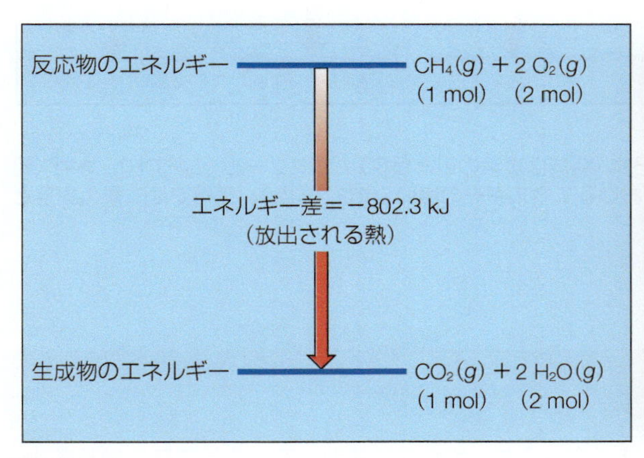

図6.4
発熱反応であるメタンの燃焼におけるエネルギー差と滝の比較。
©Ingram Publishing/SuperStock

燃料をより分かりやすく比較するために，1 mol ではなく，1 g の燃料の燃焼で放出されるエネルギーを計算するには，この値を使用することができる。炭素と水素の原子質量から計算した CH_4 のモル質量は 16.0 g/mol である。このことから，メタン 1 g あたりの燃焼熱を計算することができる。

$$\frac{802.3\ \text{kJ}}{\cancel{1\ \text{mol CH}_4}} \times \frac{\cancel{1\ \text{mol CH}_4}}{16.0\ \text{g CH}_4} = 50.1\ \text{kJ/g CH}_4$$

メタンは燃焼熱が高い燃料である！燃焼中に放出される熱エネルギーの観点からは，単位重さあたりで放出されるエネルギーが大きいほど良い燃料である。**図 6.5** は，いくつかの異なる燃料のエネルギー差（kJ/g）を比較したものである。燃料の化学式から，ある傾向があることが分かる。第一に，燃焼熱が最も高い燃料は炭化水素である。第二に，炭素に対する水素の比率が小さくなるにつれて，燃焼熱は小さくなる。そして第三に，燃料分子中の酸素の量が増えると，燃焼熱は減少する。

補足
核燃料については第７章で紹介する。

ウランを含む核燃料を除いて，最も実用的な燃料の分子構造が，炭素原子と水素原子を多く含む分子で構成されているのは偶然ではない。炭素原子と水素原子は容易に酸化され，安定した（位置エネルギーの低い）二酸化炭素と水分子を形成する。その結果，燃料分子を構成する全ての原子と酸素が結合することで多くのエネルギーが放出される。

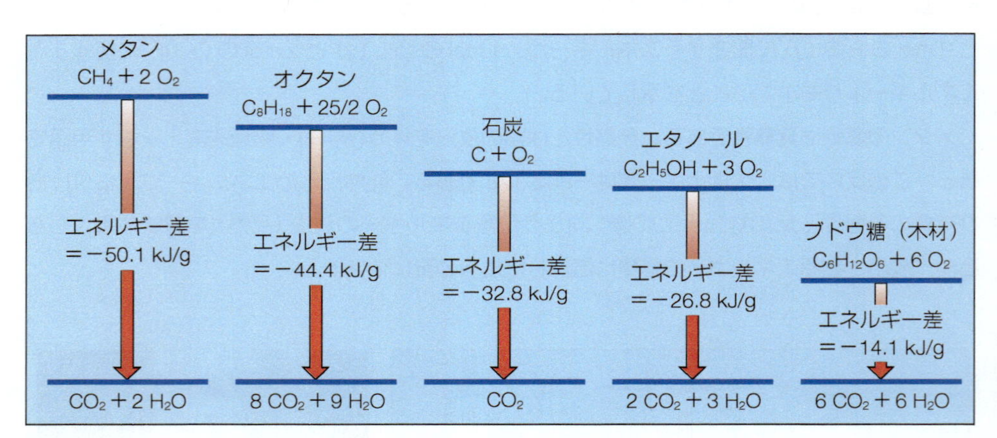

図6.5
メタン（CH_4），*n*-オクタン（C_8H_{18}），石炭（組成は炭素のみと仮定），エタノール（C_2H_5OH），木材（組成がブドウ糖と同じと仮定）の燃焼におけるエネルギーの違い（単位：kJ/g）。気相では二酸化炭素と水が生成される。

問 6.11　考察問題

石炭とエタノールの比較

石炭とエタノールの化学式は大きく異なるが，燃焼熱は類似している理由を化学組成に基づいて説明しなさい。

化学反応が全て発熱するわけではなく，エネルギーを*吸収*しながら起こる反応もある。前の章で二つの重要な例を取り上げた。一つは，O_3 を分解して O_2 と O を生成する反応で，高エネルギー光子の紫外線（UVB と UVC）によってエネルギーを与える必要がある。もう一つは，N_2 と O_2 から NO 分子を２個生成する反応で，この反応は高温で進める必要がある。これらの反応はどちらも**吸熱反応**であり，エネルギーを吸収してより高い位置エネルギーを持つ生成物を生み出す反応を示している。吸熱反応を表すには，エネルギー値と単位の前に正の符号（もしくは何も書かない）を付ける。例えば，＋29 J は，29 J のエネルギーを吸収して反応が進んだことを意味する。

光合成も吸熱反応である。この反応では，ブドウ糖（$C_6H_{12}O_6$）を 1 mol 生成するために 2,800 kJ，つまり 1 g あたり 15.5 kJ の太陽光を吸収する必要がある。反応過程全体には多くの段階があるが，正味の反応は以下の化学反応式で表される。

$$2{,}800\ \mathrm{kJ} + 6\ CO_2(g) + 6\ H_2O(l) \xrightarrow{\text{クロロフィル}} \underset{\text{ブドウ糖}}{C_6H_{12}O_6(s)} + 6\ O_2(g) \qquad [6.5]$$

この反応の進行には，葉緑素（クロロフィル）と呼ばれる緑色の色素が必要である。葉緑素分子が太陽光の中の可視光のエネルギーを吸収し，そのエネルギーを使ってエネルギー的に右肩上がりの光合成反応を駆動する。光合成は，空気中から CO_2 を除去するという，炭素循環にとって決定的な働きをする。

吸熱反応と発熱反応の概要は以下の通りである（**図 6.6**）。

ⅰ）*吸熱反応*（例：パンを焼く，光合成により糖を生成する）

［反応物に加えられる熱］＞［生成物の生成により発生する熱］

ⅱ）*発熱反応*（例：燃料の燃焼）

［反応物に加えられる熱］＜［生成物の生成により発生する熱］

発熱反応の場合，6.4 式のように発生した熱は生成物と同列で書くことができる。吸熱反応の場合は，吸収された熱は 6.5 式のように反応物と同列に書くことができる。

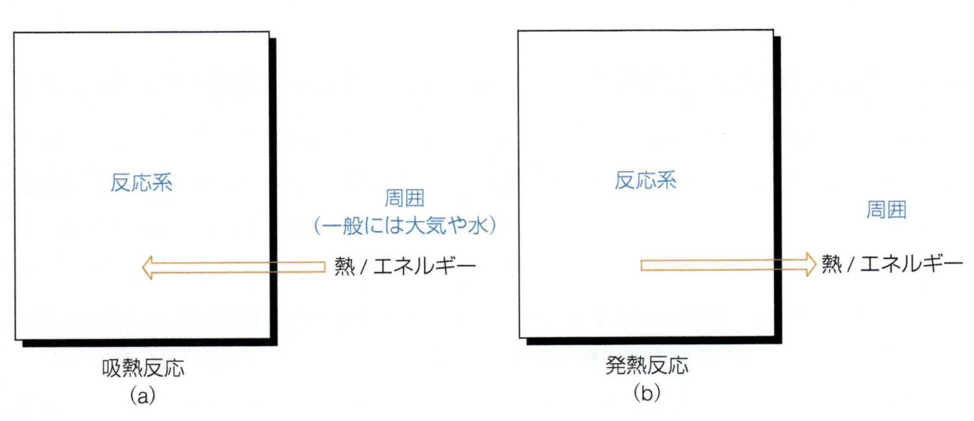

図6.6
吸熱反応（a）と発熱反応（b）の違い。反応系とは反応が起きている所を意味して，周囲とは反応系を取り囲む環境（大気や水）を意味する。

問 6.12 考察問題

自作の温冷パック

ジョギング中に足首を痛めた。幸運にも，友人が救急箱から常温のパックを持って助けに来てくれた。しかし，これはどうやって使うのだろう。薬局やスーパーマーケットで売られている治療用の温冷パックは，水と塩が入った隔離された区画で構成されている。二つの区画の間の仕切りを壊すと，塩と水が混ざり合い，パックが熱くなったり冷たくなったりする。

a. 痛めた所を温めたり冷やしたりするには，どちらのタイプの反応（発熱または吸熱）が必要かを説明しなさい。

b. 次の塩のサンプルをできるだけ多く手に入れよう。
- 塩化カルシウム（$CaCl_2$，金物店や小売店で入手可能，歩道の除氷剤として使用される塩）
- 軟水器用塩（主に NaCl，金物店や小売店で入手可能）
- 硫酸マグネシウム（$MgSO_4$，別名エプソムソルト）
- 塩化アンモニウム（NH_4Cl，金物店，小売店，造園店で入手可能）
- 塩化カリウム（KCl，金物店や小売店で入手可能）
- 炭酸水素ナトリウム（$NaHCO_3$，重曹として知られ，食料品店や小売店で入手可能）

c. 発泡スチロールのカップに 50 mL の水を入れ（各塩に一つずつ），温度計で水の初期温度を記録してから，大さじ 1 杯の塩を水に溶かしたときの温度変化を記録しなさい。

d. 温度変化が観察された反応について，どれが吸熱過程に相当し，どれが発熱過程に相当するか。

e. 温め用や冷却用には，どの塩が最も効果的か。最終的な決断を下すにあたって，他に考慮すべき点はあるだろうか。

“塩”という言葉は，必ずしも食卓にある塩（NaCl）を指すのではなく，水に完全に溶けるイオン化合物の一種である。

注：
c の作業中は，化学薬品の飛沫から目を保護するためにゴーグルを着用すること。

6.5 高活性燃料：燃焼中にエネルギーはどのように放出されるのか？

共有結合については 3.8 節を参照。

前の章で見たように，化合物は共有結合で結ばれた原子で構成されている。化学反応が起きると，それまであった結合が切断され，別の原子との結合が形成される。鎖を断ち切ったり紙を破ったりするのにエネルギーが必要なように，結合を切断するのにもエネルギーが必要となる。一方，化学結合を形成するとエネルギーが放出される。化学反応に伴う全体的なエネルギー変化（吸熱・発熱）は，結合を切断するために必要なエネルギーと，結合が形成されるときに放出されるエネルギーの正味の差に相当する。

例えば，水素の燃焼を考えてみよう。水素が燃料として望ましいのは，他の燃料に比べて燃焼時に大量のエネルギーを放出するからである。

$$2\,H_2(g) + O_2(g) \longrightarrow 2\,H_2O(g) \qquad 249\ \text{kJ/mol または } 125\ \text{kJ/g} \qquad [6.6]$$

水素が燃焼して水蒸気を生成する際に放出されるエネルギーを計算するために，反応物分子の結合が全て切断され，個々の原子が再結合して生成物を形成すると仮定してみよう。実際の反応はこのようには進まないが，私たちが知りたいのは反応物と生成物の相対的な状態だけであり，反応機構の詳細ではない。

反応物と生成物のエネルギー差を計算するのに必要な共有結合エネルギーの値は，**表 6.2** に示してある。**結合エネルギー**とは，特定の化学結合を切断するために必要なエネルギーである。

エネルギーを吸収しなければならないので，結合の切断は吸熱過程であり，表 6.2 の結合エネルギーは全て正である。値は，結合の切断に必要なエネルギーを kJ/mol で表している。

表 6.2　共有結合の結合エネルギー（kJ/mol）

	H	C	N	O	S	F	Cl	Br	I
単結合									
H	436								
C	416	356							
N	391	285	160						
O	467	336	201	146					
S	347	272	—	—	226				
F	566	485	272	190	326	158			
Cl	431	327	193	205	255	255	242		
Br	366	285	—	234	213	—	217	193	
I	299	213	—	201	—	—	209	180	151
多重結合									
C=C	598			C=N	616		C=O*	803	
C≡C	813			C≡N	866		C≡O	1,073	
N=N	418			O=O	498				
N≡N	946								

＊ CO_2 分子の結合を採用。

原子は表の上側と左側の両方に表示されていることに注意して欲しい。任意の行と列の交差点にある数字は，二つの原子間の共有結合を 1 mol 切断するのに必要なエネルギー（kJ）である。例えば，1 mol の C-H 結合を切断するのに必要なエネルギーは 416 kJ である。同様に，1 mol の N≡N 三重結合を切断するのに必要なエネルギーは 946 kJ であり，N-N 単結合の切断に必要な 160 kJ の 3 倍ではない。

問 6.13　展開問題

O_3 と O_2

3.8 節で述べたように，オゾンは波長 320 nm 以下の紫外線を吸収するのに対し，酸素は波長 242 nm 以下の高エネルギーの電磁波を必要とする。表 6.2 の結合エネルギーと，第 3 章の O_3 の共鳴構造に関する情報を使って，この違いを説明しなさい。

反応全体が吸熱か発熱かを明らかにするには，エネルギーが吸収されたか放出されたかを全て記録しておく必要がある。そのとき，エネルギーが吸収された場合は正の記号で示し，これは結合が切れるときに吸収されるエネルギーである。一方，結合を形成するとエネルギーが放出され，符号は負になる。例えば，1 mol の O=O の二重結合が切断されたときのエネルギー変化は＋49 kJ であり，1 mol の O=O の二重結合が形成されたときのエネルギー変化は－49 kJ である。

これでようやく，水素ガス $H_2(g)$ の燃焼熱を計算する準備が整った。以下の式は，関係する化学種のルイス構造を示しており，切断されたり形成されたりする結合の数を数えることが

ルイス構造式は全ての孤立電子対を表示するが，構造式は通常これらの非結合電子を省略する。

できる。

$$2\,H{-}H + O{=}O \longrightarrow 2\,H{-}O{-}H \qquad [6.7]$$

化学反応式はmol単位で読めることを思い出して欲しい。6.6式と6.7式はどちらも「2 molのH_2と1 molのO_2で，H_2Oが2 molできる」ことを示している。結合エネルギーを使うには，関係する結合のモル数を数える必要がある。以下はその要約である。

分子	結合の数	反応のモル数	結合の数	反応	結合あたりのエネルギー	全エネルギー
H-H	1	2	1×2=2	結合の切断	+436 kJ	2×(+436 kJ)=+872 kJ
O=O	1	1	1×1=1	結合の切断	+498 kJ	1×(+498 kJ)=+498 kJ
H-O-H	2	2	2×2=4	結合の形成	−467 kJ	4×(−467 kJ)=−1,868 kJ
						合計：　− 498 kJ

最後の列から，結合の切断に要するエネルギー（872 kJ+498 kJ=1,370 kJ）と新しい結合の形成で放出されるエネルギー（−1,868 kJ）が分かる。その結果，全体的なエネルギー変化は，正味で−498 kJになることが分かる。

図6.7に，この計算が図示してある。反応物である2個のH_2分子と1個のO_2分子のエネルギーは，分かりやすいように0としてある。図中の上向きの緑の矢印は，結合を切断して4個のH原子と2個のO原子を形成するために反応系に吸収されたエネルギーを示している。右側の下向きの赤い矢印は，これらの原子が結合して生成物であるH_2O分子を形成する際に放出されるエネルギーを示している。紫色の矢印は，（生成物と反応物の間の）正味のエネルギー変化−498 kJに対応し，全体的な反応が強い発熱であることを示している。生成物は反応物よりエネルギーが低いので，エネルギー変化は負である。正味の結果はエネルギーの放出であり，ほとんどは熱の形で放出される。

結合エネルギーから計算した水素分子2 molの燃焼によるエネルギー変化−498 kJは，全ての反応種が気体である場合の実験値とよく一致する。この一致は，反応物分子の全ての結合がまず切断され，次に生成物分子の全ての結合が形成されるという，かなり強引な仮定の妥当性を示すものである。すなわち，化学反応に伴うエネルギー変化は**状態の関数**であり，生成物と反応物の間のエネルギー差にのみ依存する。そして両者をつなぐ反応過程や個々のステップには依存しない。これは，反応におけるエネルギー変化に関連した計算を行う際に，極めて強力で有用な考え方である。

詳しい結合エネルギー表には，正確な分子とその物理的状態の詳細が含まれている。

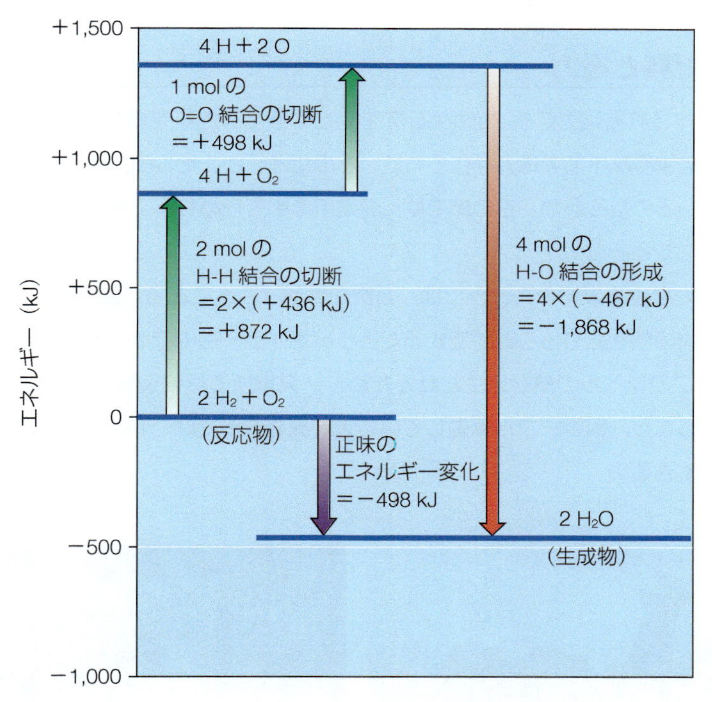

図6.7
水素が燃えて水蒸気になる反応のエネルギー収支。

全ての計算が上のように簡単というわけではない。理由の一つは**表 6.2** に記されている値が気体だけに当てはまるということにあり，反応物と生成物の全部が気体状態のときにだけ，表の値を使った計算が実験結果と良好な一致を示す。さらに，表に記されている結合エネルギーは平均値である。結合の強さは，その結合が組み込まれている分子の構造全体に依存する。言い換えれば，原子が他に何と結合しているかに依存する。従って，O-H 結合の強さは，水（H_2O），過酸化水素（H_2O_2），メタノール（CH_3OH）ではわずかに異なる。とはいえ，ここに示した手順は，さまざまな反応におけるエネルギー変化を見積もるのに有用な方法である。この方法は，結合の強さと化学エネルギーの関係を説明するのにも役立つ。

右に挙げた動画を見て，次の問題で計算の練習をしたら，燃焼がどのように私たちの生存に必要な電力を生み出すのか，そしてそのプロセス全体がどの程度効率的なのかを説明することにする。

動画を見てみよう

Chemistry in Context
Tutorial
BOND ENERGIES

もっと詳しく知りたい人は，www.acs.org/cic にある結合エネルギーの動画を見てみよう。

問 6.14　練習問題

エチレンの燃焼熱

表 6.2 の結合エネルギーを使って，アセチレンとも呼ばれるエチレン（C_2H_2）の燃焼熱を計算しなさい。答えは，kJ/mol と kJ/g の両方の単位で答えなさい。以下に反応式を示す。

$$2\,H{-}C{\equiv}C{-}H \;+\; 5\,\ddot{O}{=}\ddot{O} \;\longrightarrow\; 4\,\ddot{O}{=}C{=}\ddot{O} \;+\; 2\,H{-}\ddot{O}{-}H$$

ヒント：化学式中のアセチレンの係数は 2 であるが，燃焼熱は 1 mol あたりの熱である。

6.6 化石燃料と電力

アメリカで作られる電力の約 70%が石炭を主とする化石燃料を燃やして得られる。では，発電所ではどのような手順で電力が作られているのだろうか。そして，そこではどのようなことが起こっているのだろうか。この節では，発電所の中で行われるエネルギー変換について考えていくことにする。

石炭から電気を作る最初のステップは，石炭を燃やすことである。**図 6.8** の写真を見ると，燃えさかる石炭の熱を感じることができるだろう。ボイラーの中では，温度が 650℃に達することもある。このレベルの熱を発生させるために，発電所では鉄道貨車 1 両分の石炭を数時間で燃やしてしまう。実際，フル稼働している大規模発電所では，10,000 t もの石炭を 1 日で燃やすことができる！

図6.8

比較的小型の石炭火力発電所の写真。(a) 発電所の外に積まれた石炭，(b) 石炭が投入されるボイラーの列，(c) (b) の青い扉の向こう側，(d) ボイラーで燃焼する石炭の写真。

発電の第二段階は，燃焼によって放出された熱を利用して水を沸騰させることである。通常は密閉された高圧システムで行われる（**図 6.9**）。水蒸気の圧力を高くするのには二つの目的がある。水の沸点を 100℃以上に上昇させることと，発生した水蒸気を圧縮することである。得られた高温高圧の水蒸気は，蒸気タービン（羽根車）へと導かれる。

最後の第三段階は発電である。水蒸気が膨張して冷えながらタービンの羽根の間を高速で通過することでタービンを回転させる。タービンの軸は電線が巻き付けられた大きなコイルの軸につながっていて，そのコイルが磁場の中で回転する。この回転によって電流が流れ電力が作られる。一方，タービンを通過した水蒸気はタービンの外に出て発電施設の中を循環する。復水器の中を通過するときに，燃料から得た熱エネルギーの残りが冷却水に取り去られる。これによって水蒸気から水に戻って再びボイラーに入り，次のエネルギー移動過程に取りかかる。

第 7 章で説明する原子力発電所も，タービンを回すために過熱蒸気を使うという，似たような原理で動いている。両者の違いは，単に水を加熱して蒸気にするために使用する燃料の違いにある。

燃料の分子が燃焼すると，その位置エネルギーは熱に変換され，ボイラー内の水に吸収される。水分子は熱を吸収するにつれて，水中を四方八方へますます速く動くようになり，*運動エネルギー*が増大していく。そして，しまいには水分子同士を互いに引き付け合っている力に打ち勝って液体の水から飛び出し，蒸気となって蒸発していく。加圧された蒸気となった水分子は膨大な運動エネルギーを持ち，その運動エネルギーがタービンを回転させる。水分子の運動エネルギーはタービンの回転という機械的なエネルギーに変換される。そして，その回転が発電機を回転させ，タービンの機械的なエネルギー（運動エネルギーの一種）を**電気エネルギー**（これも運動エネルギーの一種）に変換する。さまざまなエネルギー変換ステップを**図 6.10** にまとめた。

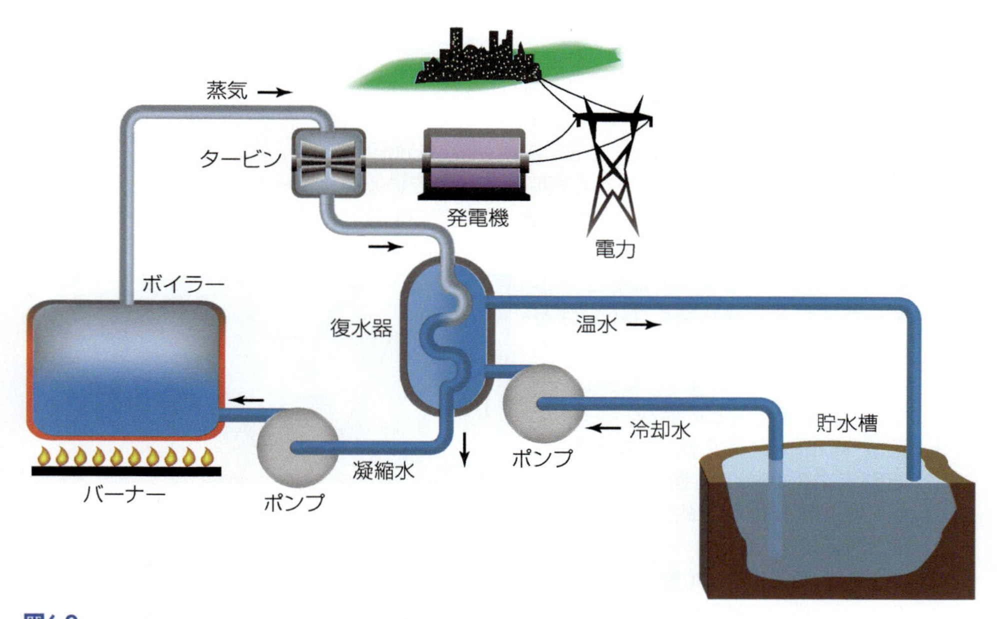

図6.9
燃料の燃焼から得るエネルギーから電力に至るまでの転換手順を示す発電所の模式図。

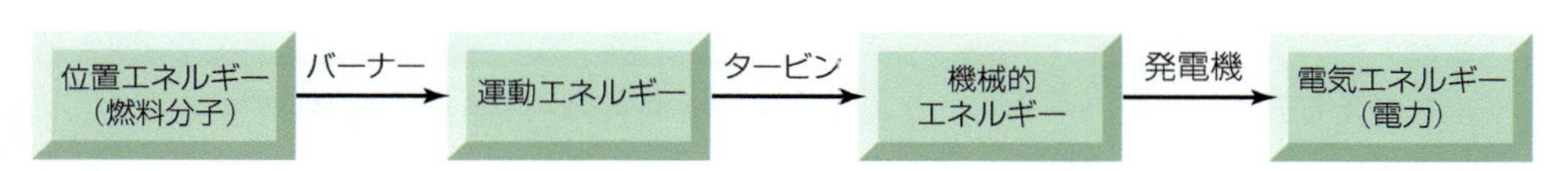

図6.10
化石燃料を燃やす発電所におけるエネルギー変換。

問 6.15　考察問題

エネルギーの変換

発電所では位置エネルギーを電気エネルギーに変換するためにいくつかの段階を踏む必要があるが，他の装置ではもっとシンプルにこれを行う。例えば，電池は化学エネルギーを 1 ステップで電気エネルギーに変換する。エネルギーをある形態から別の形態に変換する他の装置を三つ挙げなさい。それぞれについて，エネルギーの種類を挙げ，関係するエネルギー変換の経路を示しなさい。

6.7 エネルギー変換の効率

熱力学第一法則では，宇宙の総エネルギーが一定に保たれるとしている。それなのにエネルギー危機を経験するのはなぜだろう。確かなのは，燃焼中に新しく生まれるエネルギーはないが，消滅してなくなるエネルギーもないということである。エネルギーを作り出すことができないとしたら，エネルギーを無駄なく変換することはできないだろうか。馬鹿げた問いに聞こえるかもしれないが，残念なことに*無駄なく変換する*こともできない。私たちが石炭，石油，または天然ガスを燃やすと，燃料が持っているエネルギーのうちの少なくとも一部が，簡単には使えない形のエネルギーに必ず変わってしまう。

問 6.16 考察問題

エネルギーはどこへ行ったのか？

www.acs.org/cic にある「Energy Skate Park Intro Simulation」は，位置エネルギーと運動エネルギーの変換を分かりやすく説明してくれている。スケートボーダーをスケートパークの一番上に置き，「円グラフ」と「棒グラフ」のアイコンをクリックしてエネルギー変換を追跡してみよう。

a. 重力の位置エネルギーと運動エネルギーがそれぞれ最も高くなるのはどの点であろうか。また，最も低いのはどの点か。そして両方のエネルギーが同じになるのはどの点か。
b. スケートボーダーの重さを変えると，運動エネルギー，位置エネルギー，全エネルギーは相対的にどのように変化するであろうか。
c. スケートボーダーの位置が変わると，全エネルギーはどうなるか。

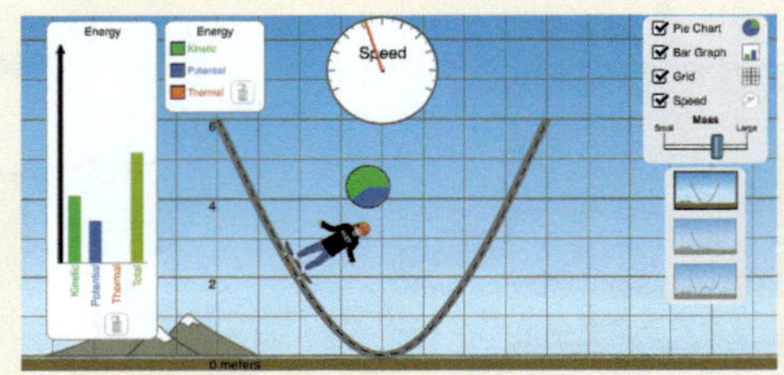

PhET Interactive Simulations, University of Colorado

次に，「Energy Skate Park Friction Simulation」を開き，スケートボーダーをスケートパークの一番上に置いて，摩擦とスケートボーダーの質量のレベルを変えてみよう。

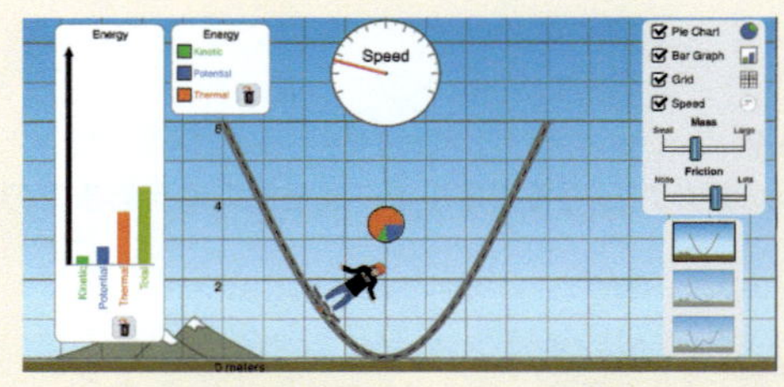

PhET Interactive Simulations, University of Colorado

d. 時間と共にスケートボーダーはどうなるか。
e. 摩擦は，時間の経過と共に，位置エネルギー，運動エネルギー，熱エネルギー，および全エネルギーにどのような影響を与えるだろうか。
f. これらの結果は熱力学第一法則に違反しているかどうか説明しなさい。

問 6.16 で示された原理を使えば，どんなにうまく設計された発電所でも，ある種類のエネルギーを別の種類のエネルギーに完全に変換することができない理由を説明することができる。どんなに優秀な技術者や，どんなに有能なグリーンケミストをもってしても，ある一定の非効率を避けることはできない。この非効率の原因は，エネルギーが無駄な熱に変換されることである。全体として見た正味の発電効率は，生産される電気エネルギーが燃料から供給されたエネルギーに対して占める割合として与えられる。

$$発電効率\ (\%) = \frac{作り出された電気的エネルギー}{燃料からのエネルギー} \times 100 \qquad [6.8]$$

新しいボイラーシステムと先進的なタービン技術により，**図 6.10** の各段階の効率は 90%以上になっている。読者は驚くかもしれないが，大部分の化石燃料式発電所の正味の発電効率は 35 ～ 50%程度に過ぎない。なぜそこまで低いのだろうか。

問題は，ボイラーで燃料を燃やして得た熱エネルギーが全部電力に変わっているわけではないことである。例えば，最初にタービンを回す高温の蒸気を考えてみよう。蒸気がタービンにエネルギーを伝えると，蒸気の運動エネルギーが低下し，冷えて圧力が下がる。しばらくするとタービンを回せないまで蒸気のエネルギーが下がる。しかし，この“未使用”の蒸気を作るだけでもかなりの量のエネルギーが必要である。その分のエネルギーはタービンを回せないので電力に変換されない。

極めて高温（600℃）の蒸気を使う発電所の効率は，上で示した効率の高い方の値に近い効率が得られる。実際，蒸気温度と発電所の外の温度との差が大きくなるほど，効率は上昇する。ただし，当然限界がある。高温の蒸気には高い圧力が伴うため，その高温高圧に耐えられるように改良された構造材料を使わなければならなくなる。次の問題では，発電所の効率が運転コスト，排出ガス，必要燃料に及ぼす影響について考えていく。

問 6.17　考察問題

発電所の比較

1 日に 5.0×10^{12} J の電力を生み出す二つの石炭火力発電所を考えよう。A 発電所の全体的な正味効率は 38%である。代替案として提案されている B 発電所は，より高温で運転され，全体の正味効率は 46%である。使用される石炭のグレードは，1 g あたり 30 kJ の熱を放出する。石炭は純粋な炭素であると仮定する。

a. 1,000 kg の石炭が 30 ドルだとすると，二つの発電所の 1 日の燃料費の差はいくらか。
b. 完全燃焼と仮定した場合，1 日に排出する CO_2 の量は A 発電所に比べて B 発電所は何 g 少なくなるか。
c. ある家庭が暖房に年間 3.5×10^7 kJ のエネルギーを必要とする場合，1 軒の家を暖めるために A 発電所でどれだけの石炭を燃やす必要があるか。

自動車やトラックもまた，エネルギーをある形態から別の形態に変換している。車のエンジンは燃焼で生じた気体（CO_2 と H_2O）を使ってピストンを押し，ガソリンやディーゼル燃料の位置エネルギーを機械的エネルギーに変換している。その機械的エネルギーは，最終的に他のメカニズムによって，車の運動エネルギーに変換される。車のエンジンは，石炭火力発電所よりも効率が悪い。ガソリンの燃焼によって放出されるエネルギーのうち，実際に自動車を動かすのに使われているのは 15%程度である。エンジンの部分だけで約 60%のエネルギーの損失があり，エネルギーの多くは廃熱としてばらまかれている。

問 6.18　考察問題

輸送の効率

a. 自動車を運転する際に生じるエネルギー損失をいくつか挙げなさい。必要であれば，インターネットを利用して，作成したリストを検証しなさい。
b. 燃焼によるエネルギーのうち，自動車を動かすのに使われるのは 15%だけだという仮定を立てた上で，乗客を動かすのに使われる割合を推定しなさい。

6.8　石炭：古代の植物からの電力

今から約 2 世紀前に起こった産業革命によって大がかりな化石燃料の採掘が始まり，今もそれが続いている。1800 年代初頭，アメリカでは薪が主要なエネルギー源だった。その後，1 g あたりの熱量が大きい石炭が，木材よりもさらに優れたエネルギー源であることが判明した。1960 年代までに，ほとんどの石炭は発電に使われるようになり，今日では電力部門がアメリカの石炭消費量の 92%を占めている（**図 6.11**）。

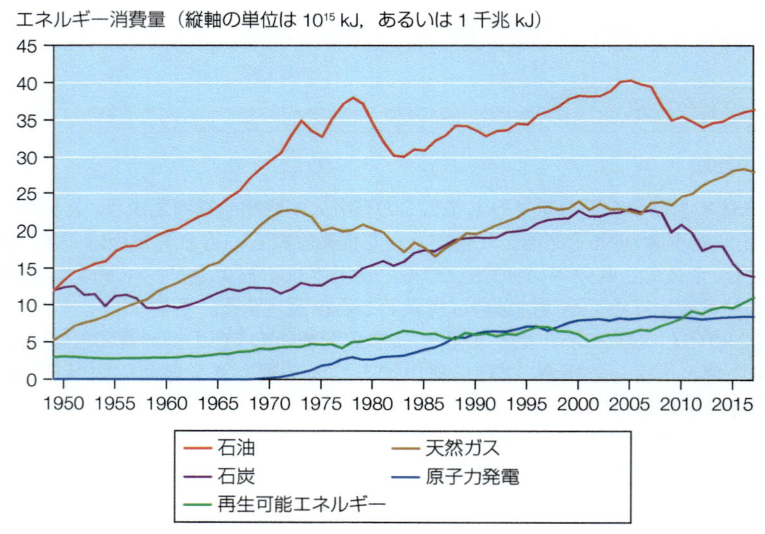

図6.11
アメリカにおけるエネルギー消費量の燃料別の変化（1950 ～ 2017 年）。

問 6.19　考察問題

燃料源の変遷

図 6.11 とインターネット上の資料を用いて，以下のことを検討しなさい。
a. 二つの燃料源について，アメリカにおける燃料消費の変化について述べ，その変化の理由を推測しなさい。
b. 全エネルギーのうち，石炭の燃焼によって生産される割合を推定しなさい。

a で明らかにした傾向を，ヨーロッパ，アジア，中米の他の国々の傾向と比較して，違いがある場合はその理由を説明しなさい。

石炭は全て炭素からできていると思われがちだが，実際には他の元素も少量ずつ含んでいる複雑な混合物である。石炭のおおよその化学式は $C_{135}H_{96}O_9NS$ で，石炭の炭素含量が質量にして約 85%であることが分かる。比率が小さい水素，酸素，窒素，および硫黄は古代の植物を作っていた物質，および植物が埋もれていたときに周囲にあった他の物質に由来する。さらに，石炭によっては，微量のケイ素（シリコンとも呼ばれる），ナトリウム，カルシウム，アルミニウム，ニッケル，銅，亜鉛，ヒ素，鉛，水銀を含むものもある。

ダイヤモンドは石炭から生成されるという通説があるが，そのようなことは（あったとしても）ほとんどない。なぜならば，石炭は地表から 3.2 km 以下の深さで発見されるが，ダイヤモンドの形成に必要な高温高圧の反応は，地球のマントルの限られた地帯，つまり地表からおよそ 90 マイル（150 km）下の場所で起こるからである。

問 6.20　考察問題

石炭の燃焼について

a. 石炭の組成が $C_{135}H_{96}O_9NS$ という式で近似できると仮定して，150 万 t の石炭に含まれる炭素の質量（t）を計算しなさい。この量の石炭が通常の発電所で 1 年間に燃焼される。
b. この質量の石炭を燃やすことによって放出されるエネルギー量（kJ）を計算しなさい。この過程では，石炭 1 g あたり 30 kJ のエネルギーが放出されると仮定する。
c. この石炭 150 万 t を完全に燃焼させると，何 t の CO_2 が生成されるか計算しなさい。

ヒント：反応式では，石炭：CO_2 のモル比を 1：135 と仮定する。

炭にはさまざまな等級があるが，いずれも炭素の割合が高く，酸素の割合が低いため，木材よりも優れた燃料といえる。例えば，1 mol の C を燃やして CO_2 を発生させると，1 mol の CO を燃やして CO_2 を発生させるよりも約 40%多くのエネルギーが得られる。

問 6.21　展開問題

多種多様な石炭

インターネットを使って，異なる等級の石炭を比較しなさい。その組成，エネルギー含有量，産地についての詳細も含めること。
a. これらの異なる品種はどのように形成されるか。
b. どの品種が最もエネルギー含有量が高いか。
c. アメリカで最も豊富な石炭は何か。それを他の主要産炭国の埋蔵量と比較しなさい。

石炭は世界中で入手可能であり，現在でも広く使われている燃料であるが，石炭には重大な欠点がある。第一は地下から採掘しなければならないことで，危険であると同時に経費がかさむ。アメリカ国内では炭鉱の安全性は劇的に向上したが，過去 1 世紀の間に，事故，落盤，火災，爆発，有毒ガスなどによって 10 万人以上の労働者が死亡している。また，さらに多くの労働者が呼吸器系疾患で死亡している。世界的に見れば，この状況はこれよりはるかに深刻である。

第二の欠点は，石炭採掘がもたらす環境破壊である。地下水が廃坑に浸透したり，石炭鉱床によく見られる硫黄分を多く含む岩石と接触したりすると，地下水は酸性化する。酸性の炭坑排水には多量の鉄やアルミニウムも溶けるため，多くの種類の魚が棲めなくなり，さらには多くの地域社会の飲料水の水源が危険にさらされる。

アパラチア地方の多くの河川は，数十年にわたる採掘作業によって高レベルの汚染に苦しんでいる。

石炭鉱床が地表に十分に近い場所にある場合，より安全な採掘が可能だが，それでも環境への代価は残る。その一つが，ウェストバージニア州やケンタッキー州東部でよく見られる「mountaintop mining（山頂採掘）」と呼ばれる採掘方法である。この採掘法では，地表の植生を削り取り，山の頂上数百 m を発破で吹き飛ばして，その下にある炭層を露出させる。この山頂採掘では大量の瓦礫（“邪魔な表土”）が発生し，多くの場合，瓦礫は近隣の河川渓谷に投棄される事案が発生している。2011 年，アメリカ環境保護庁（EPA）は，1985 ～ 2012 年の間に，アパラチア山脈の約 2,000 km 以上の河川が山頂採掘の結果，完全に埋没したと推定している。さらに，周辺の水系における堆積物やミネラル分の増加は，多くの水生生態系に悪影響を及ぼしている。また，この採掘方法によって発生する空気中の石炭粉塵は，肺癌や先天性欠損症など多くの健康問題に関与している。

第三の欠点は，石炭が“汚い燃料”だということである。もちろん物理的に汚いのだが，ここで問題なのは燃焼生成物が“汚い”ことである。19 世紀から 20 世紀の初めにかけて，都市で無数の暖炉やストーブで燃やされた石炭からの煤が建物と人々の肺の両方をどす黒くした。実際，1940 年代半ばには，ペンシルベニア州ピッツバーグ近郊の製鉄所で石炭が燃やされ，真昼の太陽を覆い隠すほどの大気汚染が発生した（**図 6.12**）。

図6.12
1940 年午前 10 時 55 分，ペンシルベニア州ピッツバーグで撮影された写真。近隣の製鉄所や発電所で石炭が燃やされ，煙とばい煙によって真昼の太陽が遮断された様子。

石炭を燃やすと，排ガス中に*飛散灰*と呼ばれる微粒子が発生する。以前は，この灰は環境中に放出されていたが，近年の規制強化により，微粒子の排出は極めて少なくなった。現在，ほとんどの石炭火力発電所では，煙突に上がる前に灰を捕捉するために，一連のフィルターと集塵装置が使用されている。その他にも石炭を燃やすと，*ボトムアッシュ*と呼ばれるより大きく重い粒子も発生するが，これは発電所でより簡単に回収されている。アメリカでは毎年，石炭火力発電所から 9,200 万 t の石炭灰が発生すると推定されている。

石炭はそのほとんどが炭素であるが，灰にはほとんど炭素が残っていない。石炭灰の組成は地殻に見られるものと似ており，主なものはケイ素，アルミニウム，鉄，カルシウムの酸化物で，その他にもマグネシウム，カリウム，ナトリウム，チタン，硫黄の酸化物が濃度が低いながらも含まれている。石炭に含まれる水銀，鉛，カドミウムなどの有害元素の量はわずか（50 ～ 200 ppb）であるが，これらは灰の中に濃縮され，埋立地や貯蔵地から環境中に溶出する可能性がある。さらに，現場に残された灰は，保管上の危険ももたらす。例えば，**図 6.13** は，貯蔵池の擁壁が崩壊して谷に流出した数百万 L の飛散灰汚泥が引き起こした災害の様子である。

図6.13
2008 年の 12 月にテネシー州ノックスビル近郊の石炭火力発電所で残滓貯留池が決壊した時には，120 万 m^3 の石炭灰汚泥が流出して 15 世帯が飲み込まれた。
©Wade Payne/AP Images

最近，環境への害を防いで持続可能性を高めるために，石炭灰廃棄物の再利用に多くの関心が寄せられている。例えば，コンクリートへの灰の添加は，その耐久性，耐薬品性，硬化時の収縮を改善することが示されている。また，カーペットの裏張り，防火・防熱装置，自動車や船舶の車体，断熱材，塗料，さらには歯磨き粉などの製品にも，微小な飛散灰が含まれている。

最後に挙げる欠点が最も深刻である。石炭を燃やすと，酸性雨（NO_x や SO_x）や地球温暖化（CO_2）の原因となるガスが発生する。実際，石炭の燃焼は，放出される熱 1 kJ あたりの CO_2 発生量が石油や天然ガスよりも多い。近年，石炭は世界で最も急成長している化石燃料として位置付けられており，中国とインドで生産と使用が爆発的に増加している。

問 6.22　考察問題

石炭燃焼による排出

アメリカでは，二酸化硫黄排出量の 3 分の 2 と一酸化窒素排出量の 5 分の 1 を石炭火力発電所が担っている。

a. なぜ石炭を燃やすと二酸化硫黄が発生するのか説明しなさい。大気中の SO_2 の他の発生源を挙げなさい。

b. なぜ石炭を燃やすと一酸化窒素が発生するのか説明しなさい。NO の他の発生源を二つ挙げなさい。

石炭には以上のような欠点がある一方で，アメリカの石炭の埋蔵量が比較的多いことから，石炭技術を改善するための研究が進められている。矛盾した言葉のように聞こえるかもしれないが，「クリーンコール（きれいな石炭）」は，石油輸入への依存を減らし，大気汚染を減らすための重要な一歩として，その支持者によって推進されている。クリーンコール技術という言葉は，実際には石炭火力発電所の効率を高め，有害な排出物を減らすことを目的としたさまざまな方法のことを含んでいる。

化石燃料の中で最も汚い石炭にどのような未来があるだろうか。その答えは，読者がどこに住んでいるかによる。**図 6.14** は，1992 ～ 2017 年までの世界各地域の石炭消費量を比較したものである。ほとんどの地域で変化は穏やかなものだが，アジアでは石炭の使用量が急増している。なぜならば，中国には急成長の原因となる莫大な石炭埋蔵量があるからだ。しかし一方で，（どの国であれ）石炭燃焼は明らかに持続可能性の基準を満たしていない。

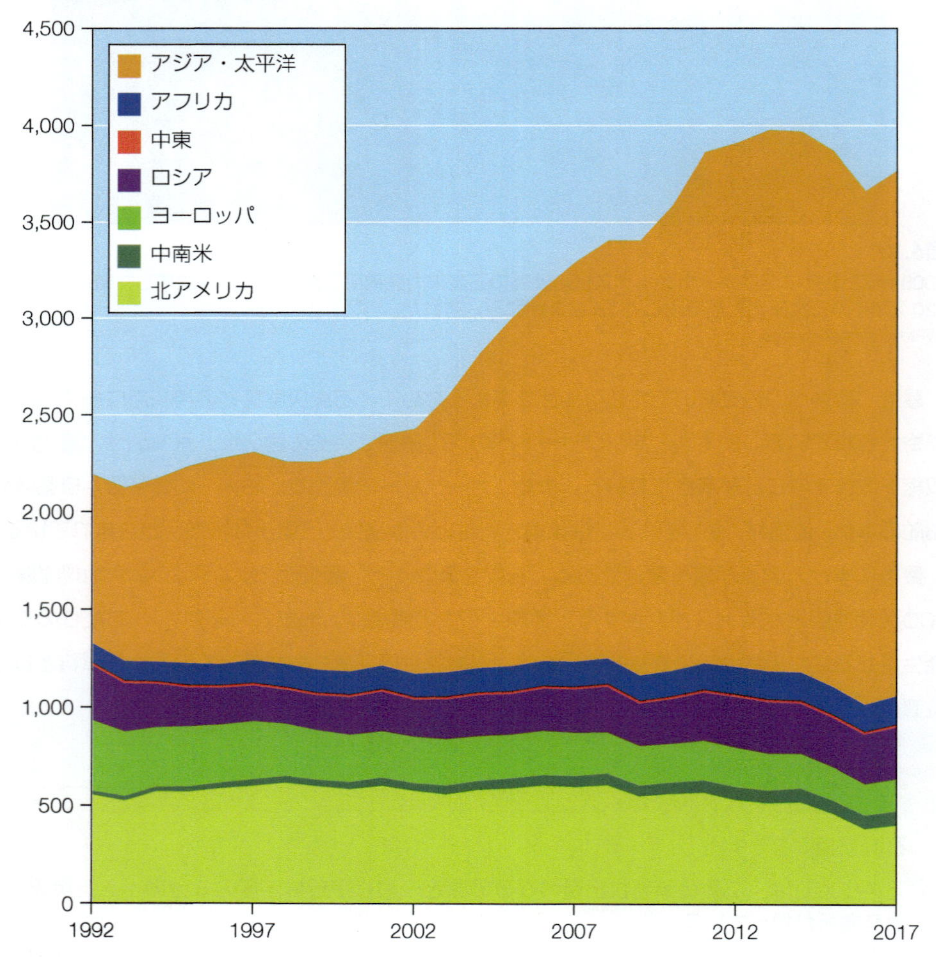

図6.14
世界の地域別石炭消費量（1992 ～ 2017 年），単位：100 万 t 石油換算。
出典：BP世界エネルギー統計レビュー，2018年6月

問 6.23　展開問題

クリーンコールとは？

2011 年，ある新聞のコラムニストは，クリーンコールという考えは「依然として遠い夢」であると述べた。

a. 石炭を汚れた燃料にしている三つの要因を挙げなさい。

b. それから約 10 年経った今，クリーンコールの夢は実現に近づいているといえるか。近づいている・近づいていないのどちらかを選択し，あなたの主張を述べなさい。

6.9　蒸気機関からスポーツカーへ：石炭から石油へのシフト

19 世紀後半では，アメリカで最も多く使われていた燃料は依然として石炭であり，石油の生産はペンシルベニア州で細々と行われていたに過ぎない。しかし，アメリカの近代石油産業が大きく変わる事件が 1901 年に起きた。テキサス州南東部にある巨大な岩塩ドームから成る丘を掘削したところ，150 フィートを超える高さまで石油が噴出したのである（**図 6.15**）。いわゆる *“ルーカス・スピンドルトップの湧出”* は 9 日間も収束せずに続き，その結果，85 万バレルの石油が失われた（現在の価格で約 30,000,000 ドル）！ その後のテキサス州の石油ブームにより，原油価格は 1 バレルあたり 2 ドルから 0.03 ドルまで下落し，やがてアメリカは世界有数の原油生産国になった。

主に自動車によるエネルギー需要により，石油が石炭を上回り，アメリカの主要エネルギー源となったのは 1950 年である。その逆転の理由は比較的簡単に理解できる。石炭と違って石油は液体であるため，地表に汲み上げたり，パイプラインで精製所まで運んだりしやすいという大きな利点がある。さらに，石油は石炭に比べて 1 g あたり約 40 ～ 60%も多くエネルギーを生み出すことができる。石油の典型的な値は 48 kJ/g で，これに対して高品位の石炭は 30 kJ/g である。

1860 年代後半から始まった掘削と輸送の技術的進歩は，石油が石炭をしのいでアメリカの主要なエネルギー源となるための基礎を築いた。原油とそれから生み出される製品の探査，精製，輸送を開発・拡大するために必要な社会的基盤は，1870 年にスタンダード・オイル社を設立した実業家ジョン・D・ロックフェラー（1839 ～ 1937 年）によって先導された。

原油はその産地によって，透明な黄金色の粘性のある液体から，黒いタール状の液体までさまざまである。原油の独特の悪臭は，硫化水素（H_2S）などの硫黄含有化合物や，炭素原子に結合した -SH 基（CH_3CH_2SH など）によるものである。

図6.15
1901 年 1 月 10 日のルーカス・スピンドルトップの湧出（左）と，その 1 年後の油田探査（右）。
©Courtesy of Texas Energy Museum

6.10 岩石からの石油の搾り取り：いつまで続けられるのか？

1 バレルは 159 L（42 ガロン）に等しい。
また 7.33 バレルの石油は 1,000 kg の重さがある。

問 6.3 と 6.4 で見たように，石油は化石燃料であり，その総量には限りがある。しかし，世界中にはまだ豊富な石油埋蔵量がある（**図 6.16**）。世界で確認されている石油埋蔵量は 1.7 兆バレルで，1 日あたり 8,700 万バレルが生産されている。従って，社会における潜在的脅威は*化石燃料の残量*ではなく，むしろそれを採掘できる*速度*である。1950 年代半ば，世界の平均石油消費量は 1 日あたり約 800 万バレルで，生産量は 1,500 万バレルだった。現在では，1 日あたり 9,800 万バレルを消費し，9,900 万バレルを生産している。世界の石油生産量と消費量の比率は一定ではなく，地政学的要因や原油探査・採掘の成否によって，どちらにも傾く可能性がある（**図 6.17**）。

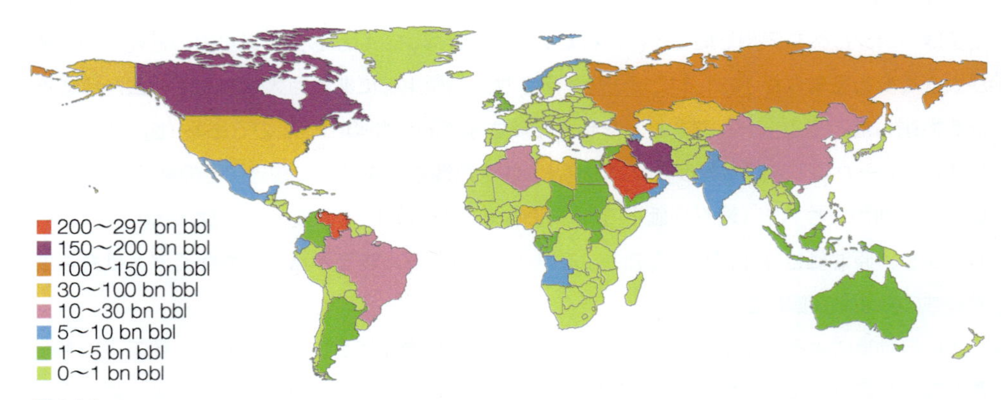

図6.16
2017 年現在の世界の確認石油埋蔵量。単位（bn bbl）は 10 億バレル。

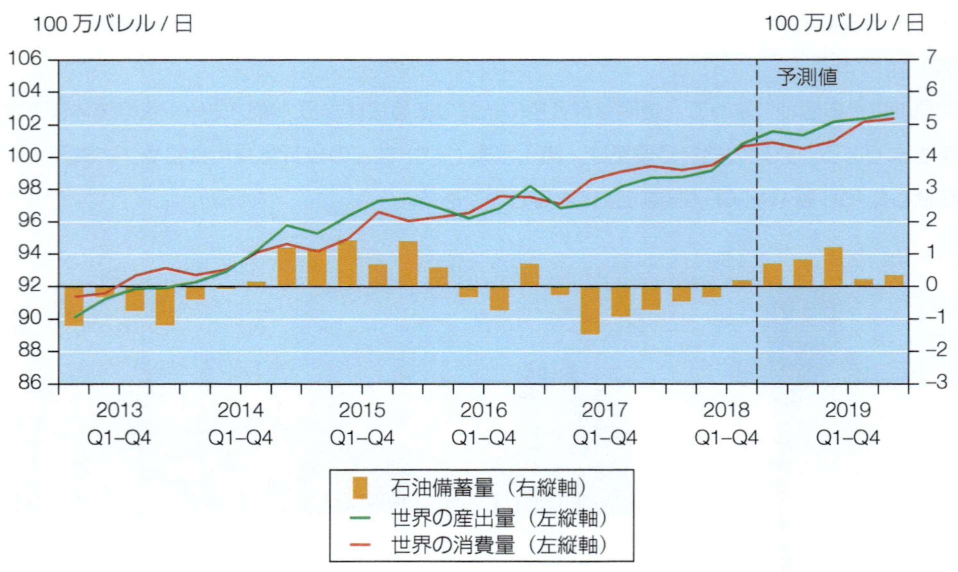

図6.17
世界の石油産出量と消費量の比較（2013 ～ 2019 年）。
出典：アメリカエネルギー情報局（EIA）

問 6.24　練習問題

1 バレルとは？

石油業界では，消費と生産の標準的な尺度として，バレル / 日を使用している。しかし，トンなどの燃料の重さ，あるいはガロン（gal）やリットル（L）などの体積で示されることも多い。現在の世界の原油消費量と生産量を t，gal，L に換算しなさい。

一般に思われているように石油は地下にたまっているわけではなく，砂岩やタール質のオイルサンド，頁岩などの地質岩石の孔や隙間の中にある（**図 6.18**）。岩石層内の空隙率が高いほど，石油を貯蔵できる可能性が高いことは想像の通りである。しかし，重要なのは空隙率だけではない。岩石層から十分な量の石油やガスを手に入れるためには，隙間が相互につながっている必要がある。これは貯留層の*透過性*と呼ばれることである。空隙が互いに孤立している場合，空隙率や石油分の多少に関わらず，石油を取り出すことはできない。

図6.18
貯留岩の顕微鏡写真。孔隙や粒界（クラック）内に石油が閉じ込められている。水や天然ガスも岩石の孔内に存在することが多い。

*貯留層*と呼ばれる石油を多く含む岩石層を見つけるためには，多くの時間と費用が費やされる。これらの貯留層は，陸や海の底に存在し，その深さはさまざまである。科学者はまず，音波を使って地下の岩石に石油やガスが埋蔵されている地層を探査する。そこから試掘井が掘られ，地中のサンプルが採取され，その中に石油が含まれているかどうかが調べられる。このように油田の探索には時間がかかるため，現在私たちが使用している石油は，数十年前に発見された油田から採掘されたものである。カスピ海のカシャガンで発見された大規模な油田は，130 億バレル以上の埋蔵量が見込まれている。この油田は 2000 年に発見されたにも関わらず，カシャガンの石油の生産が開始されたのは 2013 年である。

貯留層は，何百万 t もの岩石の重さによる圧力と地球の自然熱にさらされており，その両方が岩石の隙間にある気体を膨張させる。油井がこの貯留層を貫通すると，圧力が解放され，岩石の孔から油井を通して石油が地表に押し上げられる。このとき，先に述べた“ルーカス・スピンドルトップの湧出”のような制御不能な状態になるのを防ぐため，*クリスマスツリー*と呼ばれる複雑なバルブシステムが油井内の圧力を制御している。このような石油の湧き出しは，何日も場合によっては何年も続くが，やがて圧力が低下して止まる。このような場合には油井ポンプを使用しなければならない。また，圧力を高めて石油の湧き出しを維持するために，採掘した天然ガスを石油から分離して貯留層に再注入することもある。しかし最終的には，これらの方法では石油の流れを維持することができなくなる。

さらに多くの石油を回収するためには，圧入井を掘って貯留層に水を圧入する必要がある。この*二次回収*として知られるプロセスでは，加圧された水で岩石の隙間を洗い流して，石油を地表に押し出す。しかし，元の石油の大部分は，依然として貯留層岩盤内に残留したままである。実際，最初の掘削で湧き出す石油は元の貯留層のわずか 20 ～ 25%で，二次回収で得られるのはさらに 5 ～ 10%である。すなわち，貯留層内には元の石油の約 65 ～ 70%が残っていることになる。つまり，1 バレルの算出した石油につき 2 バレルの石油が残されていることになる。将来考えられるガソリンなどの石油製品不足に対応するためには，この貯留層内に残された石油をさらに掘り出す経済的で持続可能な戦略を見つける必要がある。

温室効果ガスを利用できることから，現在最も関心を集めているのが，二酸化炭素による石油増進回収法（CO_2 Enhanced Oil Recovery: CO_2-EOR）である（**図 6.19**）。枯渇した石油・ガス貯留層に CO_2 を貯留するというこの方法は非常に有望視されている。アメリカエネルギー省（DOE）は，アメリカとカナダで 1,520 億 t 以上の CO_2 を隔離できる可能性のある場所を文書化している。現在，アメリカでは年間約 4,800 万 t の CO_2 が EOR のために注入されている。

カナダのサスカチュワン州南東部では，CO_2-EOR の国際的な試験研究が進行中である。2014 年，SaskPower 社は石炭火力発電所を炭素回収・隔離技術に対応できるように改修した。このプロジェクトにより，開始から現在までに 280 万 t の CO_2 を回収して，近隣の油田での石油増進回収を促している。これまでのところ，この取り組みにより，その地域の油田で日量 28,000 バレルもの石油生産量の増加が確認されている。全体として，この取り組みによってさらに 1 億 3,000 万バレルの石油が生産され，油田の生産寿命が 25 年延びることになる。2035 年までに元の油田の 60%が採掘され，その後 3,000 万 t の CO_2 が貯蔵されると予測されている。

石油の専門家は，石油の産出量はやがてピークを迎え，その後減少に転じると予測している。採掘が容易な油井を掘り尽くした後は，発見されるこれまで見向きもされなかった困難な場所にある石油が残る。この非従来型の石油は，海底のさらに何千 m も下にあり，深海掘削装置でしか採掘できない。このタイプの石油はカナダのタール状の油砂や，ユタ州，コロラド州，ワイオミング州の油頁石の中に存在することが確認されていて，その量はおよそ 3 兆バレルに達すると見積もられている。とはいえ，もしこの石油が容易に回収できたなら，今日でもオイルサンドや頁岩の中に埋もれていることはなかっただろう。

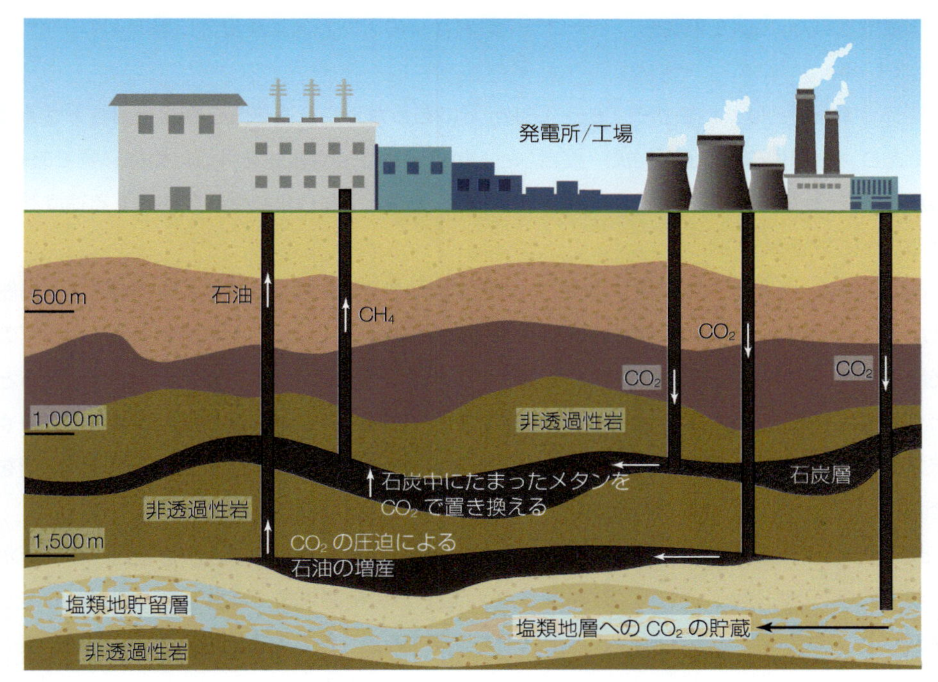

図6.19
化石燃料火力発電所から隔離された CO_2 を石油回収に利用する CO_2-EOR 戦略の概略図。

6.11　天然ガス：“クリーン”な化石燃料？

天然ガス（主成分はメタン，CH_4）は，アメリカの半分以上の家庭に熱を供給している。天然ガスからの熱は，家庭の暖房で直接供給されるか，発電所で天然ガスを燃焼して作られた電気を介して供給される。化石燃料の中では，天然ガスは比較的きれいな燃料である。天然ガスを燃やしても二酸化硫黄は基本的に排出されず，粒子状物質，一酸化炭素，窒素酸化物も比較的少ない。燃焼後に有害金属を含む灰が残ることもない。天然ガスを燃やすと，温室効果ガスである CO_2 が発生するが，単位エネルギーあたりに発生する量は他の化石燃料に比べて少ない。

原油換算バレル（BOE）と呼ばれるエネルギーの単位は，原油 1 バレルを燃焼したときに放出されるエネルギー（6.1×10^6 kJ）として定義される。1 BOE は 170 m^3 の天然ガス，または 200 kg の石炭にほぼ等しい。

問 6.25　練習問題

石炭と天然ガスの比較

天然ガス 1 g を燃焼させると，50.1 kJ の熱が放出される。

a. 天然ガスを燃焼させて 1,500 kJ の熱を発生させたときに放出される CO_2 の質量を計算しなさい。天然ガスは純粋なメタン（CH_4）であると仮定する。

b. 問 6.21 で調べた石炭の等級から一つを選んで，その石炭を燃やして同じ 1,500 kJ の熱を発生させたときに発生する CO_2 の量（重さ）をメタンの場合と比較しなさい。

石油貯留層には天然ガスのポケットを伴っている。天然ガスの採掘には，論争の的になっている**水圧破砕法（フラッキング）**が用いられる。フラッキングは 1940 年代に初めて試みられたが，大規模に行われるようになったのはごく最近のことである。2004 年，ペンシルベニア州，ウェストバージニア州，およびその近郊の一部の州の地下にあるマーセラス頁岩に，最初の坑井が掘削された。2018 年現在，マーセラス頁岩からの天然ガス生産量は日量 5.4×10^8 m^3 に達している。

フラッキングとは，地表から 1.6 ～ 4.8 km 下にあるガスや石油を含む岩盤を掘り下げる技術であり，透過性の低い硬い岩層（頁岩など）から天然ガスや石油を得るために必要である。しかし，フラッキングは，多孔質地層（砂岩，石灰岩など）から化石燃料を回収する速度を上げるためにも使用される。

1970 年代後半以来，水圧破砕は，アメリカ，南アフリカ，オーストラリアを含む多くの国々で，特定の井戸からの飲料水の収穫量を増やすために使用されてきた。

この技術は，水を大量に消費する上，水質汚染や地殻変動を通じて環境に影響を与える可能性がある。さらに，人体に健康被害を及ぼす可能性もある。こういった理由でフラッキングの使用は大きな議論を呼んでいる。さらに，大小の地震が水圧破砕活動の増加に関連しているという報告もある。その結果，世界各地でさまざまな連邦規制や地域規制が設けられ，ドイツやアメリカのメリーランド州，バーモント州，ニューヨーク州のように，フラッキングの使用を全面的に禁止している地域もある。

天然ガスや石油が流れ込む亀裂を作るために，フラッキング液（さまざまな物質を含んだ水溶液）が地中に高圧注入される（**図 6.20**）。水はこれらの亀裂を開く支柱となる細かい砂をも運ぶ。次の問題では，フラッキング法の詳細を確認することができる。

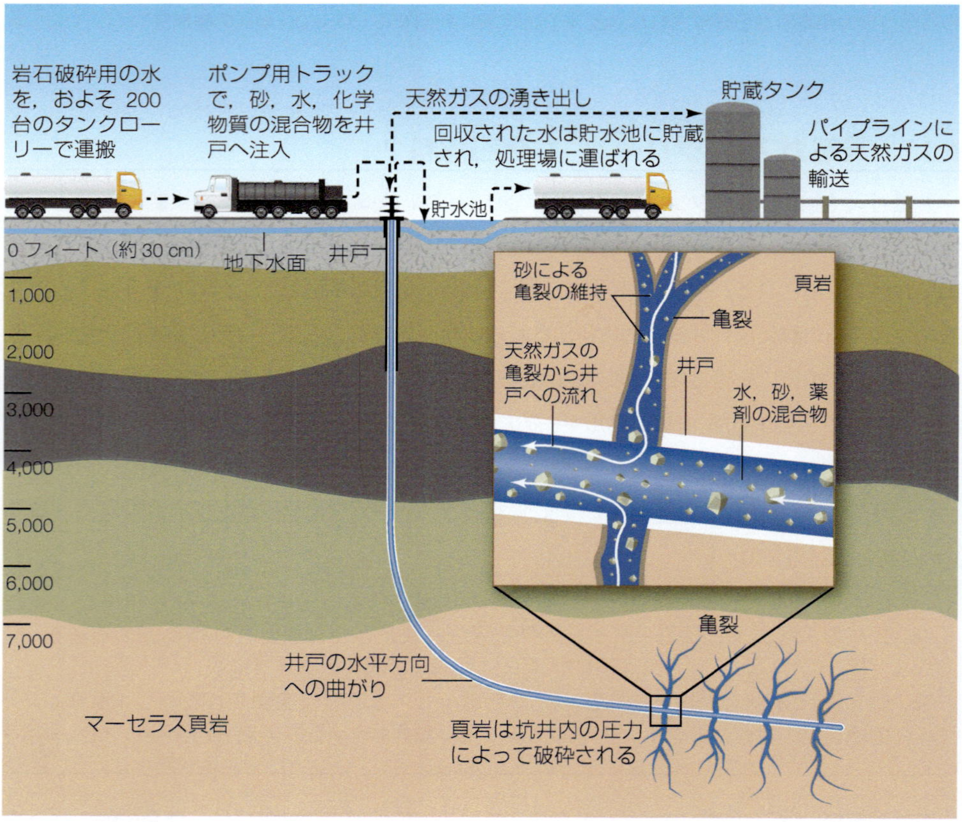

図6.20
地下貯留層から天然ガスを抽出するために使用されるフラッキング法の概略図。

問 6.26　考察問題

フラッキング法

a. 天然ガス採掘の際，頁岩の破砕はダイナマイトではなく水圧で行われる。水圧とはどういう意味か。また，ダイナマイトが使えない理由を述べなさい。
b. 一般的にどれくらいの量の水が坑井に注入されるか。この水に含まれるカクテル（cocktail）の成分は何か。
c. 水の一部は排水として地表に戻る。この排水の処理にはどのような選択肢があるだろうか。

6.12　原油の精製

石油は数千種類の化合物の混合物であり，その大部分は1分子あたり5～12個の炭素原子から成る炭化水素である。石油に含まれる炭化水素の多くは**アルカン**であり，炭素原子間に単結合しか持たない炭化水素である。

ガソリンなどの炭化水素は，どのようにして石油から作られるのだろうか。それは石油産業の象徴である製油所で行われる（**図 6.21**）。原油精製の最初の段階で，原油はガソリン分を含む留分に分離される。精製所では，原油を沸点まで加熱して蒸気圧の低い成分をまずは蒸発させる。そして蒸発した成分の蒸気を集めて再び凝縮させることで個々の成分を分離していく。この蒸発・凝縮を使った分離を**蒸留**と呼ぶ。しかし，沸点に達した液体は，分子レベルで見たら何が起きているのだろうか。

ガソリンが初めて生産されたのは1800年代半ばのことだが，その価値が高まったのは20世紀初頭に自動車が登場してからである。

図6.21
高層の蒸留塔を備えた製油所。炎から分かるように，少量の天然ガスが燃やされる。
©Keith Wood/Corbis

液体の**揮発性**とは，液体が気化して気体に変化する際の，しやすさを指す。すなわち，蒸発しやすさを意味する。液体が加熱されると，個々の分子を*分子間力*で結び付けている結合がちぎれる。液体の炭化水素分子同士を結び付けている分子間力は**ロンドン分散力**と呼ばれ，分子内の原子を結合している共有結合に比べて非常に弱い。**図 6.22a** に示されているように，二つ

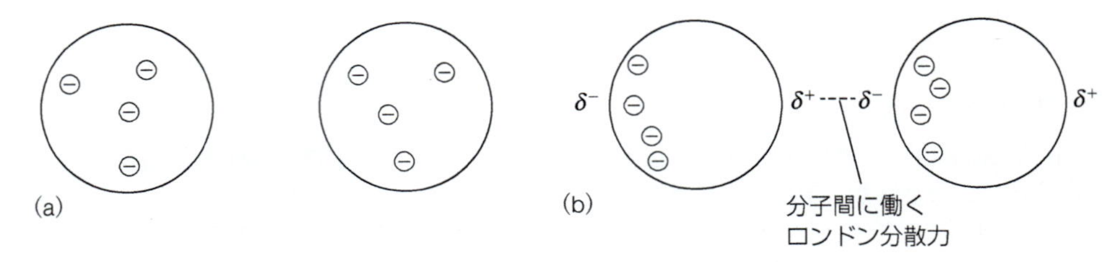

図6.22
ロンドン分散分子間力の図解。(a) 電子がランダムに分布している二つの別々の非金属原子または非極性分子。正電荷を帯びた原子核は描かれていない。(b) 電子の位置の揺らぎから部分電荷が生じ，その部分電荷により発生する分子間の弱いロンドン分散引力。

の非金属原子または非極性分子が互いに接近しても，それぞれの電子はランダムに分布しているので，そのままでは分子間には測定可能な引力は生じない。しかし，電子は常に動き回っているため，分子の一部に他の部分よりも多くの電子が局在することがある。このとき，原子や分子が互いに接近すると，電子同士の反発で，隣接する原子や分子に部分的に逆の電荷が生じ，弱い引力が発生する（図 6.22b）。構成原子のサイズが大きくなるにつれて，電子は原子核から遠くなり，近傍に接近する際に分散力が働きやすくなる。

炭化水素の C-H 共有結合の強さが 400 kJ/mol 程度であるのに対し，ロンドン分散力の強さはわずか 0.1 ～ 2 kJ/mol である。比較として，5.2 節で紹介した水素結合の分子間力は 5 ～ 15 kJ/mol 程度である。大きくて重い原子を含む分子は，小さくて軽い分子よりも強い分散力を示す。さらに，構造は似ているがモル質量が大きい分子も，分散力が強くなる。

絶対零度（0 K または－273℃）よりも十分高い温度では，全ての液体はある程度は気化している。温度が上がるにつれて，より多くの分子が気化するようになり，液体の**蒸気圧**が上昇していく（**図 6.23**）。液体の**沸点**とは，液体の蒸気圧が周囲の圧力と等しくなる温度である。

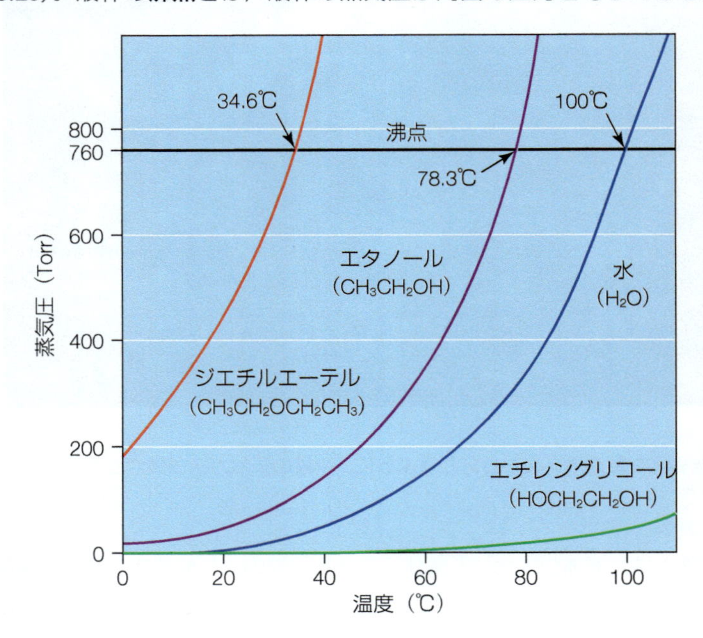

図6.23
液体の蒸気圧と温度の関係。通常の沸点は，液体の蒸気圧が外圧 1 気圧（atm）または 760 Torr になる温度として定義される。

海面での大気圧は 1 気圧（101 kPa または 760 Torr）である。海水面の水の蒸気圧を大気圧と同じにするには，水を沸点 100℃まで加熱する必要がある。液体の沸点と分子間力の関係は次の通りである。

分子間力の増加（↑）＝沸点の上昇（↑）

表 6.3 に示すように，アルカン鎖長が長くなると，隣接する炭化水素分子間のロンドン分散力が強くなるため，炭化水素の沸点が上昇する。

表 6.3　アルカン分子の例

分子名と化学式	沸点（25℃における状態）	構造式	縮約構造式
メタン CH_4	−161℃ （気体）	H H—C—H H	CH_4
エタン C_2H_6	−89℃ （気体）	H H H—C—C—H H H	CH_3CH_3
プロパン C_3H_8	−42℃ （気体）	H H H H—C—C—C—H H H H	$CH_3CH_2CH_3$
n-ブタン C_4H_{10}	−0.5℃ （気体）	H H H H H—C—C—C—C—H H H H H	$CH_3CH_2CH_2CH_3$
n-ペンタン C_5H_{12}	36℃ （液体）	H H H H H H—C—C—C—C—C—H H H H H H	$CH_3CH_2CH_2CH_2CH_3$
n-ヘキサン C_6H_{14}	69℃ （液体）	H H H H H H H—C—C—C—C—C—C—H H H H H H H	$CH_3CH_2CH_2CH_2CH_2CH_3$
n-ヘプタン C_7H_{16}	98℃ （液体）	H H H H H H H H—C—C—C—C—C—C—C—H H H H H H H H	$CH_3CH_2CH_2CH_2CH_2CH_2CH_3$
n-オクタン C_8H_{18}	125℃ （液体）	H H H H H H H H H—C—C—C—C—C—C—C—C—H H H H H H H H H	$CH_3CH_2CH_2CH_2CH_2CH_2CH_2CH_3$

注：*n*-ブタン，*n*-ペンタン，*n*-ヘキサン，*n*-ヘプタン，*n*-オクタンには，異性体として知られる他の構造形態がある（6.13 節参照）。*n* はノルマル（normal）を表し，直鎖異性体である。

問 6.27　練習問題

沸点の違い

以下の分子を，分子間力の相対的な強さに基づいて，沸点の高い順に並べなさい。

a. I_2，Br_2，Cl_2，F_2

b. CH_4，CF_4，CBr_4，CI_4

原油を蒸留するには，まずボイラー（**図 6.24**）に原油を送り込んで加熱する。その後，蒸留塔で分留が行われる。

- 沸点の低い（モル質量の小さい）炭化水素が最初に気化し，蒸留塔を上昇する。
- より高い温度（蒸留塔の下部）で，より高い沸点（大きいモル質量および / またはより複雑な化学構造）を持つ化合物が気化する。
- 気化した化合物は全て蒸留塔を上昇していくが，高くなるにつれて蒸留塔の温度が下がるため，塔内の高さによって異なる化合物が凝縮して液体になる。

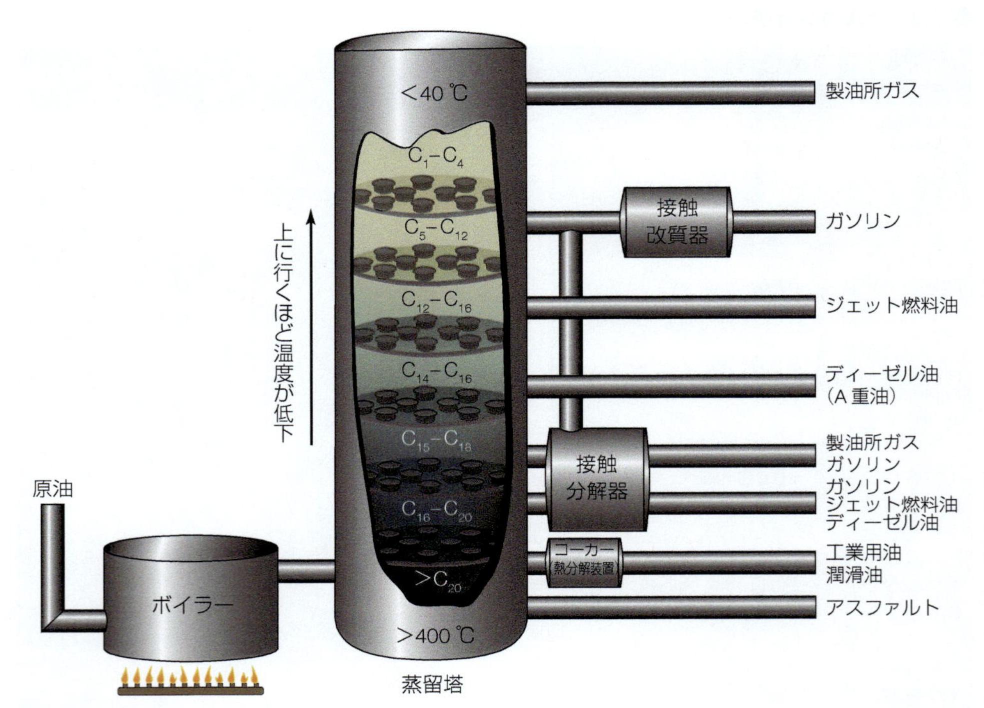

図6.24
原油の蒸留塔の図で，さまざまな留分と製品の典型的な用途を示す。
出典：McGraw-Hill Education

図 6.24 は，蒸留塔の大よその構造と得られる化合物やその混合物を示している。得られるものはアスファルトのような固体やガソリンのような液体，そしてメタンのような気体である。それぞれの精製量は原油の種類によって異なってくる。回収される“最も軽い”留分は**精製ガス**である。これらの化合物は 1 分子中に 1 ～ 4 個の炭素原子を持ち，メタン，エタン，プロパン，ブタンなどが含まれる。精製ガスは可燃性であり，精製所で燃料として使用されることもある。また，家庭用に液化して販売することもできる。化学メーカーも，新しい化合物を作るための出発原料として精製ガスを使用することがある。

精製ガスには，天然ガスの主成分であるメタンが含まれている。しかし，天然ガスの大部分は，精製所での蒸留ではなく，油田やガス井から直接産出される。各家庭に送られる天然ガスは，ほとんどメタンだが，エタン（2 ～ 6%）やモル質量の小さい他の炭化水素も含まれている。天然ガスはまた，少量の水蒸気，二酸化炭素，硫化水素，ヘリウムを含むこともある。

天然ガスは無臭であるが，エタンチオール（CH_3CH_2SH）のようなさまざまな硫黄を含む化合物が，ガス漏れの検知のための臭気物質として添加されている。

精油所では，精製ガスの他にもさまざまな化合物が生産される。1 バレルの原油から約 45 ガロンの石油製品が得られ，そのうち約 37 ガロンは暖房と輸送のために燃やされる（**図 6.25**）。残りの 1 〜 2 ガロンは，プラスチック，医薬品，繊維，その他の炭素系製品を製造するための“原料”となる。これらの炭化水素原料は再生不可能な資源であるため，ある日突然，石油製品が貴重すぎて燃やせなくなる日が来てもおかしくない。

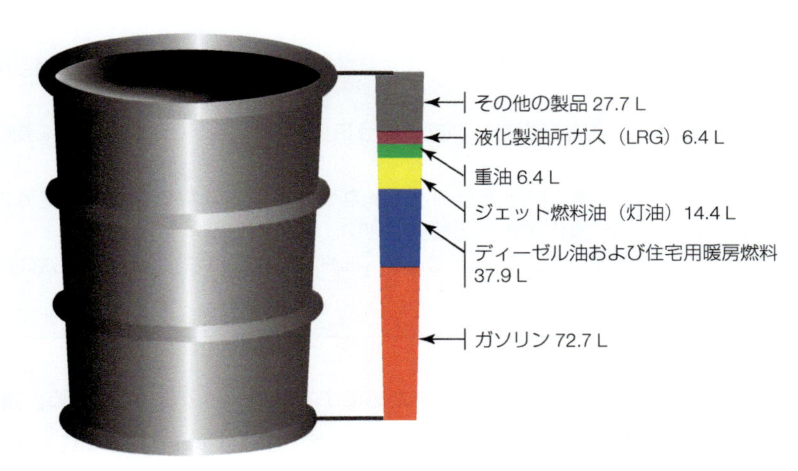

図6.25
原油 1 バレルを精製して得られる製品。
出典：アメリカエネルギー情報局（EIA），2018年

6.13　ガソリンとは何か

原油を蒸留して得られる化合物の割合と社会の需要は必ずしも一致しない。例えば，ガソリンの需要は高沸点留分よりもかなり高い。そのため，化学者は*分解*や*改質*などを通して需要の高いもの，すなわちより高品質のガソリンを作り出している。

熱分解法とは，大きな炭化水素分子を高温に加熱することで小さな分子に分解する方法である。この工程では，最も重い原油留分を 400 〜 450℃の温度に加熱する。この温度では，最も重いタール状の原油分子がガソリンやディーゼル燃料用の小さな分子に“分解”される。例えば，高温では $C_{16}H_{34}$ の 1 分子をほぼ同じ二つの分子に分解することができる。

$$C_{16}H_{34} \xrightarrow{\text{熱}} C_8H_{18} + C_8H_{16} \qquad [6.9a]$$

また，熱分解は異なるサイズの分子を生成することができる。

$$C_{16}H_{34} \xrightarrow{\text{熱}} C_{11}H_{22} + C_5H_{12} \qquad [6.9b]$$

いずれの場合も，炭素原子と水素原子の総数は，反応物と生成物とで変化しない。大きな分子が，より小さく，より経済的に重要な分子に分割されただけである。空間充填モデルを使って示すと，サイズの違いは明らかである。

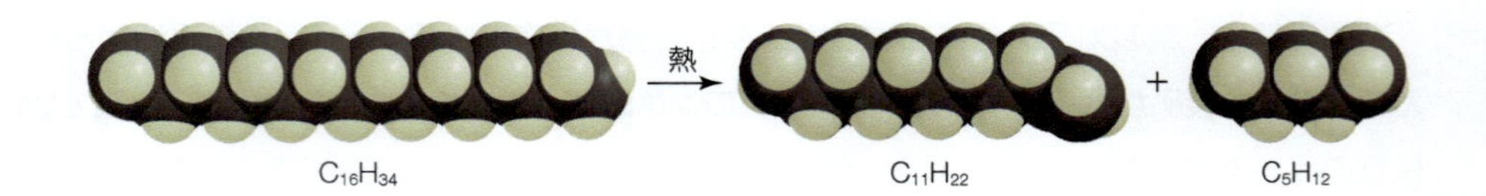

問 6.28　練習問題

分解（クラッキング）について

a. $C_{16}H_{34}$ を熱分解したときにできる 1 対の生成物の構造式を描きなさい（6.9a，b 式を参照）。
ヒント：生成物を，二重結合を一つ含むように直鎖状に描いてみよう（生成物は 1 種類）。

b. C=C 二重結合を一つ持つ炭化水素の一般的な化学式を書きなさい。これを 6.2 節で示したアルカンの一般化学式と比較しなさい。

c. 分子間力の知識を応用して，$C_{16}H_{34}$，$C_{11}H_{22}$，C_5H_{12} の相対的な沸点を予測しなさい。実際の値を調べ，予測値と比較しなさい。

補足
触媒が化学反応の速度にどのような影響を与えるかについては，6.14 節で説明する。

熱分解法の問題点は，必要な高温を作り出すためにエネルギーが必要な点である。**接触分解**は，触媒を使って比較的低い温度で大きな炭化水素分子を小さな分子に分解することができる。全ての主要石油会社の化学者は，より選択性があり安価な分解触媒の発見に取り組んでいる。

もう一つの重要な化学的な方法は，**接触改質**である。この方法では，分子の構造の組み替えが行われる。通常は直鎖分子から始まって，より分岐の多い分子が生成される。後で述べるように，分岐の多い分子は自動車エンジンでよりスムーズに燃焼する。

同じ分子式を持つ分子は，必ずしも同じ構造を持つとは限らない。例えば，オクタンの分子式は C_8H_{18} であるが，実はこの分子式を持つ化合物は 18 種類もある。このように，分子式は同じだが化学構造や性質が異なる分子を**異性体**と呼ぶ。*n*-オクタン（ノルマルオクタン）では，炭素原子は全て連続した鎖状になっている（**図 6.26a**）が，イソオクタンでは，炭素鎖はいくつかの分岐点を持つ（図 6.26b）。これら二つの異性体の化学的・物理的性質は似ているが，同一ではない。直鎖構造の分子は，分枝構造よりも強いロンドン分散力を持つ。これは，鎖長全体にわたって C-H 基の相互作用が強いためである（**図 6.27**）。例えば，*n*-オクタンの沸点は 125℃であるのに対し，イソオクタンの沸点は 99℃である。

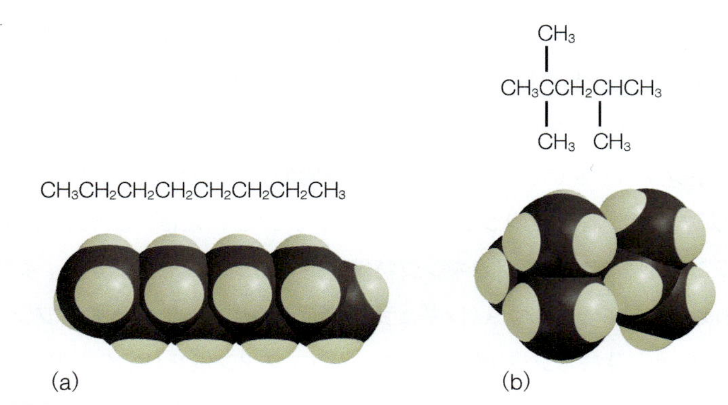

図6.26　**資料室**
(a) *n*-オクタンと (b) イソオクタンの構造式と空間充填モデル。これらの構造の 3D 表示については，www.acs.org/cic で見ることができる。

図6.27　**資料室**
炭化水素の沸点に及ぼす分子構造の影響。(a) 隣接分子のモル質量が大きくなると，ロンドン分散力による分子間力が強くなり，沸点が上昇する。(b) 隣接する分子鎖の表面積が大きくなると，ロンドン分散力による分子間力が強くなり，沸点が上昇する。これらの構造の 3D 表示については，www.acs.org/cic で見ることができる。

n-オクタンとイソオクタンの燃焼熱はほぼ同じであるが，自動車エンジン内での燃焼の様子は異なる。イソオクタンの方がコンパクトな形状をしているため，燃焼がよりスムーズになる。よく整備された自動車エンジンでは，ガソリン蒸気と空気がシリンダー内に吸い込まれ，ピストンで圧縮され，火花で点火される。通常の燃焼は，燃料と空気の混合気体が点火プラグで添加された後に，炎が燃焼室を急速に横切って燃料を消費することで起こる。

しかし，火花が発生する前に圧縮だけで燃料に点火する過早点火と呼ばれる現象がある。この過早点火が起きると，燃焼したガスが膨張する時にピストンが最適な位置にないため，エンジン効率が低下し，燃料消費量が増加する。一方，ノッキングという現象がある。これは火花が燃料に点火した後に起こる激しく制御不能な反応であり，未燃焼の混合気体が超音速で燃焼し，圧力が異常に上昇する。ノッキングは，不快な金属音，出力低下，オーバーヒートを引き起こし，ひどい場合にはエンジンに損傷を与えることさえある。

1920 年代，ノッキングはガソリンの化学組成に依存することが判明した。“オクタン価” という言葉は，ガソリンのノッキングに対する耐性を示す言葉である。イソオクタンは自動車エンジンで非常に優れた性能を発揮するため，オクタン価の値が 100 とされている。一方，*n*-オクタンと同様，*n*-ヘプタンも直鎖炭化水素だが，$-CH_2$ 基が一つ少ない分子である。この *n*-ヘプタンはノッキングしやすいことから，オクタン価の値は 0 が割り振られている（**表 6.4**）。従って，ガソリンスタンドでオクタン価 87 のガソリンといえば，87%のイソオクタンと 13%の *n*-ヘプタンの混合物と同じノッキング特性を持つガソリンを意味する。より高いグレードのガソリンもある。オクタン価 89（レギュラープラス）とオクタン価 91（プレミアム）である（**図 6.28**）。これらの混合ガソリンには，より高いオクタン価を持つ化合物が多く含まれている。

表 6.4　さまざまな化合物のオクタン価

化合物	オクタン価
n-オクタン	−20
n-ヘプタン	0
イソオクタン	100
メタノール（CH_3OH）	109
エタノール（CH_3CH_2OH）	109
メチル-tert-ブチルエーテル（MTBE，$CH_3OC(CH_3)_3$）	116

図6.28
さまざまなオクタン価を持つガソリン。
©Justin Sullivan/Getty Images

n-オクタンのオクタン価は低いが（表 6.4），触媒を使って *n*-オクタンをイソオクタンに転化することが可能である。この転位を起こすためには，*n*-オクタンを白金（Pt），パラジウム（Pd），ロジウム（Rh），イリジウム（Ir）などの希少で高価な元素から成る触媒に通す必要がある。オクタン価を向上させるための異性体への改質は，1970 年代後半から重要視されるようになった。これは，アンチノック添加剤としての四エチル鉛（TEL，$Pb(CH_2CH_3)_4$）の使用を禁止する全国的な取り組みがあったためである。

問 6.29　展開問題

鉛の除去

1920 年代から，自動車の性能と燃費を向上させるために，オクタン価を上げる作用のある四エチル鉛（TEL）がガソリンに混合されていた。アメリカでは，鉛への暴露に伴う危険性と，触媒やスパークプラグへの悪影響から，1996 年に有鉛ガソリンを禁止した。しかし，鉛の発生源はまだ他にもある。インターネット上の探偵になって，鉛の発生源を特定しなさい。

a. 職業上の鉛の暴露源
b. 鉛の暴露源となる趣味
c. 特に子供に影響を与える鉛の暴露源

TEL をオクタン価向上剤として使用しないためには，安価で製造が容易で，環境に優しい代替燃料を探す必要があった。メタノール，エタノール，MTBE など，オクタン価が 100 を超える化合物が検討された（表 6.4）。**含酸素ガソリン**と呼ばれるこれら酸素を含む燃料は，酸素を含まないものに比べて燃焼がきれいで，一酸化炭素の発生も少ない。

第 2 章で指摘したように，ガソリンに含まれる揮発性有機化合物（VOC）は，交通量の多い地域での対流圏でのオゾン汚染の一因となっている。1995 年以降，地上付近のオゾン濃度が最も高い 100 以上の大都市圏が，1990 年大気浄化法改正で義務付けられた修正年間規制ガソリン計画を採用している。この計画では，**改質ガソリン**（RFG）—酸素無添加型従来型ガソリンに含まれる揮発性炭化水素の割合を低くした含酸素ガソリン—の使用を義務付けている。RFG は，癌の原因となるベンゼン（C_6H_6）を 1%以上含むことはできず，また，酸素を 2%以上含まなければならない。その組成により，改質ガソリンは従来のガソリンよりも蒸発しにくく，一酸化炭素の排出量も少ない。1990 年代に RFG が導入された当時は，MTBE が選択されていた。しかし，その毒性とガソリン貯蔵タンクから地下水に溶出する性質に対する懸念から，多くの州が MTBE を禁止し，エタノールに切り替えた。

添加剤および燃料としてのエタノールについては，6.15 節で詳しく説明する。

6.14　古い燃料の新しい利用法

世界の石炭の供給は，現在の石油埋蔵量の推定よりもはるかに長く，数百年は持つと予測されている。残念ながら，石炭は固体であるため，多くの用途，特に自動車用燃料としては使えない。そのため，石炭を石油製品に似た特性を持つ燃料に変換することを目的とした研究開発が進行中である。

天然ガスが大量に発見される以前は，一酸化炭素と水素の混合物である水性ガスが都市の光源であった。水性ガスは，石炭から揮発性成分を蒸発させた後に残る不純物の炭素である高温のコークスに蒸気を吹き付けて作られる。

$$\underset{\text{コークス}}{C(s)} + H_2O(g) \longrightarrow \underset{\text{水性ガス}}{CO(g) + H_2(g)} \qquad [6.10]$$

これと同じ反応が，石炭から合成ガソリンを製造する**フィッシャー・トロプシュ法**の出発点である。ドイツの化学者エミール・フィッシャー（1852 ～ 1919）とハンス・トロプシュ（1889 ～ 1935）は，20 世紀初頭にこの方法を開発した。当時，ドイツには石炭は豊富に埋蔵されていたが，石油はほとんどなかった。

フィッシャー・トロプシュ法は，次の化学反応式で表される。

$$n\,\mathrm{CO}(g) + (2n+1)\mathrm{H_2}(g) \xrightarrow{\text{触媒}} \mathrm{C}_n\mathrm{H}_{2n+2}(g, l) + n\,\mathrm{H_2O}(g) \quad [6.11]$$

この反応での炭化水素の生成物は，メタンのような小さな分子から，ガソリンに含まれる中型の分子（n=5 ～ 8）までさまざまである。この化学反応は，一酸化炭素と水素が鉄やコバルトを含む触媒の上を通過することで進行する。

触媒の役割をよりよく理解するために，**図 6.29** に示すような典型的な発熱反応を考えてみよう。発熱反応なので，反応物（左側）の位置エネルギーは生成物（右側）の位置エネルギーよりも高い。次に，反応物と生成物を結ぶ経路を調べる。緑の線は，触媒がない場合の反応中のエネルギー変化を示している。この反応は最終的にはエネルギーを放出するが，反応の初期段階で化学結合が切れるので，その時に*エネルギーを必要とする*。化学反応を開始するのに必要なエネルギーは**活性化エネルギー**と呼ばれ，無触媒反応では緑の矢印で示されているエネルギーに相当する。反応を開始するためにはエネルギーを必要とするが，反応が進んでより低い位置エネルギー状態に移ると今度はエネルギーを放出し始める。一般に，速く起こる反応は活性化エネルギーが低く，遅い反応は活性化エネルギーが高い。しかし，活性化障壁の高さと反応における正味のエネルギー変化の間には直接的な関係はない。言い換えれば，高発熱反応は活性化エネルギーが大きいことも小さいこともどちらもあり得る。

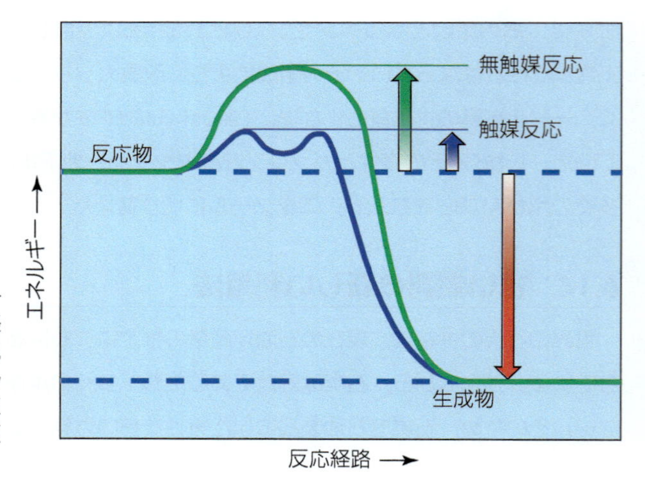

図6.29
触媒存在時の反応経路—エネルギー曲線（青線）と触媒不在時の反応経路—エネルギー曲線（緑線）。青色および緑色の矢印は活性化エネルギーを示す。赤の矢印は全体の（正味の）エネルギー変化を示し，両反応に共通する。

温度が上がると反応速度が上がることが多いのは，温度上昇により分子に余分なエネルギーが与えられて，活性化障壁を乗り越える確率が増えるからである。しかし，温度を上げることが現実的な解決策にならないこともある。図 6.29 の青い線は，触媒が別の反応経路を提供し，活性化エネルギーが低くなることを示している（青い矢印で示す）。しかし，正味のエネルギー変化は，触媒を加えても加えなくても同じである。

フィッシャー・トロプシュ法では，反応を進行させるためには C≡O 三重結合を切断しなければならない。この結合を切断するための活性化エネルギーは非常に大きく，金属触媒の助けなしには反応が進行しない。これが，金属触媒が反応に加わるポイントである。CO 分子は金属表面と結合を形成することができ，これが起こると C≡O 結合が弱まる。水素分子も金属表面にくっつき，H-H の単結合を完全に切断する。残りの反応は速やかに進行し，より高いモル質量の炭化水素が生成する。

触媒の利点は，反応で消費されないので少量で済むことである。触媒反応は，使用する触媒が少量で済むだけでなく，反応を低温で実施できる場合が多いという利点もある。

歴史的に，フィッシャー・トロプシュ法の商業化は限られている。石炭が豊富で石油に乏しい南アフリカは，ガソリンとディーゼル燃料の大部分を石炭から合成している唯一の国である。石油価格の高騰は，国内の豊富な石炭供給と相まって，他のエネルギー需要国でもフィッシャー・トロプシュ法の利用を急増させるかもしれない。中国は石炭液化の最大の拡大市場であり，現在 16 のプラントが稼動していると推定され，その他にも多くのプラントが計画・建設中である。しかし，この技術は，環境問題への懸念からアメリカでは反対意見が出ている。それでも，アプサアルーケ族の居住地であるモンタナ州ビッグホーン郡では，70 億ドルをかけて石炭液化プラントを建設する計画がある。そこには約 90 億 t の石炭が埋蔵されていると推定されている。

石炭は，固体燃料であれ液体燃料であれ，燃やすと CO_2 を発生させる。国立再生可能エネルギー研究所（NREL）の調査によれば，製造から使用までに放出される温室効果ガスの量は，石炭を原料にした液体燃料を使った場合は，石油を燃料とした場合の約 2 倍である。従って，私たちは石炭に代わる燃料を探し続ける必要がある。

6.15　醸造所から燃料タンクへ：エタノール

「物理的支援システムと社会的支援システムのどちらにも支障を生じさせないような社会である持続可能な社会とは，先見性に富み，十分な柔軟性を持ち，そして高い賢明さを持っていて，物理的支援システムと社会的支援システムのどちらにも支障を生じさせないような社会である。」生物物理学者であり，サステイナビリティー・インスティテュートの創設者であるドネラ・メドウズ（1941 ～ 2001）の言葉である。この言葉は，化石燃料の急速な消費が私たちの物理的・社会的な生活支援体制をむしばんでいることに警鐘を鳴らしている。この消費速度は，明らかに*持続可能*ではない。

私たちに他の選択肢はあるのだろうか。より持続可能なエネルギー消費のためには，**バイオ燃料**の利用拡大が必要だという意見がある。バイオ燃料とは，樹木，牧草，動物の排泄物，農作物など，生物由来の再生可能燃料の総称である。バイオ燃料は，ガソリンやディーゼル燃料のような原油由来の燃料に取って代わることができる。現在，ほとんどのバイオ燃料は持続可能な方法で生産されているわけではないが，将来的にどのように生産できるかを評価する研究が続けられている。

化石燃料と同様，全てのバイオ燃料は燃焼時に CO_2 を排出する。しかし，その正味の排出量は化石燃料に比べて少ないはずで，これが絶対的に優れている点である。それはなぜなのか。現在のバイオ燃料の原料となる植物は，もともと成長する過程で大気中の CO_2 を吸収している。熱力学第一法則に基づけば，燃料として燃やされようが燃やされまいが，これらの植物が死んだ後は同じ量の CO_2 を生物圏に放出することになる。対照的に，化石燃料は取り出して燃やさない限り，炭素を地中に"閉じ込めた"ままにしている。従って，化石燃料を燃やすと，大気中への CO_2 排出量は正味で増加する。バイオ燃料から排出される CO_2 の正味量が少ないと考えるときには，バイオ燃料の生産と輸送に使われるエネルギーが上記の利益を相殺する大きさに至らないことを前提としている。次の節で述べるように，この主張には疑問と課題がある。

最も身近なバイオ燃料である薪は，人類の歴史を通じて調理や暖房に使われてきた。なぜ薪が燃えるのか，不思議に思ったことはないだろうか。木材にはC，H，Oから成る天然由来の化合物で，植物，低木，樹木の構造的剛性を高めているセルロースが含まれている。炭化水素と同様に，セルロースも炭素と水素からできている。しかし，これらとは異なり，セルロースには酸素も含まれているため，燃料としてのエネルギー含有量は低い。実際，この節で説明するバイオ燃料は，全て酸素を含んでいる。酸素含有量が増加するにつれて，バイオ燃料が燃焼中に放出する質量あたりのエネルギーは，炭化水素よりも少なくなる（図6.5参照）。

補足

炭水化物とブドウ糖については11.4節で説明する。

セルロースは，何千ものブドウ糖が鎖状につながった炭水化物である。図6.5で，薪の燃焼をブドウ糖の燃焼に例えたのはこのためである。ブドウ糖（$C_6H_{12}O_6$）は糖の一種である。6.12式は薪を燃やすときの化学式で，これは呼吸により体内で"ブドウ糖を燃やす"のと同じ式である。

$$\underset{\text{ブドウ糖}}{C_6H_{12}O_6} + 6\,O_2 \longrightarrow 6\,CO_2 + 6\,H_2O + \text{エネルギー} \qquad [6.12]$$

薪は世界中のさまざまな地域で手に入るが，私たちのエネルギー需要を満たすには不十分である。しかも，薪にするために木を伐採することは，大気中の CO_2 を効果的に吸収する植生を破壊することにもなる。そこで，あらゆる分野の人々が，木材に頼る代わりにエタノールなどの液体バイオ燃料に注目している。

エタノール（C_2H_5OH）は，ワインやビール，蒸留酒に含まれるアルコールと同じものだ。無色透明で可燃性の液体である。人類はエタノールを生産するために穀物を発酵させる方法を古代から知っていた。しかし，その目的は自動車のエンジンに燃料を供給することではなく，アルコール飲料を醸造することであった。

どのような糖類や穀物なら発酵させることができるのか。穀物については発酵を進めるために酵素が必要なことがあるが，ほとんどの糖類と穀類は発酵させることができる。どれを使うかは，入手のしやすさと政治的な問題に左右される。今日，アメリカでは，エタノールのほとんどがトウモロコシに含まれる糖類とデンプンを発酵させて生産されている（**図6.30**）。しかし，人類の歴史の初期には，トウモロコシは現在ほど広く入手できるものではなかった。第13章で学ぶように，トウモロコシは新世界の先住民が野生株から育成したのだ。新世界以外の地域に住んでいた人々は，米や大麦など他の穀物を使ってアルコール飲料を醸造していた。エタノールが*穀物アルコール*と呼ばれるのはこのためである。

図6.30
トウモロコシを含むさまざまな穀物からできる再生可能燃料であるエタノールの広告。
©fluxfoto/Getty Images

6.13節では，含酸素ガソリンとの関連でエタノールに言及した。エタノールのルイス構造式をここでも記しておくことにする。

$$
\begin{array}{ccccccc}
 & & \mathrm{H} & & \mathrm{H} & & & \\
 & & | & & | & & & \\
\mathrm{H} & - & \mathrm{C} & - & \mathrm{C} & - & \ddot{\underset{\cdot\cdot}{\mathrm{O}}} & - & \mathrm{H} \\
 & & | & & | & & & \\
 & & \mathrm{H} & & \mathrm{H} & & &
\end{array}
$$

エタノール

エタノールは**アルコール**の一種であり，炭素原子に結合した -OH 基（水酸基，ヒドロキシル基）が一つ以上ある炭化水素である。炭化水素と同様，アルコールも可燃性であり，燃焼してエネルギーを放出する。完全燃焼したときの生成物は CO_2 と H_2O である。

$$C_2H_5OH\,(l)\ +\ 3\,O_2\,(g) \longrightarrow 2\,CO_2\,(g)\ +\ 3\,H_2O\,(g)\ +\ 1{,}240\ \mathrm{kJ} \qquad [6.13]$$

アルコールは一つ以上の -OH 基を含むため，その性質は炭化水素とは異なる。違いの一つは，ワイン，ビール，および他のアルコール飲料に入っていることから分かるように，少々ならエタノールを人間が飲んでも安全なことである。それに対して，炭化水素は飲料としての魅力を一切持っておらず，その多くは皮膚に触れたり吸い込んだりすると*発癌性*がある。もう一つの違いは溶解性である。例えば，エタノールは水に溶けやすいが，炭化水素は水に溶けない。

最も単純なアルコールであるメタノール（CH_3OH）は，エタノールよりもかなり毒性が強い。わずか 10 mL の純粋なメタノールの摂取で失明し，30 mL で死に至る可能性がある。

アルコールは，**官能基**を含む炭化水素である。官能基とは，いくつかの原子で構成される特定の配置のうちで，それが組み入れられた分子に特徴的な性質を付与するもののことである。アルコールに存在する水酸基（-OH）も官能基の一種で，水酸基の存在を強調するために化学者はエタノールを C_2H_6O ではなく C_2H_5OH と表記する。官能基のもう一つの例として，C=C（二重結合）がある（問 6.28）。次のバイオ燃料の内容では，もう一つの官能基であるエステルを紹介する。

補足

酵素は生物学的触媒である。酵素の構造と機能については，第 11 章，第 12 章，第 13 章で説明する。

トウモロコシからエタノールを得るには，いくつかのステップが必要である。第一段階はトウモロコシの粒と水を“スープ”にすることである。第二段階は，酵素を使ってトウモロコシの粒に含まれるデンプン分子を分解してブドウ糖を作る。セルロースと同様，**デンプン**はトウモロコシや小麦など多くの穀物に含まれる炭水化物であり，何千ものブドウ糖が連なった鎖で構成されている。セルロースと異なる点は，デンプンの結合は私たちの体内の酵素が切断できるように，異なる形で形成されている点にある。従って，私たちはジャガイモや米などの食品に含まれるデンプンを消化することができる。しかし，紙やレタスなどの葉物食品に含まれるセルロースは消化できないため，私たちの食生活では食物繊維と呼ばれている。

第三段階は発酵で，ブドウ糖をエタノールに変換する。酵母細胞は，この変換を触媒するさまざまな酵素を放出することによって，その役割を担う。

$$\underset{\text{ブドウ糖}}{C_6H_{12}O_6} \xrightarrow{\text{酵母酵素}} \underset{\text{エタノール}}{2\,C_2H_5OH} + 2\,CO_2 \qquad [6.14]$$

その結果，アルコール度数約 10%の，あまりおいしくない酒ができる。最後のステップは，エタノールを分離するために混合物を蒸留することである。製油所で原油の成分を沸点によって分離する方法を思い出して欲しい。エタノールの分離でも同じ原理が適用される。エタノールと水は沸点が異なるため，蒸留によって分離することができる。**図 6.31** にエタノール工場の背の高い蒸留塔を示す。現在，アメリカ本土では 198 のエタノール工場が操業している。

図6.31
イリノイ州ピオリアにあるアーチャー・ダニエルズ・ミッドランドのエタノール工場。

問 6.30　展開問題

百聞は一見に如かず…？

このデータ表は，アメリカの年間エタノール生産量（100 万ガロン）を示している。

年	エタノール	年	エタノール	年	エタノール
1980	175	1991	950	2002	2,130
1981	215	1992	1,100	2003	2,800
1982	350	1993	1,200	2004	3,400
1983	375	1994	1,350	2005	3,904
1984	430	1995	1,400	2006	4,855
1985	610	1996	1,100	2007	6,500
1986	710	1997	1,300	2008	9,000
1987	830	1998	1,400	2009	10,600
1988	845	1999	1,470	2010	13,230
1989	870	2000	1,630	2011	13,900
1990	900	2001	1,770	2012	13,300

出典：再生可能燃料協会（RFA）

a. 2013 年以降の新しいデータを探して，この表を更新しなさい。
b. この表の情報を，グラフなどの視覚的な手段を使って一般の人に説明して，この燃料源が将来のエネルギー需要を満たすために有益である理由を説明しなさい。

2017 年に年間 150 億ガロン以上のエタノールが生産されたアメリカは，世界最大のエタノール生産国である。2 位はブラジルで，約 80 億ガロンのエタノールが生産されている。この 2 カ国を合わせると，世界の生産量の約 85%を占めている。アメリカではトウモロコシが原料だが，ブラジルではサトウキビを発酵させることでエタノールのほぼ全てを生産している。なぜこのような違いがあるのだろうか。

ブラジルでは，トウモロコシとサトウキビの両方を利用することで，エタノール生産を大幅に増大する計画がある。これにより，これまではサトウキビのオフシーズンに中断されていたエタノールの生産が通年で可能になる。

この問いに答えるために，どんな砂糖や穀物でも発酵させてエタノールを作ることができることにもう一度注目しよう。発酵させる物質は，その手に入れやすさ，経済性，そして政治によって決まる。サトウキビには，砂糖とも呼ばれるショ糖が多く含まれている。トウモロコシの実のデンプンから生成されるブドウ糖を発酵させてエタノールを生産できるように，このショ糖も発酵させることができる。ブラジルでは，かつて熱帯雨林だった地域でサトウキビが栽培されている。アメリカでは，中西部のかつて草原や森林だった地域でトウモロコシが栽培されている。どちらの場合も，バイオ燃料を生産するための土地利用は，依然として論争の的となっている。

世界的にいえば，エタノール源のもう一つの候補でありながら，それほど物議を醸していないのが，セルロースである。セルロースは，先に述べたように，植物，低木，樹木を支える化合物である。**セルロース系エタノール**とは，セルロースを含むあらゆる植物から製造されるエタノールのことで，一般的にはトウモロコシの茎，スイッチグラス，木材チップなど，人間が食べることのできない原料から製造される。スイッチグラスという名前に聞き覚えはないかもしれないが，アメリカ，カナダ，メキシコの平原地帯に住んでいる人なら，おそらく目にしたことがあるだろう。**図 6.32** に示したのがスイッチグラスである。

図6.32
北アメリカに自生するスイッチグラス。
出典：Warren Gretz/国立再生可能エネルギー研究所（NREL）/アメリカエネルギー省（DOE）

スイッチグラスのような非食用植物を原料とするセルロース系エタノールは，広く普及している。これまでにも化学者たちは実験室で少量のセルロース系エタノールを生産することに成功してきた。しかし，何百万ガロンものエタノールを生産するのは，実験室とは全く別の問題である。デンプンと同様，セルロースも発酵しないため，まず糖に分解しなければならない。しかし，セルロースの分解を触媒する酵素は高価で反応速度も遅いため，現在も稼働しているセルロース系エタノールプラントの数は限られている。

問 6.31　考察問題

食物以外から作られるバイオ燃料

木材チップやスイッチグラスなどが持つセルロース系エタノールの原料として望ましい特性を三つ挙げなさい。

エタノールの原料が何であれ，私たちの車のエンジンはエタノールだけで動くようになっていないので，エタノールがそのままガソリンタンクに入ることはない。しかし，自動車のエンジンは，ガソリンにエタノールを混合した「ガソホール」で動くことができる。現在，30 以上の国がガソリンに最大 10%のエタノールを混合することを義務付けている（**図 6.33**）。この混合燃料や他の“酸素添加”燃料は，オクタン価が高く，地上レベルのオゾンを発生させる自動車の排出ガスを削減するという利点がある。

2007 年に制定された法律により，アメリカは石油の輸入依存度を減らし，再生可能燃料の使用を増やすことを目指した。その結果，エタノール 15%，ガソリン 85%の混合燃料である E15 へのシフトが提案された。しかし，予想外だったのは，E10 への移行が比較的スムーズだったのに引き替えて E15 へのシフトには論争が伴ったことである。新しい混合燃料への移行は簡単にできると考える人もいたが，エタノールの濃度が高まることで燃料タンクが腐食したり，家畜の飼料価格に悪影響が出たりしないか，注意深くチェックする必要があるとの意見もあった。さらに，芝刈り機，ボート，スノーモービルは現在 E15 では走行できない。2018 年現在，アメリカ環境保護庁は E15 の使用を承認しているが，義務化はしていない。

E10 か E15 かによらず，オクタン価と燃費を混同されては困る。オクタン価は，燃料のエ

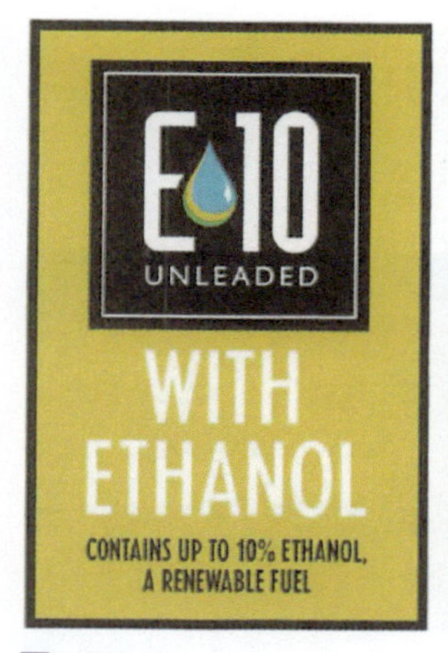

図6.33
ガソリンにエタノールを混ぜて E10（ガソリン 90%，エタノール 10%）とすることも多い。
（左）：©Jeffrey Sauger/Bloomberg via Getty Images，（右）：©Ashley Cooper pics/Alamy

ネルギー含有量ではなく，燃料がエンジン内でどれだけスムーズに燃焼するかの目安であり，ガソリンのオクタン価はエタノールを多く添加するほど高くなる。しかし，エタノールが増えるに従って燃費は少しずつ悪くなっていく。

なぜかというと，ガソリンに含まれる炭化水素に比べて，エタノールは燃焼量あたりのエネルギーの放出量が少ないからである。代表的な炭化水素として *n*-オクタンを使った二つの燃焼方程式が以下の 2 式である。

$$C_2H_5OH\ (l)\ +\ 3\ O_2\ (g)\ \longrightarrow\ 2\ CO_2\ (g)\ +\ 3\ H_2O\ (g)\ +\ 1{,}240\ kJ \qquad [6.15]$$

$$C_8H_{18}\ (l)\ +\ \frac{25}{2}\ O_2\ (g)\ \longrightarrow\ 8\ CO_2\ (g)\ +\ 9\ H_2O\ (g)\ +\ 5{,}060\ kJ \qquad [6.16]$$

燃料の 1 g あたりの放出エネルギー値は，C_2H_5OH で 26.8 kJ/g，C_8H_{18} で 44.4 kJ/g である（図 6.5）。エタノールは酸素を含むため，放出されるエネルギーが少ないことが分かる。燃料として，エタノールは既に部分的に酸化，つまり“燃焼”しているのである。

冒頭で述べたように，バイオ燃料はエタノールだけではない。次の節では，もう一つの再生可能燃料であるバイオディーゼルを取り上げることにする。

6.16　天ぷら鍋から燃料タンクへ：バイオ燃料

バイオディーゼルの生産は近年飛躍的に伸びている。その合成は非常に簡単で，化学の実験室で行うこともできる。バイオディーゼルは，学生を含む個人消費者が少量から経済的に生産できる点が，輸送用燃料として他にはない特徴である。この節の後の方で示すが，この燃料の商業生産も行われている。

バイオディーゼルは主に植物油から作られるが，動物性脂肪でも問題ない。読者は既に知っているかもしれないが，油と脂肪は食材の一部であり体内での燃焼を助ける。パンにオリーブオイルをつけたり，ロールパンにバターを塗ったりするのは，まさに油脂を摂取しようとしていることになる。オリーブオイルやバターからバイオディーゼルを合成することもできるが，

実験室 LAB

©ThamKC/Getty Images
食用油から自分でバイオディーゼルを作る方法について，www.acs.org/cic の動画で見ることができる。

どちらも出発原料として使うには高価すぎるしおいしすぎる。代わりに，大豆油，菜種油，パーム油などからバイオディーゼルは作られる。フライドポテトに使われた廃食用油からも作ることができる。**図 6.34** は，レストランの揚げ鍋で使用される食用油と廃食用油である。

(a)

(b)

図6.34
レストランは，フライを揚げるための油を大量に購入する。(a) に示すのは 35 ポンド (16 kg) 入りである。(b) フライヤーから取り出された高温の油。シェフによる違いがあるため，料理用の油の交換は頻繁に行われたり (図が該当) まれに行われたりする。交換がまれなときには，廃棄物がたまるため油が黒ずんでいる。

油と脂肪がバイオディーゼルの原料になり得る理由を理解するためには，**トリグリセリド**類と総称され脂肪と油の両方を包含する一群の化合物について知る必要がある。バターやラード (豚脂) などを総称する**脂肪**は室温で固体のトリグリセリドで，オリーブ油や大豆油を総称する**油**は室温で液体のトリグリセリドである。トリグリセリド類は，液体のものも固体のものもバイオディーゼルの出発材料になる。植物と動物の両方がトリグリセリドを持っている。

以下は，脂肪に含まれるトリグリセリド，トリステアリン酸グリセリンの構造式である。

$H_3C-(CH_2)_{16}-C(=O)-O-CH_2-CH(-O-C(=O)-(CH_2)_{16}-CH_3)-CH_2-O-C(=O)-(CH_2)_{16}-CH_3$

資料室
この分子の3D画像はwww.acs.org/cicで見ることができる。

実は，トリグリセリドはどれも共通した構造的特徴を持っているので，ここで行う説明はどのトリグリセリドにも当てはまる。このトリステアリン酸グリセリンを選んだのは，後に栄養学の部分 (第 11 章) でこの分子を取り上げるからである。

トリステアリン酸グリセリンは複雑な分子だが，よく見ると炭化水素鎖が 3 本あるのが分かるであろう。そして，これらの鎖が炭化水素燃料に似ているのが分かるだろうか。これらの鎖を引きちぎれば，14 ～ 16 個の炭素原子がつながっている炭化水素の混合物でできているディーゼル燃料（図 6.24 参照）になる。トリグリセリドを含む食品を食べると，“ディーゼル燃料もどき”の炭化水素鎖が体内でゆっくりと代謝され，エネルギーを放出し，CO_2 と H_2O を生成する。ディーゼル燃料はエンジンの中でより速く，より高温で燃焼するが，正味の結果は同じである。エネルギーが放出され，CO_2 と H_2O が生成される。

大豆油やその他のトリグリセリドは燃えはするが，そのままガソリンのタンクに入れてはいけない。トリグリセリドは，燃料として利用する前にディーゼル燃料の分子に近い大きさ（蒸発しやすい大きさ）に切り刻む必要がある。その方法の一つとして，触媒量の水酸化ナトリウム（NaOH）と一緒にメタノール（CH_3OH）などのアルコールと反応させることがある。6.17 式は，トリステアリン酸グリセリン（動物性脂肪）を出発原料とした化学反応を示している。

$$\underset{\text{トリステアリン酸グリセリン（トリグリセリド）}}{C_{57}H_{110}O_6} + 3\,CH_3OH \xrightarrow{\text{NaOH}} \underset{\text{ステアリン酸メチル（バイオディーゼル分子）}}{3\,CH_3(CH_2)_{16}\overset{\overset{\displaystyle O}{\|}}{C}OCH_3} + \underset{\text{グリセロール（グリセリン）}}{C_3H_8O_3} \qquad [6.17]$$

1 個のトリステアリン酸グリセリン分子から，それぞれが長い炭素鎖を持つバイオディーゼル分子（ステアリン酸メチル）が 3 個作られる。出発原料として使用する油脂によっては，メチルリネオレートのような他のバイオディーゼル分子も可能である。

$$CH_3CH_2CH_2CH_2CH_2CH{=}CHCH_2CH{=}CHCH_2CH_2CH_2CH_2CH_2CH_2CH_2\overset{\overset{\displaystyle O}{\|}}{C}OCH_3$$

問 6.32　練習問題

サクランボとバナナ

チェリージュビレやフランベされたバナナを食べたことがあるだろうか。これらの料理では，シェフはまず果物に酒をかけ，マッチで火を付ける。すると酒に含まれるエタノールが青みを帯びた炎でドラマチックに燃える。

©Moving Moment/Shutterstock

a. エタノールを完全燃焼させる反応式を書きなさい。つまり，二酸化炭素と水だけが発生するように，十分な酸素を使って燃焼させる場合について考えるとする。

b. おいしくはないが，果物に食用油やバイオディーゼルをかけて燃やすこともできる。6.17 式のバイオディーゼル生成物であるステアリン酸メチル（$C_{19}H_{38}O_2$）の完全燃焼の反応式を書きなさい。

上記の問題では，エタノールやバイオディーゼルにも化石燃料と同様に炭素が含まれており，燃やすと二酸化炭素が発生することを説明した。この問題の題材は料理であったが，このような化学反応は自動車のエンジンでも起こる。

一般的に

- バイオディーゼル分子は，通常 16 ～ 20 個の炭素原子を持つ炭化水素鎖を含む。
- 炭化水素鎖は通常一つ以上の C=C 結合を含む。出発原料として使用されるトリグリセリドが油である場合は特にそうである。
- バイオディーゼル分子では，炭化水素鎖に加えて酸素を含む。二つの O 原子があると，それは官能基の一種である*エステル基*の一部を形成している場合がある。エステルについては第 9 章のポリエステルの項で説明する。
- トリグリセリド（油脂）は通常，異なるバイオディーゼル分子の混合物を生成するが，ステアリン酸グリセリンの場合は生成物が一つである。

6.17 式の左辺の 3 個のメタノール分子にも注目して欲しい。このメタノールは，大きなトリグリセリド分子から炭素鎖が切り離されるときに，切断した箇所にキャップを付ける $-OCH_3$ 基をメタノール分子が提供する。エタノールを含む他のアルコールも同様に機能する。どのアルコールを使っても，正味の結果として 3 個のバイオディーゼル分子が得られる。次の問題は，エタノールやメタノールなどのアルコールについての記憶を新たにするためのものである。また，バイオディーゼル合成の生成物であるアルコール，グリセロールについても説明する。

問 6.33　練習問題

アルコールについて

この章では既に，エタノールとメタノールという二つのアルコールについて紹介した。

a. それぞれの構造式を書きなさい。
b. 別のアルコールである $CH_3CH_2CH_2OH$ の名前を答えなさい。
c. $CH_3CH_2CH_2OH$ と同じ化学式を持つ別のアルコールがある。このアルコールの異性体である。その異性体の構造式を書きなさい。

上記の問題を通じて，多くの異なるアルコールが炭化水素から得られることが理解できたはずである。必要なのは，H 原子の一つを -OH 基に置き換えることだけである。さらに，アルコールは複数の -OH 基を含むことができる（そのようなアルコールを多価アルコールと呼ぶ）。バイオディーゼルの合成では，そのような多価アルコールの一つである**グリセロール**が生成される。6.17 式では，化学式 $C_3H_8O_3$ のみを示した。その構造式から，グリセロールが三価アルコールであることが分かる。

```
    H    H    H
    |    |    |
H — C —  C —  C — H
    |    |    |
    OH   OH   OH
```

バイオディーゼルを合成したときの副産物であるグリセロールは，さまざまな消費者製品に使用されている。石鹸や化粧品には*グリセリン*という名前で使用されている（**図 6.35**）。しかし，9 kg のバイオディーゼルにつき 1 kg のグリセロールができるため，グリセロールは市場に溢れかえっている。2006 年，ミズーリ大学の Galen Suppes 教授らは，グリセロールを別のアルコールであるプロピレングリコールに変換する工程を開発したことで，大統領グリーンケミストリー・チャレンジ賞を受賞した。

図6.35
半透明の石鹸にはグリセリン（グリセロール）が成分の一つとして入っている。
©Getty Images

$$\mathrm{H-\underset{OH}{\overset{H}{C}}-\underset{OH}{\overset{H}{C}}-\underset{OH}{\overset{H}{C}}-H + H_2(\mathit{g}) \xrightarrow{\text{銅触媒}} H-\underset{OH}{\overset{H}{C}}-\underset{OH}{\overset{H}{C}}-\underset{H}{\overset{H}{C}}-H + H_2O(\mathit{l})} \quad [6.18]$$

グリセロール　　　　　　　　　　プロピレングリコール

アメリカ食品医薬品局（FDA）は，プロピレングリコールを「一般に安全と認められる」とし，食品添加物としての使用を認可している。また，化粧品の保湿剤や，水に溶けない医薬品の溶媒としても使用されている。自動車の不凍液や空港の融雪剤としては，不凍液として使われる別の化合物であるエチレングリコールよりもはるかに毒性が低い。この方法で製造されるプロピレングリコールは，再生可能な資源から作られるため，原料として石油を必要としない。グリセロールを付加価値製品に変換することで，バイオディーゼルの生産コストが下がり，石油由来のディーゼル燃料との競争力が高まる。

問 6.34　考察問題

バイオディーゼルの燃焼熱

バイオディーゼル分子の構造式をもう一度見てみよう。

a. 1 g のバイオディーゼルの燃焼で放出される熱量は，1 g のオクタンの燃焼で放出される熱量に比べて高いか低いか，どちらか理由も含めて答えなさい。
ヒント：図 6.5 を見て，異なる燃料の値を見よ。

b. 代わりに，1 mol のバイオディーゼルと 1 mol のオクタンで比較した場合，燃焼したときに放出される熱量はどちらが多いか，理由も含めて答えなさい。

c. 燃料 1 mol あたりで比較するよりも，燃料 1 g あたりで比較する方が便利である。その理由を説明しなさい。

バイオディーゼルは，エタノールがガソリンに混合されるのと同じように，石油ベースのディーゼル燃料に混合される。例えば，B20は20%のバイオディーゼルと80%のディーゼル燃料である（**図6.36**a）。20%までの混合燃料は，中・大型トラックを含むあらゆるディーゼルエンジンに完全に適合する。2018年現在，バイオディーゼル混合燃料はアメリカ国内の1,700以上の小売店で入手可能であり，インターネットで簡単に検索できる（図6.36b）。

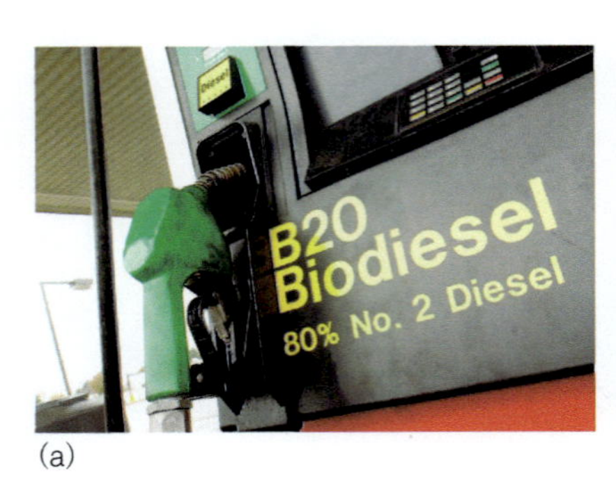

(a)

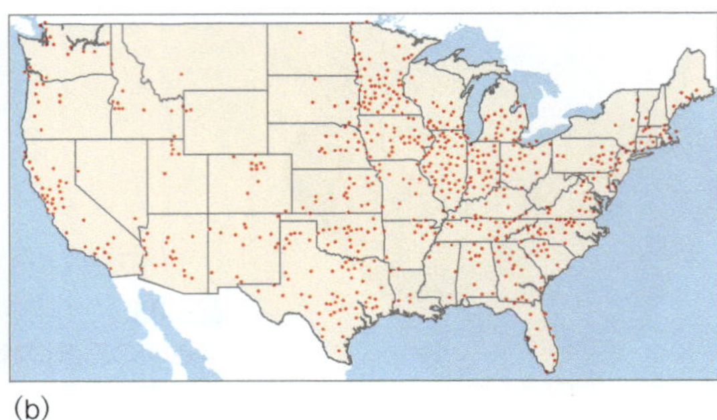

(b)

図6.36
(a) B20バイオディーゼル（80%の石油ディーゼルと20%のバイオディーゼルの混合物）。(b) アメリカのバイオディーゼル・ステーションの位置分布（2018年）。

本節と前節では，エタノールとバイオディーゼルという二つのバイオ燃料について述べてきた。その中では複雑な問題や論争もあった。本章の最終節では，バイオ燃料だけでなく，より大きなエネルギー問題についても批判的な立場から考えていくことにする。私たちは，持続可能な道を見出す必要がある。しかし，推進派が主張するほど，バイオ燃料は本当に持続可能なのだろうか。

6.17　バイオ燃料は本当に持続可能なのだろうか

"再生可能"な燃料とは，人間の時間スケールで見て自然に補充される資源から生産されるものである。バイオディーゼルや，生物学的プロセスから得られる水素などがその例である。

持続可能な未来へ向かうにあたり，私たちが使う燃料を農場で栽培するというのは本当に前向きな一歩なのだろうか。最後の節では，この疑問をじっくり検討する。この疑問の背後にあるのは，バイオ燃料の経済的，環境的，そして社会的コストである。私たちが勇気を持ち適切な手順を踏んでこの道を前進しなければならないことを多くの人が指摘している。

持続可能な地球に責任を持つのは科学者だけではない。1.9節で，持続可能性の三つの柱，すなわち環境の柱，社会の柱，経済の柱について述べたことを思い出して欲しい。ビジネスの世界では，常に利益を上げること，できれば大きな利益を上げることが最低要件とされてきた。しかし今日，ボトムラインはそれ以上のものを含んでいる。例えば，企業の成功は，労働者や社会全体にとって公正で有益かどうかで評価される。もう一つの成功の尺度は，大気，水，土地の質を含む環境の健康をどれだけ守っているかということである。

このように，経済，社会，環境の三つの観点から企業の成功を評価することを「**トリプルボトムライン**」と呼ぶ。トリプルボトムラインは，**図6.37**に示す重なり合った円で表現される。経済は健全でなければならない。つまり，年次報告書には利益を示す必要がある。しかし，経済が孤立して存在することはない。経済は社会とつながっており，その構成員もまた健全でなければならない。そして社会は，健全でなければならない生態系とつながっている。従って，この図には一つだけでなく三つの円が含まれている。これらの円の間に「グリーンゾーン」がある。これは，トリプルボトムラインが満たされる条件を表している。

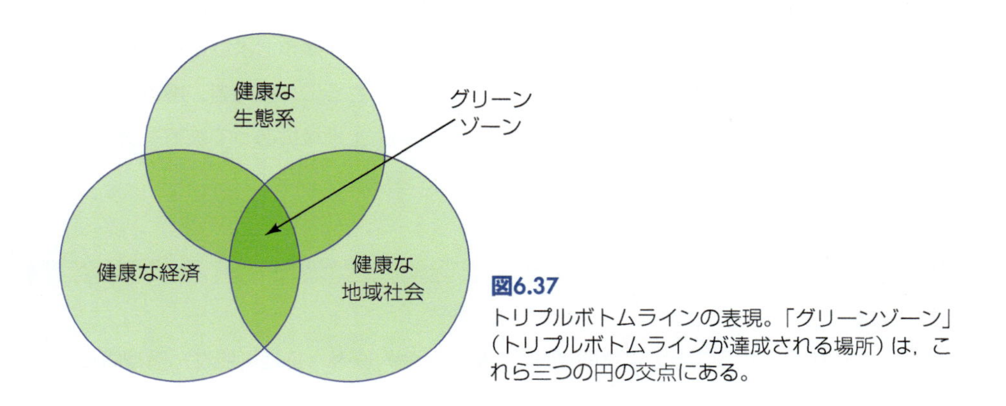

図6.37
トリプルボトムラインの表現。「グリーンゾーン」（トリプルボトムラインが達成される場所）は，これら三つの円の交点にある。

消費者に届けられる最終エネルギー消費すなわち全ての用途でのエネルギーを世界全体で集計したときに，エタノールとバイオディーゼルが現時点で占める割合はごくわずかである。バイオ燃料の現状に関する最近の報告書（**図 6.38**）によると，再生可能燃料は総エネルギー使用量のわずか 20%未満であり，バイオ燃料はわずか 0.9%である。それにも関わらず，バイオ燃料の生産量は近年増加しており，この傾向は今後も続くと予想される。さらに，多くの国が，バイオ燃料のさらなる利用を促進するために，政治的・経済的な歯車を動かしている。図 6.38 を見ると，バイオ燃料は，再生可能燃料の選択肢の一つに過ぎないことが分かる。その他にも，風力，水力，太陽熱，地熱などがある。この節では再生可能エネルギー源の話をバイオ燃料に絞っているが，その理由はガソリンおよびディーゼル燃料との対比にあり，車両や航空機への注入が簡便な液体燃料だからである。第 7 章ではこれ以外のさまざまなエネルギー源について考えていく。

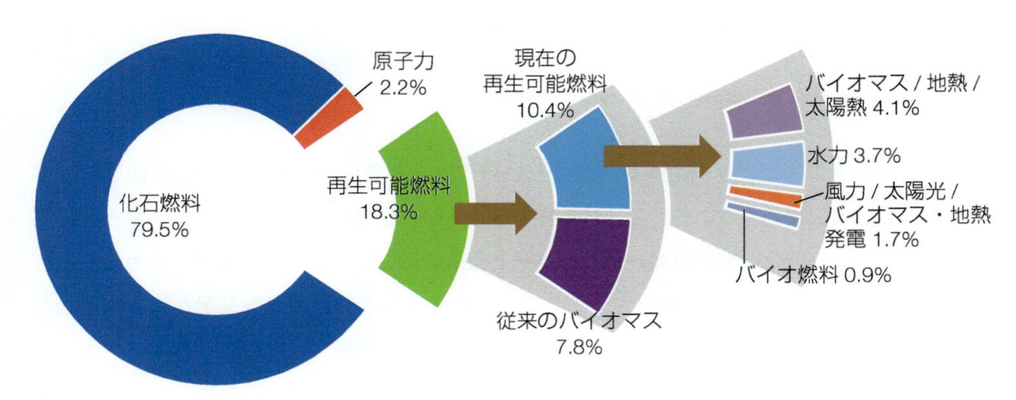

図6.38
世界のエネルギー消費に占める再生可能エネルギーの割合（2018 年）。伝統的バイオマスには，木材，農業廃棄物，動物の糞が含まれる。
出典：Renewable Energy Policy Network for the 21st Century（REN21）: Renewables 2018: Global Status Report, Paris, REN21 Secretariat（2018）

1990 年代，まだバイオ燃料への期待が盛り上がっていた頃，バイオ燃料の大量生産に関する重要な問題が表面化し始めた。争点となったのは，バイオ燃料は化石燃料に比べて温室効果ガスの排出量が大幅に少ないという点である。バイオ燃料の大量生産を行うためには熱帯雨林の破壊が進行し，その結果，汚染や生物多様性の喪失といった深刻な環境問題を引き起こすことが懸念された。また，バイオ燃料が食料生産との間に作り出す競争およびそれから派生する食料の安全保障と価格への影響に対する懸念も提起された。さらに，農業者，農業労働者，および土地所有者に対する権利侵害について，とりわけ開発途上地域にあって被害を受けやすい人々における事例について多くの人が懸念している。

問 6.35　展開問題

生命倫理

バイオ燃料を使用することの道徳的価値（人権，社会的連帯，持続可能性，管理責任，正義）に関する懸念が表明されている。
ナフィールド生命倫理評議会が示している倫理原則（**表 6.5**）を要約し，バイオ燃料が温室効果ガス排出量の削減に寄与するかどうかについて意見を述べなさい。

表 6.5　現在および将来のバイオ燃料利用に適用すべき倫理原則

1. バイオ燃料開発は，人々の基本的権利（十分な食料と水へのアクセス，健康の権利，労働の権利，土地の権利など）を犠牲にしてはならない。
2. バイオ燃料は環境的に持続可能でなければならない。
3. バイオ燃料は，温室効果ガス総排出量の純減少に貢献し，地球規模の気候変動を悪化させるものであってはならない。
4. バイオ燃料は，公正で，人々の正当な報酬を得る権利（労働権と知的財産権を含む）を認める貿易原則に従って開発されるべきである。
5. バイオ燃料のコストと便益は公平に配分されるべきである。
6. 最初の五つの原則が尊重され，バイオ燃料が危険な気候変動を緩和する上で重要な役割を果たすことができるのであれば，追加的に考慮すべき重要な事項によっては，そのようなバイオ燃料を開発する義務がある。これらの追加的な重要検討事項とは，絶対的費用，代替エネルギー源，機会費用，既存の不確実性の程度，不可逆性，参加の程度，比例的ガバナンスの概念である。

出典：Nuffield Council on Bioethics: Biofuels: Ethical Issues, 84 (2011)

エタノールとバイオディーゼルは，畑から燃料タンクまで温室効果ガスである CO_2 の削減に貢献しているのだろうか。ここで比較対象となるのは，原油由来のガソリンやディーゼル燃料である。これらの化石燃料は**カーボンニュートラル**ではない。つまり，燃焼によって発生した CO_2 は，光合成のような自然界のプロセスや人間によるオフセットシステムによって*相殺されるわけではない*。化石燃料の燃焼は，大気中の CO_2 の純増につながる。

これに対してバイオ燃料は，現代の作物や草，樹木を原料としているため，よりカーボンニュートラルである可能性がある。バイオ燃料の燃焼によって放出される炭素は，これらの植物が光合成によって吸収した炭素によって，少なくとも部分的には相殺される。では，温室効果ガスの排出削減において，バイオ燃料はどのような位置付けにあるのだろうか。その答えは，特定のバイオ燃料と，その生産に必要なエネルギー（作物の植え付けと収穫，肥料の生産，作物への水やりに必要なエネルギーを含む）に依存する。少なくともいくつかのケースでは，時間と共に技術が向上しているため，これは目標が流動的である。

このような課題があるにも関わらず，いくつかの団体が CO_2 排出量の値を提案している。最新のライフサイクルアセスメントモデルでは，エタノールは石油ベースのガソリンと比較して，19 ～ 48%の排出削減が可能であることが示されている。問 6.37 で説明するように，ライフサイクルアセスメントでは，燃料 1 単位あたりに排出される温室効果ガスの量を計算しており，これにはバイオ燃料作物の栽培による土地利用の変化も含まれる。これとは対照的に，バイオ燃料は石油ベースのガソリンと比較して CO_2 の純増をもたらすと主張するグループもあり，土地利用や廃棄物のコストをより慎重に考慮する必要があると主張している。燃料を生産するために排出される CO_2 を正しく算定することは複雑であるため，この議論は今後も続くと思われる。

エタノールとバイオディーゼルは持続可能であろうか。この問いは先の温室効果ガス排出量と同様で，この問題も簡単に答えることはできない。むしろ，それぞれのバイオ燃料がどこで，どのように生産されるかによって答えは変わってくる。

バイオディーゼルに関する集計は，エタノールの集計よりもやや単純である。バイオディーゼルには，エタノールに比べていくつかの利点がある。油からの合成は比較的簡単で，小規模でも大規模でも生産可能である。バイオディーゼルは既存のディーゼル燃料によくなじみ，同じインフラを通じて流通させることができる。エタノールと同様，また酸素原子を含むため，ディーゼル燃料よりもクリーンに燃焼し，粒子状物質，一酸化炭素，揮発性有機化合物の放出量が少ない。バイオ燃料を生産する地域社会に対する倫理原則（表 6.5）が守られていることを前提にすれば，公衆衛生の向上という点では，バイオ燃料の方が勝っているように思われる。しかし，このようなことが想定できるだろうか。**図 6.39** は，パーム油の生産地であるマレーシアの農園と工場である。次の問題では，パーム油生産をさらに掘り下げることにする。

問 6.36　展開問題

パーム油，バイオディーゼル，そして倫理

バイオディーゼルには倫理的な問題があるだろうか。2008 年，オックスファムの報告書では以下のように指摘されている。

「豊かな国々によるバイオ燃料ブームで大きな損失を被るのは貧しい人々であり，食料価格の高騰や，土地の権利，労働者の権利，人権を脅かす“供給競争”のリスクにさらされている」

ここで，インドネシアやマレーシアなど世界各地で生産されていたパーム油を例にして，バイオディーゼルの倫理的な問題について 1 ページの簡単な報告書を作成して友人に説明しなさい。

エタノール生産の持続可能性を評価するのは，はるかに難しい。前述したように，エタノールはトウモロコシやサトウキビなど複数の原料から作られる。当然のことながら，それぞれの環境集計は個別に評価されなければならない。どの原料であっても，科学者も市民もエタノー

(a)

(b)

図6.39
(a) インドネシアにあるパーム油用のアブラヤシ農園（若木の写真が示してある）。(b) インドネシアにあるパーム油製油所。
(a)：©Kptan/123RF，(b)：©Shariff Che'Lah/123RF

ル生産の持続可能性に疑問を抱いている。健全な経済，健全な地域社会，健全な生態系というトリプルボトムライン（図 6.37）を思い出して欲しい。

エタノールの生産がどの程度持続可能なものなのかを知るために，詳細を調べてみよう。まずは経済的な観点から検討する。2018 年現在，エタノール 1 ガロンの生産コストはガソリン 1 ガロンよりもまだ高い。では，なぜトウモロコシのエタノール市場が活況を呈しているのか。その答えは地域によって異なる。近年，アメリカ政府はエタノール生産者に税控除を提供している。補助金はこの燃料の使用を奨励してきたが，トウモロコシから生産されるエタノールについては賛否両論があり，2011 年に終了した。

エネルギーコストという点では，植物が成長するためのエネルギーを太陽が必要なだけ供給してくれるという良いニュースがある。しかし悪いニュースは，トウモロコシの栽培にはさらなるエネルギーが必要であるということだ。植え付け，耕作，収穫は全てエネルギーを必要とする。作物への水やり，肥料の生産と散布，必要な農機具の製造と維持，発酵した穀物からのアルコール蒸留も同様である。現在，このエネルギーは化石燃料を燃やすことによって供給されており，多額の金銭的コストと二酸化炭素の排出を伴う。トウモロコシ由来のエタノールの全体的なエネルギーコストを算出するのは難しい。ある研究では，エタノール生産に 1 J 投入するごとに，1.2 J が回収されると見積もっている。また，生産されるエタノールのエネルギー含有量を，投入されるエネルギーの合計が上回ると主張する研究もある。

次に，社会的な利益について考える。中西部の多くの農村地域は，エタノール需要の増加から大きな恩恵を受けている。蒸留所の建設は，地元労働者の雇用をもたらすだけでなく，地元産トウモロコシの買い手ももたらすことになる。家族経営農家の経営が悪化し，大きな打撃を受けたいくつかの地域社会は，エタノール需要のおかげで復活を遂げた。欠点もある。トウモロコシの需要増は，他の多くの製品（特に食品）の価格上昇につながる。

最後に，環境問題である。トウモロコシの栽培では，肥料，除草剤，殺虫剤を大量に使用する。これらの化学物質の製造と輸送には化石燃料の燃焼が必要であり，その結果二酸化炭素が排出される。さらに，これらの化学薬品はいったん畑に投入されると，土壌や水質を悪化させる。トウモロコシ農家は，責任ある体制で栽培に臨むことは可能であり，実際そうしているが，より多くのトウモロコシを生産することを求められると，困難に直面することになる。

これからどこへ向かうべきか。その選択は容易ではない。私たちは，使いやすい従来の石油源の多くを燃やし尽くしてきた。将来の選択は複雑で，何かしらの代償を伴う。

問 6.37　展開問題

グループ演習：バイオ燃料のライフサイクルの分析

エタノールとバイオディーゼルは，賞賛と懐疑の両方を受けている。これらの燃料を支持する人々は，地球規模の気候変動など，ガソリンやディーゼルの燃焼に伴う環境問題の解決策として，これらの燃料を宣伝している。バイオ燃料は，植物由来の原料が成長する過程で光合成によって大気中の二酸化炭素を取り込むため，二酸化炭素の純排出量を削減できると考えられているからだ。しかし，懐疑論者は，この「炭素クレジット」の恩恵は，バイオ燃料の生産，流通，利用の過程で発生する排出量に比べればはるかに小さいと考えている。ライフサイクルアセスメント（LCA）は，バイオ燃料の環境上の利点と欠点に関する情報を得る上で，特に有用である。

LCA は，“ゆりかごから墓場まで”製品の環境影響を調査する。具体的には，製品の設計や地球からの原材料の調達から始まり，製造，流通，使用，メンテナンス，廃棄に至るまで，消費される全ての原材料やエネルギー，排出される廃棄物を定量化し評価する。

LCA はさまざまな方法で利用できる。LCA は二つの製品を比較するためによく使われる。例えば，紙袋とビニール袋の環境影響に関する問題は，広範囲にわたって調査されている。LCA は，製品の製造業者が環境負荷の高い工程や材料を特定し，その影響を低減するための代替案を作成したり，製品について消費者を教育したりするために使用することもできる。この問題では，二つの再生可能燃料，エタノールとバイオディーゼルのライフサイクルについて検討する。そして，公表されている LCA の情報を使って，それぞれの環境への影響について評価・比較する。

用意する材料

- カラービーズ：緑，青，赤，オレンジ，黄　各 20 個

演習

1. エタノールとバイオディーゼルの生産に関わるステップ，インプット，アウトプットを以下に示す。これらの項目を，それぞれの燃料のライフサイクルを最もよく表していると思われるフローチャートに整理しなさい。

   トウモロコシのエタノールと大豆のバイオディーゼル：
   - エタノール / バイオディーゼルの工場での生産
   - 肥料
   - 農薬
   - エネルギー
   - 給油所
   - 炭素隔離
   - 温室効果ガス排出量
   - 輸送
   - トウモロコシ / 大豆の栽培と生産
   - 水
   - 消費者の自動車運転
   - 化学物質と材料

注：これらの中にはプロセスもあれば物理的材料もある。また，一度しか使用しないものもあれば，複数回使用するものもある。

2. バイオ燃料の生産と使用において，環境への影響が生じることを図に示しなさい。ただし，使用される資源や発生する汚染物質の量は，燃料によって大きく異なることを考慮する必要がある。エタノールとバイオディーゼルの生産と使用によって使用される資源や発生する汚染物質の相対的な量を図に表しなさい。

用意した色の違うビーズ（緑，青，赤，オレンジ，黄色）は，ライフサイクル図で使用される資源や発生する汚染物質を表している。

緑＝肥料使用（20 個）
青＝水の使用（20 個）
赤＝農薬使用（20 個）
オレンジ＝エネルギー使用（20 個）
黄色＝温室効果ガス排出量（20 個）

グループとして，汚染物質の発生量や資源の使用量の相対的な予測に基づいて，ビーズを二つの図に分けてみよう。例えば，肥料を表すビーズが 20 個あったとする。もしも，大豆（バイオディーゼル）に比べてトウモロコシ（エタノール）の方がより多くの肥料が必要と考えた場合，フローチャート中のエタノールの生産と使用を表す枠に緑色のビーズを多く配置しよう。このようにして，全てのビーズを同じように配置しなさい。

エタノールとバイオディーゼルのフローチャートにビーズを配り終えたら，そのことを先生に伝えましょう。先生は，二つの燃料のライフサイクルに関わる温室効果ガス排出量，肥料，農薬，エネルギー，水の使用量の相対的な実測値を教えてくれる。これらのデータを使って，フローチャート中のビーズを再分配しなさい。

問題

a. 予測と実際の値との比較はどうなったであろうか。
b. 環境にとって害の少ないインプットやアウトプットはあるのか。
c. バイオディーゼルとエタノールの相対的な環境への影響について，どのように結論するか説明しなさい。

結び

火！古代の人類にとって，火は安心の源だった。動物を追い払い，食べ物を調理し保存する能力をもたらし，伝染病の蔓延を最小限に抑えた。火は重要な社会的手段であり，集まって話を共有する場所でもあった。火はまた，人々が地球上の寒い地域に冒険することを可能にした。

今日でも，燃焼は人間社会の中心である。調理，住居の暖房や冷房，商品や農作物の生産，地球上での道路，鉄道，水路，空の移動に，私たちは毎日火を使っている。燃焼ほど，私たちの健康，幸福，生産性に広範囲に影響を及ぼす化学反応は他にない。

この章で見てきたように，燃焼とは，*エネルギー*をあまり役に立たない形に変換する化学反応である。例えば，ガソリンのような炭化水素の混合物を燃やすと，そこに潜在的に含まれた（蓄積）エネルギーの一部が熱の形で放散される。エネルギーの*形態*は変わるが，熱力学第一法則によれば，変換前と変換後のエネルギーの総量は変わらない。

また，燃焼により，*物質*が有用性の低い，時には望ましくない形態に変換されることも見てきた。例えば，完全燃焼の生成物である二酸化炭素と水は，現在のところ燃料としては利用できない。さらに，第4章で見たように，二酸化炭素は地球規模の気候変動につながる温室効果ガスである。不完全燃焼の生成物である一酸化炭素や煤は，人体に影響を及ぼす好ましくない物質である。高温の炎で生成される NO_x も同様である。

今日，化石燃料は地球を動かしている。再生可能燃料も同様だが，その程度ははるかに小さい。次世代は何をエネルギー源にするのだろうか。エタノールやバイオディーゼルといった再生可能なバイオ燃料は，私たちの未来のエネルギー源の一部を構成すると考えられる。他の燃料と同様，環境の管理責任や持続可能性など，私たちの価値観に沿ったものでなければならない。しかし，次の章で紹介するように，原子力や太陽エネルギーなど，増え続けるエネルギーへの欲求を満たす可能性のある方法は他にもある。

■章のまとめ

この章の学習を終えた読者には，以下のことができるはずである。

- 燃料の化学的特性を特定し，燃焼中にエネルギーの形態がどのように変化するかを説明する。**(6.1～6.3 節)**
- 反応やプロセスが吸熱性か発熱性かを予測し，化学反応のエネルギーダイアグラムを描いたり解釈したりする。**(6.3，6.4 節)**
- 化学結合が切れたり形成されたりするときに，エネルギーが吸収されるか放出されるかを計算する。**(6.5 節)**
- 燃料の燃焼中に放出される炭素の量と生成される廃棄物の潜在的な結果を予測する。**(6.5 節)**
- 燃焼を利用した発電所の運転と効率を説明できる。**(6.6，6.7 節)**
- 石炭や石油由来の燃料を燃焼させたときに発生する生成物，化学組成，燃焼生成物，放出されるエネルギーについて説明する。**(6.8～6.11 節)**
- 炭化水素の同定，命名，分子モデルの構築，分子間力がどのようにその物理的特性を支配しているかを説明する。**(6.12，6.13 節)**
- 含酸素ガソリンを使用することの利点と持続可能性について説明する。**(6.13，6.15 節)**
- 従来型燃料とバイオ燃料の両方が環境，経済，社会に与える影響について評価する。**(6.15～6.17 節)**

■章末問題

● 基本的な設問

1. a. 燃料を五つ挙げなさい。次に，これらの燃料に共通する性質を少なくとも二つ挙げなさい。
   b. 列挙した燃料のうち，化石燃料または化石燃料から派生した燃料はどれか答えなさい。
   c. 挙げた燃料のうち，再生可能なものはどれか答えなさい。
2. 石炭の燃焼により，いくつかの物質が空気中に放出される。
   a. これらの物質のうち，一つは大量に発生する気体である。その化学式と名前を述べなさい。
   b. 一方，SO_2（二酸化硫黄）の放出量は比較的少ない。それでも，この SO_2 は問題視される。その理由を説明しなさい。
   c. 少量発生するもう一つのガスは NO（一酸化窒素）である。しかし，石炭は窒素をほとんど含んでいない。NO に含まれる窒素の源は何か答えなさい。
   d. 石炭が燃焼すると，煤の微粒子が放出されることがある。$PM_{2.5}$（微小粒子）は健康へどのような影響を及ぼすか説明しなさい。
3. 図 6.9 には発電所の構成要素が示されている。
   a. 石炭火力発電所の場合，石炭は図のどこに描かれているか。
   b. 水は二つのループに分かれている。一つのループはボイラーとタービンを接続し，通常は圧力下にある。その理由を説明しなさい。
   c. もう一つのループは，湖や川から水を取り入れる（そして出す）。大量の水が必要になる理由を説明しなさい。
4. エネルギーは自然界ではさまざまな形態で存在する。図 6.9 で，以下の変換で何がエネルギー源であるかを答えなさい。
   a. 燃料の位置エネルギーが熱に変換される。
   b. 水分子の運動エネルギーが機械的エネルギーに変換される。
   c. 機械的エネルギーが電気エネルギーに変換される。
   d. 電気エネルギーは熱や光などの形に変換される。
5. 500 メガワット（MW），すなわち 1 秒あたり 5.00×10^8 J で発電する石炭火力発電所がある。この発電所において，熱から電気への正味の変換効率は 37.5%（0.375）である。
   a. 1 年間の運転で発生する電気エネルギー（単位：J，ジュール）と，そのために使用される熱エネルギーを計算しなさい。

b.　発電所が 30 kJ/g を放出する石炭を燃やすと仮定して，1 年間の運転で燃やされる石炭の質量をグラム単位とトン単位で計算しなさい。
ヒント：$1\ t = 1 \times 10^3\ kg = 1 \times 10^6\ g$

6. 太陽光のエネルギーは，光合成によりブドウ糖と酸素の位置エネルギーに変換できる。
   a.　この変換が起こるプロセスを挙げなさい。
   b.　エネルギー源が太陽光である燃料を三つ挙げなさい。
7. 石炭の等級がどのように違うかを説明しなさい。また，石炭を使ったときに等級の違いから生じることを説明しなさい。
8. 石炭は電気を生産するための重要な燃料であるが，欠点もある。欠点を三つ挙げなさい。
9. 水銀（Hg）の石炭中の濃度は 50 ～ 200 ppb である。問 6.20 の発電所で燃やされる石炭の量を考えてみよう。低濃度（50 ppb）と高濃度（200 ppb）に基づいて，石炭中の水銀の質量を t 単位で計算しなさい。
10. 全ての炭化水素が似ている点を二つ挙げなさい。次に，炭化水素で異なる点を二つ挙げなさい。
11. ここに二つのアルカンの縮約構造式を示す：CH_3CH_3，$CH_3(CH_2)_2CH_3$
    a.　これらの化合物の名前を答えなさい。
    b.　これらの化合物の化学式を示し，全ての結合と原子を示す構造式を書きなさい。
    c.　化学式，縮約構造式，構造式の利便性と提供される情報の相対的な利点について述べなさい。
12. 炭素原子を 1 ～ 8 個含む直鎖構造を持つ炭化水素（ノルマルアルカン）の構造式を表 6.3 に示す。
    a.　*n*-デカン（$C_{10}H_{22}$）の構造式を書け。
    b.　*n*-ノナン（C 原子 9 個）と *n*-ドデカン（C 原子 12 個）の化学式がどう書けるか考えなさい。
13. 次の図は，ブタン（C_4H_{10}）の異性体を棒球模型で表したものである。

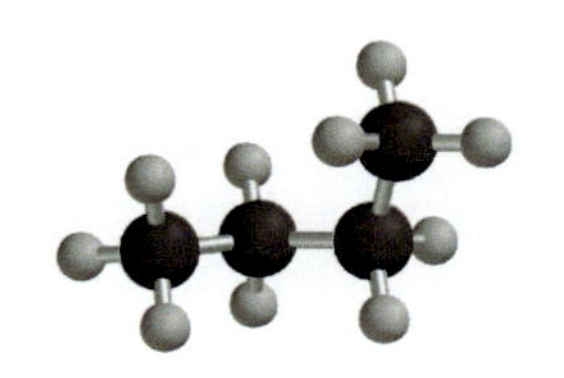

    a.　この異性体の構造式を書きなさい。
    b.　他の全ての異性体の構造式を書きなさい。ただし，構造の重複に注意すること。
14. 以下の 3 種の炭化水素について考える。

化合物，分子式	融点（℃）	沸点（℃）
ペンタン，C_5H_{12}	−130.5	35.9
トリアコンタン，$C_{30}H_{62}$	65.8	449.7
プロパン，C_3H_8	−187.7	−42.2

室温（25 ℃）における状態を固体，液体，気体で分類しなさい。

15. 石油蒸留の際，ディーゼル燃料に使われる灯油や炭素数 12 ～ 18 個の炭化水素の留分は，この図の C の高さで液化する。

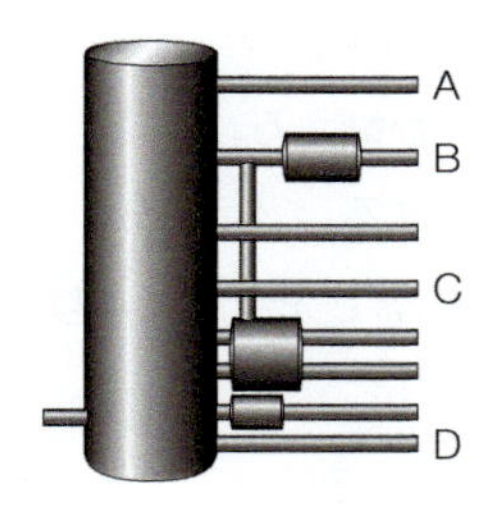

    a.　蒸留において，炭化水素の分離を決めている物理的性質の違いは何か説明しなさい。
    b.　A，B，D で分離された炭化水素分子の炭素原子の数は，C の位置で分離された数と比べてどのように異なるか説明しなさい。
    c.　A，B，D で分離された炭化水素の用途は，C の位置で分離された炭化水素の用途とどのように違うか説明しなさい。
16. メタンの完全燃焼は 6.4 式で与えられる。
    a.　エタン（C_2H_6）の燃焼の反応式を，6.4 式から類推して書きなさい。
    b.　ルイス構造を用いてこの式を書き直しなさい。
    c.　エタン（C_2H_6）の燃焼熱は 52 kJ/g である。

1.0 mol のエタンが完全燃焼した場合，どれだけの熱が発生するか計算しなさい。

17. a. *n*-ヘプタン（C_7H_{16}）の完全燃焼の反応式を書きなさい。
  b. *n*-ヘプタンの燃焼熱は 4,817 kJ/mol である。250 kg の *n*-ヘプタンが完全燃焼して CO_2 と H_2O を生成する場合，放出される熱量を計算しなさい。

18. ポテトチップス 1 袋のカロリー量は 70 Cal（70 kcal）である。このポテトチップスを食べて得られるエネルギーが全て心臓の鼓動を維持するために使われると仮定すると，このポテトチップスは 1 分間あたり 80 回の心拍をどれくらい長く維持できるか答えなさい。
  ヒント：1 kcal＝4.184 kJ で，1 回の人間の心拍には約 1 J のエネルギーが必要である。

19. あるソフトドリンクの 500 g ボトルは 140 kcal のエネルギー量を持つ。この飲料を代謝したときに放出されるエネルギー量を kJ で示しなさい。

20. 以下の反応が吸熱反応か発熱反応か述べなさい。
  a. 屋外のグリルで炭が燃える。
  b. 皮膚から水が蒸発する。
  c. ブドウ糖が植物の葉で光合成により合成される。

21. 表 6.2 の結合エネルギーを使って，それぞれの反応に伴うエネルギー変化を計算しなさい。また，それぞれの反応が吸熱反応か発熱反応か答えなさい。
  a. $N_2(g) + 3\,H_2(g) \rightarrow 2\,NH_3(g)$
  b. $H_2(g) + Cl_2(g) \rightarrow 2\,HCl_3(g)$
  ヒント：結合の数と種類を決定するために，反応物と生成物のルイス構造を書きなさい。

22. 表 6.2 の結合エネルギーを使って，それぞれの反応に伴うエネルギー変化を計算しなさい。次に，それぞれの反応が吸熱反応か発熱反応か答えなさい。
  a. $2\,H_2(g) + CO(g) \rightarrow CH_3OH(g)$
  b. $H_2(g) + O_2(g) \rightarrow H_2O_2(g)$
  c. $2\,BrCl(g) \rightarrow Br_2(g) + Cl_2(g)$

23. エタノールは発酵によって作り出せる。エタノールを生産するもう一つの方法は，水蒸気と C=C 二重結合を含む炭化水素であるエテン（エチレン）との反応である。

$$CH_2CH_2(g) + H_2O(g) \rightarrow CH_3CH_2OH(l)$$

  a. この式をルイス構造を用いて書き直しなさい。
  b. 表 6.2 の結合エネルギーを使って，この反応のエネルギー変化を計算しなさい。この反応は吸熱反応か発熱反応か答えなさい。

24. 以下はエタン，エテン（エチレン），エタノールの構造式である。

```
    H  H           H     H          H  H
    |  |            \   /           |  |
 H—C—C—H            C=C          H—C—C—O—H
    |  |            /   \           |  |
    H  H           H     H          H  H
   エタン           エテン           エタノール
                 （エチレン）
```

  a. エタンはエテンの異性体か，エタノールの異性体か，どちらの異性体でもないかを答え，その理由を説明しなさい。
  b. エテンには他の異性体が存在し得るか否かを答え，その理由を説明しなさい。
  c. エタノールには他の異性体が存在し得るか否かを答え，その理由を説明しなさい。

25. これら三つの化合物は全て，C_8H_{18} という同じ化学式を持っている。簡単にするため，水素原子と C-H 結合は省略してある。

```
 C
 |
 C
 |
 C          C            C
 |          |            |
 C      C — C — C        C — C
 |          |            |
 C          C            C
 |          |            |
 C          C — C    C — C — C
 |          |            |
 C          C            C
 |
 C
```

  a. 各化合物について，欠けている H 原子（各分子に全部で 18 個）を示す構造式を書きなさい。
  b. これらの構造式のうち，同じものはあるか。

ある場合，それは何か。

c. C_8H_{18} の異性体の構造式を二つ書き加えなさい。

26. 触媒は石油精製における分解反応を速め，低温での反応を可能にする。この問題よりも前の章で述べた，触媒の例を二つ述べなさい。

27. 分解が原油の精製に必要な理由を説明しなさい。

28. 分解反応を表す以下の方程式について考えてみよう。

$$C_{16}H_{34} \rightarrow C_5H_{12} + C_{11}H_{22}$$

a. この反応ではどの結合が切断され，どの結合が形成されるか。ルイス構造を使って答えなさい。

b. a の部分と表 6.2 の情報を使って，この分解反応中のエネルギー変化を計算しなさい。

29. バイオ燃料とは何かを例を三つ挙げて説明しなさい。

30. 次の三つのアルコールについて考える。
メタノール，エタノール，*n*-プロパノール（直鎖構造を持つ異性体）。

a. これらの全ての化合物が持つ共通の官能基を答えなさい。

b. これらの化合物は全て可燃性である。生成物の名前と化学式を答えなさい。

c. これらの化合物のうち，沸点が最も低いものはどれと考えられるか説明しなさい。

d. これらの化合物のうち，その化学構造がグリセロールと似た構造をしているものはどれか答えなさい。

31. セルロースとデンプンは，どちらも発酵させてエタノールを作り出すことができる。

a. デンプンとセルロースは化学構造的にどのように似ているか説明しなさい。

b. 人間の食物源という点で，デンプンとセルロースはどのように違うか説明しなさい。

32. グルコース（$C_6H_{12}O_6$）が体内で“燃焼”（代謝）されると，二酸化炭素と水ができる。

a. この反応式を書きなさい。

b. 木を燃やすときの反応式は，グルコースを代謝するときと本質的に同じである。その理由を説明しなさい。

33. エタノールとバイオディーゼルについてバイオ燃料としての長短を考えるときには，いくつかの項目について詳しく比較する必要がある。下記の項目による比較を述べなさい。

a. 採取源

b. 燃料を生産するときの化学反応

c. 燃焼生成物

d. 水に対する溶解性（詳細は第5章参照）

34. バイオディーゼル分子とエタノール分子について下記の項目を比較し，類似点と相違点を述べなさい。

a. 分子に入っている原子のタイプとそれらの近似的な相対比率

b. 分子に入っている原子の総数

c. 分子が持っている官能基

35. 図 6.5 を用いて，1 ガロンのエタノールと 1 ガロンのガソリンの燃焼で放出されるエネルギーを比較して，その違いを説明しなさい。ガソリンは純粋なオクタン（C_8H_{18}）であると仮定する。
ヒント：両者の密度を考慮する必要がある。

36. エネルギー源としての原油について，*従来型*と*非従来型*の用語をそれぞれの例を挙げて説明しなさい。

● 概念に関連する設問

37. 発電のために石炭（および他の化石燃料）を燃やす行為の持続可能性には，石炭の入手可能性以外の因子が含まれる。どのようなものがあるか説明しなさい。

38. この章では，石炭の化学式を $C_{135}H_{96}O_9NS$ と近似した。しかし，等級の低い石炭である褐炭について木材に近い化学組成を持つとも記した。木材の主成分はセルロースである。このことを踏まえて，褐炭に対する近似的な化学式を推定しなさい。

39. 図 6.11 を用いて，アメリカで消費されるエネルギーをエネルギー源で仕分けたい。比率が高いものから順にエネルギー源を並べなさい。そして，ランキングの順番について気付くことを述べなさい。

40. 燃焼過程と光合成過程について，エネルギーの吸収・放出の観点，関与する化学物質の観点，そして，大気中から CO_2 を除去する能力の観点，以上の三つの観点から比較しなさい。

41. 温度と熱の違いについて友人に説明することになったとしよう。身近にある日常的な事例を使った説明方法を考えなさい。

42. 「熱力学第一法則により，エネルギー危機は決して起こらない」という発言に対する読者の考えを述べなさい。

43. 「エンタルピー」（熱）と「エントロピー」（乱雑さ）として知られる概念をインターネットや一般的な化学の教科書で調べなさい。そして，それらを使ってある温度で反応が自然に起こるかどうかを予測する方法を説明しなさい。

44. 表 6.2 に示す結合エネルギーは，反応熱の測定から“さかのぼる”ことで知ることができる。反応を起こさせて，吸収・放出される熱量を測定する。得られた値と既知の結合エネルギーの値から，別の結合エネルギーを計算する，という筋道になる。例えば，ホルムアルデヒド（H_2CO）の燃焼に伴うエネルギー変化は－465 kJ/mol である。

$$H_2CO(g) + O_2(g) \rightarrow CO_2(g) + H_2O(g)$$

この情報と表 6.2 の値を使って，ホルムアルデヒドの C=O 二重結合のエネルギーを計算しなさい。得られた値を CO_2 の C=O 結合のエネルギーと比較し，異なる値になる理由を考えなさい。

45. 表 6.2 の結合エネルギーを使って，クロロフルオロカーボン類（CFC 類）が非常に安定している理由を説明しなさい。また，フロンから Cl 原子を放出するのに必要なエネルギーが，F 原子を放出するのに必要なエネルギーよりも小さい理由を説明し，CFC 分子の代替品に HFC 分子を使うこととの関連を説明しなさい。

46. ハロンはフロンに似ているが，臭素も含んでいる。ハロンは優れた消火剤であるが，フロンよりも効果的にオゾンを破壊する。以下は，ハロン -1211 のルイス構造である。

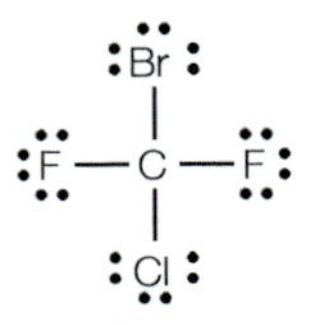

a. 最も切れやすい結合がどれか答えなさい。そして，この化合物が持つオゾン層破壊能と読者の答えのつながりを説明しなさい。

b. 消火剤としてのハロン類に対する代替化合物として C_2HClF_4 が検討されている。この化合物のルイス構造式を書き，最も容易に切断する結合を示せ。

ヒント：中心にあるのは炭素原子である。

47. 燃料のエネルギー含有量は，図 6.5 に示すように，1 g あたりの放出エネルギー量（kJ/g）で表すことができる。これらの値から，酸素を含む燃料と含まない燃料とでエネルギー量にどのような違いがあるか説明しなさい。そして，これらの燃料の 1 mol あたりのエネルギー含有量をキロジュール（kJ/mol）で計算しなさい。そして，どのような傾向が見られるか述べなさい。

48. ある友人が「分子が大きい炭化水素燃料は，分子が小さい炭化水素燃料よりも，1 g あたりに放出される熱量が大きい」と言っている。

a. 以下のデータを使い，適切な計算を行って，友人の発言の妥当性について議論しなさい。

炭化水素	燃焼熱
オクタン，C_8H_{18}	－5,070 kJ/mol
ブタン，C_4H_{10}	－2,658 kJ/mol

b. a に対する読者の答えを基にして考えたとき，ろうそくのワックス（$C_{25}H_{52}$）を燃やしたときの 1 g あたりの燃焼熱がオクタンに対する値より大きいか小さいかを答えよ。また，1 mol あたりの燃焼熱の大小関係について読者の推

測を述べその根拠を説明しなさい。

49. フィッシャー・トロプシュ法による水素と一酸化炭素の炭化水素と水への転化は，6.11 式で与えられる。

$$nCO + (2n + 1)H_2 \rightarrow C_nH_{2n+2} + nH_2O$$

a. $n=1$ のとき，この反応によって発生する熱を求めよ。

b. n が 1 より大きい値の炭化水素が生成するときについて，放出される熱が a で得たものより多いか少ないかを計算抜きの推測で答え，その推測の根拠を説明しなさい。

50. 以下の図はエタノール C_2H_5OH または C_2H_6O の棒球模型である。

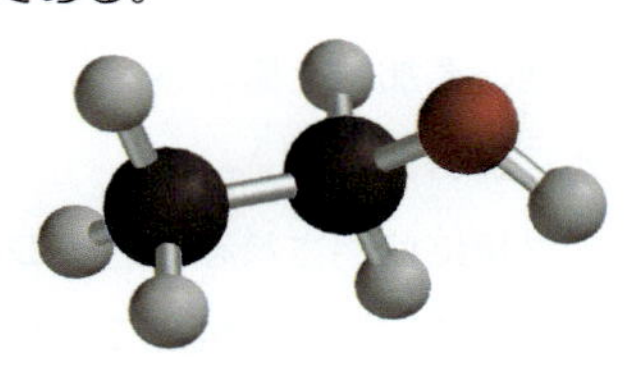

a. ジメチルエーテルはエタノールの異性体である。そのルイス構造を書きなさい。

b. 以前，“エーテル”は麻酔薬と呼ばれていた。物質としてはジエチルエーテルである。その構造式を書きなさい。

ヒント：ジエチルということは，炭素数はいくつになるか。

c. エーテルはこの章では説明されていない官能基である。上の二つの問いに対する読者の答えを踏まえて，エーテルと名前の付く化合物の共通する構造は何かを考えなさい。

51. いくつかの物質のオクタン価が表 6.4 に示されている。

a. オクタン価がガソリンのエネルギー含有量の尺度でないことを示す証拠を述べなさい。

b. オクタン価は，エンジンのノッキングを最小限に抑えたり防止したりする燃料の尺度である。ノッキングの防止が重要な理由を説明しなさい。

c. オクタン価の高い混合燃料は，オクタン価の低い混合燃料よりも価格が高い理由を説明しなさい。

d. ガソリンスタンドで入手できるプレミアムガソリンのオクタン価は 91 である。この値の意味することを述べなさい。

52. *n*-オクタンとイソオクタンの燃焼熱は実質的に同じである。分子構造が異なるのに，このようになる理由を説明しなさい。

53. 再生可能燃料，非再生可能燃料，石炭，石油，バイオディーゼル，天然ガス，エタノール：これらの燃料の関係を図で示しなさい。また，「*化石燃料*」と「*バイオ燃料*」という用語の当てはめやすい表示方法を工夫しなさい。

54. 脂肪，ラード，油，トリグリセリド，バター，オリーブオイルおよび大豆油の間に存在する関係のうち，私たちの食料として見たときにこれらの間に成り立っている関係をダイヤグラムを使って示せ。バイオティーゼルも，食品ではないがこれらの用語につながっている。このつながりを表す方法を工夫せよ。

55. 数年という時間スケールでは，バイオマス由来のエタノールの燃焼は，原油由来のガソリンを燃焼させるよりも，大気中に放出される CO_2 の正味量は少ない。この記述が正しいかどうかが議論されている争点は何か答えなさい。

56. いくつかの汚染物質の排出量は，石油ディーゼルよりもバイオディーゼルの方が少ない。バイオディーゼル燃料の場合，以下の排出量が少ない理由を述べなさい。

a. 二酸化硫黄（SO_2）

b. 一酸化炭素（CO）

● 発展的設問

57. 石炭には微量の水銀しか含まれていないが，石炭の燃焼によって環境中に放出される量は重大な結果をもたらす。このコメントを支持するのか反対するのかを適切な証拠を集めて検討しなさい。

58. アメリカ環境保護局（EPA）がかつて行った声明によると，自動車の運転は“普通の市民が日常的に行う最も汚染度の高い行動”である。

a. 自動車が排出する汚染物質は何か答えなさい。

b. この声明はどのような前提に基づいているか答えなさい。

59. 科学雑誌 *Scientific American* に載った記事によると，75 W の白熱電球を 18 W の蛍光灯に置き換えると電気料金の約 75%が節約される。電気料金は，通常キロワット時（kWh）の単位で課金される。読者が住んでいる場所の電気料金を使って，蛍光灯の寿命（1 万時間）の間に節約される金額を計算しなさい。

60. 高名な科学者であり著作家でもあったチャールズ・パーシー・スノーは，著作 *The Two Cultures*（日本語訳のタイトルは“二つの文化と科学革命”）で，「“あなたは熱力学第二法則を知っていますか”と尋ねるのは，“あなたはシェークスピアの作品を一つでも読んだことがありますか”と訊ねるのと文化的（カルチャー的）に等価である」と書いている。この対比について読者はどう思うか説明しなさい。そして，読者自身が受けてきた教育経験に照らして彼のコメントを論評しなさい。

61. この章では，従来型ではない原油および天然ガスの採掘，例えば深海からの採掘，地中深くまで掘り進んで行う水圧破砕法，および頁岩やタール状砂からの原油の抽出などに言及した。どれか一つを選んで，その方法について読者が理解したことを説明しなさい。そして，経済の健全性，環境の健全性，および社会の健全性で構成するトリプルボトムラインを使った解析の結果をレポートしなさい。

62. 爆発は*非常に*発熱性の高い反応である。激しい爆発が起こる反応の反応物と生成物の相対的な結合強度について説明しなさい。

63. この章では，アメリカ食品医薬品局（FDA）がプロピレングリコールを食品添加物として認可したことが指摘されている。どのような食品に，どのような目的で使用されているか述べなさい。

64. 四エチル鉛（TEL）は 1926 年にアメリカで初めてガソリンへの使用が承認された。禁止されたのは 1986 年である。その禁止につながったものも含め，60 年間の使用期間における四つの出来事を含む年表を作成しなさい。その出来事には，使用禁止の原因になった事例が含まれていなければならない。

65. 四エチル鉛（TEL）のオクタン価は 270 である。他のガソリン添加物のオクタン価との比較を示しなさい。また，TEL の構造式を調べて，オクタン価の見地から他の添加物と値の違いが生じる原因について考えて説明しなさい。

66. 化石燃料の燃焼に使用されるもう一つのタイプの触媒は，第 2 章で説明した触媒コンバーターである。これらの触媒が速める反応の一つは，NO(*g*) の $N_2(g)$ と $O_2(g)$ への変換である。

a. 図 6.29 に示すようなこの反応のエネルギー図を描きなさい。

b. なぜこの反応が重要なのか答えなさい。

67. 図 6.7 は発熱反応である H_2 の燃焼のエネルギー差を示している。N_2 と O_2 が結合して NO（一酸化窒素）を形成するのは吸熱反応の例である。

$$N_2(g) + O_2(g) \rightarrow 2\,NO(g)$$

:Ṅ═Ö:

N═O の結合エネルギーは 630 kJ/mol である。この反応のエネルギー図を描き，全体のエネルギー変化を計算しなさい。

68. アメリカは天然ガスの埋蔵量が多いので，この燃料の用途開発に大きな関心がある。自動車の燃料に天然ガスを使用することの長所と短所を二つずつ挙げなさい。

第7章 さまざまなエネルギー源

©Mount Airy Films/Shutterstock

動画を見てみよう

普段使っているエネルギーはどこから来るのか？

オープニング動画（www.acs.org/cic）を見た後で，アメリカエネルギー情報局（EIA）のウェブサイトで，州ごとのエネルギー生産と消費の比較を見てみよう。

a. 州または地域を一つ選び，地図上で選択する。下にスクロールして，提供されている情報を見る。この州または準州は，消費するエネルギーをどのエネルギー源から得ているか。この州のエネルギー生産には，どのような種類のエネルギー源が使われているか。これらのエネルギー源はどのように違うのか。

b. 別の州を選び，a で選んだ州と比較してみよう。

c. a と b で挙げたエネルギー源のうち，化石燃料に由来するものとそうでないものをそれぞれ答えなさい。この章では，化石燃料に代わるエネルギー源について考えていく。

この章で学ぶべきこと

この章では，以下のような問いについて考える。

■世界ではどのくらいのエネルギーが使われているのか。

■放射能とは何か。そしてエネルギー生産における放射性元素の用途にはどのようなものがあるか。

■原子力発電所はどのように電気を生産しているのか。また化石燃料発電所と比べて環境に与える影響はどのようなものがあるのか。

■太陽エネルギーとは何か。

■その他の再生可能エネルギー源にはどのようなものがあり，環境への影響はどのように評価されるのか。

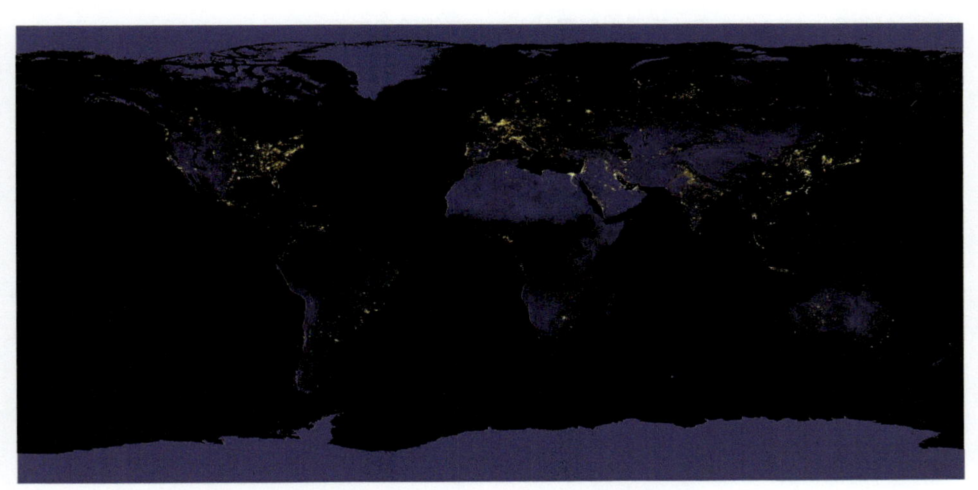

出典：NASA's Earth Observatory/アメリカ海洋大気庁（NOAA）/アメリカ国防総省（DoD）

序文

地球上の人々はエネルギーを使っている。私たちは部屋を暖めたり冷やしたりするためにエネルギーを使っているし，料理したり電化製品を使ったり移動したりするときもエネルギーを使っている。NASA の人工衛星から見た映像のように，暗くなった部屋を明るくするときもエネルギーを使っている。地球上の人類は 1 年間で 500 eJ（エクサジュール）のエネルギーを消費している。

補足

エクサジュールの"エクサ"という接頭語は 10^{18} または"100 京"を意味している。ジュールは 6.4 節で紹介したエネルギーの単位（1 J＝1 kg m^2/s^2）である。

現在，主なエネルギー源は第 6 章で紹介したように石炭や天然ガスや石油といった化石燃料である。化石燃料に含まれるエネルギーは，数百万年前に地球に降り注いだ太陽光のエネルギーをため込んだものであり，化石燃料を燃やすことでそのエネルギーを放出している。

問 7.1　考察問題

1 人が使うエネルギー

これまでの 24 時間または数時間を顧みて，読者はどのようなエネルギーを使っていたか考えてみよう。また，そのエネルギーはどこから運ばれてきたかも考えてみよう。

私たちの使っているエネルギーは，天然ガスならガス管で家庭に運ばれ，ガソリンなら車に給油され，電気なら壁のコンセントから供給される。天然ガスとガソリンは化石燃料である。では，壁のコンセントから供給される電気はどこから来ているのであろうか。その答えは，読者がどこに住んでいるかによって変わってくる。

電気は，多くの地域では天然資源を消費して作られている。ロシアでは天然ガスを燃やして電気を作っている。一方，アメリカ北西部では水力により発電している。フランスのように化石燃料が豊富にない国々では原子力発電が主な発電手段である。

世界中でエネルギーの需要は増え続けており，その世界中で消費されている大部分のエネルギーは化石燃料が供給し続けている。世界の多くの地域で，人々は石炭･石油･天然ガスといった炭化水素系燃料を燃やして得られるエネルギーから別の燃料を使って得られるエネルギーへと方向転換している。原子力発電や太陽光発電，風力発電，水力発電などは，化石燃料を使わずに，すなわち二酸化炭素を放出せずに電気を生み出している。

これらのエネルギー源は発電時点での温室効果ガスの発生はないが，発電所を作ったり稼働させる過程では環境に優しいとは限らない。例えば，発電設備の建設や維持管理には温室効果ガスの発生を伴うし，原子力発電のように燃料を加工したり廃棄したりするときも同様である。水力発電ダムを造る際には，大量のメタンやその他の温室効果ガスが発生する。

太陽光や風力，水力，そして地熱は**再生可能**エネルギー源と呼ばれている。なぜならば，それらは自然界から継続して短時間でのため込みと回収が可能であるからである。**図** 7.1 に示したように，これらのエネルギー源は世界中で急成長しており，これからも伸び続けると考えられている。ただ一言いっておくと，原子力発電は有限な資源であるウランの採掘に頼っているため，再生可能エネルギーと考えられてはいない。

この章では代替エネルギー源に関わる化学について説明する。まずは原子力発電から始めよう。

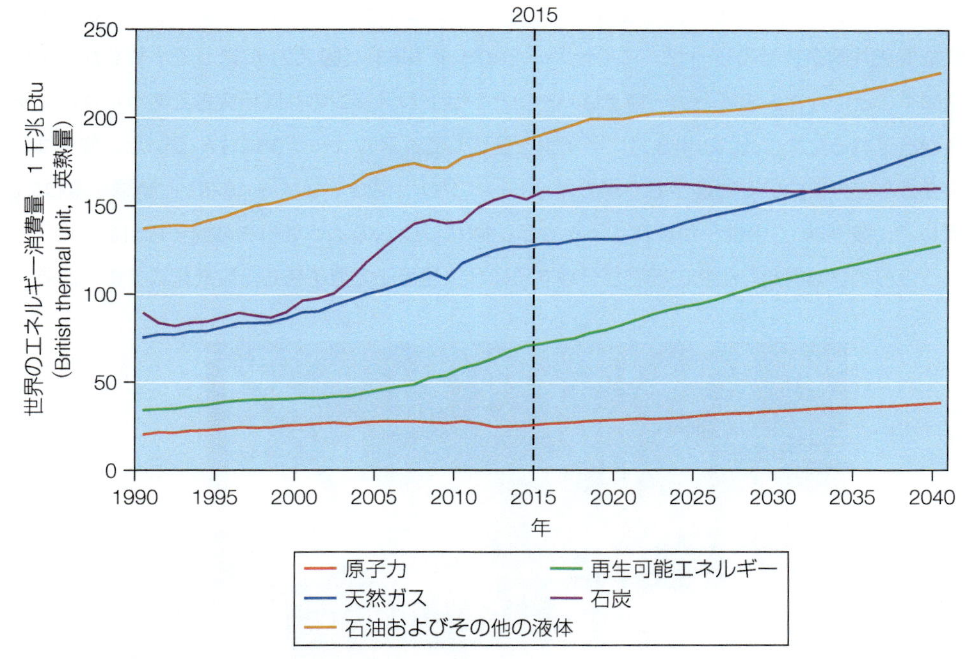

図7.1
2015 年までの世界のエネルギー源別年間消費量。再生可能エネルギー源には，水力発電，地熱発電，太陽光発電，風力発電，バイオマスが含まれる。
出典：U.S. Energy Administration : International Energy Outlook 2017

7.1　原子力エネルギーから原爆まで：核分裂

核反応の基礎を理解する鍵は自然科学で最も有名な，エネルギーと質量を結び付けた式である。

$$E=mc^2 \qquad [7.1]$$

この式は 20 世紀初めに提出された式で，アルバート・アインシュタイン（1879 ～ 1955）の数多くの業績のうちの一つである。c は光の速度，3.00×10^8 m/s を表すので，c^2 は 9.00×10^{16} m^2/s^2 に等しい。c^2 の大きな値は，わずかな量の物質から膨大なエネルギーを取り出すことができることを意味している。それが発電所であろうと兵器であろうともである。

30 年以上の間，アインシュタインの式は好奇の目で見られていた。科学者はこの式が太陽のエネルギー源を表していることは分かっていたが，地球上の誰も物質のかけらがエネルギーに変換されるところを見たことはなかった。しかし，1938 年にドイツの 2 人の科学者，オットー・ハーン（1879 ～ 1968）とフリッツ・シュトラスマン（1902 ～ 1980）は別の発見をした。彼らがウラン-238 に中性子をぶつけたところ，バリウム（Ba-137）が生成することを見出した。最初，彼らは周期表でバリウムと同じ族に属するラジウム（Ra）ができたと考えた。それは，それまで中性子が元素に衝突した場合，その元素に近い原子番号を持つ元素しか観測されていなかったからである。しかし，ハーンとシュトラスマンにとって，バリウムであることを示す化学的証拠は無視できないものだった。

マイトナーは何度もノーベル賞候補に挙がったが，核分裂の発見で 1944 年のノーベル化学賞を受賞したのはハーンのみであった。ハーン，マイトナー，シュトラスマンは核分裂の研究により，1966 年にフェルミ賞（アメリカの栄誉）を受賞した。1997 年，マイトネリウムは神話に登場しない女性の名を冠した最初の元素となった。

ドイツの 2 人の科学者は，なぜウランからバリウムが生じるのか不思議に思い，彼らの実験結果を共同研究者のリーゼ・マイトナー（1878 ～ 1968）（**図 7.2**）に送って，彼女から意見を聞くことにした。マイトナー博士はハーンとシュトラスマンの共同研究者であったが，ナチスから逃れるために 1938 年 3 月にドイツを後にして，スウェーデンに住んでいた。彼女はこの奇妙な結果について物理学者で甥のオットー・フリッシュ（1904 ～ 1979）と議論を重ねた。そして，彼女は，“中性子が衝突するとウランはバリウムのような小さな原子に分裂する”というひらめきを得た。生物の細胞が分裂するように重原子の原子核も分裂を起こすのである。

図7.2
1946 年 1 月，ニューヨークを訪問した直後のリーゼ・マイトナー。
©Bettmann/Getty Images

1939 年 2 月 11 日のイギリスの学術誌 *Nature* に掲載されたマイトナーとフリッシュの論文に核分裂という言葉が物理的な現象に使われた。その「中性子によるウランの崩壊：新しいタイプの核反応」と題した論文の中で，著者らは以下のように述べている。

ハーンとシュトラスマンは，観測されたバリウムの同位体は中性子がウランに衝突した結果として生成されると結論せざるを得なかった。一見したところ，この結果は非常に理解し難い。…しかし，重い原子核の挙動に関する現在の考え方に基づけば，これらの新しい崩壊過程に関する全く異なった，本質的に古典的な図式で観測結果を理解できる。…ウランの原子核の安定性は低く，中性子捕獲後にほぼ等しい大きさの二つの原子核に分裂する可能性がある。…核分裂プロセス全体は，このように本質的に古典的な方法で記述することができる。

わずか 1 ページ余りの論文であったが，その重要性はすぐに認識された。デンマークの著名な物理学者であるニールス・ボーア（1885 ～ 1962）は，フリッシュから直接このニュースを知り，出版される数日前に論文のコピーを定期船でアメリカに持ち込んだ。マイトナーとフ

リッシュが *Nature* 誌に論文を発表してから数週間以内に，ウラン原子の分裂によって放出されるエネルギーが，アインシュタインの方程式によって予測されるものと一致することが，各国の 12 の研究所の科学者たちによって確認された。核分裂の発見に対するリーゼ･マイトナーの貢献は，109 番元素をマイトネリウムと命名することでたたえられた。

核分裂とは，大きな原子核がエネルギーを放出しながら小さな原子核に分裂することである。エネルギーが放出されるのは，生成物に比べて反応物の方がわずかに軽いからである。物質とエネルギーの両方が合わさって保存されることが重要である。物質が“消滅”すると，それに相当するエネルギーが“生成”されるのである。あるいは，物質を非常に濃縮されたエネルギーの一形態と見なすこともできる。原子核ほどエネルギーが集中している場所はない。水素の原子核が野球ボールほどの大きさだとすると，水素原子に含まれる電子は直径 1.5 マイルの球の中に存在することになる。原子の質量のほとんど全てを原子核が担っているため，原子核は信じられないほど密度が高い。実際，原子核のみが詰まったポケットサイズのマッチ箱の重さは 25 億 t 以上になる！ アインシュタインの方程式のエネルギーと質量の等価性を考えると，全ての原子核には膨大なエネルギーが含まれていることになる。

核分裂を起こすのは特定の元素の原子核だけで，それも特定の条件下でのみ起こる。その原子核が分裂するかどうかは，大きさと含まれる陽子と中性子の数，そして核分裂を起こすために原子核に衝突する中性子のエネルギーの三つの要素によって決まる。例えば，酸素，塩素，鉄のような比較的軽くて安定した原子は分裂を起こさないが，極端に重い原子核は自然に分裂する。ウランやプルトニウムのような重い原子核の中には，中性子を十分に強く当てれば分裂するものがある。ここで注目すべきは，ウランの同位体の一つが，原子力発電所の原子炉で使われるような遅い中性子の衝突で核分裂を起こすことである。

ウランについてもっと詳しく調べてみよう。全てのウラン原子は 92 個の陽子を含む。ウラン原子が電気的に中性であれば，これらの陽子には 92 個の電子が付随している。原子番号（または陽子の数）は周期表で確認できる。自然界では，ウランには主に二つの同位体がある。大部分（全ウラン原子の 99.3%）は 146 個の中性子を含んでいる。このウラン同位体の質量数は 238 個，つまり陽子 92 個に中性子 146 個を加えたものである。今後はこの同位体をウラン-238，または単に U-238 と書くことにする。残りの同位体（0.7%）は 143 個の中性子と 92 個の陽子を含む，すなわち U-235 である（**表 7.1**）。

原子番号と*同位体*については，4.3 節で紹介した。

表 7.1　ウランの同位体

元素名	陽子の数	原子番号	質量数	中性子の数	元素記号
ウラン-235	92	92	235	235－92 ＝ 143	$^{235}_{92}U$
ウラン-238	92	92	238	238－92 ＝ 146	$^{238}_{92}U$

問 7.2　練習問題

同位体

第三の同位体である U-234 も自然界に微量存在する。U-238 と U-234 は陽子の数と中性子の数においてどのような違いがあるか，そして電子の数に違いはあるだろうか。

一般的には，質量数と原子番号の両方で同位体を指定する。前者は上付き数字，後者は下付き数字で，どちらも化学記号の左に書く。この慣例を用いると，ウラン-238 は次のように書ける。

原子量＝陽子の数＋中性子の数 → 238
原子番号＝陽子の数 → 92

$$^{238}_{92}\mathrm{U}$$

同様に，U-235 は $^{235}_{92}\mathrm{U}$ と表記される。$^{235}_{92}\mathrm{U}$ と $^{238}_{92}\mathrm{U}$ はわずか 3 個の中性子しか違わないが，この違いが核特性における大きな違いにつながる。原子炉の条件下では，$^{238}_{92}\mathrm{U}$ は核分裂を起こさないが，$^{235}_{92}\mathrm{U}$ は核分裂を起こす。

資料室

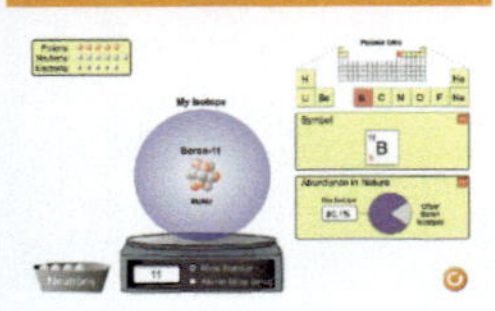

PhET Interactive Simulations, University of Colorado

www.acs.org/cic で見られるシミュレーションで同位体の陽子の数と中性子の数の違いを見てみよう。

問 7.3　練習問題

原子番号と質量数の比較

問 7.2 の U-234 についての答えを見返してみて，U-234 の原子番号と質量数の関係はどうなっているだろうか。その答えを踏まえて原子記号を書きなさい。U-234 と U-238 の元素記号は同じになるだろうか。

核分裂は中性子によって開始されるが，この例に見られるように中性子を放出することもある。

$$^{1}_{0}\mathrm{n} + {}^{235}_{92}\mathrm{U} \longrightarrow [{}^{236}_{92}\mathrm{U}] \longrightarrow {}^{141}_{56}\mathrm{Ba} + {}^{92}_{36}\mathrm{Kr} + 3\,^{1}_{0}\mathrm{n} \qquad [7.2]$$

7.2 式を左から右に見ていこう。最初に中性子（$^{1}_{0}\mathrm{n}$）が $^{235}_{92}\mathrm{U}$ の原子核に衝突する。中性子 $^{1}_{0}\mathrm{n}$ は正電荷がゼロであることを意味する下付き数字 0 と，質量数が 1 であることを意味する上付き数字 1 で表されている。まずは，$^{235}_{92}\mathrm{U}$ の原子核は中性子を捕獲し，より重いウランの同位体 $^{236}_{92}\mathrm{U}$ になる。この同位体は寿命が短いので，存在できるのは一瞬であることを示す角括弧で書かれている。ウラン -236 はすぐに 3 個の中性子を放出して 2 個の小さな原子（Ba-141 と Kr-92）に分裂する。

核反応式は“通常の”化学反応式に似ているが，同じではない。核反応式のバランスを取るには，原子を数えるのではなく，陽子と中性子を数えなければならない。核反応式は，矢印の両側の下付き数字の和（および上付き数字の和）が等しくなければならない。7.2 式の $^{1}_{0}\mathrm{n}$ の前の 3 という数字は核反応式の係数であり，化学反応式と同じように扱われ，それに続く $^{1}_{0}\mathrm{n}$ の数を表している。このことを，核反応式 7.2 式について確かめてみると以下のようになる。

	7.2 式の左辺	7.2 式の右辺
上付き数字	1 + 235 = 236	141 + 92 + (3 × 1) = 236
下付き数字	0 + 92 = 92	56 + 36 + (3 × 0) = 92

U-235 の原子核に中性子が衝突すると，さまざまな核分裂生成物ができる。以下の問題では，2 通りの核分裂について学んでもらう。

問 7.4　練習問題

核反応式

周期表を使って，以下の二つの核反応式を書きなさい。どちらも中性子を含む。

a. U-235 が核分裂して Ba-138，Kr-95，中性子ができる。

b. U-235 が核分裂して，元素（原子番号 52，質量数 137）と別の元素（原子番号 40，質量数 97）そして中性子を生成する。

7.2 式の核反応式をもう一度見てみよう。両辺に含まれている中性子を打ち消したくなるかもしれない。確かに数学的な式ではそうするかもしれないが，核反応式ではそれをしてはならない。核反応式の両辺にある中性子はそれぞれ重要な意味があるからである。左辺の中性子は核分裂反応を開始させる中性子であり，右辺の中性子は核分裂反応によって生成された中性子である。生成された中性子はそれぞれ別の U-235 原子核に衝突して分裂を引き起こし，さらに数個の中性子を放出する。これは**連鎖反応**の一例であり，生成物の一つが反応物となる反応を指す。この特殊な高速核連鎖反応はほんの一瞬で広がっていく（**図** 7.3）。この連鎖反応を使って，1942 年にシカゴ大学で初めて核分裂の制御に成功した。

資料室

©Larry Washburn/Getty

ドミノ倒しがどのように核連鎖反応を模倣するのか，www.acs.org/cic の動画でチェックしてみよう。

臨界質量とは，連鎖反応を維持するのに必要な核分裂性燃料の量のことである。例えば，U-235 の臨界質量は約 15 kg である。この質量の純粋な U-235 が中性子源と共に 1 カ所に集められた場合，核分裂は自然に起こり，臨界質量が続く限り分裂し続ける。これが核兵器の動作原理であるが，放出されたエネルギーはすぐに臨界質量を吹き飛ばし，核分裂反応を停止させる。しかし，すぐに分かるように，原子力発電所で使用されるウラン燃料は純粋な U-235 からはほど遠く，核爆弾のように爆発することはない。核爆発の特徴である制御不能な連鎖反応を起こすには，単に中性子が足りない（そして中性子がぶつかる核分裂しやすい原子核が足りない）のだ。

核分裂の際にエネルギーが放出されるのは，生成物の質量が反応物の質量よりもわずかに軽いからであることは先に述べた。しかし，先ほど書いた核反応式からは，質量数の和が両側で同じであるため，質量の損失は認められない。実は，実際の質量はわずかに減少しているのである。このことを理解するためには，原子核の実際の質量は質量数（陽子と中性子の数の和）ではなく，小数点以下の桁数の多い実測値で考える必要がある。例えば，ウラン-235 の原子の質量は 235.043924 u である。仮に U-235 の核反応式の両辺の質量を小数点以下 6 桁までで比較すると，生成物の質量が約 0.1%，つまり 1,000 分の 1 だけ小さくなっている。この差が放出されるエネルギーに相当する。

統一原子質量単位 u は，C-12 原子の質量の 12 分の 1，すなわち 1.67×10^{-27} kg と定義されている。この単位は個々の原子の質量を表すのに便利である。統一質量単位はダルトン（Da）と等価であることに注意すべきである。

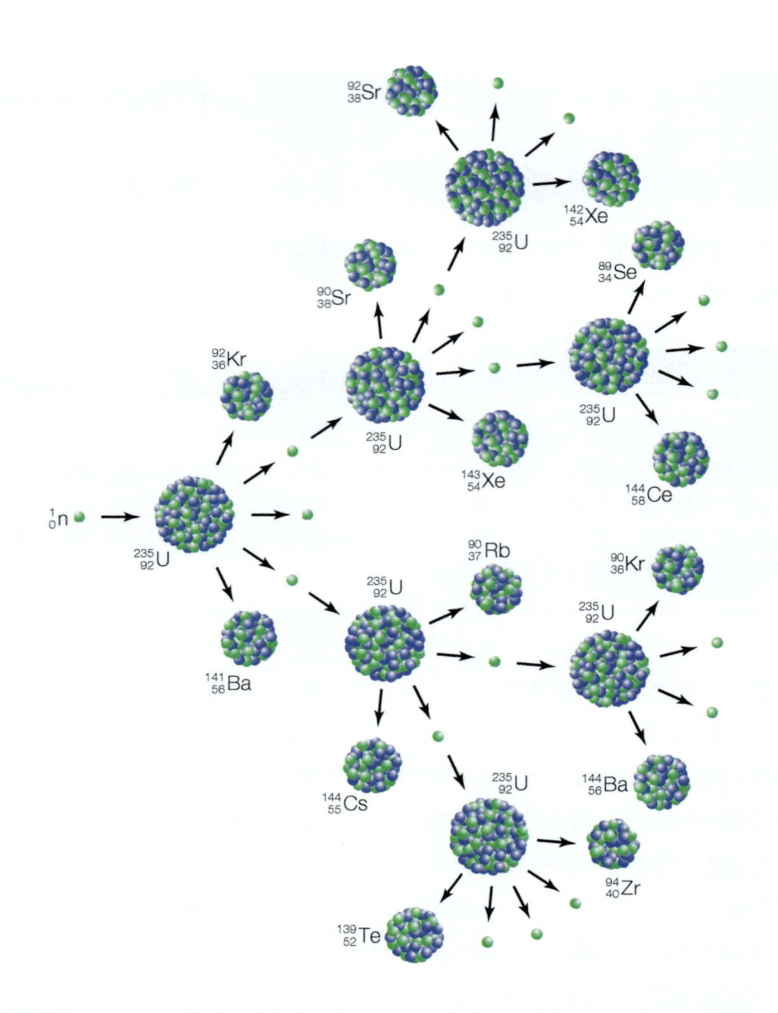

図7.3

核分裂の連鎖反応。まず左にある中性子がウラン-235の核分裂を開始させ，そこから出る3個の中性子が別のウラン-235に衝突して核分裂を起こさせる。こうして連鎖反応が始まる。中性子が当たった全てのU-235原子核が毎回同じ生成物を生じるわけではないことに注意して欲しい。

1 kgの純粋なU-235に含まれる全ての原子核が核分裂を起こした場合，放出されるエネルギーはどれほどのものか考えてみよう。$E = mc^2$ から得られる $\Delta E = \Delta mc^2$ を用いて答えを計算することができる。ここで，ギリシャ文字の Δ（デルタ）は「変化した分」を意味するので，質量の変化分でエネルギーの変化分を計算することができる。この質量の1,000分の1が失われるので，質量の変化分 Δm の値は1.00 kgの1,000分の1，つまり 1.00×10^{-3} kgとなる。では，この値と $c = 3.00 \times 10^8$ m/sをアインシュタインの方程式に代入してみよう。

$$\Delta E = \Delta mc^2 = (1.00 \times 10^{-3}\ \mathrm{kg}) \times (3.00 \times 10^8\ \mathrm{m/s})^2 \qquad [7.3]$$

これでエネルギー変化分が得られるが，単位になじみがないかもしれない。

$$\Delta E = 9.00 \times 10^{13}\ \mathrm{kg{\cdot}m^2/s^2}$$

しかし，$\mathrm{kg{\cdot}m^2/s^2}$ という単位はジュール（J）と同じである。従って，1 kgのウラン-235の核分裂から放出されるエネルギーは，なんと 9.00×10^{13} J，もしくは 9.00×10^{10} kJということになる！

　計算して得られた 9.00×10^{13} J というエネルギーは，TNT として知られるトリニトロトルエンという爆薬を約 22 kt（22×10^6 kg）爆発させたときに放出されるエネルギー量に相当する。ちなみに，これは 1945 年に広島と長崎に投下された原子爆弾が放出したエネルギー量のおよそ 2 倍のエネルギーである！ このエネルギーは，1 kg の U-235 の核分裂に由来するものであり，変化分としてみれば，約 1 g の質量（0.1%の質量変化）がエネルギーに変換されたことになる。

問 7.5　練習問題

核と石炭

無煙炭の平均エネルギー含有量は 32 kJ/g で，他の石炭よりも高い。1 kg の U-235 の核分裂と同量のエネルギーを生み出すには，何 kg の無煙炭が必要か計算しなさい。

　実は 1 ～ 2 kg の純粋な U-235 を一気に核分裂させることはできない。例えば原子爆弾では，核分裂すべき部分が放出されるエネルギーによって一瞬のうちに吹き飛ばされるため，全ての原子核が核分裂を起こす前に連鎖反応を止めることができる。とはいえ，放出されるエネルギーは膨大であり，広島市に投下された原子爆弾の場合，TNT 火薬は 10 kt ほどであった。**図 7.4** は，アメリカのネバダ核実験場における原子爆弾の爆発である。1955 年に行われたこの実験では，

図7.4
核実験「ターク」の様子。1955 年 3 月 7 日，ネバダ州ラスベガス北西の乾いた湖底で行われた。

広島と長崎の原爆の 4 倍以上の爆発力があった。

幸いなことに，核分裂のエネルギーは利用することができるし，それこそが原子力発電所の目的である。次の節で述べるように，原子力発電所では，エネルギーは制御された条件下でゆっくりと継続的に放出される。

7.2 核分裂反応を利用する：原子力発電所の発電方法

熱力学第二法則には多くの捉え方がある。この節では，発電効率を考える際に，発生させた熱を完全に仕事に変換することは不可能であると述べている。

6.6 節において，従来の火力発電所が石炭や石油などの燃料を燃やして熱を生み出す仕組みを説明した。そこでは，発生させた熱で水を高圧の蒸気に変えてタービンの羽根を回転させる。そして，回転するタービンの軸につながっている大きなコイルが磁場中で回転することで電気エネルギーを生み出している。原子力発電所は，化石燃料の燃焼の代わりに，U-235 などの原子核の核分裂から放出されるエネルギーが水の加熱に使用されることを除けば，ほぼ同じ原理で電気を生み出している（**図 7.5**）。他の発電所と同様に，原子力発電所も熱力学第二法則による効率の制約を受ける。熱エネルギーを仕事に変換する理論的効率は，発電所が運転される最高温度と最低温度に依存する。この正味効率は通常 55 ～ 60%であるが，その他の機械的，熱的，電気的損失によって著しく低下する。

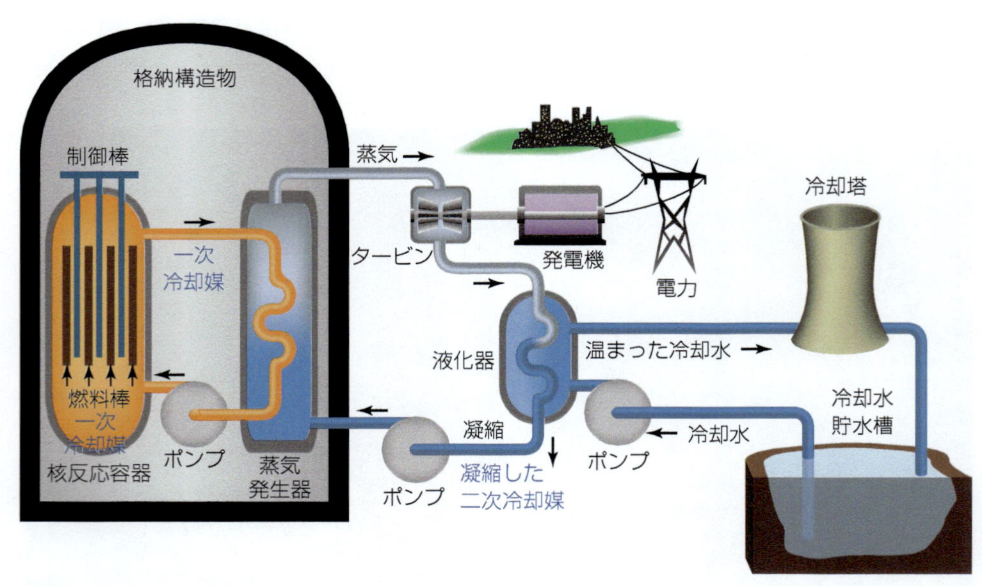

図7.5
原子力発電所の概略図。大小関係は実物とは異なる。
出典：アメリカ原子力規制委員会（NRC）

原子炉は発電所の心臓部である。原子炉は，いくつかの蒸気発生器と一次冷却システムと共に，コンクリート製のドーム型格納容器内の特殊な鋼鉄製の容器に収められている。その他の部分には，発電機を動かすタービンと二次冷却システムがある。さらに，冷却水から余分な熱を取り除く必要があるので，原子力発電所には複数の冷却塔があるか，あるいは大きな水域の近く（またはその両方）に位置している。この点は化石燃料発電所と共通する特徴である（図

6.9 を再確認して欲しい)。

炉心のウラン燃料はウラン (IV) 酸化物 (UO_2) であり，その大きさは**図 7.6** に示すようにおよそ 10 セント硬貨の直径 (約 18 mm) と同程度の長さである。燃料の中に含まれる U-235 (核分裂性ウラン) は約 4 〜 5%で，残りは U-238 である。これらのペレットは，ジルコニウムと他の金属の合金でできた管に端から端まで入れられ，さらにステンレス鋼で覆われた束にまとめられる (**図 7.7**)。

図7.6
ウラン燃料のペレットと 10 セント硬貨の大きさの比較。
©McGraw-Hill Education. C.P. Hammond, photographer

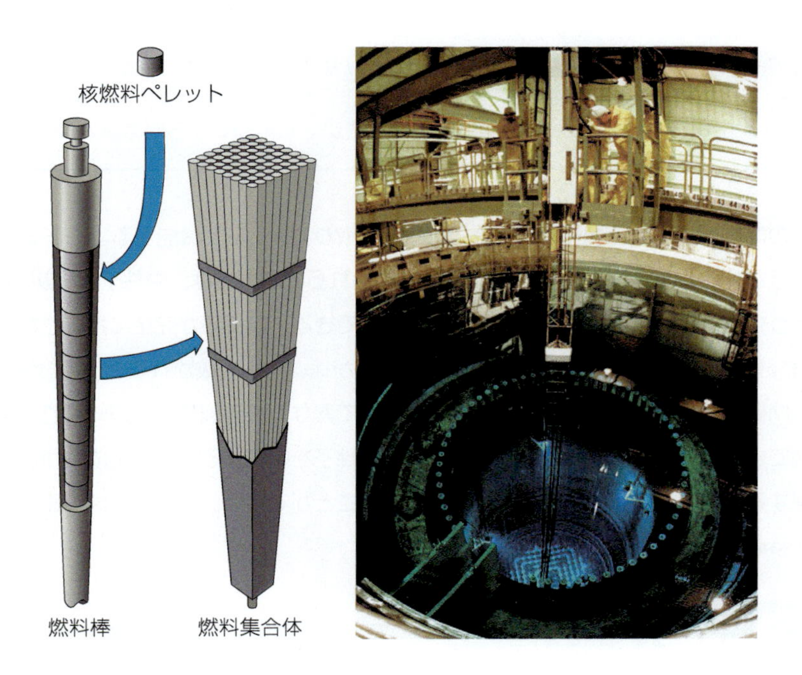

図7.7
燃料ペレット，燃料棒，および，核反応装置の核心部をなす燃料集合体 (左)。稼働中の炉心で水中に沈められている燃料集合体 (右)。
©Toby Talbot/AP Images

各燃料棒には少なくとも 200 個のペレットが入っている。一度核分裂反応が始まると，連鎖反応によってそれ自身を維持することができる。しかし，このプロセスを引き起こすには中性子が必要である (7.2 式および図 7.3)。中性子を発生させる方法として，燃料棒に含まれるベリリウム-9 とプルトニウムのような重い元素のコンビネーションを組み合わせるものがある。プルトニウムのような重い元素はアルファ（α）粒子，$^{4}_{2}He$ を放出する。

$$^{238}_{94}Pu \longrightarrow ^{234}_{92}U + \underset{\alpha粒子}{^{4}_{2}He} \qquad [7.4]$$

補足
γ線に関しては，3.1 節で紹介した。

これらのα粒子はベリリウムに衝突し，中性子，炭素-12，γ線（$^{0}_{0}\gamma$）を発生する。

$$^{4}_{2}He + ^{9}_{4}Be \longrightarrow ^{12}_{6}C + ^{1}_{0}n + \underset{\gamma線}{^{0}_{0}\gamma} \qquad [7.5]$$

こうして発生した中性子は，炉心でウラン-235 の核分裂を開始させることができる。

先に述べたように，一つの核分裂は 2 ～ 3 個の中性子を発生させる。核分裂反応を利用するのに必要なことは，これらの余分な中性子を“吸い取って”，かつ核分裂反応を維持するのに十分な中性子を残すことである。そのためには微妙なバランスを保たなければならない。余分な中性子があると原子炉は高温で運転され，少なすぎると連鎖反応は停止し，原子炉は冷えてしまう。必要なバランスを保つためには，それぞれの核分裂反応で発生する 1 個の中性子に，順番に別の核分裂反応を引き起こさせるようにしなければならない。

トリウム（Th）は，ウランの 3 倍以上の天然資源を有し，使用時の有害な長期放射性廃棄物の発生が少ないことから，ウランに代わる魅力的な核燃料として提案されてきた。

問 7.6　練習問題

さまざまな中性子源

Pu と Be で作られた中性子源は PuBe（プービー）中性子源である。同様に，AmBe（アムビー）線源はアメリシウムとベリリウムから作られる。PuBe 線源と同様に，AmBe 線源から中性子を生成する一連の反応を書きなさい。Am-241 から始めなさい。

資料室
www.acs.org/cis で原子炉の中の核分裂の様子を表すアニメーションを見ることができる。

燃料棒の間に散在する金属棒は，中性子の“*吸い取り材*”として機能する。カドミウムやホウ素のような優れた中性子吸収材を主成分とするこれらの制御棒は，中性子の“吸い取り”を多くしたり少なくしたりするように配置することができる。制御棒が完全に挿入されている状態では，核分裂反応は継続できない。しかし，制御棒が徐々に引き抜かれると，原子炉は“臨界”に達し，制御棒の位置を正確に制御することによって異なる核分裂速度で運転され，核分裂反応を継続できるようになる。時間の経過と共に，中性子を吸収する核分裂生成物が燃料ペレットに蓄積する。それを補うために制御棒を引き抜くことができる。最終的には，原子炉燃料束は交換する必要がある。

問 7.7　展開問題

地震だ！

図 7.18 を先に見て，原子炉の近くで地震が発生する可能性があることを確認しよう。震源に近い原子炉は自動的に停止するはずである。制御棒を炉心に完全に挿入するようソフトウェアをプログラムすべきか，それとも引き抜くべきか。どちらにするべきか理由も含めて答えなさい。

燃料束と制御棒は，一次冷却用の液体に浸されて冷却される。セコイヤ原子炉（**図 7.8**）や他の多くの原子炉では，一次冷却材はホウ酸（H_3BO_3）の水溶液である。ホウ素原子は中性子を吸収して核分裂の速度と温度を制御している。制御棒と同様，この水溶液は原子炉の減速材として機能していて，中性子を減速させて，より効率的な核分裂を起こさせている。一次冷却材のもう一つの主な役割は，核反応によって発生する熱を吸収することである。一次冷却材は通常の大気圧の150倍以上の圧力にあるため，沸騰することはない。従って，通常の沸点をはるかに超えて加熱された液体（一次冷却材）が反応容器から蒸気発生器まで運ばれ，そしてまた戻るという閉じたループを循環する。この一次冷却材の閉鎖循環ループが，原子炉と発電所の他の部分をつなぐ役割を果たしている（図7.5）。

図7.8
テネシー州にあるセコイヤ原子力発電所。二つの冷却塔（一つは凝縮した水蒸気の雲で示されている）がこの原発の最も目立つ特徴である。しかし原子炉は，白い屋根の小さな円筒形の格納容器2棟の中にある。
©Aerial Archives/Alamy Stock Photo

冷却塔は石炭火力発電所でも見ることができる。写真は中国・天津近郊の火力発電所のものである。

©Bradley D. Fahlman

一次冷却材の熱は，原子炉の外部にある蒸気発生器の水（二次冷却材）を加熱する。セコイヤ原子力発電所（図7.8）では，毎分11万L以上の水が蒸気に変換される。この高温の蒸気のエネルギーが，発電機に取り付けられたタービンの羽根を回転させる。熱伝達サイクルを継続するため，水蒸気は冷却され，凝縮して液体に戻り，蒸気発生器に戻される（図7.5）。多くの原子力施設では，原子炉と見間違うような大きな冷却塔を使って冷却が行われる。原子炉建屋はそれほど大きくない。

問7.8　考察問題

発電所からの雲

図7.8に示すように，原子力発電所の冷却塔から雲が出ているのを見ることができる日がある。この雲の発生する原因は何だろうか。そしてこの雲にはU-235の核分裂によって生成された核生成物が含まれているだろうか。

原子力発電所の凝縮用冷却器では，湖や川そして海からの水を使って冷却を行っている。例えば，ニューハンプシャー州のシーブルック原子力発電所では，毎分約 150 万 L の海水が，海底 30 m の岩盤に掘られた巨大なトンネル（直径約 6 m，長さ約 5 km）を流れている。発電所からも同様のトンネルがあり，冷却器で 22℃に温められた海水を海へと戻す。特殊なノズルで温水を分配しているため，放流直後の温度上昇はわずか 2℃程度である。海水は，核分裂反応やその生成物とは分離された別のループにある。一次冷却水（ホウ酸水溶液）は格納容器内の炉心を循環している。しかし，このホウ酸水溶液は密閉された循環系で隔離されているため，蒸気発生器の二次冷却水への放射能移行は極めて起こりにくい。同様に，海水は二次冷却系に直接接触しないので，海水は放射能汚染から十分に保護されている。言うまでもなく原子力発電所で発電された電気は，化石燃料発電所で発電された電気と同じものである。

原子力発電と火力発電で得られる電気は同じものであるが，エネルギー源によって 1 秒間に発電される電力量は異なる。エネルギーの生成速度は**電力**と呼ばれ，電力の一般的な単位は**ワット**（W）であり，これは 1 秒間に発生するエネルギー（J/s）のことである。単一の原子炉の最大出力は，通常 500 ～ 1,300 メガワット（MW）である。これに対し，一般的な石炭火力発電所の発電量は 600 MW である。

問 7.9　練習問題

パロベルデ原子力発電所

アメリカで稼働中の最も強力な原子力発電所の一つが，アリゾナ州のパロベルデ発電所である。最大稼働時には，3 基の原子炉のうち 1 基の発電量が 1,400 MW である。3 基の原子炉が 1 日に生産する電気エネルギーの総量と，1 日に失われる U-235 の質量を計算しなさい。

ヒント：1 秒あたりではなく，1 日あたりの発電量を計算することから始める。次に，式 $\Delta E = \Delta mc^2$ を使い，質量の変化 Δm を計算する。質量損失を g 単位で報告しなさい。

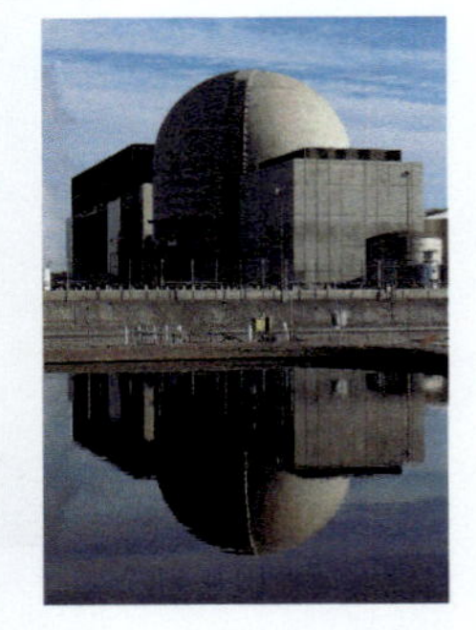

パロベルデ原子力発電所の原子炉。

©Royalty-Free/CORBIS

これまでに論じてきた核分裂やウラン，核燃料，核兵器などの話題は，全て放射能についての理解に基づいている。次に，この放射能について考えていく。

7.3　放射能とは何か

放射性物質に関する私たちの知識は 100 年以上の歴史がある。1896 年，フランスの物理学者アントワーヌ・アンリ・ベクレル（1852 ～ 1908）が放射能を発見した。当時，彼の研究は写真版を使って行われていた。使用前，これらのプレートは光が当たらないように黒い紙で密封されていた。偶然，密封されたプレートの近くに鉱物を置いたところ，プレートの感光剤が光が当たったかのように黒くなった。ベクレルはすぐに，鉱物が強力な "光線" を発しており，それが遮光紙を透過しているのだと気付いた。

ポーランドの科学者マリー・キュリー（1867 ～ 1934）（**図 7.9**）がさらに研究を進めた結果，この放射線は鉱物の成分であるウラン元素から放出されていることが判明した。1899 年，キュリーは特定の元素による放射線の自然放出の現象を**放射能**と名付けた。その後，アーネスト・ラザフォード（1871 ～ 1937）の研究により，2 種類の主要な放射線が存在することが明らかになった

になった。ラザフォードはこれらの放射線をギリシャ語のアルファベットの最初の 2 文字，アルファ（α）とベータ（β）を使って α 線，β 線と命名した。

図7.9
マリー・キュリーは放射性元素の研究で化学と物理学の二つのノーベル賞を受賞した。

α 線と β 線は全く異なる性質を持っている。ベータ粒子（β）は原子核から放出される高速の電子であり，負の電荷（1−）を持ち，質量は陽子や中性子の約 2,000 分の 1 と小さい。なぜ電子（β 粒子）が原子核から放出されるのかについては，後で説明する。

一方，アルファ粒子（α）は原子核から放出される正電荷を帯びた粒子である。これは 2 個の陽子と 2 個の中性子（He 原子の原子核）から成り，このヘリウム原子核には電子が付随していないため正の電荷（2+）を持つ。

ガンマ線（γ 線）は α 線や β 線と共に放出されることが多いものである。γ 線は原子核から放出され，電荷も質量も持たない高エネルギーで波長の短い光子である。赤外線（IR），可視光線，紫外線（UV）と同様，γ 線も電磁波の一部であり，X 線よりもエネルギーが高い。**表 7.2** は，これら 3 種類の核放射線をまとめたものである。

補 足
より詳しい電磁波スペクトルを知りたい場合は 3.4 節で見ることができる。

表 7.2　放射線のタイプ

名称	記号	構成	電荷	放射線源の原子核に生じる変化
アルファ	${}^{4}_{2}He$ または α	2 個の陽子と 2 個の中性子	2+	質量数が 4 減る 原子番号が 2 減る
ベータ	${}^{\ 0}_{-1}e$ または β	1 個の電子	1−	質量数は変化なし 原子番号が 1 増える
ガンマ	${}^{0}_{0}\gamma$ または γ	1 個の光子	0	質量数は変化なし 原子番号も変化なし

放射線という言葉は，電磁波なのか核放射線なのかを必ずしも特定しないため，混乱を招きがちである。3.1 節で見たように，電磁放射線とは，電波，X 線，可視光線，赤外線，紫外線，マイクロ波，そしてもちろん γ 線など，さまざまな種類の光を指す。例えば，“可視光線” ではなく，“可視放射線” というのが正しい。しかし，**核放射線**は原子核から放出される α 線，β

資 料 室

www.acs.org/cic で電離放射線を視覚化するための実験を見ることができる。

線，γ線を意味する。もう一つの混乱の原因として，γ線が電磁放射線と核放射線の両方に含まれる点にある。放射性物質の原子核から放出される場合，γ線は核放射線と呼ばれる。一方，はるか彼方の銀河系から放出されるγ線は電磁波と呼ばれる。

問 7.10　展開問題

放射線とは

それぞれの文について，話し手が核放射線のことを言っているのか，電磁波のことを言っているのか，文脈から読み解いてみよう。

a.「可視光線より波長の短い放射線を挙げよ」
b.「コバルト-60 からのγ線は腫瘍を破壊することができる」
c.「紫外線に注意してください！ 色素の薄い肌の人は，この放射線を浴びると日焼けすることがあります」
d.「ラザフォードはウランから放出される放射線を検出した」

α粒子またはβ粒子が放出されると，驚くべき変化が起こる。例えば，7.4 式では，α粒子が放出された結果，プルトニウムの原子核はウランの原子核になってしまう。同様に，ウランがα粒子を放出すると，トリウムという元素になる。この原子核反応式はウラン-238 の過程を示している。

$$^{238}_{92}U \longrightarrow {}^{234}_{90}Th + {}^{4}_{2}He \qquad [7.6]$$

原子核反応式の両辺の質量数の和が等しい（238＝234＋4）こと，そして原子番号も等しい（92＝90＋2）ことに注意して欲しい。

場合によっては，放射性崩壊の結果できた原子核はまだ放射性である。例えば，ウラン-238 のα崩壊によってできたトリウム-234 は放射性元素である。トリウム-234 はその後β崩壊を起こし，プロタクチニウム（Pa）を形成する。

$$^{234}_{90}Th \longrightarrow {}^{234}_{91}Pa + {}^{0}_{-1}e \qquad [7.7]$$

α線放出とは対照的に，β線放出では原子番号が 1 増加し，質量数は変化しない。

この複雑な変化を理解するのには，中性子が陽子と電子から構成されていると考えることである。そして，β線放出は中性子をバラバラに分解すると考えることができる。7.8 式はこの過程を示しており，原子核からどのように電子が放出されるかを説明している。

$$^{1}_{0}n \longrightarrow {}^{1}_{1}p + {}^{0}_{-1}e \qquad [7.8]$$

β線の放出に関しては，放出前の中性子の損失と放出後の陽子の生成が釣り合うため，原子核の質量数（中性子＋陽子）は一定に保たれる。例えば，トリウムの中性子はプロタキニウムの陽子に“変化する”。この陽子の追加により，原子番号は 1 増加することになる。ただ，このモデルでβ線放出という現象を直観的に捉えるのには役立つが，実際には何が起きているかは分からない。

問 7.11　練習問題

α 崩壊と β 崩壊

a. U-235 の核分裂によって放射性同位体であるルビジウム-86（Rb-86）が生成される。このルビジウム-86（Rb-86）の β 崩壊の原子核反応式を書きなさい。
b. 肺癌の原因となる有毒な同位体であるプルトニウム-239 は α 線を放出する放射性元素である。この原子核反応式を書きなさい。

先に述べたように，原子核が崩壊して別の放射性元素の原子核を生成することがある。原子番号 84（ポロニウム）以上の元素の同位体は全て放射性であるからである。従って，ウラン，プルトニウム，ラジウム，ラドンの同位体は全て放射性である。これらの元素は全て原子番号が 83 より大きい値を持つ。

もっと軽い元素についてはどうだろうか。炭素-14，水素-3（トリチウム），カリウム-40 など，放射性を示す元素もある。同位体が放射性（**放射性同位体**と呼ばれる）か安定かは，その原子核の中性子と陽子の比率に依存する。α 粒子や β 粒子が放出されるたびに，中性子と陽子の比率は変化する。最終的には安定した比率になり，原子核は放射性でなくなる。私たちの惑星を構成する原子のほとんどは*放射性ではない*。それらは現在存在しており，明日も，同じ場所にあるとは限らないがともかく同じ原子種のままで存在している。

場合によっては，放射性同位元素は安定同位体を生成するまでに何度も崩壊することがある。例えば，U-238 と Th-234 の放射性崩壊（7.6 式，7.7 式）は，14 段階ある崩壊の最初の 2 段階に過ぎない。**図 7.10** に示すように，鉛-206 はこの崩壊過程の最終生成物である。このような連鎖を**放射性崩壊系列**と呼び，放射性同位体から始まって安定同位体に至る，放射性崩壊の特徴的な経路のことである。放射性ガスであるラドンは，U-238 と U-235 の崩壊系列の途中で生成される。従って，ウランが存在する所にはラドンも存在する。

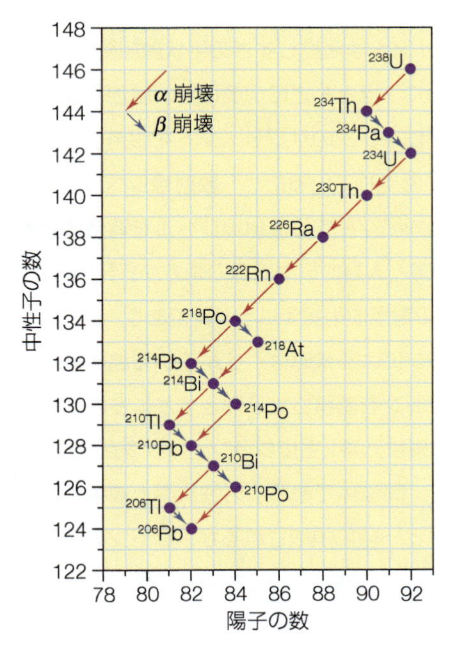

図7.10
ウラン-238 の放射性崩壊系列。

7.4 核放射線と人体

核放射線が人体に及ぼす影響は弱い発癌性のみである。さらに，放射線により細胞や細胞組織が損傷を受けた場合，あるレベルの放射線損傷までなら，それを修復するさまざまなメカニズムを体は持っている。私たちは自然界に放射性物質が散在する惑星に住んでいるが，それでも生き延びてきた。しかし，体内の修復システムが限界に達して，損傷が蓄積されると，私たちの体に問題が生じるようになる。

細胞や組織にダメージを与えるものは何か。その答えは，放射性同位元素が放出する α 粒子，β 粒子，γ 線である。これらの放射線は，分子に当たるとそれをイオン化することができる。つまり，分子内の結合または非結合電子対から電子をたたき出すことができる。医療画像の生成に使われるような X 線も同様である。このため，原子や分子から電子をたたき出す核放射線や X 線を総称して**電離放射線**と呼んでいる。宇宙からの宇宙線も電離放射線である。一方，紫外線，可視光線，赤外線はエネルギーが低く，*非電離放射線*である。

電離放射線が分子に衝突するとフリーラジカルが発生する。2.13 節で見たように，フリーラジカルは他の分子と非常に反応しやすく，DNA が近くにあればそれとも反応してしまう。DNA 分子がフリーラジカルによってどのように傷つけられるかによって，その DNA を含む細胞は死んだり，自己修復したり，突然変異を起こしたりする。一部の腫瘍を含め，急速に分裂して増殖する細胞は電離放射線による損傷を特に受けやすい。そのため，核放射線や X 線は特定の種類の癌の治療に利用されている。

電離放射線は他の病気も治療できる。例えば，バセドウ病の人は甲状腺の働きが活発になりすぎて，代謝を高めるホルモンが過剰に分泌され，多くの合併症を引き起こしている。放射性物質を含む錠剤を飲むというのは受け入れがたいことかもしれないが，この錠剤はこの病気の治療に使われている。実際，放射性物質である I-131 を含んだヨウ化カリウムは治療薬となる。食事で摂取したヨウ素が甲状腺に取り込まれるように，放射性ヨウ素も甲状腺に取り込まれる。いったん甲状腺に取り込まれると，放射性 I-131 は活動しすぎの甲状腺組織を破壊してくれる。その後，正常な代謝機能を回復させるために，ほとんどの患者は甲状腺から通常分泌されるヨウ素を含むホルモンである合成されたサイロキシンのサプリメントを服用する。

私たちの周囲の自然界には放射性物質が含まれているため，放射線レベルをゼロにすることはできない。科学者は，特定の場所に平均的に存在する放射線レベルを**背景放射線**という言葉で表現している。背景放射線は，自然放射線源と人為的放射線源の両方から発生している。**図 7.11** に見られるように，自然界に存在する最大の背景放射線源はラドンであり，これはウランの崩壊系列で生成される放射性ガスである。ラドンによる被曝は，住んでいる場所の岩石や土壌に含まれるウランの量と，住んでいる家屋がラドンを蓄積させるかどうかに左右される。その他の放射線は，土壌，岩石，水源に含まれる放射性元素（主にウラン，トリウム，ラジウム）から発生する。さらに，動植物の有機物には全て，同位体である放射性炭素と放射性カリウムが含まれている。これらの物質の一部は食事や水と一緒に摂取されるが，ラドンのように吸入されるものもある。その結果，全ての人間は内部被曝を持つことになるが，その主な原因は，生まれた時から体内に蓄積された放射性カリウム-40 と同位体である放射性炭素-14 である（**図 7.12**）。

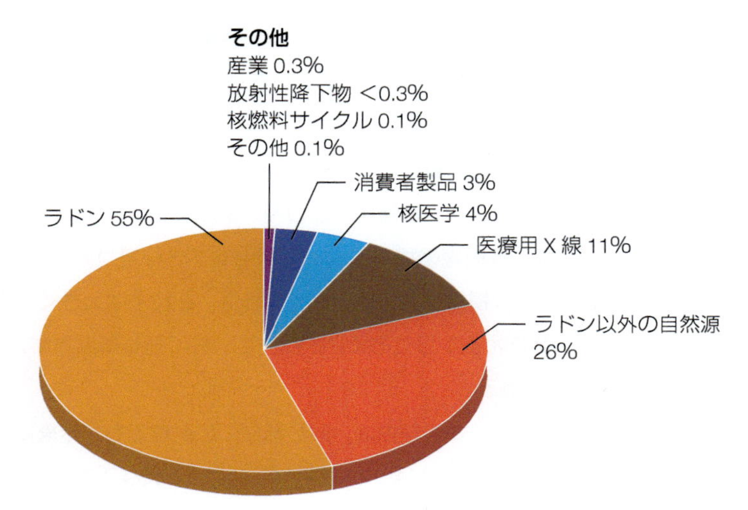

図7.11
アメリカ国内における電離放射線源。

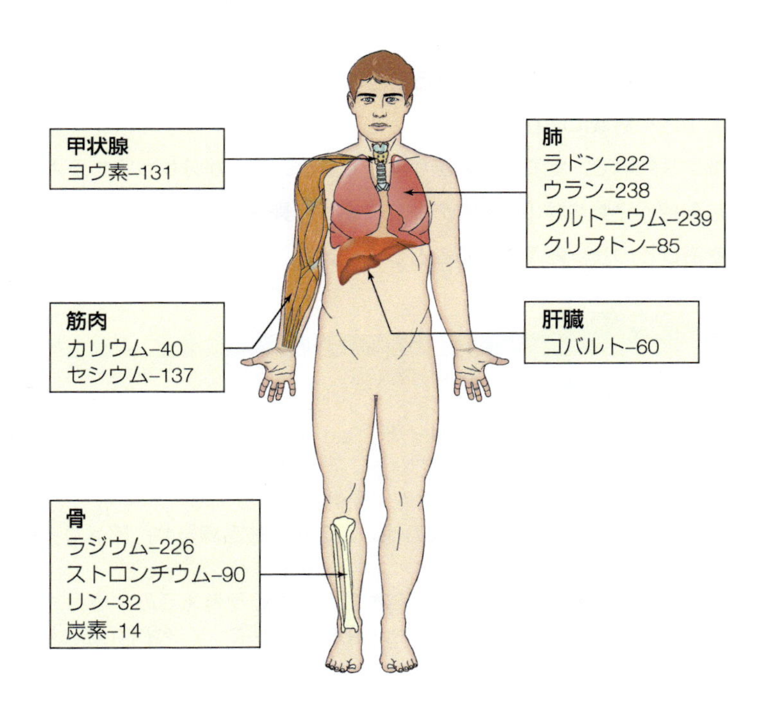

図7.12
人体の特定の部位に存在する放射性同位元素。全ての生物は体内に複数種の放射性同位元素を含んでおり，それらは体の特定の部位に存在する。

数十年前までは，私たちの被曝のほとんどは自然界からのものであった。しかし近年では，CT スキャン，X 線，診断用放射性トレーサーなどによる医療被曝が増加している。つまり，今日の電離放射線被曝の約半分は医療によるものである。この被曝は，一部の患者にとっては自然背景放射線をはるかに超える量になっている。

しかし，私たちはどの程度の量の放射能を吸収したり放出したりしているのだろうか。年間被曝線量は，レム（rem）とシーベルト（Sv）という二つの単位で表される。どちらの単位も放射線の線量を表すもので，この線量が吸収されたときに人体組織に生じる損傷を考慮した放射

1 Sv＝100 rem

線量の尺度である。しかし，これらの単位は比較的高い放射線量を表している。ほとんどの放射線被曝は 1 Sv や 1 rem よりかなり少ないため，より小さな単位であるマイクロシーベルト（μSv）やミリレム（mrem）が必要となる。

通常の錠剤を服用する場合，自分の体重に対する薬物投与量は簡単に計算できる。単に薬の濃度に対する体重の関数である。しかし，電離放射線の場合，照射する線量の計算ははるかに複雑になる。その理由の一つは，放射線の種類によって照射すべき線量が異なるからである。例えば，α 粒子は細胞組織に大きな損傷を与える。なぜならば，α 粒子は大きく，当たったときに組織に大きなエネルギーを与えるからである。β 粒子で組織に同じ損傷を与えるには，α 粒子の約 20 倍の β 粒子が必要である。

放射線量の計算が複雑になるもう一つの理由は，同じ種類の放射線でも，組織に蓄積されるエネルギーに違いがあることによる。例えば，X 線は波長によって異なるエネルギーを持つ。そのため，シーベルトもレムも「放射線吸収線量」の略である**ラド**（rad）という単位に基づいて計算される。rad は，組織に沈着するエネルギーを表す単位で，組織 1 kg あたり 0.01 J の放射エネルギーを吸収するものとして定義される。従って，体重 70 kg の人が 0.70 J のエネルギーを吸収した場合，1 rad の線量を受けることになる。これは大したエネルギーではないが，放射線が当たる小さな領域に局在している。

これまでの簡単な説明で，全ての放射線が*同じではない*ことが分かってもらえたと思う。受ける線量は，放射線の種類や体の内側か外側かによって異なってくる。では，1 年間にどれくらいの放射線を浴びるのか，考えてみることしよう。

問 7.12　展開問題

年間の電離放射線の被曝量

アメリカ環境保護庁（EPA）のウェブサイト「Rad Town」では，私たちが日常的に浴びているさまざまな放射線源が紹介されている。アメリカ原子力放射線委員会（NRC）の放射線計算機を使って，個人の年間放射線量を計算してみよう。

a. 自分の年間被曝線量を，同じクラスの他の人の年間被曝線量や，アメリカの平均被曝線量と比べてみよう。
b. 地理的要因は年間放射線量にどのような影響を与えるか考えてみよう。
c. 電離放射線への被曝を減らすために，生活習慣をどのように変えれば良いだろうか。

7.5　放射性物質が放射能を有する期間

放射性物質の“寿命”はどれくらいの長さなのか。答えは放射性同位元素によって異なる。ごく短い時間で崩壊する放射性同位体もあれば，もっとゆっくり崩壊する放射性同位体もある。それぞれの放射性同位体には**半減期**（$t_{1/2}$）があり，これは放射能レベルが最初の値の半分まで下がるのに要する時間を意味する。半減期は，試料中の放射性同位元素の初期濃度に依存しない。例えば，ウランを燃料とする原子炉で生成される α 線放出核種であるプルトニウム-239 の半減期は約 24,110 年である。すなわち，Pu-239 の試料の半分が崩壊するには 24,110 年かかるということを意味する。2 回目の半減期（さらに 24,110 年，合計 48,220 年）の後，放射

資料室

www.acs.org/cic でキャンディーを使った放射性崩壊と半減期のシミュレーションを見ることができる。

能レベルは元の量の4分の1になる。さらに半減期がもう1回（合計72,330年）続くと，放射能レベルは8分の1になる（**図7.13**）。これらの時間から，生成されたPu-239が減少するには非常に長い時間がかかることが分かる。

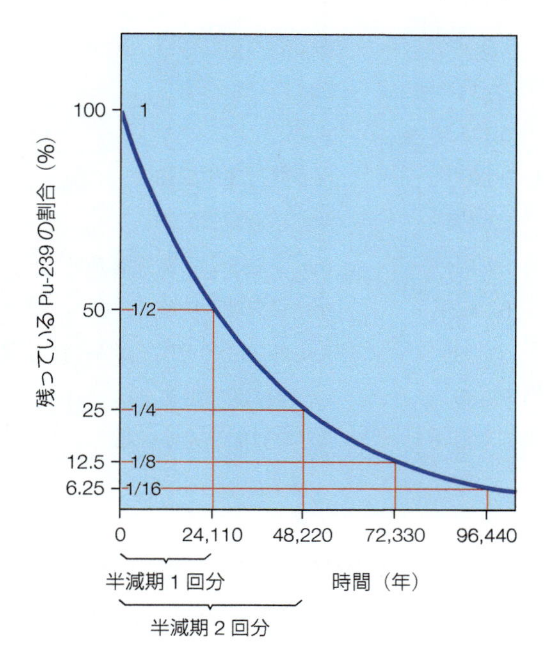

図7.13
プルトニウム-239の崩壊の様子。

他の放射性同位元素の崩壊はさらに遅い。例えば，U-238の半減期は45億年である。偶然にも，これはウランの含有量を測定することによって決められた地球上で最も古い岩石の年代とほぼ一致する。各同位体の半減期は一定であり，その元素がどのような物理的，化学的形態で存在するかには関係ない。さらに，放射性崩壊の速度は，温度や圧力の変化によっても変化しない。**表7.3**には，放射性同位元素の半減期がミリ秒から数千年以上であることを示している。

表7.3から，プルトニウムの他の同位体と同様に，Pu-239とPu-231の半減期が異なることも分かる。1999年，ローレンス・バークレー国立研究所のCarola LaueとDarleane Hoffman達の研究チームは，プルトニウム-231の物性を明らかにした。この研究では，プルトニウム-231の半減期はわずか数分であるため，彼らは迅速に実験して観測をしなければならなかった。一般に，同じ元素の同位体を含め，放射性同位体はそれぞれ固有の半減期を持っている。

放射性同位体の半減期を利用して，ある時点で残っている物質の割合を決めることができる。例えば，実験室でPu-231が生成された後，25分後に元の試料の何パーセントが残っているだろうか。これに答えるには，まず25分がおよそ半減期3回，つまり3×8.5分であることに注意する必要がある。半減期が1回経過すると，試料の50%が崩壊し，50%が残る。半減期が2回経過すると，元の試料の75%が崩壊し，25%が残る。半減期が3回経過すると，87.5%が崩壊し，12.5%が残る。25分というのは正確に3半減期ではないので，これらの値

表 7.3　いくつかの同位体の半減期

放射性同位体	半減期（$t_{1/2}$）	原子炉から出る使用済み燃料棒に含まれているか
ウラン-238	4.5 × 10^9 年	Yes. もともと燃料ペレットに含まれている
カリウム-40	1.3 × 10^9 年	No.
ウラン-235	7.0 × 10^8 年	Yes. もともと燃料ペレットに含まれている
プルトニウム-239	24,110 年	Yes. 7.4 式参照
炭素-14	5,715 年	No.
セシウム-137	30.2 年	Yes. 核分裂生成物
ストロンチウム-90	29.1 年	Yes. 核分裂生成物
トリウム-234	24.1 日	Yes. U-238 の自然崩壊系列で少量生成する
ヨウ素-131	8.04 日	Yes. 核分裂生成物
ラドン-222	3.82 日	Yes. U-238 の自然崩壊系列で少量生成する
プルトニウム-231	8.5 分	No. 半減期が短すぎる
ポロニウム-214	0.00016 秒	No. 半減期が短すぎる

は正確ではないが，それでもおおよその量を計算することはできる。

　では，「25.5 分後，Pu-231 の何パーセントが崩壊したか？」という質問に答えるにはもう一つステップが必要である。崩壊した量を求めるには，100%から残存率を引くだけでいい。もし 12.5%が残っていれば，100%－12.5%＝87.5%が崩壊したことになる。**表 7.4** は，あらゆる放射性同位元素のこれらの変化をまとめたものである。

表 7.4　半減期ごとの残量の割合

半減期の回数	崩壊した割合（%）	残っている割合（%）
0	0	100
1	50	50
2	75	25
3	87.5	12.5
4	93.75	6.25
5	97.88	3.12
6	98.44	1.56

問 7.13　練習問題

まだ残っている

…でも，明日には消えているのか？ある放射性同位元素がいつなくなるか，つまりごくわずかしか存在しなくなるかを示すのに，10 半減期という値を使うことがある。10 半減期後，元の試料の何パーセントが残っているか答えなさい。表 7.4 に行を追加し，10 半減期までの崩壊を 1 行ずつ計算しよう。

別の放射性同位元素を使って概算をしてみよう。例えば，U-238 のサンプルがあったとして，25 分後に何パーセントが残るだろうか。これに答えるには，45 億年の半減期の期間では，数分，数日，あるいは数ヵ月はほんの一瞬であることを認識する必要がある。従って，基本的に全てのウラン-238 が残ることになる。次の二つの問題では，半減期の計算の練習を行う。

問 7.14　練習問題

トリチウムの場合

水素-3（トリチウム，H-3）は原子炉の一次冷却水中で生成されることがある。トリチウムは β 線放出核種で，半減期は 12.3 年である。トリチウムを含むある試料について，試料中のトリチウムが約 12%まで減少するのは何年後か計算しなさい。

問 7.15　練習問題

ラドンの崩壊

ラドン-222 は，放射性同位元素であるラジウム（多くの岩石中に自然に存在する）の崩壊によって生成される放射性ガスである。

a. 岩石中に存在するラジウムの起源として，最も可能性の高いものは何か。
   ヒント：図 7.10 を参照。
b. ラドンの放射能は通常ピコキュリー（pCi）単位で測定される。地下室のラドン-222 の放射能が 16 pCi と高い値で測定されたとする。外部から地下室にラドンが入り込まなかった場合，そのレベルが 0.50 pCi に低下するのにかかる時間を計算しなさい。
   ヒント：16 pCi から 1 pCi に下がるとき，放射能レベルは 4 回分の半減を繰り返して変化する。
   ：16 → 8 → 4 → 2 → 1
c. b の問いに関して，これ以上ラドンが地下室に入ってこないと仮定するのは正しくない。その理由について答えなさい。

原子炉から生成される同位体の半減期が長いため，核廃棄物は今後何千世代にもわたって放射線を放出し続けることになる。今日，ほとんどの核廃棄物は，発生地で鉄製またはコンクリート製のキャスク（樽のような巨大な容器）に保管されているが，その一方で，各国は長期的な地下貯蔵施設の計画を進めようとしている。これらの地層処分場は，人間に与える影響を最小限に抑えるように設計することができる。アメリカでは，1997 年の核廃棄物政策修正法によって，ネバダ州のユッカ山地（**図 7.14**）が，地下の長期核廃棄物処分場として検討される唯一の

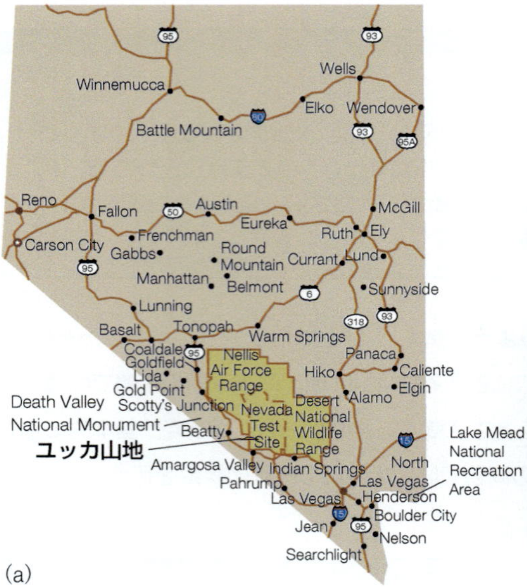

(a) 　　(b)

図7.14
(a) ネバダ州およびユッカ山地と周辺地域の地図，(b) ユッカ山地の航空写真。南に向いて砂漠地帯が写してある。
出典：(b)：アメリカエネルギー省（DOE）

場所として指定された。その後数年間，処分場の開発資金として数十億ドルが費やされた。しかし 2019 年現在，ユッカ山地の処分場は，現在進行中の科学的・政治的問題のために完成しない可能性がある。

原子炉廃棄物の最後の難点は，核分裂生成物が外部に放散された場合，それが体内に入って蓄積し，致命的な結果をもたらす可能性があることだ。例えば，ストロンチウム-90 は 1950 年代に核兵器の大気圏実験によって生物圏に流入した放射性核分裂生成物である。ストロンチウムイオンは化学的にカルシウムイオンと似ているので，Ca^{2+}と同様，Sr^{2+}は乳や骨に蓄積する。従って，半減期 29 年の放射性ストロンチウムは，一度摂取するとその後の生涯の脅威となる。Sr-90 は，I-131 と共に，1986 年にウクライナで爆発・炎上したチェルノブイリ原発周辺で放出された有害な核分裂生成物の一つである。

補足
放射線が人体に及ぼす良い面と悪い面に関しては第 12 章で紹介する。

問 7.16　練習問題

ストロンチウム-90

Sr-90 は表 7.3 に示した U-235 の核分裂生成物の一つである。中性子 3 個を放出して別の元素へと変化する核反応で生成される。この原子核反応式を書きなさい。
ヒント：U-235 の核分裂を誘発する中性子を含めることを忘れないように。

7.6　原子力発電所の危険性

全ての原子力発電所は核分裂の過程を利用してエネルギーを生産すると同時に，放射性核分裂生成物をも生成している。これらの放射性生成物は過去に危険をもたらしたことがあるのだろうか。この節では，放射性同位元素の環境への偶発的な放出について考える。これは原子力発電が唯一の遺物ではないが，それでも重要なものである。

1986 年 4 月 26 日，当時ソビエト連邦の一部であったウクライナのチェルノブイリ原子力発電所（**図 7.15**）の技術者たちが安全試験を行っていたところ，原子炉のオーバーヒートが発生した。この原発には 4 基の原子炉があり，1970 年代に 2 基，1980 年代にさらに 2 基が建設された。原子炉の冷却には，近くのプリピャチ川の水が使われた。周辺地域は人口が多くなかったが，半径 30 km 圏内にはチェルノブイリ市（人口 12,500 人）とプリピャチ市（人口 40,000 人）を含む約 12 万人が住んでいた。

「チェルノブイリ」には，ロシア語発音の音訳である別の綴りがある。Чорнобиль（チョルノブイリ）はウクライナ語。

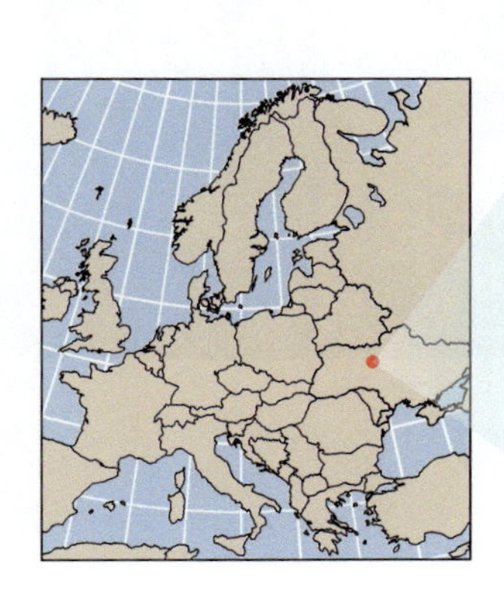

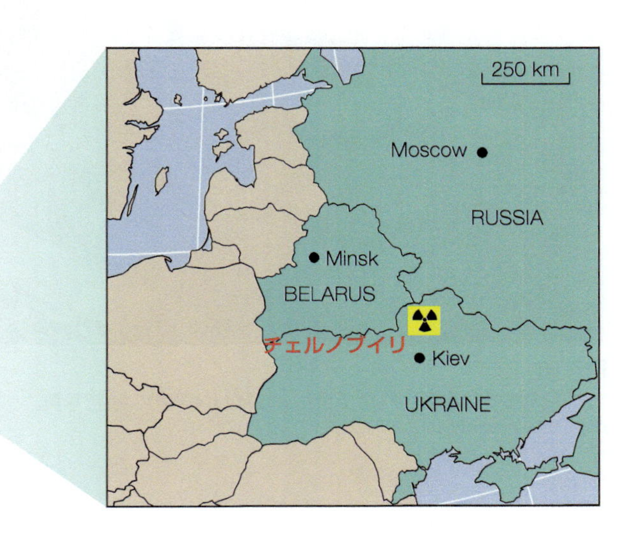

図7.15
チェルノブイリ（旧ソビエト連邦）。

黄色地に黒の三つ葉は国際的な放射線警告シンボルである。アメリカでは黒の代わりにマゼンタが使われている。

チェルノブイリ原発での事故は世界最悪の原発事故である。では，そこでは何が起きたのだろうか。チェルノブイリ原発 4 号機で安全性のテスト中に操作員が炉心への冷却水の流れを故意に遮断したため，原子炉の温度は急上昇した。それに加えて，操作員が原子炉内に残した制御棒の本数が不足していた上に，他の制御棒を迅速に挿入することができなかった。さらに操作員のミスと原子炉の設計ミスの両方が原因で，冷却水を供給するには蒸気圧が低すぎた。

さまざまな出来事が連鎖して瞬時に大惨事となった。圧倒的なエネルギー放出で発生した熱が燃料部分を破裂させて，高温の燃料粉末をまき散らした。これが冷却水と接触して爆発し，炉心は数秒で破壊された。この熱は，原子炉内で中性子を減速させるために使われていた黒鉛（グラファイト）に引火した。黒鉛は炭素の一種で，温度が高ければ燃える。燃えている黒鉛に水をかけると，水と黒鉛が反応して水素ガスが発生した。

$$2\,H_2O(l) + C\,(s,\ \text{黒鉛}) \longrightarrow 2\,H_2(g) + CO_2(g) \qquad [7.9]$$

次に，水素は空気中の酸素と反応して爆発した。

$$2\,H_2(g) + O_2(g) \longrightarrow 2\,H_2O(g) \qquad [7.10]$$

この爆発によって，原子炉を覆っていた 4,000 t の鉄板が吹き飛ばされた（**図 7.16**）。

動画を見てみよう

チェルノブイリ原発事故がどのように起きたか，www.acs.org/cic の動画で確認して欲しい。HBO（アメリカの有料ケーブルテレビ局の一つ）のミニシリーズとポッドキャスト「チェルノブイリ」が 2019 年に公開され，この災害とその後の浄化作業がドラマチックに描かれた。

図7.16
化学爆発直後に撮影されたチェルノブイリ 4 号機の航空写真。

問 7.17　練習問題

水素爆発

7.10 式は水素の燃焼を表している。つまり，水素と酸素が反応して水蒸気が発生する反応である。6.7 式は，この化学反応のルイス構造を示している。結合の切断と形成の結合エネルギーを用いて，この反応のエネルギー変化を見積もることができる。図 6.7 に示すように，2 mol の H_2 を燃焼させた場合の値は－498 kJ である。

a. H_2 の 1 mol あたりと 1 g あたりのエネルギー変化を計算しなさい。
b. 図6.5に列挙した燃料の中で，メタンは燃焼時に1 gあたり最も多くの熱を放出する。水素を燃やすと，さらに多くの熱が放出される。およそ何倍か計算しなさい。

残った建物で火災が発生し，10 日間燃え続けた。核爆発は起こり得なかったが，火災と水素の爆発によって炉心から大量の放射性物質が大気中にまき散らされた。発電所から 60 km 圏内の住民は永久に避難することになった。放射性物質の塵はウクライナ，ベラルーシ，そしてスカンジナビアにまで広がり，発電所の恩恵を受けていない人々までにも影響を及ぼした。人的被害は甚大だった。原発で働いていた数人がそのまま死亡し，さらに 31 人の消防士が事故処理の過程で亡くなった。

放出された危険な放射性同位元素の一つはヨウ素-131 で，β 線と γ 線を放出する。

$$^{131}_{53}\mathrm{I} \longrightarrow {}^{131}_{54}\mathrm{Xe} + {}^{0}_{-1}\mathrm{e} + {}^{0}_{0}\gamma \qquad [7.11]$$

摂取した場合，I-131 は甲状腺癌を引き起こす可能性がある。チェルノブイリ近郊の汚染地域では，甲状腺癌の発生率が急増し，特に 15 歳以下の若年層で顕著な増加が認められた。事故当時，ベラルーシとロシア連邦とウクライナに住んでいた子供や青少年の甲状腺癌の症例は 6,000 件以上に上ったと報告されている。幸いなことに，治療により甲状腺癌の生存率は高く，ほとんどの人が生存している。若くして被曝した人々の甲状腺癌の発症率が劇的に増加したことを除けば，被曝した人々の固形癌や白血病の発症率が放射線によって増加したことは，はっきりとは証明されていない。

問 7.18　練習問題

ヨウ素

ヨウ素について語るとき，文脈によってヨウ素原子，ヨウ素分子，ヨウ化物イオンのいずれかを指すことがある。

a. これらのヨウ素の化学的構造の違いを示すルイス構造を書け。

b. どれが最も化学反応性が高いか，またその理由は何か答えなさい。

c. 甲状腺癌に関与しているヨウ素-131 の化学的構造はどれか。

2017 年，チェルノブイリでは，廃墟となった原子力発電所を包み込むための巨大な鉄骨アーチ状のカバーが完成した。その大きさは，自由の女神を中央に置いた大学のフットボールスタジアムを囲むのに十分な大きさである（**図 7.17**）。チェルノブイリの事故が世界的な問題であることから，約 30 ヵ国が 5 年間のプロジェクト費用として 15 億ドルを拠出した。今日に至るまで，原子炉周辺は人間が住めるような状態にはない。

図7.17
チェルノブイリ原発事故現場に建設された原発格納容器の様子。
©Pyotry Sivkov/TASS/Getty Images

チェルノブイリ原発事故のことを考えると，どうしても生じる疑問がある。それは再び起こり得るのだろうかという疑問である。1979 年 3 月，ペンシルベニア州ハリスバーグ近郊のスリーマイル島発電所で冷却水が失われ，部分的なメルトダウンが発生した。この事故では放射性ガスが放出されたが，死者は出なかった。20 年にわたる追跡調査は 2002 年，被曝した人々の癌死亡者数は一般集団の死亡者数を上回らなかったと結論付けた。「アメリカの商業用原子炉には，チェルノブイリの大惨事を招いたような設計上の欠陥はない」というのが原子力技術者たちの見解である。2011 年，地震と津波という二つの自然災害が重なり，日本の福島第一原子力発電所の 3 基の原子炉にメルトダウンが発生した（**図 7.18**）。

図7.18
2011 年，マグニチュード 9.0 の東北地方太平洋沖地震の津波による浸水。
©Kyodo News/AP Images

津波は原発に波状攻撃を加えた。まず，洪水によって福島第一原発の冷却水を汲み上げるのに必要な発電機が停止し，その結果，原子炉の冷却システムが機能しなくなった。その結果，1 号機，2 号機，3 号機の原子炉内の燃料は急速に加熱され，その熱が化学反応を起こして水素ガスを発生させた。チェルノブイリ原発に匹敵する水素ガス爆発を恐れた原発作業員は，水素の放出を行った。これは，同時に I-131 を含む放射性核分裂生成物の一部をも周囲の田園地帯にまき散らすことになった。この放出にも関わらず，6 基の原子炉のうち 4 基で爆発的な化学反応が起こり，危険な放射性同位元素が環境中に放出されることになった。

その後 2 週間にわたり，政府は発電所から 30 km 圏内に住む約 30 万の住民に避難指示を出した。2013 年には，国際原子力協会が避難したほとんどの住民が自宅に戻ることができると勧告し，日本政府は 2017 年に浪江町中心部の避難指示を解除した。それにも関わらず，2019 年現在，元の人口 17,613 人の 5%以下の人数しか故郷に戻っていない。2016 年，世界保健機構（WHO）は，日本の一般市民の被曝レベルは非常に低く，放射線に関連した長期的な健康影響は見られないと推定した。しかし，浪江町周辺の 80%は山林であり，除染は不可能ではないにせよ，困難である。この事故以来，環境保護団体グリーンピースは福島原発周辺で何千回もの放射線測定を実施してきた。2018 年の報告書では，浪江町の一部の放射線レベルは国際的な安全勧告をはるかに上回る状態が何十年も続き，特に子供たちにとって白血病やその他の癌のリスクが高くなると結論付けている。

震災後，浪江町以外の地域の放射線量は低かったが，福島の事故は日本のエネルギー政策に大きな転換をもたらした。震災後，日本の原子力機関は国内にある 48 基の原子力発電所のうち，2 基を除く全てを停止させた。これにより，浮体式風力発電所や太陽光発電所などの再生可能エネルギーによる発電施設が増加した。しかし，増え続ける人口によるエネルギー需要を満たすため，日本は 2016 ～ 2018 年にかけて石炭火力発電所を 8 基新設し，今後 10 年間でさらに 36 基の石炭火力発電所を新設する計画を立てた。原子力から化石燃料へのこの劇的な方向転換は，大気汚染に申告な影響を及ぼし，2050 年までに温室効果ガス排出量を 2013 年比で 80%削減するという日本の公約の達成に影響を及ぼす可能性が高い。

問 7.19　考察問題

ジルコニウム

チェルノブイリ原子力発電所では，この節で先に述べたように，高温の黒鉛と水が反応して水素が発生した。しかし福島原発では，燃料棒の外筒を構成する合金に含まれるジルコニウム元素と水との反応によって水素が発生した。

a. ジルコニウムは中性子を吸収しないなど，いくつかの理由から原子炉の金属として選ばれている。なぜこれが望ましい性質なのか説明しなさい。

b. ジルコニウムは（原子力発電所の事故などで）高温に加熱されると，(1) 膨張して割れる，(2) 水と反応して水素を発生する，という二つの好ましくない性質を持つ。これらの性質がもたらす危険について説明しなさい。

今日，原子力発電所とその過去の運転は，厳格な監視の下に置かれ続けている。原子力エネルギーは必要不可欠であることは疑いもないことであるが，現時点で将来の世代がどの程度原子力エネルギーに依存するかは明らかではない。

7.7　原子力の将来性

原子力発電所をもっと建設すべきか。その答えは，誰にそしていつ尋ねるかによって異なる。長年原発に反対してきた人々の中には，今では原発に賛成している人もいる。同様に，原子力発電を支持していた人の中には，現在とこれから生まれてくる世代の両方に対して，その社会的なコストに疑問を抱いている人もいる。

例えば，コーヒーポットのスイッチを入れたとしよう。アメリカに住んでいる場合，電力の約 5 分の 1 は原子力発電所から供給されている。フランス，ベルギー，スウェーデンに住んでいれば，その割合はさらに高くなる。いずれにせよ，コーヒーを入れることはできる！

©McGraw-Hill Education/Eric Misko/Elite Images

世界的に見ても，原子力発電をどの程度採用しているかは国によって異なる。例えばアメリカでは，商用電力の約 20%が原子力規制委員会から認可を受けた 97 基の原子炉で生産されて

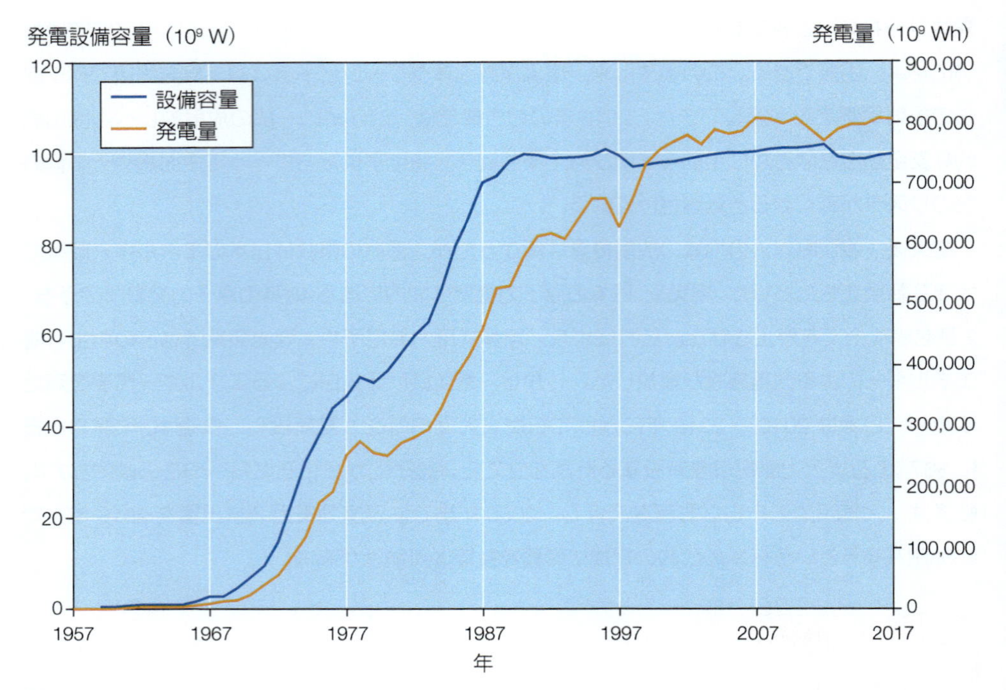

図7.19
アメリカの原子力発電量と容量の変化（1957 ～ 2017 年）。時間の経過に伴う発電量の増加は，原子炉の効率向上と原子炉部品の性能の向上の両方から生じている。
注：Wh はワット時。
出典：U.S. Energy Information Administration : Monthly Energy Review, Table 8.1, March 2018

いる。2019 年半ば現在，これらの原子炉は 29 州 59 ヵ所で稼働している。**図 7.19** で分かるように，原発による発電量は年々増加している。しかし，稼働している原子炉の数は 1990 年の 112 基をピークに減少しているのである。

10 年後，あなたがコーヒーを入れる時，その電気はどうやって作られているだろうか。原子力発電所がその一つであることは間違いない。アメリカでは 1978 年以降，新しい原発は建設されていないが，現在，既存の原発でいくつかの原子炉が建設中である。2019 年現在，これらのうちの 2 基はジョージア州のヴォーグル発電所の新しい原子炉で，最終的にはこの発電所がアメリカ最大の原子力発電所となる。サウスカロライナ州では 2017 年，ヴァージル・C・サマー原子力発電所の 2 基の追加建設が，新しい発電所の建設のために中止された。テネシー州では，ワッツ・バー 2 号機が 2016 年 10 月に運転を開始した。

問 7.20　考察問題

各州ごとの状況

この地図は，原子力発電所を持つ 29 の州（青色）を示している。

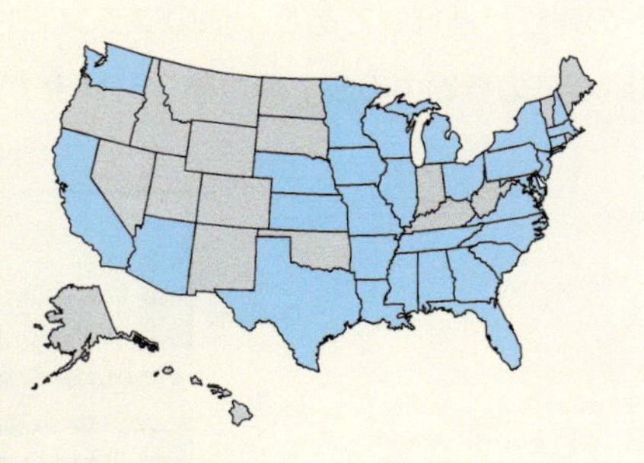

a. 州を一つ選び，その州の原子力発電所，エネルギー生産，および提案されている変更についてまとめなさい。
b. 2019 年現在，原子力発電の割合が最も高い州はニューハンプシャー州である（72%）。インターネットで検索し，原子力発電の割合が少なくとも 3 分の 1 になっている他の州を二つ以上見つけなさい。
c. 地図から，原子力発電所のない州を選んで，その州の電力はどのように発電されているか調べなさい。

新しい原子力発電所の建設現場は巨大だ。その広さは数百ヘクタール（ha）に及び，数千人の労働者を雇用しているため，実質的には町そのものである。**図 7.20** に写っているボーグル原発の建設現場には，専用の鉄道さえある！

図7.20
222 ha におよぶボーグル原子力発電所の建設現場の航空写真。

ボーグルのような原子力発電所の多くは，複数の原子炉を使って発電している。

商業用原子力発電所の建設と運転継続は，エネルギーの需給問題であるだけでなく，社会や国民の賛成/反対の問題でもある。1970 年代に初めて原子力発電が提案されて以来，人々は原子力に賛成/反対のどちらか一方の側に並んできた。これを読んでいるあなたは果たしてどちら側に並ぶのだろうか。

世界における原子力に対する認識は変化してきている。その変化の一因は，エネルギー需要の増加にある。原子力の大規模な商業開発は，明らかに多くの国の課題となっている。例えば，インドは 2018 年に 22 基の原子炉から 3.2%しか発電していなかったが，7 基の新しいプラントの建設が進行中であり，他のプラントも計画または提案されている。2019 年現在，中国には 46 基の稼働中の原子炉があり，11 基が建設中である（**図 7.21**）。

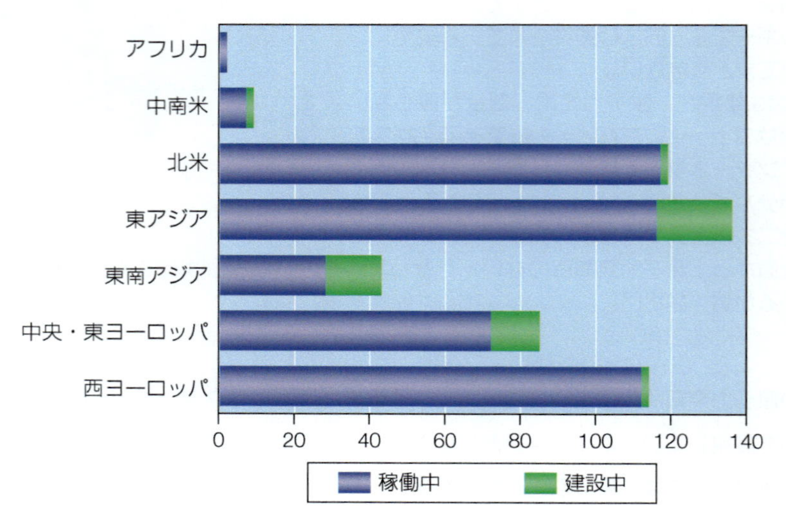

図7.21
建設中を含む世界の原子力発電所の分布（2018 年 5 月）。
出典：国際電子力機関（IAEA）

問 7.21 考察問題

原子力発電の世界的な利用

a. 原子炉は主にどの地域にあるのか，図 7.21 を要約しなさい。
b. インターネットを使って，世界のウラン生産量の上位の国を調べなさい。これらの国のうち，商業用原子炉を持っている国はいくつあるか。
c. 他の国よりも原子力を開発すべき国がある理由を挙げなさい。

世界中の人々が，クリーンで持続可能な未来のエネルギー源という夢を共有している。この夢には原子力エネルギーも含まれるのだろうか。もしそうであるならば，この夢を実現するために原子力発電所をもっと建設すべきなのだろうか。1960 年代初頭にアメリカでこの質問をしたら，答えはイエスだっただろう。この頃，アメリカでは原子力産業が飛躍的に成長し，それは 1979 年にスリーマイル島で事故が起こるまで続いた。この事故により認識された危険性が，原子力産業の成長を終わらせる一因となったのは確かである。しかし当時，より重要だったのは原子力の経済性だった。化石燃料価格の高騰と，1980 年代に課された原子力の安全性と監視のための費用により，電力会社が新しい原子力発電所を建設することは，経済的に実現不可能だった。

今日の現実的な経済的問題は何だろうか。第一に，新しい原子炉は従来より改良されたものになるだろう。特に日本での地震と津波で原子炉が使用不能になったことを考えればなおさらだ。第二に，これらの改良された新しい原子炉は価格が高くなる。

開発中の新しい設計思想の一つに，工場で建設できる小型のモジュール式原子炉がある。このような原子炉は，現地での建設を最小限に抑えて配備することができ，建設を迅速化し，増大するエネルギー需要を満たすために発電所の増設を容易にする。

新しい原子炉の設計では，特にアメリカにおける原子力発電の近未来は，既存の原子力発電所が福島で起きたような甚大な災害への備えを確実にすることに主眼が置かれている。アメリカ原子力規制委員会（NRC）は報告書の中で，「日本の福島のような一連の事故がアメリカで起こる可能性は低い」としながらも，「炉心損傷や環境への放射能の無秩序な放出を伴う事故は，たとえ健康への重大な影響がないものであっても，本質的に容認できない」と述べている。

NRC は日本での出来事を鑑みて，アメリカの原子力発電施設に向けて，2016 年 12 月までに対処しなければならない三つの命令を出した。この命令には以下の要件が含まれていた。

NRC のもう一つの勧告は，原子力発電所でより多くの受動的冷却システムを使用することである。受動的冷却システムでは，冷却水を循環させるのに機械的なポンプではなく対流を利用する。そうすることで故障の影響を受けにくくなる。

- 全ての施設は，事故時に発生する水素を燃焼させる装置などの移動可能な安全装置を，各原子力発電所の全ての原子炉と使用済み燃料の貯蔵施設に対して同時に対処できる十分な数だけ用意すること。使用済み燃料とは，原子炉で使用された燃料棒の中に残っている放射性物質のことで，貯蔵庫では水中（プール）に保管されている。使用済み燃料棒は，貯蔵庫の近くにいる人々が放射線にさらされないように，少なくとも７ｍの水面下に保管される。これは，災害が複数の原子炉に影響を及ぼした場合に，防護を確実にするためである。
- 施設によっては，沸騰水型原子炉の排出装置を改善し，蒸気の充滞留に対する保護と温度制御を確保すること。
- 各原発の使用済み燃料プールの水位を監視するため，新たな機器を設置すること。これにより，施設は原発全体の水位を確実に把握できるようになる。

問 7.22　展開問題

原子力発電の長所と短所

原子力エネルギーを動力源として使用することに対する賛成派の意見と反対派の意見を，インターネットを使って調べなさい。

a. 核廃棄物，採掘，気候変動への影響，コスト，人間の恐怖について，あなた自身の考えを説明しなさい。
b. 核廃棄物の処理について長期的な計画を立てている国があれば挙げなさい。
c. このイラストは，未来のエネルギーに関する懸念について何を示しているか説明しなさい。
d. 原子力の未来はどうなると思うか意見を述べなさい。

出典：McGraw-Hill Education

では，私たちはどうすればいいのだろうか。これまで見てきたように，原子力発電の問題に簡単な答えはない。世界のエネルギー需要は日々拡大するし，原発から出る大量の放射性廃棄物にも対処しなければならない。気候変動の時代は既に始まっている。放射能やウランの採掘と濃縮，そして核兵器に関連する危険性は未だに解決されずに残っている。これは古典的なリスク便益の関係であり，最終的な妥協点はまだ見つかっていない。今のところ，原子力発電が世界のエネルギー問題を解決する万能薬でないことは明らかであるし，いくつかの環境的・社会的苦境の原因となっている。それでも，原子力発電は今後もずっと，エネルギー源の一翼を担う存在であり続けるだろう。

7.8 太陽光発電

今後のエネルギー需要の増加を考えれば，再生可能エネルギーである太陽光を利用することは理にかなっている。地球に降り注ぐ太陽光エネルギーの 1 時間分は，1 年分の世界のエネルギー需要を満たすのに十分なエネルギーに匹敵する！ しかし現在，アメリカで発電される電力の約 1.7%が太陽エネルギーから直接供給されているに過ぎない。では，なぜ太陽エネルギーは現在のところ，私たちのエネルギー源のごく一部に過ぎないのだろうか。

1 kWh＝3,600,000 J
7.2 節を読み返して 1 W が 1 J/秒であることを思い出して欲しい。

地球には毎日大量の太陽光が降り注いでいるが，その光は 365 日 24 時間，地球上のどの場所にも降り注いでいるわけではない。さらに，地球上の一部の地域では，太陽光の強度が低すぎるため，太陽光を使った発電の実用には適さない。このような格差は，地理的位置の違いや，雲，エアロゾル，スモッグ，ヘイズなどの地域的要因によって生じる。例えば，**図 7.22** の地図を見てみよう。図中のデータは，静止している平板型太陽集熱器の 1 日 1 m^2 あたりのキロワット時（kWh）単位で報告されている。次の問題で，1 日分の太陽エネルギーが 1 年を通してどのように変化するかを調べてみよう。

問 7.23 考察問題

太陽はどこを照らしているか

アメリカ国立再生可能エネルギー研究所（NREL）が提供するウェブサイトのおかげで，アメリカ各地のソーラーマップを見ることができる。

a. 好きな州を選び，その年の各月のデータを見てみよう。年間を通して日射量がどのように変化するか調べてみよう。
b. カリフォルニア州，アリゾナ州，ニューメキシコ州，テキサス州が，年間平均日射量においてアメリカの中で上位を占めている。では，なぜこれらの州のある地域は，他の地域よりも高い値を示しているのか考えを述べなさい。

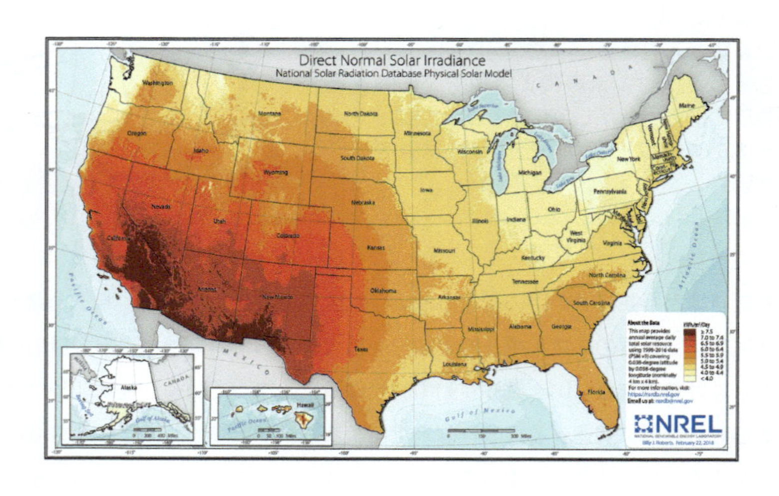

図7.22
真南を向いた固定太陽光発電パネルが受け取る 1 日の平均太陽エネルギー量。
注：これらのエネルギー量は，パネルが静止しているよりも，太陽の向きを追尾している方が高くなる。
出典：アメリカ国立再生可能エネルギー研究所（NREL），2018年

問 7.24　練習問題

太陽光発電は近所のエネルギーを賄えるか

読者の日常的なエネルギー需要を満たすために，太陽エネルギーはどの程度実現可能なのか。

a. 図 7.22 やインターネットを使って，読者の住む地域の 1 m^2 の土地に，1 日に何キロワット時（kWh）の太陽エネルギーが降り注ぐかを推定してみよう。

b. ある住宅所有者の毎月の電気料金請求書の一部は以下の通りである。読者の住む地域で，この住宅所有者は太陽エネルギーだけを使って家庭の電力を賄うことは可能か。

電気使用量
計測メーター No.IN24775778

使用期間	メーター値
06/23/18	15335
05/21/18	15079
33 日間分の使用量	256 kWh

c. この住宅所有者の毎月のエネルギー使用量が典型的なものであると仮定して，750 MW の能力を持つ原子力発電所によって，何世帯を支えることができるか計算しなさい。
ヒント：原発が 1 日に発電するエネルギーが何メガワット時（MWh）で，その家庭が 1 日に使用するエネルギーが何キロワット時（kWh）かを計算することから始めよう。

d. 読者が c で計算した値を見て感じたこと（例えば「世帯数が少なすぎる」または「思ったより多い」など）を説明しなさい。そして，「少ない」と感じた場合に何をしなければならないか，「多い」と感じた場合に何をしなければならないか，その考えを述べなさい。

地域や時期によって太陽光に違いがある場合にすべきことは，太陽エネルギーの平均値が高い地域を特定し，電気を作るのに十分な量のエネルギーを集めることである。太陽エネルギーから私たちの生活に必要な電力を生み出すには，主に二つの方法がある。太陽からの電磁放射は，エネルギーの異なるさまざまな波長で構成されている。従って，太陽の熱（波長が長く，エネルギーが低い）と光（波長が短く，エネルギーが高い）の両方を利用して発電することができる。

太陽からのエネルギーを集めて水を温める方法として太陽熱技術と呼ばれる方法がある。太陽の熱を発電に利用する場合，その方法は*集光型太陽熱発電*（CSP）と呼ばれる。CSP は，**図 7.23** に示すような太陽集熱装置に依存する。これらの大量の鏡を並べた配置（鏡面アレイ）は，虫眼鏡が光を集めて紙に穴を開けるのと同じように，太陽光を集光する。集光された光の熱は，石炭発電所や原子力発電所と同じように，蒸気タービンを動かして発電に利用される。2018 年現在，世界には 94 の集光型太陽光発電所があり，それぞれが 1 ～ 400 MW の発電を行っている。

この 94 基の発電所グループを合わせると，約 5,200 MW の電力を発電しており，これは原子力発電所 6 基分とほぼ同じである。

(a)

(b)

図7.23
(a) Solar Millennium 社が計画するアンダソル (Andasol) プロジェクトの航空写真。この施設では約150 MW の発電が可能である。(b) 反射鏡の一部の拡大図。
出典：(a) ©LANGROCK/SOLAR MILLENIUM/SIPA/Newscom，(b) ©Boris Roessler/Newscom

問 7.25　考察問題

太陽熱吸収システム

太陽熱吸収システムは，太陽の光を集束させて熱を得る。そのためにはさまざまな方法がある。

a. インターネットを検索し，三つの異なるタイプの吸収方法について説明しなさい。
b. それぞれの方法は，最終用途としてどのようなものを想定しているか答えなさい。答えの一部として，用途の規模，つまり，一戸建て用，地域社会用，事業所用も含めなさい。
c. 各方法が持つ制約を少なくとも一つ挙げなさい。

図7.24
太陽光発電（太陽電池）は，セキュリティの向上，安全性の強化，歩行者や車両の誘導に使用されている。
©Warren Gretz/DOE/NREL

太陽エネルギーを利用する二つ目の方法は，光エネルギーを直接電気エネルギーに変換することができる**太陽光発電 (PV) セル**（*太陽電池*）を使用することである。わずか数個の太陽電池で，電卓やデジタル時計に必要な電気を作ることができる。その他に太陽電池が電源として使われているものとして，通信衛星，高速道路標識，防犯・安全照明(**図 7.24**)，自動車充電ステーション，航海用ブイなどがある。こういった用途での太陽電離の持つコスト削減効果は大きい。例えば，航海用ブイに電池ではなく太陽電池を使用することで，アメリカ沿岸警備隊はメンテナンスと修理を削減し，年間数百万ドルを節約している。

より大きな電力が必要な場合は，**図 7.25** に示すように，太陽電池セルをモジュールやアレイにしてソーラーパネルにする方法がある。今日，多くの地域，特にヨーロッパでは太陽光発電により家庭や企業の電力を賄っている。住宅の大きさにもよるが，十数枚のソーラーパネルで電力を賄うこともある。通常，これらのパネルは真南に向けて設置されるが，太陽の動きに合わせてパネルを回転させることで，太陽光を最大限に利用することができ，効率は最大になる。しかし，初期コストは高くなる。電気事業や産業用途では，ドイツのバイエルン州の野原にあるような大規模な太陽光発電システム（図 7.25c）を形成するために，何百もの太陽電池アレイが相互に接続される。

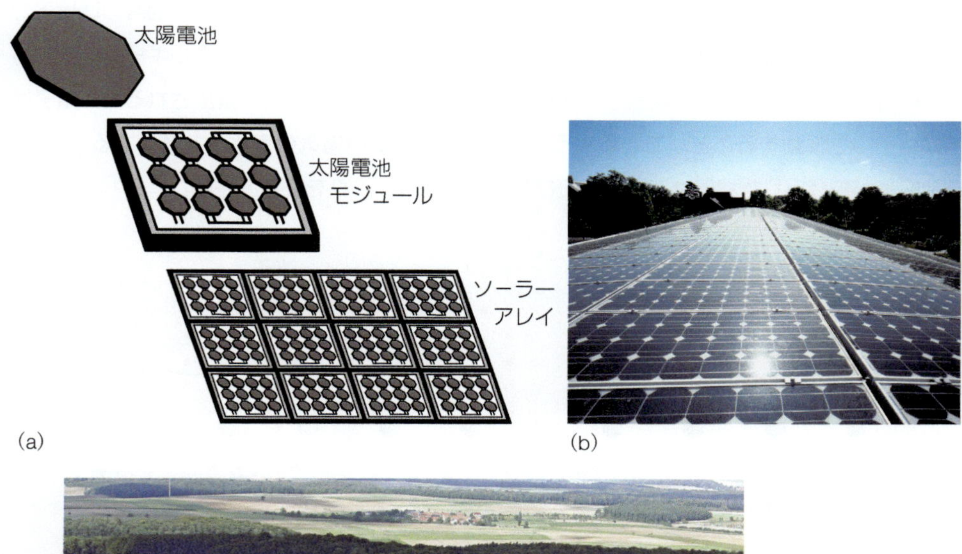

図7.25
(a) モジュールやアレイに使用される太陽電池の配置。(b) 屋根に設置されたシリコンソーラーアレイ。(c) ドイツのバイエルン州にあるエルラシーソーラーパークの航空写真。ピーク時の発電量は 12 MW。ちなみに一般的な原子力発電所の発電量は 1,000 MW である。
出典：(b)：アメリカ国立再生可能エネルギー研究所（NREL），(c)：©Daniel Karmann/dpa picture alliance archive/Alamy Stock Photo

フランスの物理学者でアンリ・ベクレルの父である A.E. ベクレル（1820 ～ 1891）は，1839 年に太陽光を利用して固体の物質に電気を発生させるプロセスを発見した。

7.9　太陽エネルギー：電子のピンボール

太陽電池はどのようにして電気を生み出しているのだろうか。その答えは，電池に使われている材料の中の電子の挙動にある。太陽電池に光が当たると，光は電池を通過したり，反射したり，吸収されたりする。吸収された場合，その光のエネルギーによって電池内の電子が高いエネルギー状態に上げられる（これを “励起される” という）。これらの励起された電子は，電池材料内の本来の状態から飛び出して電流の一部となる。

光の存在下でこのような挙動を示すのは，ある限られた物質だけである。太陽電池は**半導体**と呼ばれる物質で作られている。半導体はある限られた電流を流すことしかできない。ほとんどの半導体は，半金属の一種であるシリコンの結晶から作られている。シリコンの結晶は，規則正しく並んだシリコン原子で構成され，各シリコン原子は共有電子対によって（オクテット則を満たすように）他の四つの原子と結合している（**図 7.26**a）。これらの共有電子は通常，結合の中に固定され，結晶中を移動することができない。その結果，シリコンは通常の環境下ではあまり優れた電気伝導体ではない。しかし，結合電子が励起に十分なエネルギーを吸収すると，結合位置から飛び出して結合から解放される（図 7.26b）。いったん解放されると，電子は結晶格子中を移動することができるようになり，シリコンは電気伝導体へと変化する。また，結合電子が飛び出した場所は正電荷を帯びた空孔が生じ，これを*正孔*と呼ぶ。

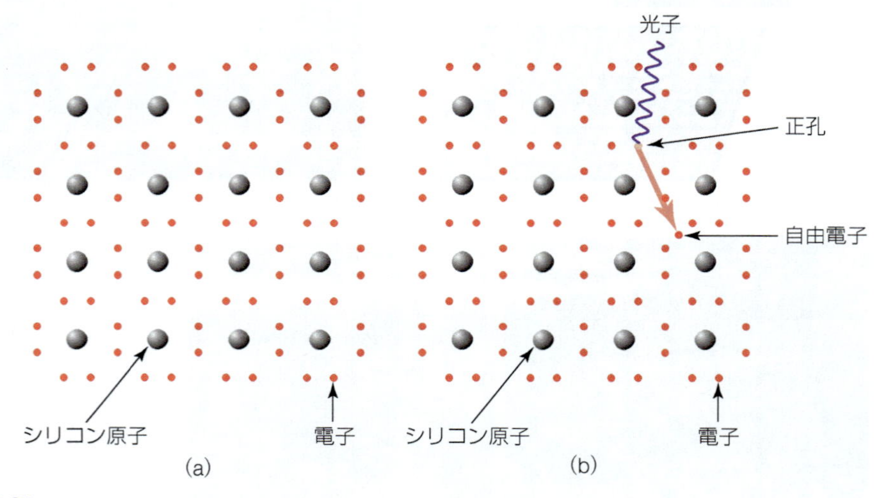

図7.26
(a) シリコン結晶の中にある結合の概念図。(b) シリコン半導体で起こる光誘起電子放出（結合電子がたたき出される）。

補 足
シリコン (Si) は 14 族に属し，4 個の価電子を持っている。これに対し，ガリウム (Ga) は 13 族に属し，3 個の価電子を持っている。ヒ素 (As) は 15 族に属し，5 個の価電子を持つ。

実は，純粋なシリコン半導体は**ドーピング**されない限り電流を流さない。ドーピングとは，純粋なシリコンに不純物（ドーパントと呼ばれる）となる他の元素を意図的に少量添加することである。これらのドーパントは，電子の移動を容易にするものが選ばれる。例えば，約 100 ppm のガリウム（Ga）やヒ素（As）がシリコンに添加されることが多い。この二つの元素や周期表で同族の他の元素がドーパントに使われるのは，それらの原子が持つ価電子の数がシリコンと 1 個しか違わないからである。従って，格子中の Si 原子の代わりに As 原子が導入されると，電子が 1 個追加されることになる。この電子が過剰な物質を **n 型半導体**と呼ぶ。一方，Si 原子を Ga 原子に置き換えると，結晶の電子が 1 個不足する。この電子不足（または正孔過剰，つまり結晶中の電子が存在していた位置に電子がない）の材料は，**p 型半導体**と呼ばれる。**図 7.27** は，ドーピングされた n 型半導体と p 型半導体を示している。どちらのタイプのドーピングも，電子が相対的に多い場所から少ない場所へと電子が移動できるようになるため，シリコンの電気伝導性を高めている。

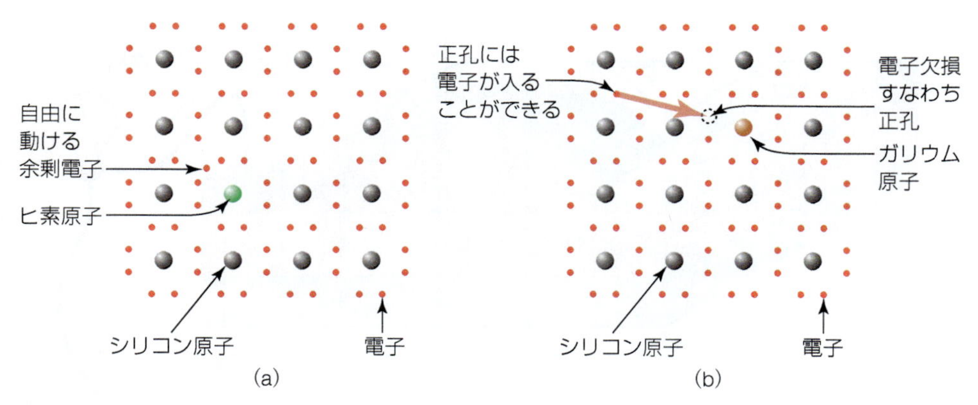

図7.27
(a) ヒ素をドーピングした n型シリコン半導体，(b) ガリウムをドーピングした p型シリコン半導体。

問 7.26　練習問題

ドーピングによる物性の変化

太陽電池用シリコン半導体の中に，ドーパントとしてリンやホウ素がある。

a. n型半導体になるのはどちらをドーピングした場合かを示し，答えの根拠を説明しなさい。
b. p型半導体になるのはどちらをドーピングした場合かを示し，答えの根拠を説明しなさい。

太陽電池に電圧を発生させるには，n 型半導体の層と p 型半導体の層を直接接触させる必要がある。そして，電流を流させるためには，太陽電池に当たった光が，電気回路を通して n 型側から p 型側へ電子を移動させるのに十分なエネルギーを持たなければならない (**図 7.28**)。電子の移動によって電流が発生し，この電流は，後で使用するために電池に蓄えられることを含め，電気が行うあらゆることに使用できる。電池が光にさらされている限り電流は流れ続け，それは太陽エネルギーだけを動力源とする。

太陽電池は n 型半導体と p 型半導体が密着した多層構造をしているのが通常の構造である (図 7.28)。p-n 接合は，電気の伝導を可能にするだけでなく，電流が太陽電池内をある一方向に流れるようにする働きがある。十分なエネルギーを持つ光子だけが，ドーピングされた材料から電子を飛び出させることができて，飛び出した電子は電池に接続された電気回路の電流となる。太陽電池が太陽光を効率良く電気に変換するためには，光子のエネルギーを最大限に利用できるように半導体を組み合わせなければならない。そうしないと太陽のエネルギーは全く吸収されないか，熱として失われてしまう。

太陽電池の製造には，いくつかの大きな課題がある。一つは，シリコンは地殻中で 2 番目に豊富な元素であるにも関わらず，酸素と結びついて二酸化ケイ素 (SiO_2) として存在しているということだ。この材料は，一般的には砂，より正確にはケイ砂という名前で知られている。

動画を見てみよう

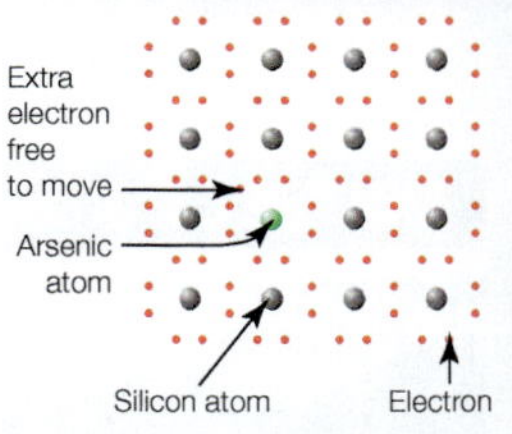

電子と正孔が半導体結晶中をどのように移動するかを，www.acs.org/cic の動画で見ることができる。

純粋なシリコンの供給源として二酸化ケイ素を使用することについては，1.7 節で説明した。

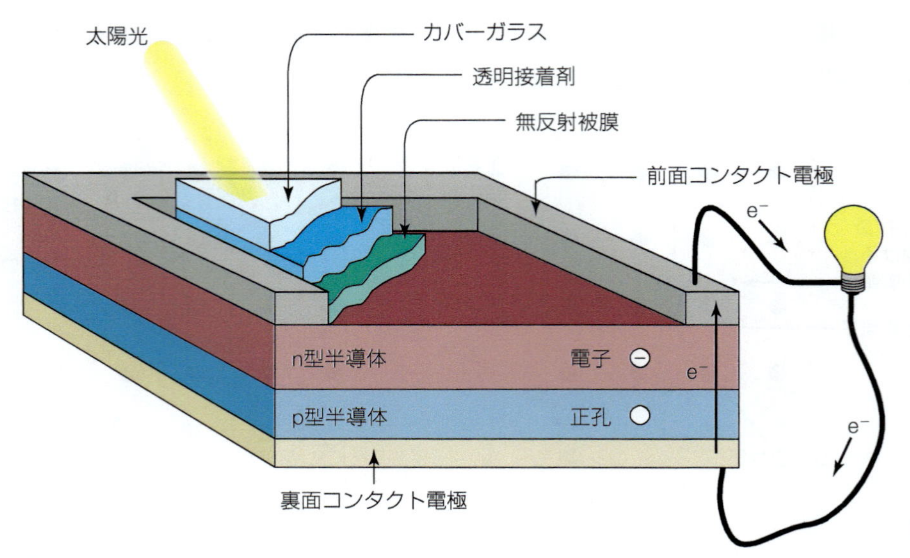

図7.28
太陽電池の模式図。n 型半導体と p 型半導体のサンドイッチ構造を持ち,「電子と正孔の対」が太陽光の光子によって発生する。電子と正孔が反対方向に動くことで,外部回路に電流が流れる。

良いニュースは,シリコンを抽出する出発原料が安価で豊富にあるということだ。しかし,あまり良くないニュースとして,シリコンを抽出・精製するプロセスは高価であることが挙げられる。シリコンを太陽電池として使用するには,少なくとも 99.9999%までシリコンの純度を高めなければならない。

第二の課題は,太陽光を直接電気に変換するのは効率が悪いということだ。太陽電池は,原理的には吸収できる太陽光の最大 31%を電気に変換することができる。しかし,太陽光の一部は電池で反射されるか,吸収されても電流の代わりに熱を発生する。2019 年現在,最先端の商業用太陽電池の効率は約 22%だが,これでも 1950 年代に作られた最初の太陽電池の効率が 4%未満だったのに比べれば,大幅に向上したのである。第 6 章では,従来の発電所で熱を仕事に変換する正味効率が 35 ～ 50%であることを嘆いた。太陽光発電で達成できる限界の低さには,さらに心を痛めるべきと思われるかもしれない。

しかし,太陽電池の最初の用途は,NASA の宇宙船に電気を供給することだったことを思い出して欲しい。その用途では,放射の強度が非常に高かったため,効率の低さは深刻な制限とはならず,コストも大きな問題ではなかった。しかし,地球上での商業利用においては,コストと効率が問題となる。太陽は本質的に無限のエネルギー源であり,そのエネルギーを電気に変換することは,たとえ非効率であっても,化石燃料の燃焼や核分裂による廃棄物の貯蔵に関連する多くの環境問題とは無縁である。こうしたことが,太陽電池の研究開発に拍車をかけている。

動画を見てみよう

©Soonthorn Wongsaita
太陽電池の仕組みについては,www.acs.org/cic の動画で見ることができる。

商業的な実用性を高めるための一つのアプローチは,結晶性シリコンをアモルファスシリコンと呼ばれる非結晶性シリコンに置き換えることである。光の吸収効率は非結晶性のシリコンの方が高いため,シリコン半導体の厚さを従来の60分の1以下にすることができる。そのため,材料費は大幅に削減できるが,電気への変換効率は結晶シリコンほど高くない。

別の方向性として太陽電池を多層化することが考えられる。p 型半導体と n 型半導体の薄い層を交互に重ねることで，各電子が次の p-n 接合に到達するまでの移動距離が短くなる。これにより電池の内部抵抗が下がり，効率が上がる。理論的に予測される最大効率は，2 重接合で 50%，3 重接合で 56%，36 重接合で 72%まで向上する可能性がある。さらに，他の半導体を接触させて使用することで，太陽電池が吸収できる波長領域が広がり，UV-IR の全領域をカバーすることが可能になる。これに比べ，シリコンは波長の短い青色の光を最も吸収するので，その結果，波長の長い緑から赤い波長の領域が効果的に吸収されない。2019 年現在，多層太陽電池で実際に実証された最大効率は 46%である。**図 7.29** は，これらの層が実際にどれほど薄いかを示している。

n 型半導体と p 型半導体の“サンドイッチ”構造は，通信や計算機に革命をもたらしたトランジスタやその他の小型電子デバイスに使用されている。

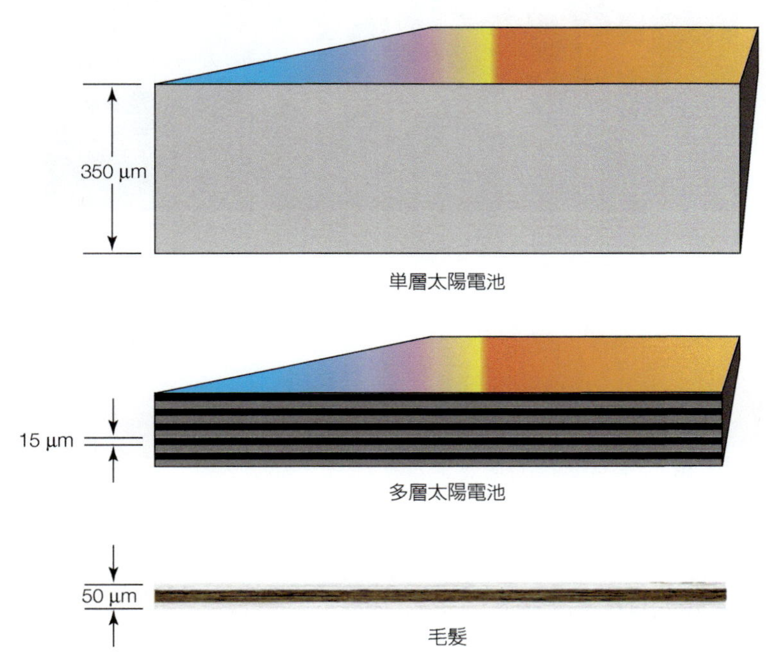

図7.29
単層太陽電池，多層太陽電池，および人間の毛髪の比較。
注：1 μm＝10^{-8} m である。

薄膜太陽電池は，アモルファスシリコンや，テルル化カドミウム（CdTe）や銅，インジウム，ガリウム，セレンの組み合わせ（CIGS と呼ばれ，組成は $CuIn_xGa_{(1-x)}Se_2$ [x＝0 ～ 1]）などの非シリコン材料から作られる。これらの薄膜は，わずか数 μm の厚さの半導体材料を層状にして使用している。比較として，典型的な人間の髪の毛の幅は約 50 μm である。薄膜太陽電池は，従来の硬い太陽電池に比べて柔軟性があるため，屋根板や瓦，建物の外壁，天窓のガラスに組み込むこともできる（**図 7.30**）。その他の太陽電池は，従来の印刷機技術を用いた太陽電池用インク，太陽電池用染料，「量子ドット」として知られるナノ粒子，導電性プラスチックなど，さまざまな材料を用いて製造されている。太陽電池モジュールと呼ばれる組み立て式の太陽電池は，プラスチック製のレンズやミラーを使用して，小型だが非常に高効率の太陽電池材料に太陽光を集光する。このようなソーラーレンズ材料を使用している電力会社や産業界は，初期コストが高いにも関わらず，より効率的な材料を少量使用することで，費用対効果が向上することに目を向けている。

図7.30
薄膜太陽電池のタイルを使った屋根。
出典：アメリカ国立再生可能エネルギー研究所（NREL）

問 7.27　考察問題

太陽電池の利用

以下のａ～ｃの人々の太陽光発電の利用方法について，インターネットを使って調べなさい。

a. 農家と牧場主
b. 中小企業の経営者
c. 住宅所有者

太陽光発電の長期的な見通しは明るい。化石燃料による発電コストが上昇している一方で，太陽光発電のコストは低下している。しかし，最近の科学技術の進歩にも関わらず，熱または光起電力による太陽エネルギーは，化石燃料よりも高価であることが多い。最近，南アフリカやインドなどのエネルギーオークションでは，石炭火力発電所の新設よりも太陽光発電所の建設費の方が安かった。しかし，土地利用の問題は残る。現在達成可能なレベルの運転効率では，アメリカの電力需要には，160 ×160 km（メリーランド州とほぼ同じ大きさ）の面積をカバーする太陽光発電所が必要と見積もられている！ 太陽光発電は着実に成長しているとはいえ，世界の電力供給のごく一部を占めているに過ぎない。

問 7.28　展開問題

太陽光発電を置く場所は

これまでのところでは，メリーランド州全体を太陽光発電所で埋め尽くして，他の州に電力を送るという話は出ていない。

a. メリーランド州は地理的に妥当な場所といえるか。
　ヒント：図 7.22 をもう一度見てみよう。
b. アメリカで太陽エネルギー収集に最も有望な場所はどこだろうか。
c. 場所以外にも考慮すべきことがある。太陽エネルギー収集に土地を提供する際に関係する他の要因を二つ挙げなさい。

太陽光は広く満遍なく降り注ぐので，次章で燃料電池について説明するように，太陽光発電技術は分散型発電に適している。地球人口の 3 分の 1 以上は，電力ネットワークに接続されていない。これは，設備の建設やメンテナンス，発電のための燃料供給にかかるコストのためである。太陽光発電設備は比較的メンテナンスが不要なため，遠隔地での発電には特に適している。例えば，送電線から遠く離れたアラスカのある地域の高速道路の信号機は，太陽エネルギーで作動している。同様に，太陽電池のより重要な用途は，経済的に恵まれない国の孤立した村に電気を供給することである。近年では，コロンビア，ドミニカ共和国，メキシコ，スリランカ，南アフリカ，中国，インドの住宅に 20 万台以上のソーラー照明が設置されている。太陽電池は現在，地球上の何百万人もの人々の生活にその恩恵を施している（**図 7.31**）。

動画を見てみよう

アメリカの各地域における太陽光発電の相対的なコストと投資回収率を比較したインフォグラフィックを www.acs.org/cic で見ることができる。

問 7.29　考察問題

地域の太陽エネルギー

分散型発電！インターネットを使って，「Million Solar Roofs（太陽光パネル 100 万個設置）」プロジェクトなど，地元でどのように太陽エネルギーが利用されているか調べてみよう。そして，自分のクラスや自分の住む地域で，太陽エネルギープロジェクトを提案してみよう。プロジェクトを進める前に考慮すべき要素を少なくとも五つ挙げなさい。

問 7.30　考察問題

太陽熱と太陽光発電の比較

太陽からのエネルギーは，太陽熱または太陽光発電によって電気に変換することができる。

a. それぞれの方法で太陽光がどのように電気に変換されるかを概説しなさい。
b. 現在，世界で最も発電量が多いのはどちらの方法か。

電気を夜間に使用するためには，日中に太陽熱集熱器や太陽電池で発電した電気をバッテリーに充電する必要がある。2017 年，テスラやスペース X の創業者であるイーロン・マスク（1971 年）は，オーストラリア南部にサッカー場ほどの大きさのバッテリーを設置した。このバッテリーは，日中に風力発電や太陽光発電設備で発電されたエネルギーを蓄え，夜間に約 3

図7.31
太陽光発電は，電気を利用できない世界の僻地でも給水ポンプを動かすことができる。
出典：アメリカ国立再生可能エネルギー研究所（NREL）

万世帯の電力を賄うことができる。とはいえ，熱や太陽光を電気に直接利用することには多くの利点がある。化石燃料への依存を軽減するだけでなく，太陽光発電は化石燃料の採掘や輸送による環境破壊を軽減することができる。さらに，SO_x や NO_x といった大気汚染物質のレベルを下げることにもつながる。また，大気中に放出される CO_2 の量を減らすことで，気候変動を抑制することもできる。化石燃料が特定の用途に適したエネルギー形態であることに変わりはない。しかし，長期的には，さまざまな再生可能エネルギー源に舵を切ることになる。その多くは，太陽によって直接駆動されるもの，あるいは大気や水を太陽熱で加熱するものである。最後の節では，その他の持続可能な再生可能資源からどのように電気を作ることができるかを簡単に紹介する。

7.10　太陽エネルギーを超えて：その他の再生可能（持続可能）エネルギー源による電力

単一の電力源で世界のエネルギー需要を満たすことは不可能である。また，採掘，汚染，温室効果ガス，配電網の構築など，コストのかからないエネルギー源がないことも分かっている。このまま化石燃料や原子力発電を使い続けるよりも，再生可能エネルギー源をさらに開発し，その割合を増やしていくことの方が私たちには有益なのである。第6章では，バイオ燃料やエタノールなどの再生可能エネルギーについて述べた。この章では，風力，水力，そして地球の核が発する熱を再生可能エネルギー源として取り上げる。

風力

太陽の熱は最終的に，私たちが風としてよく知る地球上の空気の大規模な動きを作り出している。私たち人類は何世紀にもわたってさまざまな形の風車を利用して，車輪を回して穀物を挽いたり，水を汲んだりしてきた。今日の風力タービンは大きなブレードを利用したもので，地元では「ピンホイール」という愛称で呼ばれることもある。この羽根がシャフトを回転させ，発電機を回して電気を生み出す。風力発電所は，偏西風を利用するために世界中にある。**図 7.32** に示したのは，ハワイ島のパキニ・ヌイ（サウスポイント）にある風力発電所である。

©Steve Allen/Brand X Pictures

オランダ人は何百年もの間，風車を使って低地の水を汲み上げ，パンに使う穀物を挽き，建築用の木材を製材してきた。

図7.32
2007 年に完成したパキニ・ヌイ風力発電所は，2013 年に 20.5 MW の電力を供給した。
©Radius Images/Corbis

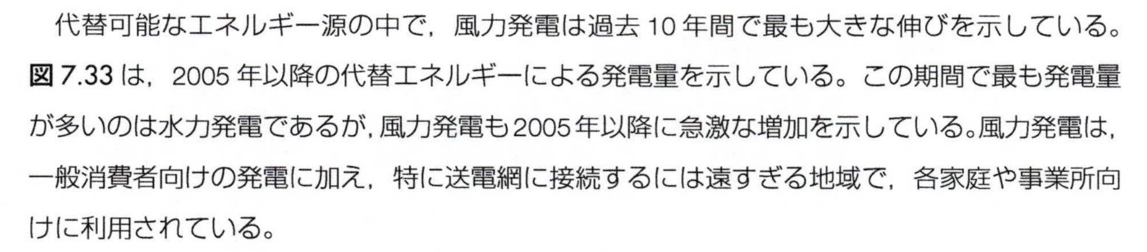

代替可能なエネルギー源の中で，風力発電は過去 10 年間で最も大きな伸びを示している。**図 7.33** は，2005 年以降の代替エネルギーによる発電量を示している。この期間で最も発電量が多いのは水力発電であるが，風力発電も 2005 年以降に急激な増加を示している。風力発電は，一般消費者向けの発電に加え，特に送電網に接続するには遠すぎる地域で，各家庭や事業所向けに利用されている。

風力による発電の大部分は，数百基の風力タービンを備えた風力発電所によるものである。アメリカの平均的な原子炉の発電量は約 1,000 MW で，石炭火力発電所の平均発電量は約 550 MW である。それに比べ，典型的な風力タービンは 1 基で 1.5 ～ 2.5 MW の電力を発電する。しかし，これらのタービンをウィンドファーム方式で並べれば，従来の発電所の出力を上回ることができる。例えば，アメリカ最大の風力発電所であるカリフォルニア州のアルタウインドエナジーセンターは，1,548 MW の発電が可能である。世界最大の風力発電所である中国の甘粛風力発電所の上限出力は 7,900 MW である。

風力タービンが発電する電力 1 MW あたり，最大 1 t の希土類磁石を必要とする。

アメリカでは，41 の州で風力発電が発電量の大部分を占めている（**図 7.34**）。風力発電所の設置には十分な計画が必要で，最大風速，十分な風が存在する時間の割合，土地の権利，隣接する公有地や私有地への影響などを考慮する必要がある。さらに，鳥やコウモリなどの野生生物への影響など，さまざまな環境への影響もある。ある特定の場所は，定期的に持続する風が

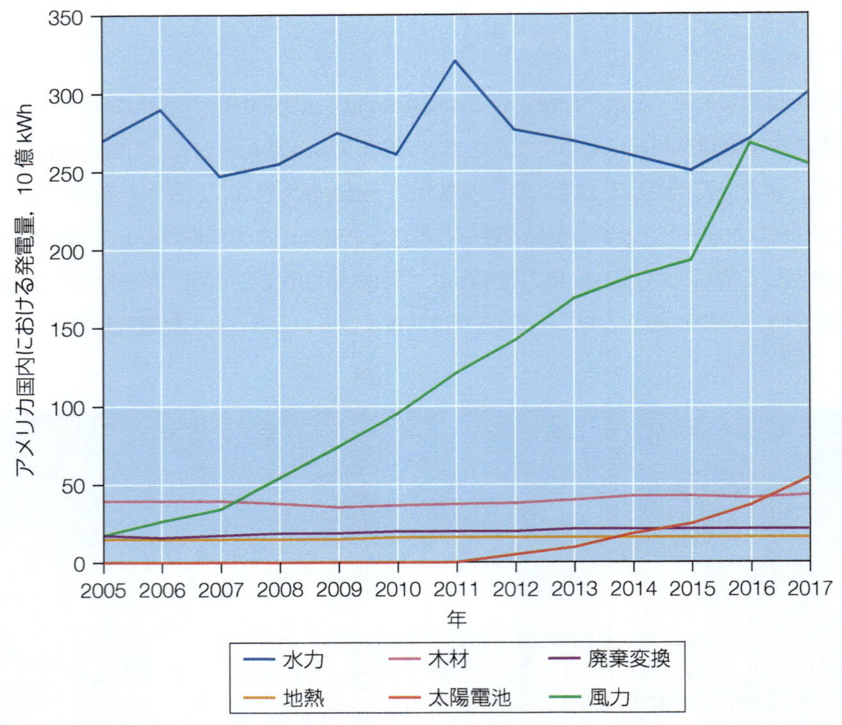

図7.33

アメリカの代替エネルギー発電量（2005～2017年）。比較として，2015年には2.5兆kWhの電力が化石燃料の燃焼によって発電された。

出典：アメリカエネルギー情報局（EIA）

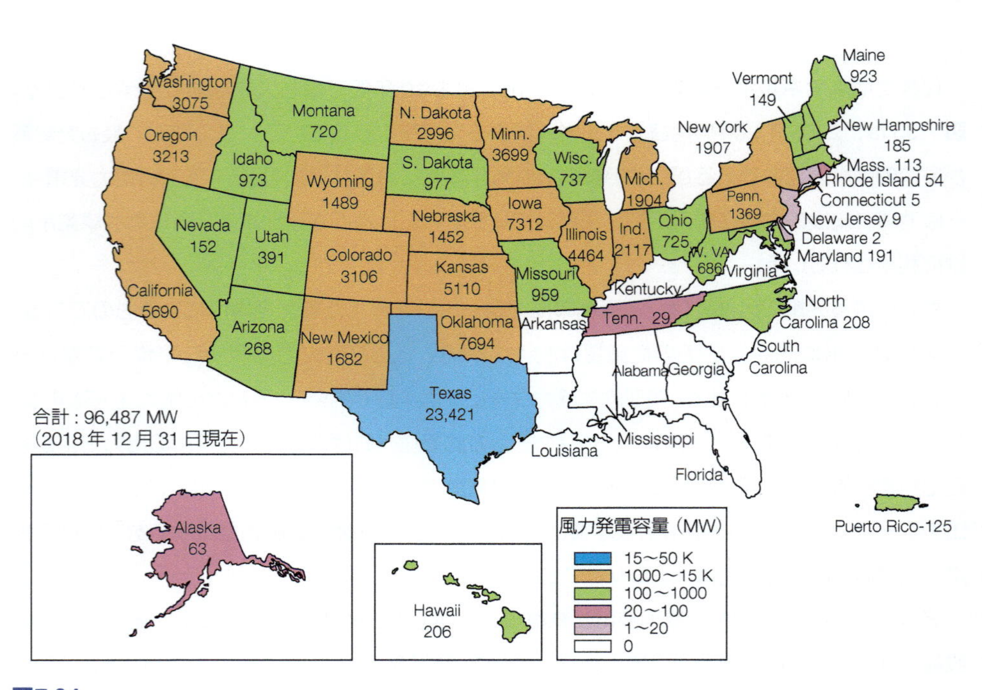

図7.34

アメリカの風力発電容量（2017年）。

出典：アメリカ国立再生可能エネルギー研究所（NREL），2018年

吹く優れた風況であっても，渡り鳥が多く生息する野生生物保護区に隣接しているため，立地条件としては不向きである。

アメリカ国立再生可能エネルギー研究所（NREL）は，電力会社が使用するほとんどのタービンの高さである標高 80 m における平均風速を調査した。**図 7.35** の地図に示すように，アメリカで最も風速が大きい地域はカンザス州やコロラド州などの大平原諸州である。高さ 80 m では，ほとんどの樹木，建物，その他の構造物による風の遮蔽はないに等しい。また，地上からの高さが増すにつれて平均風速も増す。風力タービンが発電に必要とする風速は 3.6 ～ 18 m/s の範囲である。風速が遅いと発電効率が悪く，ブレードを回転させるのに十分な力が得られない。速度が速いと，タービンの機械部品や電気部品に損傷を与える可能性がある。風力タービンは，発電量を最適化するために，風速に応じて電源を切ったり入れたりする。

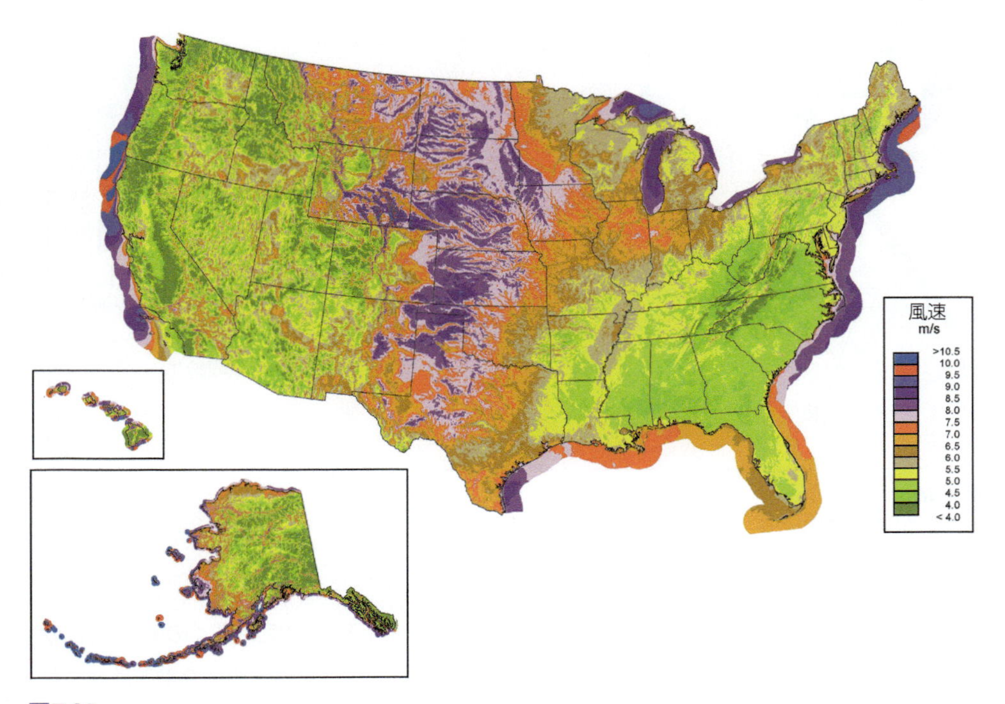

図7.35
アメリカの地上 80 m における年間平均風速。
出典：アメリカ国立再生可能エネルギー研究所（NREL），2014年

問 7.31　考察問題

風の地域差

図 7.34 と図 7.35 のアメリカの地図をよく見てみよう。なぜアメリカ南東部に風力発電がほとんどないのか理由を考えて意見を述べなさい。

動画を見てみよう

©MidAmerican Energy
www.acs.org/cic で風力発電所のバーチャルツアーを見ることができる。

風力タービンはタワーと羽根で構成されている。タワーは，発電に十分な風を受けられるようにタービンを高い位置に固定している。タワーの根元は，最大 102 m の巨大なコンクリートブロックに取り付けられ，30 t の鋼鉄で補強されている。*ナセル*と呼ばれるタービン本体は，タワーの最上部に取り付けられている。**図 7.36** に見られるように，ナセルにはタービンの機

械的および電気的な作動部品の大部分が収められている。羽根はシャフトに取り付けられており，このシャフトが発電機内の電磁石を回転させる。また，ナセル内にはコンピューターコントローラがあり，ナセルを風に向かって回転させたり，羽根の角度を変えたりするなどの動作を制御して，タービンの出力を最適化する。

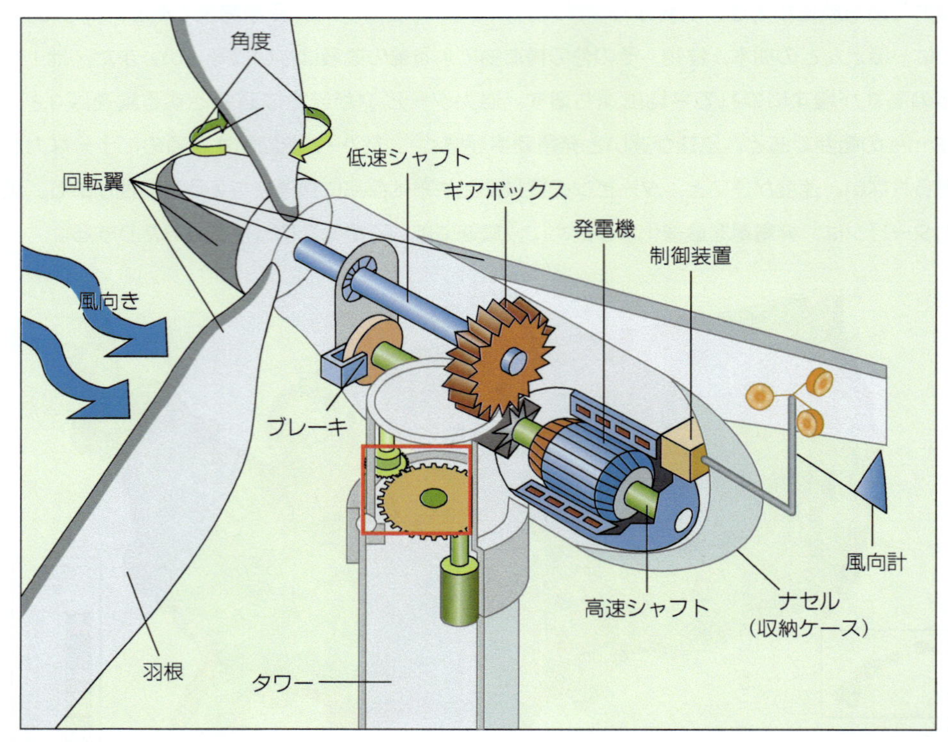

図7.36
風力発電機の概略図。

資料室

風力タービンの自作方法を www.acs.org/cic で学ぼう。

地上に設置する風力タービン（on-shore turbine とも呼ばれる）に加え，多くの電力会社が沖合の海や大きな湖にタービンを設置している。現在，アメリカには洋上風力発電所はないが，ヨーロッパではその数が増えている。例えば，イギリスの風力エネルギーの 4 分の 1 以上は洋上風力発電所から供給されている。

洋上風力発電は，陸上風力発電に比べていくつかの利点がある。アメリカの人口の半分以上は沿岸部に住んでおり，この地域の電力需要は高いにも関わらず利用可能な土地は限られている。また，一般的に洋上での風は陸上の風よりも強く均一に吹くため，洋上風力発電所は陸上風力発電所よりも効率が高くなる。

水力

太平洋岸北西部の河川では，発電量が環境へのコストを下回ると判断されたため，二つのダムが撤去された。

何世紀もの間，人類は水車のような装置で水の動きを利用してきた。水が水車の車輪を回すことで，その車輪は穀物を小麦粉にする石など，他の装置を回すことができる。同様に，小規模および大規模の水力発電ダムも水の動きを利用している。タービンの羽根を水が横切ると，ダムの背後にある貯水池にためられた水の位置エネルギーが運動エネルギーに変換され，それが電気に変換される。ほとんどの大河川では既に水力発電事業が行われているため，世界的に見て現在も建設が続けられているダムはごくわずかである。

潮の満ち引き，潮流，波などの海水の動きは，さまざまな原理で発電に利用することができる。タービンの羽根を回すものもあれば，空気を圧縮してタービンに通すものもある。いずれも運動エネルギーを利用して発電機を回して電気を生み出している。

地熱

もう一つの再生可能エネルギー源は，地球内部の核から放出される熱である。文字通り「地球の熱」である地熱エネルギーは，高温の水や蒸気を含む地下貯蔵湖まで掘削し，そこから熱を引き出している。これらの熱せられた水源は，発電機を動かしたり，直接家の暖房に使ったりすることができる。地熱発電は火山活動が盛んで「熱い岩石」がある場所で使われており，ハワイではエネルギーの 29%を地熱から得ている。地熱発電の総発電容量では，現在アメリカが世界をリードしているが，地熱エネルギーは，ケニア，トルコ，インドネシアなどの国々で驚異的な伸びを示している（**図 7.37**）。

地熱発電容量の上位５ヵ国は，アメリカ（360 万 kW），フィリピン（190 万 kW），インドネシア（190 万 kW），メキシコ（100 万 kW），ニュージーランド（100 万 kW）である。

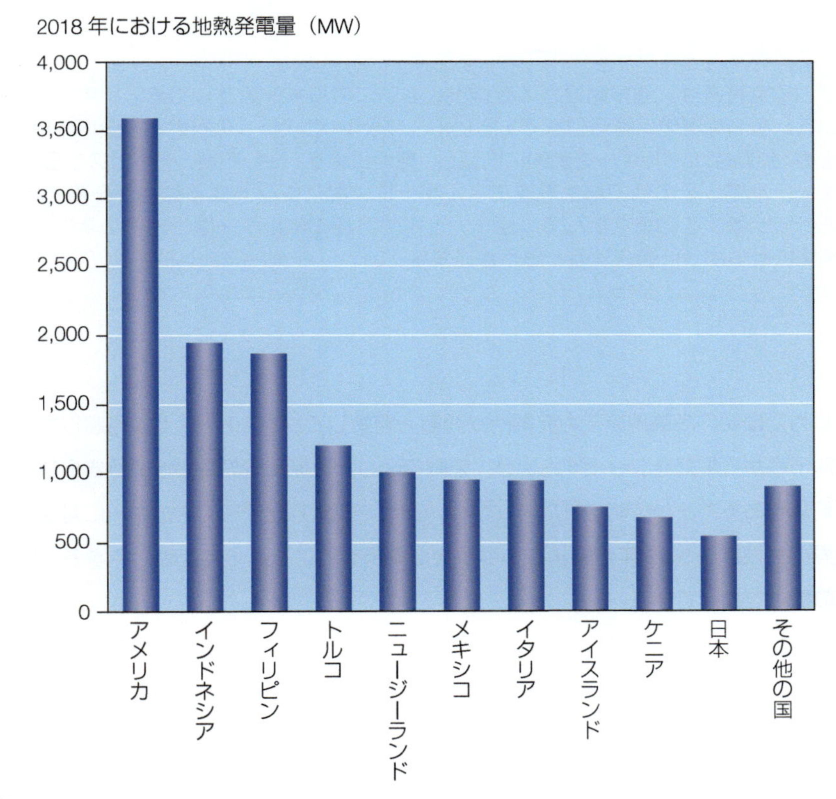

図7.37
国別の地熱発電量（2018）。
出典：MidAmerican Energy Company

問 7.32　考察問題

今後のエネルギー

再生可能エネルギーは，太陽やバイオ燃料（第 6 章で説明）だけでなく，風，海洋，地熱源からも得られる。これらの再生可能エネルギーの中から一つを選び，それを利用するための技術について学ぼう。

a. そのエネルギー源を利用するための地理的な制約（もしあれば）を挙げなさい。
b. その技術について，賛成と反対のそれぞれの理由のリストを作成しなさい。
c. その技術が，読者が住んでいる地域のエネルギー生産量にどのような影響を与えるかを検討しなさい。

この節では，再生可能エネルギーについて例を挙げて説明した。これらのエネルギーや他の持続可能なエネルギー源を考慮することなしに，世界のエネルギー資源について俯瞰して見ることはできないだろう。再生可能エネルギーは，その経済性，利用可能性，使いやすさと同様に，それが世界のエネルギー供給の中で占める割合は改善されなければならない。

問 7.33　展開問題

グループ演習：世界のエネルギー

原子力の支持者は，温室効果ガスを排出しないエネルギー源としてその利用を奨励している。著名な環境保護活動家であるビル・マッキベンは，「化石燃料産業への補助金を止め，無駄なエネルギーを劇的に削減し，電力供給を石油，石炭，天然ガスから風力，太陽光，地熱，その他の再生可能エネルギーに大幅にシフトすることが急務である」と述べている。この章を読んで，原子力と再生可能エネルギーは世界のエネルギーの将来像にどのように適合すると思うか述べなさい。

結び

アメリカで最初の商業用原子力発電所が発電を開始してから 60 年以上が経過した。ウラン原子の原子核から電気を取り出すという，無限の，しかも無制限の電力というきらびやかな約束は，幻想であることが証明された。しかし，安全で豊富で安価なエネルギーに対するアメリカと世界の需要は，1957 年当時よりもはるかに高まっている。そのため，科学者と技術者は原子への探求を続けている。

その探求が行き着く先がどこかは分からないが，そこに人々と政治の思惑が大きく絡むことは間違いない。私たちの今後の振る舞いを決めるのは，理性と，近い将来そして遠い将来に地球に住む人々への配慮でなければならない。

しかし，太陽電池のような太陽のエネルギーを利用する方法のように，あまり議論の余地のない電力源もある。太陽光発電の屋根板から，外部にソーラーパネルを備えた自動車や飛行機まで，太陽光発電の未来は文字通り無限である。研究の進歩は，太陽光発電や風力，地熱，水力などの持続可能な方法を，世界中で実現可能なものにしていくだろう。

原子力や再生可能エネルギーは，大気中に二酸化炭素を放出することなく電力を供給することができる。特に風力発電と太陽光発電の人気は高まっており，エネルギー市場の大部分を占めている。しかし，太陽光と風力はどちらも変動するものである。太陽は一定の割合で輝いているわけではないし，風は絶えず吹いているわけでもない。これらのエネルギー源を最大限に活用するためには，後で使用するためにエネルギーを貯蔵する技術と組み合わせる必要がある。次の章では，私たちがバッテリーとして知っているこれらのエネルギー貯蔵デバイスの基礎となる化学を探求する。

■章のまとめ

この章の学習を終えた読者には，以下のことができるはずである。

- 平衡核反応式を書いて解釈する。核変換が化学反応とどのように異なるかを比較対照し，核反応方程式の質量変化によって放出されるエネルギーを計算する。**(7.1 節)**
- 原子力発電所の概要を書いて，どのようにエネルギーが生み出されるかを説明する。さらに，原子力発電所と火力発電所を比較対照し，これらのさまざまな動力源から得られるエネルギーを比較する。**(7.2 節)**
- なぜ放射性同位元素があるのかを説明し，核放射線の基本的な種類とその性質を比較対照する。また，「放射線」という用語を電磁波と原子力の文脈で区別する。**(7.3 節)**
- 核放射線が*電離放射線*とも呼ばれる理由を説明し，自然放射線と人為的放射線の両方について，年間放射線量に寄与する放射線源をランク付けする。**(7.4 節)**
- 放射性同位元素の量が時間と共にどのように変化するかを説明し，計算する。さらに，原子力発電における半減期の重要性について述べる。**(7.5 節)**
- 原子力を利用することの危険性と利点を概説し，放射性廃棄物とその処分による長期的な人間の健康への影響について述べる。**(7.6，7.7 節)**
- アメリカの原子力発電と再生可能エネルギー発電の能力を他国の能力と比較対照する。**(7.7 ～ 7.10 節)**
- 太陽から地球に届くエネルギー量を推定し，太陽熱と太陽光発電のエネルギー源を比較対照する。**(7.8 節)**
- ドーピングされた半導体がどのように太陽光を電気に変換するかを図示する。**(7.9 節)**
- 風力，水力，地熱の各エネルギー源がどのように電気を生み出すかを説明し，再生可能エネルギー源を使用することの利点と欠点について環境に優しい化学を踏まえて評価する。**(7.10 節)**
- 代替エネルギー源の経済的，環境的，健康的，社会的コストを評価する。**(7.10 節)**

■章末問題

●基本的な設問

1. 炭素原子が 2 個あるとして，両者に違いがある場合にどのような違い方があり得るか説明しなさい。また，炭素原子の*全同位体*がウラン原子の全*同位体*と異なっている点を三つ述べなさい。
2. ^{14}N や ^{15}N の表示には，化学記号 N だけでは表されていない情報がある。その情報を説明しなさい。
3. a. 同位体原子プルトニウム-239 の原子核に入っている陽子の数を示せ。
   b. ウラン原子の原子核には，全ての同位体で 92 個の陽子が入っている。93 個の陽子が原子核に入っている元素および 94 個の陽子が原子核に入っている元素の化学記号を示せ。
   c. ラドン-222 の原子核に入っている陽子の数を示せ。
4. 下記同位体原子のそれぞれについて，原子核に入っている陽子の数と中性子の数を示せ。
   a. 自然界に存在する炭素の放射性同位体 (^{14}C)
   b. 自然界に存在する炭素の安定同位体 (^{12}C)
   c. 自然界に存在する水素の放射性同位体 (^{3}H)
   d. 医療用に使われる放射性同位体 (Tc-99)
5. $E=mc^2$ は 20 世紀で最も有名な方程式の一つである。この方程式の各記号が表す物理量を説明しなさい。
6. 核反応式と化学反応式の例を一つずつ示しなさい。そして，これら二つの反応式に共通する性質と相異なる性質を説明しなさい。
7. α 粒子，β 粒子，γ 線とはそれぞれ何か説明しなさい。
8. 次の核反応式は，プルトニウムに α 粒子を照射したときの様子を表している。上付き数字と下付き数字はそれぞれ何を意味するか答えなさい。さらに左辺の添え字の和が右辺の添え字の和に等しいことを確かめなさい。

$$^{239}_{94}Pu + ^{4}_{2}He \longrightarrow [^{243}_{96}Cm] \longrightarrow ^{242}_{96}Cm + ^{1}_{0}n$$

9. 章末問題 8 で示した核方程式について，下記の問いに答えなさい。
   a. $^{4}_{2}He$ の生成源として考えられるものを説明しなさい。
   b. $^{1}_{0}n$ は生成物である。この記号は何を表しているか答えなさい。
   c. キュリウム -243 は角括弧で書かれている。この表記は何を表しているか答えなさい。

   ヒント：7.2 式を参照。

10. 原子番号が 98 のカリホルニウムは，標的原子に α 粒子を衝突させて作られた。生成物はカリホルニウム-245 と 1 個の中性子であった。この核合成で使われた標的同位元素は何か答えなさい。

11. 核分裂の開始と継続に中性子が果たす役割を説明しなさい。ただし，その答えの中で*連鎖反応*を定義して使用せよ。

12. 核分裂反応には多くの経路がある。1 個の中性子によって誘起された U-235 の核分裂について，下記の生成物を与える核反応式を書け。
   a. 臭素-87，ランタン-146，および 1 個または複数個の中性子
   b. 56 個の陽子を持つ原子核 1 個，合わせて 94 個の中性子と陽子を持つ原子核 1 個，および 2 個の中性子

13. 下の図は原子力発電所の炉心を表している。

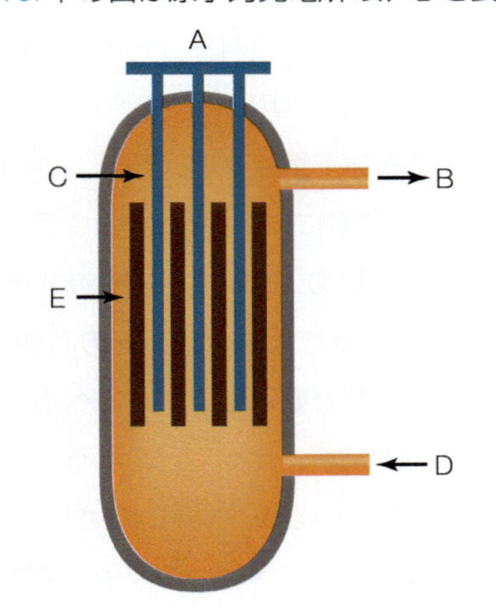

次のいずれかの用語に対応する図中のアルファベットを書け。
- 燃料棒
- 炉心に入る冷却水
- 炉心から出る冷却水
- 制御棒集合体
- 制御棒

14. 図 7.5 に示された原子力発電所のうち，放射性物質を含む部分と含まない部分をそれぞれ示しなさい。

15. 一次冷却媒と二次冷却媒の違いを説明しなさい。また，二次冷却媒が原子炉の格納容器の中に収められていない理由を説明しなさい。

16. ホウ素は中性子を吸収するので制御棒として使うことができる。ホウ素-10 が中性子を吸収してリチウム-7 と α 粒子を生成する核反応式を書きなさい。

17. プルトニウム-239 は α 線で崩壊し（γ 線なし），ヨウ素-131 は β 線で崩壊する（γ 線を放出）。
   a. それぞれの核反応式を書きなさい。
   b. プルトニウムは粒子状で吸い込むと最も危険であるのはなぜか説明しなさい。
   c. ヨウ素-131 は摂取すると危険である。ヨウ素の同位体は体内のどこに蓄積するか答えなさい。
   d. プルトニウム-239 とヨウ素-131 がそれぞれ 25 g ずつあるとする。それぞれの半減期の 3 倍の時間が経過したら，それぞれどれだけの量が残るか答えなさい。次に半減期の 3 倍の時間がより長いのはどちらの物質か答えなさい。

   ヒント：表 7.3 を参照。

18. 放射性崩壊が起こると，質量数が変化したり，原子番号が変化したり，両方が変化したり，またはどちらも変化しなかったりする。下記のタイプの放射性崩壊ではどのような変化（または無変化）が起こるか答え，その根拠を説明しなさい。
   a. α 線放出
   b. β 線放出

c.　γ線放出

19. 図 7.10 は U-238 の放射性崩壊系列を示している。同様に，U-235 は一連のステップ（α, β, α, β, α, α, α, β, α, β, α）を経て崩壊し，鉛の安定同位体になる。最初の六つの核反応を書きなさい。γ線を伴うステップもあるが，これは省略してもよい。

ヒント：結果はラドンの同位体である。

20. 半減期の 2 倍，4 倍，6 倍のそれぞれの時間が経過した後，残っている放射性同位体の割合（%）を答えなさい。

21. 以下のグラフから放射性同位元素 X の半減期を推定せよ。

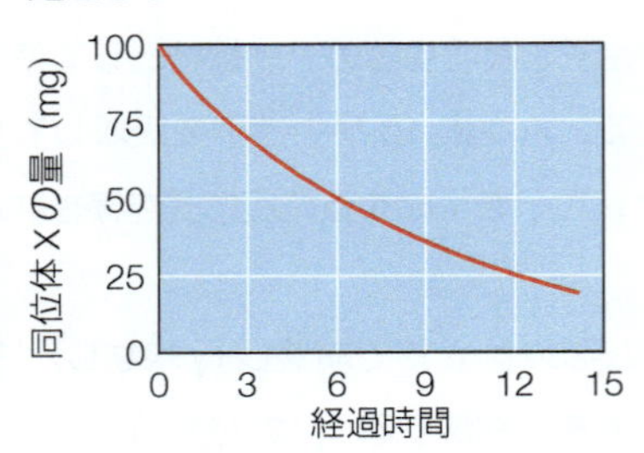

22. 毎年，5.6×10^{21} kJ のエネルギーが太陽から地球に降り注ぐ。このエネルギーで全てのエネルギー需要を満たすことができない理由を説明しなさい。

23. 赤い点は電子，灰色の球はシリコン原子を表す。図の中央にある濃い紫色の球は，ガリウム原子かヒ素原子を表している。この図は，ガリウムをドーピングした p 型シリコン半導体か，ヒ素をドーピングした n 型シリコン半導体か，どちらを表した図か説明しなさい。

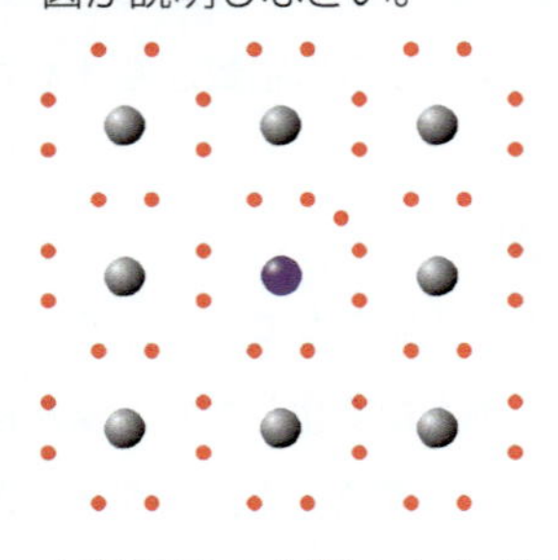

24. 太陽電池の太陽エネルギー変換効率が，理論値である 31％を大幅に下回る主な理由を説明しなさい。

● 概念に関連する設問

25. 中世の錬金術師たちは，鉛などの卑金属を貴金属である金や銀に変えることを夢見ていた。
    a.　なぜ彼らは成功しなかったのか説明しなさい。
    b.　今日，私たちは鉛や水銀を金に変えることができるかどうかを，具体的な核反応を使って説明しなさい。
    c.　核反応を使って，金や銀のような貴金属を大量に合成できるかどうか説明しなさい。

26. 同位体 U-235 と U-238 は，どちらも放射性同位体であるという点で似ている。しかし，この二つの同位体は，自然界で存在する量は大きく異なる。自然界で存在する量（7.1 節参照）について，この違いが生じる理由を説明しなさい。

27. 商業用原子力発電所で使用されるウラン燃料ペレットについて考えてみよう。
    a.　U-235 と U-238 を分離する方法を一つ挙げなさい。
    b.　燃料ペレットに使用するには，ウランを濃縮する必要がある理由を説明しなさい。
    c.　燃料ペレットの濃縮度は 80 ～ 90％ではなく，数パーセントである。その理由を三つ挙げなさい。
    d.　U-235 と U-238 を化学的には分離できない理由を説明しなさい。

28. a.　原子炉の燃料棒を数年ごとに交換しなければならない理由を説明しなさい。
    b.　原子炉から取り出された燃料棒はその後どのような運命をたどるか説明しなさい。

29. パロベルデ発電所の各原子炉はフル稼働時，1,243 メガワット（MW）の発電にわずか数 kg のウランしか使用しない。同じ量のエネルギーを生産するためには，従来の発電所では約 800 万 L の石油，または約 1 万 t の石炭が必要となる。パロベルデ発電所では，従来の発電所と比べてどのようにエネルギーが生み出されているのか説明しなさい。

30. チェルノブイリの原子炉とアメリカの原子炉の重要な違いの一つは，チェルノブイリの原子炉では中性子の減速材として黒鉛が使われていたのに対し，アメリカの原子炉では水が使われていたことである。安全性の観点から，水がより良い選択である理由を二つ挙げなさい。

31. この教科書以外の資料で原子力の核反応式を見ると，添え字が省略されていることがある。例えば，核分裂反応の式は以下のように書かれている。

$$^{235}U + {}^{1}n \longrightarrow [{}^{236}U] \longrightarrow {}^{87}Br + {}^{146}La + 3\,{}^{1}n$$

a. 下付き文字に入れる数字を求める方法を説明しなさい。

b. 上付き文字を省略できない理由を説明しなさい。

32. 石炭には微量のウランが含まれていることがあり，その場合トリウムも石炭に含まれているはずである。その理由を説明しなさい。

33. 半減期の 10 倍の時間が過ぎれば放射性同位体はなくなっていると誰かが言ったとする。試料が少量のときには悪くない説明だが大量になるとこの言い方では不適切な理由を説明しなさい。

34. ある公開講座の講師を務めた原子力サービス会社の副社長は，私たちがさらされているさまざまな放射線源を比べるための例えとして，「バナナにも放射能があるんですよ」と言ってしまった。

a. 講師はなぜそのような発言をしたのか，話の流れを推測して説明しなさい。

b. 適切な例えの仕方を提案しなさい。

c. バナナは放射性物質だから食べるのをやめるべきだろうか。説明しなさい。

35. 化石燃料は“古代における太陽による地球への投資”と呼ばれている。この言葉を，本書を読んでいない友人に説明しなさい。

36. 現在，ほとんどの太陽熱発電所で発電された電気のコストは，化石燃料を燃やして発電された電気のコストよりも高い。太陽光発電による環境的にクリーンな電気の使用を促進するための戦略を二つ提案しなさい。

37. 遠隔地での発電以外の，太陽電池の現在の用途を二つ挙げなさい。

38. 太陽光以外の再生可能エネルギー源を二つ挙げて，それぞれの長所と短所を説明しなさい。

● 発展的設問

39. “原子力発電所の廃炉”のように，廃炉という用語について説明しなさい。どのような技術的課題があるのかインターネットを使って調べなさい。

40. アインシュタインの方程式，$E=mc^2$ は，核反応だけでなく化学反応にも適用される。第 6 章で学んだ重要な化学変化はメタンの燃焼であり，メタンは 1 g 燃焼するごとに 50.1 kJ のエネルギーを放出する。

a. アインシュタインの方程式を使って，50.1 kJ エネルギーに相当する質量損失を求めなさい。

b. 同じ量のエネルギーを生み出すには，化学反応で燃やされるメタンの質量と $E=mc^2$ に従ってエネルギーに変換される質量の比を計算しなさい。

c. 燃焼反応に $E=mc^2$ が当てはまらない理由を説明しなさい。

41. 太陽で 4.00 g の水素原子核が核融合によりヘリウム原子核に変わるときには，質量が 0.0265 g 変化してエネルギーが放出される。

a. 水素原子核とヘリウム原子核ではどちらの質量が大きいか答えなさい。

b. アインシュタインの方程式 $E=mc^2$ を使って，この質量変化のエネルギーに相当するものを計算しなさい。

42. 太陽のような条件下では，水素はヘリウムと融合してリチウムを形成し，そのリチウムは元のヘリウムや水素とは異なる同位体に崩壊して変化する。それぞれの同位体 1 mol の質量が以下に示されている。

$$^{2}_{1}H + {}^{3}_{2}He \longrightarrow [{}^{5}_{3}Li] \longrightarrow {}^{4}_{2}He + {}^{1}_{1}H$$

2.01345 g　3.01493 g　　　4.00150 g　1.00728 g

a. 反応物と生成物の質量差を g 単位で示しなさい。

b. 反応物 1 mol に対して，放出されるエネルギーをJ単位で示しなさい。

43. リーゼ・マイトナーとマリー・キュリーは，放射性物質についての研究の先駆者である。マリー・キュリーとその仕事については聞いたことがあるかもしれないが，リーゼ・マイトナーについては聞いたことがないかもしれない。この2人の女性科学者の間には時代的および科学的業績にどのようなつながりがあるか説明しなさい。

44. スイスアーミーの腕時計の広告では，トリチウムの使用が強調されている。ある広告には，"針と数字を自動発光型のトリチウムガスが照らします。通常の発光文字盤の10倍も明るいのです" と書かれている。別の広告では，誇らしげに "トリチウムの針や文字が明るく光り，たとえ夜中でも時間を見るのが苦になりません" と述べている。これらの文言を評価しなさい。その上で，インターネットで検索し，このような腕時計に使われているトリチウムの化学形および役割を議論しなさい。

＊訳注：日本ではトリチウムの使用が厳しく規制されている。よって，この問題に対して役立つ日本語の情報は得にくいであろう。

45. 原子力発電所の設置場所を決めるためには，施設に伴うさまざまなリスクと利便の両方を解析して考慮しなければならない。読者があるメジャーな電力企業の最高経営責任者であるとし，読者の住んでいる地域に原子力発電所を建設する認可をもらう手続きに入るか否かをその企業が考慮中であるとしよう。この場合のリスクと利便をできるだけ挙げなさい。

46. 原子力発電所（図 7.5）と石炭火力発電所（図 6.9）の類似点と相違点を少なくとも二つ示しなさい。

47. 科学技術の最先端では，科学とSFの境界線がしばしば曖昧になる。地球を周回する軌道上に鏡を設置し，太陽エネルギーを集光して発電に利用するという "未来的" なアイディアについて調べなさい。

48. 住宅の屋根に太陽光パネルが付いていると，その外観が見苦しくなることから，建物とパネル一体型の太陽光発電材料が普及しつつある。これらの材料の例をいくつか挙げなさい。また，雪，みぞれ，ひょう，風といった極端な気象条件に対する耐久性について述べなさい。

49. 太陽電池の材料となるシリコンは，地球に最も豊富に存在する元素の一つであるが，鉱物からシリコンを抽出するにはコストがかかる。太陽電池の需要が高まっているため，"シリコン不足" を心配する企業もある。シリコンはどのように精製されるのか，また太陽電池業界は価格高騰にどのように対処しているのかを調べなさい。

50. 7.10 節で紹介した再生可能エネルギーの中で，最も有望と思われるものを挙げなさい。そして，そのエネルギー源の長所と短所をインターネットで調べて，本当に将来有望な選択肢かどうかを判断しなさい。

51. 図 7.25c は，ドイツのバイエルン州にあるエルラシーソーラーパークに設置された太陽電池の配列である。

a. 現在，読者の国で最大の太陽光発電所はどこにあるか調べなさい。

b. その他に大規模な太陽光発電所が設置されている場所を二つ挙げなさい。

c. 個々の屋根の上に太陽光発電ユニットを設置するよりも，集中配列方式が推奨される理由を二つ挙げなさい。

付録 1

測定の単位：SI 接頭語，換算係数と各種定数

■ 接頭語

接頭語	記号	値	科学的表記
テラ	T	1,000,000,000,000	10^{12}
ギガ	G	1,000,000,000	10^{9}
メガ	M	1,000,000	10^{6}
キロ	k	1,000	10^{3}
ヘクト	h	100	10^{2}
デカ	da	10	10^{1}
デシ	d	1/10，0.1	10^{-1}
センチ	c	$1/10^2$，0.01	10^{-2}
ミリ	m	$1/10^3$，0.001	10^{-3}
マイクロ	μ	$1/10^6$，0.000001	10^{-6}
ナノ	n	$1/10^9$，0.000000001	10^{-9}
ピコ	p	$1/10^{12}$，0.000000000001	10^{-12}

■ 換算係数

長さ

1 センチメートル（cm）＝0.394 インチ（in.）

1 メートル（m）＝100 cm＝39.4 in.

＝3.28 フィート（ft）

＝1.08 ヤード（yd）

1キロメートル（km）＝1,000 m＝0.621 マイル（mi）

1 インチ（in.）＝2.54 cm＝0.0833 ft

1 フィート（ft）＝30.5 cm＝0.305 m＝12 in.

1 ヤード（yd）＝91.44 cm＝0.9144 m＝3 ft＝36 in.

1 マイル（mi）＝1.61 km

容積

1立方センチメートル（cm^3, cc）＝1ミリリットル（mL）

1 リットル（L）＝1,000 mL＝1,000 cm^3

＝1.057 クォート（qt）

1 クォート（qt）＝0.946 L

1 ガロン（gal）＝4 qt＝3.78 L

質量

1 グラム（g）＝0.0352 オンス（oz）

＝0.00220 ポンド（lb）

1 キログラム（kg）＝1,000 g＝2.20 lb

1 ポンド（lb）＝454 g＝0.454 kg

1 トン（t）＝1,000 kg＝2,200 lb＝1.10 米トン

1 米トン＝2,000 lb＝909 kg＝0.909 t

時間

1 年（yr）＝365.24 日（d）　1 日（d）＝24 時間（h）

1 時間（h）＝60 分（min）　1 分（min）＝60 秒（s）

エネルギー

1 ジュール（J）＝0.239 カロリー（cal）

1 cal＝4.184 J

1 エクサジュール（EJ）＝10^{18} J

1 キロカロリー（kcal）＝1 Cal＝4,184 J＝4.184 kJ

1 キロワット時（kWh）＝3,600,000 J＝3.60×10^6 J

主な定数

光の速度（c）＝3.00×10^8 m/s

プランク定数（h）＝6.63×10^{-34} J•s

アボガドロ定数（N_A）＝6.02×10^{23} 個 /mol

統一原子質量単位（u）＝1 ダルトン（Da）

＝1.67×10^{-27} kg

付録 2

科学的表記（指数表示）について

科学的表記（または指数表示）は，極めて大きな数や極めて小さな数を簡潔に表すときに便利な方法で，10 の正のべき乗（累乗）あるいは負のべき乗（累乗）を使う。下に示す例を見ながら，次のことを理解しよう。まず，10 の右肩に上付き数字で記す数値を指数と呼び，10 を何回掛け算するか（10 をべき乗する回数）を示す。そして，1 より大きな数を科学的表記で表すときの指数は，正（プラス）である。

$10^1 = 10$

$10^2 = 10 \times 10 = 100$

$10^3 = 10 \times 10 \times 10 = 1{,}000$

指数が正の整数のときには，数字 1 の右側に書く 0 の数と指数の値が等しい。よって，10^6 は 1 に 6 個の 0 が付いた数，すなわち 1,000,000 を表す。同じ規則により 10^0 は 1 である。10 億は 1,000,000,000 であるから，10^9 と記される。

科学的表記の指数が負（マイナス）の数のときには，その指数を使って表される数は必ず 1 より小さい。なぜなら，負の指数を持つ数値が意味するのは，指数の符号を反転して正にしたときに得られる数値の逆数，すなわち 1 をその数で割ったものだからである。下に例を示すが，指数の絶対値が大きいほど数値は小さいことに注意しよう。

$10^{-1} = 1/10^1 = 1/10 = 0.1$

$10^{-2} = 1/10^2 = 1/100 = 0.01$

$10^{-3} = 1/10^3 = 1/1{,}000 = 0.001$

指数が負の整数のときには，数値の絶対値が小数点の右側に 1 までの間に記入する 0 の数より 1 少ない。すなわち，10^{-4} は 0.0001 に等しい。逆に，0.000001 の指数表示は 10^{-6} である。

当然のことだが，化学で使われる量や定数の大部分は，10 のべき乗の単なる整数倍ではない。例えばアボガドロ定数は，6.02×10^{23}，すなわち，1 の後に 23 個の 0 が付いた数に 6.02 を掛けた数である。これを書き下すと，

6.02×100,000,000,000,000,000,000,000，または 602,000,000,000,000,000,000,000 である。極めて小さい数について見ると，二酸化炭素が吸収する赤外線の波長は 4.257×10^{-6} m である。この数字は，4.257×0.000001 m または 0.000004257 m と同じである。

付録 2.1　練習問題

科学的記数法

下の数値を科学的表記で表しなさい。

a. 10,000　　b. 430　　c. 9876.54

d. 0.000001　　e. 0.007　　f. 0.05339

解答

a. 1×10^4　　b. 4.3×10^2　　c. 9.87654×10^3

d. 1×10^{-6}　　e. 7×10^{-3}　　f. 5.339×10^{-2}

付録 2.2　練習問題

10 進表記

下の数値を通常の 10 進法で表しなさい。

a. 1×10^6　　b. 3.123×10^6　　c. 25×10^4

d. 1×10^{-5}　　e. 6.023×10^{-7}　　f. 1.723×10^{-16}

解答

a. 1,000,000　　b. 3,123,000　　c. 25,000

d. 0.00001　　e. 0.0000006023

f. 0.0000000000000001723

対数計算の早わかり

読者の中には，数学の授業で出てきた対数の計算について，実際に使うことが一体あるのかと疑う人がいるのではなかろうか。実は，科学のさまざまな分野で対数（単に“ログ，log”ということもある）が大いに役立つ。対数が便利な点は，例えば 0.0001 といった小さな数値から 1,000,000 という大きい桁の数値までのように，極めて広い桁にわたる数値を同時に扱うときに，すこぶる都合が良いことである。

読者は，既に対数目盛りを経験しているはずである。マグニチュードで表される地震の強度（リヒター目盛り）が一つの例である。この目盛りでマグニチュード 6 の地震は，マグニチュード 5 の地震の 10 倍の強さを持っている。マグニチュード 8 の地震は，マグニチュード 6 の地震より 100 倍強力である。もう一つの例は，音響（騒音も）のデシベル目盛り（dB）である。10 デシベル大きくなるごとに，音響のレベルが 10 倍になる。すなわち，1 m 離れた 2 人の間の普通の会話（60 dB）は，静かな音楽（50 dB）の 10 倍うるさい。大音響の音楽（70 dB）あるいは極端に大音響の音楽（80 dB）は，普通の会話よりそれぞれ 10 倍および 100 倍うるさいのである。

対数計算を身に付ける簡単な方法は，電卓を使って計算してみることである。そのためには“対数計算”ができる電卓が必要で，できれば，“科学計算”オプションが付いたものが好ましい（通常の対数計算用の関数キー“log”の他に，“ln”関数キーが付いているもの）。まず 10 の対数を調べることから始めよう。10 と入力して，“log”キーを押してみよう*。答えとして 1 が出るはずである。次に，100 および 1,000 の対数を出してみよう。そして，以上の答えをメモ用紙に記録しよう。答えはどのような規則性を示しているだろうか（100 が 10^2 とも書けること，1,000 は 10^3 に等しいことを思い出せば，この規則性はすぐ理解できるであろう）。10,000 の対数を予想して，実際に確かめてみよう。次に，0.1 すなわち 10^{-1} の対数と 0.01 すなわち 10^{-2} の対数を出してみよう。最後に，0.0001 の対数を予想してから電卓で確かめよう。

ここまではうまくいったことと思うが，上で使った数値は 10 を整数回べき乗（累乗）したもの（10^1，10^3，10^{-2} など）だけである。任意の数値に対して対数が使えた方が便利なことは当然である。ここでも電卓が役に立つ。20 と 200 の対数を求め，次に 50（5×10^1）と 500（5×10^2）の対数を出そう。5,000 すなわち 5×10^3 の対数を予想しよう。次に，ちょっとひねりを入れて 0.05 の対数はどうだろうか。最後に，2,473 と 0.000404 の対数を出そう。三つの場合の答えが，読者が見つけた規則性のどれかと何らかの関係を持っているだろうか。注意しておきたいのは，電卓は読者が必要とする以上の桁数まで計算してしまうので，必要な桁までを採用するのは各人がする仕事だ，ということである**。

物質が持つ酸性の度合いを定量的に表す方法として，pH の概念を 5.9 節で導入した。pH 値も，酸性度という特定のケースに対数関係を当てはめたものであ

*訳注：プログラム電卓の場合には，まず“log”キーを押してから数字を入力し，最後に“=”キーを押す。

**訳注：計算結果が表示盤の桁数を超えて大きな値または小さな値—表示が全て 0 になってしまう—のときには，一般的な電卓では表示が科学的表記に切り替わる。そして，数値が $x\times10^n$ の場合には，表示盤の左側の部分を使って x が表示され，右端に指数部分（10^n の n）が小さな数字で示されるか，あるいは，“$E+n$”の形で表示される。

る。pH の定義は，モル濃度（単位記号：M）で表した H^+ の濃度（$[H^+]$ と表す）の対数を取り，それにマイナス符号を付けたものである。この関係を数学の関係式で表すと，$pH = -\log[H^+]$ である。右辺の最初にマイナス符号が付いているので，H^+ の濃度が下がると pH は大きくなるという，逆向きの関係が成り立つ。この式を使って，水素イオン濃度が 0.000546 M の清涼飲料の pH を計算してみよう。まず，上の式に水素イオンの濃度を代入する。

$$pH = -\log[H^+] = -\log(5.46 \times 10^{-4}\ M)$$

次に，H^+ の濃度を電卓に入力してから（0.000546 と打ち込めばよい）log キーを押して濃度の対数を求め，マイナスキー（"−" や "+/−" のマークが付いているキー）を押す*。清涼飲料の pH が 3.26 と求まるはずである（表示盤には，3.2628074 などと出るであろう。そこで，読者の常識を働かせて桁落しを行い，3.26 までを採用するのである）。つまり，濃度の有効数字の数（4.9 節参照）は，pH 値の小数点以下の桁数を定義し，その逆も同様である。たとえば，$[H^+] = 5.46 \times 10^{-4}$ M（3 有効桁）の溶液の pH は，3.263（小数点以下 3 桁）として報告する必要がある。同じ計算方法を，H^+ の濃度が 2.20×10^{-7} の牛乳の pH の計算に当てはめてみよう**。

水素イオンの濃度から pH の値を出したのだから，逆に，pH の値から水素イオンの濃度を計算する方法もあるはずである。読者の電卓に "10^x" ボタンが付いていれば，この計算を行うことができる（"Inv" キーを押してから "log" キーを押すようになっている電卓もある）。計算の手順を覚えるための例として，pH が 7.40 の人間の血液中の水素イオン濃度を求めてみよう。7.40 と入力して "+/−" キーを押し，次に 10^x キーを押す（電卓によっては違う手順になるかもしれない。プログラム電卓では，"10^x" キーを押してから − 7.40 と入れ，"＝" キーを押す）。表示盤の上に 4.0×10^{-8} の値が出るはずで，これが水素イオンのモル濃度（M）である（電卓には 3.9810717^{-08} または 3.9810717 E-08 と表示されるので，ここでも桁落しを行う）。同じ手順を使って，pH が 3.6 の酸性雨の中の H^+ イオンの濃度を求めよう。

*訳注：プログラム電卓の場合には，まず "+/−" キー，次に "log" キーを押してから最後に数字を入力して，"=" キーを押す。

**訳注：電卓によっては，0.000000220 と打ち込むと，左から 0 が並んで表示板が目一杯になって最後の 2 桁が打ち込めなくなる。このような場合には，科学的表記を使い，まず 2.20 と打ち込んでから "EXP" キーなど指数キー（電卓の機種によって違うので，説明書を読むこと）を押してから 7 を打ち込み，次に "+/−" キーを押す。なお，"+/−" キーを押してから数値を入れる電卓もある。

付録 3.1　練習問題

pH

下記のサンプルの pH を計算しなさい。

a. 水道水，$[H^+] = 1.0 \times 10^{-6}$ M

b. マグネシアミルク，$[H^+] = 3.2 \times 10^{-11}$ M

c. レモンジュース，$[H^+] = 5.0 \times 10^{-3}$ M

d. 唾液，$[H^+] = 2.0 \times 10^{-7}$ M

解答

a. 6.0　　b. 10.5

c. 2.3　　d. 6.7

付録 3.2　練習問題

H^+ 濃度

下記のサンプルの H^+ の濃度を計算しなさい。

a. トマトジュース，pH＝4.5

b. 酸性霧，pH＝3.3

c. 酢，pH＝2.5

d. 血液，pH＝7.6

解答

a. 3.0×10^{-5} M　　b. 5.0×10^{-4} M

c. 3.0×10^{-3} M　　d. 2.5×10^{-8} M

練習問題の解答

第1章

動画を見てみよう

a.　軽い，薄い，速い，寸法が小さいなどさまざまな解答が考えられる。

b.　Si と O_2 が SiO_2 を形成し，ガラスとなる可能性がある。

c.　アメリカのスマートフォンの平均寿命は現在21ヵ月と推定されている。

1.1　リストアップされたほとんどの素材はスクリーンでは応答しない。しかし，電池のような電気を通すものには応答する。

1.2　a. 固体：持つ，液体：持つ，気体：持たない
　b. 固体：持つ，液体：持たない，気体：持たない
　c. 固体：取らない，液体：取る，気体：取る
　d. 固体：満たさない，液体：満たさない，気体：満たす

1.3　a. 携帯電話に含まれる検出可能な元素には，H，Li，Be，C，N，O，S，Mg，Al，Ti，V，Mn，Cd，Fe，Co，Si，Cu，Zn，As，Nb，Mo，Ag，Sn，Sb，Ba，Ta，W，Au，Pb，Ni が挙げられる。
　b. インターネットで検索し，質問に答えてくれる信頼できるウェブサイトを見つけよう。

1.4　a. 不均一な混合物
　b. 元素
　c. 均一な混合物
　d. 化合物
　e. 均一な混合物
　f. 化合物
　g. 化合物

1.5　次の図は容器ではなく，微小な領域を拡大したものである。四角内の粒子は表に示された特性に従っていない。例えば，固体は容器の形状を取っているように見える。この表現は，原子が互いにどのように位置付けられているかを示している。

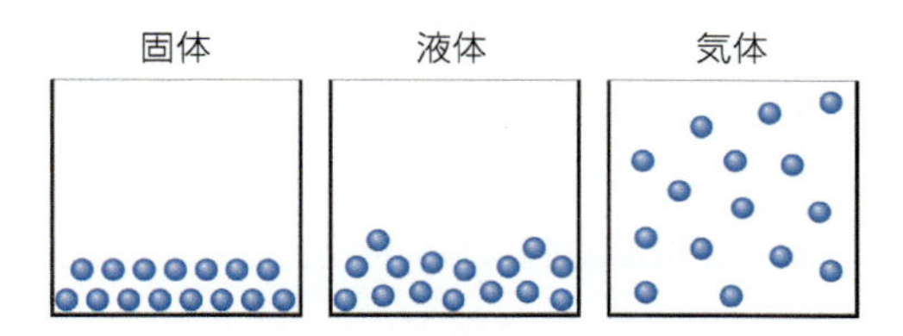

1.6　a. アメリカの国家債務は 2,190 億ドル（2019 年 1 月現在），世界人口は 77 億人
　b. 人間の髪の毛の平均直径は 99 μm，
　$99\ \mu m = 9.9 \times 10^{-5}\ m$
　$99\ \mu m = 9.9 \times 10^{-8}\ km$

1.7　a. 下記の長さ単位の寸法を持つ巨視的物体の例
　(i) mm：アリの長さ，ノートブックの幅
　(ii) cm：鉛筆の長さ，ピザの直径
　(iii) m：車の長さ，フットボール競技場の幅
　b. 138 mm×67 mm×7 mm の携帯電話は，長さ 13.8 cm または 0.138 m，幅 6.7 cm または 0.067 m，厚さ 0.07 cm または 0.007 m である。

1.8　a. 陽子 31 個，電子 31 個
　b. 陽子 50 個，電子 50 個
　c. 陽子 82 個，電子 82 個
　d. 陽子 26 個，電子 26 個
　a. 陽子 1 個，電子 1 個，中性子 1 個
　b. 陽子 24 個，電子 24 個，中性子 28 個
　c. 陽子 13 個，電子 13 個，中性子 14 個

d. 陽子 33 個，電子 13 個，中性子 14 個

1.9 スカンジウムとイットリウムは，他の元素と共に自然に発生する鉱物中に存在している。もともと，これらのレアアースはスカンジナビア諸国の鉱物中に発見されたが，現在では世界中の鉱物から見つかっている。スカンジウムを最も多く含む鉱物はプレツール石（$ScPO_4$）で，オーストリアで発見されている。イットリウムを最も多く含む鉱物は飯盛石（$Y_2(SiO_4)(CO_3)$）で，日本で見つかっている。

1.10 a. 化学的変化
b. 化学的変化
c. 物理的変化
d. 化学的変化
e. 物理的変化
f. 化学的変化

1.11 a. 携帯電話に望ましい特性としては，長持ちするバッテリーや壊れにくいスクリーンなどが考えられる。
b. リチウムのような素材を取り入れることで，バッテリー寿命の長い電話機を作ることができる。アルミニウムや酸素をサファイアガラスという形で使用することで，より耐久性の高いスクリーンを作ることができる。

1.12 a. 透過
b. 反射
c. 反射
d. 反射
e. 吸収
f. 反射
g. 吸収

1.13 a. 充電以外にも，インターネット検索や動画視聴，ソーシャルメディアの利用など，スマートフォンは使用するたびにエネルギーを消費する。
b. インターネットの使用の増加（データセンター，大規模なスーパーコンピューティング施設，サーバーなど）がもたらす影響についても考慮しなければならない。

1.14 アルミニウム協会は，アルミニウムをリサイクルすることによって節約できるコストとエネルギーについて，鉱石からのアルミニウム採掘した場合と比較した統計をいくつか発表している。例えば，アルミニウムをリサイクルすると，同量のアルミニウムを原材料から製造する際に必要なエネルギーの 90%以上を節約することができる。

1.15 例えば，以下のような解答が考えられる：
a. コストや機器のリサイクル率
b. 答えはノーである。現在のエネルギー需要では，おそらく今後も上昇し続けると考えられる。
c. 製造：採掘および生産工場からのさまざまな大気汚染物質を排出する。
使用：発電所が機器を充電するための電力を供給し，その際に微粒子やさまざまな硫黄酸化物および窒素酸化物を排出する。

第 2 章

動画を見てみよう

a. さまざまな解答が考えられる。例えば，屋内：塗料，香水，消臭剤，料理，お香，屋外：花，腐った葉，夏場の熱い料理の皿から出たプラスチック，料理（バーベキューなど）。

b. これらの化学物質のほとんどは人体に無害だが，一部の化学物質に対してアレルギーを持つ人もおり，場合によっては深刻な症状を引き起こすことがある。

2.1 解答は，読者のこれまでの学修の程度によって異なってくる。この段階では，読者は大気中に放出された化学物質の影響についてまだ理解していないと答えると思われる。しかし，この章を終えた後には，それらの化学物質が健康や環境に与える影響について理解し，より明確な考えを持つようになる。基本的に，問題文に挙げたものは全て，放出される濃度が非常に低いた

め，大気質に顕著な影響を与えることはない。しかし，オープニング動画で言及されたオゾンなどの汚染物質が選択された場合は，大気質に悪影響を及ぼすことを示す必要がある。

2.2 例えば，0.5 L の呼吸×12 回の呼吸 / 分×60 分 / 時間×24 時間 / 日＝×7,000 L/ 日
この見積もりは，医師のウェブサイトに掲載されていたもので，そこには安静状態の平均的な人が 1 回の呼吸で 0.5 L を吸い込むと書かれていた。また，呼吸の頻度は 1 分間に約 12 回とした。ただし，運動や不安，睡眠などの活動により，その量は変化する。

2.3 私たちは，窒素，酸素，アルゴン，二酸化炭素，水，その他微量のガスを混合したものを吸い込む。そして，各化学物質の相対的な量は変化するが，同じ化学物質の混合物を吐き出す。特に顕著なのは酸素量の減少と二酸化炭素量の増加である。
“理想的な”大気は，N_2 と O_2 のガスだけで構成される。しかし，Ar，H_2O，CO_2 などの他のガスの成分が少量混ざっても，健康に悪影響を及ぼすことはないため，その場合も理想的な呼吸といえる。

2.4 a. 空気中に含まれるその他の化学物質には，洗剤，腐った食べ物，燃えるろうそく，花が咲く香り，刈りたての芝生の香り，または雨上がりの匂いなどがある。
b. 危険を察知する臭いには，何かが燃焼した際に発生するガスの混合である煙，天然ガスに添加され，家庭でのガス漏れを警告するために“腐った卵”のような臭いを発生させるメルカプタン，脂肪や食用油を長時間高温で加熱した際に発生する有毒化学物質であるアクロレインなどがある。

2.5 大気中の酸素の量が増えれば，腐食はより早く進み，燃焼反応はより容易に起こり，より効率的に燃えるようになる。一見，悪いことばかりではないように思えるが（燃費が良くなる！），この変化が地球規模で及ぼす影響は甚大である。これまで熱くなるか煙が出る程度（例えば焦げたトースト）だったものが，すぐに燃え出すようになる。

2.6 • 12 日間の 1 秒

$$12\text{ 日}\times\frac{24\text{ 時間}}{1\text{ 日}}\times\frac{60\text{ 分}}{1\text{ 時間}}\times\frac{60\text{ 秒}}{1\text{ 分}}$$

$=1{,}036{,}800$ 秒

• 568 マイル（1 マイルは約 1.6 キロ）の旅における 1 歩

$$\frac{1\text{ 歩}}{0.7\text{ m}}\times\frac{1{,}600\text{ m}}{1\text{ マイル}}\times 568\text{ マイル}$$

$=1{,}298{,}215$ 歩

• 55 ガロンの水が入った樽に 4 滴のインクを垂らす

$$55\text{ ガロン}\times\frac{3{,}785\text{ mL}}{1\text{ ガロン}}\times\frac{20\text{ 滴}}{1\text{ mL}}=4{,}163{,}500\text{ 滴}$$

従って，全てかなり妥当な推定値といえる。

2.7 a. 9 ppm は 0.0009%に相当する。
b. 78%の窒素は 780,000 ppm に相当する。

2.8 a. NO，NO_2，N_2O，N_2O_4
b. SO_2 は二酸化硫黄，SO_3 は三酸化硫黄である。

2.9 a. SiO_2，二酸化ケイ素
b. N_2O，一酸化二窒素
c. SiH_4，四水素化ケイ素
d. CO_2，二酸化炭素
e. H_2S，硫化水素
f. PH_3，三水素化リン

2.10 質問の意図に関しては，この章のオープニング動画を見直してみよう。私たちが呼吸するとき，空気を構成するとされている物質(窒素，酸素，アルゴン，二酸化炭素，水)だけでなく，その他のガスや微粒子も取り込んでいる。

2.11 a. 比較の基準となる共通の暴露期間が存在しないため，これは難しい問題である。全ての基準値がより高いことから，CO が最も有毒で

あるとは言い切れない。SO_2 の方が 1 時間平均基準値がより低いので，NO_2 も該当しない。SO_2 と O_3 の間では，二酸化硫黄の 3 時間平均基準値と比較して 8 時間平均がより低いことから，オゾンの方がより厳しい基準値となっている。

b. $PM_{2.5}$ の暴露レベルは PM_{10} よりも低いので，この主張は妥当である。

c. 各汚染物質を摂取した場合，物質によってそれぞれ異なる影響を及ぼすが，鉛への暴露に関するアメリカ環境保護庁（EPA）の制限値は PM よりも低くなっている。つまり，鉛の濃度が低い場合，PM よりも有害な影響が大きくなる。

2.12 1 時間あたり 210 μg/m^3 という制限値を超えることはないだろう。1 時間あたり 44 μg/0.625 m^3 の空気は，70 μg/m^3 の暴露量にしか相当しない。

2.13 ほとんどの場合，WHO は汚染物質に対してより厳しい基準を設けている。特に，SO_2 濃度については，EPA が 1,300 μg/m^3 の濃度を 3 時間の平均期間で超過すべきではないとしているのに対し，WHO は 10 分間の平均期間で 500 μg/m^3 の濃度を超過すべきではないとしている。

2.14 エアープリントについて，問 2.1 をもう一度考えてみよう。大気汚染を防ぐ例としては，(1)煙や微粒子が発生するので落ち葉を燃やさない。その代わり，堆肥化やその他の方法で分解させる，(2)自宅の暖房に地熱や太陽光発電などの再生可能エネルギー源を使用する。また，硫黄分の多い石炭を燃やす場合は脱硫装置を使用して SO_2 を除去するか，あるいは，いかなる種類の石炭でも使用量を減らすよう節約する，(3)自転車や徒歩など，大気汚染物質を排出しない交通手段を選ぶ，などが挙げられる。

2.15 1. 鉛，ガソリンからテトラエチル鉛（TEL）添加剤を除去する規制による。

2. 急増したのは有鉛ガソリンの普及が原因である。減少はガソリンからの TEL の段階的廃止によるもので，それは 2000 年代初頭までに完了した。

3. 農業塵や山火事による PM 排出量は年によって変動するが，比較的安定している。

4. さまざまな解答が考えられる。一般的に，大都市や工業地帯の近くはレベルが高くなっている。

2.16 解答は，場所や天候によって異なる。

2.17 a. 例えば次の図のような解答があり得る。

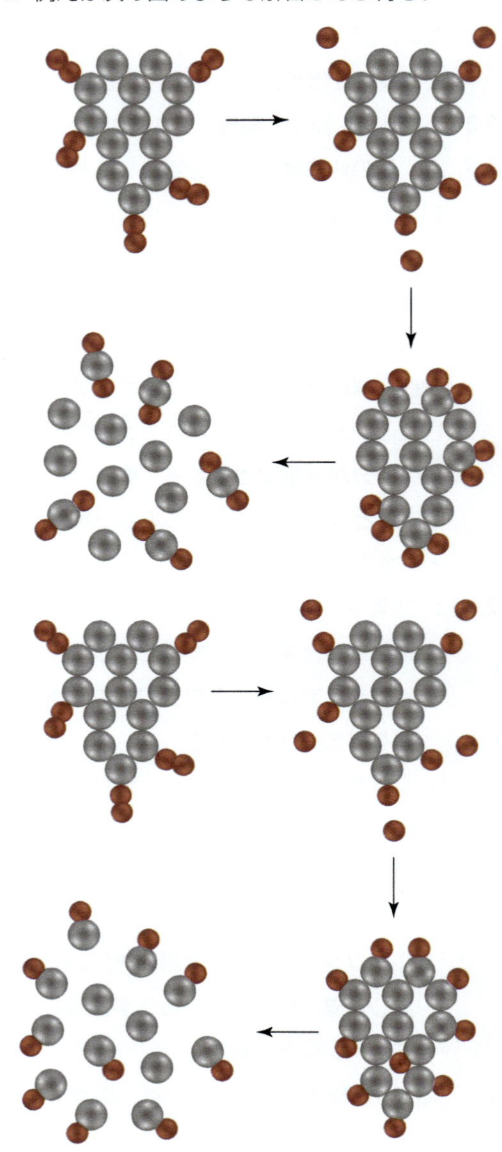

b. $13\ C(s) + 5\ O_2(g) \rightarrow 5\ CO_2(g) + 8\ C(s)$
$13\ C(s) + 5\ O_2(g) \rightarrow 10\ CO(g) + 3\ C(s)$
CO_2 を形成する際に 8 個の炭素原子が残り，CO を形成する際に 3 個の炭素原子が残る。

2.18 a. 図 A は分子を示しており，図 B は個々の粒子を原子として示している。
b. $S_8(s) + 4\ O_2(g) \rightarrow 4\ SO_2(g) + 4\ S(s)$
$S_8(s) + 4\ O_2(g) \rightarrow 2\ SO_3(g) + SO_2(g) + 5\ S(s)$
c. 反応する。b の反応後，O_2 分子は残っていない。
d. 正しい。SO_2 を形成する際には 4 個の S 原子が残る。一方，SO_3/SO_2 混合物を形成する際には，b に示すように 5 個の S 原子が残ることになる。反応物と生成物の分子のバランスを取ると，生成物を形成した後の方が S 原子の残存量が多くなる。

2.19 a. $2\ H_2 + O_2 \rightarrow 2\ H_2O$
水素 2 分子が酸素 1 分子と反応して水 2 分子を形成する。
b. $N_2 + 2\ O_2 \rightarrow 2\ NO_2$
窒素 1 分子が酸素 2 分子と反応して二酸化窒素を形成する。

2.20 2.6 式は，各辺に 16 個の C，36 個の H，50 個の O を含む。2.7 式は，各辺に 16 個の C，36 個の H，34 個の O を含む。

2.21 a. $x=1$ の場合，一酸化窒素(NO)が対象となる排出ガスでなる。$x=2$ の場合，二酸化窒素(NO_2)が対象となる排出ガスでなる。
b. 一酸化窒素は，エンジン内の高圧・高温条件下で，空気中の窒素原子と酸素原子が反応して生成される。
c. このグラフが作成された年には，アメリカでは二酸化炭素は大気汚染物質として分類されてはいなかった。そのため，許容範囲を示す緑色の線はない。現在，自動車からの温室効果ガス排出量を削減するための取り組みが数多く行われているが，現時点では基準は設けられていない。
d. 排気ガスデータが許容範囲を超えているため，車検には合格しない。

2.22 リストには，O_2，N_2，CO_2，CO，H_2O，NO，煤(粒子状物質)，および VOC を含めるべきである。排気ガスには，微量のアルゴンやさらに微量のヘリウムも含まれているが，通常，これらは不活性で濃度も低いため，これらのガスは除外している。

2.23 a. $Ag_2S(s) + O_2(g) \rightarrow 2\ Ag(s) + SO_2(g)$
b. $CuS(s) + O_2(g) \rightarrow Cu(s) + SO_2(g)$

2.24 a. その他のガソリンエンジン搭載の機械や車両には，一部の芝刈り機，ブロワー，フォークリフト，チェンソー，スノーブロワー，発電機などがある。
b. 一例として，芝刈り機やブロワーなどの芝生・園芸用機器が挙げられる。2008 年，EPA はこの種のエンジンに使用される燃料タンクと燃料パイプに対して，より厳格な排気ガス基準と新たな蒸散排出基準を定めた。この新しい規制は，2012 年より全ての芝生・園芸用機器に全面的に適用されている。

2.25 燃料を節約する運転方法としては，ゆっくり運転する(車の燃費効率を最大限に高める)，高速道路を走る，エアコンを使わずに窓を開けて走る，駐車中はエンジンを切る，などが挙げられる。逆に，必要以上に燃料を消費する運転方法としては，長時間アイドリング状態にする，スピードを出し過ぎる，エアコンを稼働させる，混雑した市街地を走る，などが挙げられる。

2.26 a. これらの地域の空気の相対的な安全性は色で示されている。緑は良好，黄色は中程度，オレンジは敏感なグループには不健康，そして赤は不健康である。
b. 粒子状物質による汚染のリスクが最も高いのは，子供，高齢者，屋外で働く人々，喘息，肺気腫，心臓病，糖尿病などの慢性疾患を持つ人々などである。

c-d. 解答はさまざまで，場所によって異なる。

2.27 a. 赤色およびオレンジ色の地域では，一つ以上のグループにとって空気が有害である。これらの地域に最も近い都市は，ロサンゼルスとサクラメントである。

b. オゾン濃度は午後5時頃にピークに達している。

c. 日が沈むとオゾンレベルは低下する。VOCとNO_xからオゾンを生成するためには太陽光と熱が必要となる。オゾンの一部は残るかもしれないが，ピークとなるのは太陽が照っている時である。

2.28 一例としては，自動車のエンジンにおける非効率的な燃焼からオゾン生成のプロセスが始まることが挙げられる。この非効率的な燃焼により，NOとVOCsの二つの生成物が生成される。時間の経過と共に，NOは生成されたVOCsおよび•OHとの反応によりNO_2に変換される。NO_2は太陽光と反応してNOと遊離O原子を形成し，それらは大気中のO_2と反応してO_3を生成する。

2.29 a. このレベルのオゾン濃度では，屋外で運動をしたい健康な人にとって危険ではない。

b. 解答は場所によって異なる。

2.30 a. 1 m^3あたりの粒子状物質の濃度が1,943 μgを超えると，PM_{10}および$PM_{2.5}$の両方について，国家環境大気質基準を超過することになる。

b. このレベルの微粒子を吸い込むことは，誰にとっても有害である。特に危険なのは，微粒子が血流に入り込み，心臓病の原因となったり，病状を悪化させたりすることによる循環器系への影響が挙げられる。

2.31 a. タバコの煙によって室内の表面に残る残留ニコチンやその他の化学物質。

b. 従来のタバコと電子タバコはいずれも副流煙の発生源となる。

c. 従来のタバコと電子タバコの毒性における違いを評価するには，さらなる研究が必要である。

2.32 室内で発生する汚染物質としては，お香を焚くこと，絵画やニス塗り(低揮発性有機化合物塗料を使用する場合を除く)，タバコや葉巻の喫煙，食品の揚げ物(特に焦げ目が付く場合)，アンモニアやスプレー式オーブンクリーナーなどの一部の洗浄剤，ヘアスプレーやヘアカラーの一部，家具用ワックス，スプレー式殺虫剤などが挙げられる。

2.33 1. PMへの暴露：ジョンは交通量の多い高速道路沿いをジョギングするのは避けるべきである。

2. オゾンへの暴露：オゾン濃度が最も高くなる時間帯には交通量の多い道路沿いで運動するのは避けるべきである。

3. 一酸化炭素中毒：ホッケー場は，整氷車の作業に適した換気設備をさらに充実させるべきである。

4. 鉛への暴露：1970年代までは鉛ベースの塗料が一般的であった。古い家屋で作業をする場合は，ジルは防塵マスクまたは呼吸用マスクと手袋を着用すべきである。

第3章

動画を見てみよう

方法としては，保護服，日焼け止め，傘，木陰，建物などが挙げられる。最も効果的なのは，太陽の光が皮膚(衣類)に接触しないようにすることである。次に効果的なのは日焼け止めである(効果は使用者の塗り方や露出した皮膚の部位を全て覆うかどうかによって異なる)。

3.1 解答は読者の記録によって異なる。

3.2 a. 太陽は，紫外線，赤外線，可視光線の形でエネルギーを放出している。

b. 太陽の下に長時間いると，皮膚の表面に痛みを伴うやけどや水疱が生じる。目に見えない皮膚の下でも損傷が生じていると推測される。紫外線は可視光線や赤外線よりも波長が短く，私たちの皮膚や目はこれらの光子に敏感であり，この光エネルギーによって損傷を受ける可能性がある。

c. 太陽のダメージが長期的に及ぼす影響は，しわやたるみ，皮膚の色素沈着（肝斑）として現れる。また，長期間にわたる紫外線への暴露は，白内障やその他の目の問題を引き起こすこともある。

d. 太陽は，体内でカルシウムを吸収するために必要な栄養素であるビタミン D の生成に必要である。

3.3 a. $525\ \text{nm} \times \dfrac{1\times 10^{-9}\ \text{m}}{1\ \text{nm}} = 5.25\times 10^{-7}\ \text{m}$

$$\frac{3.00\times 10^{8}\ \text{m}\cdot\text{s}^{-1}}{5.25\times 10^{-7}\ \text{m}} = 5.71\times 10^{14}\ \text{s}^{-1}$$

$$= 5.71\times 10^{14}\ \text{Hz}$$

b. $5.71\times 10^{14}\ \text{s}^{-1} \times \dfrac{60\ \text{秒}}{\text{分}} = 3.43\times 10^{16}$ 波長 / 分

$$\frac{3.43\times 10^{16}\ \text{波長}}{\text{分}} \times \frac{60\ \text{分}}{\text{時間}}$$

$$= 2.06\times 10^{18}\ \text{波長 / 時間}$$

c. 振幅は波の高さである。波長，周波数，波の速度とは何の関係もない。波の強度に関係している。

3.4 a. 赤色光は最も波長が長く 700 nm（従って最も低い周波数）であり，つまり，紫色の光は最も高い周波数で波長は 400 nm である。

b. 500 nm は 500×10^{-9} m に等しく，科学的記数法では 5×10^{-7} m となる。

3.5 a. 波長は，紫外線＜可視光線＜赤外線＜マイクロ波の順で長くなっていく。

b. 電波の波長は 10^{1} m 程度であるのに対し，X 線の波長は 10^{-10} m 程度である。これは 12 桁の差であり，つまり X 線は電波の 10^{12} 倍もエネルギーが強いということを意味している！

3.6 a. 太陽から地球に届くエネルギーの大部分は赤外線である。

b. 太陽から放出される最も強い放射は，波長 500 nm（緑色可視光）付近の可視光線である。

3.7 図 3.4 を使用すると，赤色光は 700 nm 付近で，青色光は 475 nm 付近で発光する（赤色光は 620 ～ 750 nm，青色光は 450 ～ 495 nm の範囲内の値であれば，いずれも正しい）。

3.3 式を使うと，

$$E_{\text{赤色光}} = \frac{(6.626\times 10^{-34}\ \text{J}\cdot\text{s})(3.00\times 10^{8}\ \text{m/s})}{700\times 10^{-9}\ \text{m}}$$

$$= 2.84\times 10^{-19}\ \text{J}$$

$$E_{\text{青色光}} = \frac{(6.626\times 10^{-34}\ \text{J}\cdot\text{s})(3.00\times 10^{8}\ \text{m/s})}{475\times 10^{-9}\ \text{m}}$$

$$= 4.18\times 10^{-19}\ \text{J}$$

これらの値はどちらも非常に小さいが，比較すると，青色光は赤色光よりも 150% 多くのエネルギーを放出する。

また，青いライトは使用できない。青色光はエネルギーが強すぎるため，現像中の画像が露出過度になる可能性がある。低エネルギーの赤色光は，画像の現像をより制御しやすくなる。

3.8 a. 関係はない。溶液と炎の色は異なる現象によるものである。

b. 炎の色：Ca（赤），K（紫），Cu（緑がかった青），Na（黄），鉄（オレンジ）

K は紫外線領域に近いため，最も高いエネルギーを生み出す。

3.9 a.

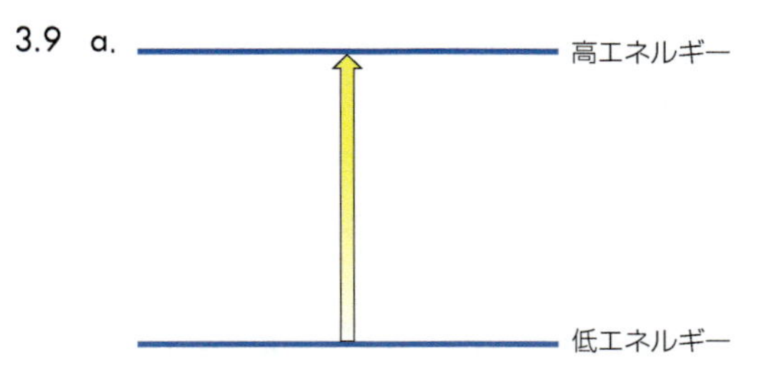

b. 緑色

c. 硝酸バリウム($Ba(NO_3)_2$)は，通常，緑色の花火に使用される。 バリウムは重金属であり，大気や地下水を汚染し，心臓や肺に有毒な影響を及ぼす。 代替品として考えられるものには，硝酸ストロンチウム，過ヨウ素酸カリウム，過ヨウ素酸ナトリウムなどがあり，これらは毒性の問題が少ない。

3.10 a. UVA ＜ UVB ＜ UVC の順で周波数が高くなっていく。

b. 3.3 式の分子は定数であり，エネルギーは波長に反比例する。

c. UVC 放射は，地表に到達する前に成層圏の O_2 と O_3 によって吸収される。地表に到達するUVA と UVB であり，日焼け止めでこれらの UV から肌を守る必要がある。実際，UVC は医療機器の表面の細菌を全て殺菌するために使用されている。

3.11 320 nm/242 nm＝1.32

242 nm の光子は，320 nm の光子よりもエネルギーが約 130%も高い！

または，3.3 式を使うと：

$$E_{242\text{-nm 光子}} = \frac{(6.626\times10^{-34}\ \mathrm{J\cdot s})(3.00\times10^{8}\ \mathrm{m/s})}{242\times10^{-9}\ \mathrm{m}}$$

$$= 8.21\times10^{-19}\ \mathrm{J}$$

$$E_{320\text{-nm 光子}} = \frac{(6.626\times10^{-3}4\ \mathrm{J\cdot s})(3.00\times10^{8}\ \mathrm{m/s})}{320\times10^{-9}\ \mathrm{m}}$$

$$= 6.21\times10^{-19}\ \mathrm{J}$$

$$\frac{8.21\times10^{-19}\ \mathrm{J}}{6.21\times10^{-19}\ \mathrm{J}} = 1.32$$

これらの計算を使用すると，242 nm の光子は，320 nm の光子よりも依然として約 130%多いエネルギーを持つことになる！

3.12 a. アメリカ皮膚科学会によると，1975 年以降，発生率は 2 倍以上になっているが，死亡率はほぼ一定である。アメリカ疾病予防管理センター（CDC）によると，乳癌や前立腺癌などの他の癌の発生率も 40 年前と比較して高くなっているが，大腸癌の発生率は過去 15 年間で劇的に減少している。さらに，この 40年間で 3 種類の癌の死亡率は低下し，5 年生存率は上昇している。

b. 色白の肌はメラニンが少ないため，紫外線の有害な影響から自然に肌を守ることができる。

c. ビーチで過ごす 1 日などの短時間の紫外線暴露だけでなく，長期間にわたって蓄積される紫外線暴露からも身を守ることを考えるべきである。例えば，皮膚がん財団によると，車での移動中やオフィスの窓から差し込む紫外線も，長期的には深刻な皮膚のダメージにつながる可能性がある。このような低レベルではあるが一定の紫外線への暴露を避けるには，車やオフィスの窓に紫外線防止加工を施したり，室内にいるときでも直射日光を避けることが推奨される。

3.13 健康維持に必要だが，大量に摂取すると危険なものの有名な例として，水がある。水は体温を調節し，体内の重要なプロセスを維持するために必要である。しかし，水を急激に大量に摂取すると，深刻な合併症や死につながる可能性がある。

3.14 a. アメリカでは，紫外線指数は夏の方が冬よりも高い。これは太陽の角度が急になり，日照時間が長くなるためである。

b. 夏の間，ハワイのような赤道に近い地域では紫外線指数が高くなり，赤道から離れるにつれて低くなる。これは，赤道に最も近い場所で太陽の光線が最も強くなるためである。

3.15 全米州議会議員会議のウェブサイトでは，日焼けマシンを使用する未成年者に関する現行の法律について，州ごとに比較した情報を提供している。

3.16 a. おそらく，気候変動の議論の中で，読者たちはオゾン層の破壊やオゾンホールについて聞いたことがあるだろう。1990年代には，オゾンホールはメディアで大きく取り上げられた話題であったが，最近では「地球温暖化」や「気候変動」という表現がより注目されている。

b. オゾン層は成層圏に位置し，O_2 と O_3 の分子で構成されている。

3.17 a. オゾン濃度が最大となる高度はおおよそ海抜23 km（14マイル）である。

b. 成層圏におけるオゾンの最高濃度は，あらゆる種類の分子や原子10億個あたり12,000個のオゾン分子であり，これは12,000 ppbである。

c. 大気中のオゾン濃度は20～100 ppb，あるいはそれ以上である。EPAは，8時間あたりのオゾン暴露量を75 ppbに抑えることを推奨している。

3.18 a. 2018年の南極上空のオゾンホールの平均面積は2,290万 km^2 であった。これはNASAの40年間の衛星観測史上，13番目に大きな面積である。

b. オゾンについて観測された最低平均値は116.5 DUであった。これは2011年以来の最低記録値である。

3.19 a. H原子1個×価電子1個/原子1個
＝価電子1個
Br原子1個×価電子7個/原子1個
＝価電子7個
合計＝価電子8個
ルイス構造式は以下のようになる：
H — Br（非共有電子対3組）

b. Br原子2個×価電子7個/原子1個
＝価電子14個
ルイス構造式は以下のようになる：
:Br — Br:（各Brに非共有電子対3組）

3.20 a. H — S — H（Sに非共有電子対2組）

b. Cl — C — Cl（上下にF） もしくは F — C — Cl（上にF，下にCl）（各ハロゲン原子に非共有電子対3組）

3.21 a. :C≡O:

b. O=S—O: もしくは :O—S=O

c. O—S=O（共鳴構造）⟷ O=S—O ⟷ O—S—O

3.22 オゾン濃度は，その地域が受ける日光の相対量によって変化する。紫外線はオゾンの生成に必要であるため，オゾン濃度は赤道付近や夏を迎える地域で高くなることが予想される。逆に，オゾン濃度は極地や冬を迎える地域で低くなる。

3.23 a. この地図は南極の極点を中心として描かれている。これは，オゾン層の破壊がこの大気領域で最も顕著に起こったためであり，科学者たちはこの領域について最も正確なデータを持っている。

b. 220 DUは，オゾン濃度の正常な変動と，触媒によるオゾンの損失の境界であり，結果として“穴”が生じる。

c. オゾンホールは8月に発生し始め，9月に最大に達し，12月にかけて徐々に消滅する。

d. 選択した月（8～12月）に関わらず，1979年から現在に至るまで，オゾンホールの規模は拡大し，オゾン濃度は劇的に減少している。

3.24 2000年代後半以降，オゾンレベルは（平均して）1990年代半ばから後半にかけて過去最低値を記録して以来，回復している。これらの数値は1980年代後半に観測された数値よりもはるかに低いものの，オゾン破壊を抑制する努力が功を奏しているようだ。最近の傾向から，今後3年間はオゾンレベルが上昇し続けると予測できる。この予測は，問 3.23 で使用されているウェブサイト「Ozone Hole Watch」で確認できる。

3.25 ラジカル種から開始する：

$$\overset{*}{\cdot\ddot{\underset{\cdot\cdot}{O}}}-H + H-\underset{H}{\overset{H}{\underset{|}{\overset{|}{C}}}}-H \longrightarrow H-\ddot{\underset{\cdot\cdot}{O}}-H + \cdot\underset{H}{\overset{H}{\underset{|}{\overset{*|}{C}}}}-H$$

$$\cdot\underset{H}{\overset{H}{\underset{|}{\overset{*|}{C}}}}-H + \ddot{\underset{\cdot\cdot}{O}}=\ddot{\underset{\cdot\cdot}{O}} \longrightarrow \cdot\ddot{\underset{\cdot\cdot}{O}}-\overset{*}{\ddot{\underset{\cdot\cdot}{O}}}-\underset{H}{\overset{H}{\underset{|}{\overset{|}{C}}}}-H$$

$$\cdot\ddot{\underset{\cdot\cdot}{O}}-\overset{*}{\ddot{\underset{\cdot\cdot}{O}}}-\underset{H}{\overset{H}{\underset{|}{\overset{|}{C}}}}-H + \overset{*}{\dot{\underset{\cdot}{N}}}=\ddot{\underset{\cdot\cdot}{O}} \longrightarrow \overset{*}{\cdot\ddot{\underset{\cdot\cdot}{O}}}-\underset{H}{\overset{H}{\underset{|}{\overset{|}{C}}}}-H + \overset{*}{:\ddot{\underset{\cdot\cdot}{O}}}-\ddot{N}=\ddot{\underset{\cdot\cdot}{O}}$$

3.26 大気中にフリーラジカルが存在することは，大気の健全な機能にとって有益であるだけでなく，大気中で起こる定常状態の反応を継続させるためにも必要である。

3.27 この図から，成層圏オゾンと成層圏塩素レベルは逆の関係にあることが分かる。成層圏の塩素レベルが上昇すると，オゾンレベルは同量減少する。逆に，成層圏の塩素が成層圏から除去されると，オゾンレベルは比例して増加する。3.8 式と 3.9 式に示されているように，塩素ラジカルはオゾンと反応して，オゾンを破壊するより多くの塩素ラジカルを生成する。

3.28 このイラストは，オゾン層保護のメッセージを広めるために，オゾン層を破壊することが知られているスプレー塗料のエアゾール缶を使うという内容で，風刺的なものとなっている。しかし，より深いレベルでは，このイラストは，地球に住む 70 億人以上の 1 人ひとりが，自分たちの行動が地球全体に及ぼす影響について考慮すべきであるという重要性を浮き彫りにしている。

3.29 近年，オゾン濃度は若干回復しているものの，オゾンホールが修復されつつあることを示すデータは存在しない。これらの数値が示す唯一の証拠は，大気中の反応性ハロゲンの濃度が高まるまではオゾン層の破壊は観察されなかったということだけである。大気中の反応性ハロゲンの量を削減するための世界的な取り組みが進行中であるが，成層圏の反応性ハロゲンの濃度が大幅に削減されるまでは，オゾンホールが修復されるかどうかは不明である。

3.30 3.11 節で紹介した三つの分子の構造を比較すると，それらの特性を説明するいくつかの特徴がある。HCFC-22 と HFC-32 では，どちらも中心に炭素原子があり，フッ素原子が二つある。HCFC-22 には水素原子が一つと塩素原子が一つ，HFC-32 には水素原子が二つある。両方の原子における C-H および C-F の単結合が，大気圏下部でより容易に分解され，大気圏での寿命が短く，成層圏のオゾンを破壊しないといった類似した望ましい性質をもたらしていると考えられる。HFC-32 の二つの C-H 単結合は，HCFC-22 の一つの C-H 結合と一つの C-Cl 結合とは対照的であり，この違いが両者の挙動の違いを生み出している。HCFC-22 はオゾン層破壊に寄与するが，HFC-32 は地球温暖化に寄与する。これらの分子を HFO-1234yf と比較すると，オレフィンを含む分子は，四つの C-F 単結合，一つの C=C 二重結合，二つの C-H 単結合を持つ。C-H および C-F の単結合は，他の分子と同様に望ましい挙動を示す。しかし，反応性の C=C 二重結合は，分子の大気中での寿命をさらに短くする。

3.31 環境に対する私たちの影響力を示す友人への返答の一つとして，場所や時期によってオゾン層に多少の変動はあるものの，1980 年代前半から半ばにかけて，南極上空のオゾンレベルが著しく低下したという事実を挙げることもできる。1980 年代後半のこの観測結果に関する研究では，オゾンホールにおける塩素含有酸化物のレベル上昇とオゾン濃度の減少が示された。塩素含有化合物の使用と生産を削減して以来，オゾンレベルは上昇しているが，1970 年代のレベルにはまだ戻っていない。

3.32 a. $PM_{2.5}$ に分類されるためには，粒子の直径が 2.5 μm 以下でなければならないため，直径 6 μm の塵は PM_{10} に分類される。

b. 10^3 nm＝1 μm: $6\ \mu m \times \frac{1\times10^3\ nm}{1\ \mu m}$

＝6×10^3 nm もしくは 6,000 nm

3.33 a. 晴れた夏の日の紫外線指数はおそらく，場所にもよるが，「高い」か「非常に高い」のカテゴリーに分類されるだろう。このような日には，何も対策を講じない肌は 10 ～ 20 分で日焼けし，敏感肌の場合はさらに短時間で日焼けする可能性がある。

b. SPF とは，日焼け止めを塗った場合と塗らない場合の両方で，日焼けをせずに太陽の下にいられる時間の比率を指す。そのため，日焼けするまでに要する時間（分）に SPF の数値を掛けることで計算できる。例えば，通常，無防備に太陽の下に 20 分間いると日焼けする場合は，SPF70 の日焼け止めを塗ると，20×70 で 1,400 分（23 時間）の日焼け止め効果が得られる。ただし，これは汗をかいたり，その他の方法で保護効果が失われないという前提がある。

c. 理論上は，SPF70 の日焼け止めは紫外線から 1 日中肌を守るはずだが，多くのガイドラインは見落とされがちである。例えば，SPF の評価は，ほとんどの人が実際に塗るよりもはるかに多い用量を基にしている。日焼け止めを十分に塗らないため，ラベルに表示されている保護効果の 20 ～ 50%しか得られていないと推定されている。さらに，最大限の保護効果を得るには，2 時間ごとに日焼け止めを塗り直すことが推奨されている。

3.34 a. PF15 と SPF30 の日焼け止めの違いは，理論上，日焼けをせずに太陽の下にいられる時間である。SPF30 の日焼け止めは，SPF15 の日焼け止めよりも 2 倍の時間，保護効果があるはずであり，これは太陽から放出される有害な紫外線をより多くブロックすることで実現される。

b. より高い SPF 値の日焼け止めを選ぶことで，日焼けするまでに日光の下で過ごせる時間が長くなる。SPF 値が高いと日焼けする可能性が低くなるのは，単純に，日焼け止めを塗り直すタイミングが SPF 値の保護効果が切れる前にくる可能性が高くなるからである。日焼け止めが紫外線から肌を守ってくれるため，日焼けするのをより長い時間防ぐことができる。

3.35 a. 2012 年に導入された FDA の規制では，消費者が購入する製品についてより適切な判断を下せるよう，企業に対して日焼け止めボトルに関するより詳しい情報の提供を義務付けている。これらの変更の例としては，UVA または UVB を防ぐ製品であることを明確に表示すること，SPF 値が 2 ～ 14 までの日焼け止め製品に警告を表示すること，「ウォータープルーフ（防水性）」や「スウェットプルーフ（防汗性）」という表現を「ウォーターレジスタント（耐水性）」に置き換えること，また，水泳や発汗時に，SPF 値の表示通りの保護効果が期待できる時間を分単位で表示することが挙げられる。

b. 化学物質ベースの日焼け止めの最も一般的な有効成分は，オキシベンゾン，アボベンゾン，オクチサレート，オクトクリレン，ホモサレート，オクチノキサートである。ミネラルベースの日焼け止めの最も一般的な有効成分は，酸化亜鉛と二酸化チタンである。

3.36 粒子が大きければ大きいほど，粒子間に紫外線が通る穴が多くなるため，保護効果は低くなる。砂粒がビー玉よりも密に詰め込めるように，粒子が小さいほど，より密に詰め込める。粒子が密に詰まるほど，粒子間の空間が少なくなり，保護効果が高くなる。

第4章

動画を見てみよう

a.　解答は個々の読者の意見による。

b.　読者は，CO_2 が炭化水素燃料（ガソリン，石炭など）の燃焼によるものであることを指摘できなければならない。

c-d.　読者と「気候変動」と「地球温暖化」について議論することの意義は深い。

4.1　解答はさまざまである。地球温暖化や異常気象は化石燃料の使用増加の結果であるとの主張や，これらの影響は人間の活動とは関係なく，太陽黒点活動やその他の自然気候サイクルの結果であるとの主張が考えられる。

4.2　読者たちは「全ての生物は炭素を含んでいる」という事実から，炭素が生命にとって重要であることを表面的に知っているだけかもしれない。事実として，炭素が重要なのは，炭素が示す特性のためであることを強調することが重要である。炭素は地球上で4番目に豊富な元素であることに加え，炭素の独特な構造により，多くの方法で，多くの他の元素と結合することができる。炭素は，生物のタンパク質，核酸（RNAとDNA），炭水化物，脂質を構成する高分子の基本的成分である。また，私たちが生きるために摂取する食物の構造においても重要な役割を果たしている。

4.3　a. CaS，硫化カルシウム

b. KF，フッ化カリウム

c. MnO および MnO_2，酸化マンガン(II)および酸化マンガン(IV)

d. $AlCl_3$，塩化アルミニウム

e. $CoBr_2$ および $CoBr_3$，臭化コバルト(II)および臭化コバルト(III)

注：全てのイオン化合物において，金属（陽イオン）が化学式の最初にくる。

4.4　a. Na_2SO_4

b. $Mg(OH)_2$

c. $Al(C_2H_3O_2)_3$

d. K_2CO_3

4.5　a. 硝酸カリウム

b. 硫化アンモニウム

c. 硫化鉄(II)

d. 重曹(または重炭酸ナトリウム)

e. リン酸マグネシウム

4.6　a. NaClO　　b. $MgCO_3$

c. NH_4NO_3　　d. $Ca(OH)_2$

4.7　a. 化石燃料の燃焼や森林伐採により，大気中に二酸化炭素が放出される。呼吸や蒸発などの他のプロセスでも大気中に二酸化炭素が放出されるが，光合成や凝縮作用によって相殺される。

b. 二酸化炭素は，森林再生，光合成，降水により大気中から除去されるが，これらのプロセスは大気中の CO_2 の純損失にはつながらない。

c. 炭素原子の最大の貯蔵庫は，岩石中の炭酸塩鉱物と化石燃料である。

d. 人口増加は，化石燃料の燃焼と森林伐採の増加につながっている。これらは，大気中の二酸化炭素の濃度を直接的に増加させると同時に，これらの重要な炭素貯蔵庫を枯渇させる。

e. 問4.2で説明されているように，炭素の独特な特性により，他の原子との結合の仕方や地球上の位置によって，炭素はさまざまな貯蔵庫に移動することができる。例えば，二酸化炭素分子として吐き出された炭素原子は，光合成によってデンプン($C_6H_{12}O_6$)に変換され，植物に蓄えられる可能性がある。その植物は，別の生物に食べられ燃料として使われるか，分解されて土壌の一部となる可能性もある。

4.8　2013年の「*Science*」の発表によると，2000～2012年の間に，世界中で230万 km^2 の森林が失われ，新たに生まれた森林は80万 km^2 にとどまった。熱帯地域がこの損失の32%を占め，

年間2,101 km^2という森林損失の著しい傾向を示した。ブラジルでは熱帯雨林の破壊が大幅に減少したものの，インドネシア，マレーシア，パラグアイ，ボリビア，ザンビア，アンゴラでの損失により，この増加分は相殺された。こうした傾向から，何の対策も講じなければ，熱帯雨林は驚くべき速さで破壊され続けることが予想される。

4.9 a. 窒素の原子番号は7，原子量は14.01 uである。
b. 中性原子N-14は，陽子7個，中性子7個，電子7個から成る。
c. 中性原子N-15は，陽子7個，中性子8個，電子7個から成る。
d. 原子量14.01は，N-14が最も高い天然存在比(99%超)であることを意味する。

4.10 これらの主張を検証するために，まずはマシュマロから考えてみよう。アメリカの表面積はおよそ3.8×10^6平方マイル(mi^2)であり，マシュマロ1個の大きさは，長さおよそ1インチ×幅1インチ(高さはとりあえず無視する)。まず，アメリカの表面積に1 molのマシュマロを敷き詰めると1平方マイルにマシュマロがいくつあるかを計算してみよう：

$$\frac{6.02\times10^{23}\text{ マシュマロ}}{3.8\times10^6\text{ mi}^2}=\frac{1.58\times10^{17}\text{ マシュマロ}}{\text{mi}^2}$$

次に，1平方マイルの土地に1層で敷き詰めることができるマシュマロの数を計算する：

$$1\text{ mi}^2\times\frac{27{,}878{,}400\text{ ft}^2}{1\text{ mi}^2}\times\frac{144\text{ in}^2}{1\text{ ft}^2}=4.01\times10^9\text{ in}^2$$

マシュマロ1個の表面積は1平方インチなので，4.01×10^9マシュマロ / 平方マイルとなる。

最後に，上で計算した二つの値を使用して，各層の厚さをマシュマロの数で表し，それをマイルに換算する：

1.58×10^{17}(マシュマロ / 平方マイル)/4.01×10^9(平方インチ / 平方マイル)$=3.9\times10^7$(マシュマロ層 / 平方インチ)

マシュマロの高さを1インチで考えてマイルに換算すると，これは3.9×10^7(インチ)×1(マイル)/63,360(インチ)となりマシュマロ1層につき高さ約620マイルとなる。かなり高いマシュマロの塔だ。

二つ目の類推では，世界の人口全体が生涯で使うことのできる小銭の枚数を算出する(各人が生まれたその日から使い始め，100歳まで生きると仮定する)：100万ドル＝100,000,000ペニー

$$\frac{1\times10^8\text{ ペニー}}{1\text{ 時間}}\times\frac{24\text{ 時間}}{1\text{ 日}}\times\frac{365\text{ 日}}{1\text{ 年}}\times$$

$$\frac{100\text{ 年}}{1\text{ 人}}\times7\times10^9\text{ 人}=6.13\times10^{23}\text{ ペニー}$$

すなわち，70億人が1時間ごとに100万ドル(10^8ペニー)を使うとすると，100年間でアボガドロ数に近い数である6.13×10^{23}ペニーを使うことになる。しかし，地球上の全ての人が100年間を費やすというのは無理な想定であるため，小銭の半分が残ってもおかしくない。この推測を説明するために役立つかもしれない類似の例としては，地球上で人々が列をなしている様子や，月を目指す物体の山などが考えられる。

4.11 a. 12 g/6.02×10^{23}(炭素原子)$=1.99\times10^{-23}$(g/炭素原子)
b. 5×10^{12}(炭素原子)$\times1.99\times10^{-23}$(g/炭素原子)$=9.95\times10^{-11}$g$=1\times10^{-10}$ g
c. 6×10^{15}(炭素原子)$\times1.99\times10^{-23}$(g/炭素原子)$=1\times10^{-7}$ g

読者の多くは，これらの数値が全て小さいと予測したかもしれないが，5兆個など，大量の原子があれば実際に測定できると考えた人もいるだろう。実際には，0.01 gの炭素原子を量るためには，ほぼ5兆1,000億(10^{20})個の原子が必要となる。

4.12 a. 1 mol O_3＝3 mol O
＝3 mol O×16.0 g O/1 mol O＝48.0 g O_3
b. 1 mol N_2O＝44.0 g N_2O

c. 1 mol CCl_3F＝137.4 g CCl_3F

4.13 a. S のモル質量と SO_2 のモル質量を比較することで，質量比が求められる：

32.1 g S/64.1 g SO_2＝0.501 S/SO_2

b. SO_2 中の S の質量パーセントを求めるには，質量比に 100 を掛ける：

0.501 S×100＝50.1% S(SO_2 中)

c. 1.0 mol N_2O＝44.0 g N_2O(2 mol N/1 mol N_2O)(28.0 g N/44.0 g N_2O)＝0.636 N/N_2O

0.636 N×100＝63.6% N(N_2O 中)

4.14 a. 4 桁の有効数字，0 以外の数字の後に続く 0，および小数点は有効である。

b. 3 桁の有効数字，0 以外の数字の間に埋め込まれた 0 は全て有効である。

c. 1 桁の有効数字，0 以外の数字の前に置かれた 0 は有効ではない。

d. 4 桁の有効数字，0 以外の数字の間に埋め込まれた 0 は全て有効である。

4.15 a. 5.0 g(有効数字 2 桁)÷0.031 mL(有効数字 2 桁)＝16 g/mL。割り算の場合，解答は使用した有効数字の最小数(2)までを報告する。

b. 15.0 m(有効数字 3 桁)×0.003 m(有効数字 1 桁)＝0.05 m^2。掛け算の場合，解答は使用した有効数字の最小値(1)までを報告する。

c. 1.003 g (小数点以下 3 桁)＋0.01 g (小数点以下 2 桁)＝1.01 g。足し算の場合，解答は使用した小数点以下の桁数(2)ではなく，使用した有効数字の最小数(1)で報告する。

d. 1.000 mL(小数点以下 3 桁)－ 0.1 mL(小数点以下 1 桁)＝0.9 mL。 引き算の場合，解答は使用した小数点以下の桁数(1)ではなく，使用した有効数字の桁数(1)で報告する。ただし，この場合，解答も有効数字は 1 桁しかない。

4.16 a. $1.9\times10^7\ \mathrm{t\ SO_2}\times\dfrac{3.21\times10^7\ \mathrm{t\ S}}{6.41\times10^7\ \mathrm{t\ SO_2}}$

$=9.5\times10^6\ \mathrm{t\ S}$

あるいは，

$1.9\times10^7\ \mathrm{t\ SO_2}\times0.501$ (問 4.13 より)

$=9.5\times10^6\ \mathrm{t\ S}$

b. $1.42\times10^8\ \mathrm{t\ SO_2}\times0.501=7.11\times10^7\ \mathrm{t\ S}$

4.17 autos.com によると，乗用車とトラックの重量は，1.5 t(小型車)～ 6 t(フルサイズのピックアップトラックや SUV)までとさまざまである。燃費は車のサイズに比例して変化する。平均的な重量が 2 t(2,000 ポンド)で，平均的な燃費が 1 ガロンあたり 25 マイルの車の場合，二酸化炭素排出量は次のように計算できる：

12,000 マイル÷25 マイル / ガロン

＝年間 480 ガロンのガソリン使用量

年間 480 ガロンのガソリン使用量×1 ガロンあたり 5 ポンドの C 原子

＝年間 2,400 ポンドの C 原子放出

このデータを使用すると，この文は「平均的なアメリカの自動車は，毎年，自らの重量を上回る量の炭素を大気中に放出している」と修正すべきである。しかし，この推定は，問題となっている自動車のエンジンがクリーンバーンであるという前提に基づいている。実際には，路上を走る多くの車両は燃料を効率的に燃焼しておらず，この前提よりもはるかに多くの量の CO_2 を排出している。

4.18 a. 波長が長くなる順

：紫外線＜可視光線＜赤外線

b. エネルギーが大きくなる順

：赤外線＜可視光線＜紫外線

4.19 このプロセスを説明するために，お金を例に挙げてみよう。太陽が地球に 1 日あたり 100 ドルの小遣いを与え，地球はそれを消費し，宇宙に還元するとしよう。地球は大気圏に 23 ドル，地表に 46 ドルを還元し，31 ドルを即座に還元する。1 日の間に，地表は 46 ドルのうち 9 ドルしか消費せず，残りの 80%(37 ドル)を大気圏に還元して消費させる。大気圏が 60 ドルを消費すると，このサイクルは完了する。

4.20 さまざまな図や模型が考えられる。大気が温室の窓の役割を果たし，空気を閉じ込める。太陽は，温室の場合と同様に地球に光を当て，囲いの中のガスを閉じ込める。

4.21 温室効果ガスによる地球温暖化は，地球にとって良いことであるだけでなく，人類の生存にとっても必要不可欠である。しかし，温室効果ガスの増加は，自然のエネルギーサイクルを崩壊させ，より広範囲にわたって制御が困難な山火事が発生しやすくなるなど，望ましくない影響を増大させる。また，極地の氷冠の融解も引き起こす。

4.22 a. 90 度（直角）。向かい合った二つの H 原子は 180 度の位置にある。

b. 四面体構造は最も安定した配置であり，電子で構成される C-H 結合が 109.5 度の結合角で互いに最大限に離れることができるからである。

c. C 原子は，3 本の脚の結と垂直軸の結合が交差する中央のスペースを占めることになる。H 原子は，4 本の結合のそれぞれの端に付着することになる。

4.23 a. CCl_4：32 個の価電子

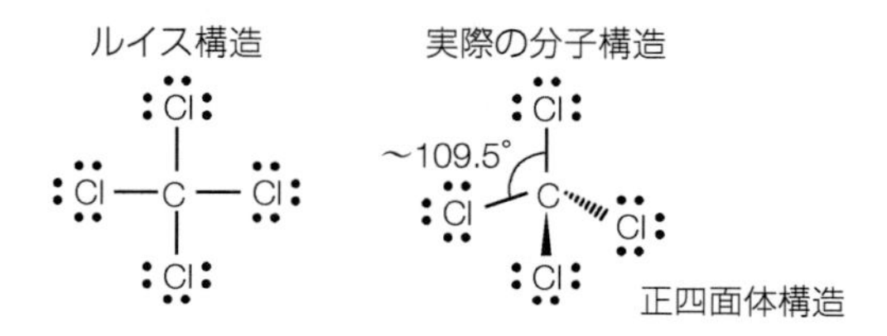

b. CCl_2F_2：32 個の価電子

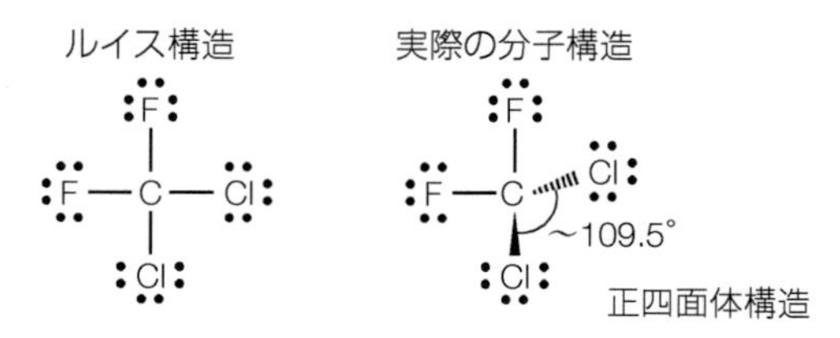

c. H_2S：8 個の価電子

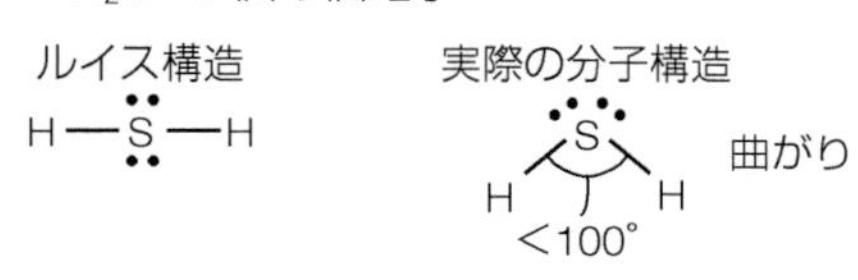

4.24 SO_2：18 個の価電子

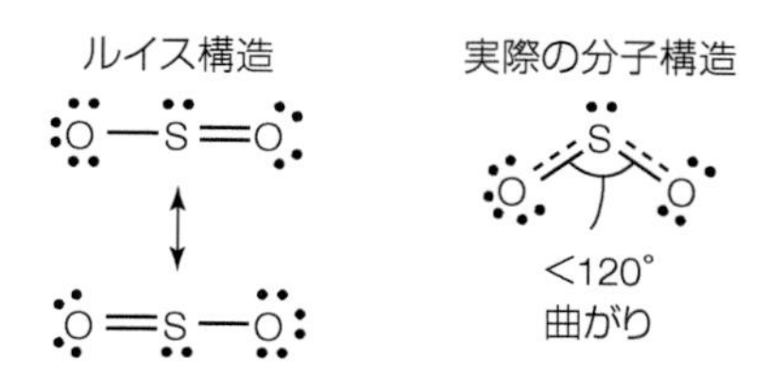

SO_3：24 個の価電子

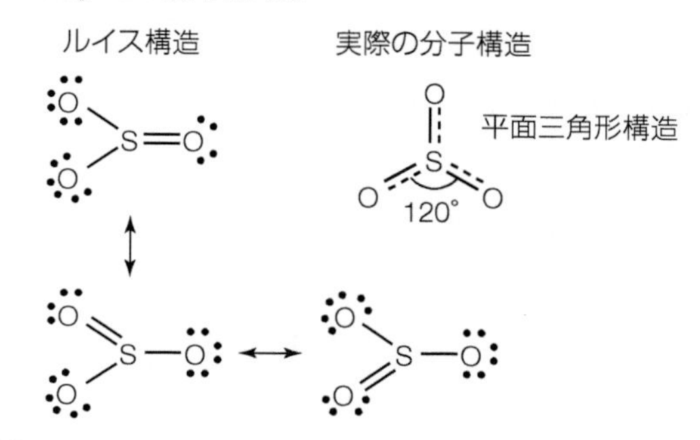

4.25 a. NO_2：17 個の価電子

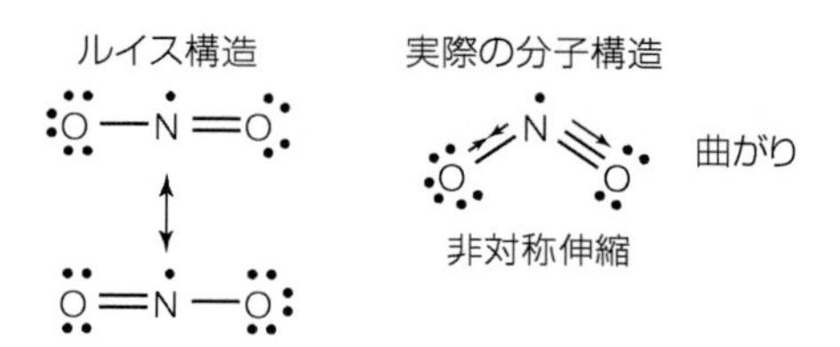

b. O_3：18 個の価電子

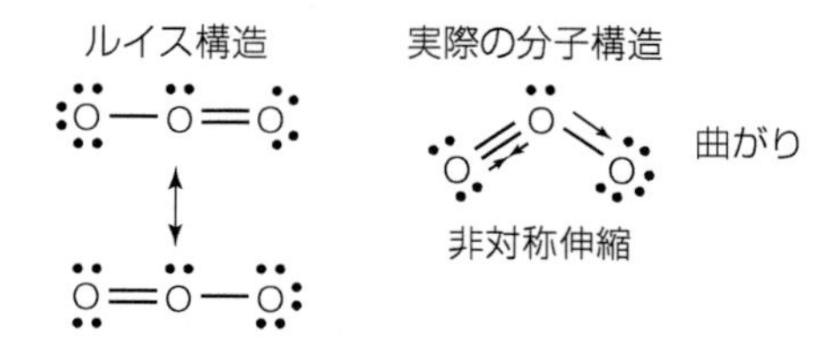

c. CH_4：8 個の価電子

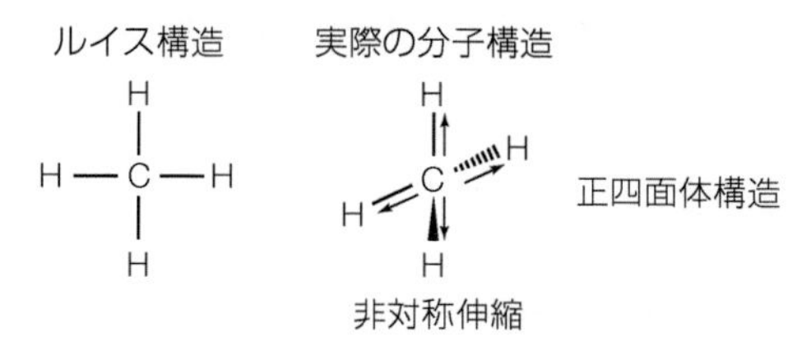

d. NH_3：8 個の価電子

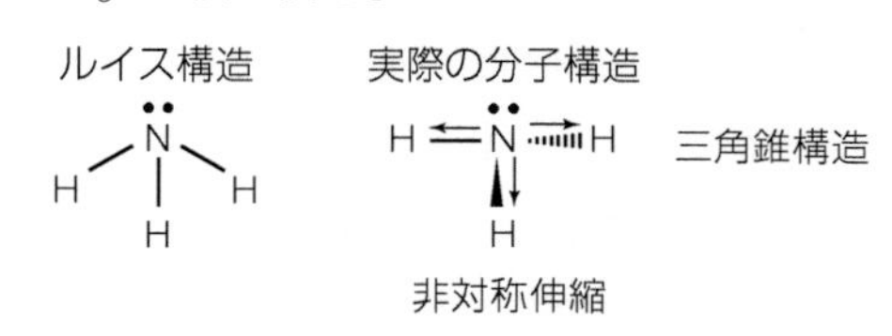

4.26 a. ミクロン単位で見た場合，水蒸気の最も強い赤外吸収は，2.63 μm と 6.67 μm 付近で発生する。

b. 分子を曲げるのに必要なエネルギーは伸ばすのに必要なエネルギーよりも少ないため，6.67 μm のより長い波長の振動は曲がりに相当し，2.63 μm のより短い波長の振動は伸びに相当するはずである。

4.27 他の温室効果ガスの赤外スペクトルは，二酸化炭素や水蒸気と同様の伸縮振動や変角振動の周波数を示すが，これらの振動を引き起こすのに必要なエネルギーや各吸収の強度は分子によって若干異なる。温室効果ガス以外のガスは，分子の非対称性がないため，温室効果ガスと同じ振動を示さない。さらに，温室効果ガスとそれ以外のガスに共通する振動は，温室効果ガスの影響を説明する振動ではない。

4.28 a. 大気温暖化は，海水温の上昇，北極海の海氷の融解，異常気象の増加など，地球に多くの悪影響を及ぼしている。

b. 温室効果は間違いなく気候変動を引き起こしている。なぜなら，2016 年の世界の平均気温は記録的な高さを記録したからだ。

c. 気候変動は実際に起こっている。まだ納得できないという方は，NASA の地球規模の気候変動に関するウェブサイトで証拠を確認して欲しい。

4.29 気候は数十年にわたる状況を説明するのに対し，天候は短期間の状況を説明する。天候は，最高気温や最低気温，風，雨，雪，日照など，日々の状況を指すのに対し，気候は長期間にわたる平均値を指す。天候は，アメリカ北部で予期せぬ霜が特定の作物に被害を与えた場合のように，短期間の農業や野生生物に影響を与える可能性がある。一方，気候は，その地域に固有の植物や動物，あるいはその地域で生存・繁殖できる動植物の種類を決定する上で，より重要な役割を果たしている。地球温暖化とは，地球上の生態系を破壊する可能性のある気候現象を指す。

4.30 この増加は，近代的な工業によるものと自動車からの排出が直接的な原因である。森林伐採も二酸化炭素濃度上昇の要因の一つである。

4.31 N_2O や CH_4 などの温室効果ガスの濃度は増加しているが，CFC-11，CFC-12，CFC-13 などの CFC の濃度は減少している。CFC の濃度が減少しているにも関わらず，温室効果ガスのレベルは上昇し続けている。

4.32 a. 1966 年 5 月の大気中の二酸化炭素濃度は 324 ppm であったが，2018 年 5 月には約 408 ppm であった。

その増加率は，

$$\frac{(408\ \text{ppm} - 324\ \text{ppm})}{324\ \text{ppm}} \times 100 = 25.9\%$$

となる。

b. 1 年以内でも，大気中の二酸化炭素濃度は 5 ～ 7 ppm の幅で変動する。

c. 光合成により，大気中の二酸化炭素が除去される。北半球では 4 月に春が始まり，南半球では 10 月に春が始まる。北半球の方が陸地（および緑の植物）の面積が大きいので，北半球の季節が二酸化炭素濃度の変動を左右する。

4.33 a. 図 4.22 を用いると，1959 年の CO_2 濃度は約 315 ppm，2018 年の CO_2 濃度は約 410 ppm と控えめに推定できる。これは約 30%の変化率に相当する。

b. 図 4.22 を使って，1957 年の CO_2 濃度を控えめに推定すると，約 310 ppm となる。これは約 30%の変化率に相当する。つまり，大気中の CO_2 濃度の上昇のほぼ 80%が，わずか過去 60 年間に起こったということになる。

4.34 a. 図 4.23 に基づくと，これらの結論は正確である。現在の大気中の二酸化炭素濃度が 400 ppm を超えていることを考えると，これは過去の記録された最大値をはるかに上回っていることは明らかである。さらに，過去のサイクルの性質を見ると，濃度が記録的なレベルまで急速に上昇したのは過去 50 〜 60 年間に限られているのに対し，濃度の増減は数千年にわたって発生していることが分かる。

b. さまざまな解答が考えられる。読者の中には，化石燃料の燃焼が大気中の二酸化炭素濃度を過去最高値にまで押し上げたのではないかと疑っている人もいるかもしれない。

4.35 NASA によると，2013 年時点で，1880 年以降，地球の気温は 1.0℃上昇している。NASA のデータは，1980 年代以降，地球の平均気温が急激に上昇していることも示している。

4.36 相関関係は認められるが因果関係は認められないという例は数多くある。この最も有名な例は，自閉症スペクトラム障害と予防接種との関連である。その他の例としては，家族の関与と学生の学業成績の間に正の相関があることや，あるいはもっと単純に，“ラッキー”な靴を履くと必ず勝てるようなスポーツ選手などが挙げられる。

4.37 場所によっては，過去 100 年以上にわたって大幅な気温変化が報告されていない場合もあり，地域ごとの気温変化はかなり大きく異なる可能性がある。アメリカ大陸では，1 〜 5 月の平均気温の極値は，過去 5 年間で，わずかな減少から 6℃の減少まで，さまざまな変化が見られる。世界全体では，北アメリカ，アフリカ，アジアで気温上昇の傾向が見られ，極地では過去 100 年間で最も顕著な気温上昇が見られる。

4.38 この章で学んだことを踏まえると，太陽が地球温暖化の原因であるという主張は裏付けられていない。太陽から地球に放射される放射線量が増加しているという証拠はなく，実際には，太陽放射照度と地球の平均気温は逆の傾向にあることがデータで示されている。

4.39 a. 論文では，再生可能エネルギーによる低排出またはゼロエミッションの発電への移行，食料システムの変更，輸送システムの電化，環境に優しい持続可能な建築資材の利用，スマートな都市計画の適用を提案しており，これらは円グラフの全ての領域に影響を与えることになる。論文は，何百人もの気候変動の専門家による多数の科学的報告書に基づいている。

b. 解答は，読者の信念や考え方によって異なるだろう。

c. 解答は，読者の日常の活動によって異なるだろう。

d. さまざまな解答が考えられる。例えば，ガソリン車ではなく自転車に乗る，肉製品ではなく野菜を多く食べる，家電のリサイクルなど，各自が考えられることはあるだろう。

4.40 太陽からは，紫外線，可視光線，赤外線の形で光が放射されている。太陽光の大部分は可視光線で占められている。

4.41 a. 完全に白い表面は入射放射を 100%反射する。屋根を白く塗るという案は，地球のアルベドを増加させ，さらなる温暖化を抑制することにある。

b. 緑化の一形態である「屋上緑化」は，地球のアルベドを高めるだけでなく，大気中の二酸化炭素濃度を減少させる可能性もある。しかし，こうした庭園は季節の変化に弱く，維持にはより多くのエネルギーと資源が必要である。

4.42 a. 火山噴火によるエアロゾルと太陽放射照度である。

b. 温室効果ガス濃度の増加と地球のアルベドの変化は，20 世紀の気温データを正確に再現するために必要となる新たに加えるべき外力である。

4.43 これらの結論のほとんどは，NASA の地球規模の気候変動プロジェクト，EPA，NOAA などによって収集された証拠によって裏付けられている。

4.44 モルディブでは，観光産業は「コモンズの悲劇」の典型例である。モルディブは，年間予算の相当な部分をエネルギーに費やさざるを得ない状況にあるが，観光産業の急成長は，島民にとって重要な収入源となっている。しかし，海水面の上昇により，既に砂浜の浸食，海水汚染，洪水が日常的に発生しているため，人気の高いこれらの観光地が脅威にさらされている。さらに，人気が高まるにつれ，島の資源の多くが枯渇しつつある。観光産業は，これらの島のインフラを整備する上で不可欠であるが，その過程で島の繊細な生態系が損なわれつつある。解決策の一つとして，再生可能エネルギーの容量を増やし，他の重要な目的のために資金を確保することが考えられる。

4.45 プランクトンは多くの水生生物にとって重要な食料源であり，地球上の生命維持に必要な酸素の約半分を生産している。海洋の酸性化はプランクトンの量を減らし，海洋の食物連鎖が完全に崩壊するため，世界的な食料不足を引き起こすことになる。

4.46 a. インターネット検索で「カーボンフットプリント計算機」と入力すると，多くのオプションが表示される。一般的に求められる情報としては，世帯人数，地理的位置，家の広さ，車の種類と年間走行距離，家で使用する電気器具の種類などが含まれる。その他の質問としては，リサイクル，コンポスト，使用していない電気器具の電源を切ってプラグを抜く，相乗り，自家栽培など，日常生活でフットプリントを減らすために行っている取り組みに関するものがある。

b. 各サイトが要求する情報は若干異なるが，全てのサイトが，自動車や家庭でのエネルギー使用など，最大の炭素排出源の個々の使用に関する情報を要求している。

4.47 a. アメリカ国勢調査局によると，世界の人口はおよそ 77 億人と推定されている。

b. これらの数字から，世界中の人々 1 人あたりに割り当てられる土地は，およそ 4 エーカー(約 16,000 m^2)となる。

4.48 a. アメリカ国勢調査局によると，アメリカの人口はおよそ 3 億 2,700 万人と推定されている。

b. 3.27×10^8 人×21 エーカー / 人＝6.9×10^9 エーカー(1 エーカーは約 4,000 m^2)

c. アメリカの人口に必要な生物生産面積は 6.9×10^9 エーカーで，地球上の生物生産に利用可能な面積 3.0×10^{10} エーカーである。この割合は 23%である。

4.49 a. アメリカ，インド，中国，バングラデシュ，メキシコ，ブラジルといった人口が多く工業化が進んでいる国々では，大量の二酸化炭素排出が予測される。

b. 中東のように，人口は少ないが大規模な工業活動を行っている国々では，1 人あたりの排出量は多い。

4.50 a. $19\ \text{t}\ CO_2 \times \dfrac{2{,}204\ \text{lb}\ CO_2}{1\ \text{t}\ CO_2} \times \dfrac{1\ 本}{25\ \text{lb}\ CO_2} = 1{,}675\ 本$

例えば，樹木 1 本あたりの CO_2 の吸収を 50 ポンドで計算すると 837 本になる。

b. 地球全体の CO_2 排出量を 6 Gt(13.2 兆ポンド)として，樹木が 1 本あたり年間で 50 ポンドの CO_2 を吸収すると，CO_2 の吸収量は：
1.2×10^{10} 本×50 ポンド / 本＝6×10^{11} ポンド CO_2 となる。そうすると，地球全体の CO_2 排出量に対する割合は：
6×10^{11} ポンド CO_2/1.32×10^{13} ポンド×100＝4.5%である。樹木による吸収を 25 ポンドとすると 2.3%である。

4.51 エネルギー・気候変動省が提供したデータによ

ると，イギリスは 2010 年までに温室効果ガス排出量を約 24%削減し，その後さらに 12 ～ 13%削減した。イタリア，フィンランド，ドイツ，ポーランド，スウェーデンなど，いくつかの国々も温室効果ガス排出量を 20%以上削減したが，ニュージーランド，マルタ，カナダなど，他の国々では温室効果ガス排出量が 35%以上増加した。

4.52 温室効果ガスの排出を完全にゼロにすることは不可能である。従って，温室効果ガスの排出は避けられないという前提に立った上で，政治家は大気中に排出される温室効果ガスの総量をいかに制限するかに焦点を当てるべきである。

4.53 アメリカ，中国，欧州連合（EU）が二酸化炭素総排出量の上位 3 ヵ国を占めている一方で，アメリカは 1 人あたりの二酸化炭素排出量でも 7 位にランクインしている。中国と EU は 1 人あたりの排出量で 21 位と 24 位にランクインしており，アメリカが地球規模の気候変動に大きく寄与していることを示唆している。アメリカには 1 人あたりの温室効果ガス排出量を削減する責任があり，その点で世界的な先例となる可能性がある。

4.54 問 4.7，4.21，4.28 について，これらの問題の解決方法を提案してみよう。

第 5 章

動画を見てみよう

さまざまな解答が考えられる。水源には，市営の浄水場や井戸などがある。農薬や除草剤の使用による水の過剰使用や汚染など，地域社会の水の使用習慣は，他の人々にとってのきれいな水の入手に影響を与える可能性がある。

5.1 解答の例として，水は風によって簡単に動かされるとか，環境に果たす役割が大きいといったことが考えられる。穏やかな湖のイメージは，水がいかに豊富で，より大きな生態系の一部であるかを示している。荒れた海のイメージは，水が人間にどれほど被害をもたらすかを示している。反対意見もさまざまであろう。もし水のない世界があったとしたら，生命は存在し得ない。世界は埃っぽく乾燥したものになるだろう。

5.2 水に関する予備知識によって解答は異なる。

5.3 a. さまざまな解答が考えられる。シャワーや入浴を清潔にするための行為が取り上げられるかもしれないし，水分補給のための飲料水，衣類やペット，自動車を洗うための水が取り上げられるかもしれない。

b. 井戸水，市営水道など，水源は所在地によって異なるだろう。さらに踏み込んで，市営水道の水源がどこにあるのかを答えることもできる。

c. 水がどの程度汚染されたかは，課題によって異なる。

5.4 a. 水の使用量に対する驚きの度合いは，人によって異なるだろう。

b. 取ることができる行動としては，シャワーの時間を短くする，歯磨きの際に水を出しっぱなしにしない，植物への水やりや洗車などの屋外作業に雨水をためて使う，などさまざまである。

5.5 a. H-F

：電子対は F 原子により強く引きつけられる。

b. O-H

：電子対は O 原子により強く引きつけられる。

c. N-O

：電子対は O 原子により強く引きつけられる。

d. Cl-C

：電子対は Cl 原子により強く引きつけられる。

5.6 a. $\ddot{\underset{\cdot\cdot}{O}}=C=\ddot{\underset{\cdot\cdot}{O}}$

b. CO_2 の共有結合は極性を持つ。

$$\overset{\delta^-}{O}\Longleftarrow\overset{\delta^+}{C}\Longrightarrow\overset{\delta^-}{O}$$

c. $\delta^-\Longleftarrow\delta^+\Longrightarrow\delta^-$

$$\ddot{\underset{\cdot\cdot}{O}}=C=\ddot{\underset{\cdot\cdot}{O}}$$

d. CO_2 分子は直線で，電荷の分布は左右対称的である。曲がった H_2O 分子に見られるような不均等な共有領域はない。

e. 

C=O も O=S も分極している。分子は直線系なので無極性である。

極性結合；曲がっているので極性がある。

I-I は無極性である。

5.7 a. 破線は，水分子の水素と別の水分子の酸素との間の分子間力である水素結合を表している。

b. 部分電荷は，水分子中の水素の正電荷と酸素の負電荷がどのように一致しているかを示している。

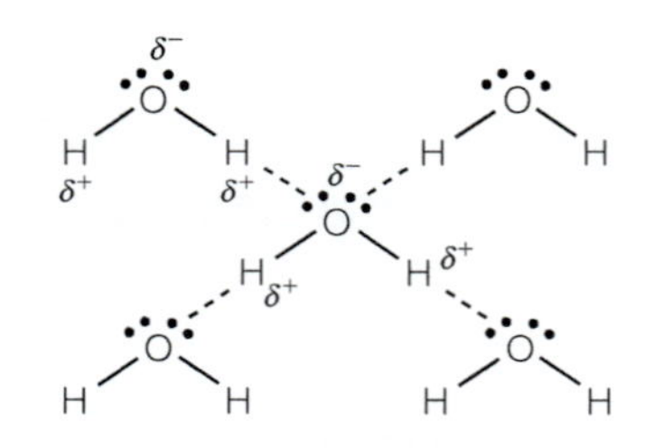

c. 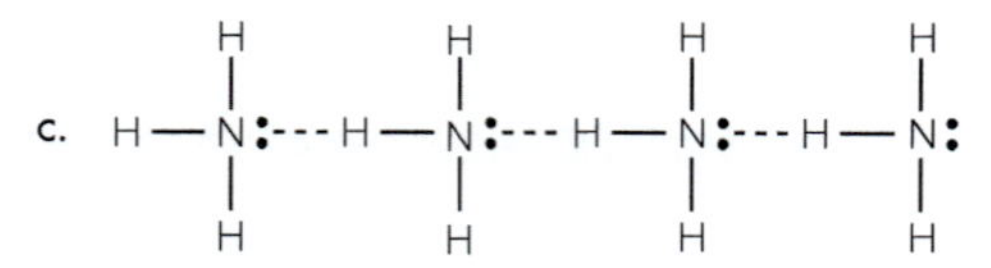

5.8 水が沸騰しても共有結合は壊れない。壊れるのは分子間の水素結合の方である。下図は，沸騰の前後で水の分子は依然として H_2O で構成されていることを示している。

液体の水

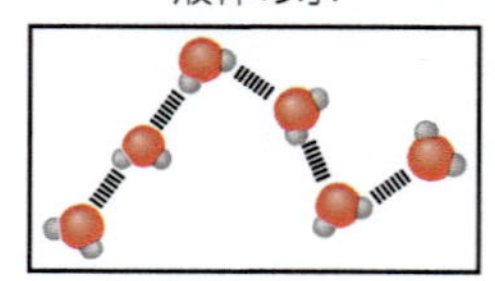

沸騰後の水

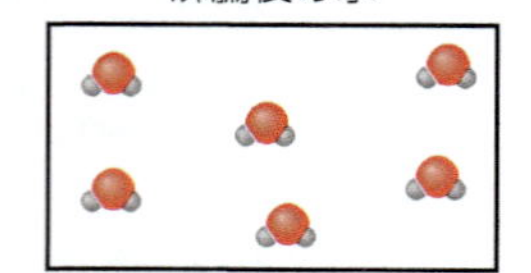

5.9 素足では，絨毯は暖かく感じられ，触れる石やタイルの床はひんやりと感じられる。石の床は密度が絨毯よりも高く，熱伝導率も高いので足から熱が急速に奪われる。そのため，タイルではより急激な温度変化が感じられる。

5.10 a. 非飲料水は，衣類の洗濯，消火，噴水の装飾用に使用できる。

b. 例えば次のような解答が考えられる。飲料水が不足している場合，地域社会は非飲料水を使用するかもしれない。

c. さまざまな解答が考えられる。

d. さまざまな解答が考えられる。

5.11 a. さまざまな解答が考えられる。

b. さまざまな解答が考えられる。例えば，カリフォルニア州では灌漑用水として地表水を使用している。地表水を集めて使用すると，地下水の供給が補充されないため，紛争が生じる可能性がある。

c. さまざまな解答が考えられる。農村地域では地下水に依存している。テキサス州やフロリダ州も地下水に大きく依存している。テキサス州やフロリダ州の人口は多いので，その場合は人口密度は考慮されない。しかし，井戸水の場合は人口密度が要因となる。

5.12 例えば以下のような計算が考えられる：

2,000 mL＝地球全体の水

2,000 mL×0.03＝60 mL＝淡水

60 mL×0.003＝0.18 mL＝地表水

0.18 mL×89%＝0.1602 mL＝湖と河川の水

0.1602 mL×1 滴 0.05 mL＝3.204 滴

5.13 さまざまな解答や図が考えられる。アメリカ地質調査所には参考になる資料がある。

5.14 解答は，住んでいる地域によって異なる。水のその他の用途には，鉱業，商業，水産養殖などが含まれる。

5.15 作物は肉よりもはるかに少ない水で済む。これは，肉用に飼育される動物が水分を維持するた

めに水を必要とし，その動物が食べる飼料には作物の水使用量も含まれるためである。

5.16 さまざまな解答が考えられる。水使用量を減らすための提案としては，地元の食材を使用すること，食品加工を減らすこと，より適切な灌漑方法などが挙げられる。

5.17 解答は，選択したイベントや影響を受けた生態系，地域によって異なる。

5.18 解答は，住んでいる地域によって異なる。例として，汚染や地表水の過剰利用などが挙げられる。

5.19 解答は，選択したイベントによって異なる。例として，油流出や化学物質漏出に関する議論が挙げられる。

5.20 a. さまざまな解答が考えられる。歯磨き粉，シャンプー，コンディショナー，ハンドソープ，ボディソープ，洗顔料，メイク用品，保湿剤などが含まれるであろう。

b. これらの製品は，肌から洗い流される際に水道水に混入する。下水処理場では，化学物質や汚染物質を全て取り除くことはできない。例えば，製品に含まれるマイクロビーズは，フィルターを通り抜けて環境中に放出される可能性がある。

c. さまざまな解答が考えられる。水道水に有害な化学物質が少ない製品を使うという手もある。また，髪を洗う頻度を減らし，シャンプーの使用量を減らすという手もある。多くの人は泡立ちを良くするためにシャンプーを使い過ぎているが，それは必要ない。

d. さまざまな解答が考えられるが，シャワーを浴びることと歯を磨くことはリストに挙がる可能性が高い。髪を洗う際には，泡が全てなくなるまで水を出し続ける。

5.21 解答は，これらの問題が個人の習慣にどのような影響を与えるかによって異なるだろう。例えば，汚染は，水が飲用に適さなくなるため，短期的には最も大きな影響を与える可能性が高い。

5.22 a. $1\ \text{ppb} = \dfrac{1\ \text{g 溶質}}{1\times10^{9}\ \text{g 水}} \times \dfrac{1\times10^{6}\ \mu\text{g 溶質}}{1\ \text{g 溶質}} \times \dfrac{1{,}000\ \text{g 水}}{1\ \text{L 水}} = \boxed{\dfrac{1\ \mu\text{g 溶質}}{1\ \text{L 水}}}$

$1\ \text{ppb} = \dfrac{1\ \text{g 溶質}}{1\times10^{12}\ \text{g 水}} \times \dfrac{1\times10^{9}\ \text{ng 溶質}}{1\ \text{g 溶質}} \times \dfrac{1{,}000\ \text{g 水}}{1\ \text{L 水}} = \boxed{\dfrac{1\ \text{ng 溶質}}{1\ \text{L 水}}}$

b. $1\ \text{ppb} = \dfrac{1\ \text{mg 溶質}}{1\ \text{L 水}} \times \dfrac{1\ \text{オンス溶質}}{453.59237\ \text{g 溶質}} \times \dfrac{1\ \text{g 溶質}}{1{,}000\ \text{mg 溶質}} = \dfrac{2.20\times10^{-6}\ \text{オンス溶質}}{1\ \text{L 水}} \times \dfrac{1\ \text{オンス}}{x\ \text{L}}$

1 オンスの溶質を得るには水 4.54×10^{5} L が必要となる。1 ppb は 1 ppm の 1,000 の 1 であり 1 ppm のために 4.54×10^{5} L の水が必要となるならば，1 ppb のためには 4.54×10^{8} L の水が必要となる。

5.23 a. $5\ \text{L} \times \dfrac{1{,}000\ \text{mL}}{1\ \text{L}} \times \dfrac{1\ \text{g}}{1\ \text{mL}} = 5{,}000\ \text{g}\ H_2O$

$80\ \mu\text{g 水銀イオン} \times \dfrac{1\ \text{g}}{1{,}000{,}000\ \mu\text{g}} = 0.00008\ \text{g}$

$\dfrac{0.00008\ \text{g 水銀イオン}}{5{,}000\ \text{g 水}}$

$= 0.000000016\times10^{6} = 0.016\ \text{ppm}$

$\times10^{9} = 16\ \text{ppb}$

b. EPA が定める水中の水銀の許容濃度は 2 ppb (0.002 ppm) である。これは許容できる限界値ではない。

5.24 住んでいる地域によって解答は異なる。各州は少なくとも国の規制に従うべきだが，さらに厳しいガイドラインを設けている場合もある。

5.25 a. $16\ \text{ppb} = \dfrac{16\ \mu\text{g}}{1\ \text{L}} \times \dfrac{1\ \text{g}}{1{,}000{,}000\ \mu\text{g}}$

$$= \frac{16\ g}{1{,}000{,}000\ L} = 0.000016 \frac{g}{L}$$

$$\frac{0.000016\ g\ \cancel{Hg^{2+}}}{1\ L} \times \frac{1\ mol}{200.59\ g\ \cancel{Hg^{2+}}} = 7.98 \times 10^{-8}\ M$$

b. $\frac{1.5\ mol\ NaCl}{1\ \cancel{L}} \times 0.5\ \cancel{L} = 0.75\ mol\ NaCl$

$\frac{0.15\ mol\ NaCl}{1\ \cancel{L}} \times 0.5\ \cancel{L} = 0.075\ mol\ NaCl$

c. 1 次溶液

$\frac{0.50\ mol\ NaCl}{0.250\ L} = 2\ M$

2 次溶液

$\frac{0.60\ mol\ NaCl}{0.200\ L} = 3\ M$

2 次溶液はより濃縮されている。

d. $40\ g\ CuSO_4 \times \frac{1\ mol}{159{,}609\ g} = 0.251\ mol\ CuSO_4$

$\frac{0.251\ mol}{1\ L} = 0.251\ M$

生徒は，2.0 M ではなく 0.251 M の解を作成した。このモル濃度を得るためには，生徒は 2 mol または 319.28 g の硫酸銅(II)を 1,000 mL に加える必要がある。

$2\ M = \frac{x\ mol\ CuSO_4}{1\ L}$

$x = 2\ mol\ CuSO_4 \times \frac{159.609\ g}{1\ mol\ CuSO_4} = 319\ g\ CuSO_4$

5.26

	イオン	分子
電子に関する定義	電子の移動	電子の共有
構造	陰イオンと陽イオン間の引力によって作られた構造	分子
巨視的性質	結晶化する，融点が高い，水にほとんど溶ける，沸点が高い	固体，液体，気体のいずれかであり，融点が低い。水への溶解度は分子の極性によって異なる。沸点が低い
原子の性質	電子を移動させる金属と非金属	電子を共有する非金属
結合の図	さまざまな解答が考えられる	さまざまな解答が考えられる
結合強度	電荷は陽イオンと陰イオンを引き寄せ，全体としてより強固な結合を生み出す	ほとんどの場合，イオンほど強くない。三重結合は二重結合よりも強く，二重結合は単結合よりも強い
命名法（英語の場合）	陽イオン→陰イオンの順で並べて，複数の電荷が考えられる金属については，ローマ数字のみを使用する	元素は族番号が大きくなる順に並べられ，各元素の同位体は接頭辞で区別する。最後の元素は末尾に -ide が付く
その他	さまざまな解答が考えられる	さまざまな解答が考えられる

5.27 水には電気を通すイオンが溶け込んでいる。最善の策は，ドライヤーや水に触れることなく，ドライヤーをコンセントから抜くことである。その後，ドライヤーを水から取り出す。

5.28 a. $AgNO_3(aq) + Cu(NO_3)_2(aq)$

→反応は起きない

b. $2\ AgNO_3(aq) + Na_2S(aq)$

$\rightarrow Ag_2S(s) + 2\ NaNO_3(aq)$

c. $AgNO_3(aq) + NaCl(aq)$

$\rightarrow AgCl(s) + NaNO_3(aq)$

d. $Cu(NO_3)_2(aq) + Na_2S(aq)$

$\rightarrow CuS(s) + 2\ NaNO_3(aq)$

e. $Cu(NO_3)_2(aq) + 2\ NaCl(aq)$

→ $CuCl_2(aq)$ + 2 $NaNO_3(aq)$（沈殿は起きない）

f. $Na_2S(aq)$ + $NaCl(aq)$

→反応は起きない

5.29 電気陰性度の値から，C-H 結合と C-C 結合は無極性であると予想される。これらの分子は，電気陰性度の差が非常に小さいので，無極性である。

5.30 さまざまな図が考えられる。例えば：

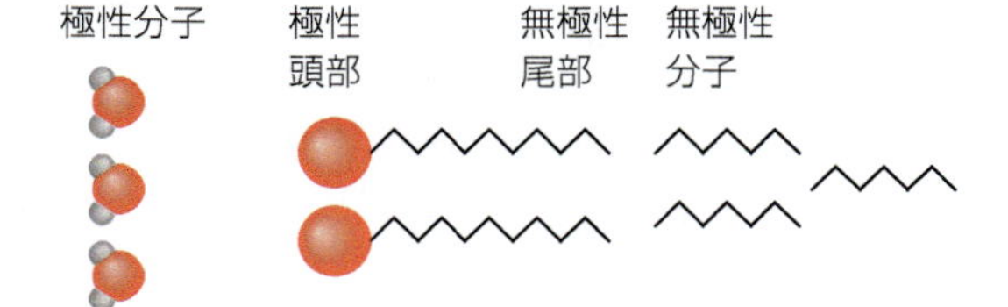

5.31 a. 液体二酸化炭素は無極性溶媒であり，一部の有機溶媒よりも高い溶解力を持つ。

b. さまざまな解答が考えられる。全ての使い方には何らかの環境への影響があるが，溶剤としての二酸化炭素の環境への影響は有機溶剤よりも小さい。二酸化炭素は有毒でも可燃性でもない。

c. 従業員の職場に有毒化学物質が使用されなくなることで，社会的側面が向上する。環境に有毒化学物質が影響を与えることが少なくなることで，環境的側面が向上する。二酸化炭素法のコストがパーセント法よりも高いため，経済的側面が低下する。注：トリプルボトムラインについては，6.17 節で紹介されている。

5.32 さまざまな表が考えられる。可溶性のイオン化合物は，陽イオンと陰イオンに解離する。それぞれは，陽イオン側が陰イオン側に向かって，陰イオン側が陽イオン側に向かって，部分的に正の側と部分的に負の側を持つ水分子に囲まれる。イオン溶液は電気を通す。水に溶けたイオン化合物は，植物や動物によって消費され，悪影響を及ぼす可能性がある。イオン溶液は，生命維持に必要なイオンの輸送に使用できる。

分子化合物は，極性（例えば，H_2O や砂糖）または無極性（例えば，I_2，N_2）である。極性分子化合物は，水の部分的プラス側が極性分子の部分的マイナス側に向くように，水分子に囲まれる。水分子の部分的マイナス側は，極性分子の部分的プラス側に向く。分子化合物が溶解した溶液は電気を通さない。これらの分子は生態系において生物濃縮を引き起こす可能性がある。極性溶液は，ある液体から別の液体へ分子を移動させるために使用できる。多くの場合，いずれかの化学物質が蒸発する。これがマニキュア落としの仕組みである。

5.33 さまざまな解答が考えられる。沸騰したお湯に塩を加えてパスタをゆでることは，イオン化合物の例である。粉末ジュースを水に加えることは，分子化合物の例である。車を洗車することは，水に溶質を加える例である。

5.34 a. $HI(aq) + H_2O(l) \rightarrow I^-(aq) + H_3O^+(aq)$

b. $HNO_3(aq) + H_2O(l) \rightarrow NO_3^-(aq) + H_3O^+(aq)$

c. $H_2SO_4(aq) + H_2O(l) \rightarrow HSO_4^-(aq) + H_3O^+(aq)$

$HSO_4^-(aq) + H_2O(l) \rightarrow SO_4^{2-}(aq) + H_3O^+(aq)$

5.35 さまざまな解答が考えられる。例としては，酸としてレモン汁や酢が挙げられる。味付けのために加えられる場合もある。

5.36 a. $KOH(s) \xrightarrow{H_2O(l)} K^+(aq) + OH^-(aq)$

b. $LiOH(s) \xrightarrow{H_2O(l)} Li^+(aq) + OH^-(aq)$

c. $Ca(OH)_2(s) \xrightarrow{H_2O(l)} Ca^{2+}(aq) + 2\ OH^-(aq)$

5.37 解答は，これまでの経験によって異なる。

5.38 中和反応：

a. $HNO_3(aq) + KOH(aq) \rightarrow KNO_3(aq) + H_2O(l)$

b. $HCl(aq) + NH_4OH(aq) \rightarrow NH_4Cl(aq) + H_2O(l)$

c. $2\ HBr(aq) + Ba(OH)_2 \rightarrow BaBr_2(aq) + 2\ H_2O(l)$

全イオン反応式：

a. $H^+(aq) + NO_3^-(aq) + K^+(aq) + OH^-(aq)$

$\rightarrow K^+(aq) + NO_3^-(aq) + H_2O(l)$

b. $H^+(aq) + Cl^-(aq) + NH_4^+(aq) + OH^-(aq)$

$\rightarrow NH_4^+(aq) + Cl^-(aq) + H_2O(l)$

c. $2\,H^+(aq) + 2\,Br^-(aq) + Ba^{2+}(aq) + 2\,OH^-(aq)$
$\rightarrow Ba^{2+}(aq) + 2\,Br^-(aq) + 2\,H_2O(l)$

純イオン反応式：

a. $H^+(aq) + \cancel{NO_3^-(aq)} + \cancel{K^+(aq)} + OH^-(aq)$
$\rightarrow \cancel{K^+(aq)} + \cancel{NO_3^-(aq)} + H_2O(l)$
$H^+(aq) + OH^-(aq) \rightarrow H_2O(l)$

b. $H^+(aq) + \cancel{Cl^-(aq)} + \cancel{NH_4^+(aq)} + OH^-(aq)$
$\rightarrow \cancel{NH_4^+(aq)} + Cl^-(aq) + H_2O(l)$
$H^+(aq) + OH^-(aq) \rightarrow H_2O(l)$

c. $2\,H^+(aq) + \cancel{2Br^-(aq)} + \cancel{Br^{2+}(aq)} + 2\,OH^-(aq)$
$\rightarrow \cancel{Br^{2+}(aq)} + \cancel{2Br^-(aq)} + 2\,H_2O(l)$
$2\,H^+(aq) + 2\,OH^-(aq) \rightarrow 2\,H_2O(l)$

5.39 a. $[H^+] = 1\times10^{-4}\,M$

$$[OH^-] = \frac{1\times10^{-14}}{1\times10^{-4}} = 1\times10^{-10}\,M$$

酸性

b. $[OH^-] = 1\times10^{-6}$

$$[H^+] = \frac{1\times10^{-14}}{1\times10^{-6}} = 1\times10^{-8}\,M$$

塩基性

c. $[H^+] = 1\times10^{-10}\,M$

$$[OH^-] = \frac{1\times10^{-14}}{1\times10^{-10}} = 1\times10^{-4}\,M$$

塩基性

5.40 a. 塩基性，$[OH^-] > [K^+] > [H^+]$

b. 酸性，$[H^+] > [NO_3^-] > [OH^-]$

c. 酸性，$[H^+] > [HSO_4^-] > [SO_4^{2-}] > [OH^-]$

d. 塩基性，$[OH^-] > [Ca^{2+}] > [H^+]$

5.41 a. 純水，牛乳，トマトジュース，レモンジュース

b. さまざまな解答が考えられる。

c. 読者は pH 値を報告できるはずである。値は，それぞれの水日誌によって異なる。

5.42 a. pH4.0 の湖水はより酸性である。湖水には雨水の 10 倍以上の水素イオンが含まれている。

b. pH5.3 の水道水の方がより酸性である。水道水中の水素イオンは海水の 1,000 倍である。

c. pH4.5 のトマトジュースの方がより酸性度が高い。トマトジュースには牛乳の 100 倍の水素イオンが含まれている。

5.43 さまざまな解答が考えられるが，pH 0 は極度の酸性であり，環境にとって有害であるという事実を含めるべきである。政治家はおそらく，完全に中性である pH 7 を意味しているのだろう。

5.44 $H_2SO_3(aq) \rightarrow H^+(aq) + HSO_3^-(aq)$
亜硫酸水素イオン

$HSO_3^-(aq) \rightarrow H^+(aq) + SO_3^{2-}(aq)$
亜硫酸イオン

$H_2SO_3(aq) \rightarrow 2\,H^+(aq) + SO_3^{2-}(aq)$

5.45 a. 0.0168，あるいは 1.68%

b. 1.68×10^4 t S

c. 1.68×10^4 t S $\times$ 64 t SO_2/32 t S
$= 3.36\times10^4$ t SO_2

d. SO_3 は水と反応して硫酸を形成することができる：$SO_3(g) + H_2O(l) \rightarrow H_2SO_4(aq)$

5.46 a. $CaCO_3(s) + 2\,H^+(aq)$
$\rightarrow Ca^{2+}(aq) + CO_2(g) + H_2O(l)$

b. 鉄は錆びることによって腐食する。これは以下の 2 段階のプロセスである：

i) $4\,Fe(s) + 2\,O_2(g) + 8\,H^+(aq)$
$\rightarrow 4\,Fe^{2+}(aq) + 4\,H_2O(l)$

ii) $4\,Fe^{2+}(aq) + O_2(g) + 4\,H_2O(l)$
$\rightarrow 2\,Fe_2O_3(s) + 8\,H^+(aq)$

鉄を酸性雨の影響から守るために，酸化・錆の発生を防ぐバリアとして機能するコーティング(塗料，その他の金属膜など)を施すことができる。

5.47 さまざまな解答が考えられる。例えば，2017 年 6 月，科学者たちはニューヨークの国連本部で海洋会議に出席した。

5.48 a. $HCO_3^-(aq) + H^+(aq) \rightarrow H_2CO_3(aq)$

b. 重炭酸イオンは H^+ を受け取ることで塩基として機能する。

5.49 a. 硫酸イオン：SO_4^{2-}，水酸化イオン：OH^-，カルシウムイオン：Ca^{2+}，アルミニウムイオン：

Al^{3+}

b. $CaSO_4$, $Ca(OH)_2$, $Al_2(SO_4)_3$, $Al(OH)_3$, その他，追加の種を含む化合物。学生がアルコールをこのリストに含めないように注意すること。

c. 次亜塩素酸ナトリウム：NaClO

次亜塩素酸カルシウム：$Ca(ClO)_2$

5.50 a. さまざまな解答が考えられる。例えば：

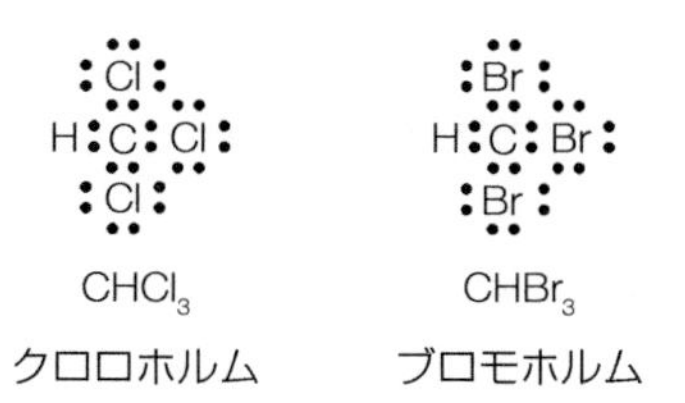

b. THM は三つのハロゲンと一つの水素を含んでいる。CFC はハロゲンの塩素とフッ素のみを含み，水素は含まれていない。

c. THM は CFC よりも沸点が高い。

5.51 a. 虫歯が予防されたことで口腔衛生が改善された。これは，社会経済的地位に関係なく，地域社会のコスト削減にもつながる。

b. 低所得者層の人々は，高所得者層の人々と同じように歯科治療や高価なフッ素入り歯磨き粉を利用できない場合がある。

c. 解答例として，他の健康問題を引き起こす可能性がある，メリットがない，高額すぎる，などが挙げられる。予防接種を巡る論争と似たような，個人の権利と地域社会の利益の対立に関する議論がある。

5.52 さまざまな解答が考えられる。

5.53 解答は，水日誌の内容によって異なる。節約の取り組みには，歯磨き中に水を流しっぱなしにしない，雨水をためる，水を使う家電製品を環境に優しいものにする，などが含まれる。

5.54 解答例として，次のようなものが考えられる。脱塩はエネルギー集約型のプロセスであり，化石燃料の燃焼を伴う。化石燃料の燃焼は温室効果ガスの増加につながる。これは「エネルギー効率の向上」と「有害性の低い化学合成」という主要なアイディアに反する。

5.55 a. 解答例としては，次のようなものが考えられる。地域社会は，小川からゴミを拾うことができる。農家は，肥料の流出を防ぐために，川岸の近くに植物を植えることができる。

b. 例えば，次のような解答が考えられる。第三世界の国々では水不足が問題となっている。水が汚く，豊富ではないため，これは重要な問題である。病気が蔓延し，清潔な水を見つけるのに多くの時間を費やさなければならない。この問題に対処する二つの方法は，雨水をためることと井戸を掘ることである。

5.56 解答はさまざまであろう。水の使用量を追跡する別の方法として，メーターを見て実際の使用量を確認するという方法がある。また，タイマーを使って，シャワーを浴びるのにかかった時間をより正確に把握することができる。

第 6 章

動画を見てみよう

a. $4{,}460\ \text{km} \times \dfrac{0.6214\ \text{mi}}{1\ \text{km}} \times \dfrac{1\ \text{gal}}{30\ \text{mi}} = 92\ \text{gal}$

b. 139 gal

c. $\dfrac{26.1\ \text{lb corn}}{1\ \text{gal}} \times 139\ \text{gal} \times \dfrac{1\ \text{acre}}{7{,}110\ \text{lb corn}} = 0.51\ \text{acre}$

6.1 a. 求められている燃料は低温でも容易に燃焼し，燃焼時に大量の熱を発生する。また，製造コストも低く，安全に貯蔵・輸送できるといったものである。

b. 燃料とその用途の相性が良いとは，作業を完了するために過剰な量の燃料を必要とせず，残留物が最も少ないことを意味する。

c. 木材や石炭などの固体燃料にはいくつかの欠点がある。有害ガスの発生，固体残留物の残留，再生不能資源であることに加え，石炭粉塵は深刻な健康被害を引き起こすことが証明されている。石油や天然ガスなどの液体燃料や気体燃料は，固体燃料よりもスムーズに燃焼するが，それでも環境に有害なガスを発生させる。

d. 石油に代わるより優れた燃料は，安価に生産でき，安全に貯蔵・輸送でき，燃焼時に大量の熱を発生させる。

6.2 堆肥の山から蒸気が立ち上るのには二つの理由が考えられる。堆肥が新しい場合は，水蒸気が逃げているのが原因である可能性が高い。一方，実際に堆肥化が始まっている堆肥の山の場合は，堆肥の原料を食べる細菌が代謝の副産物として熱を発生させる。この熱により，堆肥の温度は70℃まで上昇する可能性がある！

6.3 a. 中国は最も多くの石炭を生産している（2016年）。アメリカ，ロシア，サウジアラビアは最も多くの石油を生産している（2016年）。アメリカとロシアは最も多くの天然ガスを生産している（2017年）。

b. アメリカは最も多くの石炭の埋蔵量がある（2015年）。カナダ，サウジアラビア，ベネズエラは最も多くの石油の埋蔵量がある（2017年）。ロシア，イラン，カタールは天然ガスの埋蔵量が最大である（2017年）。

c. 天然資源は，需要の多い国が埋蔵量の多い国から購入することが多い。アメリカは石油埋蔵量では11位に過ぎないが，生産量では世界第1位であるため，国内の石油への依存度を低く抑え，石油埋蔵量の多い国が石油価格をつり上げるのを防いでいる。

d. この10年間で傾向は劇的に変化したわけではないが，アメリカは石油の最大の生産国となり，天然ガスの埋蔵量も増加した。中国は過去30年間，石炭の最大の生産国であり続けているが，この10年間で生産量はほぼ3倍に増加した。アメリカの化石燃料の生産および埋蔵能力の変化の原動力は，低迷する経済の立て直しを図る試みと関連している可能性が高い。

6.4 アメリカエネルギー情報局によると，現在のアメリカの生産量と埋蔵量推定値を考慮すると，石炭は約325年分，天然ガスは約90年分，石油は約53年分（2016年比）の埋蔵量がある。しかし，これらの数値は，世界的な生産量や埋蔵量，化石燃料の消費量の変化，そして重要なこととして，現在のエネルギー技術を改善するための研究の成果は考慮されていない。

6.5 a. 炭素原子2個

b. 炭素原子1個

c. 炭素原子3個

6.6 a. $C_6H_{12}O_6 + 6\ O_2 \rightarrow 6\ CO_2 + 6\ H_2O$

b. $CH_4 + 2\ O_2 \rightarrow CO_2 + 2\ H_2O$

c. $2\ C_4H_{10} + 13\ O_2 \rightarrow 8\ CO_2 + 10\ H_2O$

6.7 $C_3H_8 + 5\ O_2 + N_2 \rightarrow 3\ CO_2 + 4\ H_2O + N_2$

窒素は反応しないため，通常，化学反応式から窒素は省略される。N_2は反応物側と生成物側で変化していないことに注目して欲しい。

6.8 さまざまな解答が考えられる。一般的な傾向としては，原子が互いに近づくと位置エネルギーが急激に増加し，逆に原子が離れると位置エネルギーが減少する。

6.9 a. $217\ \text{kcal} \times \frac{1{,}000\ \text{cal}}{1\ \text{kcal}} \times \frac{4.184\ \text{J}}{1\ \text{cal}} \times \frac{1\ \text{kJ}}{1{,}000\ \text{J}}$

$= 908\ \text{kJ}$

b. 1 J は100 gの物体を1 m持ち上げるのに相当する（重力による加速度は10 m/s^2として計算）。1 kgの物体を2 m持ち上げるには20倍のエネルギー，つまり20 Jが必要になる。908 kJ（または9.08×10^5 J）を体内で燃焼させるには，なんと45,400冊の教科書を持ち上げなければならない！

6.10 a. 問6.9では，ピザのカロリーが全て代謝されて，仕事をするのに利用できるエネルギーになるという前提を置いていた。これは妥当な仮定ではない。

b. 実際には，食べ物を代謝する際に放出されるエネルギーの全てが利用可能なエネルギーに変換されるわけではないため，このピザ 1 切れで持ち上げられる本の量はずっと少なくなる。

6.11 一般的に，炭化水素は燃焼熱が高く，最も優れた燃料といえる。石炭は炭素でできているため，優れた燃料となる。しかし，水素原子が含まれていないため，利用価値は低い。エタノールは主に炭素と水素でできているが，酸素原子が含まれているため，燃料としては利用価値が低い。燃焼中に結合が切れたり形成されたりするため，この二つの物質は燃焼熱が似ている。これらは異なる物質でできているが，切れたり形成されたりする結合は異なる。しかし，最終的なエネルギーの結果は似ている。

6.12 a. 温パックは発熱反応の結果であり，冷却パックは吸熱反応の結果である。

d. 塩化カルシウムや硫酸マグネシウムを水に添加すると発熱するが，塩化ナトリウム，塩化アンモニウム，塩化カリウム，または炭酸水素ナトリウムを水に添加すると吸熱する。

e. 塩化カルシウムは温パックに効果的な塩であるが，塩化アンモニウムは冷却パックに効果的である。読者は，最も大きな温度変化をもたらす塩が最も効果的であると考えるべきである。

6.13 O_3 の結合エネルギーは，O-O の単結合（146 kJ/mol）と O=O の二重結合（498 kJ/mol）の中間である。つまり，O_2 の O=O 二重結合の結合エネルギーよりも小さい。エネルギーは波長に反比例するため，O_2 の結合エネルギーが高いほど，その結合を切断するにはより短い波長の放射が必要となる。

6.14 $2\ C_2H_2 + 5\ O_2 \rightarrow 4\ CO_2 + 2\ H_2O$

結合の切断		結合の形成	
2 C≡C	2×（＋813 kJ/mol）	8 C=O	8×（−803 kJ/mol）
4 H-C	4×（＋416 kJ/mol）	4 H-O	4×（−467 kJ/mol）
5 O=O	5×（＋498 kJ/mol）		
	＋5,780 kJ/mol		−8,292 kJ/mol

2 mol で発生する熱 ＝−2,512 kJ/2 mol C_2H_2

燃焼熱 ＝−1,256 kJ/mol C_2H_2

または，

$$\frac{-1{,}256\ \mathrm{kJ}}{\mathrm{mol}} \times \frac{1\ \mathrm{mol}}{26\ \mathrm{g}} = -48.3\ \mathrm{kJ/g}\ C_2H_2$$

6.15 例えば，化学エネルギーを機械的エネルギーに変換するエンジン（結合に蓄えられた潜在エネルギーは燃焼時に放出され，機械の部品を動かす動力となる），電気エネルギーを熱と光に変換する電球，化学エネルギーを熱に変換する薪ストーブなどである。

6.16 a. U 字形の両端では位置エネルギーが最大となり，底では最小となる。運動エネルギーはこれと反対の傾向を示し，底では最大となり，上では最小となる。

b. スケートボーダーの体重が増えると，スケートパークのさまざまな段階における位置エネルギーと運動エネルギーの大きさが大きくなるのと同様に，総エネルギーも増加する。

c. 総エネルギーは一定である。エネルギーは位置エネルギーと運動エネルギーの間で変換されるが，エネルギー保存の法則により，システムの総エネルギーは一定に保たれる（摩擦による損失がないと仮定した場合）。

d. 摩擦が加わると，最終的にスケートボーダーはエネルギーを失い，止まることになる。

e. 総エネルギーは再び一定に保たれるが，運動エネルギーと位置エネルギーは熱エネルギー（熱）に変換され，スケートボーダーの動きが止まったときに最終的に総エネルギーと等しくなる。

f. 違反していない。総エネルギーは一定に保たれるが，異なる形態の間で変化している。

6.17 a. $\frac{5\times10^{12}\ \text{J}}{x}=0.38$

$x=\frac{1.32\times10^{13}\ \text{J}}{日}=\frac{1.32\times10^{10}\ \text{kJ}}{日}$

$\frac{1.32\times10^{10}\ \text{kJ}}{日}\times\frac{1\ \text{g}}{30\ \text{kJ}}\times\frac{1\ \text{kg}}{1{,}000\ \text{g}}\times\frac{30\ ドル}{1{,}000\ \text{kg}}$

=13,000 ドル / 日

プラントAの石炭コストは 1 日あたり 13,000 ドル，プラントBの石炭コストは 1 日あたり 11,000 ドル。

b. 石炭が燃焼すると，炭素 12 g から二酸化炭素 44 g が生成される。プラントAは 1 日あたり，

$1.3\times10^{10}\ \text{kJ}\times\frac{1\ \text{g}}{30\ \text{kJ}}=4.3\times10^{8}\ \text{g}$

の石炭を燃焼し，1.6×10^{9} g の CO_2 を発生させる。プラントBは 1 日あたり 3.6×10^{8} g の石炭を燃やし，1.3×10^{9} g の CO_2 を発生させる。従って，プラントBはプラントAよりも 1 日あたり 3.0×10^{8}(3,000 万)g 少ない CO_2 を排出していることになる。

c. 発電所で発電されたエネルギー×効率＝住宅を加熱するために必要な総エネルギー

プラントAで発電されたエネルギー×0.38＝3.5×10^{7} kJ の熱

従って，プラントAで発電されたエネルギー＝3.5×10^{7} kJ/0.38＝9.2×10^{7} kJ の熱

石炭 1 g あたり 30 kJ の熱を生み出すため，9.2×10^{7} kJ/30 kJ/g＝3.1×10^{6} g の石炭がプラントAで必要となる。

プラントBの場合：

プラントBで生成されるエネルギー(効率 46%)＝3.5×10^{7} kJ/0.46＝7.6×10^{7} kJ の熱

これは，7.6×10^{7} kJ/30 kJ/g＝2.5×10^{6} g の石炭がプラントBで必要となることを意味する。

従って，家庭を加熱するために必要なエネルギーを供給するには，プラントBに比べてプラントAでは 5.3×10^{5} g(または 530 kg)の余分な石炭を燃焼させる必要がある。

6.18 a. 運転中に発生するエネルギー損失の例としては，燃料燃焼時にエンジンで発生する熱や排気ガスなどが挙げられる。

b. 平均的なサイズの車(約 1 t)を動かすのに燃料燃焼によるエネルギーの 15%しか必要ない場合，乗客を乗せるにはさらに 2 ～ 4%のエネルギーが必要となる(人数にもよるが乗客の総重量を 140 ～ 230 kg と仮定)。

6.19 a. 石炭は 1860 年代以降，広く使用されている燃料であるが，石油と天然ガスの需要は 1900 年代以降上昇し，アメリカにおける燃料消費の最も高い割合を占めるようになった。

b. 図 6.11 によると，石炭は生産される総エネルギーの約 14%を占めている。世界的な傾向はアメリカの傾向と類似しているが，アジアでは石炭の消費量が他の燃料をはるかに上回っている。この違いの理由として，中国が世界最大の石炭生産国であることが挙げられる。

6.20 a. 石炭のおおよそのモル質量を計算する：

$135\ \cancel{\text{mol C}}\times\frac{12.0\ \text{g C}}{1\ \cancel{\text{mol C}}}=1{,}620\ \text{g C}$

$96\ \cancel{\text{mol H}}\times\frac{1.0\ \text{g H}}{1\ \cancel{\text{mol H}}}=96\ \text{g H}$

$9\ \cancel{\text{mol O}}\times\frac{16.0\ \text{g O}}{1\ \cancel{\text{mol O}}}=144\ \text{g O}$

$1\ \cancel{\text{mol N}}\times\frac{14.0\ \text{g N}}{1\ \cancel{\text{mol N}}}=14.0\ \text{g N}$

$1\ \cancel{\text{mol S}}\times\frac{32.1\ \text{g S}}{1\ \cancel{\text{mol S}}}=32.1\ \text{g S}$

これらの元素寄与の合計は $C_{135}H_{96}O_{9}NS$ 1,906 g/mol となる。従って，1,906 g の石炭ごとに 1,620 g の炭素が含まれている。同様

に，1,906 t の石炭には 1,620 t の炭素が含まれている。

炭素の総量$=1.5\times10^6$ tons $C_{135}H_{96}O_9NS\times$

$$\frac{1{,}620 \text{ tons C}}{1{,}906 \text{ tons } C_{135}H_{96}O_9NS}=1.3\times10^6 \text{ tons C}$$

b. $1.5\times10^6 \text{ tons}\times\frac{2{,}000 \text{ lb}}{1 \text{ ton}}\times\frac{454 \text{ g}}{1 \text{ lb}}\times\frac{30 \text{ kJ}}{\text{g}}$

$=4.1\times10^{13}$ kJ

c. 470 万 t

6.21 a. 無煙炭，瀝青炭，および無煙炭は，より高い圧力と高い温度に長時間さらされてきた。その過程で，それらは酸素と水分を失い，より硬く，より高密度となり，より高い結晶性を示すようになった。

b. 無煙炭と瀝青炭はエネルギー含有量が高く，一方，褐炭と泥炭はエネルギー含有量が最も低く，放出されるエネルギー量は木材のそれよりわずかに高い程度である。無煙炭および瀝青炭は炭素含有率が高く，硫黄含有率が低い。この組成により，有害な硫黄酸化物の排出が少ないため，燃焼に適している。

c. 褐炭は世界で最も豊富であるが，無煙炭はアメリカおよびその他の国々ではほぼ全てが枯渇している。瀝青炭および亜瀝青炭も世界的に広く入手可能である。

6.22 a. 石炭には少量の硫黄が含まれており，燃焼中に酸素と結合して SO_2 を生成する。火山は大気中の SO_2 の自然発生源である。

b. 石炭には少量の窒素が含まれており，燃焼中に酸素と結合するが，NO の大部分は燃焼プロセス中に生成される高温の空気中の N_2 と O_2 の反応によって生成される。NO のその他の発生源には，エンジン排気，雷，穀物サイロなどがある。

6.23 a. 石炭火力発電では，煤煙（インフラや呼吸器系にダメージを与える）やフライアッシュ（水銀，カドミウム，鉛などの有毒元素を濃縮したもの）などの微粒子が排出される。また，石炭は窒素酸化物や硫黄酸化物などの有害ガスを発生させ，酸性雨や地球温暖化の原因となる。

b. クリーンコールが将来的に実現可能な選択肢となり得るという証拠として，グローバル CCS（二酸化炭素回収・貯留）インスティテュートによると，現在 18 の CCS プロジェクトが稼働中で，さらに五つのプロジェクトが開発中である（2011 年には稼働中のプロジェクトは八つしかなかった）。これら 20 のプロジェクトは，年間 3,300 万 t 以上の CO_2 を回収する能力があり，さらに 20 の CCS プロジェクトがさまざまな開発段階にある。

6.24 換算係数：

7.33 barrels＝1 metric ton

1 barrel＝42 gallons，1 gallon＝3.8 L

図 6.17 によると，世界の石油消費量は現在，1 日あたり約 1 億 200 万バレルと予測されており，これは 1 日あたり 43 億ガロン（1.02×10^8 barrels（42 gal/L），16.3 億 L（4.3 億ガロン（3.8 L/gal）），または 1,390 万 t（1 億バレル（1 t/7.33 barrels））に相当する。世界の石油生産量は，1 日あたり約 102.5 万バレルと予測されており，これは 1 日あたり約 43 億ガロン，163 億 L，または 13.9 万 t に相当する。

6.25 a. $1500 \text{ kJ}\times\frac{1 \text{ g } CH_4}{50.1 \text{ kJ}}\times\frac{1 \text{ mol } CH_4}{16 \text{ g } CH_4}\times$

$$\frac{1 \text{ mol } CO_2}{1 \text{ mol } CH_4}\times\frac{44 \text{ g } CO_2}{1 \text{ mol } CO_2}=82 \text{ g } CO_2$$

b. メリーランド州産の瀝青炭（平均 30.7 kJ/g）の場合，1,500 kJ の熱を生産する際に 150 g の CO_2 が放出される。

6.26 a. 水圧とは，水，油，またはその他の液体を比較的狭いパイプまたは管路に通すことによって生じる圧力によって行われる作業を指す。フラッキングでは，水が井戸に圧送され，圧力が上昇してシェールを破砕する。天然ガスは可燃性であるため，ダイナマイトを使用すると，採取しようとするガスとの燃焼反応による危険な爆発が起こる可能性がある。

b. アメリカ地質調査所によると，水圧破砕には200万ガロン(約760万L)の水で済む場合もあれば，1,600万ガロン(約6,080万L)の水が必要な場合もある。さらに，一つの井戸を何度も水圧破砕することもある。FracFocus(全米水圧破砕化学物質登録の記録)によると，水圧破砕液に添加物として一般的に使用される化学物質のリストは膨大である。水圧破砕液には，亀裂を維持するために砂などの微粒子も使用される。

c. EPAによると，水圧破砕法で発生する廃水は，深井戸に圧入して処分したり，処理後に地表水に廃棄したり，あるいは将来の水圧破砕作業で再利用したりすることができる。

6.27 a. 沸点は，分子間力が強い分子や電子数が多い分子(同じ種類の分子間力を持つもの)ほど高くなると予測される。従って，沸点の高さは，$F_2 < Cl_2 < Br_2 < I_2$の順になる。

b. aと同じ原則に従うと，$CH_4 < CF_4 < CBr_4 < CI_4$となる。

6.28 a. 考えられる組み合わせの一つは，C_8H_{18}とC_8H_{16}である。それらの構造式は以下の通りである：

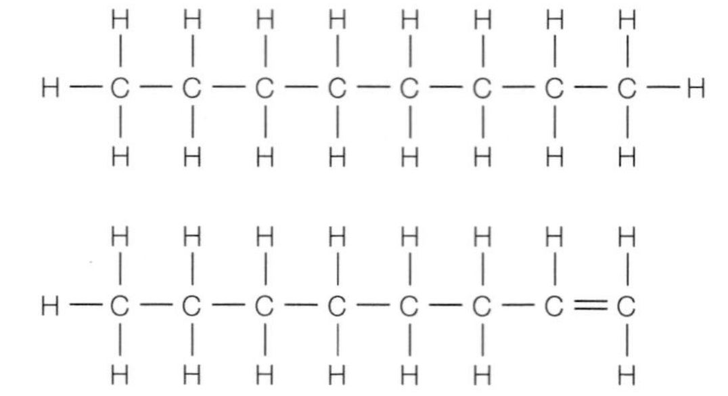

b. C_nH_{2n+2}(nは整数)

c. 問6.27で使用されている原則に基づくと，沸点の順番はC_5H_{12}(36.1℃)＜$C_{11}H_{22}$(192.7℃)＜$C_{16}H_{34}$(287℃)となるはずである。

6.29 アメリカ労働省労働安全衛生局によると，鉛への暴露が最も多いのは，以下の通りである：

a. 鉛管，はんだ，充電式電池，鉛弾，鉛ガラス，真鍮または青銅の製品，ラジエーターなどの鉛材料や製品の生産，使用，メンテナンス，リサイクル，廃棄に関わる労働者。鉛顔料で塗装された建造物の撤去，改築，解体工事に従事する建設作業員，または鉛管や継手の設置，維持，解体工事，タンクの鉛ライニングや放射線防護，鉛ガラス，はんだ付け，または鉛金属や鉛合金を使用するその他の作業に従事する作業員。

b. 射撃場，ラジエーター修理，鉛蓄電池のリサイクルなど，上記に列挙されたものの使用に関わる愛好家。

c. 水，食品，劣化した古い塗料に高濃度の鉛が含まれる場所に住む子供たち。

6.30 a. 2015: 14,807(100万ガロン)
2016: 15,413(100万ガロン)
2017: 15,845(100万ガロン)

b. 棒グラフは，エタノールの生産量が近年劇的に増加していることを視覚的に表現するのに役立つ。エタノールは，多くの農家が容易に生産できる作物であるさまざまな糖類や穀物を発酵させることで生産できる。

6.31 スイッチグラスと木材チップを使用する上で最も望ましい特性は，豊富に存在し，比較的再生可能であり，トウモロコシやサトウキビとは異なり，原料ではないという点である。

6.32 a. $C_2H_5OH + 3\ O_2 \rightarrow 2\ CO_2 + 3\ H_2O$

b. $2\ C_{19}H_{38}O_2 + 55\ O_2 \rightarrow 38\ CO_2 + 38\ H_2O$

ヒント：まずCとHのそれぞれの原子数を両辺で等しくする。

6.33 a. メタノールとエタノールの構造式：

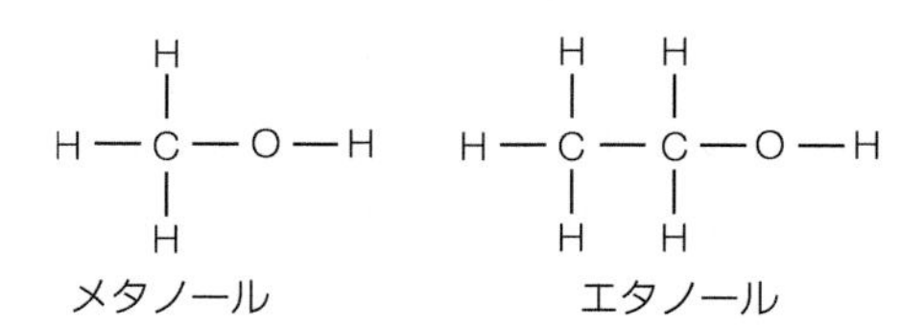

b. プロパノール。プロパノールはプロパンと同じように炭素原子を三つ含むためである。より正確にいえば，この化合物は *n*- プロパノールまたは 1- プロパノールである。

c. CH_3 — CH — CH_3（CH に OH）

これはイソプロパノール（2- プロパノール）で，消毒用アルコールとしてよく知られている。

6.34 a. 分子に酸素原子が含まれているため，放出される熱は少ないと予想できる。また，炭素が少ないため，放出される熱も少ないと予想できる。つまり，全体としてバイオディーゼルは放出するエネルギーが少ない。

b. バイオディーゼルのモル質量を知らなければ，1 mol あたりのエネルギー含有量は分からない。

c. 比較する二つの物質をどのように測定するかによって，どちらの値も有用であると主張できる。粒子単位では mol 単位の測定がより意味があるが，燃料を質量単位で測定する場合は g 単位の方がより有用である。

6.35 さまざまな解答が考えられる。バイオ燃料は，作物や草から生成されるため，化石燃料よりも潜在的にカーボンニュートラルである。バイオ燃料の燃焼によって放出された炭素は，これらの植物が光合成によって吸収した炭素によって一部相殺される。温室効果ガス排出量の削減については，使用するバイオ燃料の種類や，作物の植え付け / 収穫，肥料の生産，作物への水やりなどにどれだけのエネルギーが必要かによって異なる。

6.36 主なポイントは以下の通りである：

- パーム油は既に世界で最も広く消費されている植物油であり，さまざまな食品の他，石鹸，洗剤，シャンプーなどにも使用されている。
- パーム油をバイオ燃料として使用することで，パーム油の需要が増加し，労働法が整備されていない国々で働く労働者たちに問題が生じている。 多くの場合，こうした労働者は需要に応えるために，低賃金で長時間労働を強いられている。
- さらに，この需要により，この油を使用する製品の価格が上昇し，生活費が押し上げられ，既に厳しい経済状況にある人々はさらに苦しくなる。

6.37 読者には各自でライフサイクル分析の図を描いてもらいたい。図は，バイオ燃料の生産と使用には環境への影響があることを示している。適切なビーズの配分は次の通りである。

エタノール（合計 75 個）：緑（17 個），青（10 個），赤（17 個），オレンジ（15 個），黄色（16 個）

バイオディーゼル（合計 25 個）：緑（3 個），青（10 個），赤（3 個），オレンジ（5 個），黄色（4 個）

第 7 章

動画を見てみよう

選択した地域によって解答は異なる。天然ガスや石炭などの資源は化石燃料から派生するが，太陽光発電，風力発電，水力発電はそうではない。

7.1 読者が 1 日の生活で使用する可能性のあるエネルギーの種類としては，自動車の運転，徒歩での通学，運動などによる機械的エネルギー，電池式の電子機器の使用による化学的エネルギー，電気を使用する照明やその他の電気器具の使用による電気的エネルギーなどがある。

7.2 U-234 は陽子 92 個と中性子 142 個，U-238 は陽子 92 個と中性子 146 個である。同位体は中性子の数だけが異なるため，U-234 と U-238 はどちらも電子を 92 個持っている。

7.3 原子番号：92，質量数：234，$^{234}_{92}U$

この記号は両者の中性子数が異なるので U-238 とは異なる。

7.4 a. $^{1}_{0}n + ^{235}_{92}U \rightarrow ^{138}_{56}Ba + ^{95}_{36}Kr + 3\,^{1}_{0}n$

b. $^{1}_{0}n + ^{235}_{92}U \rightarrow ^{137}_{52}Te + ^{97}_{40}Zr + 2\,^{1}_{0}n$

7.5 無煙炭の場合：

$$9.0 \times 10^{10}\ \mathrm{kJ} \times \frac{1.0\ \mathrm{g}\ \text{無煙炭}}{30.5\ \mathrm{kJ}} \times \frac{1\ \mathrm{kg}}{1{,}000\ \mathrm{g}}$$

$= 3.0 \times 10^{6}$ kg 無煙炭

他の等級の等価質量も同様に計算される。すなわち，瀝青炭 290 万 t，亜瀝青炭 380 万 t，褐炭（亜炭）560 万 t，泥炭 690 万 t となる。

7.6 $^{241}_{95}Am \rightarrow ^{237}_{93}Np + ^{4}_{2}He$

$^{9}_{4}Be + ^{4}_{2}He \rightarrow ^{12}_{6}C + ^{1}_{0}n + ^{0}_{0}\gamma$

7.7 地震などの緊急時には，原子炉の炉心で核分裂反応を遅らせるために，燃料棒を挿入して停止に備える必要がある。

7.8 雲は凝縮した水蒸気の小さな水滴である（これを蒸気と呼ぶ人もいるが，蒸気は凝縮するまでは目に見えない）。雲には核分裂生成物は含まれていない。

7.9 以下の式で示すように，パロベルデ複合施設が最大稼働している場合，3.1×10^{14} J の電気エネルギーが 1 日で作り出される：

$$1.2 \times 10^{9}\ \mathrm{J/s} \times \frac{60\ \text{秒}}{1\ \text{分}} \times \frac{60\ \text{分}}{1\ \text{時間}} \times \frac{24\ \text{時間}}{1\ \text{日}}$$

$\times 3$ 原子炉 $= 3.1 \times 10^{14}$ J

ここで $\Delta E = \Delta mc^2$ を使って，U-235 の質量の変化分を求める。$\Delta m = \Delta E/c = 3.1 \times 10^{14}(\mathrm{J})/(3.00 \times 10^{8}(\mathrm{m/s}))^2 = 0.0034$ kg または，毎日失われる U-235 は 3.4 g である。

7.10 a. 電磁波

b. 核放射線

c. 電磁波

d. 核放射線

7.11 a. $^{86}_{37}Rb \rightarrow ^{86}_{38}Sr + ^{0}_{-1}e$

b. $^{239}_{94}Pu \rightarrow ^{235}_{92}U + ^{4}_{2}He$

7.12 a. さまざまな解答が考えられる。アメリカにおける平均的な放射線被曝量は 0.62 rem である。

b. 宇宙放射線の濃度は標高が高いほど高くなる。

c. 空港の金属探知機や X 線検査機は，絶対に必要でない限り使用しない。地下室に危険なレベルの濃度でラドンガスが存在しているかどうかを判断するために，ラドン検査を行う。

7.13 10 半減期後，元の試料の 0.0975%が残る。

半減期の回数	崩壊した割合（%）	残量の割合（%）
7	99.22	0.78
8	99.61	0.39
9	99.805	0.195
10	99.9025	0.0975

7.14 表 7.4 を用いて確認すると，36.9 年（半減期 3 回分）後には，元のトリチウムの 12.5%が残存する。

7.15 a. ラジウムは，ウラン -238 の自然崩壊系列における生成物である。ウラン -238 は，天然に最も多く存在するウランの同位体である。従って，岩石や土壌にウランが存在する場合には，ラジウムも存在することになる。

b. 0.5 pCi が残っている場合，0.5 pCi/16 pCi＝3.12%が残っていることを意味し，放射能レベルが下がるには 5 回の半減期（5×3.8 日＝19 日）が必要である。

c. 住宅の地下の土壌や岩盤に含まれるウランがラドンを生成し続けているので，ラドンは住宅の地下にたまり続ける。

7.16 $^{1}_{0}n + ^{235}_{92}U \rightarrow ^{143}_{54}Xe + ^{90}_{38}Sr + 3\,^{1}_{0}n$

7.17 a. $-498\ \mathrm{kJ}/2\ \mathrm{mol}\ H_2 = -249\ \mathrm{kJ/mol}$

$-249\ \mathrm{kJ/mol}(1\ \mathrm{mol}\ H_2/2\ \mathrm{g}\ H_2) = -125\ \mathrm{kJ/g}$

b. 図 6.5 より，メタンは燃焼時に 50.1 kJ/g のエネルギーを放出する。

125 kJ/g/50.1 kJ/g＝2.5
水素はメタンよりも約 2.5 倍多くのエネルギーを放出する！

7.18 a. $:\ddot{\underset{..}{I}}\cdot$　$:\ddot{\underset{..}{I}}:\ddot{\underset{..}{I}}:$　$[:\ddot{\underset{..}{I}}:]^-$
原子　分子　イオン

b. ヨウ素原子は，不対電子を一つ持つためフリーラジカルとなり，最も反応性が高い。

c. ヨウ素という元素（放射性同位体である I-131 を含む）は，ヨウ化物イオン（I^-）として甲状腺に取り込まれる。

7.19 a. 原子炉で使用される構造材料にとって，中性子吸収率が低いことは重要な特性である。なぜなら，原子炉の炉心で起こる連鎖反応を持続させるには，発生した中性子が核燃料と相互作用する必要があるからである。

b. 原子力発電所で事故が発生した場合，反応が停止するまで燃料棒を冷却することが重要である。冷却装置が故障した場合，燃料棒は高温（数千℃）になり，ジルコニウム金属は炉心に残った水分を酸化させることができるようになる。この反応により，燃料棒の保護用ジルコニウム被覆が錆び，非常に燃えやすい水素ガスが発生する。水素ガスは，速やかに放出されない場合，爆発を引き起こす可能性がある。高温であれば，ジルコニウム合金，核燃料，炉心に残るあらゆる機械が溶融し，コアと呼ばれる危険な放射性物質を形成する可能性がある。コアは格納容器のコンクリート壁を貫通する可能性がある。

7.20 a. アメリカ原子力エネルギー協会は，アメリカにおける原子力発電の利用に関する有益な情報を提供しており，各州の現在のエネルギー利用状況をまとめた報告書を提供している。

b. サウスカロライナ州（63.9%），ニューハンプシャー州（62.9%），イリノイ州（53.9%），コネチカット州（48.7%），テネシー州（47.7%）では，原子力が最も高い割合で利用されている。

c. 州によって，エネルギー源は石炭，天然ガス，水力，石油，またはその他の再生可能エネルギー源である可能性がある。

7.21 a. 現在，原子炉は四つの大陸に存在し，稼働中の原子炉の数が最も多いのはヨーロッパ，北米，アジアである。

b. 世界原子力協会によると，世界最大のウラン資源を保有しているのはオーストラリア（30%）であり，次いでカザフスタン（14%），カナダ（8%），ロシア（8%）となっている。しかし，2017 年現在，ウランの生産量はカザフスタン（39%）が最も多く，次いでカナダ（22%），オーストラリア（10%）となっている。オーストラリアはウラン鉱床が豊富であるにも関わらず，これまで一度も原子力発電所を建設したことがない。カナダには 19 基の原子炉があり，国内のエネルギー需要の約 15% を賄っている。ロシアには現在 35 基の原子炉が稼働しており，国内のエネルギー需要の約 18%を賄っている。アメリカには最も多くの原子炉があり（現在 99 基が稼働中），総電力使用量の 20%を賄っている。フランスには 58 基の原子炉があり，国内の電力需要のほぼ 72%を賄っている。

c. 国際原子力機関（IAEA）によると，原子力エネルギーの開発は開発途上国に最も恩恵をもたらす。原子力技術は，癌，心臓血管疾患，その他の非感染性疾患の治療に役立つ他，小児の栄養不良対策にも役立つ。

7.22 a. リストアップされたトピックのいずれかについての意見をまとめる上で最も重要な点は，信頼できる情報源を基に，十分な情報を得た上で決定を下すことである。原子力発電は代替エネルギー源としてその有効性を実証しているが，依然として発展途上の技術であり，今後も改善が続けられるであろう。

b. 信頼できる情報源としては，原子力発電環境整備機構のウェブサイトが挙げられる。

c. このイラストは，家庭用電化製品を動かすために利用可能な再生可能エネルギーの代替手段がある未来を描いている。

d. 原子力発電は化石燃料の代替となり，世界的なエネルギー危機に対する解決策であるという考え方もあれば，一方で，原子力発電は化石燃料の枯渇に対する解決策であるかもしれないが，この過程で発生する放射性廃棄物は，適切に処理されない場合，公衆衛生を危険にさらす可能性があるという意見もある。

7.23 a. 太陽放射量は，アメリカでは冬から晩夏にかけて徐々に増加し，その後徐々に減少する。

b. 太陽放射輝度は，雲量，エアロゾル，スモッグ，霞などの地域要因に左右される。

7.24 a. Google の Project Sunroof は，場所ごとのオンライン太陽放射輝度推定値を提供している。

b. 33 日間で 256 kWh を使用するということは，この住宅所有者は平均して 1 日あたり 7.76 kWh の太陽エネルギーを生産しなければ自宅の電力を賄えないことを意味する。図 7.22 のデータと比較すると，これはアメリカのほとんどの住宅の電力を賄うのに十分なエネルギーであるはずである。

c. 7.50×10^{8} W/7.76×10^{3} W＝9.7×10^{4}
約 10 万軒の住宅にこの原子力発電所で電力を賄うことができる。

d. 留意すべき点として，原子力発電所は常にフル稼働しているわけではないこと，また，1 万世帯への継続的な電力供給は原子炉の継続的な消耗を意味することである。従って，この原子力発電所で賄える住宅数は，はるかに少ないことになる。

7.25 NEED プロジェクトによる太陽熱集熱器の例としては，放物線トラフ，太陽熱タワー，円盤 / エンジンシステムなどがある。放物線トラフは，太陽光をパイプに集光する長い反射トラフを使用する。パイプ内部を循環する流体がエネルギーを集め，熱交換器に熱を伝達することで蒸気を発生させる。規模によっては，このタイプの太陽熱集熱器は大規模なコミュニティの電力供給に使用できる可能性がある。太陽熱タワー発電では，広大な敷地に設置された回転式ミラーで太陽を追跡し，太陽光を高いタワーの頂上にある熱受信機に集光する。 受信機内の流体が熱を集め，その熱を利用して発電するか，または後で使用するために蓄える。 このタイプの集熱器もまた，大規模なコミュニティに電力を供給できるほど十分に大型化できる。 ディッシュシステムは太陽光を集光し，焦点に位置するエンジンで発電を行う。これらのユニットは小型であるため，一軒家や小規模な事業所への電力供給に最適である。3 種類の集熱器は全て，最大限の能力を発揮するには，砂漠地域で見られるような強い太陽光を絶え間なく供給する必要がある。

7.26 a. リンをドーピングすると，n 型半導体が形成される。リンは 15 族元素であり，ケイ素原子よりも原子あたりの電子数が多い。

b. ホウ素をドーピングすると，p 型半導体が形成される。ホウ素は 13 族元素であり，ケイ素原子よりも原子あたりの電子数が一つ少ない。

7.27 a. 用途には，家畜用の水汲みや，電気のない地域での照明などがある。電気のある農場や牧場でも，太陽光発電システムを導入すれば，電気代を削減できる。

b. 用途には，建物の照明や暖房，その他事業で使用する電気の供給がある。例えば，小規模な地ビール醸造所の電気需要を満たすのに十分な電力を発電するために，PV が使用されてきた。

c. 用途には，家庭の一部または全部への電力供給がある。現在，PV システムを導入している一部の家庭では，停電の恐れのある嵐の発生地域において，電気のバックアップ場所としても使用できる。

7.28 a. メリーランド州の気候は常に高温で乾燥しているわけではない。メリーランド州をソーラーファームに変えることは，その土地の効率的な利用とはいえない。

b. アメリカ南西部の砂漠地域は，ソーラーファームを建設する上で最も効果的な場所である。

c. 大規模なソーラーファームは，慎重に管理しなければ地域の砂漠の生態系を損なう可能性がある。ソーラーファームの建設と運営の過程で，その他の重要な資源を保護することが重要である。

7.29 太陽エネルギー計画を実施する前に考慮すべき要因には，一般市民に課せられる財政的負担と，その費用が計画によってどのように相殺されるか，計画で使用される太陽熱集熱器の種類，太陽熱集熱器が発電する電力の量，地域社会の電力需要を満たすのに必要なエネルギーの量，地域社会における新規建設が計画によってどのように支援されるか，などが含まれる。

7.30 a. 太陽熱エネルギーは，タービンを回すために使用される高圧蒸気を発生させることによって，電気へと変換される。タービンはシャフトを回転させ，そのシャフトが磁石のリングの中で銅線のコイルを回転させる。これにより電界が生じ，電気を発生させる。太陽電池は，太陽のエネルギーを利用して電子を活性化し，電子を原子から引き離し，導線を通して電子の流れを生み出す。

b. 近年，太陽光発電システムは太陽熱集熱器よりも優れた，より現実的な太陽エネルギーの利用方法となっている。太陽熱システムが設置可能な場所であれば，ほぼどこでも太陽光発電システムを設置できるが，太陽熱システムでは太陽光発電システムに置き換えることは通常はできない。また，太陽光発電システムは照射強度も低くて済み，太陽熱システムが直面するような技術的課題もない。

7.31 アメリカ南東部における風力発電の最大の課題は，風を遮り，風力発電に不向きな地域を生み出すアパラチア山脈である。

7.32 全米エネルギー教育開発プロジェクトのエネルギー情報誌は，利用可能な多くの再生可能エネルギー源について，各エネルギー源の仕組みだけでなく，それぞれの利点と限界も含めて，優れた要約を提供している。

7.33 さまざまな解答が考えられる。解答には，再生可能エネルギーや原子力発電を使用することで二酸化炭素の排出がなくなることが言及されるべきである。ただし，原子力発電所や太陽光発電所の建設時には温室効果ガスや二酸化炭素が排出されることに留意すべきである。

章末問題の解答

第 1 章

1. a. 化合物（二つの異なる元素から成る一つの化合物の 2 分子）
   b. 混合物（一つの元素の 2 原子と別の元素の 2 原子）
   c. 混合物（三つの異なる物質，二つの元素と一つの化合物）
   d. 元素（同じ元素の 4 原子）
3. 解答は，テキストの表示サイズによって異なる。ピリオドのおおよその測定値は 0.25 mm である。これを nm に換算すると，

$$0.25\ \text{mm}\times\frac{10^{-3}\ \text{m}}{1\ \text{mm}}\times\frac{1\ \text{nm}}{10^{-9}\ \text{m}}$$

$=2.5\times10^5$ nm または 250,000 nm となる。

6. 1×10^2 cm，1×10^6 µm，1×10^9 nm
8. a. 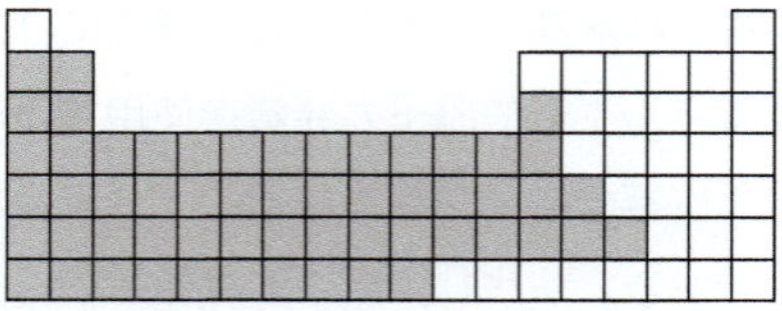
   b. 鉄(Fe)，マグネシウム(Mg)，アルミニウム(Al)，ナトリウム(Na)，カリウム(K)，銀(Ag)
   c.

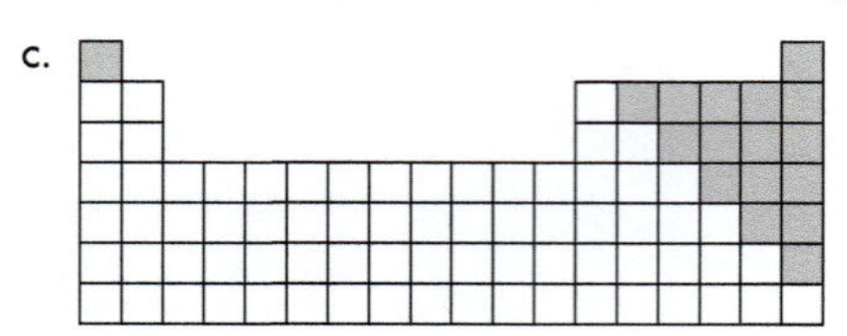

   d. 硫黄（S），酸素（O），炭素（C），塩素（Cl），フッ素（F），その他
10. a. 果実やその他の形を持ったものを含まなければ均一な混合物
    b. 不均一な混合物
    c. 不均一な混合物
    d. 均一な混合物
    e. 不均一な混合物
12. 硫黄にはいくつかの同素体が存在する。最も安定で一般的な同素体は，8 個の原子から成る環状構造である。その他の一般的な同素体には，5, 6, 7, 10 個の原子から成る環状構造や，それ以上の数の原子から成る環状構造がある。ほとんどの同素体は黄色の固体であるが，適切な温度では液体や気体の状態でも存在する。これらの同素体のほとんどは，8 員環構造の硫黄を加熱することで生成される。
14. 陽子 29 個，電子 29 個，中性子 35 個
17. a. 炭素原子 1 個，酸素原子 2 個
    b. 水素原子 2 個，硫黄原子 1 個
    c. 窒素原子 1 個，酸素原子 2 個
    d. ケイ素原子 1 個，酸素原子 2 個
20. 2016 年現在，電子機器で使用されている最小のトランジスタの寸法は 14 nm である。これは，

$$14\ \text{nm}\times\frac{10^{-9}\ \text{m}}{1\ \text{nm}}\times\frac{1\ \text{km}}{10^{3}\ \text{m}}=1.4\times10^{-11}\ \text{km}$$

に相当する。

22. このプロセスには多くの工程がある。「アルミニウムの生産と精製」についてインターネットで検索し，このプロセスに関わるさまざまな方法や工程を調べてみよう。
24. ガラスの表面に透明な導電材料の薄層が蒸着される。この目的で最も一般的に使用される材料は酸化インジウムスズ（ITO）で，LED ディスプレイから太陽電池まで幅広い用途で使用されている。日

曜大工愛好家たちは，塩化第一スズ（$SnCl_2$）を使用してガラスにコーティングを施し，導電性酸化スズの層を作る方法をインターネットに投稿している。

26. 解答は，デバイスや部品の選択によって異なるが，一般的な部品とサイズは次の通りである：
長さ（例：14.5 cm，145 mm，145,000 μm，145,000,000 nm），
幅（例：7.5 cm，75 mm，75,000 μm，75,000,000 nm），
厚さ（例：1 cm，10 mm，10,000 μm，10,000,000 nm），
カメラレンズ（例:0.3 cm, 3 mm, 3,000 μm, 3,000,000 nm），
スピーカーの穴の直径（例：0.03 cm，0.3 mm，300 μm，300,000 nm）

30. SiO_2 を主成分とする珪砂を高純度 Si に変換する工程については，1.7 節で概説されている。これに対し，海砂には金属（例：Fe，Al，Mg，K，Na，Ca，Zn，Ni）や非金属（例：B，P）などの多くの不純物が含まれているため，酸や高温を伴う化学反応による広範な前処理が必要となる。さらに，産業プロセスに海砂を使用することは持続可能ではなく，さまざまな環境への影響を引き起こす。海砂を乱すことで，物理的，生物学的，化学的にその地域が変化する可能性がある。

32. 個々の携帯電話は小型化され，埋め立て地を占めるスペースは小さくなるかもしれないが，携帯電話の製造に必要な材料や部品の製造に必要なエネルギーによっては，環境への影響がはるかに高くなる可能性がある。機器をより小さく，より安価にするために，異なる素材が使用される場合，製造工程においてよりも大規模な採掘が必要になったりより大量の廃棄物が発生したりする可能性がある。

35. 多くの宝石の色は，結晶構造中の不純物に由来する。例えば，アメジストの紫色は SiO_2 結晶中の Fe^{3+} に由来し，ルビーの赤色は Al_2O_3 結晶中の Cr^{3+} に由来する。

37. 2 枚のガラスの間に薄い膜が挟み込まれている。電流がガラスを通ると，一般的な電卓の液晶ディスプレイ（LCD）と同様に，電流の方向に沿って材料が整列する。

39. アップルは，自社製品のスクリーンから水銀とヒ素を，はんだから鉛を除去している。

41. 古い電子機器は分解され，部品はそのまま再利用されるか，機械的または化学的に分離されて原材料となり，新しい機器の製造に使用される。

44. 2018 年には，世界中で 2 億 1,800 万台の iPhone が販売された。推定値はさまざまだが，仮に各 iPhone に 0.034 g の金，0.34 g の銀，0.015 g のパラジウム，25 g のアルミニウム，15 g の銅が使われていたとすると，販売された iPhone 全てからは金 740 万 g，銀 7,410 万 g，パラジウム 330 万 g，アルミニウム 55 億 g，銅 33 億 g が得られる。もし iPhone の 25%がリサイクルされた場合，回収される金属の量は 25%×上記の値となる。これらの金属の価値を計算するには，金属の現在の価格を調べ，それを回収された金属の量に掛ければ良い。例えば，金の価格が 1 g あたり 41.20 ドルであるとすると，(7,400,000 g)×0.25×41.20 ドル＝76,220,000 ドル / 年 これは金だけの金額である。これは iPhone からのみであることを忘れないで欲しい。サムスンやファーウェイなどの他の主要ブランドにも貴金属が含まれている。

46. 考慮すべき事項には，デバイスに使用されている材料の毒性，原材料の入手可能性，デバイスに必要なエネルギー量，デバイスおよび使い捨て部品（バッテリーなど）の耐用年数などがある。

48. レアアースの需要の増加は約 40%に上る。レアアースは，携帯電話，コンピューター，充電式電池，風力タービン，スピーカー，蛍光灯など，幅広い製品に使用されている。たとえアメリカにおけるレアアースの回収率が 100%であったとしても，アメリカがレアアースの需要を満たすことができるかどうかは疑わしい。この幅広い製品市場の成長は，旧製品の廃棄を上回っており，その多くは

リサイクル可能なレアアースをほとんど，あるいは全く使用していない可能性がある。

第2章

1. a. $\frac{0.5\,\text{L}}{1\,\text{呼吸}} \times \frac{10\,\text{呼吸}}{1\,\text{分}} \times \frac{60\,\text{分}}{1\,\text{時間}} \times 7.5\,\text{時間}$

   $=2{,}250\,\text{L}$（すなわち，有効数字1桁で $2\times10^3\,\text{L}$）

   b. 可能性としては，燃焼量を減らす（木材，植物，調理用燃料，ガソリン，線香），汚染の少ない製品を使用する（低排出塗料），モーターを使用しない器具や工具を使用する（手動式芝刈り機，泡立て器，ほうき，熊手）などが考えられる。

2. a. $Rn < CO < CO_2 < Ar < O_2 < N_2$

   b. CO と CO_2

   c. CO。この本が出版される頃には，CO_2 も規制されているかもしれない。

   d. Rn（ラドン）と Ar（アルゴン）

4. a. $0.934\% \times \frac{1{,}000{,}000\,\text{ppm}}{100\%} = 9{,}340\,\text{ppm}$

   （小数点以下4桁を右に移動させる）

   b. $2\,\text{ppm} \times \frac{100\%}{1{,}000{,}000\,\text{ppm}} = 0.0002\%$

   （小数点以下4桁を左に移動させる）

   20 ppm は 0.0020％に相当する。50 ppm は 0.0050％に相当する。

   c. $8{,}500\,\text{ppm} \times \frac{100\%}{1{,}000{,}000\,\text{ppm}} = 0.85\%$

   この問題で計算された絶対湿度と，飽和水蒸気量（特定の温度で空気中に保持できる水蒸気の最大可能量）に対する空気中の水蒸気の量の比である相対湿度とを混同しないように注意すること。例えば，熱帯雨林では，相対湿度は通常75～95％である。

   d. 8 ppm は 0.0008％である（小数点以下4桁を左に移動させる）。

5. a. 化学式は，化合物に含まれる元素と，その元素の原子数比を示す。

   b. Xe（キセノン），N_2O（一酸化二窒素または亜酸化窒素），CH_4（メタン）

8. 窒素は空気の78.0％を占め，100個の空気粒子のうち78個が窒素分子であることを意味する：

   $500\,\text{個の空気粒子} \times \frac{78\,\text{個の窒素分子}}{100\,\text{個の空気粒子}}$

   ＝390個の窒素分子

   酸素は空気の21.0％を占め，100個の空気粒子のうち21個が酸素分子であることを意味する：

   $500\,\text{個の空気粒子} \times \frac{21\,\text{個の酸素分子}}{100\,\text{個の空気粒子}}$

   ＝105個の酸素分子

   アルゴンは大気中の0.9％を占め，100個の空気粒子のうち，0.9個がアルゴン原子であることを意味する：

   $500\,\text{個の空気粒子} \times \frac{0.9\,\text{個のアルゴン原子}}{100\,\text{個の空気粒子}}$

   ＝4.5個のアルゴン原子（または4～5個のアルゴン原子）

10. a. 反応物の質量は生成物の質量と等しい。質量保存の法則が適用される。

    b. 分子の数は同じではない（反応物分子4個に対して生成物分子2個）。

    c. 反応物および生成物として存在する各原子の数は同じである。

12. a. $C_3H_8(g) + 5\,O_2(g) \rightarrow 3\,CO_2(g) + 4\,H_2O(g)$

    b. $2\,C_4H_{10}(g) + 13\,O_2(g) \rightarrow 8\,CO_2(g) + 10\,H_2O(g)$

    c. $2\,C_3H_8(g) + 7\,O_2(g) \rightarrow 6\,CO(g) + 8\,H_2O(g)$

    $2\,C_4H_{10}(g) + 9\,O_2(g) \rightarrow 8\,CO(g) + 10\,H_2O(g)$

13. a. $2\,C_2H_6(g) + 3\,O_2(g) \rightarrow 4\,C(s) + 6\,H_2O(g)$

    b. $2\,C_2H_6(g) + 5\,O_2(g) \rightarrow 4\,CO(g) + 6\,H_2O(g)$

    c. $2\,C_2H_6(g) + 7\,O_2(g) \rightarrow 4\,CO_2(g) + 6\,H_2O(g)$

    d. 化学量論式において，完全燃焼ではエタンに対する酸素の割合が最も高い（7：2）必要があることを示している。もしも割合が5：2の場合，二酸化炭素ではなく一酸化炭素が生成される。割合が 3：2 しかない場合，炭素（煤や微粒子）が生成される。注：酸素が少ない場合，生成物は純粋な CO または純粋な煤ではなく，それらが混合されたものになる。

15. 呼吸では，体内に取り込まれた酸素が体内の糖分と反応し，エネルギーを生み出すために二酸化炭素と水蒸気を生成する。そのため，呼気中の酸素の割合は減少し，二酸化炭素の割合は増加する。酸素は，私たちが食べる物の代謝に利用される。

16. 対流圏は地球に最も近い大気の層であり，私たちが暮らす場所である。質量で 75%の大気が含まれており，大気中の空気を混合させる気流や嵐が発生する場所である。

18. NO_2＝二酸化窒素
N_2O＝一酸化二窒素
NO＝一酸化窒素
NCl_3＝三塩化窒素
N_2O_4＝四酸化二窒素

20. a. $400\ \text{ppm} \times \dfrac{100\%}{1{,}000{,}000\ \text{ppm}} = 0.04\%$
b. 一酸化炭素を吸い込むと健康に有害となる可能性があるので，一酸化炭素は空気汚染物質である。
c. 一酸化炭素は，ヘモグロビンが酸素を体内に運搬する能力を妨害する。高濃度の CO にさらされると，酸素不足により死に至る可能性がある。短期間の暴露でも，めまいや頭痛を引き起こす。

23. 一酸化炭素：軽度の CO 中毒では，頭痛，めまい，吐き気などの不快な症状が現れる。普段のやり方で力を発揮できなくなる。より重度の中毒では，意識不明になる可能性がある。
粒子状物質：軽度の PM 中毒では，肺や心血管に不快感が生じる。この場合も，通常のエネルギーレベルは得られない。より重度の中毒では，心臓発作を引き起こす可能性がある。
オゾン：軽度のオゾン中毒では，目や喉がヒリヒリする。呼吸困難や喘息を悪化させる。

25. 呼吸において，体内に取り込まれた酸素は体内の物質と反応し，二酸化炭素と水蒸気を生成する。そのため，呼気中の酸素の割合は減少し，二酸化炭素の割合は増加する。

27. 以下にいくつかの可能性を挙げる：
- 鉄や鋼材は錆びにくくなり，これらの材料でできた多くの物の耐用年数が延びる。
- 火災は勢いを失い，二酸化炭素と煤煙の排出量が増える。暖炉の薪は長持ちし，熱がゆっくりと放出される。
- 人体は（高地でそうなるように）酸素濃度の低下に適応できる。しかし，この場合，酸素を必要とする代謝プロセスが，現在の生命にとって十分な速さに至らないほどに，酸素濃度が低くなりすぎる可能性がある。

29. a. %から ppm に変換するには，小数点を四つ右に移動させる。または：
3%＝3 pph
$3\ \text{ppm} \times \dfrac{1{,}000{,}000\ \text{ppm}}{100\ \text{pph}} = 30{,}000\ \text{ppm}$
$3\ \text{ppm} \times \dfrac{1{,}000{,}000{,}000\ \text{ppm}}{100\ \text{pph}} = 30{,}000{,}000\ \text{ppb}$
b. 8時間あたりのCOのNAAQSは 9 ppm である。タバコの煙中の CO の濃度は 8 時間あたりの基準値の 3,000 倍以上である。1 時間あたりの CO の NAAS は 35 ppm である。タバコの煙の濃度は，1 時間あたりの基準値のほぼ 900 倍である。
c. 喫煙者が一酸化炭素中毒で死ぬことはない。なぜなら，喫煙者は主に空気，つまり純粋なタバコの煙ではないものを吸っているからである。

31. 絶対差である 0.01 ppm を報告すると，少なくとも一般の人々にとっては，基準値の超過量が最小限に抑えられるように見える。基準値も報告されない限り，差の大きさを基準値の大きさと比較する方法はない。差異（0.01 ppm）を基準値（0.12 ppm）と比較して百分率を計算すると，8%となり，基準値をどの程度超過しているかをより理解しやすくなる。

33. a. 高齢者，子供，喘息や肺気腫などの呼吸器疾患を持つ人々は，PM の影響を最も受けやすい。
 b. 12 月 21 日～ 22 日，12 月 27 日，12 月 31 日
 c. PM は組成がさまざまであるが，そのほとんどはオゾンよりも化学反応性が低い。通常は雨や風によって大気中から取り除かれる。
 d. 可能性としては，市外の山火事による煙の流入，大気の反転，大規模な工業施設からの煤煙の放出，およびこの地域内のどこかで火山が噴火し，火山灰や煤煙が放出されたことなどが考えられる。

34. a. 15 ppm は 0.0015%であり，2%は 20,000 ppm である。20,000 ppm は 15 の約 1,300 倍である。
 b. $2\ SO_2 + O_2 \rightarrow 2\ SO_3$
 c. $2\ C_{12}H_{26}\ (l) + 37\ O_2(g)$
 $\rightarrow 24\ CO_2(g) + 26\ H_2O(g)$
 d. 最終的には，化石燃料である石油から派生するディーゼル燃料の燃焼は持続可能ではない。短期的には，ディーゼルエンジンも旧式で，排出量が多い。そのため，公衆衛生という観点では，これらは高いコストを伴う。しかし，超低硫黄ディーゼル燃料は間違いなく正しい方向への一歩である。

37. a. 使用中の自動車の台数を減らすことは，直接的にも間接的にも，大気中の NO_x，SO_x，CO，CO_2，オゾンの濃度を減少させる。
 b. 谷間にある，あるいは山々に囲まれているなど，空気のよどみやすい地理的特性は，オゾン濃度の上昇の一因となる可能性がある。

43. この表現は，全ての人が共有している天然資源（例えば，私たちが呼吸する空気，飲む水）を個人が自分たちの利益のために使用し，その資源の質を低下させる場合に起こり得ることを指している。これは，より多くの人々にとって最善の利益ではない。大気汚染は典型的な例であり，人々は大気に廃棄物を加え，それが他の人々の健康と幸福に影響を与える。例えば，石炭を燃やして発電する産業（人々）が挙げられる。この過程で，窒素酸化物や硫化物が大気中に放出される。その他の廃棄物には，水銀や温室効果ガスである二酸化炭素などがある。一部の人々，おそらくは電気を利用する人々も恩恵を受けている。しかし，誰もが汚染された空気を吸っている。汚染物質の濃度によっては，一部の人々が病気になったり，死亡したりする可能性もある。

46. a. ゴムは，車が高速道路を走行する際中にタイヤが摩耗して発生したものかもしれない。PM のその他の発生源には，不完全燃焼による煤煙や，風で巻き上げられた土壌などがある。
 b. 鉄，アルミニウム，カルシウムも一般的に存在する。その他の可能性としては，ナトリウム，カリウム，マグネシウム，硫黄などがある。
 c. 粒子の縁は不規則でギザギザしているように見えるため，炎症を引き起こす可能性が高い。

48. a. このグラフは，一酸化炭素の濃度が高い状態で長時間さらされると，生命の危険が高まることを明確に示している。
 b. CO は深刻な健康被害をもたらす。このガスは無色無臭であるため，モニターやキットがなければ検知できない。さらに，一酸化炭素中毒の初期症状は独特なものではなく，頭痛や吐き気などの症状がある場合，その人はインフルエンザのような病気によるものだと簡単に思い込んでしまう可能性がある。治療を受けなければ，最終的には昏睡状態に陥り，その時点で助けを求めることもできなくなる。このような理由から，一酸化炭素検知器は命を救う装置である。

50. a. イソシアン酸塩に関連する健康被害には，粘膜や皮膚の炎症，胸部の圧迫感，呼吸困難な

どがある。イソシアン酸塩は人間に対して発癌性がある可能性があり，動物に対しては癌を引き起こすことが知られている。

b. ウール教授のプロセスでは，接着剤，複合材料，発泡体の製造に石油由来の再生不能な原料を使用する代わりに，生物由来の原料を使用している。これらの再生可能な原料には，亜麻，鶏の羽，植物油などがある。再生可能であることに加え，これらの原料の生産には，水やエネルギーの使用量が少なく，石油由来の原料ほど有毒ではない。

第3章

1. オゾンと酸素の化学式はそれぞれO_3とO_2である。どちらも気体であるが，性質が異なる。酸素は無臭であるが，オゾンは非常に強い臭いがある。どちらも反応性であるが，オゾンのほうがはるかに反応性が高い。酸素は多くの生命にとって必要であるが，オゾンは対流圏では有害な大気汚染物質である。しかし，成層圏のオゾンは有害な太陽の紫外線から私たちを守ってくれる。

3. a. オゾンホールの大きさは毎年変化するが，面積にして2,800万km^2に達すると推定されている。

$$10\text{マイル}\times\frac{0.621\text{ km}}{\text{マイル}}=16.1\text{ km}$$

b. 正しい。成層圏は地表から15～30 km上空に広がっている。

c. オゾンはUVBとUVCの放射線を吸収する。

6. a. ドブソン単位（DU）は，地球上の特定の場所の上空にあるオゾンの量を測定する単位である。このオゾンが特定の温度と圧力で圧縮された場合，層を形成することになる。3 mmの厚さの層は300 DUに相当する。同様に，1 mmの層は100 DUに相当する。

b. 320 DU ＞ 275 DU。従って，320 DUはより多くの全オゾン層を示している。

7. a. 中性の酸素原子は陽子8個，電子8個を持つ。

b. 中性のマグネシウム原子は陽子12個，電子12個を持つ。

c. 中性の窒素原子は陽子7個，電子7個を持つ。

d. 中性の硫黄原子は陽子16個，電子16個を持つ。

9. a. ヘリウム，He

b. カリウム，K

c. 銅，Cu

10. a. •Ca•　　b. :Cl: （7個の点）

c. •N• （5個の点）　　d. He:

12. •O• （6個の点）　O=O　O=O–O（オゾン）　•O–H

酸素分子とオゾン分子のルイス構造はどちらもオクテット則に従っている。一方，酸素原子は外殻電子が6個しかなく，オクテット則に従っていない。ヒドロキシルラジカルもオクテット則に従っておらず，不対電子を持っている。オゾン分子にはもう一つの共鳴構造が考えられるが，他の分子には共鳴構造はない。

14. a. この波長はマイクロ波領域にある。

b. この波長は赤外線領域にある。

c. この波長は可視領域の紫色の範囲にある。

d. この波長はUHF/マイクロ波領域にある。

16. 注：$c=3.0\times10^{8}$ m/s および $E=h\nu$（$h=6.63\times10^{-34}$ J•s）。

a. $E=(6.63\times10^{-34}\text{ J•s})(1.5\times10^{10}\text{ s}^{-1})$
$=1.0\times10^{-24}$ J

b. $E=(6.63\times10^{-34}\text{ J•s})(8\times10^{14}\text{ s}^{-1})$
$=5\times10^{-19}$ J

c. $E=(6.63\times10^{-34}\text{ J•s})(6\times10^{12}\text{ s}^{-1})$
$=4\times10^{-21}$ J

d. $E=(6.63\times10^{-34}\text{ J•s})(2.0\times10^{9}\text{ s}^{-1})$
$=1.3\times10^{-24}$ J

最もエネルギーの高い光子は，最も短い波長である400 nmである。

19. $c=\nu\lambda$　および　$\lambda=\frac{c}{\nu}$，$c=3.0\times10^{8}$ m/s

$$\lambda=\frac{3.0\times10^{8}\ \mathrm{m/s}}{2.45\times10^{9}/\mathrm{s}}=1.2\times10^{-1}\ \mathrm{m}$$

1.2×10^{-1} m という波長のマイクロ波放射は X 線（～ 10^{-10} m）よりも波長が長く（エネルギーは低い），電波（～ 10^{3} m）よりも波長が短い（エネルギーは高い）。

23. 解答はさまざまである。CFC として認定されるためには，その化合物は炭素，塩素，フッ素のみを含まなければならない。可能性としては：

F（上），Cl—C—Cl，Cl（下）　　F（上），Cl—C—F，Cl（下）

CCl_3F
トリクロロフルオロメタン
（フロン -11）

CCl_2F_2
ジクロロジフルオロメタン
（フロン -12）

25. a. CFC 分子は塩素，フッ素，炭素原子のみを含む。
 b. HCFC 分子は水素，炭素，フッ素，塩素原子を含み，他の原子は含まない。分子が HFC に分類されるためには，水素，フッ素，炭素を含まなければならない（ただし他の原子は含まない）。

27. a. Cl• は 7 個の外殻電子を持つ。そのルイス構造の :C̤l̤• •NO_2 は 5＋2（6）＝17 個の外殻電子を持つ。

 NO_2 のルイス構造：
 O::N:O:　もしくは　O═N—O

 ClO は 7＋6＝13 個の外殻電子を持つ。
 ClO のルイス構造：
 :Cl:O•　もしくは　:Cl—O•

 OH は 6＋1＝7 個の外殻電子を持つ。
 OH のルイス構造：
 •O:H　もしくは　•O—H

 b. これらは全て不対電子を含んでいる。

29. (a) は，オゾン濃度の減少率と UVB 放射の増加率の関係をより如実に表している。オゾン層が破壊されると，大気中に浸透できる UVB の濃度が上昇する。(b) は，実験的事実によって裏付けられていない逆の関係を示している。

30. このメッセージは，地表レベルのオゾンは有害な大気汚染物質であるというものである。一方，成層圏のオゾンは，有害な UVB が地表に到達する前に吸収できるため，有益である。

32. a. 太陽紫外放射の中で最もエネルギーの強いものは UVC である。
 b. 空気が非常に希薄な成層圏では，UVC は酸素分子 O_2 を 2 つの酸素原子 O に分裂させる。これらはさらに他の酸素分子と反応し，O_3 を生成する。3.5 式を参照して欲しい。UVC（地球の表面には届かない）がなければ，オゾン層は形成されない。

33. a. HFCs は HCFCs の代替品として使用されている。
 b. HFCs は温室効果ガスである。

35. オゾンの共鳴構造は以下のように表される：

 :O═O—O: ⟷ :O—O═O

 どちらも二重結合を一つ（予想される長さは 121 pm）と単結合を一つ（予想される長さは 132 pm）含んでいる。しかし実際には，結合は単結合でも二重結合でもない。むしろ，それぞれの結合の長さは単結合と二重結合の中間である。妥当な予測としては，両方の結合の長さは 126 pm または 127 pm となり，二つの長さの中間となるだろう。

38. 価電子の分布に関して，SO_2 とオゾンのルイス構造は同一である。これは驚くことではない。硫黄と酸素は周期表で同じグループに属し，外殻電子の数も同じだからだ。しかし，二つのルイス構造に含まれている原子は異なる。

 O::O:O: ⟷ :O:O::O　および
 O::S:O: ⟷ :O:S::O

40. 通常，1 ～ 15 までの数値で表される紫外線指数は，特定の日に予測される日光の強さを評価するのに役立つ。6.5（オレンジ色で表示）の数値は，危険性が高いことを示し，目や肌を保護する必要があることを意味する。8 ～ 10 の数値は非常に危険性が高いことを示し，11 以上は極めて危険であることを示している。

43. 成層圏オゾンは，ダイナミックな反応系の中で生成され，分解される。この反応系に何らかのかく乱が起こらない限り，反応系はバランスを保ち，成層圏オゾンの濃度に全体的な変化は起こらない。

44. これらの化合物は無色，無臭，無味で，一般的に不活性であるため有用である。しかし，このような化合物は大気中での寿命が長い。環境中に残留し，成層圏にまで到達してオゾン層に害を与える。

46. Cl• は，成層圏のオゾン分子が酸素分子を生成する一連の反応において触媒として作用する。反応で消費されないため，Cl• は O_3 の分解を触媒し続けることができる。

50. a. これらの化合物はかつて消火剤として製造されていた。これらは水性ではないため，図書館，航空機，電子機器などの特殊用途に最適である。しかし，オゾン層破壊係数（ODP）が高いことから，その生産は中止されている。

b. ハロンには二つの種類があり，大気中での寿命が異なる。アメリカ環境保護庁（EPA）のデータによると，ハロン -1301 とハロン -1211 の寿命はそれぞれ 65 年と 16 年である。より興味深い問題は，なぜ寿命が異なるのかということだが，それは本書で述べるべき範囲を超えている。

c. このグラフが作成された時点では，臭化メチルの用途によっては代替品が見つからないと考えられていた。しかし，現在では代替品が見つかる可能性が高まっている。

51.

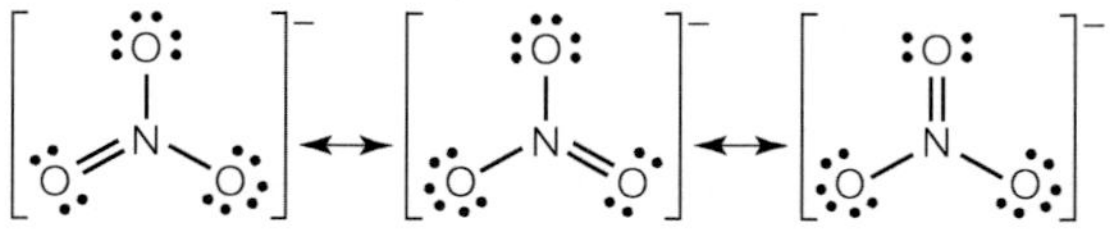

図より，共鳴構造中の全ての原子がオクテット則を満たしている。

54. O_2，O_3，N_2 は全て偶数の価電子を持つ。これに対し，N_3 は 15 個の価電子を持つ。奇数の価電子を持つ分子はオクテット則に従うことができず，フリーラジカルとなり，より反応性が高くなる。

56. オゾン発生装置は通常，放電または UV 光のいずれかによってオゾンを生成する。前者は，雷雨の中でオゾンが生成されるプロセスに似ている。稲妻が O_2 分子を分裂させて O 原子を形成する。後者は UVC を使用して O_2 分子を分裂させる。いずれの場合も，次に O 原子が別の酸素分子と反応してオゾンを生成する。生成されたオゾンは効果的な殺菌剤として作用する。多くの生体分子と反応し，望ましくない微生物やウイルスに対して効果を発揮する。また，悪臭の元となる多くの分子とも反応する。

a. インターネットで検索してみよう。オゾナイザーには以下のような効果があるという主張がある。

- タバコ，煙，ペット，調理，化学物質などから発生する臭いを消臭する。
- 細菌や空気中のウイルスを殺す。
- アレルギーの原因となる花粉や微生物を除去する。
- レジオネラ症の主な原因となるカビや黴の発生を防ぐ。
- 印刷，めっき加工，ヘアサロンやネイルサロンから発生する有毒ガスを除去する。
- 貯水槽や緊急貯水槽の水を浄化する。
- 井戸水や水道水の飲料水を浄化する。
- 好ましくない味，臭い，色を取り除く。

b. オゾンは有害な汚染物質となり，動植物に被害を与える可能性がある。オゾンを発生させる装置は，オゾンを慎重に封じ込める必要がある。

60. a. 図 3.28 を参照して欲しい。1 年のほとんどの月は，北極圏では PSC が形成されるほど寒くはない。
   b. $HCl + ClONO_2 \rightarrow Cl_2 + HNO_3$
   硝酸は氷に結合したままであるが，塩素ガスは大気中に放出される。
   c. 太陽光のある大気中では，$Cl_2 \rightarrow 2\ Cl\bullet$

61 a. 例えば以下のような構造がある：
   :C̈l̤ — Ö̤ — Ö̤ — C̈l̤:
   b. Cl_2O_2 が実際の分子である場合，3.8 式および 3.9 式に示されているように酸素原子と反応するには，UV 光子によってフリーラジカルである $ClO\bullet$ 分子に分解されなければならない。これは，オゾンを触媒的に破壊する際に，分解反応が一つ追加されることを意味する。

第 4 章

2. この二つの惑星は温室効果をもたらす大気ガスがあるため，予想よりも温暖である。太陽光は地球と金星の両方の大気に入り込み，惑星の表面を温める。大気ガスは惑星表面から放射される熱の一部を閉じ込めることができる。これらのガスがなければ，惑星は太陽からの距離から予想される温度になるだろう。注：金星の大気中の二酸化炭素の濃度が高い（98%が二酸化炭素）ため，"温室効果の暴走" が起こり，地表温度は約 450℃にも達している！

6. a. 太陽の残りのエネルギーは，大気によって吸収されるか反射される。例えば，第 3 章では，酸素と成層圏オゾンが紫外線の特定の波長を吸収することが指摘された。本章では，雲が放射線を宇宙に反射することが指摘される。
   b. 定常状態では，29 MJ/m^2 が毎日大気から放出される。

7. a. 2018 年現在，大気中の二酸化炭素濃度は 400 ppm を少し上回っているが，2 万年前の濃度はわずか 190 ppm 程度であった。12 万年前までさかのぼると，濃度は 270 ppm 程度であり，それでも現在の濃度より約 40%低かった。
   b. 現在の大気中の平均気温は，1950 ～ 1980 年の平均気温を多少上回っている。2 万年前の大気中の平均気温は，現在より約 9℃低かった。しかし，12 万年前の大気中の平均気温は，現在より約 1℃しか低くなかった。
   c. 平均気温と二酸化炭素濃度には相関関係があるように見えるが，このグラフは両者の因果関係を証明するものではない。

9. a. 可視光線はガラスを通って入ってくるが，赤外線はガラスを通って出ていくことはできない。また，外気との空気の交換もほとんどないため，熱が放散されず，車内の温度が上昇する。
   b. 晴れた夜には，地球の熱が大気を通り抜けて宇宙に放射される。曇りの日には，雲の中の水蒸気が熱の一部を吸収し，熱を保持する。
   c. 砂漠では，昼夜の気温の変化がより顕著になる傾向がある。雲や湿った空気は，入射する太陽放射を遮ったり散乱させたりして，放出される熱を閉じ込める傾向があるため，気温をより均一にする。注：砂漠に大きな都市地域がある場合，舗装や建物は日中熱を吸収する。この熱は夜間に放出されるため，太陽が沈んでも気温は高いままになる可能性がある。
   d. 暗い色の服は，当たった光の多くを吸収する。一方，明るい色の服は，当たった光のほとんどを反射する。吸収された光エネルギーは熱エネルギーに変換され，熱射病のリスクを高める可能性がある。

11. a. $H-\ddot{\underset{\cdot\cdot}{S}}-H$ 折れ曲がり

b. $:\ddot{Cl}-\ddot{O}-\ddot{Cl}:$ 折れ曲がり

c. $:\ddot{N}=N=\ddot{O}:$ もしくは

$:N\equiv N-\ddot{O}:$ もしくは

$:\ddot{N}-N\equiv O:$ 直線

13. a. 外殻電子は 14 個あり，ルイス構造は以下のようになる：

$$H-\underset{H}{\overset{H}{C}}-\ddot{\underset{\cdot\cdot}{O}}-H$$

b. C 原子周辺の幾何学は四面体であり，非共有電子対はない。H-C-H 結合角は約 109.5° と予測される。

c. O 原子の周りには 4 組の電子があり，そのうち 2 組は結合電子対，残りの 2 組は非結合電子対である。2 組の非結合電子対間の反発と結合電子対の反発により，H-O-C 結合角は 109.5 度よりやや小さい約 104.5 度になると予測される。

15. いずれも温室効果の原因となる。いずれの場合も，結合が伸びたり曲がったりする際に原子が動くため，電荷分布が変化する。直線状の二酸化炭素分子とは異なり，水分子は曲がっているため，これらの振動モードのそれぞれで極性が変化する。

16. a. エネルギーの計算に $E=\frac{hc}{\lambda}$ を使うと：

$$E=\frac{(6.63\times10^{-34}\ J\cdot s)\times(3.00\times10^{8}\ m/s)}{4.26\ \mu m\times\frac{1\ m}{10^{6}\ \mu m}}$$

$=4.67\times10^{-20}\ J$

$$E=\frac{(6.63\times10^{-34}\ J\cdot s)\times(3.00\times10^{8}\ m/s)}{15.00\ \mu m\times\frac{1\ m}{10^{6}\ \mu m}}$$

$=1.33\times10^{-20}\ J$

b. 振動している分子 CO_2 が，N_2 や O_2 などの別の分子と衝突すると，そのエネルギーは 2 番目の分子に伝達される。エネルギーはまた，大気中または宇宙空間に自然放出されることもある。

19. a. $C_6H_{12}O_6 \rightarrow 3\ CH_4+3\ CO_2$

b. 1 日あたり：

$$1.0\ mg\ ブドウ糖\times\frac{1\ g}{1{,}000\ mg}\times\frac{1\ mol\ ブドウ糖}{180\ g\ ブドウ糖}\times\frac{3\ mol\ CO_2}{1\ mol\ ブドウ糖}\times\frac{44\ g\ CO_2}{1\ mol\ CO_2}=7.3\times10^{-4}\ g$$

1 年あたり：

$$\frac{7.3\times10^{-4}\ g\ CO_2}{日}\times\frac{365\ 日}{1\ 年}=0.27\ g\ CO_2$$

21. a. Ag-107 の中性原子は，陽子 47 個，中性子 60 個，電子 47 個を持つ。

b. Ag-109 の中性原子は，陽子 47 個，中性子 62 個，電子 47 個である。中性子の数だけが異なる。

23. a. $$\frac{107.87\ g}{1\ mol}\times\frac{1\ mol}{6.02\times10^{23}\ 原子}=\frac{1.79\times10^{-22}\ g}{原子}$$

b. $$\frac{1.79\times10^{-22}\ g}{原子}\times(10\times10^{12}\ 原子)$$

$=1.79\times10^{-9}\ g$

c. $$5.00\times10^{45}\ 原子\times\frac{1.79\times10^{-22}\ g}{原子}$$

$=8.95\times10^{23}\ (g)$

25. a. CCl_3F（フロン -11）中の Cl の質量パーセントは，

$$\frac{3\times(35.5\ g/mol)}{12.0\ g/mol+3\times(35.5\ g/mol)+19.0\ g/mol}\times100$$

$=77.5\%$

b. CCl_2F_2 中の Cl の質量パーセントは 58.7%である。

c. フロン -11：77.5 g，フロン -12：58.7 g

d. フロン-11：

$$77.5\ \mathrm{g\ Cl} \times \frac{1\ \mathrm{mol\ Cl}}{35.5\ \mathrm{g\ Cl}} \times \frac{6.02\times10^{23}\ \text{原子}\ \mathrm{Cl}}{1\ \mathrm{mol\ Cl}}$$

$=1.31\times10^{24}$ Cl 原子

フロン-12：9.95×10^{23} Cl 原子

26. 炭素原子の濃度＝

$$\frac{7.5\times10^{17}\ \mathrm{g}}{7.5\times10^{22}\ \mathrm{g}}\times100=0.001\%$$

$$\frac{\text{生体系における炭素原子 }0.001\%}{\text{地球上における炭素原子 }100\%}$$

$$=\frac{\text{生体系における炭素原子の }x\%}{\text{地球上における炭素原子 }1{,}000{,}000\%}$$

$x=10$ ppm

29. a. $^{19}_{9}\mathrm{F}$　b. $^{56}_{26}\mathrm{Fe}$　c. $^{222}_{86}\mathrm{Rn}$

30. a. 4 桁　b. 4 桁　c. 4 桁　d. 2 桁

31. a. 5.12 g　b. 2.9 L　c. 4.09 g/mL

d. 5,500 nm^2 もしくは $5.5\times10^3\ \mathrm{nm}^2$

34. a. 高度な分析機器が開発される前，鉱夫たちは有毒ガス（坑道にはよく発生する）が発生した場合に警告を発するために，おりに入れたカナリアを鉱山に連れて行った。カナリアは一酸化炭素のようなガスに対して人より敏感なので，カナリアが死んだ場合，鉱夫たちはすぐに外に出てより空気のきれいな場所に行かなければならないことを知っていた。

b. 北極で起こっている変化は，地球温暖化がもたらす潜在的な影響について，地球全体に対する早期警報の兆候である可能性がある。

c. 凍ったツンドラには大量のメタンが閉じ込められている。ツンドラが解けてこのメタンが大気中に放出されると，メタンは温室効果ガスであるため，他の地域での地球温暖化がさらに加速されることになる。

36. 新聞記者は「温室効果」と「地球温暖化」を混同しているという反応がまず考えられる。温室効果は地球上の生命が存在するために必要であり，温室効果がなければ平均気温は－15℃になる。地球温暖化，または「温室効果の増大」は，地球の平均気温の上昇と，その結果として起こり得る人間への影響の原因として非難されているものである。

39. 可視光線を吸収する物質は，目に見える色を持つ。例えば，赤い光に関連する波長が吸収されると，その物体は緑色に見える。二酸化炭素ガスや水蒸気はどちらも色を持たないため，可視光線を大量に吸収していないと結論付けられる。

40. 単結合が存在すれば，赤外線を吸収する振動に必要なエネルギーはそれぞれより小さくなる。一般的に，原子間の単結合は二重結合よりも弱いため，伸縮や変角を引き起こすのに必要なエネルギーはより少なくなる。

42. a. $C_2H_5OH + 3\ O_2 \rightarrow 3\ H_2O + 2\ CO_2$

b. 1 mol のエタノールが燃焼するごとに，2 mol の CO_2 が生成される。

c. 30 mol の O_2。1 mol の C_2H_5OH が燃焼するのには 3 mol の O_2 の燃焼が伴う。

44. オゾン層破壊に関与する主な化学種はオゾンと CFC であり，気候変動に関与する主な温室効果ガスは二酸化炭素，メタン，亜酸化窒素である。紫外線は CFC の共有結合を破壊し，オゾン層破壊につながる。赤外線は大気中のガスに吸収され閉じ込められ，温室効果および温室効果増強効果を引き起こす。オゾン層破壊がもたらすと予測される結果には，地表における紫外線被曝の増加，人間の皮膚癌発生率の増加，およびその他の生物への被害が含まれる。気候変動がもたらす結果には，海面上昇，淡水資源へのストレス，生物多様性の喪失，海洋酸性化などが含まれる。

46. $73\times10^6\ \mathrm{t\ CH_4}\times\dfrac{12\ \mathrm{t\ C}}{16\ \mathrm{t\ CH_4}}=5.5\times10^7\ \mathrm{t\ C}$

49. a. 1 人あたりの排出量で比較すると，アメリカは世界第 1 位となる。アメリカの人口は中国の人口よりも少ない。

b. CO_2 の t 単位の値は，炭素の t 単位の値よりも高くなる。前者は酸素の質量も含むが，後者は含んでいない。

51. アレニウスは，大気中の CO_2 濃度が 2 倍になることによる気温上昇を，IPCC モデルと比較して約 2 倍も過大評価した。IPCC モデルでは，CO_2 濃度が 2 倍になることによる気温上昇は 2～4.5℃の範囲と予測されている。

53. a. 硫黄含有量の高い石炭を燃やすと，SO_x が大気中に多く放出される。これにより大気の質が低下し，酸性雨が増加し，酸性化による環境の劣化が加速する。
    b. 硫黄エアロゾルは，入射する太陽放射を宇宙空間に反射する。また，水蒸気が凝縮して太陽光を反射する雲粒子を形成する際の核としても機能する。
    c. インド

54. a. キノアゲハ蝶は，より標高が高く涼しい地域へと生息域を移動し，産卵する宿主となる植物種を新たに選択した。
    b. キノアゲハ蝶は，長期的にはさらに標高が高く涼しい地域へと移動することはできない可能性が高い。この種が生き残るためには，他の地域への移住を助けるために人間の介入が必要になる可能性が高い。

56. a. メタンが完全に燃焼する際の化学反応式は次の通りである：
    $CH_4 + 2\ O_2 \rightarrow CO_2 + 2\ H_2O$
    従って，1,196 mol のメタンを燃焼させると，1,196 mol の二酸化炭素が生成される。
    b. $1{,}196\ \text{mol} \times \dfrac{44\ \text{g}\ CO_2}{\text{mol}} = 52{,}624\ \text{g}\ CO_2$
    または 52.62 kg
    c. $52.62\ \text{kg} \times \dfrac{1\ \text{t}}{1{,}000\ \text{kg}} = 0.05262\ \text{t}$

第 5 章

1. a. 化合物とは，2 種類以上の異なる元素が互いに化学結合で固定された純物質である。水は，化学式 H_2O が示すように，H と O の元素を 2：1 の比率で含むため，元素ではなく化合物である。
   b. 水のルイス構造は以下の通りである：

   酸素原子上に二つの非共有電子対(非結合電子対)と二つの O-H 結合の共有電子対があるため，分子は“曲がる”ことになる。これらの電子対の間の距離が最大になるように水分子の形が決まる。

3. a. 水は比熱が非常に高いので，周囲の陸地や大気から熱を吸収し，気候を和らげることができる。
   b. 氷が液体の水よりも密度が高い場合，氷が形成されると沈んでしまう。その結果，湖は底から凍りつき，凍結温度に耐えられない生物は死滅する。

5. a. N と C，3.0－2.5＝0.5
   O と S，3.5－2.5＝1.0
   N と H，3.0－2.1＝0.9
   F と S，4.0－2.5＝1.5
   b. N は C よりも強く電子を引きつける。O は S よりも強く電子を引きつける。N は H よりも強く電子を引きつける。F は S よりも強く電子を引きつける。
   c. N-C ＜ N-H ＜ S-O ＜ S-F

7. a. これは炭化水素の場合に当てはまる。石油精製所の蒸留塔では，沸点の違いによって異なる大きさの炭化水素を分離する。CH_4 は－161.5℃で沸騰し，C_4H_{10} は－1℃で沸騰し，C_8H_{18} は 125℃で沸騰する。
   b. モル質量だけを考慮すると，H_2O のモル質量が 18.0 g/mol で最も小さいので，H_2O が最も低い沸点を持つと予想する。
   c. 水は極性分子であるが，他の物質は無極性分子である。その幾何学的構造と極性共有結合の両方が，強い分子間力の形成に寄与している。従って，物質の沸点に寄与する要因はモル質量だけではない。

9. 矢印は水素結合を指しており，これは水分子間の引力の例であり，各水分子内の引力ではない（極性共有結合の O-H 結合の場合とは異なる）。

10. a. ルイス構造は次の通りである：H—Ö—H（O に非共有電子対 2 組）

b. ルイス構造：[H^+] および [:Ö—H]$^-$（O に非共有電子対 3 組）

c. $H^+(aq) + OH^-(aq) \rightarrow H_2O(l)$

12. a. 液体を次の順番で加える：メープルシロップ，食器用洗剤，そして植物油（最も密度が高いものから低いものへ）。考慮すべき点は，溶解性，密度，そしてそれぞれの液体を注ぐ際の注意の 3 点である。メープルシロップは食器用洗剤にゆっくりと溶解するだろう。同様に，植物油は洗剤にわずかに溶解する可能性がある。しかし，慎重に注ぎ入れることで，これら三つの液体は容易に混ざり合うことはなく，おそらくどの順番で加えても問題ないだろう。

b. 激しく混ぜ合わせると，おそらく白濁したエマルジョンができるだろう。時間が経つと，メープルシロップと水に溶けた洗剤の一部を含む層と，油に溶けた残りの洗剤を含む層に分離する。この実験を試して，結果を観察してみよう！

14. a. 部分的に溶ける。オレンジジュースの濃縮液には，水に溶けない固形物（パルプ）が含まれている。時間が経つと，濃縮液の一部が水から分離する。飲む前に容器を振ったりかき混ぜたりする必要がある。

b. 非常に溶ける。アンモニアは気体であることに注目。アンモニアは，洗浄製品に含まれる場合と同様に，どのような割合でも水に溶ける。

c. 不溶性。チキンスープの水溶液の上に，鶏脂が浮いていることがある。

d. よく溶ける。洗濯物の洗濯洗剤を洗濯物に加えると，水に溶ける。

e. 部分的に溶ける。チキンスープに脂肪分や浮遊固形分が含まれている場合，どちらも水に溶けない。スープが澄んでいて脂肪分を含んでいない場合は，非常によく溶ける。

16. a. Cl と Na の電子親和力の差は，3.0－0.9＝2.1 である。Cl と Si の電子親和力の差は，3.0－1.8＝1.2 である。

b. 電子親和力の差が大きい場合はイオン結合，差が小さい場合は共有結合が形成される。

c. 電気陰性度の差が比較的大きい場合，一つまたは複数の電子が移動し，イオンが形成される。電気陰性度の差が小さい場合，どちらの原子も外側の電子を相手に放出できないため，外側の電子が共有され，共有結合が形成される。$SiCl_4$ の場合，Si と Cl は極性共有結合を形成する。

18. 許容限界の 35 倍を超えている。10 ppm は 10 mg/L に相当するので，350 mg/L は 350 ppm である。

20. a. 溶液は電気を通すので，電球は点灯する。表 5.5 によると，$CaCl_2$ は可溶性塩なので，溶解するとイオン（Ca^{2+} と Cl^-）を放出する。これらのイオンが電流を運ぶ。

b. 溶液は電気を通さない。エタノール（C_2H_5OH）は水に溶けるが，共有結合化合物であり，イオンを形成しない。

c. 溶液は電気を通し，電球が点灯する。硫酸（H_2SO_4）は，溶解すると SO_4^{2-} と 2 個の H^+ を放出する。

22. これら全ての化合物は水に溶ける。

24. 炭酸カルシウムの化学式は $CaCO_3$ である。この塩は溶解度の規則によると水に不溶である。

26. a. $HI(aq)$ は酸性：$[H^+] = [I^-] > [OH^-]$

b. $NaCl(aq)$ は中性：$[Na^+] = [Cl^-]$ および $[H^+] = [OH^-]$

c. $NH_4OH(aq)$は塩基性：$[NH_4^+] = [OH^-] > [H^+]$

28. a. pH＝6 の溶液は，pH＝8 の溶液よりも $[H^+]$ が 100 倍多い。

b. pH＝5.5 の溶液は，pH＝6.5 の溶液よりも $[H^+]$ が 10 倍多い。

c. $[H^+] = 1\times10^{-6}$ M の溶液は，$[H^+] = 1\times10^{-8}$ M の溶液よりも $[H^+]$ が 100 倍多い。

d. 5.13 式を用いると，$[OH^-] = 1\times10^{-2}$ M の溶液の $[H^+]$ は 1×10^{-12} M となる。$[OH^-] = 1\times10^{-3}$ M の溶液の $[H^+]$ は 1×10^{-11} M である。従って，2 番目の溶液（$[OH^-] = 1\times10^{-3}$ M）の $[H^+]$ は 10 倍高い。

30. a. 硝酸イオン＝NO^{3-}，硫酸イオン＝SO_4^{2-}，炭酸イオン＝CO_3^{2-}，アンモニウムイオン＝NH^{4+}

b. 硝酸イオンについては，水酸化ナトリウムを中和する硝酸の可能性がある：

$H^+(aq) + NO^{3-}(aq) + Na^+(aq) + OH^-(aq)$

$\rightarrow Na^+(aq) + NO^{3-}(aq) + H_2O(l)$

硫酸イオンについては，硫酸による水酸化ナトリウムの中和が考えられる：

$2\ H^+(aq) + SO_4^{2-}(aq) + 2\ Na+(aq) + 2\ OH^-(aq) \rightarrow 2\ Na^+(aq) + SO_4^{2-}(aq) + 2\ H_2O(l)$

炭酸イオンとアンモニウムイオンについては，炭酸によるアンモニア水の中和が考えられる：

$H_2CO_3(aq) + 2\ NH_4OH(aq)$

$\rightarrow 2\ NH^{4+}(aq) + CO_3^{2-}(aq) + 2\ H_2O(l)$

注：アンモニア水は本文で説明されているように，解離していない形で表記される。5.7b 式を参照して欲しい。同様に，炭酸も解離していない形で表記される。

32. a. 1.50-M KOH を 2 L 用意するには，168 g の KOH を量る：

$$2\ \text{L} \times \frac{1.50\ \text{mol}}{\text{L}} = 3.0\ \text{mol KOH}$$

3.0 mol×56 g/mol＝168 g

168 g の KOH を 2 L のメスフラスコに入れる。メスフラスコの目盛りまで蒸留水（または脱イオン水）を加える。注：2 L のメスフラスコがない場合は，1 L のメスフラスコで手順を 2 回繰り返す必要がある。

b. 1 L の 0.050-M NaBr 溶液を準備するには，5.2 g の NaBr を量り取り，1 L のメスフラスコに入れる。メスフラスコの目盛りまで水を加える。

c. 100 mL メスフラスコを使用する。$Mg(OH)_2$ を 7.0 g 量り取り，100 mL メスフラスコに入れる。メスフラスコの目盛りまで水を入れる。

34. a. 二酸化炭素，CO_2（$CO_2 + H_2O \rightarrow H_2CO_3$）

b. 二酸化硫黄，SO_2（$SO_2 + H_2O \rightarrow H_2SO_3$）

36. 可能性としては，水酸化ナトリウム（NaOH），水酸化カリウム（KOH），水酸化アンモニウム（NH_4OH），水酸化マグネシウム（$Mg(OH)_2$），水酸化カルシウム（$Ca(OH)_2$）などがある。一般的に，塩基は苦く，リトマス紙を青色に変え（他の指示薬でも特徴的な色の変化を示す），水に触れるとぬるぬるした感触があり，皮膚や目に腐食性がある。

38. チョコレート 100 g を生産するには，1,700 L の水が必要である。これには，カカオ豆と甘味料となる砂糖の栽培と加工に必要な水も含まれる。16 オンスのビールグラス 1 杯のビールには，主に大麦モルトの栽培と生産に必要な水として，約 140 L の水が必要である。カカオと砂糖の加工は，大麦の加工と比較すると，非常に大量の水を使用する。これらは，ウォーターフットプリントネットワークで示された世界平均値である。

40. “純粋な”飲料水とは通常，不純物が溶解していない水，つまり非常に達成が困難なものを意味すると解釈される。しかし実際には，水は決して純粋ではない。例えば，雨が大気中を通って降った場合，二酸化炭素を吸収しているため，全ての雨水がわずかに酸性である理由が説明できる。地下水は水溶性イオンを容易に吸収し，氷には懸濁粒子物質やガスが含まれている可能性がある。たとえボトル入りの水であっても，通常は溶解したミネラル分が含まれている。

42. 水銀濃度が 1.5 ppb ということは，魚 109 匹に対して水銀が 1.5 個含まれることを意味する。水銀は有毒であり，人間に深刻な神経学的影響を引き起こす可能性があるため，注意が必要である。EPA は飲料水中の水銀の最大汚染レベルを 2 ppb に設定している。これはその限界値を下回っているが，水銀は体内に蓄積されていく毒物であるため，注意が必要である。

44. 極性共有結合を持つ 2 原子分子（XY）は，分子が直線状であるため，極性を持つ必要がある。例として HCl がある。 H-Cl 結合は極性であり，分子も極性である。3 原子分子が極性結合を含む場合，分子の幾何学によって分子が極性か無極性かが決まる。例えば，CO_2 は C=O 二重結合という極性結合を持つが，分子は直線状であり，結果として無極性である。H_2O 分子は極性 H-O 結合を持つが，曲がっている。この幾何学構造により，水分子は極性を持つ。

46. 水と同様に，NH_3 は極性分子である。極性 N-H 結合を持ち，三角錐ピラミッド型の幾何学構造を持つ。そのため，NH_3 のモル質量は小さいが，液体 NH_3 にかなりのエネルギーを加えなければ，NH_3 分子間の分子間力（水素結合）を克服できない。

48. a. ルイス構造は以下の通りである：

```
    H   H
    |   |     ..
H — C — C — O — H
    |   |     ..
    H   H
```

b. ほとんどの物質の場合と同様に，固相の密度が液相の密度よりも大きいため，凍った物質はその液体の中では沈む。水分子とは異なり，エタノール分子は液体よりも固体の方が分子が互いに近接している。そのため，固体エタノールの密度は液体エタノールよりも大きく，沈む。

50. 特定の汚染物質の場合，MCLG（目標値）と MCL（法的制限値）は通常同じである。しかし，MCLG によって設定された健康目標値を達成することが現実的でない，または不可能な場合には，そのレベルが異なる場合がある。これは，発癌性物質の場合に該当することがあり，MCLG はゼロに設定される（あらゆる暴露が癌リスクをもたらすという前提に基づく）。

52. a. 硝酸イオン（NO^{3-}）および亜硝酸イオン（NO^{2-}）

b. 体内では，エネルギーを生み出すためにブドウ糖を代謝（燃焼）させるのに酸素が必要である。

c. 硝酸イオンは揮発性ではない。熱によって蒸発したり分解したりしない溶質である。代わりに，硝酸イオンを含む溶液中の水が蒸発し，NO^{3-}が残る。

54. 最も一般的な淡水化技術は，蒸留と逆浸透の二つである。いずれも海水や汽水から塩分を除去するためにエネルギーを必要とするため，本質的にコストがかかる。淡水を遠方から運ぶなど，より安価な方法がある場合は，その方法が用いられる。

56. 水に浸したコーヒー豆を容器に入れ，液体二酸化炭素を注入する。無極性溶媒である液体二酸化炭素は，「似たもの同士がよく溶ける」という一般化に基づいてカフェインを引き寄せる。こうして抽出されたカフェインはコーヒー豆の混合物から取り除かれ，最終製品へのさらなる加工が可能になる。

58. O-H 結合の結合エネルギーは 467 kJ/mol であり，水素結合の最大エネルギーの約 10 倍である。実際には，水分子間の水素結合は 20 kJ/mol であり，これは O-H 結合の結合エネルギーが水中の水素結合の結合エネルギーの約 20 倍であることを意味する。

59. a. 鉱業廃棄物，ガスおよび石油事業，セメント生産

b. 有機水銀は水銀を含む炭素化合物である。これらの化合物は無極性である傾向があるため，無極性分子で構成される脂肪組織に蓄積する（似たもの同士がよく溶ける）。

60. a. グリシンは複数の極性結合を含み，分子内に

複数の極性領域（$-CH_2$ 領域を除く全て）がある。

結合	電気陰性度の差
O-H	3.5－2.1＝1.4
O-C	3.5－2.5＝1.0
N-H	3.0－2.1＝0.9
N-C	3.0－2.5＝0.5

b. グリシンには O-H 結合と N-H 結合の両方が存在するため，水素結合が可能である。

c. グリシンは分子の複数の部分に極性結合があり，モル質量が比較的小さいので，水に溶けるはずである。

62. 複雑で難しい質問である。まず，読者の地域における環境に関する規則や規制を決定する必要がある。おそらく，これらは土壌，大気，水への化学物質の放出に適用されるだろう。次に，企業が何をどれくらいの量で，どのような形で放出しているかを監視する必要がある。環境規制への準拠，経済的要因，そして地域社会の工場に対する受容性は，全てこのプラントの工場に影響を与える。

64. a. PUR（Purifier of Water）はプロクター・アンド・ギャンブル社が製造し，非飲料水のサンプルに添加する化学薬品のパックとして販売されている。各パックには粉末状の凝集剤，硫酸第二鉄，および殺菌剤である次亜塩素酸カルシウムが含まれている。非飲料水 10 L にこの中身を入れ，5 分間撹拌し，固形分を沈殿させる。その後，水を木綿の布で濾過しながら別の容器に注ぎ入れる。20 分後，消毒剤が微生物（ウイルスを含む）を不活性化し，水は飲用可能となる。

b. 以下にいくつかの比較を示す。どちらのシステムも同等の水の消毒効果があるが，一つの注意点がある。個人用 Life Straw はウイルスに対しては保護効果がないが，PUR システムは保護効果がある。両者は用途が異なる。一つは携帯用（Life Straw）で，すぐに使用できる。もう一方は，より大量の水を処理し，口で吸い上げるのではなく，重力によって水を濾過する。そのため，より大量の水をより短時間で浄化できる。最後に，個人用ライフストローで濾過した水には，PUR システムで処理した後に生じる化学物質による後味がない。

66. a. 現在，安全な飲料水法に基づき，90 以上の物質について健康に基づく基準が定められている。EPA は 5 年ごとに規制対象外汚染物質モニタリングプログラムを使用して，汚染物質のリストを定め，飲料水に存在している可能性が疑われる汚染物質のデータを収集している。

b. EPA は，規制されていない汚染物質のうち，研究の対象となり，規制物質として追加される可能性があるものを決定するために，CCL を使用している。これは，「人体や環境への悪影響が重大または不可逆的になる前に，完全な科学的データが揃っていなくても行動を起こす知恵を重視する」という予防原則に従うものである。

c. EPA は「農薬，消毒副生成物，商業用化学物質，水系病原体，医薬品，生物学的毒素」をその CCL にリストアップしている。CCL-3 リストの特定物質の例としては，消火剤や農薬の溶剤として使用されるハロン -1011（ブロモクロロメタン）がある。

68. a. 2019 年 2 月時点で，CO_2 の大気中の濃度は約 411 ppm であった。

b. 人間が化石燃料を燃やしたり，CO_2 を吸収する森林を伐採したりしているため，大気中の二酸化炭素の濃度は増加している。

c. ルイス構造は次の通りである：$\ddot{\underset{..}{O}}{=}C{=}\ddot{\underset{..}{O}}$

d. 二酸化炭素は無極性化合物であり，海水は水と溶存イオンの極性溶液である。“似たもの同士がよく溶ける”のだ。それでも，二酸化炭素は海水にわずかに溶け，炭酸，H_2CO_3 を形成する。

第6章

2. a. CO_2は二酸化炭素である。

 b. SO_2は大気汚染物質である。硫黄は石炭に低濃度で含まれているが，大量の石炭が燃やされ，SO_2が大量に放出される。

 c. 窒素は空気中に存在する（大気ガスの約80%）。空気中の窒素は，以下のように高温でO_2と反応し，

 $N_2 + O_2 \xrightarrow{\text{高温}} 2\ NO$

 NOとなって空気中に存在する。

4. a. バーナー内の燃料は潜在的なエネルギーの源である。燃焼すると，その潜在的エネルギーの一部が燃焼によって熱に変換される。熱は蒸発した水分子（蒸気）の運動エネルギーに変換される。

 b. 蒸気の運動エネルギーはタービンを回転させることによって機械エネルギーに変換される。

 c. タービンの回転によって生じた機械エネルギーは，磁場内でワイヤーを回転させることによって電気エネルギーに変換される。

 d. 電線によって都市に運ばれた電気エネルギーは，電球を点灯させ，家を加熱する。

5. a. $\dfrac{5.00 \times 10^8\ \text{J}}{\text{秒}} \times \dfrac{3{,}600\ \text{秒}}{\text{時間}} \times \dfrac{24\ \text{時間}}{\text{日}} \times \dfrac{365\ \text{日}}{\text{年}}$

 $= 1.58 \times 10^{16}\ \text{J}$ 電気エネルギー／年

 $\dfrac{1.58 \times 10^{16}\ \text{J}}{0.375} = 4.2 \times 10^{16}\ \text{J}$ 熱エネルギー／年

 b. $1.58 \times 10^{16}\ \text{J} \times \dfrac{1\ \text{kJ}}{1{,}000\ \text{J}} \times \dfrac{1\ \text{g}}{30\ \text{kJ}}$

 $= 5.3 \times 10^{11}\ \text{g/年}$

 $5.3 \times 10^{11}\ \text{g} \times \dfrac{1\ \text{t}}{10^6\ \text{g}} = 5.3 \times 10^5\ \text{t}$

9. 一般的な発電所では，毎年150万tの石炭が燃やされる。最初の計算は水銀50 ppbの石炭，2番目の計算は200 ppbの石炭を対象としている：

 $\dfrac{x\ \text{t Hg}}{1.5 \times 10^6\ \text{t 石炭}} = \dfrac{50\ \text{t Hg}}{1 \times 10^9\ \text{t 石炭}},\ x = 0.075\ \text{t Hg}$

 $\dfrac{x\ \text{t Hg}}{1.5 \times 10^6\ \text{t 石炭}} = \dfrac{200\ \text{t Hg}}{1 \times 10^9\ \text{t 石炭}},\ x = 0.30\ \text{t Hg}$

 水銀濃度が50～200 ppbの範囲であると仮定すると，この発電所は年間0.075～0.30 tの水銀を排出していることになる。

11. a. CH_3CH_3：エタン，$CH_3(CH_2)2CH_3$：ブタン

 b. C_2H_6とC_4H_{10}

```
    H   H                  H   H   H   H
    |   |                  |   |   |   |
H — C — C — H   および  H — C — C — C — C — H
    |   |                  |   |   |   |
    H   H                  H   H   H   H
```

 c. C_4H_{10}のような化学式はコンパクトで書きやすい。縮約構造式も同様で，少なくともこの特定のケースではそうだ。構造式は描くのに時間がかかり，スペースも取るが，全ての結合と原子の配置が明確に示され分かりやすい。

13. a.

```
    H   H   H   H
    |   |   |   |
H — C — C — C — C — H
    |   |   |   |
    H   H   H   H
```

 b. 一つだけ異性体が存在する。

```
        H
        |
    H — C — H
   H    |    H
   |    |    |
H— C —  C  — C — H
   |    |    |
   H    H    H
```

14. 室温（20℃）はペンタンの沸点（36℃）より低く，融点（－130℃）より高いので，ペンタンは液体のはずである。室温はトリアコンタンの融点（66℃）より低いので，トリアコンタンは室温で固体のはずである。室温はプロパンの沸点（－42℃）より高いので，プロパンは気体のはずである。

17. a. $C_7H_{16} + 11\ O_2 \rightarrow 7\ CO_2 + 8\ H_2O$

 b. $2.50\ \text{kg} \times \dfrac{10^3\ \text{g}}{\text{kg}} \times \dfrac{1\ \text{mol}\ C_7H_{16}}{100.2\ \text{g}} \times \dfrac{4{,}817\ \text{kJ}}{1\ \text{mol}\ C_7H_{16}}$

 $= 1.2 \times 10^7\ \text{kJ}$

19. $92\ \text{kcal} \times \dfrac{4.184\ \text{kJ}}{1\ \text{kcal}} = 380\ \text{kJ}$

20. a. 発熱　b. 吸熱　c. 吸熱

21. a. 反応物で切断された結合：

1 mol(N＝N 三重結合)＝1 mol×946 kJ/mol＝946 kJ

3 mol(H-H 単結合)＝3 mol×436 kJ/mol＝1,308 kJ

結合切断で吸収された総エネルギー＝2,254 kJ

生成物で形成された結合：

6 mol(N-H 単結合)＝6 mol×391 kJ/mol＝2,346 kJ

結合切断で放出された総エネルギー＝2,346 kJ

正味のエネルギー変化は 2,254 kJ－2,346 kJ＝－92 kJ

全体的なエネルギー変化は負であり，発熱反応の特徴である。

b. 反応物で切断された結合：

1 mol(H-H 単結合)＝1 mol×436 kJ/mol＝436 kJ

1 mol(Cl-Cl 単結合)＝1 mol×242 kJ/mol＝242 kJ

結合切断で吸収された総エネルギー＝678 kJ

生成物で形成された結合：

2 mol(H-Cl 単結合)＝2 mol×431 kJ/mol＝862 kJ

結合形成で放出された総エネルギー＝862 kJ

正味のエネルギー変化は 678 kJ－862 kJ＝－184 kJ

全体的なエネルギー変化は負であり，発熱反応の特徴である。

24. a. これらは全て異性体ではない。全て異なる化学式を持つ。

b. エチレンには異性体は存在しない。

c. エーテルと呼ばれる非常に特徴的な官能基を含むが，もう一つの異性体が存在する。その縮合構造式は CH_3-O-CH_3 である。

25. a.

```
    H   H   H   H   H   H   H   H
    |   |   |   |   |   |   |   |
H — C — C — C — C — C — C — C — C — H
    |   |   |   |   |   |   |   |
    H   H   H   H   H   H   H   H
```

```
        CH3                    CH3
         |                      |
CH3 —  C  — CH3                CH — CH3
         |                      |
        CH2                    CH2
         |                      |
        CH — CH3        CH3 —  C  — CH3
         |                      |
        CH3                    CH3
```

b. 2 番目と 3 番目は同じ化合物である。

c. 多くの異性体が考えられる。例えば：

```
    H   H    H   H   H   H   H
    |   |    |   |   |   |   |
H — C — C  — C — C — C — C — C — H
    |   |    |   |   |   |   |
    H  CH3   H   H   H   H   H
```

```
    H   H   H    H   H   H   H
    |   |   |    |   |   |   |
H — C — C — C  — C — C — C — C — H
    |   |   |    |   |   |   |
    H   H  CH3   H   H   H   H
```

28. a. $C_{16}H_{34} \rightarrow C_5H_{12} + C_{11}H_{22}$

```
    H   [H]    H   H   [H]    H
    |   [|]    |   |   [|]    |
H — C — [C]  — C — C — [C]  — C — H   ⟶
    |   [|]    |   |   [|]    |
    H   [H]3   H   H   [H]9   H

    H   [H]    H             H       H   [H]    H
    |   [|]    |              \      |   [|]    |
H — C — [C]  — C — H  +        C ＝ C — [C]  — C — H
    |   [|]    |              /          [|]    |
    H   [H]3   H             H           [H]8   H
```

分子の中心にある C-C 単結合と C-H 単結合の一つは必ず切断されなければならない。C＝C 二重結合がその場所に形成されるように，2 番目の C-C 単結合は切断されなければならない。短い生成物には，新しい C-H 単結合が形成されなければならない。

b. 反応物で切断された結合：

2 mol(C-C 単結合)＝2 mol×356 kJ/mol＝712 kJ

1 mol(C-H 単結合)＝1 mol×416 kJ/mol＝416 kJ

結合切断で吸収された総エネルギー＝1,128 kJ

生成物で形成された結合：

1 mol(C-H 単結合)＝1 mol×416 kJ/mol＝416 kJ

1 mol (C＝C 二重結合)＝1 mol×598 kJ/mol＝

598 kJ

結合形成で放出される総エネルギー＝1,014 kJ

正味のエネルギー変化は 1,128 kJ－1,014 kJ＝114 kJ

全体的なエネルギー変化は正であり，吸熱反応の特徴である。

30. a. ヒドロキシル基（-OH 基）。全ての化合物はアルコールである。

b. 二酸化炭素（CO_2）および水（H_2O）。

c. これら三つの化合物は化学組成が類似しており，CH_2 基の数のみが異なる。それぞれ水素結合が主な分子間力となっているが，メタノールは分子量が最も小さいので，最も沸点が低いはずである。

d. *n*- プロパノールは炭素原子 3 個のアルコールであり，グリセロール（同じくアルコールで炭素原子 3 個）に最も類似している。しかし，グリセロールには *n*- プロパノールに一つある OH 基が三つ（各炭素に一つずつ）ある。

32. a. $C_6H_{12}O_6$＋6 O_2 → 6 CO_2＋6 H_2O＋エネルギー

b. セルロースは木材の主要成分の一つである。セルロースはブドウ糖のブロックで構成されるポリマーである。そのため，セルロースを燃やすとブドウ糖を燃やす場合とほぼ同等の生成物が得られる。

35. 図 6.5 は，いくつかの燃料の燃焼による 1 g あたりの放出エネルギーを示している。オクタンとエタノールの密度が同程度であると仮定すると（これは妥当な仮定である），ガソリン 1 ガロンはエタノール 1 ガロンよりも多くのエネルギーを放出する（ガソリン 44.4 kJ/g，エタノール 26.8 kJ/g）。これは理にかなっている。なぜなら，エタノールは酸素含有燃料であり，酸素を含んでいるため，既に部分的に燃焼しているからである。

38. 木材の主な成分はセルロースであり，その化学式はブドウ糖（$C_6H_{12}O_6$）とほぼ同じである。ブドウ糖の炭素と酸素の比率は 1：1 であるため，この軟石炭の化学式には，一般的な石炭よりも酸素がはるかに多く含まれている可能性が高い。ブドウ糖中の炭素と水素の比率は 1：2 であるため水素についても同様である。

41. さまざまな解答が考えられる。例えば，同じ温度の熱いコーヒーをカップごと手にかけるよりも，一滴こぼす方が良いと思わないだろうか。コーヒーの滴とカップ一杯のコーヒーは，最初は同じ温度かもしれないが，量の多いコーヒーの方が熱量が高いので，火傷の度合いも大きくなる。熱はエネルギーの一形態である。一方，温度は熱の流れの方向を示す測定値である。熱は常に高温の物体から低温の物体へと流れる。つまり，熱いコーヒーを冷たいコーヒーに加えると，熱い液体から冷たい液体へと熱が流れ，混合物の最終的な温度は二つの溶液の元の温度の中間になる。熱は温度と物質の量に依存する。

44. $H_2CO(g)$＋$O_2(g)$ → $CO_2(g)$＋$H_2O(g)$

H_2CO の C＝O 結合エネルギーを *x* で表す。

反応物で切断された結合：

2 mol（C-H 単結合）＝2 mol×416 kJ/mol＝832 kJ

1 mol（C＝O 二重結合）＝1 mol×*x* kJ/mol＝*x* kJ

1 mol（O＝O 二重結合）＝1 mol×498 kJ/mol＝498 kJ

結合切断で吸収された総エネルギー＝（1,330＋*x*）（kJ）

生成物で形成された結合：

2 mol（O-H 単結合）＝2 mol×467 kJ/mol＝934 kJ

2 mol（C＝O 二重結合）＝2 mol×803 kJ/mol＝1,606 kJ

結合形成で放出される総エネルギー＝2,540 kJ

正味のエネルギー変化：

（1,330＋*x* kJ）－2,540 kJ＝－465 kJ

方程式を整理すると：

x kJ＝－465＋2,540－1,330 kJ

よって *x*＝745 kJ

この値は，表 6.2 に報告されている二酸化炭素の C＝O 二重結合の結合エネルギーよりも小さい。

二酸化炭素のC=O二重結合はホルムアルデヒドのC=O二重結合よりも強い。

45. CFCは安定している。なぜなら，C-ClおよびC-Fの結合エネルギーは，他の結合エネルギーと比較して大きいからである。C-Clの結合エネルギー（327 kJ/mol）はC-Fの結合エネルギー（485 kJ/mol）よりも低いため，CFCからCl原子を放出するのに必要なエネルギーはより少ない。HFCはC-F結合（C-Cl結合はない）を持つため，Cl原子を放出することはない。

47. 図6.5より，酸素を含む燃料は，酸素を含まない燃料よりも1 gあたりのエネルギー含有量が低い。例えば，エタノールやグルコースは，他の燃料と比較して酸素の含有量が多い。つまり，それらは既に部分的に燃焼している（酸化されている）ため，燃料1 gあたりの値で見るとエネルギー含有量は低くなる。

molあたりのkJ単位の数値は以下の通りである：

メタン（CH_4）：50.1 kJ/g×16.05 g/mol=802 kJ/mol

オクタン（C_8H_{18}）：44.4 kJ/g×114 g/mol=5.06×10^3 kJ/mol

石　炭（$C_{135}H_{96}O_9NS$）：32.8 kJ/g×1,908 g/mol=6.26×10^4 kJ/mol

エタノール（C_2H_6O）：26.8 kJ/g×46 g/mol=1.23×10^3 kJ/mol

ブドウ糖（$C_6H_{12}O_6$）：14.1 kJ/g×180 g/mol=2.54×10^3 kJ/mol

しかし，molあたりのkJでは，観察される傾向は異なる。化学式中の炭素原子の数が多く（従ってモル質量も大きい）燃料ほど，燃焼時に放出されるエネルギーは多くなる。メタンと*n*-オクタンを比較すると，この対照がはっきりと分かる。

49. a. $n=1$の場合，化学平衡式は次のようになる。

$CO + 3\,H_2 \rightarrow CH_4 + H_2O$

反応物中の切断結合：

1 mol（C≡O三重結合）=1 mol×1,073 kJ/mol=1,073 kJ

3 mol（H-H単結合）=3 mol×436 kJ/mol=1,308 kJ

結合の切断による全エネルギー吸収量=2,381 kJ

生成物中の結合：

4 mol（C-H単結合）=4 mol×416 kJ/mol=1,664 kJ

2 mol（O-H単結合）=2 mol×467 kJ/mol=934 kJ

結合形成時に放出されるエネルギーの合計=2,598 kJ

正味のエネルギー変化は2,381 kJ−2,598 kJ=−217 kJ

b. *n*が1より大きい反応では，*n*が大きくなるにつれてより多くのエネルギーが放出される。炭化水素のmolあたりのエネルギー（gあたりのエネルギーではない）を考慮した場合，常に*n*個のC≡O三重結合が切断され，（$2n+1$）個のH-H単結合が切断されることになる。形成されるC-H結合の数は（$2n+2$）個，O-H結合の数は$2n$個，C-C単結合の数はn-1個となる。これらの項を組み合わせると，*n*が大きくなるにつれて，より多くのエネルギーが放出されることが分かる。

50. a. ジメチルエーテルのルイス構造：

```
   H   H
H :C: O :C: H
   H   H
```

b. ジメチルエーテルの分子構造：

```
   H   H       H   H
   |   |       |   |
H— C — C — O — C — C — H
   |   |       |   |
   H   H       H   H
```

c. 二つの炭素原子の間に酸素原子があるという共通の構造的特徴がある。

51. a. *n*-オクタンとイソオクタンは，燃焼熱がほぼ同じである。これは，それらが同じ数の同じタイプの結合を持っているため理にかなっている。しかし，それらのオクタン価は大きく異なる。従って，オクタン価は物質のエネルギー含有量の尺度ではない。

b. ノッキングはピンと鳴るような不快な音を発生させ，エンジン出力の低下，過熱，エンジン損傷の可能性をもたらす。

c. 高オクタン価ブレンドは，低オクタン価燃料を高オクタン価燃料に転換するエネルギー集約型の分解反応など，より多くの処理を必要とするため，製造コストが高くなる。

d. オクタン価は，酸素化物が存在するかどうかについては何も語らない。酸素化物はオクタン価を向上させる方法の一つではあるが，唯一のものではない。

54.

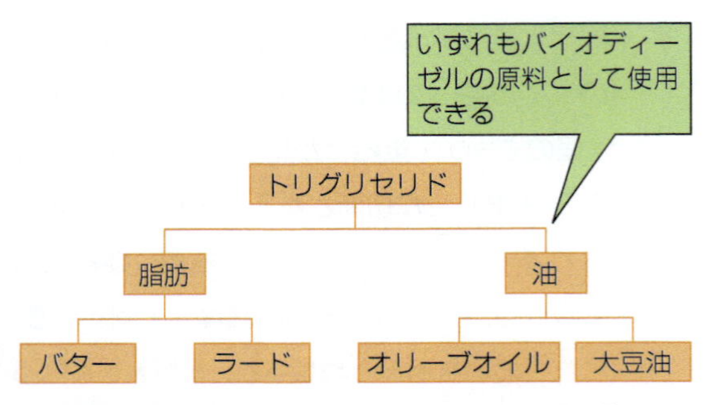

59. 電気料金は地域によって異なるが，「Electric Choice」のウェブサイトによると，2018年のアメリカの平均的な電気料金は1 kWhあたり13.3セントである。

75 Wの白熱電球を10,000時間使用すると，75,000 Whの電力を消費することになる。18 Wのコンパクト蛍光灯を10,000時間使用すると，18,000 Whの電力を消費することになる。

75 W 白熱電球：

$$75{,}000\ \text{Wh} \times \frac{1\ \text{kWh}}{1{,}000\ \text{Wh}} \times 0.133\ \text{ドル/kWh} = 9.98\ \text{ドル}$$

18 W コンパクト蛍光灯：

$$18{,}000\ \text{Wh} \times \frac{1\ \text{kWh}}{1{,}000\ \text{Wh}} \times 0.133\ \text{ドル/kWh} = 2.39\ \text{ドル}$$

この計算から，蛍光灯の寿命期間中に9.98ドルから2.39ドルを差し引いた7.59ドルの電気代が節約できることが分かる。

最も正確な数字を出すには，白熱電球の寿命も考慮する必要がある。白熱電球は約750時間で切れてしまうため，10,000時間使用するには10,000/750＝13.33個の白熱電球が必要となる。人気のオンライン小売店では，75 W白熱電球6個入りパックが7.97ドル(1個あたり1.33ドル)，18 Wコンパクト蛍光灯4個入りパックが5.97ドル(1個あたり1.49ドル)である。従って，13.33個の白熱電球にかかる費用は17.71ドルとなる。1個のコンパクト蛍光灯(1.49ドル)と比較すると，長寿命のコンパクト蛍光灯を使用することで，さらに16.22ドルの節約になることが分かる。

注：コンパクト蛍光灯の価格は下がり続けているので，価格を再確認する価値はあるだろう。

62. エネルギーを放出する天然ガス（メタン）の爆発について考える：

$CH_4 + 2\ O_2 \rightarrow CO_2 + 2\ H_2O$

関係する結合エネルギーは，C-H単結合：416 kJ/mol，O＝O二重結合：498 kJ/mol，H-O単結合：467 kJ/mol，C＝O二重結合：803 kJ/mol。生成物の結合エネルギーは反応物の結合エネルギーよりも大きいため，生成物が形成される際には，反応物の結合を切断するのに必要なエネルギーよりも多くのエネルギーが放出される。これは，発熱反応を示す大きな負の正味エネルギー変化につながる。

65. ガソリン添加剤としては，これは高いランクに位置付けられる。表6.4に記載されている値の2倍以上である。TELの構造式を見ると，中心の鉛原子の周りに四つのエチル基 ($-C_2H_5$) があることが分かる。これは高度に分岐している！イソオクタンが“枝”の全てのために高いオクタン価を持っていて，これはTELも同様である。

66. a. この図は，触媒経路の方が触媒なし経路よりも活性化エネルギーが少なくて済むことを示している。

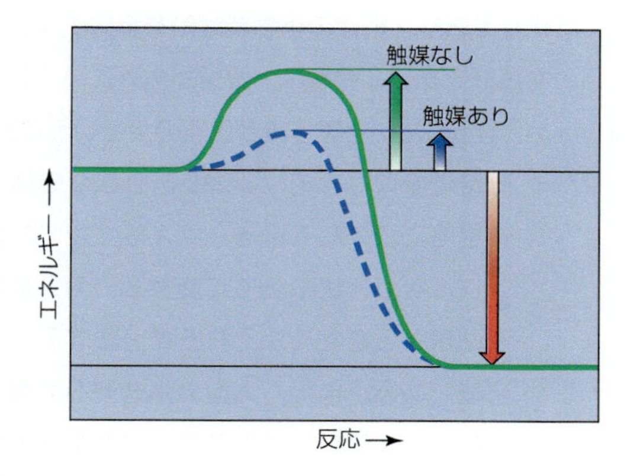

b. 第 2 章では，自動車の排気ガスから NO を除去する触媒について説明した。窒素酸化物は酸素と反応して NO_2 を生成し，これは大気汚染物質の一つである。NO は対流圏におけるオゾンの生成にも関与し，酸性雨の一因ともなっている。大気汚染を低減するには，NO の排出を削減することが重要である。

67. 吸熱反応では，生成物の :N̈═Ö: の位置エネルギーは反応物の位置エネルギーよりも大きいことを思い出して欲しい。

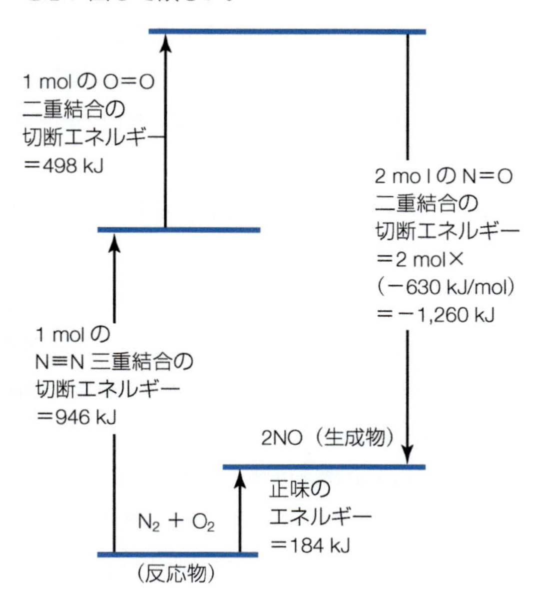

第 7 章

1. 炭素原子は中性子の数（C-12 と C-13 など）や電子の数（炭素イオンは存在するが，本文では取り上げない）によって異なる。全ての炭素原子は，陽子，中性子，電子の数において全てのウラン原子と異なる。炭素原子は化学的性質においてもウラン原子と異なる。

3. a. 陽子 94 個
   b. 陽子 93 個= Np（ネプツニウム）
      陽子 94 個= Pu（プルトニウム）
   c. 陽子 86 個

5. E はエネルギー，m は核変換で失われる質量，c は光速を表す。

9. a. α 粒子は，他の放射性同位体の放射性崩壊から生じた可能性がある。
   b. ${}^{1}_{0}n$ は中性子を表す。
   c. キュリウム -243 は，核反応における不安定な中間体を表す。この同位体は極めて寿命が短く，生成されると同時に中性子を伴う Cm-242 に分解する。

12. a. ${}^{1}_{0}\mathrm{n} + {}^{235}_{92}\mathrm{U} \rightarrow [{}^{236}_{92}\mathrm{U}] \rightarrow {}^{146}_{57}\mathrm{La} + {}^{87}_{35}\mathrm{Br} + 3\,{}^{1}_{0}\mathrm{n}$
    b. ${}^{1}_{0}\mathrm{n} + {}^{235}_{92}\mathrm{U} \rightarrow [{}^{236}_{92}\mathrm{U}] \rightarrow {}^{140}_{56}\mathrm{Ba} + {}^{94}_{36}\mathrm{Kr} + 2\,{}^{1}_{0}\mathrm{n}$

13. A は制御棒保持部，B は炉心から出る冷却水，C は制御棒，D は炉心に入る冷却水，E は燃料棒を表す。

15. 一次冷却材は，燃料集合体と制御棒を囲む液体であり，原子炉に直接接触して熱を奪う。一次冷却材の熱は，原子炉に接触しない蒸気発生器内の水である二次冷却材に伝わる。蒸気発生器は原子炉から離れているため，二次冷却材は格納容器ドーム内に収容されていない。

16. a. ${}^{1}_{0}\mathrm{n} + {}^{10}_{5}\mathrm{B} \rightarrow [{}^{11}_{5}\mathrm{B}] \rightarrow {}^{4}_{2}\mathrm{He} + {}^{7}_{3}\mathrm{Li}$
    b. 臭素は高い中性子吸収能があるので制御棒として使用される。

17. a. ${}^{239}_{94}\mathrm{Pu} \rightarrow {}^{235}_{92}\mathrm{U} + {}^{4}_{2}\mathrm{He}$
       ${}^{131}_{53}\mathrm{I} \rightarrow {}^{131}_{54}\mathrm{Xe} + {}^{0}_{-1}\mathrm{e} + {}^{0}_{0}\gamma$
    b. 粉末や塵のような微粒子の場合，プルトニウムは吸入される可能性がある。 プルトニウム粒子が肺に詰まると，放出される電離放射線（α 粒子）が肺細胞に損傷を与える可能性がある。U-235 の崩壊生成物も放射性であり，組織に損傷を与える可能性がある。

c. ヨウ素は甲状腺に蓄積する。

d. 約 10 回の半減期を経ると，サンプルは非常に低いレベルまで崩壊する。Pu-239 の半減期は約 24,000 年であるため，バックグラウンドレベルまで減少するまでの時間尺度は数十万年となる。I-131 の半減期は 8.5 日であるため，10 回の半減期は 85 日，つまり約 3 ヵ月である。I-131 のサンプルは，数ヵ月の時間尺度で低レベルまで減衰する。

19. ${}^{235}_{92}U \rightarrow {}^{231}_{90}Th + {}^{4}_{2}He$

${}^{231}_{90}Th \rightarrow {}^{231}_{91}Pa + {}^{0}_{-1}e$

${}^{231}_{91}Pa \rightarrow {}^{227}_{89}Ac + {}^{4}_{2}He$

${}^{227}_{89}Ac \rightarrow {}^{227}_{90}Th + {}^{0}_{-1}e$

${}^{227}_{90}Th \rightarrow {}^{223}_{88}Ra + {}^{4}_{2}He$

${}^{223}_{88}Ra \rightarrow {}^{219}_{86}Rn + {}^{4}_{2}He$

20. この種の質問には表が有効である。

半減期の回数	残っている割合（%）	崩壊した割合（%）
0	100	0
1	50	50
2	25	75
3	12.5	87.5
4	6.25	93.75
5	3.12	96.88
6	1.56	98.44

22. いつかは可能になるかもしれない。しかし，太陽エネルギーは拡散しており，地球の表面に不均等に分布しているため，それを経済的に捕獲し，貯蔵することは依然として課題である。

25. 錬金術師は，おそらく最初の実践的な化学者であったが，原子構造や核反応について何も知らなかった。化学反応によって他の元素から金を生成することはできない。核反応が必要である。たとえ彼らが別の同位元素から金を生成する核反応を想定していたとしても，それを実現する手段は明らかに持ち合わせていなかった。状況は確かに変化しており，現代の化学者は鉛を金に変える実験を設計できる。問題は，費用が法外に高くなるため，そうしたいと思う人がいるのかということだ。

27. a. 分離の手段は全て，U-235 と U-238 の微小な質量差に依存している。例えば，ウランのサンプルをガス状の UF6 に変換し，ガス拡散法を使用することで，それらを分離することが可能である。また，大型の高速遠心分離機を使用して，これらのガス分子を分離することもできる。

b. 原子炉でのエネルギー生産を担う連鎖反応を持続させるには，臨界質量の U-235 を確保するためにウランを濃縮する必要がある。

c. まず，濃縮プロセスは費用がかかり，大量のエネルギーを必要とするため，連鎖反応を維持できる最低限の濃縮レベルが望ましい。次に，80 ～ 90%の燃料を使用する原子炉は，制御不能な連鎖反応が起こる可能性が高くなるため，安全性に懸念がある。さらに，そのような原子炉はセキュリティ上の重大な問題も抱えることになる。高濃縮燃料は核兵器に直接使用できるため，原子炉はテロの標的となる可能性がある。

d. ウランの同位体の違いは，それらの原子核の質量にある。この違いは，二つの同位体の化学反応性に著しい影響を与えるほどのものではない。化学分離を行うには，ウランの同位体が何らかの化学反応において異なる挙動を示す必要がある。

29. パロベルデ発電所は核分裂のプロセスでエネルギーを生産している。石炭や石油を燃焼させる発電所は，化石燃料を燃焼させることでエネルギーを生産している。

31. a. 各元素の添え字は，原子番号または陽子の数であり，これは周期表で確認できる。中性子の添え字は 0 であり，中性子の電荷を参考表で確認または検索する必要がある。

b. 原子核方程式では特定の同位体を特定する必要があるため，上付き文字を省略することはできない。これは周期表や他の参考表を見ても特定できないものである。

33. 7 回の半減期の後，サンプルの 99%は崩壊し，これは「消滅した」という妥当な近似値である。しかし，実際には放射能は消滅していない。なぜなら，放射性サンプルの 0.78%は依然として残っているからだ。従って，大量の放射性物質（例えば 2,000 ポンド）から始めた場合，7 回の半減期の後でも，約 10 ポンドの放射性物質が残っていることになる！

34. a. バナナにはカリウム（K）が豊富に含まれている。カリウム（K-40）は天然に存在するカリウムの同位体の一つで，放射性を持つため，バナナの放射能を増加させる。

b. カリウム -40 の天然存在比はわずか 0.01%であるため，副大統領はバナナが微弱な放射能を持ち，その放射能は自然のものであると述べることもできた。カリウム -40 の半減期は長く（数十億年単位），そのため放射性崩壊は非常にゆっくりと起こる。

c. いいえ。バナナは必須栄養素であるカリウムの優れた供給源である。バナナに含まれるカリウム -40 の量は，放射能を理由にバナナを食生活から排除するほどのものではない。さらに，摂取したカリウム（放射性であるか否かに関わらず）は体内にとどまることはない。カリウムは汗や尿によって排出される。

37. 太陽光発電装置は，衛星，高速道路標識，セキュリティおよび安全照明，航路標識，自動車充電ステーションなど，実用上の有用性が実証されている。

40. a. $E=mc^2$ という方程式において，光速(c)は 3.00 ×10^8 m/s である。エネルギー(E)の単位としてジュール(J)を使用するには，質量(m)は kg でなければならない。さらに，1 J＝1 kg•m^2/s^2 という換算係数を使用する：

$$50.1\ \text{kJ} \times \frac{10^3\ \text{J}}{1\ \text{kJ}} = \text{m} \times \frac{1\ \text{kg}}{10^3\ \text{g}} \times \left(\frac{3.00\times10^8\ \text{m}}{\text{s}}\right)^2 \times \frac{1\ \text{J}}{\text{kg}\cdot\text{m}^2/\text{s}^2}$$

質量損失は 5.57×10^{-10} g である。

b. 50.1 kJ のエネルギーを生み出す場合の質量の比率は，1.00 g のメタンの燃焼に対し，5.57 ×10^{-10} g のメタンの質量がエネルギー変換されることに対応している。つまり，約 1.80× 10^9 対 1 の割合である。

c. 化学反応では質量は保存されるため，$E=mc^2$ は適用されない。化学反応で放出されるエネルギーは，結合に蓄えられた潜在エネルギーの結果である。核反応では，反応物から生成物へと質量がわずかに失われ，それがエネルギーに変換される。

41. $E=mc^2$ という方程式において，光速(c)は 3.00× 10^8 m/s である。エネルギー(E)の単位としてジュール(J)を使用するには，質量(m)は kg でなければならない。さらに，1 J＝1 kg•m^2/s^2 という換算係数を使用する：

$$E = 0.0265\ \text{g} \times \frac{1\ \text{kg}}{10^3\ \text{g}} \times \left(\frac{3.00\times10^8\ \text{m}}{\text{s}}\right)^2 \times \frac{1\ \text{J}}{\text{kg}\cdot\text{m}^2/\text{s}^2}$$

$E=2.39\times10^{12}$ J

44. トリチウム（H-3）は水素の放射性同位体である。水素は常温では気体であるため，時計内にガスそのものが含まれている可能性は低い。この時計に関するいくつかの記述では，ステンレススチール製のねじ込み式裏蓋について言及しているが，これもトリチウムガスが時計内に存在している可能性を低くしている。おそらくトリチウムは夜光塗料の化合物に含まれていると考えられる。この塗料には蛍光体も含まれている。つまり，トリチウムが放出する β 粒子のような電離放射線を浴びると発光する化合物である。実際，この時計は広告のうたい文句通り，明るく光る。

46. 石炭燃料の発電所と原子燃料の発電所の類似点には以下のようなものがある：
    - どちらも液体の水が蒸気になる蒸気発生ループを含んでいる。気体の水はタービンを回して電気を作り，その後再び液体の水になるよう再凝縮される。
    - 電気を作るタービンは同じである。
    - 各発電所には，冷却源として外部の水域を含む冷却水ループがある。

    石炭燃料と原子力燃料の発電所の違いには，以下が含まれる：
    - タービンを回す水を温めるエネルギー源は，原子力発電所では核分裂反応，石炭火力発電所では石炭の燃焼によるものである。
    - 原子力発電所では，原子炉の炉心を冷却するための追加の冷却ループ（一次冷却材）がある。この冷却材は閉ループであるため，二次冷却材が放射性物質で汚染されることはない。

49. 結晶シリコンは，太陽電池の製造に使用される。結晶シリコンを合成する一般的な方法として，チョクラルスキー結晶成長法とフロートゾーン結晶成長法の二つがある。この二つの異なる方法では，異なる状態にあるシリコンを使って結晶を作り出す。これらの技術が結晶シリコンの合成にどのように使用されているかは，オンラインで調べることができる。シリコン不足に対処するため，太陽光発電業界では一連の変化が起こっている。各企業は生産性を向上させ，シリコン供給を確保するためのビジネスモデルを追求している。研究者たちは次世代の太陽光発電の集光用に，さまざまな合成分子の開発と試験を行っている。

51. a. 2019 年現在，アメリカ最大の太陽光発電所はカリフォルニア州ロザモンド近郊のソーラー・スター発電所である。
    b. 2019 年現在，中国寧夏回族自治区とインドのラジャスタン州には，世界最大規模の太陽光発電所が二つある。
    c. 要因としては，(1) 発電施設用の土地があること，(2) 太陽熱収集に適した気候であること，(3) 長期的な投資回収を促す経済状況であること，(4) 人口密集地に電力を送電するインフラが整っていること，などが挙げられる。

用語解説

英

Brixスケール　屈折率計による測定値に基づいて，溶液の糖度を定量的に表すために使用される単位。1° Bxは，溶液100 gあたり1 gのスクロース（すなわち1重量パーセント）に等しい

n型半導体　負電荷（電子）が自由に移動できる半導体

ppb（10億分率）　10億分の1，または1 ppmの1,000分の1の濃度

ppm（100万分率）　100万分の1の濃度。1 ppmは1％（100分の1）の1万倍小さい濃度単位である

p型半導体　正電荷，または正孔が自由に移動できる半導体

X線回折　結晶にX線のビームを照射し回折させ，生じた回折パターンから結晶中の原子の位置の相対的な位置関係を調べる分析技術

あ

アボガドロ数　物質1molに含まれる個々の粒子種（原子，イオン，分子など）の数。6.02×10^{23} 個に等しい

アミノ酸　私たちの体のタンパク質を作るモノマー。各アミノ酸分子は，アミノ基（$-NH_2$）とカルボキシル基（-COOH）の二つの官能基を持つ

アミノ酸残基　ペプチド鎖に組み込まれたアミノ酸

アルカン　隣接する炭素原子間の結合が単結合のみで構成される炭化水素

アルコール　炭素原子に結合した一つ以上の-OH基（水酸基）で置換された炭化水素

アルベド　地表面の反射率の尺度。地表面に入射する放射線の量に対する，その表面から反射される電磁放射線の量の比

安定同位体分析　ある試料のさまざまな同位体の濃度比を比較し，その起源を特定する技術

い

イオン　1個以上の電子を獲得または失うことで負または正の電荷を帯びた原子または分子

イオン化合物　イオンが決まった割合で存在し，規則正しい幾何学構造で配列されたイオンで構成される化合物

異性体　同じ化学式を持つが，異なる構造および性質を持つ分子

位置エネルギー　ポテンシャルエネルギーまたは蓄積エネルギーとも呼ばれる。化学では，化学反応中に放出される可能性がある分子内の化学結合に蓄積されたエネルギーを指す

一次構造　各タンパク質を構成するアミノ酸の独特な配列

一価不飽和　有機化合物の一種。通常は脂肪で，隣接する炭素原子間に単一の多重結合を含むもの

遺伝子　タンパク質の生成をコードするゲノムの短い断片

遺伝子組み換え　生物種を越えて遺伝子を移転した生物

遺伝子工学　生物のDNAを直接操作すること

医薬化学　新しい治療用化学物質の発見や設計，および有用な医薬品への開発を扱う化学の一分野

医薬品　病気の予防，緩和，治療を目的とした治療用薬品

陰イオン　マイナスに帯電したイオン

引火点　溶剤が燃焼する可能性のある温度。これは，溶剤の蒸気圧がその燃焼下限濃度（LFL）に等しくなったときに発生する

陰極　還元が起こる電極。陰極は陽極で生成された電子を受け取る

インスリン　膵臓で生成されるホルモンで，血中のブドウ糖の量を調節する物質。インスリンが不足すると，糖尿病の一種を引き起こす

飲料水　飲用および調理に適した水

う

ウォーターフットプリント　生産またはサービスの提供に使用された淡水の量の推定値

運動エネルギー　物体の動きに伴うエネルギー

え

エアロゾル　空気中に浮遊する液体または固体の粒子

栄養失調　食品のエネルギー含有量が適切であっても，適切な栄養素が不足しているために起こる状態

栄養不足　代謝に必要なカロリーを摂取できていない状態

エステル交換　2種類以上のトリグリセリドの脂肪酸を混合して，異なるトリグリセリドの混合物を生成するプロセス

エネルギー　物質が仕事を行ったり変化を生じたりする能力

エネルギー密度　単位体積（体積エネルギー密度）または単位質量（重量エネルギー密度，比エネルギー密度とも呼ばれる）に蓄積された位置エネルギー

エマルジョン　通常は混ざり合わない2種類以上の液体の混合物

塩基　水溶液中で水酸化物イオン（OH^-）を放出する化合物

お

オームの法則　電流は電圧に比例し，抵抗には反比例するという法則

オクテット則　電子が原子の周りに八つの電子を共有するように配置されるという法則。水素は例外

オゾン層　成層圏にあるオゾン濃度が最大となる領域

折れ線図　より大きな分子の表示に最も便利な簡略化した構造式

温室効果　地球から放射される赤外放射の大部分（約80%）を大気中の気体が閉じ込める自然のプロセス

温室効果ガス　赤外線を吸収・放射し，それによって大気を温めることのできる気体。例としては，水蒸気，二酸化炭素，メタン，一酸化二窒素，オゾン，およびフロンガスなどがある

温室効果の増大　地球から放射された熱エネルギーの80%以上を大気中の気体が閉じ込め，再放出するプロセス

温度　物質に存在する原子や分子の平均運動エネルギーの尺度

か

カーボンニュートラル　大気中の CO_2 濃度増加分が光合成，炭素の隔離，カーボンオフセット，またはその他のプロセスによって除去された CO_2 濃度と均衡している状態

カーボンフットプリント　一定期間（通常は１年間）における CO_2 およびその他の温室効果ガス排出量の推定値

改質ガソリン（RFG）　含酸素ガソリンで，酸素化されていない従来のガソリンに含まれる特定の揮発性炭化水素をより低い割合で含有するもの

解糖　各々の生体細胞にエネルギーを供給するためにブドウ糖を分解する複雑な生物学的プロセス

界面活性剤　極性および無極性の両方の領域を持つ分子で，さまざまな種類の分子を可溶化するのを助ける働きがある

海洋酸性化　大気中の二酸化炭素の増加により海洋の pH が低下（酸性化）する現象

化学　物質の組成，構造，性質，変化に焦点を当てた科学の一分野

化学式　物質に含まれる原子の組成比を記号で表したもの。化学記号で表した元素と，それらの元素の原子比（下付き文字で）で表現される

科学的記数法　数を 10 のべき乗と数字の積として表記する方法

化学反応　反応物と呼ばれる物質が生成物と呼ばれる別の物質に変化する現象

化学反応式　化学式を用いた化学反応の表現

核分裂　大きな原子核が分裂してより小さな原子核になること。この過程でエネルギーが放出される

核放射線　α 線，β 線，γ 線など，原子核から放出される放射線

加工食品　缶詰，調理，冷凍，増粘剤や保存料などの化学物質の添加などの技術によって，自然の状態から変化させられた食品

化合物　２種類以上の異なる原子で構成される純物質で，特徴的な化学結合を持つもの

ガスクロマトグラフィー（GC）　液体または気体の混合物の個々の成分を特定するために一般的に使用される，簡便かつ迅速な分析技術

化石燃料　先史時代の生物の遺骸に由来する可燃性物質。最も一般的な例は石炭，石油，天然ガスである

可塑剤　ポリマーをより柔らかくしなやかにするためにポリマーに少量添加される化合物

活性化エネルギー　化学反応を起こすのに必要なエネルギー

活性窒素　窒素の化合物で，生物圏を循環し，比較的速く窒素を含む分子が移り変わっていくもの

活性部位　特定の反応物質のみを結合させ，目的の反応を促進する酵素の触媒領域（多くの場合，隙間）

価電子　原子またはイオンの最外殻にある電子

ガルバニ電池　自然発生的な化学反応で放出されるエネルギーを電気エネルギーに変換する電気化学セルの一種

カロリー（cal）　１g の水の温度を 1℃上げるのに必要な熱量

還元　化学種が電子を獲得するプロセス

還元剤　容易に酸化される物質（電子を失う）であり，電子を付加することで他の物質を還元する

含酸素ガソリン　MTBE，エタノール，メタノールなどの酸素含有化合物を添加した石油由来の炭化水素の混合物を指す

緩衝　外部から加えられた変化に対して，徐々にまたはわずかにしか応答しない系

緩衝液　pH を一定に保つイオン種を含む溶液

岩石　さまざまなイオン化合物を含む不均一な固体混合体

乾電池　ペースト状の固定電解質を使用しているため，イオンが流れるのに必要な最低限の水分しか含まれていない市販の電池。液体が漏れることなく，どの向きでも使用できる

官能基　特定の特性を付与する原子のグループの独特な配列

還流　溶媒を加熱・沸騰させ，そこで発生した蒸気を凝縮させるプロセスを繰り返すこと

き

気候　数十年単位の地域の気温，湿度，風，雨，降雪を説明する用語。天候・気象とは対照的である

気候緩和　気候変動が人命，財産，環境にもたらす長期的なリスクや危険性を恒久的に排除または低減するためのあらゆる対応行動

気候適応　気候変動（気候の変動性や極端な気象現象を含む）に適応するシステムの能力。潜在的な被害を軽減し，機会を活かし，結果に対処する能力

基礎代謝量（BMR）　基本的な身体機能を維持するために１日に最低限必要なエネルギー量

揮発性　液体の分子が分子間力を克服して気相に放出され

やすい性質

揮発性有機化合物（VOC） 気相に容易に移行する炭素含有化合物

逆浸透圧法 半透膜を通して，高濃度の溶液から低濃度の溶液へと，圧力を利用して水を移動させるプロセス

キャパシタンス 電荷を蓄える物質の能力

球状化 液体を球状に成形する調理法

吸熱 化学的または物理的変化の際にエネルギーを吸収する場合に適用される用語

強塩基 水中で完全に解離する塩基

共重合体 2 種類以上の異なるモノマーの結合により形成されるポリマー

共鳴構造 分子における仮説上の電子配置の極限を表すルイス構造

共役塩基 酸から陽子（H^+）を除去して生成される物質

共役酸 塩基に陽子（H^+）を付加して生成される物質

共有結合 二つの原子間で電子が共有されることで形成される結合

極性共有結合 電子が均等に共有されているのではなく，むしろ電気陰性度のより強い原子に電子が偏って分布する共有結合

極成層圏雲（PSC） 成層圏に存在する少量の水蒸気から形成される微小な氷結晶からなる薄い雲

強酸 水中で完全に解離する酸

キラル（光学）異性体 同じ化学式を持ちながら，三次元の分子構造が異なり，偏光面との相互作用が異なる化合物

均一な混合物 物質全体にわたって均一に分布する固体，液体，または気体の単相の組み合わせ

く

屈折率測定 物質または液体中での光の進み具合についての測定

グリーンケミストリー 有害物質の使用と生成を削減または排除する化学製品とプロセスの開発を対象とした科学の一分野

グリセロール 石鹸やバイオディーゼルの生産時に副産物として生成される無色で甘く粘性のある液体

クロロフルオロカーボン（CFC） 塩素，フッ素，炭素の元素から成る化合物（水素元素を含まない）

け

結合エネルギー 特定の化学結合を切断するために必要なエネルギー量

結合双極子 極性共有結合における二つの原子間の電気陰性度の差で，原子に部分的な正負の電荷の偏りが生じること。結合の双極子を矢印で示す場合，共有結合の負に帯電している方の端を矢印で示す

結晶 構成原子，イオン，または分子が規則正しく配置されている固体状態の物質

結晶化 溶液からの固体の析出を制御する方法。これにより，構造配列が整然とした固体が形成される

結晶領域 長い高分子が規則正しいパターンで整然と配列している領域

ゲノム 生物体を構築し維持するために必要な生物学的情報を受け継ぐ主な方法

顕在指紋 グリース，塗料，血液などの物質を使用している人物が残した指紋で，表面に目に見える痕跡が残るもの

原子 安定かつ独立して存在できる元素の最小単位

原子番号 原子核内の陽子の数

元素 この世界に存在する約 100 種類のさまざまな純物質のことで，1 種類の原子のみを含む。元素の組み合わせで化合物が形成される

こ

光合成 緑色の植物（藻類を含む）および一部の細菌が，二酸化炭素と水からブドウ糖と酸素を生成するために太陽光のエネルギーを利用するプロセス

光子 質量はないがエネルギーは持つ粒子として光を捉える概念

酵素 生化学的触媒として作用するタンパク質で，化学反応の速度に影響を与える物質

構造活性相関（SAR）研究 薬物分子に系統的な変化を加え，その結果生じる活性の変化を評価する研究

構造式 分子内の原子の結合状態を表したもの。非共有電子を取り除いたルイス構造である

光速 c，電磁放射が真空中を進む速度で，3.00×10^8 m/s と定義される

呼吸 食べた物を代謝して二酸化炭素と水を作り，体内の他の化学反応のエネルギー源となるエネルギーを放出するプロセス

コドン 隣接する三つのヌクレオチドの配列で，特定のアミノ酸の挿入を指示するか，タンパク質合成の開始または終了を指示する部位

コモンズの悲劇 資源が全ての人に共通のものであり，多くの人々によって利用されているが，その資源に対して責任を負う特定の主体が存在しない状況。その結果，その資源は，利用する全ての人々に不利益をもたらすほどに過剰に利用され，破壊される可能性がある

孤立電子対 原子の最外殻（価電子帯）にある電子対のうち，他の原子と共有されていないため共有結合の形成に関与しない電子対

コンデンサー（凝縮器） 通常は冷たい水を循環させて，高温の蒸気を冷却し，液体に凝縮させて回収する装置（蒸留）や，再蒸発 / 凝縮のサイクルを繰り返す装置（還流）で構成される装置

さ

再生可能資源 消費されるよりも速い速度で時間と共に補

充される資源
細胞膜　細胞の動的かつ保護的な外被
酸　水溶液中で水素イオン（H^+）を放出する化合物
酸化　化学種が電子を失うプロセス
酸化還元半反応　反応物によって電子が失われたり得られたりすることを示す化学方程式の一種
酸化状態　原子または元素の形式電荷を表す正または負の数。この数値は，化学種が酸化（電子の損失）または還元（電子の獲得）される可能性の相対度合いを示す
三次構造　アミノ酸配列で考えると離れているが，空間的には近接しているアミノ酸間の相互作用によって定義されるタンパク質の全体的な分子形状
三重結合　共有電子対 3 組から成る共有結合
酸中和能　湖やその他の水域の pH 低下に対する抵抗力
残留塩素　塩素処理後に水中に残る塩素含有化学物質に与えられる名称。これには次亜塩素酸（HClO），次亜塩素酸イオン（ClO^-），溶存塩素（Cl_2）が含まれる

し

シーベルト（Sv）　電離放射線量の単位で，低レベルの電離放射線が人体に及ぼす影響の尺度。J/kg に対応するこの単位は，1J の放射線エネルギー（100 rad または 1 Gy）を 1 kg のヒト組織に照射した際の生物学的効果を表す
次元解析　物理量の持つ単位を変換係数を使用して，別のより基本的な単位に分解して，その物理量の持つ性質・特徴を調べること
指向性進化　細菌が生き残るために新しい形質を進化させることで，科学者が自然淘汰を模倣する環境を作り出すこと
自己着火温度　着火源がない場合でも，物質の蒸気が自然発火する最低温度
自己放電　蓄電器が外部回路に接続されていない状態で，時間の経過と共に電荷を失うこと
脂質　全てのトリグリセリドだけでなく，コレステロールやその他のステロイドなどの関連化合物も含む化合物の一種
持続可能性　「将来の世代が自らのニーズを満たす能力を損なうことなく，今日の世代のニーズを満たすこと」（1987 年の国連報告書「*我ら共有の未来*」より）
持続可能性を支える 3 本柱　持続可能性とは，将来の世代が自らのニーズを満たす能力を損なうことなく，現在のニーズを満たすことである。3 本柱とは，持続可能な実践に重要な，環境，社会，経済の三つの要素のこと
持続可能な包装　環境への影響を低減し，あらゆる業務の持続可能性を向上させるための梱包材の設計および使用
質量数　原子核内の陽子数と中性子数の合計
質量分析法　気化させた試料分子をイオン化させ，生じたイオンを電荷と質量の比に従って分離する分析法
ジペプチド　二つのアミノ酸から形成される化合物
脂肪　室温で固体のトリグリセリド
弱塩基　水溶液中でわずかに解離する塩基
弱酸　水溶液中でわずかに解離する酸
ジュール（J）　エネルギーの単位で，0.239 cal に相当する
周波数　1 秒間に固定点を通過する波の数
縮合重合　モノマーが結合してポリマーを形成する際に，水などの小分子が分離（除去）される重合の一種
縮約構造式　結合の一部が示されないながら，含まれている結合が適切に認識できる構造式
主要栄養素　脂肪，炭水化物，タンパク質のことで，基本的に全てのエネルギーと，体の修復と合成のための原材料のほとんどを提供する
受容体　通常は細胞膜に埋め込まれ，特定の分子と結合し，それによって細胞内に何らかの影響を及ぼす生体分子
硝化　土壌中のアンモニアを硝酸イオンに変換するプロセス
蒸気圧　液体または固体が気化して生じた気体分子が及ぼす圧力
状態関数　生成物と反応物の間のエネルギーの差にのみ依存するプロセスであり，二つを結び付ける特定のプロセス，メカニズム，または個々のステップに依存しない
蒸発　液体領域から気体領域へと分子が移動する過程
消費者使用後材料　通常であれば廃棄物となる物質から作られた製品
消費者使用前材料　製造プロセス自体から生じる廃棄物，例えばスクラップや切りくず
蒸留　液体溶液を沸点まで加熱し，蒸気を凝縮させて収集する分離プロセス
食中毒　細菌，ウイルス，寄生虫，および食品中に検出されない化学毒素の存在によって引き起こされる症状
触媒　化学反応に関与し，その速度に影響を与えるが，それ自体は変化を受けない化学物質
人為起源　工業，輸送，鉱業，農業など，人間の活動によって引き起こされる，または生成されること
浸透圧　半透膜を通して，より濃度の低い溶液からより濃度の高い溶液へと水が通過すること

す

スーパーキャパシタ　電池で使用される電気化学反応ではなく，静電荷によって大量のエネルギーを蓄える装置
水素化　金属触媒の存在下で水素ガスが C=C 二重結合に付加し，それを単結合に変換するプロセス
水素結合　非常に電子吸引性の高い原子（O，N，または F）に結合した H 原子と，別の分子または同じ分子の異なる部分にある隣接する O，N，F 原子との間の静電引力で形成される弱い結合
水溶液　水を溶媒とする溶液
ステロイド　天然または合成の脂溶性有機化合物の一種で，四つの環状に配置された共通の炭素骨格を持つもの

せ

制限試薬　化学反応中に完全に消費される反応物であり，生成物の量を制限する

生成物　化学反応式の右辺に列挙された物質で，標準的な化学反応中に生成された物質を表すもの

生物学的酸素要求量（BOD）　微生物が水中の有機廃棄物を分解する際に消費する溶存酸素量の指標。BODが低いことは，水質が良好であることを示す指標の一つである

生物濃縮　食物連鎖の高次レベルにおいて，特定の難分解性化学物質の濃度が増加すること

赤外分光器　分子の持つ赤外領域の特徴的吸収ピークに基づいて，サンプルに存在する官能基の種類を特定する機器

接触改質　触媒を使って分子の構造変化を起こさせるプロセス。通常は直線分子から開始し，分岐の多い分子を生成する

接触分解　触媒を使用して，比較的低温度で，より大きな炭化水素分子をより小さな分子に分解するプロセス

セパレータ　電池の正極と負極の間に置かれる多孔性の電気絶縁体で，イオンの通過を可能にするもの

セルロース　C，H，Oで構成される天然の化合物で，植物，低木，樹木に構造的剛性を与えている。セルロースはブドウ糖の天然ポリマーである

セルロース系エタノール　セルロースを含む植物から生産されるエタノール。通常はトウモロコシの茎，スィッチグラス，木材チップ，その他人間が食用としない材料から生産される

潜在指紋　皮膚から分泌される天然の油脂が残した指紋。肉眼では見えないが，粉末を振りかけたり，薬品で化学反応を起こさせると見えるようになる

染色体　細胞の核内に詰め込まれた，棒状のコンパクトなDNAと特殊なタンパク質の渦巻き状の物質

線スペクトル　低圧ガスに電流を流すことによって生じるシャープなピークを持つ発光スペクトル。

潜熱　物質が相変化を起こす際に吸収する熱の尺度

そ

走査型電子顕微鏡（SEM）　高エネルギーの電子ビームを照射して試料の表面を拡大して画像化する分析技術

相対原子質量　ちょうど12 gの炭素-12に含まれるのと同じ数の原子の質量（g）

族　周期表の列で，共通する重要な特性に基づいて元素を整理したもの。左から右に番号が振られている

組成　物質または材料を構成するサブユニットの特性および構造を記述する方法

た

大気　私たちを取り巻く空気で，通常は外気を意味する

代謝　生命維持に不可欠な複雑な化学的プロセス

帯水層　井戸を使って地下水を汲み上げることができる，地下に浸透性のある岩石層

堆肥化　家庭用または産業用堆肥化条件の下で，生物学的分解により植物の成長に有害な物質を含まない物質（堆肥）を形成する能力

太陽光発電（PV）セル　半導体を含む装置で，光を電気エネルギーに変換する装置

対流圏　地球の表面上で人間が生活する大気圏の最も低い高度領域

多価不飽和　通常は脂肪である有機化合物で，隣接する炭素原子間の多重結合が一つ以上あるもの

多原子イオン　共有結合で結合した2個以上の原子で，全体として正または負の電荷を持つもの

脱塩　塩水から塩化ナトリウムやその他のミネラルを除去するあらゆる手法

脱気　液体または固体から気体が放出されるプロセス

脱窒　硝酸塩を窒素ガスに変換するプロセス

多糖類　単糖類の単位が数千個結合した縮合ポリマー。例としては，デンプンやセルロースなどがある。

単一共有結合　単結合。二つの原子間で二つの電子（1組）が共有されることで形成される結合

炭化水素　炭素と水素のみで構成される有機化合物

炭水化物　炭素，水素，酸素を含む化合物で，H原子とO原子がH_2Oと同じ2：1の比率で存在するもの。

単糖類　果糖やブドウ糖などの糖類

タンパク質　ポリアミドまたはポリペプチド，すなわち，アミノ酸モノマーから構成されるポリマー

タンパク質の補完性　必須アミノ酸を補う食品を組み合わせ，食事全体でタンパク質合成に必要なアミノ酸を完全に供給できるようにすること

ち

地下水　地下の貯水池（帯水層）にある淡水

地球温暖化　温室効果の増大による地球の平均気温の上昇を指す一般的な用語

窒素固定細菌　大気から窒素を吸収して，アンモニアに変換する細菌

窒素循環　窒素が生物圏を移動する化学的経路の集合

地表水　湖，河川，小川に存在する淡水

中性溶液　酸性でも塩基性でもない溶液，すなわち，H^+とOH^-の濃度が等しい溶液

中和反応　酸から生じる水素イオンと塩基から生じる水酸化物イオンが結合して水分子を形成する化学反応

沈殿　均一溶液から固体が沈み出す現象。通常，これは固体の急速な析出を指し，無秩序な構造配列を持つ非晶質の固体を形成する

沈殿物　均一溶液から固体が沈み出すという沈殿現象で生じた固体。これは一般的に，長距離秩序を持たない非晶質の固体を指すが，溶液からゆっくりと沈殿した結晶性

固体を指す場合もある

て

抵抗器 電気回路内の電子（電流）の流れを妨げる電気部品

定常状態 動的システムが平衡状態にあるため，関与する主要化学種の濃度に全体的な変化がない状態

定性的 感覚を使って表現された情報や観察結果。例えば，質感や硬さの変化

定量的 数値で表現される情報または観察結果

デオキシリボ核酸（DNA） 全ての生物種において遺伝情報を担う生体高分子

電圧 二つの電極間の電気化学的電位の差

電解質 水溶液中で電気を通す溶質

電解電池 電気エネルギーが化学エネルギーに変換される電気化学セルの一種

電気 電位エネルギーの差によって生じる，ある領域から別の領域への電子の流れ

電気陰性度 化学結合における原子と電子の間の引力の尺度

電気泳動 電場を印加した条件下における流体またはゲル中の荷電粒子の移動を使った分析方法

電気エネルギー 電気伝導性物質を電荷が流れることによって生じる運動エネルギーの一形態

電気化学 化学エネルギーと電気エネルギーの変換を扱う化学の一分野

電気分解 化学反応を起こさせるのに十分な電圧の直流電流を流すプロセス。例えば，水の電気分解は，H_2 と O_2 に分解する

電極 電気化学セル内の電気伝導体（陽極および陰極）で，化学反応の場となるもの

天候 日中の最高気温と最低気温，霧雨や土砂降り，猛吹雪や熱波，秋風や夏の熱風など，比較的短期間しか続かない気象条件。これに対し，気候はより長期間の現象を意味する

電磁波（EM）スペクトル 高エネルギーの短波長X線やガンマ線から低エネルギーの長波長電波までの連続的に分布する電磁波のスペクトル

電池 自然発生的な化学反応から放出されるエネルギーを電気エネルギーに変換するエネルギー貯蔵装置

電離放射線 空気，水，生体組織などの物質中を通過する際に，原子または分子から電子を放出させるのに十分なエネルギーを有する放射線

電流 回路を流れる電子の流れの速さ

電力密度 単位体積当たりの電力（電圧×電流）量。これは，エネルギー貯蔵装置が電力を取り込む，または供給する能力を指す。すなわち，電力密度が高い電池は，電力密度が低い電池よりも充電が速い

デンプン トウモロコシや小麦など多くの穀物に含まれる炭水化物。デンプンはグルコースの天然ポリマーである

と

ドーピング 半導体特性を変更するために，純粋なシリコンに少量の他の元素を意図的に添加するプロセス

同素体 同じ元素の異なる構造形態

動力学 化学反応の速度を扱う科学の一分野

毒性 物質が本質的に持つ健康への危険性

都市廃棄物（MSW） ゴミ。つまり，生ゴミ，剪定ゴミ，古い家電製品など，廃棄したりゴミ箱に捨てたりする全てのものを指す。MSW には，産業，農業，鉱業，建設現場などからの廃棄物は含まれない

トランス脂肪 1 種類以上のトランス脂肪酸から構成されるトリグリセリド

トリグリセリド 油脂を含む化合物の一種。トリグリセリドは三つのエステル官能基を含み，三つの脂肪酸とアルコールグリセロールとの化学反応により形成される

トリハロメタン（THM） $CHCl_3$（クロロホルム），$CHBr_3$（ブロモホルム），$CHBrCl_2$（ブロモジクロロメタン），$CHBr_2Cl$（ジブロモクロロメタン）など，飲料水中の有機物と塩素または臭素の反応により生成される化合物

トリプルボトムライン 経済，社会，環境に対する利益に基づく，ビジネスの成功を測る三つの基準

な

内分泌かく乱物質 人間のホルモン系に影響を与える化合物。生殖や性発達に関わるホルモンを含む

ナノテクノロジー 少なくとも一つの次元（縦・横・高さ）が 1 ～ 100 nm の大きさの物質を操作して新たなものを作り出す技術

に

二次汚染物質 一つ以上の他の汚染物質が関与する化学反応から生成される汚染物質

二次構造 タンパク質鎖のセグメント内の折りたたみパターン

二次電池 両方向の電気化学反応を利用する充電可能な電池。電子の移動は，順方向（放電）と逆方向（充電）の両方の過程で起こる

二重結合 共有電子対 2 組から成る共有結合

二重置換 イオン化合物が反応する一般的な方法。陽イオンと陰イオンが反応物間で交換され，新しいイオン生成物が形成される

二重らせん 中心軸の周りに渦巻き状に巻いた 2 本の鎖からなるらせん

二糖類 二つの単糖類が結合して形成されるスクロース（砂糖）のような化合物

ぬ

ヌクレオチド 共有結合した塩基，デオキシリボース分子，リン酸基の組み合わせ。

ね

熱　高温の物体から低温の物体へ流れるエネルギー

熱可塑性ポリマー　溶かして何度も形を変えることのできるプラスチック

熱分解　炭化水素の大きな分子を加熱して小さな分子に分解するプロセス

熱力学　化学反応や化学プロセスに関連するエネルギーや反応進む方向などを取り扱う科学の一分野

熱力学第一法則　エネルギー保存の法則とも呼ばれるこの法則は，あらゆる過程または変換においてエネルギーは生成も破壊もされないとする法則

熱量計　燃焼反応で放出される熱エネルギーの量を実験的に測定するための装置

燃焼　化学的な燃焼プロセス。燃料が酸素と急速に反応し，熱と光の形でエネルギーを放出すること

燃焼下限濃度（LFL）　空気中で発火する可能性のある溶媒蒸気の最低濃度

燃焼熱　酸素中で特定量の物質が燃焼する際に放出される熱エネルギーの量

燃料　熱または仕事の形態でエネルギーを供給するために燃焼させる可能性のある固体，液体，気体のいずれかの物質

燃料電池　燃料を燃焼させることなく，燃料の化学エネルギーを直接電気エネルギーに変換することで発電する電気化学セル

の

濃度　溶質の量と溶媒の量の比率

は

パーセント（%）　“100 分のいくつか”を示す方法。例えば，15%は 100 分の 15 である

ハーバー・ボッシュ法　高温高圧下で水素と窒素ガスから触媒的にアンモニア（NH_3）を合成する実験的方法

バイオ燃料　樹木，牧草，動物の排泄物，農作物など，生物由来の再生可能燃料の総称

バイオミメティック表材　人間の用途に使用するために，生物材料の特定の特性を再現しようとする材料

背景放射線　自然放射線源と人工放射線源の両方から発生する，環境中に存在する電離放射線のレベルの尺度

ハイブリッド電気自動車　従来のガソリンエンジンとバッテリーで駆動する電気モーターの組み合わせによって推進される車両

暴露　さらされる物質の量

波長　波の隣り合うピーク間の距離

発癌性　物質の性質として癌を引き起こす可能性のあること発熱　化学的または物理的変化の際にエネルギーを放出する場合に適用される用語

発泡剤　発泡プラスチックの製造に使用される気体または気体を発生させる物質

波動性と粒子性の二重性　電子，原子，分子などの量子論的粒子が，波動的性質（周波数，波長）および粒子的性質（質量，速度）の両方の性質を併せ持つこと

ハロン　塩素またはフッ素（またはその両方で水素を含まない）を含む不活性で無毒な化合物。さらに，臭素も含む

パワー　単位時間になされる仕事，または単位時間に変換されるエネルギーの尺度。電力の場合，これは電気エネルギーが回路を通じて仕事に変換される尺度（電圧×電流）に相当する

半減期　放射能レベルが初期値の半分に減少するのに要する時間

半導体　通常は電気を通さないが，日光にさらされるなど特定の条件下では電気を通すようになる物質

反応商　平衡状態にある場合もそうでない場合もある可逆的な化学反応中の生成物濃度を反応物濃度で割ったもの

反応物　化学反応式の左側に記載された物質で，標準的な化学反応の出発物質

半反応　酸化還元半反応を参照

ひ

比重　溶液の密度と溶媒の密度（溶質を溶解していないもの）の比

比重計　液体の密度を測定する装置ビタミン　有機化合物で，広範囲の生理機能を持ち，健康維持，代謝機能の正常化，疾病予防に不可欠なもの

非晶質　構成原子，イオン，分子がランダムに無秩序に配列している固体

非晶質領域　構成原子，イオン，分子がランダムで無秩序な配列をしている固体の領域

ビタミン　有機化合物で，広範囲の生理機能を持ち，健康維持，代謝機能の正常化，疾病予防に不可欠なもの

必須アミノ酸　体内で合成できないため，食事から摂取しなければならない，タンパク質の合成に必要なアミノ酸

ヒドロニウムイオン　酸が水分子に陽子（H^+）を与えてできるイオン

比熱　物質 1 g の温度を 1℃上昇させるために必要な熱エネルギー量

標準的な温度と圧力（STP）　周囲温度 25℃，気圧 1 atm（760 Torr）の環境

肥料　植物に栄養を与え，成長を促すために土壌または植物に直接施す天然または合成の物質

微量栄養素　ビタミンやミネラルなどの物質で，ごく微量しか必要とされないが，酵素やホルモン，その他，正常な成長と発育に必要な物質を体内で生成するために不可欠な物質

微量ミネラル　体内に存在する元素で，通常は I，F，Se，V，Cr，Mn，Co，Ni，Mo，B，Si，Sn などのように，マイクログラムレベルであるもの

ふ

フィッシャー・トロプシュ法 一連の触媒反応により，一酸化炭素と水素ガスを反応物として，さまざまな液体炭化水素を生成する方法

付加重合 ポリマーがモノマーの原子を全て含むように，成長するポリマーの鎖にモノマーが付加する重合。他の生成物は形成されない

不均一な混合物 固体，液体，気体の組み合わせで，物質全体に均一に分布していないもの

複製 細胞がその遺伝情報を子孫にコピーし伝達する細胞の再生プロセス

物質 質量を持つ固体，液体，気体，プラズマ

物質および質量保存の法則 化学反応において，物質と質量は保存されるという法則

沸点 液体の蒸気圧が周囲の大気圧と等しくなる温度

不飽和脂肪酸 炭素原子間の二重結合が一つ以上ある炭化水素鎖を持つ脂肪酸

プラスミド DNA の環

フラッキング 高圧流体を注入して地下の岩層から天然ガスを採取する方法。この手法の使用に関しては議論の的となっている

フラッシュオーバー 火災時の危険な状態。室内の露出表面の大部分が自己着火温度まで加熱され，これにより可燃性ガスが放出されて火災にさらなる燃料が供給されている状態

フリーラジカル 一つ以上の不対電子を持つ，反応性の高い化学種

プロトン交換膜 H^+イオンを通し，両面に白金ベースの触媒をコーティングした高分子電解質膜

分散型発電 使用場所の近くで発電すること（例えば，燃料電池を使用）。これにより，長距離送電線によるエネルギー損失を回避できる

分子 化学結合によって特定の配置で結合した 2 個以上の原子から成る物質

分子化合物 非金属元素の原子を 2 個以上含む純物質

分子間力 分子間に作用する引力

へ

ベースラインシフト 一般的に“標準的”と見なされるものは，特に生態系に関して，時代と共に変化してきたという考え方

平衡 可逆的な化学反応により生成物と反応物の濃度比が一定になる状態

平衡定数 平衡状態にある可逆反応における生成物の濃度を反応物の濃度で割ったもの

平衡反応 反応物から生成物が生成され，逆方向の生成物から反応物が生成することもある，両方向に進む反応

ベクター DNA を細菌の宿主に戻すために使用される修飾プラスミド

ペプチド結合 あるアミノ酸の -COOH 基が別のアミノ酸の $-NH_2$ 基と反応して共有結合を形成し，二つのアミノ酸が結合すること

ヘモグロビン 酸素運搬に用いられる赤血球内に存在する鉄を含む金属タンパク質

ヘンリーの法則 溶液中の溶解ガスの濃度が気相中のその分圧に比例するという公式

ほ

放射強制力 地球に入射する放射と地球から放出される放射のバランスに影響を与える自然および人為的な要因

放射性医薬品 異なる体内組織領域間のコントラストを強調するために，放射性同位体を体内の特定の部位に運ぶ有機分子

放射性同位体 自然に核放射線を放出する同位体

放射性崩壊系列 放射性同位元素から始まり，一連の段階を経て最終的に安定同位元素を生成する放射性崩壊の特性経路

放射線 電磁波または飛来する素粒子として放出されるエネルギー

放射能 特定の元素が自然に放射線を放出すること

飽和脂肪酸 炭素原子間の結合が全て単結合である炭化水素

補酵素 酵素と共同して酵素の活性を高める分子

ポリアミド アミド官能基を含む縮合ポリマー

ポリマー 共有結合でつながった長い原子の鎖，またはより小さな分子（モノマー）から構成される大きな分子

ポリメラーゼ連鎖反応（PCR） DNA のコピーを数桁にわたって増幅し，特定の DNA 配列のコピーを数千から数百万生成する技術

ホルモン 体内の内分泌腺によって生成される化学伝達物質

ま

マクロミネラル 生命維持に必要な元素のこと。主にカルシウム，リン，塩素，カリウム，硫黄，ナトリウム，マグネシウムが該当する。酸素，炭素，水素，窒素ほど体内に豊富に存在するわけではない

み

ミクロミネラル Fe，Cu，Zn など，微量ながら体内で必要とされる栄養素

密度 単位体積あたりの質量

ミネラル ビタミンと同様に幅広い生理機能を持つイオンまたはイオン化合物

む

無極性共有結合 電子が原子間でほぼ均等に共有されている共有結合

め

メイラード反応 食品中の糖類やタンパク質に存在する官能基が高温で反応する反応。この反応により，卵，肉，パンなどの調理された食品の表面に焼き色がつく

メスフラスコ 容器の首の目盛りまで溶液を入れると正確な量の溶液を入れることができるガラス器具

メタノール 化学式 CH_3OH の無色で揮発性，引火性の液体。溶剤，不凍液，エタノールの変性剤として使用される。エタノールとは異なり，この溶剤は人体に有毒であり，摂取すると失明または死に至る

メラニン 人間や動物の毛髪，皮膚，眼球に存在する暗褐色または黒色の色素。この物質は，太陽紫外線の有害な影響に対するある程度の保護効果がある

も

モノマー より大きなポリマーを合成するために使用される小さな分子（「1」を意味する *mono* と「単位」を意味する *meros* に由来）

モル（mol） アボガドロ数に相当する粒子の集団を 1 とする単位

モル質量 指定された原子や分子のアボガドロ数に相当する質量（1 mol の質量）

モル濃度（M） 溶液 1 L 中に存在する溶質のモル数で表される濃度の単位

や

薬理作用団 薬物分子の生物学的活性を担う原子または原子群の三次元配置

ゆ

有機化学 炭素化合物の研究を行う化学の一分野

有機化合物 常に炭素を含み，ほとんどの場合水素を含み，酸素や窒素などの他の元素を含むこともある化合物

油脂 室温で液体のトリグリセリド

揺りかごから揺りかごへ 1970 年代に作られた造語で，ある物品のライフサイクルの終わりが別の物品のライフサイクルの始まりと一致し，全てが廃棄物としてではなく再利用されるという，モノの使用に対する再生可能なアプローチを指す

よ

陽イオン 正に帯電したイオン

溶液 溶媒と 1 種類以上の溶質との均一な混合物

陽極 酸化が起こる電極

陽子 中性子とほぼ同じ質量を持つ正電荷の素粒子

溶質 溶媒に溶解する固体，液体，気体

溶媒 1 種類以上の純物質を溶解することのできる物質（多くの場合は液体）

溶媒蒸留器 有機溶媒から酸素および水分を除去するために使用する実験器具

容量 エネルギー貯蔵装置のエネルギーをアンペア時（A・h）で表したもの。これは，電池が長時間にわたって供給できる放電電流を表す

予防原則 たとえ完全な科学的データが揃っていなくても，健康や環境への悪影響が重大または不可逆的になる前に行動を起こすように促すこと

ら

ラセミ混合物 光学異性体の等量混合物

ラド（rad） 吸収放射線量の単位。1 rad＝0.01 J/kg または 0.01 Gy（グレイ）と定義される

り

リスク評価 さまざまな結果が生じる確率について，科学的データを評価し，体系的に予測を行うプロセス

量子化 連続的ではなく，不連続な飛び飛びのエネルギー分布

両親媒性 親油性（脂溶性）と親水性（水溶性）を併せ持つ，無極性基と極性基の両方を持つ分子

臨界質量 連鎖反応を持続させるのに必要な核分裂性物質の量

る

ルイス構造 原子または分子の外殻電子を表す表現

ルシャトリエの原理 化学平衡にある系に変化を与えると，平衡は変化を打ち消す方向に変化するという原理。例えば気体同士の平衡反応において，系の圧力を上げると系の圧力が下がる方向に平衡が移動する。

れ

レム（rem） 低レベルの電離放射線が人体に与える影響の尺度となる古い単位。この単位は，シーベルト（Sv）にほぼ置き換えられている

連鎖反応 一般的に，生成物の一つが別の反応の反応物となり，それによって反応が繰り返される反応

ろ

ロンドン分散力 炭化水素などの無極性分子間に働く引力

わ

ワット（w） SI 単位の電力の単位で，1 J/s に相当する

索　引

英

あ

い

う

え

お

か

き

実感する化学　原書第10版　上巻
地球感動編

発行日	2025年　2月　25日
原著者	A Project of the American Chemical Society （代表執筆者 Bradley D. Fahlman）
翻訳者	大西洋，和田昭英
発行者	吉田　隆
発行所	株式会社 エヌ・ティー・エス 東京都千代田区北の丸公園 2-1 科学技術館 2 階　〒102-0091 ＴＥＬ 03(5224)5430 http://www.nts-book.co.jp/
制作	株式会社 双文社印刷
印刷	株式会社 ウイル・コーポレーション

　ISBN978-4-86043-922-4　C3043

24 — 原子番号
Cr
52.00 — 原子量

1 1A	2 2A	3 3B	4 4B	5 5B	6 6B	7 7B	8 8B	9 8B	10 8B	11 1B	12 2B	13 3A	14 4A	15 5A	16 6A	17 7A	18 8A
1 **H** 1.008																	2 **He** 4.003
3 **Li** 6.941	4 **Be** 9.012											5 **B** 10.81	6 **C** 12.01	7 **N** 14.01	8 **O** 16.00	9 **F** 19.00	10 **Ne** 20.18
11 **Na** 22.99	12 **Mg** 24.31											13 **Al** 26.98	14 **Si** 28.09	15 **P** 30.97	16 **S** 32.07	17 **Cl** 35.45	18 **Ar** 39.95
19 **K** 39.10	20 **Ca** 40.08	21 **Sc** 44.96	22 **Ti** 47.88	23 **V** 50.94	24 **Cr** 52.00	25 **Mn** 54.94	26 **Fe** 55.85	27 **Co** 58.93	28 **Ni** 58.69	29 **Cu** 63.55	30 **Zn** 65.39	31 **Ga** 69.72	32 **Ge** 72.61	33 **As** 74.92	34 **Se** 78.96	35 **Br** 79.90	36 **Kr** 83.80
37 **Rb** 85.47	38 **Sr** 87.62	39 **Y** 88.91	40 **Zr** 91.22	41 **Nb** 92.91	42 **Mo** 95.94	43 **Tc** (98)	44 **Ru** 101.1	45 **Rh** 102.9	46 **Pd** 106.4	47 **Ag** 107.9	48 **Cd** 112.4	49 **In** 114.8	50 **Sn** 118.7	51 **Sb** 121.8	52 **Te** 127.6	53 **I** 126.9	54 **Xe** 131.3
55 **Cs** 132.9	56 **Ba** 137.3	57 **La** 138.9	72 **Hf** 178.5	73 **Ta** 180.9	74 **W** 183.8	75 **Re** 186.2	76 **Os** 190.2	77 **Ir** 192.2	78 **Pt** 195.1	79 **Au** 197.0	80 **Hg** 200.6	81 **Tl** 204.4	82 **Pb** 207.2	83 **Bi** 209.0	84 **Po** (209)	85 **At** (210)	86 **Rn** (222)
87 **Fr** (223)	88 **Ra** (226)	89 **Ac** (227)	104 **Rf** (267)	105 **Db** (268)	106 **Sg** (269)	107 **Bh** (270)	108 **Hs** (277)	109 **Mt** (278)	110 **Ds** (281)	111 **Rg** (282)	112 **Cn** (285)	113 **Nh** (286)	114 **Fl** (289)	115 **Mc** (289)	116 **Lv** (293)	117 **Ts** (294)	118 **Og** (294)

58 **Ce** 140.1	59 **Pr** 140.9	60 **Nd** 144.2	61 **Pm** (145)	62 **Sm** 150.4	63 **Eu** 152.0	64 **Gd** 157.3	65 **Tb** 158.9	66 **Dy** 162.5	67 **Ho** 164.9	68 **Er** 167.3	69 **Tm** 168.9	70 **Yb** 173.0	71 **Lu** 175.0
90 **Th** 232.0	91 **Pa** 231.0	92 **U** 238.0	93 **Np** (237)	94 **Pu** (244)	95 **Am** (243)	96 **Cm** (247)	97 **Bk** (247)	98 **Cf** (251)	99 **Es** (252)	100 **Fm** (257)	101 **Md** (258)	102 **No** (259)	103 **Lr** (262)

金属元素

半金属元素

非金属元素

国際純正・応用化学連合（IUPAC）は第1周期〜第18周期による記述を推奨している。

NTSの本

関連図書

	書籍名	発刊年	体裁	本体価格
1	環境修復のためのナノテクノロジー Nanotechnology for Environmental Remediation	2024年	B5 432頁	58,000円
2	伝統食品のおいしさの科学	2024年	B5 606頁	42,000円
3	水素利用技術集成　Vol.6 ～炭素循環社会に向けた製造・貯蔵・利用の最前線～	2024年	B5 428頁	53,000円
4	新訂三版　ラジカル重合ハンドブック	2023年	B5 1024頁	69,000円
5	CFRPリサイクル・再利用の最新動向	2023年	B5 296頁	50,000円
6	多孔質体ハンドブック ～性質・評価・応用～	2023年	B5 912頁	68,000円
7	海洋汚染問題を解決する生分解性プラスチック開発 ～分解性評価から新素材まで～	2023年	B5 406頁	50,000円
8	Q&Aによるひとを対象とした実験ガイド ～人間工学における心理生理学的研究～	2022年	B5 386頁	42,000円
9	気象データ分析の高度化とビジネス利用	2022年	B5 252頁	38,000円
10	快眠研究と製品開発、社会実装 ～生体計測から睡眠教育、スリープテック、ウェルネス、地域創生まで～	2022年	B5 812頁	50,000円
11	CO_2の分離・回収・貯留の最新技術	2022年	B5 370頁	45,000円
12	アロマプロフィール解析による香りの科学 ～商品開発に向けたニオイ受容のしくみが導く香気複合臭解析～	2021年	B5 292頁	36,000円
13	革新的AI創薬 ～医療ビッグデータ、人工知能がもたらす創薬研究の未来像～	2022年	B5 390頁	50,000円
14	分散系のレオロジー ～基礎・評価・制御、応用～	2021年	B5 436頁	54,000円
15	代替プロテインによる食品素材開発 ～植物肉・昆虫食・藻類利用食・培養肉が導く食のイノベーション～	2021年	B5 322頁	42,000円
16	マテリアルズ・インフォマティクス開発事例最前線	2021年	B5 322頁	50,000円
17	新訂三版　最新吸着技術便覧 ～プロセス・材料・設計～	2020年	B5 856頁	65,000円
18	Q&Aによるプラスチック全書 ～射出成形、二次加工、材料、強度設計、トラブル対策～	2020年	B5 466頁	50,000円
19	元素単 ～13ヵ国語の周期表から解き明かす～	2019年	B5 136頁	2,700円
20	三訂　高分子化学入門 ～高分子の面白さはどこからくるか～	2018年	B5 368頁	3,800円
21	分子は旅をする ～空気の物語～	2018年	A5 264頁	2,700円
22	未来の科学者のためのナノテクガイドブック	2016年	B5横 92頁	1,600円